Prof. Dr. em. O. Adrian Pfiffner studierte und doktorierte an der ETH-Zürich. Nach Aufenthalten in Vancouver (Kanada) und Neuenburg wurde er 1987 als Professor an die Universität Bern berufen. In seinen Forschungen beschäftigt er sich mit dem Bau und der Entstehung von Gebirgen. Hierzu analysierte er Gesteinsproben im mikroskopischen Bereich wie auch ganze Gebirge mittels seismischer Tiefenerkundung.

4. Auflage 2024
3. Auflage 2015
2. Auflage 2010
1. Auflage 2009

ISBN 978-3-8252-8833-4

Umschlaggestaltung: Atelier Siegel, D-Stuttgart
Gestaltung und Satz: Die Werkstatt Medienproduktion GmbH, D-Göttingen
Grafiken: O. Adrian Pfiffner, Andreas Baumeler
Umschlagsabbildung vorne: O. Adrian Pfiffner

Gedruckt in Deutschland

Diese Publikation ist in der Deutschen Nationalbibliografie verzeichnet.
Mehr Informationen dazu finden Sie unter http://dnb.dnb.de.

UTB-Band-Nr.: 8416

O. Adrian Pfiffner

Geologie der Alpen

4., aktualisierte Auflage

Haupt Verlag

utb 8416

Eine Arbeitsgemeinschaft der Verlage

Brill | Schöningh – Fink · Paderborn
Brill | Vandenhoeck & Ruprecht · Göttingen – Böhlau · Wien · Köln
Verlag Barbara Budrich · Opladen · Toronto
facultas · Wien
Haupt Verlag · Bern
Verlag Julius Klinkhardt · Bad Heilbrunn
Mohr Siebeck · Tübingen
Narr Francke Attempto Verlag – expert verlag · Tübingen
Psychiatrie Verlag · Köln
Ernst Reinhardt Verlag · München
transcript Verlag · Bielefeld
Verlag Eugen Ulmer · Stuttgart
UVK Verlag · München
Waxmann · Münster · New York
wbv Publikation · Bielefeld
Wochenschau Verlag · Frankfurt am Main

Inhaltsverzeichnis

Vorwort

für Anne-Marie

Seit 1987 lehre ich am Institut für Geologie der Universität Bern „Geologie der Schweiz“. Die Vorlesung für die Studierenden mit Haupt- oder Nebenfach Erdwissenschaften im zweiten Jahr dient als Grundlage für Exkursionen, Praktika, Vertiefungskurse in Regionalgeologie und Geodynamik, aber auch für Master- und Doktorarbeiten in alpiner Geologie. Bei der Vorbereitung der Vorlesung wurde mir bald klar, dass als Kursmaterial neben Abbildungen auch ein erklärender Text notwendig ist. Das resultierende Vorlesungsskript unterwarf ich jährlich Korrekturen und Ergänzungen, zwei Mal unternahm ich eine grundsätzliche Überarbeitung. In den letzten Jahren entstand allmählich der Wunsch, eine Neufassung in Buchform zu produzieren. Dabei sollte der Fokus geöffnet und die angrenzenden Gebiete der Westalpen und Ostalpen vollständiger dargestellt werden. Ein Freisemester im Frühjahr 2008 verschaffte mir den Freiraum für die Literaturrecherchen, die Niederschrift des Textes und die Gestaltung der vielen Abbildungen. Diese Arbeiten erstreckten sich schließlich auch über das folgende Herbstsemester, gestückelt und in der „Frei“zeit.

Die Geologie der Alpen birgt viele Facetten. Es sind einmal die verschiedenen Gesteinstypen, Sedimente, Magmatika und Metamorphite, alle mit unterschiedlichem Alter und mannigfaltigen Prozessen der Entstehung. Daneben sind plattentektonische Prozesse, die Entstehung von Sedimentbecken, Gebirgsbildung beziehungsweise Heraushebung der Alpen zum Hochgebirge und dessen Abtrag von Bedeutung. Aber gesteinsbildende Prozesse und Plattentektonik sind eng verknüpft, was die Gliederung des Materials nicht einfach macht. Eine chronologische Grobunterteilung schien die beste Lösung zu sein. Aus diesem Grund wird – nach einer Einbettung der Alpen in den europäischen Rahmen – zuerst das prä-triadische Grundgebirge diskutiert. In den folgenden Kapiteln werden die mesozoischen und dann die känozoischen Bauteile behandelt. In jedem dieser drei Kapitel werden zuerst die Gesteinsformationen vorgestellt. Dann folgt eine Diskussion über die Entstehung dieser Gesteinsformationen im plattentektonischen Rahmen. Die Auswahl des Materials war jeweils eine echte Herausforderung, denn jedes dieser Kapitel wäre ein eigenes Buch wert. Das letzte Kapitel über die jüngsten Vorgänge in den Alpen macht den Übergang zur aktuo-geologischen Situation. Auch hier war die Auswahl schwierig, auf viele interessante Aspekte musste verzichtet werden.

Bei der Verwirklichung dieses Buchprojektes konnte ich auf die Unterstützung von Kolleginnen und Kollegen zählen. Allen voran möchte ich Andreas Baumeler danken. Er half mir bei der Erstellung der Grafiken, brachte viele Ideen zur Gestaltung der Abbildungen ein, beriet mich in der Verwendung von Farben und Symbolen und verschönerte meine Entwürfe. Viele der Abbildungen pendelten mehrfach zwischen uns hin und her, bis wir schließlich beide damit zufrieden waren. Ein Buch über die Geologie der Alpen setzt viel Anschauungsmaterial voraus. Die Bereitschaft des Verlages, sämtliche Abbildungen farbig zu drucken, kam diesem Anliegen sehr entgegen. Mein Dank geht auch an die Lektorin des Verlags, Claudia

Huber, sowie an Marco Herwegh, der für mich die Figuren und Textlegenden auf Konsistenz und Tippfehler hin prüfte. Für unzählige Diskussionen und Beantwortung von Fragen danke ich meinen Kolleginnen und Kollegen am Institut, in der Schweiz und im Ausland, die ich hier nicht namentlich aufführen kann.
Schließlich geht mein Dank auch an meine Frau, die im letzten Jahr auf vieles verzichten musste, meiner Arbeit aber immer viel Verständnis entgegenbrachte. Ihr sei dieses Buch gewidmet.

Bern, im Januar 2009

Bemerkungen zur 2. Auflage
Nach dem Erscheinen der „Geologie der Alpen" sind mir zahlreiche Kommentare zugestellt worden. Ein vielseitig geäußerter Wunsch betraf das Einfügen eines Registers. Diesem Wunsch bin ich in dieser 2. Auflage gerne nachgekommen. Bei der Überarbeitung bot sich auch Gelegenheit, den Nachsatz mit einer erdgeschichtlichen Zeittabelle zu erweitern. Die eingegangenen Kommentare legten aber auch Schwachstellen offen, die mit der 2. Auflage behoben werden konnten. Ich möchte hier insbesondere Hanspeter Funk für die Hilfe zum korrekten Gebrauch der stratigrafischen Bezeichnungen, Marino Maggetti für die Hinweise auf fehlerhafte Profilspuren, Christoph Spötl für die Anregungen betreffend Eiszeitstratigrafie, Wolfgang Frisch für die Bemerkung zur relativen Position der Tauern zu den Flyschbecken und Henry Naef für den Denkanstoß zur Tiefenstruktur in Vorarlberg danken. Insgesamt sind über fünfzig Abbildungen in kleinerem und größerem Umfang umgestaltet worden.

Bern, im Januar 2010

Bemerkungen zur 3. Auflage
Vor dem Hintergrund, dass sich nach dem Erscheinen der 2. Auflage vermehrt auch Leser aus der nicht deutschsprachigen Welt für die „Geologie der Alpen" zu interessieren begannen, wurde mir von vielen Seiten empfohlen, auch eine englische Fassung des Buches auszuarbeiten. Diese erschien im Frühjahr 2014 im Verlag WILEY Blackwell. WILEY Blackwell äußerte dabei auch den Wunsch, mehr Fotos einzubauen und gewisse Teile des Textes auszubauen. Insbesondere wurde angeregt, den Teil über die alpine Metamorphose zu vertiefen. Da mir gleichzeitig auch mehr Platz zur Verfügung gestellt wurde, kam ich diesen Anliegen gerne nach.

Gleichzeitig mit der Übersetzung brachte ich auch die meisten der Abbildungen auf den neuesten Stand. Insbesondere die paläogeografischen Karten mit den Plattenkonfigurationen wurden grafisch von Grund auf neu konzipiert. Zusätzlich wurden die Querschnitte durch die Gesamtalpen harmonisiert und enthalten nun eine verfeinerte Krustenstruktur welche mittels Erdbebentomografie erarbeitet wurde. An dieser Stelle möchte ich Edi Kissling danken für seine große Hilfe bei der Einarbeitung der geophysikalischen Daten und deren Interpretation. Mehrere neue Fotos ergänzen die Profilschnitte, andere beleuchten den Zusammenhang zwischen Falten und Überschiebungen. Die alpine Metamorphose wird durch eine Reihe von p-t-T-Pfaden und Metamorphosekarten des Lepontin, und der Bregaglia-Intrusion illustriert. Die Profilschnitte, welche die kinematische Entwicklung der Alpen zeigen, wurden gründlich überarbeitet, und eine neue Serie von Querschnitten zeigt die klassische, bereits von Argand im 19. Jahrhundert bearbeitete Region der westlichen Zentralalpen. Im Kapitel über die jüngste geologische Geschichte der Alpen ergab der Einbezug von Hebungsraten aus Italien und Frankreich ein besseres globales Bild. Eckhart Villiger wies mich auf Daten aus dem nordalpinen Vorland hin, welche das Bild der ehemaligen Flusssysteme verfeinerten.

Für die 3. Auflage wurden die ergänzten Texte der englischen Version übernommen. Zudem wurden die Abbildungen zu den Permokarbon-Trögen dem neuesten Kenntnisstand angepasst und mit einer neuen paläogeografischen Karte des Variszischen Gebirges ergänzt. Bei den Flyschen erfolgte eine Uminterpretation der für südpenninisch gehaltenen Flysche zu einer mehr nordpenninischen Herkunft. Damit konnten auch die schwierig verständlichen „Überholmanöver" im Bereich der penninischen Decken eliminiert werden. Die Dent-Blanche-Decke und die Sesia-Zone werden neu dem südalpinen Bereich zugeordnet. An dieser Stelle möchte ich auch Peter Nievergelt für die vielen Anregungen sowie Peter Brack für die Hinweise zum südalpinen Perm danken. Ebenso trug das sehr sorgfältige Korrektorat durch Frau Claudia Bislin zur Verbesserung von Text und Abbildungen bei.

Bern, im November 2014

Bemerkungen zur 4. Auflage

In den acht Jahren seit der 3. Auflage wurden neue Erkenntnisse gewonnen, welche in die 4. Auflage eingeflochten sind. Es betrifft dies den tektonischen Bau und die Entwicklung der Ostalpen und Westalpen, aber auch die Lithosphärenstruktur. Ebenso sind die neuen harmonisierten stratigrafischen und tektonischen Bezeichnungen eingeflossen. Neu dargestellt wurden die inzwischen besser verstandenen Ereignisse um den Flimser Bergsturz.

Bern, im November 2023

1 Die Alpen im plattentektonischen Rahmen

1.1 Die älteren Gebirge in Europa

1.2 Das Zerbrechen von Pangäa und die Öffnung der alpinen Tethys

1.3 Das alpine System

1.4 Geologische Gliederung der Alpen

In den Alpen sind Gesteine anzutreffen, deren Alter von einer Milliarde Jahren bis zu rezenten Gesteinen reichen. Die Gesteine selbst, Sedimente, Magmatika, Metamorphika und Lockergesteine, umfassen das gesamte überhaupt denkbare Spektrum. Viele dieser Gesteine und deren Entstehung können nur im Zusammenhang mit dem geologischen Bau von Europa und den damit assoziierten plattentektonischen Prozessen verstanden werden. Im Folgenden wird deshalb der plattentektonische Rahmen von Europa, der älteren Gebirge sowie der jungen alpinen Gebirgsstränge in Europa etwas beleuchtet.

1.1 Die älteren Gebirge in Europa

Der europäische Kontinent besitzt geologisch gesehen eine sehr wechselvolle Geschichte. Die Alpen als Bestandteil dieses Kontinentes sind zwar an und für sich ein spektakuläres Gebirge, sind aber erst in der jüngsten geologischen Geschichte des Kontinents entstanden. Für eine geologische Gliederung Europas drängt sich eine Einteilung aufgrund des Alters der Konsolidierung der einzelnen Regionen auf. Unter Konsolidierung versteht man dabei das Zusammenschweißen von Kontinenten im Gefolge von Plattenbewegungen. Die allermeisten der Gebirge innerhalb Europas sind durch Plattenbewegungen entstanden, bei denen ein ehemaliger Ozean in einer Subduktionszone verschluckt wurde und anschließend die Kontinentalblöcke miteinander kollidierten. Da kontinentale Kruste eine relativ geringe Dichte besitzt, wirkt bei ihrer Ankunft in einer Subduktionszone der Auftrieb einer Versenkung in größere Tiefe entgegen. Als Folge bleibt die kontinentale Kruste nahe der Oberfläche und wird zusammengestaucht. Dabei entweichen die obersten Teile der Kruste nach oben und bauen sukzessive ein Gebirge auf. Dieser Prozess wird als Orogenese (Gebirgsbildung) bezeichnet.

Innerhalb der geologischen Entwicklung Europas sind nun eine ganze Anzahl von solchen Kontinent-Kontinent-Kollisionen bzw. Orogenesen geschehen. Man unterscheidet entsprechend kaledonische, variszische und alpine Gebirgsgürtel. Die daran beteiligten Kontinentalplatten Nordamerika, Sibiria, Baltica/Europa und Afrika werden auch als Terrane bezeichnet. Die tektonische Karte in Abb. 1-1 trägt dieser Einteilung Rechnung. Aufgrund des relativen Alters dieser Orogenesen wurde Europa auch schon in Eo-, Paläo-, Meso- und Neo-Europa eingeteilt. Es ist zu beachten, dass die erwähnten Terrane Gesteinseinheiten enthalten, die Überbleibsel von noch viel älteren, völlig abgetragenen Gebirgsgürteln darstellen.

Eo-Europa ist eine geologische Großstruktur, die seit dem Präkambrium als zusammengeschweißter Block keine Gebirgsbildung mehr erfuhr. Zwei geologische Provinzen sind in Eo-Europa zu unterscheiden: der baltische Schild und die russische Platte.

Baltischer Schild und russische Platte

Der baltische (oder fennoskandische) Schild ist eine großräumige, buckelförmige Aufwölbung bzw. ein Schild von hochmetamorphem kristallinem Grundgebirge (Baltica in 1-1). Innerhalb dieser Gesteinsserien können mehrere uralte, völlig abgetragene Gebirge unterschieden werden. Die ältesten Gesteine des baltischen Schildes sind drei bis dreieinhalb Milliarden Jahre alt und stammen aus einer Tiefbohrung in der Gegend von Kola südlich des Weißen Meers und aus Lappland.

◄ **1-0** Foto S. 13: **Physiografie Europas**

Die russische Platte ist die Sedimentbedeckung des baltischen Schildes und besteht aus nicht metamorphen Sedimenten des oberen Proterozoikums, überlagert von datiertem Kambrium und einer Serie, die bis ins Känozoikum reicht. Die Platte taucht nach Südosten unter die Senke im Vorland des Kaukasus nördlich des Kaspischen Meers, nach Osten und Westen unter die Vorlandtröge des Urals und der Karpaten. Die Platte ist intern strukturiert mit örtlichen Senken bzw. Becken mit mächtigeren Sedimentserien und Hochzonen geringerer Sedimentmächtigkeit Die Sedimente der russischen Platte spiegeln die späteren Gebirgsbildungen wider, die an ihrem Rand stattfanden. Beispiele sind der berühmte Old-Red-Sandstein, kontinentale fluviatile Sedimente des mittleren bis späteren Devons, die den Abtragungsschutt der (kaledonischen) Gebirge in Norwegen und Schottland darstellen, die permo-triadischen lagunär-kontinentalen Sedimente im Vorland des (variszischen) Urals sowie die känozoischen kontinentalen Bildungen im Vorland des Kaukasus und der Karpaten. Im Inneren der russischen Platte sind die Sedimente meist marin, (mit Ausnahme etwa der Kohlesümpfe des frühen Karbons von Moskau), aber ab der frühen Kreide zog sich das Meer nach Süden zurück, und die russische Platte entwickelte sich zum Festland.

Unter **Paläo-Europa** versteht man das kaledonische Gebirge, welches sich über Skandinavien und Schottland erstreckt. Weitere Teile finden sich in Grönland und in den Appalachen. Diese geografische Verteilung deutet schon an, dass spätere Plattenbewegungen dieses im frühen Paläozoikum entstandene Gebirge in Stücke zerlegten. Verantwortlich dafür waren etwa die Öffnung der Nordsee ab dem Perm und die Öffnung des Nordatlantiks ab dem Jura.

Zu **Meso-Europa** zählen die variszischen Gebirge, die im späten Paläozoikum entstanden sind. Mit Ausnahme des Urals, der als durchgehender Gebirgsstrang verfolgt werden kann, sind die variszischen Gebirge in Deutschland und Frankreich weitgehend abgetragen und von jüngeren Sedimenten bedeckt. Dies zeigt sich in der inselartigen Verteilung der Gebirgsreste in Abb. 1-1.

Neo-Europa schließlich umfasst eine Reihe von Gebirgen, die im Jura (Türkei), in der Kreide (Teile der Alpen, Pyrenäen), aber hauptsächlich im Känozoikum entstanden sind. Diese Gebirgsstränge weisen oftmals gewundene Bogenformen auf. Exemplarisch dafür sind neben den Alpen die Karpaten und das System Betische Kordillere–Rif–Tell-Atlas. Diese Bogenform beruht im Wesentlichen auf der Geometrie der Plattengrenzen der verschiedenen beteiligten Mikroplatten, ein Punkt, der später eingehender diskutiert wird. Den geradlinigen Gebirgen Pyrenäen und Hoher und Mittlerer Atlas ist gemeinsam, dass die Gebirgsbildung wesentlich durch eine Seitenverschiebung längs geradliniger Bruchzonen geprägt ist. Neben dieser Seitenverschiebung verursachte eine kompressive Komponente eine Verkürzung der Ränder der Bruchzonen, die für die eigentliche „Auffaltung" der Gebirge verantwortlich war.

Die plattentektonische Entwicklung Europas und die Entstehung der kaledonischen und variszischen Gebirge ist in Abb. 1-2 vereinfacht dargestellt. Die Abbildung zeigt, wie mehrere Kontinente innert 300 Millionen Jahren zu einem Großkontinent, Pangäa, zusammengeschweißt werden.

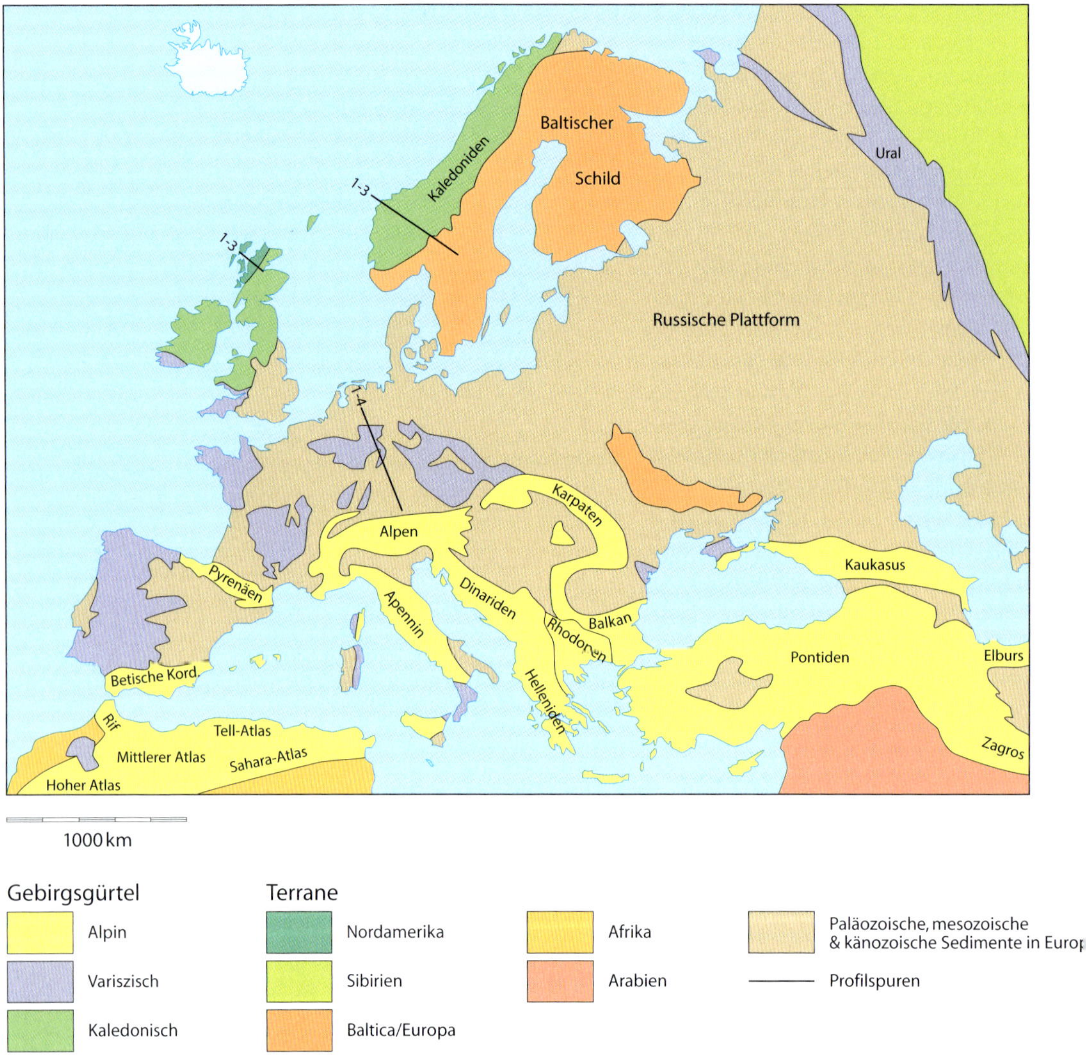

1-1 Tektonische Karte von Europa.

Ausgeschieden sind die Gebirgsgürtel unterschiedlichen Alters sowie die daran beteiligten Terrane bzw. Kontinente.

Im späten Kambrium (vor 500 Millionen Jahren) sind im Südkontinent Gondwana die heutigen Landmassen von Südamerika, Afrika und Teilen von Asien vereinigt. Die Kontinente von Baltica (etwa das heutige Schweden, Finnland und Russland), Sibiria und Nordamerika sind von Meeren umgeben, in denen sich mächtige Sedimentablagerungen sammelten. Am nördlichen Kontinentalrand von Baltica wurden im untiefen Teil des Iapetus-Ozeans während des Proterozoikums (vor etwa 600 Millionen Jahren) 1400 Meter graue und rötliche Arkosen, Konglomerate, Kalke und Tonschiefer abgelagert. Die Arkosen enthalten auch Diamiktite, also fossile Grundmoränen, die auf eine uralte Vereisung deuten. Das Kambrium setzt mit einem Basalkonglomerat ein und enthält sogenannte Alaunschiefer, d. h. dunkle eisensulfidreiche Pelite. Die marine Sedimentation setzte sich im Ordovizium-Silur fort, wovon Ton-, Kalk-, und Turbiditablagerungen zeugen. Im eigentlichen Iapetus-Ozean entstanden Grüngesteine mit Gabbros und Peridotiten, typische Gesteinsassoziationen einer neu entstehenden ozeanischen Kruste. Am nordamerikanischen Kontinentalrand schließlich wurden im Proterozoikum 6000 Meter Arkosen, Konglomerate, Sandsteine, Grauwacken und Pelite des sogenannten Torridonian abgelagert. Im Kambrium folgten dann Quarzite und schließlich mächtige Dolomite, deren Ablagerung sich bis ins Ordovizium fortsetzte.

Durch Subduktion wurde der Iapetus-Ozean sukzessive geschlossen, und mit der Kollision von Baltica mit Nordamerika wurde ein großer Gebirgsstrang gebildet: die Appalachen in Nordamerika und das kaledonische Gebirge in Europa (Skandinavien und Schottland).

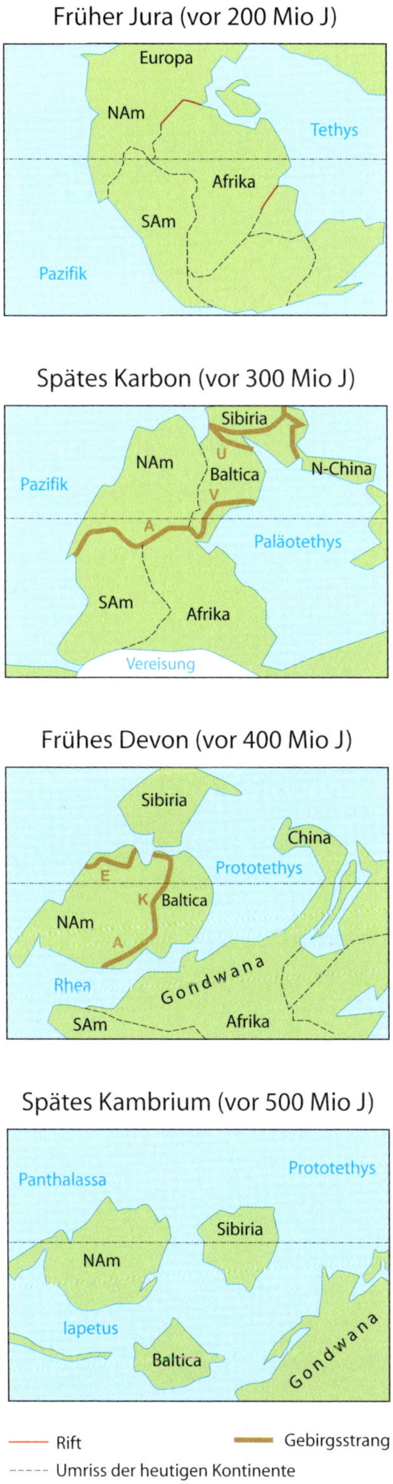

1-2 Die plattentektonische Entwicklung von Europa, dargestellt anhand von vier Momentaufnahmen. Position der Platten nach Blakey (2008) und Scotese & Sager (1988). A: Appalachen, K: Kaledonische Gebirge, E: Ellesmere-Gebirge, V: Variszische Gebirge, U: Ural, NAm: Nordamerika, SAm: Südamerika.

▶ 1-3 Geologische Profilschnitte durch das kaledonische Gebirge in Skandinavien und in Schottland. In beiden Fällen ist das kristalline Grundgebirge in den Deckenbau mit einbezogen, aber die Transportrichtungen sind einander entgegengesetzt.

In Abb. 1-3 sind zwei Profilschnitte durch das kaledonische Gebirge wiedergegeben. Das Profil durch das kaledonische Gebirge von Skandinavien zeigt, wie der baltische Schild von großen Decken des kaledonischen Gebirges in östlicher Richtung überfahren wurde. Diese Decken enthalten präkambrisches kristallines Grundgebirge des ehemaligen Kontinentalrands von Baltica, das von den erwähnten proterozoisch-paläozoischen Sedimenten überdeckt ist. Diese Kristallin-Decken wurden über Hunderte von Kilometern auf den baltischen Schild überschoben, wie dies etwa am Beispiel der Jotun-Decke ersichtlich ist. Die dünnen überschobenen Decken von Aurdal und Synfjell bestehen hauptsächlich aus altpaläozoischen Sedimenten. Ganz im Osten erkennt man den Oslo-Graben, ein Rift innerhalb des baltischen Schildes, das zum größten Teil mit permischen Magmatika gefüllt ist. Im Westen, gegen die Nordsee hin, liegen über der Jotun-Decke ophiolithische Gesteine, Überreste des Iapetus-Ozeans. Fragmente dieses Ozeans wurden anlässlich der Kollision von Baltica mit Nordamerika nicht subduziert, sondern in das entstehende Gebirge einverleibt.

Eine gewisse Ähnlichkeit zum Profilschnitt in Skandinavien kann man im Profilschnitt durch Schottland erkennen. Das in Abb. 1-3 abgebildete Profil ist umgezeichnet nach Elliott & Johnson (1980). Auch hier ist das präkambrische kristalline Grundgebirge in den Deckenbau mit einbezogen worden. Dieses Grundgebirge ist in den Äußeren Hebriden im Nordwesten Schottlands aufgeschlossen und wird als „Lewisian“ bezeichnet. Das „Lewisian“ besitzt eine höhere Affinität zum kristallinen Grundgebirge des nordamerikanischen Kratons im Vorland der Appalachen in Kanada und Grönland verglichen mit dem baltischen Schild. Die Äußeren Hebriden sind also geologisch als ein Teil von Nordamerika anzusehen.

Die höchste Einheit, der Moine-Deckenkomplex, ist in diesem Querschnitt schon weitestgehend abgetragen. Der Metamorphosegrad in den Gesteinen darunter lässt aber eindeutig darauf schließen, dass einst ein mächtiger Deckenstapel die heute sichtbaren Gesteine überlagert hat (Strachan et al. 2002). Der Moine-Deckenkomplex zeigt in der Tat einen höheren Metamorphosegrad als die Gesteine darunter.

Am Beispiel der Loch Ailsh-Intrusion kann die Deckenbildung zeitlich eingegrenzt werden: die Glen Oykel-Überschiebung ist von der Intrusion geschnitten (also älter), während die Ben More-Überschiebung die Intrusion versetzt und transportiert (also jünger ist) und die Moine-Überschiebung die Intrusion kappt und somit ebenfalls jünger ist. Die Loch Ailsh-Intrusion ist auf 434 Millionen Jahre datiert (Silur). Da sie sich zeitlich zwischen die Anlage der Glen Oykel- und der Ben More- bzw. Moine-Überschiebung eingrenzt, kann sie als syn-orogen betrachtet werden.

Im großen Unterschied zu Skandinavien fand der Deckentransport in Schottland (und in den Appalachen) in nordwestlicher Richtung statt. Damit zeigt das kaledonische Gebirge insgesamt einen bivergenten Deckenbau, eine Struktur, die typisch ist für Gebirge, die aus einer Kontinent-Kontinent-Kollision hervorgehen.

Nach der Kollision von Baltica und Nordamerika blieb der rheische Ozean (Rhea in Abb. 1-2) noch erhalten. Im Süden von Rhea lag der Kontinent Gondwana, der unter anderem die Landmassen von Südamerika und Afrika umfasste. Gegen Nordosten leite-

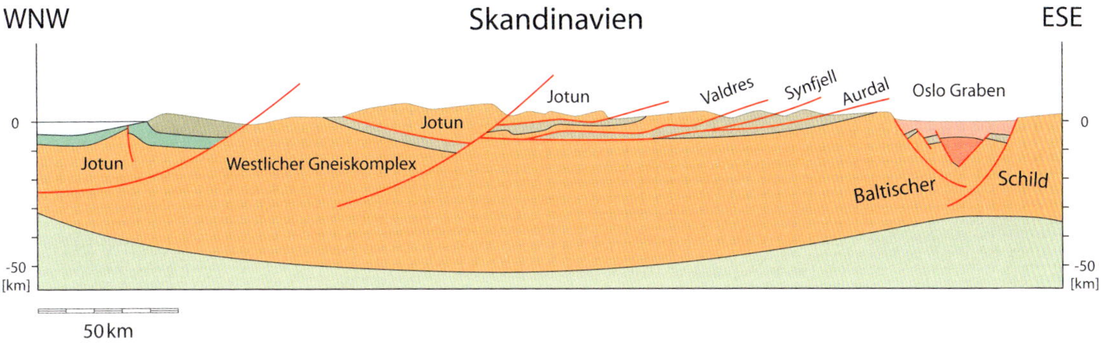

Oslo-Graben

Permische Magmatika: Granit / Vulkanit

Spät-/post-orogene Sedimente

Devon-Konglomerate

Iapetus-Ozean

Ophiolithe und Sedimente

Baltica

Spät-präkambrische–frühpaläozoische Sedimente

Kristallines Grundgebirge von Baltica

Lithosphärischer Mantel

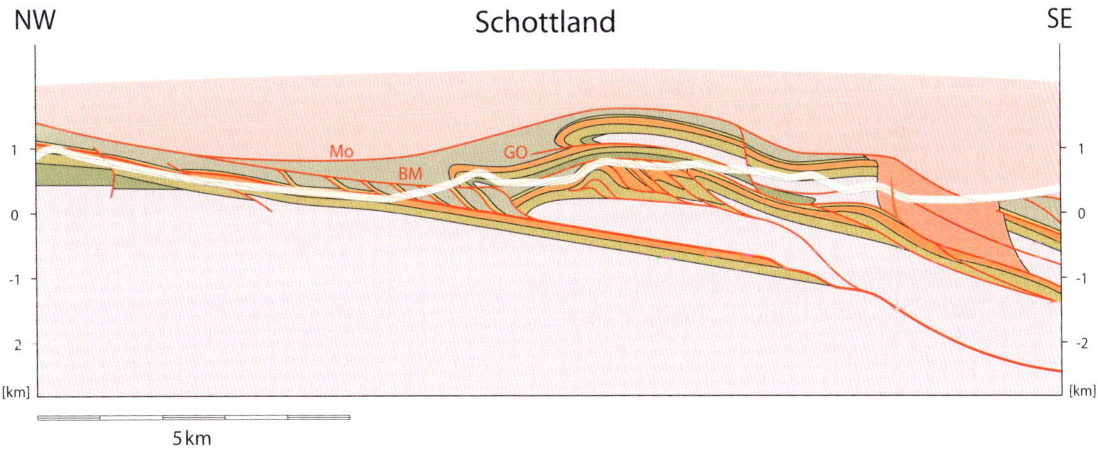

Paläozoische Magmatika

Loch Ailsh-Intrusion

Gänge

Moine-Deckenkomplex

Lewisian (Gneise, Metasedimente)

Sedimente

Durness-Formation (Ordovizium, Dolomite)

An t-Sron-Formation (Kambrium, Dolomite)

Pipe Rock (Kambrium, Quarzite)

Lower Quartzite (Kambrium, Quarzite)

Torridonian (Präkambrium, Klastika)

Kristallines Grundgebirge (Laurentia)

Lewisian (Gneise, Schiefer)

Mo Moine-Überschiebung
GO Glen Oykel-Überschiebung
BM Ben More-Überschiebung

te Rhea in den Ozean der Prototethys über, welche die Kontinentalmassen von Sibiria und China trennte. Durch Abtrag des kaledonischen Gebirges und der Appalachen wurden die sogenannten Old-Red-Sedimente abgelagert. Es handelt sich dabei um deltaische Ablagerungen innerhalb und außerhalb des kaledonischen Gebirges. Auch am Nordrand von Gondwana (im heutigen Atlas) wurden sandig-klastische Serien abgelagert. Innerhalb von Rhea und Prototethys wurden im Devon reine Kalke und Tonschiefer abgelagert, die heute in den Ostalpen aufgeschlossen sind. Im Zentrum von Rhea ist eine Schwelle auszumachen. Hier herrschte nur lückenhafte Sedimentation, die auf geringe Wassertiefe hindeutet. Die Sedimente sind etwa im nordalpinen Vorland, in den Vogesen, im Schwarzwald und im Böhmischen Massiv erhalten geblieben. Diese Schwellenzone wird auch als Moldanubikum bezeichnet. Durch Schließung des rheischen Ozeans und Kollision der Kontinente Nordamerika-Baltica und Südamerika-Afrika kam es zur Bildung der variszischen Gebirge (Abb. 1-1). Die Kollisionsphasen fanden hauptsächlich an der Wende Devon/Karbon vor 345 Millionen Jahren und dann im jüngeren Karbon vor 320 bis 300 Millionen Jahren statt. In Europa entstanden das Rheinische Schiefergebirge, die Ardennen, das kantabrische Gebirge auf der Iberischen Halbinsel, aber auch die Hochzonen in der Bretagne und im Massif Central. Auf der nordamerikanischen Seite entstanden die (Süd-)Appalachen. Die Appalachen haben also eine kompliziertere Entstehungsgeschichte und sind das Produkt von mehr als einer Kollision.

Kaledoniden:
- *bivergentes Orogen*
- *Kristallin mit einbezogen in den Deckenbau*

Plattenkonvergenz zwischen Sibiria und Baltica führte zur Bildung des Urals (vgl. Abb. 1-2). Aus der Prototethys wurde ein nahezu geschlossenes Meeresbecken, die Paläotethys. Wie aus Abb. 1-2 ersichtlich, wanderte beispielsweise Baltica im Zeitraum vom späten Kambrium zum späten Karbon von der südlichen Hemisphäre über den Äquator nach Norden in die nördliche Hemisphäre. Ganz im Süden des verschweißten Kontinents kam es im späten Karbon zu einer Vereisung.

Die innere Struktur des variszischen Gebirges in Europa ist in Abb. 1-4 in einem Profilschnitt durch Deutschland illustriert (umgezeichnet nach Matte 1991). Ähnlich wie im Falle der kaledonischen Gebirge wurde bei der Kollision ein bivergenter Deckenstapel

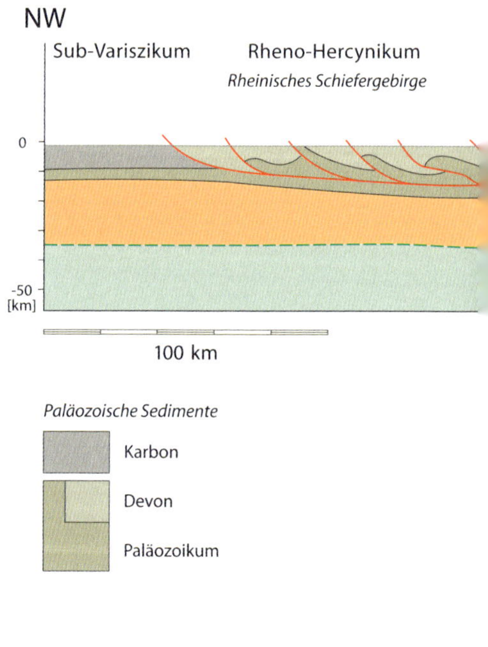

▶ 1-4 Geologischer Profilschnitt durch das variszische Gebirge in Mitteleuropa. Das kristalline Grundgebirge ist in den Deckenbau mit einbezogen, mit entgegengesetzter Überschiebungsrichtung im Norden und Süden.

gebildet, in den das kristalline Grundgebirge ebenfalls mit einbezogen ist. Am Kontinentalrand von Gondwana erfolgte der Transport nach Südosten, auf der Seite von Baltica nach Nordwesten. Die mächtigen paläozoischen Sedimente des Rheinischen Schiefergebirges wurden längs eines basalen Abscherhorizonts dachziegelartig übereinandergeschoben und verfaltet. Im Kern des Orogens liegt eine steil stehende Störung vor, die von Portugal bis nach Böhmen verfolgt werden kann und wahrscheinlich eine Seitenverschiebung darstellt. Obschon der Kern des Orogens nur lückenhaft aufgeschlossen und vielfach von jüngeren Sedimenten bedeckt ist, finden sich an verschiedenen Orten Reste des rheischen Ozeans in Form von Ophiolithen.

Im frühen Jura, vor 200 Millionen Jahren, war die verschweißte Kontinentmasse, die man nun als Pangäa bezeichnet, noch weiter nach Norden gewandert und erfuhr eine gewisse Drehung im Gegenuhrzeigersinn (vgl. Abb. 1-2). Der Ozean zwischen Afrika und Asien wird nun als Tethys bezeichnet. Langsam setzten aber Bewegungen ein, die zu einem Aufbrechen von Pangäa führten. Ein Rift etwa trennt den indischen Subkontinent von Afrika, und ein weiteres Rift öffnete sich zwischen Afrika und dem variszischen Gebirge. Diese Riftbildung und die damit assoziierte Ingression des Tethysozeans gegen Westen sind für das Verständnis der Geologie der Alpen von größter Wichtigkeit und wird deshalb weiter unten genauer diskutiert.

Varisziden:
- *bivergentes Orogen*
- *Kristallin mit einbezogen in den Deckenbau*

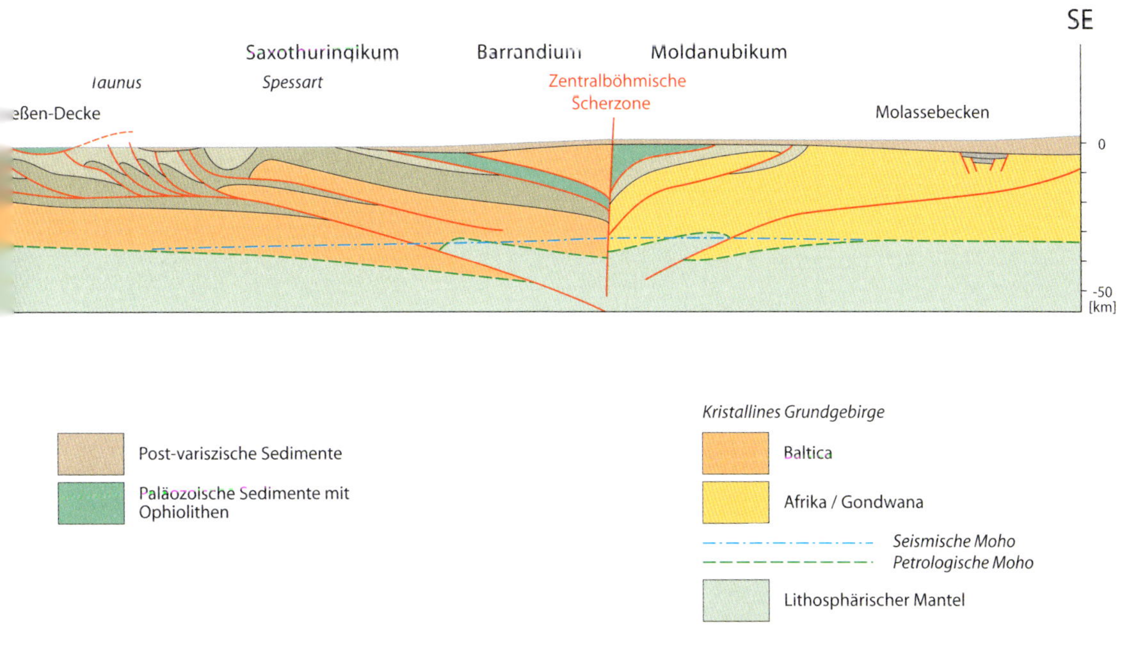

1-5 Das Zerbrechen von Pangäa, dargestellt anhand von drei Momentaufnahmen. Umgezeichnet nach Blakey (2008) und Scotese & Sager (1988). Grl: Grönland, It: Italien, Gr: Griechenland, Tu: Türkei, SAm: Südamerika, Wr: Wrangellia.

1.2 Das Zerbrechen von Pangäa und die Öffnung der alpinen Tethys

Die plattentektonischen Vorgänge beim Zerbrechen des Großkontinents Pangäa beeinflussten die späteren Alpen in vielerlei Hinsicht. Die kleinen Ozeanbecken und Mikrokontinente, die dabei entstanden, verursachten ein kompliziertes Nebeneinander verschiedener Sedimentationsräume: Tiefseebecken, Schelfmeere und Schwellenzonen. Die faziell sehr unterschiedlichen Sedimente sind heute in den Alpen in einem scheinbar heillosen Durcheinander neben- und übereinander zu sehen. Bei der Schließung dieser Sedimentbecken anlässlich der Bildung der Alpen beeinflussten die paläogeografischen Formen der Becken die Architektur der Alpen.

Das Zerbrechen von Pangäa ist in Abb. 1-5 in drei Momentaufnahmen erläutert. Alle diese Plattenrekonstruktionen sind mit Unsicherheiten behaftet, weshalb die paläogeografischen Karten bei verschiedenen Autoren auch sehr unterschiedlich aussehen. Abb. 1-5 wurde vereinfacht nachgezeichnet nach Vorlagen von Blakey (2008). In der späten Trias (Keuper), vor 230 Millionen Jahren, zerbrach Pangäa längs eines Rifts, das sich, ausgehend von der Tethys, zwischen Gondwana und Laurasien öffnete. Das Rift breitete sich von einem Arm der Tethys zwischen den Kontinentalmassen von Arabia und Griechenland-Italien aus. Die Paläotethys wurde anschließend durch Subduktion geschlossen, sodass die türkische Landmasse im mittleren Jura (Dogger) vor 170 Millionen Jahren mit Laurasien (Baltica) verschweißt war. Das Rift verlagerte sich im östlichen Teil nach Norden und trennte nun die Landmassen Griechenland-Italien von Laurasien ab. Dieses schmale Ozeanbecken wird in der alpinen Geologie als Ligurischer oder Piemontesischer Ozean bezeichnet. In westlicher Richtung verbreiterte sich das Rift und trennte Afrika-Südamerika von Nordamerika. Dieses Rift war der Vorläufer des Atlantiks und erstreckte sich bis nach Mexiko. In der frühen Kreide, vor 120 Millionen Jahren, drifteten Nordamerika und Afrika weiter auseinander, der zentrale Atlantik war geboren. Im Norden trennte sich Iberia von Nordamerika ab. Die Bewegung von Iberia war bedingt durch eine Spreizungszone im Westen (mittelozeanischer Rücken des sich öffnenden Atlantiks) und je eine Transformstörung im Norden und Süden von Iberia. Weitere Riftsysteme breiteten sich im Norden auf beiden Seiten von Grönland aus. Sie waren Wegbereiter für die Öffnung des Nordatlantiks.

In Abb. 1-6 ist eine Plattenrekonstruktion für die Wende Jura-Kreide (vor etwa 145 Millionen Jahren) nach Wortmann et al. (2001) vereinfacht wiedergegeben. Über die genaue Geometrie der einzelnen Becken gehen die Ansichten teilweise auseinander. Aber die in Abb. 1-6 gezeigte Lösung vereinigt die wesentlichen Merkmale. Hier ist erkennbar, dass Iberia einen abgetrennten Wurmfortsatz hat, aus Korsika-Sardinien-Briançon bestehend, der sich in nordöstlicher Richtung erstreckt. Dieser Wurmfortsatz entspricht dem sogenannten Briançon-Mikrokontinent, einer Schwellenzone, die von den Westalpen bis in die Schweizer Alpen verfolgt werden kann. Das Meeresbecken auf der nordwestlichen Seite des Briançon-Mikrokontinent entspricht dem Wallis-Trog, dasjenige auf der südöstlichen Seite dem penninischen Ozean. Ein Transformbruch trennt Iberia von Europa und funktioniert als lokale Plattengrenze bei der Wegdrift von Iberia von Nordamerika. Ein weiterer Transformbruch verbindet den Piemont- mit dem Penninischen Ozean. Die Öffnung des Atlantiks ging

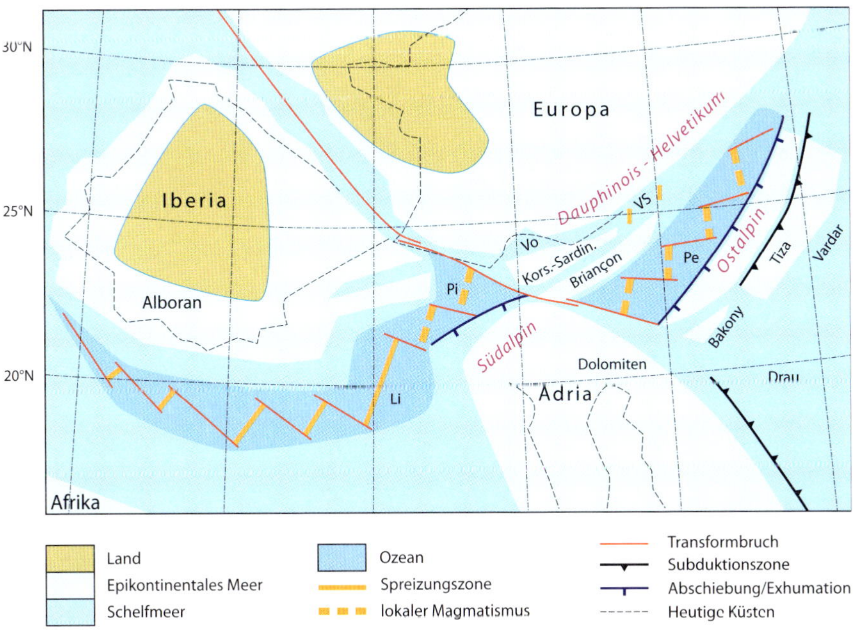

1-6 Plattenrekonstruktion für das Berriasian (vor ca. 145 Millionen Jahren), vereinfacht nach Wortmann et al. (2001). Der Ligurisch (Li) -Piemontesische (Pi) Ozean trennt den Adriatischen vom Iberischen Mikrokontinent. Er ist von zahlreichen Transformstörungen durchsetzt und setzt sich als Penninischer (Pe) Ozean zwischen dem Briançon-Mikrokontinent und dem Ostalpin fort. Am Südrand des Europäischen Kontinents verläuft ein schmaler Meeresarm (VS: Wallis-Trog, Vo: Vokontischer Trog) der im Süden von einem Mikrokontinent, bestehend aus den Blöcken Korsika-Sardinien (Kors-Sard) und Briançon, begrenzt ist.

mit einer schiefen Öffnung des Ligurisch-Piemontesischen und Penninischen Ozeans einher. Für die heutigen Alpen sind die Gebiete Dauphinois-Helvetikum auf dem Südostrand von Europa sowie die Südalpen-Dolomiten im Norden von Adria und Ostalpin zwischen Vardar- und Penninischem Ozean von besonderer Bedeutung.

Der größere Rahmen der Paläogeografie an der Wende Barremian-Aptian vor 125 Millionen Jahren ist in Abb. 1-7 dargestellt. Die Rekonstruktion basiert auf Wortmann et al. (2001). Der Ligurisch-Piemontesische Ozean ist von mehreren Transformstörungen geprägt, die auf eine fortschreitende schiefe Öffnung dieses Ozeans deuten. Ein Transformbruch trennt Adria von den Mikrokontinenten Bakony, Ostalpin und Tiza. Der Wallis-Trog öffnete sich weiter durch Ausdünnung des Kontinentalrands von Baltica bzw. Europa und entwickelte nur lokal, in „pull-apart Becken", ozeanische Kruste. Demgegenüber bestand der Piemont-Ozean aus exhumierten Mantelgesteinen, die von einem untergeordneten basaltischen Magmatismus begleitet waren. Der adriatische Kontinentalrand und der Ostalpin-Mikrokontinent wurden mit der Öffnung des Piemont- und

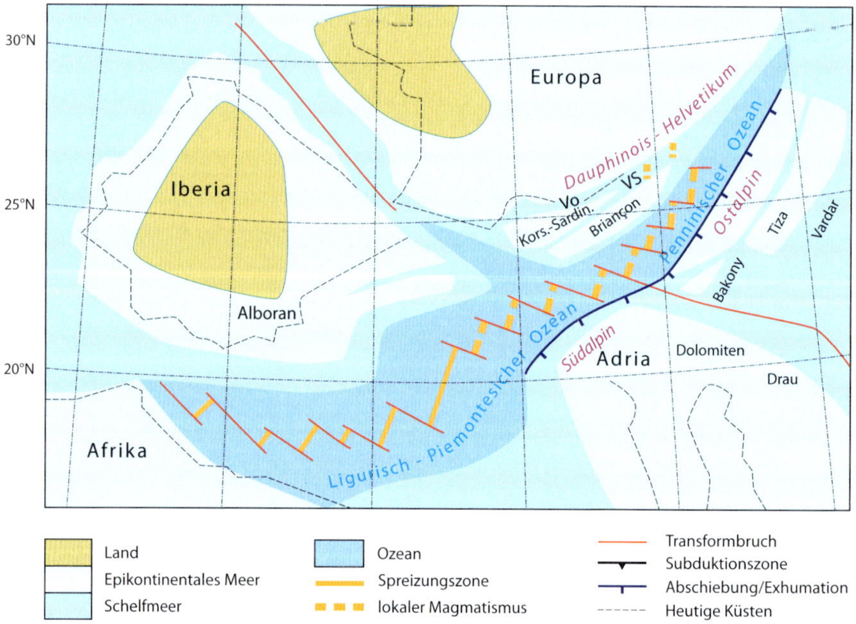

1-7 Plattenrekonstruktion für das Barremian/Aptian (vor ca. 125 Millionen Jahren), vereinfacht nach Wortmann et al. (2001). Der Ligurisch-Piemontesische Ozean ist breiter geworden und ist nun auf einer Linie mit dem Penninischen Ozean. Auch das Südalpin und Ostalpin sind nun nebeneinander.

des Penninischen Ozeans in Ost-West-Richtung gestreckt. Davon zeugen die Abschiebungen im künftigen Bereich des Ostalpins und Südalpins.

Die Alpen entstanden als Folge konvergenter Plattenbewegungen zwischen Baltica/Europa und Afrika-Arabia. Dabei wurden die dazwischenliegenden Meeresbecken, der Piemont-Ozean und der Wallis-Trog, durch Subduktion geschlossen. Dies erfolgte in zwei getrennten Etappen. Der Piemont-Penninische Ozean wurde in der Kreide durch westgerichtete Subduktion geschlossen, der Wallis-Trog im Känozoikum durch eine mehr NS-gerichtete Kollision zwischen dem Briançon-Mikrokontinent und dem adriatischen Kontinentalrand, später zwischen dem Briançon-Mikrokontinent und dem europäischen Kontinentalrand. Die Betrachtung der komplizierten Paläogeografie in Abb. 1-7 lässt erahnen, dass der Subduktions- und der Kollisionsprozess zu einer noch komplexeren Geometrie des entstehenden Gebirges führen musste.

1.3 Das alpine System

Die alpinen Gebirgsketten entstanden in der Kreide und im Känozoikum. Zu diesen Ketten zählen etwa die „jungen" europäischen Hochgebirge (Betische Kordilleren, Pyrenäen, Alpen, Apennin, Karpaten, Dinariden). Auffallend sind die gewundenen Bogenformen der Gebirgsketten. Um einen Einblick in die plattentektonischen Vorgänge bei der Bildung dieser Gebirge zu geben, sind in Abb. 1-8 die heute andauernden Relativbewegungen zusammengefasst (nach Kahle et al. 1995). Afrika bewegt sich um vier Millimeter und mehr pro Jahr Richtung Norden. Die Bewegung ist im Westen etwas langsamer, d. h., Afrika macht eine leichte Rotation im Gegenuhrzeigersinn. Arabia bewegt sich viel schneller, mit 25 Millimetern pro Jahr, Richtung Norden. Der Sprung in der Geschwindigkeit findet an einer Seitenverschiebung statt, die, von der Spreizungszone im Roten Meer ausgehend, durch den Golf von Aqaba über das Tote Meer und den Genezarethsee nach Norden zieht. Der türkische Block bewegt sich mit 25 Millimetern pro Jahr in westlicher Richtung. Die Plattengrenze im Norden dieses Blocks ist in der Nordanatolischen Bruchzone zu suchen, einer seismisch aktiven dextralen Seitenverschiebung. Diese Westdrift ändert in der Ägäis ihre Richtung nach SSW. Ihre Geschwindigkeit nimmt zu, da sich die Ägäis in derselben Richtung dehnt. Allein schon zwischen Afrika, Arabien und dem türkischen Block zeigen sich die Plattenbewegungen als recht kompliziert. Noch schwieriger verständlich wird es weiter im Norden.

In den Ostkarpaten ist heute eine nach Westen einfallende Subduktionszone aktiv. Die abtauchende eurasische Platte rollt sich gleichzeitig zurück (slab retreat bzw. roll back), d. h., die Plattengrenze an dieser Subduktionszone bewegt sich nach Osten. Im Gefolge davon wird das Pannonische Becken auf der oberen Platte in Ost-West-Richtung gestreckt. Der Tiza-Block im Untergrund des Pannonischen Beckens wird durch die Zangenbewegung zwischen Europa und Afrika (bzw. Apulia) seitlich nach Osten herausgequetscht.

Gleichzeitig bewegen sich aber auch der Apennin und die Dinariden aufeinander zu. Im Hinterland des aktiven Apennins stellt man in der Tyrrhenis Dehnung und Neubildung von ozeanischer Kruste fest (Facenna et al. 2002). Dieser Prozess begann vor etwa fünf Millionen Jahren. Etwas früher, im Miozän, erfolgte die Öffnung des ligurischen Beckens unter ähnlichen Umständen. Damals trennte sich der Mikrokontinent Korsika-Sardinien von Europa, und beim anschließenden Wegrotieren bildete sich im Ligurischen Meer neue ozeanische Kruste. Auch hier also erfolgten kleinsträumige Blockbewegungen zwischen den beiden kollidierenden Kontinentalplatten.

In den Alpen selbst können heute aktive horizontale Verschiebungen gemessen werden (Tesauro et al. 2005, Brockmann in Pfiffner & Deichmann 2014). Das nördliche Alpenvorland bewegt sich nach SSE, und in den Alpen selbst sind Bewegungen Richtung SW wie auch Richtung ENE zu messen. Das komplizierte Bild zeigt aber, dass sich die Alpen mit ungefähr 0,5 Millimetern pro Jahr in NNW-SSE-Richtung verkürzen.

Das heutige komplizierte Bewegungsbild gibt einen Eindruck, wie man sich die bei der Alpenbildung abgelaufenen Bewegungen vorzustellen hat. Die Größe der beteiligten Ozeanbecken und Kontinente bzw. Mikrokontinente war bescheiden im Vergleich zu den Dimensionen in den klassischen Subduktionsgebirgen der Anden oder der nordamerikanischen Kordilleren oder in den Kollisionsgebirgen Himalaja und Appalachen. Aber die Konvergenzbewegungen waren qualitativ vergleichbar und machten die Alpen zu einem derart heterogen zusammengesetzten Gebirge.

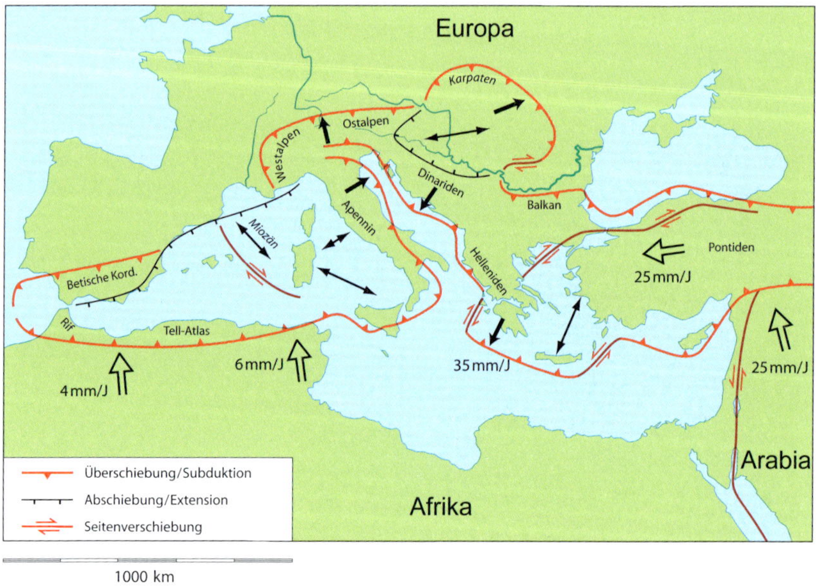

1-8 Die heutige Konfiguration der tektonischen Platten im Alpinen System. Die offenen Pfeile mit Geschwindigkeitsangaben (mm/Jahr) zeigen die Richtung der Plattenbewegungen, die einfachen Pfeile die Überschiebungsrichtungen an. Mit Doppelpfeilen sind Dehnung und Öffnung von Meeresbecken angegeben.

1.4 Geologische Gliederung der Alpen

Der Gebirgskörper der Alpen erstreckt sich in weitem Bogen von Nizza nach Wien. Im Innern des Bogens liegt das Po-Becken. Morphologisch hebt es sich ab durch die tiefe Lage und das geringe Relief, wie aus dem digitalen Höhenmodell von Abb. 1-9 klar ersichtlich. Außerhalb des Alpenbogens sind lange schmale Becken ohne Relief zu erkennen: der Rhone-Bresse-Graben ganz im Südwesten, der Rhein-Graben im Norden. Ganz im Osten verschwinden die Alpen unter dem Becken von Wien.

Längs der Gebirgskette gliedern sich die Alpen in Westalpen, Zentralalpen und Ostalpen. Die Ostalpen verlaufen mehr oder weniger Ost-West und ihre westliche Grenze liegt etwa auf der Linie St. Margrethen–Chur–Sondrio. In den Zentralalpen ändert sich der Verlauf der Kette von Ost-West zu nahezu Nord-Süd. Die Westalpen verlaufen Nord-Süd, bilden aber einen engen Bogen um das Westende des Po-Beckens. Die Grenze zwischen Zentral- und Westalpen ist unscharf. Gewisse Autoren unterteilen deshalb die Alpen lediglich in Westalpen und Ostalpen. Wenn hier die Dreiteilung bevorzugt wird, so erfolgt dies aufgrund der Internstrukturen, die sich dadurch in einer verständlichen Art gliedern lassen.

Westalpen
Zentralalpen
Ostalpen

Quer zur Gebirgskette unterteilt man die Alpen in tektonische Einheiten, die zu bestimmten paläogeografischen Domänen zu zählen sind. Die paläogeografische Zugehörigkeit wird dabei durch den Ablagerungsbereich der mesozoischen Sedimente dieser Einheiten definiert. Aufgrund dieser Gliederung erhält man einen Gürtel von Einheiten, die dem europäischen Kontinentalrand

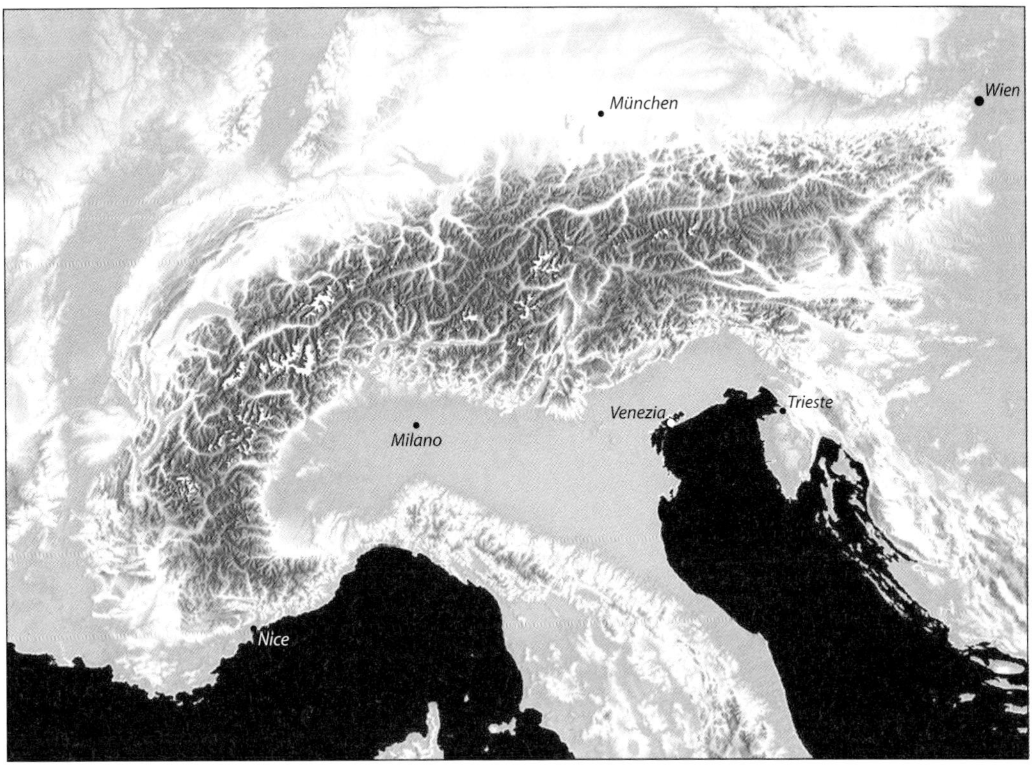

1-9 Digitales Höhenmodell der Alpen und angrenzender Gebiete. Deutlich erkennbar sind die größeren Quertäler und Längstäler innerhalb der Alpen. Im Vorland der Alpen manifestieren sich die Tiefebenen des Rhein-Grabens im Norden und des Rhone-Bresse-Grabens im Westen, das Po-Becken im Süden und das Pannonische Becken im Osten als größere Flächen ohne Relief.

Helvetikum-Dauphinois, Penninikum, Südalpin-Ostalpin

zugehören und in einem externen Bereich der Alpen, d. h. ganz im Westen bzw. Norden, aufgeschlossen sind. Man bezeichnet diese Gesteinsserien als „Dauphinois" und „Helvetikum". Ein zweiter Gürtel von Gesteinseinheiten, der unter dem Begriff „Penninikum" zusammengefasst wird, folgt in einer mehr internen Position, d. h., er liegt weiter östlich bzw. südlich. Die damit verknüpften mesozoischen Sedimente wurden in den Meeresbecken zwischen dem europäischen und adriatischen Kontinentalrand abgelagert. Ein dritter Gürtel von Gesteinseinheiten ist vorwiegend auf der innersten Seite, gegen das Po-Becken hin, zu finden. Diese Einheiten werden als „Ostalpin" und Südalpin" bezeichnet und sind dem adriatischen Kontinentalrand zuzuordnen. Generell gesehen, liegt das Penninikum auf dem Helvetikum und das Ostalpin auf dem Penninikum. Es handelt sich bei diesen Einheiten um eigentliche Deckenkomplexe, die als relativ dünne Gesteinspakete bezüglich ihrer Unterlage über Hunderte von Kilometern transportiert wurden. Die Verteilung dieser Einheiten in den Alpen ist aus Abb. 1-10 ersichtlich.

Das Ostalpin macht nahezu den gesamten Teil der Ostalpen aus. Nur am äußeren Rand im Norden und Osten sind im Liegenden des Ostalpins noch penninische und helvetische Decken zu erkennen. Im Innern der Ostalpen, im sogenannten Tauern-Fenster, ist das Ostalpin erodiert, und man gewinnt dadurch einen spektakulären Blick in die darunterliegenden penninischen und helvetischen Einheiten. Ein kleineres, aber ansonsten äquivalentes Fenster findet sich etwas westlich, im Unterengadin. Noch weiter im Westen, in den Zentralalpen, ist das Ostalpin fast vollständig abgetragen. Kleinere Erosionsreste, sogenannte Klippen, zeugen aber von der ursprünglichen Verbreitung. Die westliche dieser Klippen ist in der Zentralschweiz am Roggenstock zu finden.

Das Südalpin und die östlich angrenzenden Dolomiten sind vom Ostalpin durch eine größere Störung, das periadriatische Bruchsystem, abgetrennt. Diese setzt sich ostwärts in die Karawanken fort und trennt dort die Dinariden von den Ostalpen. In den westlichen Zentralalpen sind südalpine Einheiten auf das Penninikum überschoben worden, wie dies die große Klippe der Dent Blanche bezeugt. Südalpin, Dolomiten und Dinariden waren tektonisch unabhängig vom Ostalpin. Lediglich die Affinität der mesozoischen Sedimente zum adriatischen Kontinentalrand stellt ein verbindendes Element dar.

Auch bei der Verteilung des Penninikums ist im Bereich der Zentralalpen eine größere Klippe am Nordrand der Alpen zu verzeichnen. Diese liegt in den romanischen Voralpen der Schweiz und im Chablais von Frankreich. Weitere kleinere Klippen sind in der Zentralschweiz zu finden. Auch diese Klippen belegen, dass die penninischen Decken einst große Teile der Alpen bedeckten.

Am äußeren Rand der Zentralalpen ist in Abb. 1-10 der Jura zu erkennen. Dieser bananenförmige Gebirgszug wurde am Schluss der Deckenbildung in den Alpen zusammengestaucht, gefaltet und nach Nordwesten geschoben.

Jüngere, känozoische Becken bilden die Begrenzung der Alpen. Im Norden der Alpen erstreckt sich das Molassebecken von Wien über München in das schweizerische Mittelland und läuft in westlicher Richtung aus. Das Molassebecken ist eine Vorlandsenke, die sich im Oligozän-Miozän im Gefolge der alpinen Deckenbildung bildete und mit dem Abtragungsschutt der werdenden Alpen aufgefüllt wurde. Das Molassebecken wurde bei den jüngsten Deckenbewegungen hauptsächlich an seinem Südrand zusammengestaucht und im Bereich des Juras sogar nach Nordwesten geschoben.

Außerhalb des Juras erkennt man das Riftsystem mit Rhein-Graben und Rhone-Bresse-Graben. Die beiden Riftbecken sind durch ein Transform-Bruchsystem miteinander verknüpft. Aufbrüche von kristallinem Grundgebirge flankieren die Riftbecken auf beiden Seiten: Schwarzwald und Vogesen sowie Massif Central und Massif de la Serre.

Im Süden der Alpen schließlich erkennt man das Po-Becken, ein Vorlandbecken, das sich Alpen und Apennin teilen. Bis über zehn Kilometer mächtige klastische Sedimente haben sich in diesem Becken im Känozoikum abgelagert. Diese Beckenfüllung wurde teilweise von den Deckenbewegungen in den Alpen erfasst, gefaltet und überschoben.

In Abb. 1-11 sind drei schematische, vereinfachte Profilschnitte durch die Alpen wiedergegeben. Sie zeigen die Gemeinsamkeiten und Unterschiede zwischen West- Zentral- und Ostalpen. Alle drei Profilschnitte bauen auf den Erkenntnissen von reflexionsseismischen Untersuchungen, die im Rahmen von drei größeren, nationalen und internationalen Forschungsprogrammen durchgeführt wurden. Der Profilschnitt durch die Westalpen basiert auf dem französisch-italienischen Projekt ECORS-CROP (Nicolas et al. 1990, Roure et al. 1996 und Schmid & Kissling 2000), jener durch die Zentralalpen auf dem schweizerischen Nationalen Forschungsprojekt NFP 20 (Pfiffner et al. 1997a) und schließlich das Ostalpenprofil auf dem deutsch-österreichisch-italienischen Projekt TRANSALP (TRANSALP working group 2002, Lüschen et al. 2004). Die Struktur der Unterkruste basiert auf Refraktionsseismologie und Erdbebentomografie (Waldhauser, et al. 2002, Diel et al. 2009 und Wagner et al. 2012).

Im Profilschnitt durch die Westalpen sieht man, wie die Kruste des europäischen Kontinentalrands nach ESE unter die Alpen eintaucht und dann sogar vom Erdmantel und der Kruste des adriatischen Kontinentalrands überlagert wird. Der steile Kontakt besitzt eine Seitenverschiebungskomponente (der Ostteil bewegte sich nach Norden). Überschiebungen in der europäischen Kruste deuten auf eine beträchtliche Zusammenstauchung in Ost-West-Richtung, was die Krustenmächtigkeit mindestens verdoppelte. Größere Kristallinaufbrüche (Belledonne, Gran Paradiso) lassen darauf schließen, dass einzelne Kristallinkörper über mehr als 100 Kilometer nach Westen auf das Vorland aufgeschoben wurden. Davon betroffen waren auch die mesozoischen Sedimente des Juras, die sogar auf die känozoischen Sedimente des Bresse-Grabens aufgeschoben wurden. Auf der adriatischen Seite wurden die Krustenblöcke in östlicher Richtung aufeinandergeschoben. Diese Strukturen sind von der Beckenfüllung des Po-Beckens zugedeckt und nur aus seismischen Untersuchungen bekannt. Im Falle von Ivrea gelangte der Erdmantel bis fast, die Unterkruste bis ganz an die Erdoberfläche. Diese Hochlage der Krusten-Mantel-Grenze ist etwas Einmaliges und beruht auf einer ererbten Geometrie aus der Zeit der Entstehung des Piemont-Ozeans. Reste dieses Ozeans sind im dünnen Band von Ophiolithen im Liegenden und Hangenden des Gran Paradiso-Kristallins zu finden.

Auch im Profilschnitt der Zentralalpen taucht die europäische Kruste nach SSE unter die Alpen ein. Die

▶ **1-10 Vereinfachte tektonische Karte der Alpen und ihres Vorlandes.** Jura und Helvetikum sind Teile des europäischen Kontinentalrandes, Ostalpin, Salassikum und Südalpin gehören zum adriatischen Kontinentalrand. Das Penninikum entspricht dem Bereich dazwischen (Wallis-Trog, Briançon-Schwelle und Piemont-Ozean). Zwei Fenster in den Ostalpen (Engadiner und Tauern-Fenster) beweisen, dass sich Penninikum und Helvetikum im Untergrund nach Osten weiterziehen. A,B,C: Spuren der Profile in Abb. 1-11.

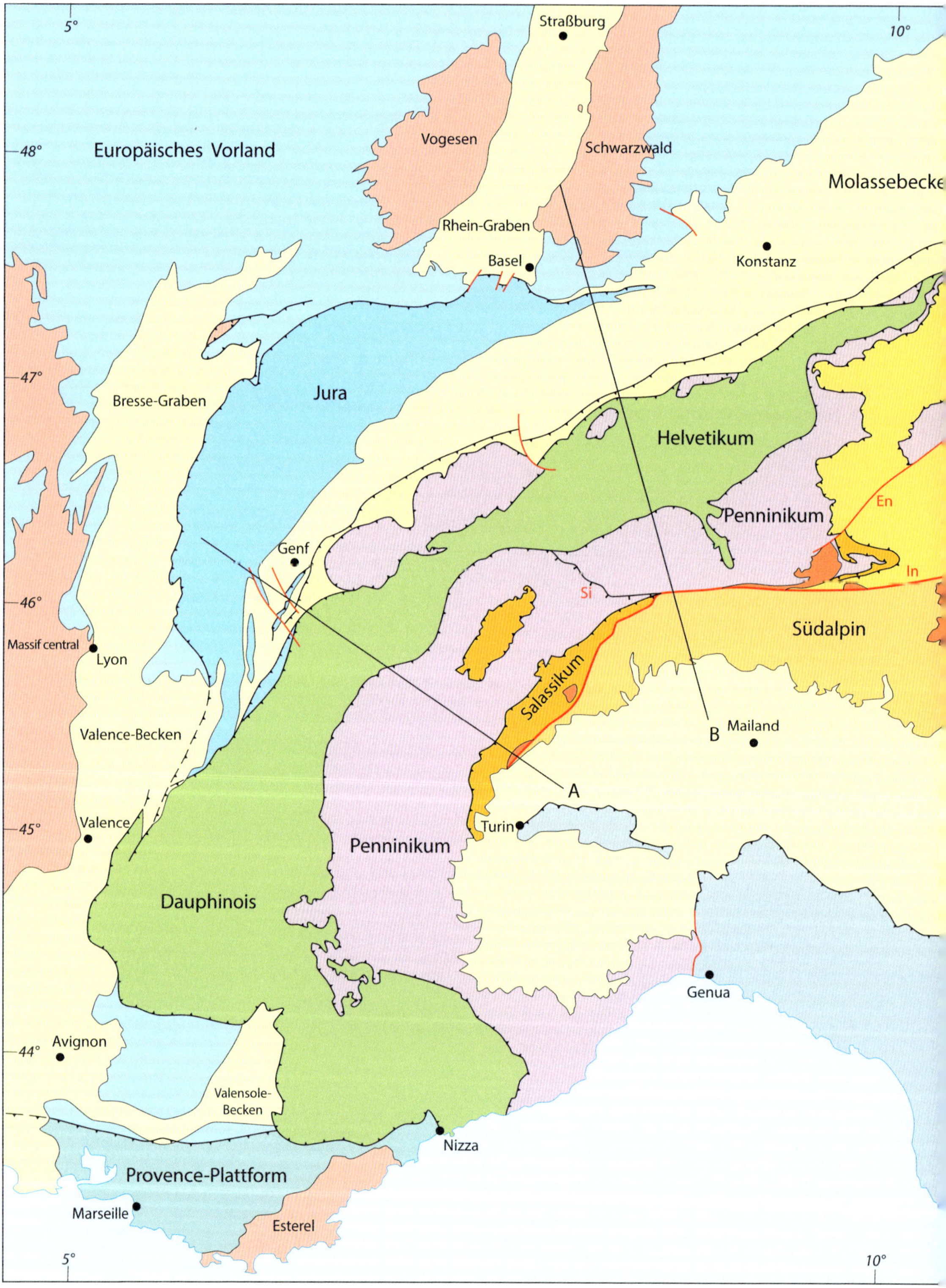
5°
10°
48°
47°
46°
45°
44°
Straßburg
Europäisches Vorland
Vogesen
Schwarzwald
Molassebecke
Rhein-Graben
Basel
Konstanz
Jura
Bresse-Graben
Helvetikum
Penninikum
En
Genf
In
Si
Südalpin
Massif central
Lyon
Salassikum
Valence-Becken
B
Mailand
A
Valence
Turin
Penninikum
Dauphinois
Genua
Avignon
Valensole-Becken
Nizza
Provence-Plattform
Marseille
Esterel

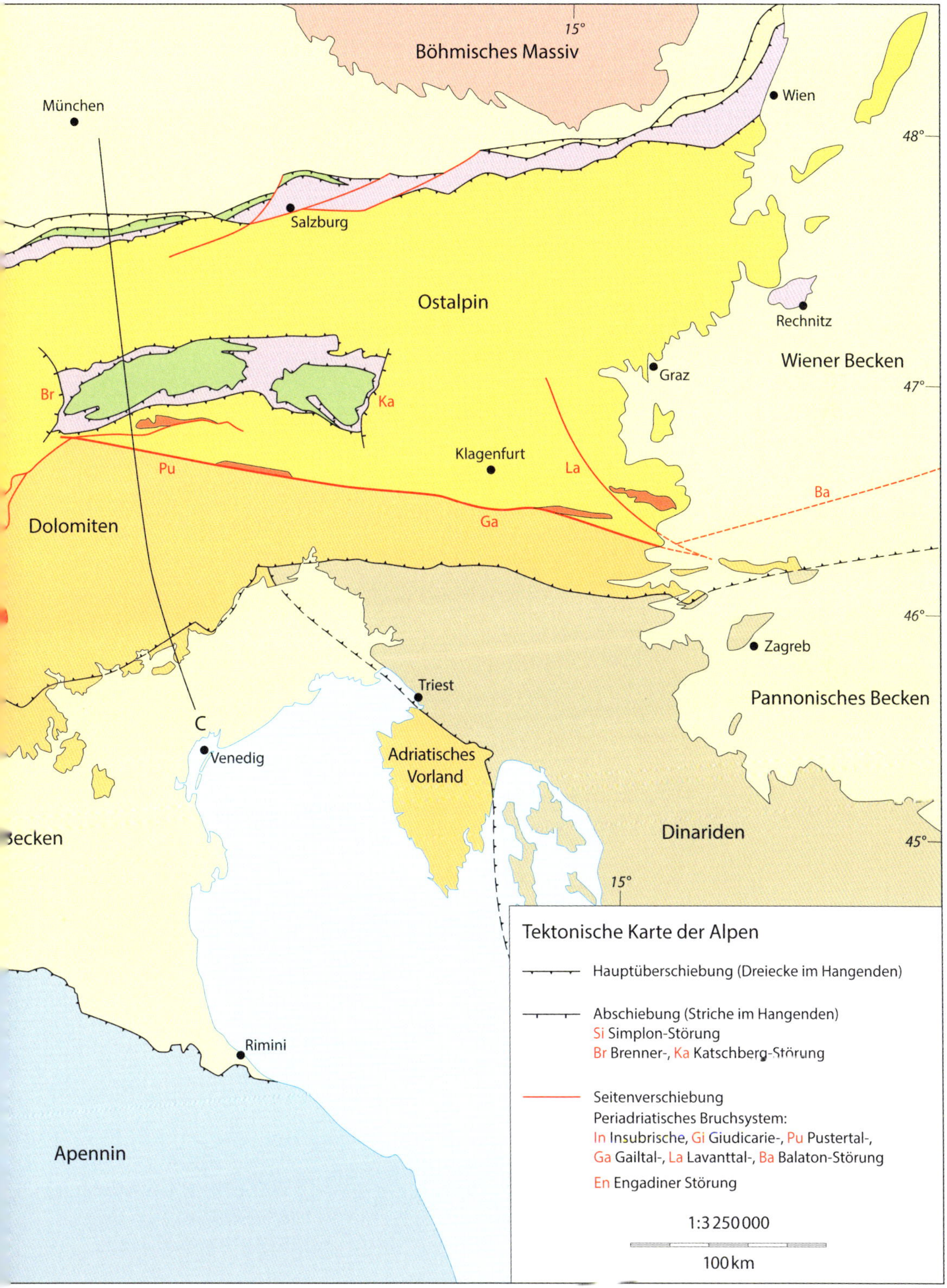

15°
Böhmisches Massiv
München
Wien
48°
Salzburg
Ostalpin
Rechnitz
Wiener Becken
Graz
Br
Ka
47°
Klagenfurt
Pu
La
Ba
Dolomiten
Ga
46°
Zagreb
Triest
Pannonisches Becken
C
Venedig
Adriatisches Vorland
ecken
Dinariden
45°
15°
Rimini
Apennin
Tektonische Karte der Alpen
Hauptüberschiebung (Dreiecke im Hangenden)
Abschiebung (Striche im Hangenden)
Si Simplon-Störung
Br Brenner-, Ka Katschberg-Störung
Seitenverschiebung
Periadriatisches Bruchsystem:
In Insubrische, Gi Giudicarie-, Pu Pustertal-,
Ga Gailtal-, La Lavanttal-, Ba Balaton-Störung
En Engadiner Störung
1:3 250 000
100 km

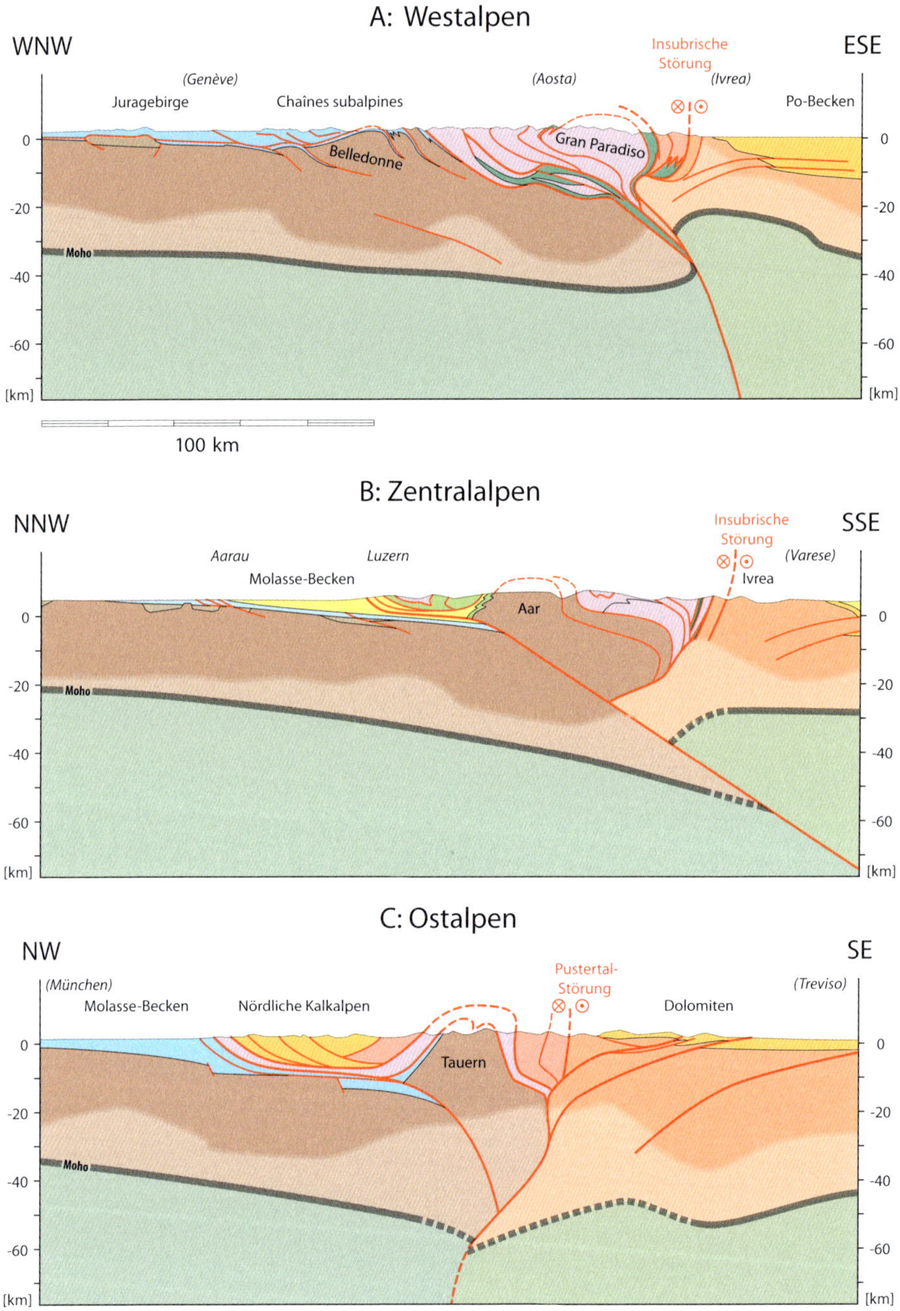

Oberkruste ist von der Unterkruste abgeschält und zu einem Deckenstapel aus Kristallindecken aufgetürmt. Die Unterkruste zieht unter den zusammengestauchten Rand der adriatischen Platte. Ähnlich dem Profil in den Westalpen befindet sich der adriatische Erdmantel in einer Hochlage. Auf der Südseite dieser Hochlage erfassen nordfallende Überschiebungen die

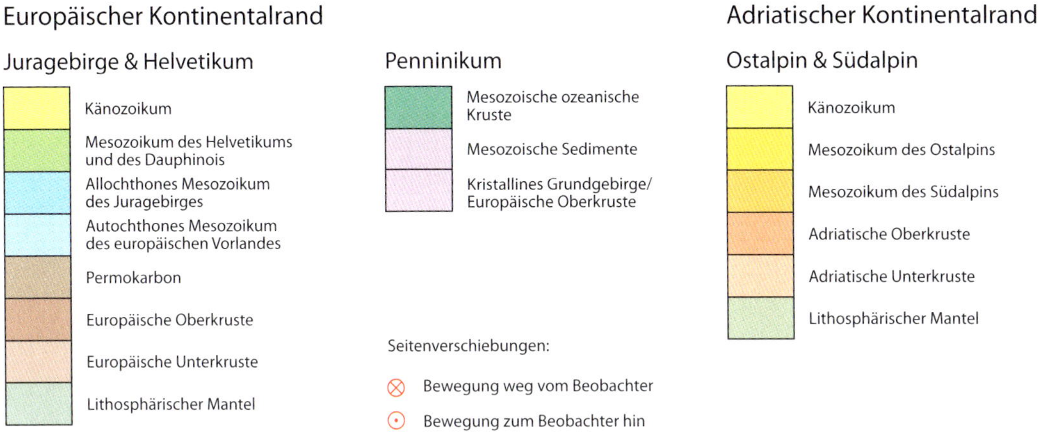

Oberkruste, während die Unterkruste aufgefaltet wurde. Dieser Stil wird als „thick-skinned tectonics" bezeichnet. Eine steile Bruchzone, die Insubrische Störung, trennt die Gesteine der adriatischen und europäischen Platte. Die Bruchzone zeigt zwei Bewegungskomponenten. Als steile Aufschiebung bewegten sich die abgeschälten Oberkrustenpakete des europäischen Rands südwärts, und teilweise gleichzeitig bewegte sich der adriatische Block als dextrale Seitenverschiebung westwärts. Nördlich des Aar-Massivs liegen Klippen von helvetischen und penninischen Sedimentdecken. Sie wurden von ihrer kristallinen Unterlage abgeschert und über mehr als 100 Kilometer in nördlicher Richtung geschoben. Dabei kamen sie auch auf die internen, südlichen Teile der känozoischen Füllung des Molassebeckens zu liegen.

Im Profilschnitt durch die Ostalpen taucht die europäische Kruste zwar ebenfalls nach Süden unter den adriatischen Kontinentalrand, aber das Ausmaß der Verkürzung scheint etwas geringer. Die adriatische Lithosphäre taucht ihrerseits nach Norden ein. In beiden Fällen ist die Unterkruste im Kontaktbereich deutlich verdickt. Es ist ein einzelner Kristallinaufbruch zu verzeichnen, der im Tauern-Fenster zutage tritt. Eine steile Bruchzone auf der Südseite des Tauern-Fensters, die Pustertal-Störung, trennt die Ostalpen von den Dolomiten. In den Dolomiten sind mehrere südgerichtete Überschiebungen zu erkennen, welche auch die kristallinen Oberkrustengesteine erfassen. Der Verlauf dieser Überschiebungen in der Tiefe und ihre Vereinigung mit der großen Überschiebung im Liegenden des Tauern-Massivs ist spekulativ. Immerhin ist aber die Struktur der Unterkruste durch die seismischen Untersuchungen einigermaßen gesichert. Über dem Tauern-Kristallin liegen mesozoische Sedimente, die mit jenen des Helvetikums in den Zentralalpen vergleichbar sind. Diese Sedimente sind ihrerseits überlagert von penninischen Decken und diese wiederum von ostalpinen Decken. Ein größerer Komplex von ostalpinen Decken, die sogenannten Nördlichen Kalkalpen, liegt nördlich des Tauern-Fensters auf einem Kissen von penninischen Decken. Die Nördlichen Kalkalpen wurden schon in der Kreidezeit zu einem Deckenkomplex zusammengeschoben, wobei die Überschiebungen teilweise in westlicher Richtung stattfanden.

◄▲ **1-11 Drei schematische Profilschnitte durch die West-, Zentral- und Ostalpen,** basierend auf geologischen und geophysikalischen Untersuchungen. Deutlich erkennbar ist das bedeutende Ausmaß der Krustenverkürzung der Oberkruste im Vergleich zur einfacheren Struktur der Unterkruste und des lithosphärischen Mantels. Die Profilspuren sind in Abb. 1-10 angegeben.

2 Bausteine der Alpen: Das prä-triadische Grundgebirge

In diesem Kapitel werden die prä-triadischen Gesteinsserien behandelt, die vielerorts in den Alpen die direkte Unterlage der mesozoischen Sedimentabfolgen bilden. In diesem Grundgebirge können eine Vielzahl unterschiedlicher Gesteinsserien unterschieden werden. Einige sind in ähnlicher Ausbildung an verschiedenen Orten auszumachen. Dies betrifft namentlich folgende drei Gesteinsgruppen:

Grundgebirge:
- *polymetamorphes Kristallin*
- *magmatische Gesteine*
- *Sedimentgesteine*

– Kristalline polymetamorphe Gesteine, die auch als Altkristallin bezeichnet werden. Das Alter dieser Gesteine reicht bis weit ins Präkambrium zurück. Ursprünglich handelte es sich zumeist um klastische Sedimente und Basalte.
– Magmatische Gesteine, namentlich Granite und Vulkanite. Besonders verbreitet sind granitische Intrusiva aus dem Ordovizium, die heute als Orthogneise vorliegen, Granite aus dem späten Karbon sowie eine Gruppe von Magmatiten permischen Alters.
– Paläozoische Sedimente, altersmäßig vom Ordovizium bis ins Karbon reichend, sowie spätpaläozoische Sedimente permokarbonen Alters.

Von der Entstehungsgeschichte her betrachtet, erlebten die Gesteine des prä-triadischen Grundgebirges mehrere Phasen von Gebirgsbildung und Beckenbildung. Drei größere Ereignisse im Paläozoikum prägten das Bild nachhaltig: Gebirgsbildung auf dem Gondwana-Kontinent des pan-afrikanischen Zyklus (vor 870 bis 550 Millionen Jahren), die kaledonische Gebirgsbildung im nordwestlichen Europa und die variszische Gebirgsbildung in Zentraleuropa. Zeugen dieser Gebirgsbildungen sind metamorphe Überprägungen, die sowohl druckbetonte Paragenesen und sogar Eklogite produzierten wie auch zu Aufschmelzungen (Anatexis) bei höheren Temperaturen und zur Bildung von Migmatiten führten. Schließlich zeugen auch magmatische Aktivitäten, bei denen verbreitet granitische Gesteine und Vulkanite entstanden, von diesen Orogenesen. Vor, während und nach diesen Gebirgsbildungen lagerten sich diverse Sedimentgesteine in größeren und kleineren Becken ab. Obschon diese Sedimente nur spärlich erhalten sind, passen sie in das Bild. Durch die jüngste, die alpine Gebirgsbildung und die vorangehende Beckenbildung beim Zerbrechen von Pangäa wurde das prä-triadische Grundgebirge in kleine Blöcke zerlegt. Um die großen Zusammenhänge zu erkennen, müssen wir versuchen, uns aus diesen geografisch isolierten Blöcken ein Bild zu machen. Dieses Unterfangen ist recht schwierig. Da wir aber an den unterschiedlichsten Orten in den Alpen immer wieder eine ähnliche lokale Entwicklungsgeschichte feststellen können, darf der Synthese trotzdem viel Glaubwürdigkeit beigemessen werden. Die vormesozoische Geologie der gesamten Alpen ist in jüngerer Zeit in einer Übersichtsdarstellung eingehend diskutiert worden (von Raumer & Neubauer 1993a); hierin finden sich zahlreiche lokale, regionale und überregionale Zusammenstellungen, auf die in diesem Kapitel mehrfach zurückgegriffen wird. Eine jüngere Publikation (von Raumer et al. 2013) diskutiert das prä-mesozoische Grundgebirge in einem größeren, europäischen Zusammenhang.

Die eingangs erwähnte Dreiteilung der Gesteinsserien des prä-triadischen Grundgebirges kann vom nordalpinen Vorland (Schwarzwald-Vogesen, Böhmisches Massiv) bis in die eigentlichen Alpen verfolgt werden. Abb. 2-1 zeigt, wie das Grundgebirge in den Alpen in

◄ **2-0** Foto S. 35: **Mer de Glace**

isolierten Schollen oder Blöcken an der Erdoberfläche anzutreffen ist. Beispiele solcher Schollen sind die Externmassive im Helvetikum, die Kristallindecken im Penninikum, die ostalpinen Decken und das Südalpin, alles Einheiten, die anlässlich der alpinen Gebirgsbildung über größere Distanzen relativ zueinander bewegt wurden. Die isolierten und lückenhaften Aufschlüsse machen es denn auch schwierig, die Zusammenhänge zwischen den einzelnen Vorkommen im Detail zu verstehen. Im Folgenden werden einzelne dieser Grundgebirgsblöcke näher diskutiert. Die ausgewählten Beispiele sind einmalig, was das Spektrum der Gesteine und deren Entstehung angeht, und sind durch neuere Untersuchungen besonders gut dokumentiert.

2.1 Das prä-triadische Grundgebirge von Schwarzwald-Vogesen

Beiderseits des Rhein-Grabens nördlich von Basel ist auf den Grabenschultern das pra-triadische Grundgebirge in zwei geologischen Fenstern entblößt. Im nördlichen Teil dieser Fenster sind mäßig metamorph überprägte Gesteine des variszischen Gebirges an der Oberfläche aufgeschlossen. Im mittleren Teil sind es polymetamorphe Gneise des sogenannten Zentralen Gneis-Komplexes. Südlich davon quert ein schmaler Gürtel aus paläozoischen Sedimenten den Schwarzwald. Die südlich angrenzenden polymetamorphen Gneise bilden den „Südlichen Gneis-Komplex“. Abb. 2-2 basiert auf Eisbacher et al. (1989), ergänzt nach Huber & Huber (1984), und zeigt die Verbandsverhältnisse im südlichen Schwarzwald.

Der „Zentrale Gneis-Komplex“ besteht aus gebänderten polymetamorphen Paragneisen, Orthogneisen, Metabasika und Meta-Ultrabasika, die allesamt nach Norden einfallen. Die Zusammensetzung der Paragneise lässt darauf schließen, dass der Protolith aus Grauwacken und Tonschiefern bestand, die aus einem Liefergebiet aus proterozoischen Gesteinen stammen. Geochemische Daten deuten darauf hin, dass die Gesteine des „Zentralen Gneis-Komplexes“ mindestens eine metamorphe Überprägung im frühen Paläozoikum erlitten, mit einem Temperaturhöhepunkt im mittleren Ordovizium, vor 480 bis 460 Millionen Jahren (vgl. Eisbacher et al. 1989). An vielen Stellen im Schwarzwald können auch Aufschmelzungen beobachtet werden, aber die Datierung dieser anatektischen Vorgänge ist unsicher. Nach Huber & Huber (1984) kann eine erste Anatexis im frühen Kambrium (vor 550 bis 520 Millionen Jahren) und eine zweite, die „Hauptanatexis“, im frühesten Ordovizium (vor 490 bis 480 Millionen Jahren) vermutet werden. Nach Eisbacher et al. (1989) deuten petrologische Daten in Ultramafika, eklogitischen Amphiboliten und granulitischen Paragneisen auf eine eklogitisch-granulitische Hochdruck-Metamorphose, die vor einer regionalen Metamorphose unter mittleren Drücken stattfand. Eine noch jüngere, druckbetonte metamorphe Überprägung fand anschließend während der variszischen Orogenese statt. All diese Vorgänge belegen, dass der „Zentrale Gneiskomplex“ im Paläozoikum mehrere Orogenesen erlebte. Die hohen Grade der metamorphen Umwandlungen lassen nur wenige und ungenaue Aussagen zur älteren Entwicklungsgeschichte dieser Gesteine zu.

Die Grenze zum „Südlichen Komplex“ bildet eine nordfallende Überschiebung, die Todtnau-Überschiebung, längs welcher der „Zentrale Gneis-Komplex“ in südöstlicher Richtung auf

▶ **2-1 Tektonische Karte der Alpen.** Für alle tektonischen Einheiten sind das prä-triadische kristalline Grundgebirge sowie paläozoische Sedimente gesondert ausgeschieden.

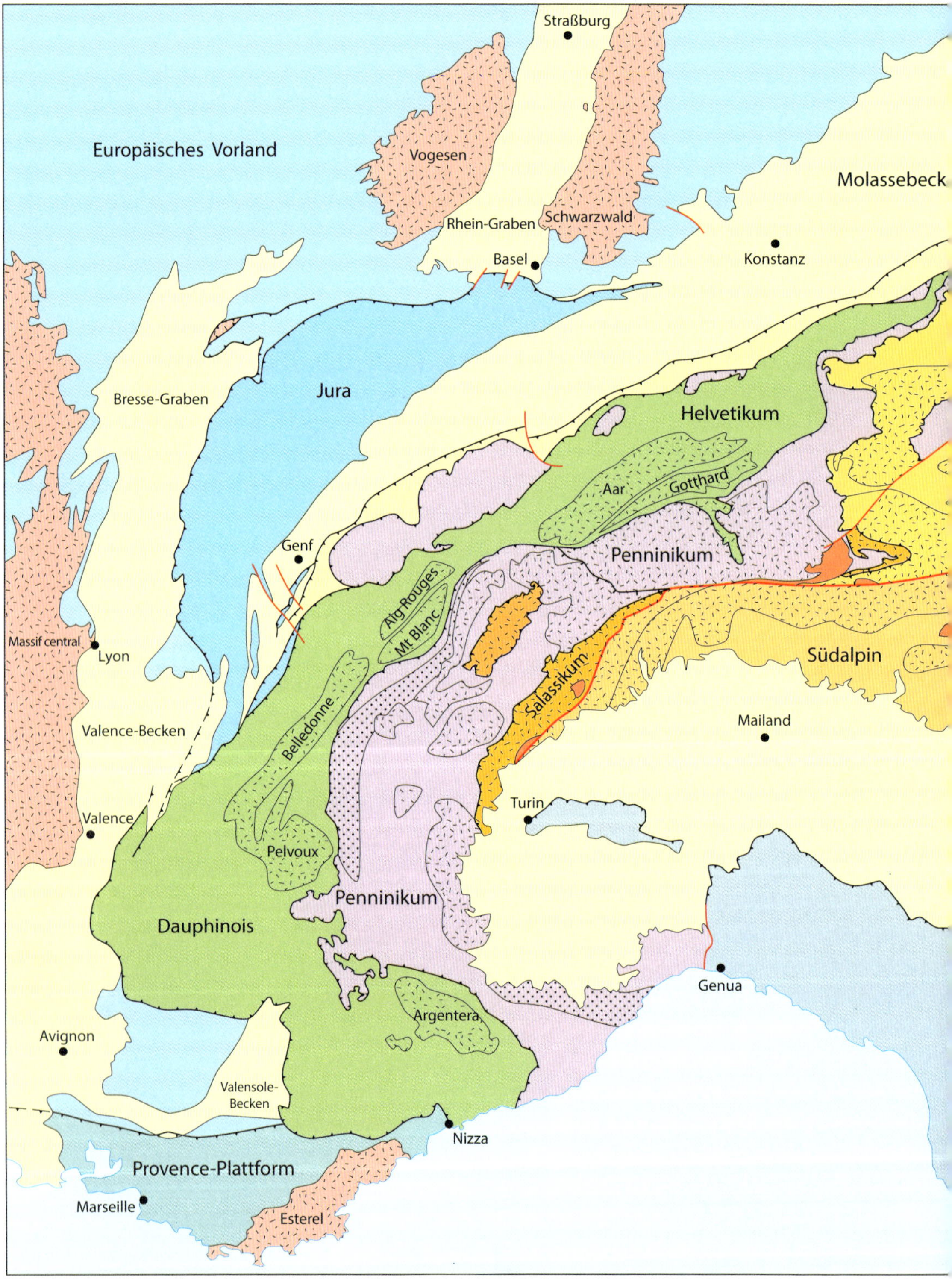
Straßburg
Europäisches Vorland
Vogesen
Molassebeck
Rhein-Graben
Schwarzwald
Konstanz
Basel
Jura
Bresse-Graben
Helvetikum
Aar
Gotthard
Genf
Penninikum
Aig.Rouges
Mt Blanc
Massif central
Lyon
Salassikum
Südalpin
Belledonne
Valence-Becken
Mailand
Turin
Valence
Pelvoux
Penninikum
Dauphinois
Genua
Argentera
Avignon
Valensole-
Becken
Nizza
Provence-Plattform
Marseille
Esterel

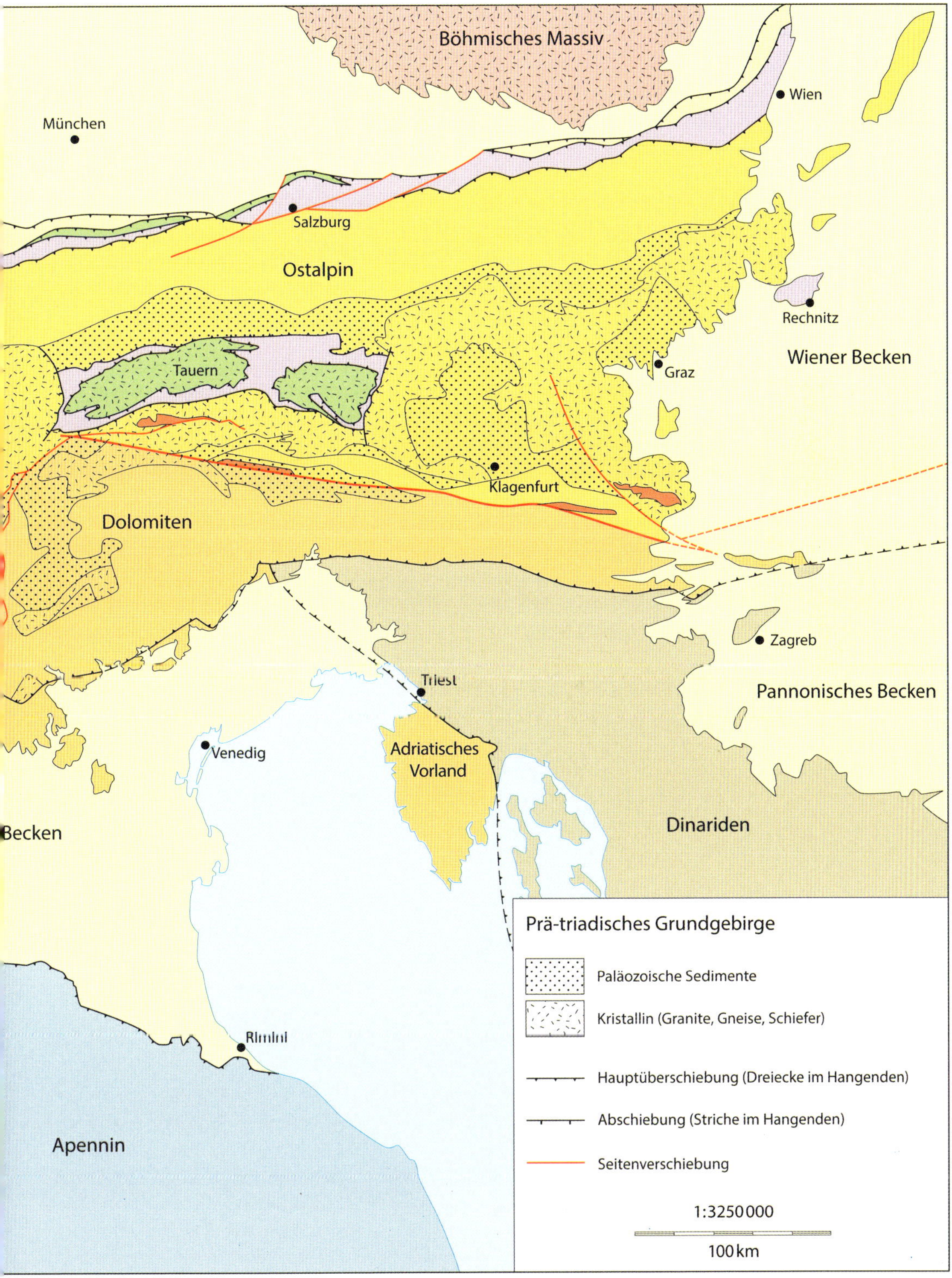
Böhmisches Massiv
Wien
München
Salzburg
Ostalpin
Tauern
Rechnitz
Wiener Becken
Graz
Klagenfurt
Dolomiten
Zagreb
Triest
Pannonisches Becken
Venedig
Adriatisches Vorland
Becken
Dinariden
Prä-triadisches Grundgebirge
Paläozoische Sedimente
Kristallin (Granite, Gneise, Schiefer)
Hauptüberschiebung (Dreiecke im Hangenden)
Abschiebung (Striche im Hangenden)
Seitenverschiebung
1:3250000
100 km
Apennin

paläozoische Sedimente aufgeschoben ist (Eisbacher et al. 1989). Die Todtnau-Überschiebung ist von parallel verlaufenden retrograden Scherzonen im „Zentralen Gneis-Komplex“ begleitet. Die Aufschiebung des Letzteren fand gemäß K/Ar-Abkühlaltern im frühen Karbon (vor 340 bis 330 Millionen Jahren) statt (op. cit.).

Der Gürtel von paläozoischen Sedimenten südlich der Todtnau-Überschiebung wird als „Badenweiler-Lenzkirch-Zone“ bezeichnet. Die Sedimente enthalten unten marine Kalke, Tonsteine, Siltsteine und sporadisch kalkige Olistostrome des späten Devons. Den Hauptteil der Sedimente machen aber Turbiditablagerungen mit Feldspat- und vulkanischen Komponenten aus. Sie sind altersmäßig in das frühe Karbon zu stellen und als synorogene Sedimente zu deuten. Als jüngstes wurden im Visean (vor zirka 330 Millionen Jahren) Konglomerate als „channel deposits“ unter paralischen, nicht marinen Bedingungen sowie mannigfaltige vulkanische Brekzien abgelagert. Generell gesehen, liegen die älteren Sedimente eher im nördlichen Teil des Gürtels und die jüngsten Konglomerate eher im Süden und ohne Tiefgang. Im Querprofil ergibt sich somit eine nach SSE überkippte Serie.

Wie in Abb. 2-2 ersichtlich, bildet eine Abschiebung die Grenze zwischen der „Badenweiler-Lenzkirch-Zone“ und dem „Südlichen Gneis-Komplex“. Diese Abschiebung bringt die Gneise im Süden (Hotzenwald-Gruppe) in direkten Kontakt zu den unmetamorphen paläozoischen Sedimenten. Die wichtigsten Gesteine im „Südlichen Gneis-Komplex“ sind polymetamorphe und monometamorphe Schiefer, vergneiste Metavulkanite, Ultramafika, selten Gabbros sowie Linsen von mylonitischen Leukograniten (Eisbacher et al. 1989). Viele dieser Gesteine sind lediglich als größere Schollen innerhalb der jüngeren Granite erhalten. In den mylonitischen Leukograniten zeigen Schersinnindikatoren auf Überschiebung in Richtung Südosten. Daneben sind aber mehrere dextrale Seitenverschiebungen (teilweise mit Abschiebungskomponenten) zu verzeichnen.

Im späten Karbon drangen eine Reihe von Graniten in die alten Gneise und die paläozoischen Sedimente ein. Die Alter dieser Granite variieren von 330 bis 310 Millionen Jahren, mit einer Häufung um 330 Millionen Jahre. Sie durchschlagen die variszischen Strukturen wie etwa die „Badenweiler-Lenzkirch-Zone“ oder die Todtnau-Überschiebung, sind also als post-variszisch zu bezeichnen. Einzelne ältere Granite sind im frühen Karbon eingedrungen („Randgranit“ 358 Millionen Jahre, Mambach„granit“ 352 Millionen Jahre; Huber & Huber 1984) und sind von der variszischen Gebirgsbildung deformiert.

Eine Serie von klastischen Sedimenten und Vulkaniten des späten Karbons und Perms überlagern die oben besprochenen Einheiten diskordant. Der Einbruch dieser permokarbonen Becken begann im Westphalian (zirka 310 Millionen Jahre) und kulminierte im Rotliegenden vor 307 bis 286 Millionen Jahren. Die vulkanische Tätigkeit förderte in der Zeit zwischen etwa 307 und 286 Millionen Jahren (vgl. Eisbacher et al. 1989) saure Magmen (Rhyolite). Die Becken bildeten sich als lokale Gräben, in denen eine zwei bis drei Kilometer mächtige Sequenz von fluviatilen und limnischen Sandsteinen, Tonen und Mergeln sowie Kristallinbrekzien in Schuttfächern abgelagert wurden

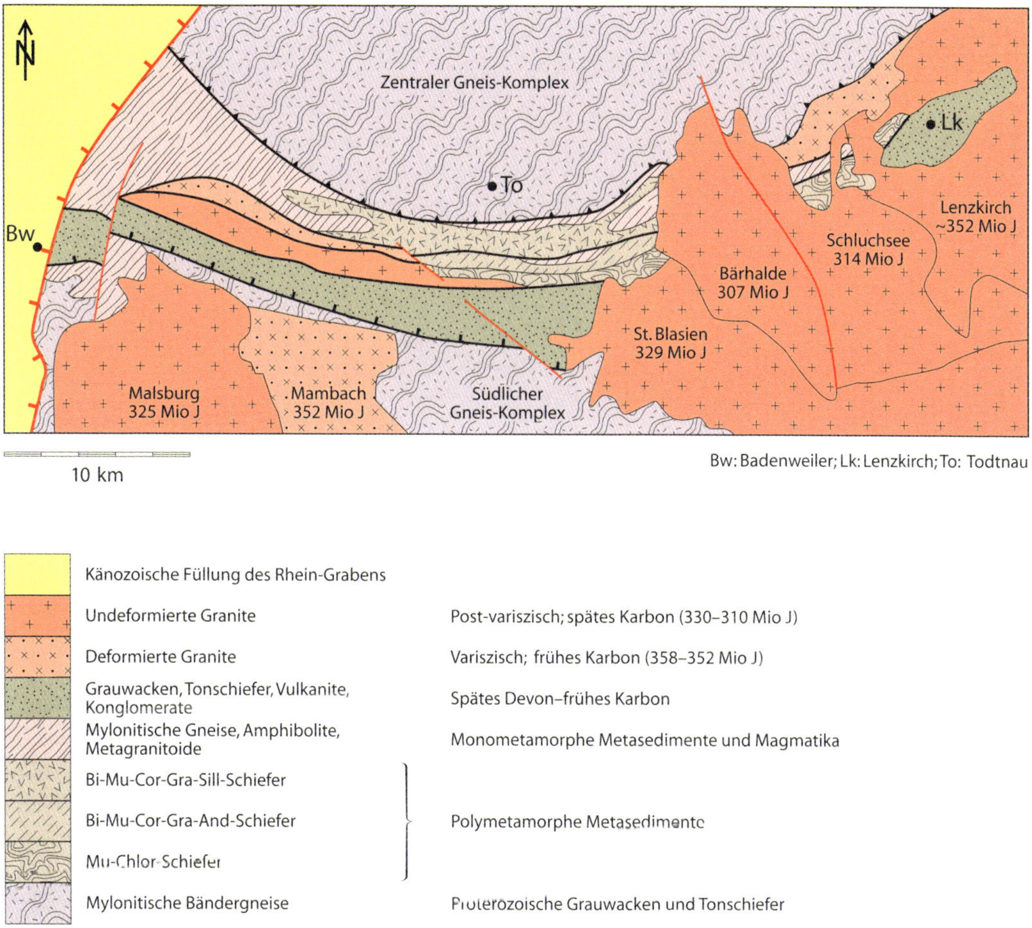

2-2 Geologische Karte des südlichen Schwarzwaldes, basierend auf Eisbacher et al. (1989) und Huber & Huber (1984). Die Verbandsverhältnisse veranschaulichen die spätpaläozoische Entwicklungsgeschichte. An: Andalusit, Bi: Biotit, Chlor: Chlorit, Cor: Cordierit, Gra: Granat, Mu: Muskovit, Sill: Sillimanit.

(Matter 1987). Ähnliche Becken sind in allen alpinen Bereichen ebenfalls zu finden, wie später diskutiert wird.

2.2 Das prä-triadische Grundgebirge der Externmassive

In den Externmassiven der Alpen ist das prä-triadische Grundgebirge in mehreren Kristallinaufbrüchen der direkten Beobachtung zugänglich. Infolge der zusätzlichen alpinen Überprägung, die im Schwarzwald fehlt, ist eine Deutung der Gesteinsverbände in den isolierten Aufschlüssen für einzelne Fälle noch schwieriger. Trotzdem lassen sich einige Gemeinsamkeiten feststellen. An mehreren Orten kommen beispielsweise proterozoische Metasedimente, ordovizische Orthogneise, variszische Migmatite und spät- oder post-variszische Granite des frühen Karbons, sowie permische Granite, Vulkanite und kontinentale Klastika vor, um die wichtigsten Elemente vorwegzunehmen. Andere Serien, wie etwa unmetamorphe paläozoische Sedimente des Ordoviziums, Silurs und Devons, sind bezüglich ihres Vorkommens auf einzelne Regionen, das Ostalpin im Speziellen, beschränkt. Um den regionalen Unterschieden gerecht zu werden, erfolgt die Diskussion des prä-triadischen Grundgebirges regional gegliedert und beschränkt sich auf einige besonders gut dokumentierte Beispiele.

Externmassive der Westalpen

Argentera, Pelvoux, Belledonne, Aiguilles Rouges, Mont Blanc

Wie aus Abb. 2-1 ersichtlich, reihen sich die Kristallinaufbrüche von Argentera, Pelvoux, Belledonne und Aiguilles Rouges/Mont Blanc im externen Teil der Alpen aneinander. All diesen Externmassiven gemeinsam ist nach von Raumer et al. (1993c) eine Serie von **polymetamorphen Metasedimenten,** die im Silur oder frühen Devon von einer Hochdruck-Metamorphose mit Eklogitbildung und später, im späten Devon oder frühen Karbon, von einer regionalen Metamorphose, die in Zusammenhang mit der variszischen Gebirgsbildung steht, überprägt wurde. Schließlich erfolgten jüngste Überprägungen anlässlich der alpinen Orogenese. Die Metasedimente werden auch unter dem Begriff „Altkristallin" zusammengefasst. Sie dürften altersmäßig ins späte Proterozoikum und frühe Paläozoikum zu stellen sein (von Raumer et al. 1993c). Eine Serie von Metagrauwacken, wechsellagernd mit Quarziten und Metapeliten, seltenen Karbonaten, ist möglicherweise als Plattformsedimente assoziiert mit einem Rift zu deuten. Eine andere Serie, bestehend aus Glimmerschiefern mit Amphibolitlagen und Diopsid-Marmoren, begleitet von gebänderten Metagrauwacken und sauren Gneisen und Amphiboliten, ist eher in einem ozeanischen Umfeld zu sehen.

Für die im Argentera-Massiv verbreitet vorkommenden granitischen Bändergneise werden als Protolith saure Vulkanite vermutet, während die Augengneise und feinkörnigen granitischen Gneise im Aiguilles Rouges-Massiv als Metavulkanite eines ehemaligen Inselbogens gedeutet werden. Schließlich sind die Augengneise im Mont Blanc-Massiv, deren Alter mit 460 Millionen Jahre angegeben werden kann, als ordovizische Granite zu interpretieren. Unklar ist das Alter der Metapelite (sogenannte Série satinée) im Belledonne-Massiv.

Neben diesen polymetamorphen Metasedimenten sind hauptsächlich im Belledonne-Massiv **monometamorphe Serien** auszumachen (von Raumer et al. 1993c). Eine dieser Serien, der Chamrousse-Ophiolith, besteht aus ultramafischen Gesteinen und Gabbros mit einem Kristallisationsalter von 497 bis 496 Millionen Jahren. Die Entstehung wird am Übergang von ausgedünnter, ozeanisierter kontinentaler Kruste zu ozeanischer Kruste angenommen. Deutlich jünger ist der plutonisch-vulkanische Komplex von Rioupéroux-Livet mit Amphiboliten und Trondhjemiten (Alter 365 bis 350 Millionen Jahre). Die Taillefer-Serie schließlich enthält Metapelite, -arenite, -konglomerate sowie Metaspilite und -keratophyre, die altersmäßig ins ältere Karbon zu stellen sind. Bei dieser letzten Serie könnte es sich um Sedimente und Vulkanite handeln, die in Zusammenhang mit der Bildung eines intrakontinentalen Pull-apart-Beckens zu sehen sind.

Verbreitet sind auch **variszische Migmatite**, die teilweise Cordierit enthalten. Exhumation durch Deckenstapelung und Erosion im späten Devon und frühen Karbon führten zu einer Dekompression und einer Erhöhung des geothermischen Gradienten im entstehenden variszischen Gebirge. Als Folge davon kam es zur Aufschmelzung (Anatexis) von Krustengesteinen.

Die Deformation während der variszischen Gebirgsbildung begann im späten Devon. Eine Hauptschieferung überprägte frühe, prä-existente Falten, und auf dieser Hauptschieferung ist eine Streckungslineation zu sehen, die auf eine Nord-Süd-Scherung deutet (von Raumer et al. 1993c). Später, im frühen Karbon, entstanden Großfalten, die alle früheren Strukturen überprägten.

Schließlich enthalten die Externmassive eine Reihe von **spät-** und **post-variszischen Graniten**. Die granitoiden Schmelzen intrudierten das polymetamorphe Altkristallin, die monometamorphen Serien und die Migmatite. Nach Bonin et al. (1993) sind die älteren Intrusionen im frühen Karbon (vor 350 bis 330 Millionen Jahren) eingedrungen, K-reich, der kalk-alkalischen Reihe zuzuordnen, und ihr porphyritisches Gefüge deutet auf ein seichtes Intrusionsniveau. Diese Granitoide sind nach der Kollision von Gondwana mit Baltica in einen fertigen Krustenstapel eingedrungen, sind also spät-variszisch.

Im späten Karbon (vor 320 bis 290 Millionen Jahren) sind vulkanisch-plutonische Komplexe der Alkali- bis Kalkalkali-Reihe entstanden. Ihre Platznahme ist im Umfeld einer post-variszischen Dehnungstektonik zu sehen.

Schließlich sind im Perm noch jüngere vulkanische und plutonische Aktivitäten zu verzeichnen. Diese sind im Zusammenhang mit einer westmediterranen Provinz und dem Aufbrechen von Pangäa bzw. der Öffnung eines Arms der Tethys Richtung Westen zu sehen (vgl. S. 22, Abb. 1-5).

Im *Argentera-Massiv* (Abb. 2-3) sieht man, wie ein post-variszischer Granit, dessen Alter nach Bonin et al. (1993) in die Wende spätestes Karbon/frühestes Perm (293 bis 285 Millionen Jahre) fällt, einen Orthogneiskörper und die Grenze der variszischen Migmatite zum Altkristallin schneidet.

Am Beispiel des südwestlichen *Belledonne-Massivs* (Abb. 2-4) sind variszische Hauptüberschiebungen auszumachen, die den Chamrousse-Ophiolith und das Altkristallin in entgegengesetztem Sinn auf den Rioupéroux-Livet-Intrusivkomplex aufschieben. Der variszische Granit (Sept-Laux-Granit), der sich als relativ schmales Band über 100 Kilometer nach Nordosten fortsetzt, ist mit seinem Alter von 330 Millionen Jahren, d. h. frühes Karbon, als spät-variszisch einzustufen. Nach Bonin et al. (1993) sind die Schmelzen durch fortlaufende Anatexis in der Unterkruste entstanden.

Im *Aiguilles Rouges-Massiv* (Abb. 2-5) fällt auf, dass die im Altkristallin eingefalteten Sedimente des Devons und Karbons im Südwesten Nord-Süd verlaufen, also schief zum alpinen Streichen, das durch die längliche Form der beiden Massive angedeutet ist. Demgegenüber verlaufen die jungpaläozoischen Sedimente im Nordwesten des Massivs parallel zum alpinen Streichen und parallel zum schmalen Band des Vallorcine-Granits. Dieser Granit ist nach Bonin et al. (1993) als tafelartiger Pluton vor 320 Millionen Jahren eingedrungen, und zwar in einem transtensiven Regime. Die Schmelzen deuten auf Anatexis im krustalen Bereich (Aufschmelzung von Metapeliten), aber gewisse mafische

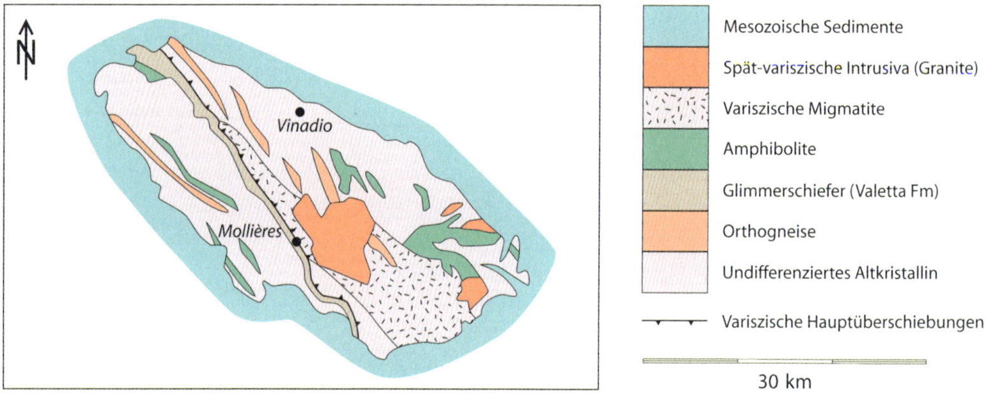

2-3 Geologische Karte des Argentera-Massivs, ein Externmassiv der Westalpen. Umgezeichnet nach von Raumer et al. (1993). Spätvariszische Migmatite sind an einer Überschiebung auf Glimmerschiefer der Valetta-Formation aufgeschoben.

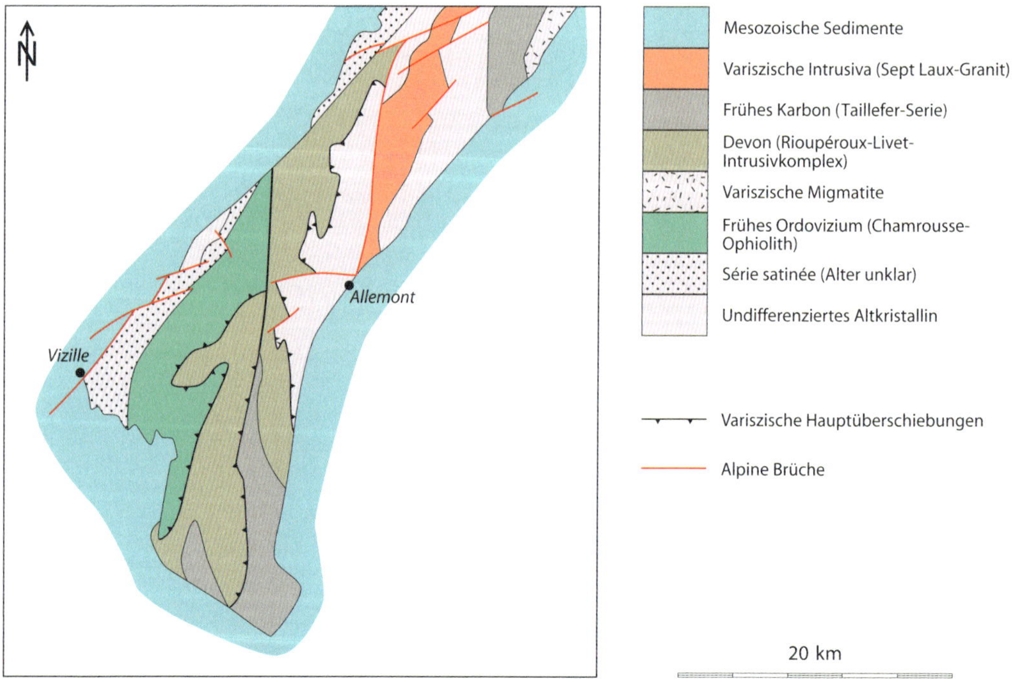

2-4 Geologische Karte des südwestlichen Belledonne-Massivs, ein Externmassiv der Westalpen. Umgezeichnet nach von Raumer et al. (1993). An variszischen Überschiebungen sind alte Gesteine (Altkristallin und ordovizischer Chamrousse-Ophiolith) auf jüngere (Devon) aufgeschoben.

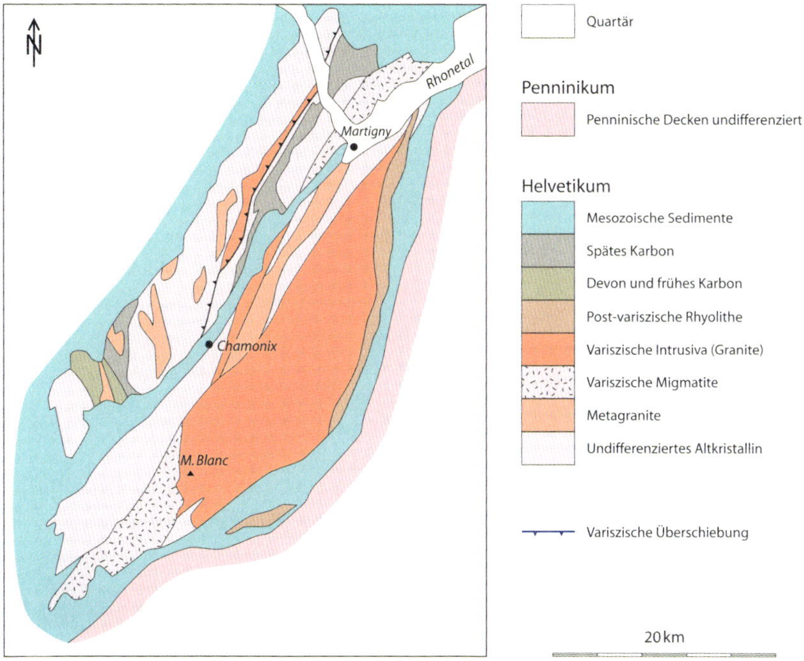

2-5 Geologische Karte des Aiguilles Rouges- und des Mont Blanc-Massivs, zwei Externmassive am Übergang Westalpen-Zentralalpen. Umgezeichnet nach von Raumer et al. (1993). Eingefaltetes Devon und frühes Karbon streichen NNW-SSE, eingefaltetes Permokarbon NNE-SSW. Der post variszische Mont Blanc-Granit schneidet variszische Migmatite, Metagranite und Altkristallin. Das Foto zeigt die Sicht auf die Aiguilles de Chamonix (Haute Savoie, Frankreich) mit Blickrichtung SSE. Die Gipfelpyramiden von Blaitière und Grand Charmoz sind aus Mont Blanc-Granit aufgebaut, Petit Charmoz (dunkel) aus polymetamorphen Gneisen.

Komponenten schließen einen Beitrag von Mantelschmelzen nicht aus.

Der Mont Blanc-Granit im benachbarten gleichnamigen Massiv ist mit einem Alter von 316 bis 304 Millionen Jahren etwas jünger (spätes Karbon). Auch die Platznahme dieses Granits erfolgte offenbar in einer transtensiven Scherzone. Aber infolge anschließender rascher Exhumation wurde auf dem Granit ein größerer Rhyolitkörper abgelagert. Dessen Alter beträgt nach neueren Datierungen (Capuzzo & Bussy, in von Raumer 1998) 295 Millionen Jahre (frühestes Perm).

Externmassive der Zentralalpen

Die prä-triadischen Gesteinsabfolgen im Aar- und Gotthard-Massiv sind insgesamt jenen der oben besprochenen Externmassive sehr ähnlich. Aus diesem Grunde werden lediglich zwei besonders instruktive Beispiele näher beschrieben.

Am Ostende des *Aar-Massivs* sind die Verbandsverhältnisse im Limmerngebiet von Franks (1968) studiert worden, Schaltegger & Corfu (1995) geben eine Gesamtschau der magmatischen Ereignisse. In Abb. 2-6 sind schematisch die Verbandsverhältnisse im Grundgebirge und im Mesozoikum darüber (nach eigenen Untersuchungen) dargestellt, ergänzt mit den Intrusionsaltern. Folgende Abfolge geologischer Ereignisse kann in diesem Gebiet ausgeschieden werden: Im frühen Karbon, wahrscheinlich im Zeitraum zwischen 350 und 340 Millionen Jahren, bildete sich im Altkristallin des östlichen Aar-Massivs ein Graben, der mit klastischen Sedimenten und Vulkanoklastika gefüllt wurde, die heute als Metakonglomerate und Hornfelse vorliegen (Bifertenfirn-Metasedimente von Franks 1968). Bei der Intrusion des Tödi-Granits, dessen Alter 333 Millionen Jahre beträgt (frühes Karbon), wurden die Metasedimente kontaktmetamorph überprägt. Die Metasedimente wurden aber auch von einer regionalen Metamorphose überprägt und gefaltet, wobei das Alter dieser Vorgänge nicht präzise festgelegt werden kann. Gänge durchschlugen die Metasedimente und den Tödi-Granit vor 310 Millionen Jahren. Etwas später, vor knapp 300 Millionen Jahren, intrudierte der Zentrale Aare-Granit, ein größerer Pluton, der über eine Stecke von weit über 100 Kilometern gegen das Westende des Aar-Massivs verfolgt werden kann. Im Dach der Intrusion intrudierten Mikrogranite (Alter 299 Millionen Jahre) in die Metasedimente, und im Falle des Sandalp-Ryoliths (Alter 300 Millionen Jahre) erreichten die Schmelzen sogar die Erdoberfläche. Um diese Zeit (300 Millionen Jahre) wurde der Tödi-Granit samt Nebengesteinen exhumiert und gleich anschließend von Vulkanoklastika des späten Karbons (Bifertengrätli-Formation von Franks 1968) bedeckt. Pflanzenfunde erlaubten eine Datierung dieser Gesteine als Westphalian D-Stephanian, d. h. spätes Karbon (310 bis 300 Millionen Jahre). Die Bifertengrätli-Formation ist somit fast gleich alt wie der Sandalp-Rhyolit. Abgelagert wurde die Bifertengrätli-Formation in einem tektonischen Graben, dessen Nordrand in etwa die Fortsetzung des älteren Grabens darunter ist. Die Formation setzt mit einem Basalkonglomerat ein, gefolgt von einem vulkanischen Member. Das nächste, ästuarine Member enthält kreuzgeschichtete Sandsteine, Arkosen sowie Kohlelagen mit datierbaren Pflanzenresten und deutet auf eine Flutung des Grabens. Diese ist mit dem jüngsten, lakustrinen Member vollständig abgeschlossen. Eine Faltung erfasste die jüngere Grabenfüllung, sodass die triadischen Sedimente nach Erosion und Peneplanisierung diskordant auf die Sedimente und Vulkanite abgelagert wurden. Offenbar fand in diesem Teil des Aar-Massivs Kompression, allenfalls Transpression, noch im spätesten Karbon (oder Perm?) statt.

Aar, Gotthard

Die oben diskutierten Gesteinsserien können zwanglos weiter nach Westen ins Maderanertal verfolgt werden (Franks 1968, Schaltegger & Corfu 1995). Allerdings dominieren dort die vulkanischen Gesteine über die klastischen Sedimente. Der Zentrale Aare-Granit zieht sich über eine Distanz von 100 km nach WSW. Sein Kontakt zu den polymetamorphen Gneisen, den Rahmengesteinen, ist auf der NNW-Flanke des Bietschhornes aufgeschlossen (Abb. 2-6).

Im Falle des *Gotthard-«Massivs»* fokussiert sich die Diskussion auf das Gebiet zwischen Gotthard- und Lukmanierpass. Die geologische Karte in Abb. 2-7 basiert auf der Arbeit von Mercolli

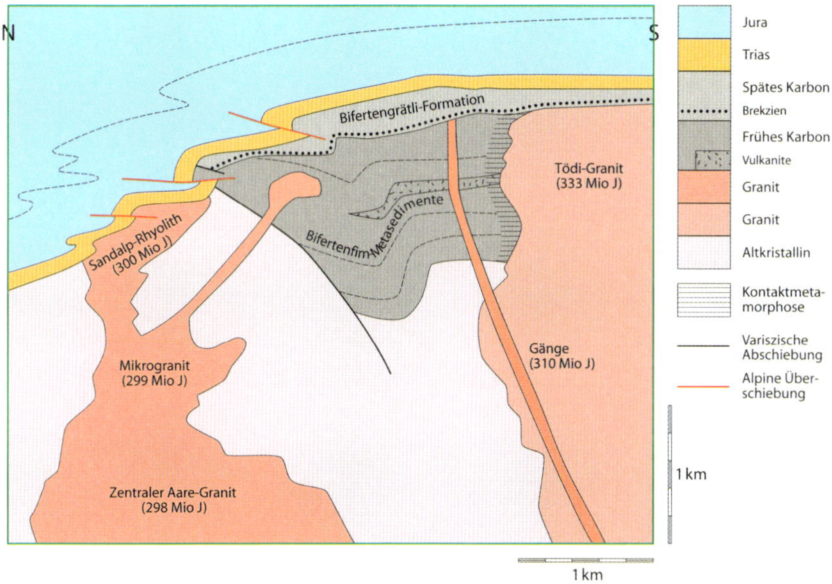

2-6 Synoptischer Profilschnitt im östlichen Aar-Massiv, einem Externmassiv der Zentralalpen, basierend auf Franks (1968), Schaltegger & Corfu (1995) und eigenen Untersuchungen. Die Verbandsverhältnisse zeigen die mehrphasige Entwicklungsgeschichte der Gesteinsserien. Die Sedimente und Vulkanite des frühen Karbons sind am Kontakt zum Tödi-Granit bei dessen Intrusion kontaktmetamorph überprägt worden. Das Foto zeigt das Bietschhorn (Wallis, Schweiz) mit Blickrichtung nach SSE über das Lötschental. Der Kontakt zwischen dem post-variszischen Zentralen Aare-Granit (helle Gipfelpartie des Bietschhorns) und den polymetamorphen Gneisen des Altkristallin (dunkle Partie unterhalb der Gipfelpyramide) ist durch die Farbunterschiede klar markiert.

et al. (1994). Sie zeigt, wie im Osten der Karte die Medels- und Cristallina-Intrusiva die Kontakte von ordovizischen Orthogneisen zu präkambrischen Migmatiten, Metagabbros und Amphiboliten scharf und diskordant schneiden. Dasselbe zeigt sich im Weststeil für den Fibbia-Granit. Des Weiteren erkennt man die großräumigen Schlingenstrukturen der ordovizischen Orthogneise, deren Intrusionsalter 439 bis 436 Millionen Jahre, d. h. spätestes Ordovizium, beträgt. Diese Schlingentektonik ist nach Mercolli et al. (1994) der variszischen Gebirgsbildung zuzuschreiben.

In der Legende zu Abb. 2-7 sind auch Alter und Gesteinstypen der verschiedenen Einheiten des Altkristallins charakterisiert. Insgesamt ergeben sich gewisse Ähnlichkeiten zu den Abfolgen in den Externmassiven der Westalpen und im Schwarzwald. Prä-kambrische Gabbros, Ophiolithe und klastische Sedimente liegen heute als polymetamorphe Metagabbros, Amphibolite, Serpentinite, Migmatite und gebänderte Gneise vor. Sie sind von ordovizischen Graniten intrudiert, die variszisch metamorph überprägt und gefaltet wurden. Klastische Sedimente des Silurs und

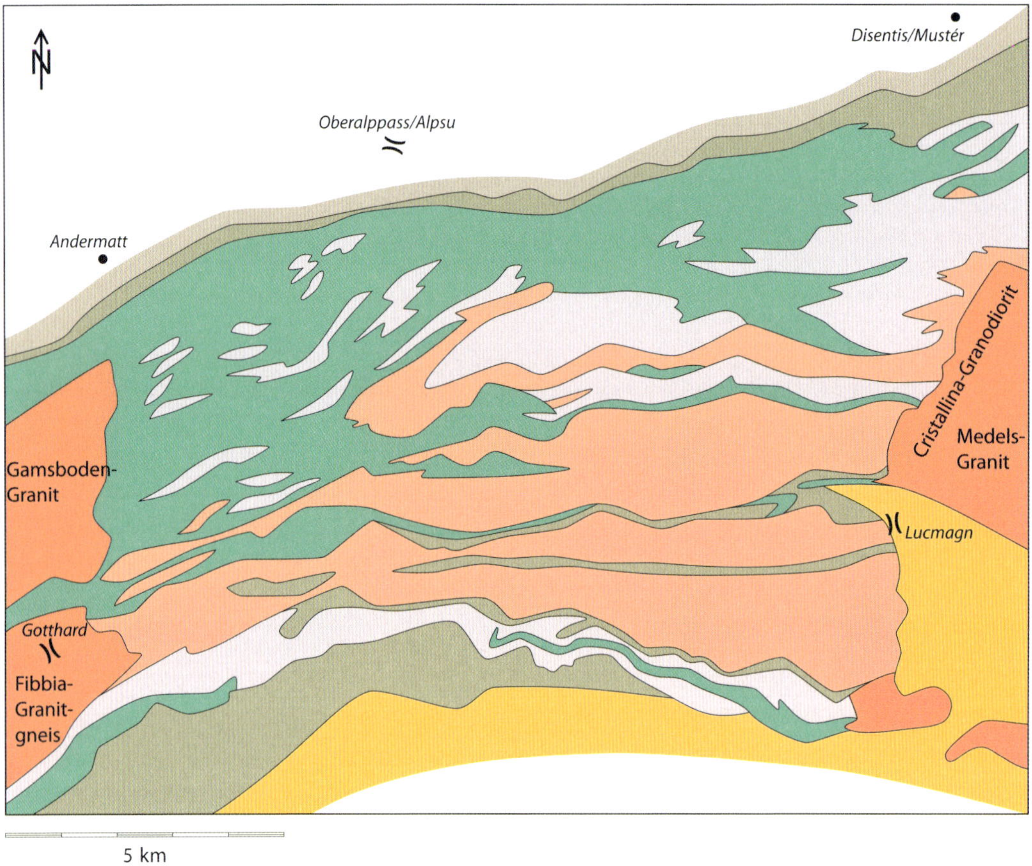

Alter:	Protolithe:	Heutige Gesteine:
Trias	Evaporite und Karbonate	Rauhwacken und Marmore
Perm	Klastische Sedimente, Vulkanite	Tonschiefer, Quarzite, Brekzien, Prasinite
Spätes Karbon	Granite (303–300 Mio J)	Schwach deformierte bis undeformierte Granite
Silur–Devon	Klastische Sedimente	Quarzite, Hbl-Garbenschiefer, Ser-Phyllite, Hbl-Grt-Gli-Schiefer
Spätes Ordovizium	Granitoide (439–446 Mio J)	Orthogneis
Präkambrium–Kambrium	Klastische Sedimente	Migmatite, gebänderte Gneise
Präkambrium–Kambrium	Gabbros & Ophiolithe;	Metagabbros, Amphibolite, Serpentinite

2-7 Geologische Karte des östlichen Gotthard-«Massivs» (neu als Gotthard-Decke bezeichnet). Umgezeichnet nach Mercolli et al. (1994). Deutlich erkennbar sind die großräumigen Schlingenstrukturen, welche von den variszischen Intrusiva durchschlagen werden. Gli: Glimmer, Gra: Ganat, Hbl: Hornblende, Ser: Serizit.

Devons (?) wurden durch die variszische Gebirgsbildung zu Quarziten und unterschiedlichen Schiefern und Phylliten umgewandelt. Die granitischen Intrusiva des späten Karbons sind deutlich weniger deformiert als die älteren Gesteine, und die vorhandene Deformation ist auf die alpine Gebirgsbildung zurückzuführen. Das Alter der Intrusiva beträgt zwischen 303 und 300 Millionen Jahren (Schaltegger 1994), d. h., die Intrusiva sind gleich alt wie der Zentrale Aare-Granit im Aar-Massiv.

Externmassive der Ostalpen

Im Kern des *Tauern-Fensters* in den Ostalpen ist ein prä-triadisches Grundgebirge aufgeschlossen, das große Ähnlichkeit mit jenem der oben diskutierten Externmassive hat. In der Literatur werden diese Gesteine meistens dem „Penninikum" zugeordnet. Tatsächlich besteht die Hülle der äußere Teile des Tauern-Fensters aus Sedimenten und Ophiolithen, die den penninischen Decken zuzuordnen sind. Der Rahmen des Fensters wird aus ostalpinen Einheiten gebildet. Eine genauere Analyse der Sedimenthülle des Grundgebirges im Tauern-Fenster (Lammerer 1986) offenbart aber eine autochthone Bedeckung durch mesozoische Sedimente ohne jegliche Affinität zum Penninikum. Die mächtigen Hochstegenkalke des Malms etwa sind direkt vergleichbar mit dem gleichaltrigen Quinten-Kalk im Helvetikum von Vorarlberg und der Schweiz. Aus diesen Gründen wird der Kern des Tauern-Fensters dem Helvetikum zugeordnet, wohl wissend, dass die äußere Hülle aus penninischen Decken besteht.

Im Grundgebirge selbst sind zwei wichtigere Gesteinsverbände zu unterscheiden: Altkristallin und Zentralgneis. Die Nomenklatur und Zuordnung einzelner Gesteinspakete ist in Einzelfällen nicht ganz klar (Höck 1993).

Das **Altkristallin** zeichnet sich durch eine amphibolitfazielle metamorphe Überprägung aus, die wohl der variszischen Gebirgsbildung zuzuordnen ist. Das Altkristallin enthält Orthogneise, Paragneise, Glimmerschiefer, Migmatite und Amphibolitlinsen (Höck 1993).

Ein jüngerer Anteil, der metamorph weniger überprägt ist, wird als Sedimente und Magmatite des frühen Paläozoikums gedeutet. Es können drei Einheiten unterschieden werden: Ophiolithe mit einem Basisamphibolit, eine Inselbogen-Sequenz, bestehend aus metamorphen basischen, intermediären und sauren Laven und Tuffen, sowie zuoberst die Eiser-Serie mit Biotitschiefern, Grauwacken, Quarziten, Granat-Glimmerschiefern und sauren und basischen Vulkaniten. Die Alter der Gesteine sind nur teilweise bekannt. Die Ophiolite sind 540 bis 500 Millionen Jahre alt (Kambrium), Teile der Inselbogen-Sequenz könnten aus dem späten Proterozoikum stammen, andere sind nur 600 und 330 Millionen Jahre alt, also deutlich jünger. Die Eiser-Serie enthält Pflanzenreste aus dem Permokarbon, wobei die Zuordnung der Lokalität zur Inselbogen- oder Eiser-Serie nicht klar ist. Jedenfalls muss die Eiser-Serie älter als der sie intrudierende Zentralgneis sein. Dessen Alter ist maximal 320 Millionen Jahre (Höck 1993), d. h., die Eiser-Serie kann nicht jünger als frühes Karbon sein.

Tauern

Abb. 2-8 ist kompiliert nach Frisch et al. (1993), Hock (1993), Finger et al. (1993) und Schmid et al. (2013); sie zeigt den großen Anteil, den die variszischen Intrusiva, die sogenannten **Zentralgneise**, an diesem Grundgebirgsblock ausmachen. Die Zentralgneise sind in Finger et al. (1993)

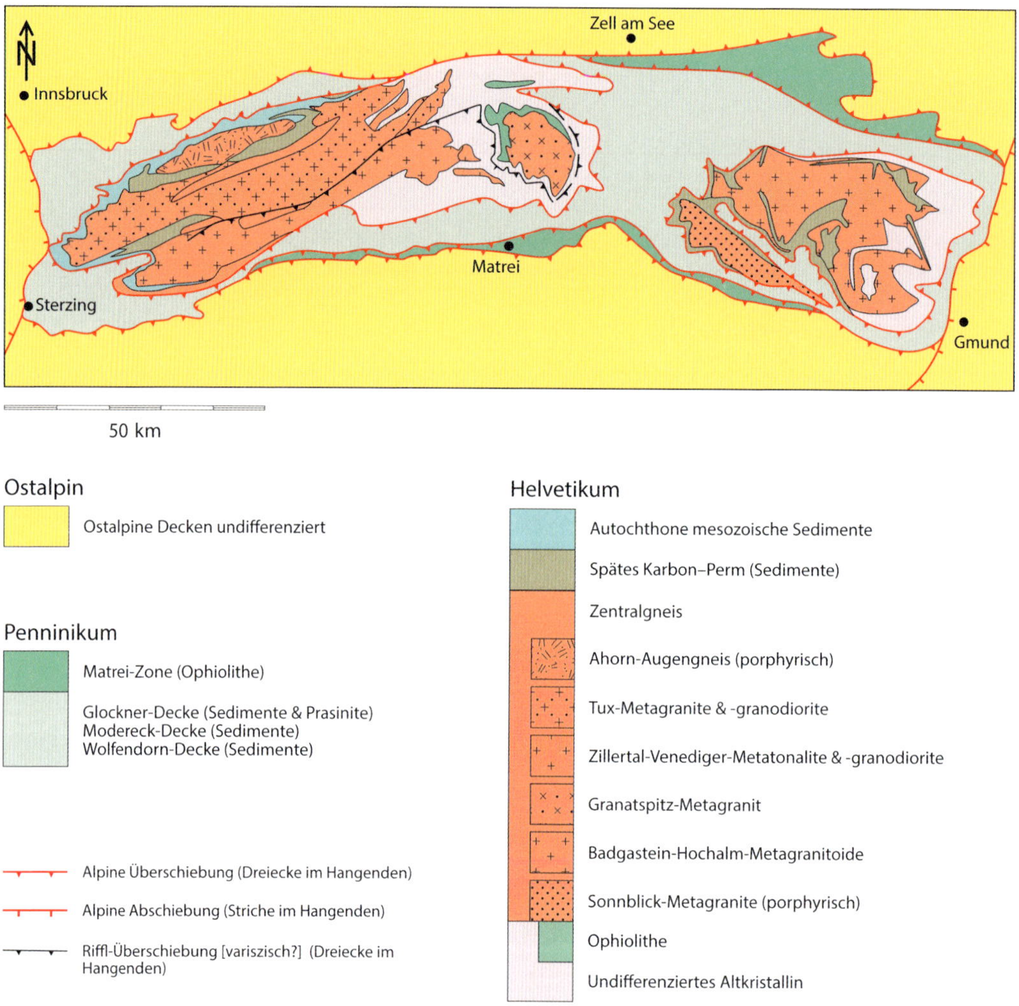

2-8 Geologische Karte des Tauern-Kristallinaufbruches in den Ostalpen, kompiliert nach Angaben von Frisch et al. (1993), Höck (1993) und Finger et al. (1993). Das prä-triadische Kristallin erscheint in zwei Fenstern unter der Glockner-Decke. Altkristallin und die Zillertal-Venediger-Intursiva sind durch eine variszische Überschiebung auf die Habach-Storz-Gruppe zu liegen gekommen.

detaillierter beschrieben. Im Unterschied zum Schwarzwald sind diese variszischen Intrusiva alpin beträchtlich deformiert worden. Lammerer & Weger (1998) schätzten aufgrund strukturgeologischer Analysen, dass das Tauern-Massiv horizontal etwa auf die Hälfte der ursprünglichen Breite verkürzt wurde. Das mittels der U-Pb-Methode an Zirkonen festgestellte Alter der Intrusiva beträgt zwischen 310 und 333 Millionen Jahren (314 bis 313

Millionen Jahre für die Badgastein-Hochalm-Metagranitoide, 320 bis 333 Millionen Jahre für die Granatspitz-Metagranite). Mit der Rb-Sr-Methode erhält man jüngere Gesamtgesteinsalter (Perm), dies höchstwahrscheinlich infolge einer alpinen Verjüngung (vgl. Finger et al. 1993).

2.3 Das prä-triadische Grundgebirge der Decken des Penninikums

Verglichen mit den Externmassiven, sind die Vorkommen von prä-triadischem Grundgebirge in den Kristallindecken des Penninikums alpin viel stärker überprägt und in kleinere Schollen zergliedert. Eine recht vollständige Abfolge des prä-triadischen Grundgebirges ist im *Briançonnais der Ligurischen Alpen* vorhanden und soll hier stellvertretend näher behandelt werden. Die Diskussion beruht auf der Arbeit von Cortesogno et al. (1993). Nach diesen Autoren können im Briançonnais zwei alpine Einheiten unterschieden werden: ein unterer Deckenkomplex, der dem externen Briançonnais zuzuordnen ist, und ein allochthoner oberer Deckenkomplex, welcher dem internen Briançonnais entspricht und aus einer Vielzahl kleinerer Elemente besteht.

Ähnlich wie beim Schwarzwald und den Externmassiven kann innerhalb des vor-spätkarbonen Grundgebirges eine Gruppe von polymetamorphen Gesteinen von einer jüngeren, monometamorphen Gesteinsserie, die nur eine variszische Überprägung aufweist, unterschieden werden.

Zur polymetamorphen Serie (vgl. Cortesogno et al. 1993) zählen **Paragneise**, die aus ursprünglichen Grauwacken, Peliten, sowie untergeordnet Quarziten, hervorgegangen sind. Karbonate fehlen. Diese Paragneise sind durchsetzt von sauren Magmatika, den **älteren Orthogneisen** und **älteren Migmatiten**. Die älteren Orthogneise liegen als mehrere Hundert Meter mächtige ehemalige Plutone und als Ganggesteine vor. Linsen von Augengneisen sind als vulkanische oder subvulkanische Gesteine (Meta-Rhyolite) zu deuten. Die älteren Migmatite bestehen aus 10 bis 100 Meter mächtigen Bändern von Orthogneisen innerhalb der Paragneise und enthalten nahezu monomineralische Biotit-Linsen. Als dritter Gesteinstyp sind die **älteren Metabasite** zu erwähnen. Diese liegen als Bänder von Amphiboliten vor und enthalten lokal Linsen von Ultrabasika und Eklogiten. Amphibolite und Eklogite besitzen eine tholeiitische Affinität, aber die sekundären Umwandlungen verhindern eine eindeutige geodynamische Interpretation.

In der jüngeren, monometamorphen Serie können nach Cortesogno et al. (1993) außer Paragneisen ähnliche Gesteinsserien ausgeschieden werden wie in der polymetamorphen Serie. Die **jüngeren Orthogneise** bauen größere Körper innerhalb der Deckenkomplexe auf. Die Intrusion dieser Granite erfolgte vor mehr als 327 Millionen Jahren (im Silur oder Devon). Demgegenüber kommen die **jüngeren Metabasite** als Linsen von Metagabbros vor, in denen lokal noch die magmatischen Kumulustexturen erhalten sind. Die **jüngeren Migmatite** sind selten und meist an die jüngeren Metabasite und die Eklogite innerhalb der älteren Metabasite geknüpft.

Die in den früher besprochenen Gebieten (Schwarzwald, Externmassive) häufig auftretenden **spät-** und **post-va-**

riszischen Intrusiva sind nach Cortesogno et al. (1993) in den Ligurischen Alpen nur selten anzutreffen. Beispiele solcher (bisher undatierter) Intrusiva sind der kleine Körper des Borda-Granodiorits und die Gänge des Rio-Castorello-Granophyrs.

Über diesen kristallinen Gesteinen folgt dann eine Abfolge von **permokarbonen Sedimenten**, die in tektonischen Gräben abgelagert wurden. Die Gräben bildeten sich anlässlich einer kontinentalen Extensionstektonik im Jungpaläozoikum, welche den gesamten südlichen Teil des variszischen Gebirges erfasste. Die sedimentäre Abfolge setzt ein mit Arkosen (Verwitterungsprodukt der entblößten jüngeren Orthogneise), die in eine konglomeratisch-sandig-tonige fluvio-lakustrische Sequenz überleiten, welche ebenfalls Kohleflöze (bzw. Graphitlinsen) enthält. Feinklastische Sedimente, stellenweise als graphitische Phyllite ausgebildet, schließen die sedimentäre Abfolge ab. Die Mächtigkeiten der einzelnen Schichten sind ein Abbild der Extensionstektonik mit synsedimentären Abschiebungen und variieren deshalb seitlich enorm.

Eingeschaltet in diese permokarbonen Sedimente sind aber auch **Vulkanite**, die in drei Pulsen gefördert wurden. Der Vulkanismus war hauptsächlich explosiv. Im späten Karbon wurden Ignimbrite und trachyandesitische Pyroklastika gefördert, die Letzteren stellenweise mit shoshonitischer Zusammensetzung. Der dritte Puls im späten Perm förderte wiederum hauptsächlich Ignimbrite.

Aufgrund einer regionalen Synthese, unterstützt von einer eingehenden Analyse der Gerölle in den klastischen Sedimenten, konnten Cortesogno et al. (1993) die Entwicklungsgeschichte des prä-triadischen Grundgebirges in Form einer Reihe von Momentaufnahmen skizzieren. Abb. 2-9 beruht auf dieser Arbeit.

In einer prä-silurischen Phase von Rifting (? Proterozoikum bis Ordovizium) wurden in einem Becken Arkosen und Tone abgelagert. Das Rifting führte auch zur Intrusion von Graniten und granodioritisch-leukogranitischen Gängen und, untergeordnet, synsedimentärem saurem Vulkanismus. Wichtiger waren basaltische Eruptionen, die ebenfalls schichtparallel eingelagert wurden (Abb. 2-9).

Eine erste Orogenese erfasste diese Gesteine im Zeitraum Ordovizium-Silur und führte zu der Aufschmelzung, die die älteren Migmatite andeuten, zur Bildung von Eklogiten in den älteren Metabasiten und zur Deformation und Umwandlung der Granite in die älteren Orthogneise. Anschließend wurden die metamorphen Gesteine exhumiert.

Im Silur und Devon kam es alsdann zur Ablagerung von mächtigen feinklastischen Sedimenten (Abb. 2-9). In der Tiefe drangen monzogranitische Plutone und Gänge ein, lokal auch basaltische und gabbroide Gänge.

Eine zweite, die variszische Orogenese überprägte die Gesteine amphibolitfaziell. Aus den Monzograniten entstanden die jüngeren Orthogneise, aus den basaltischen und gabbroiden Gängen die jüngeren Metabasite. Letztere wurden lokal aufgeschmolzen (jüngere Migmatite). Die Sedimente des Silurs und Devons wurden gefaltet. Durch Erosion wurden diese Sedimente aber weitgehend abgetragen. Abb. 2-9 zeigt den entsprechenden Zustand im frühen Karbon.

Die Zeit des späten Karbons und des Perms (Abb. 2-9) war dann gekennzeichnet durch die Ablagerung

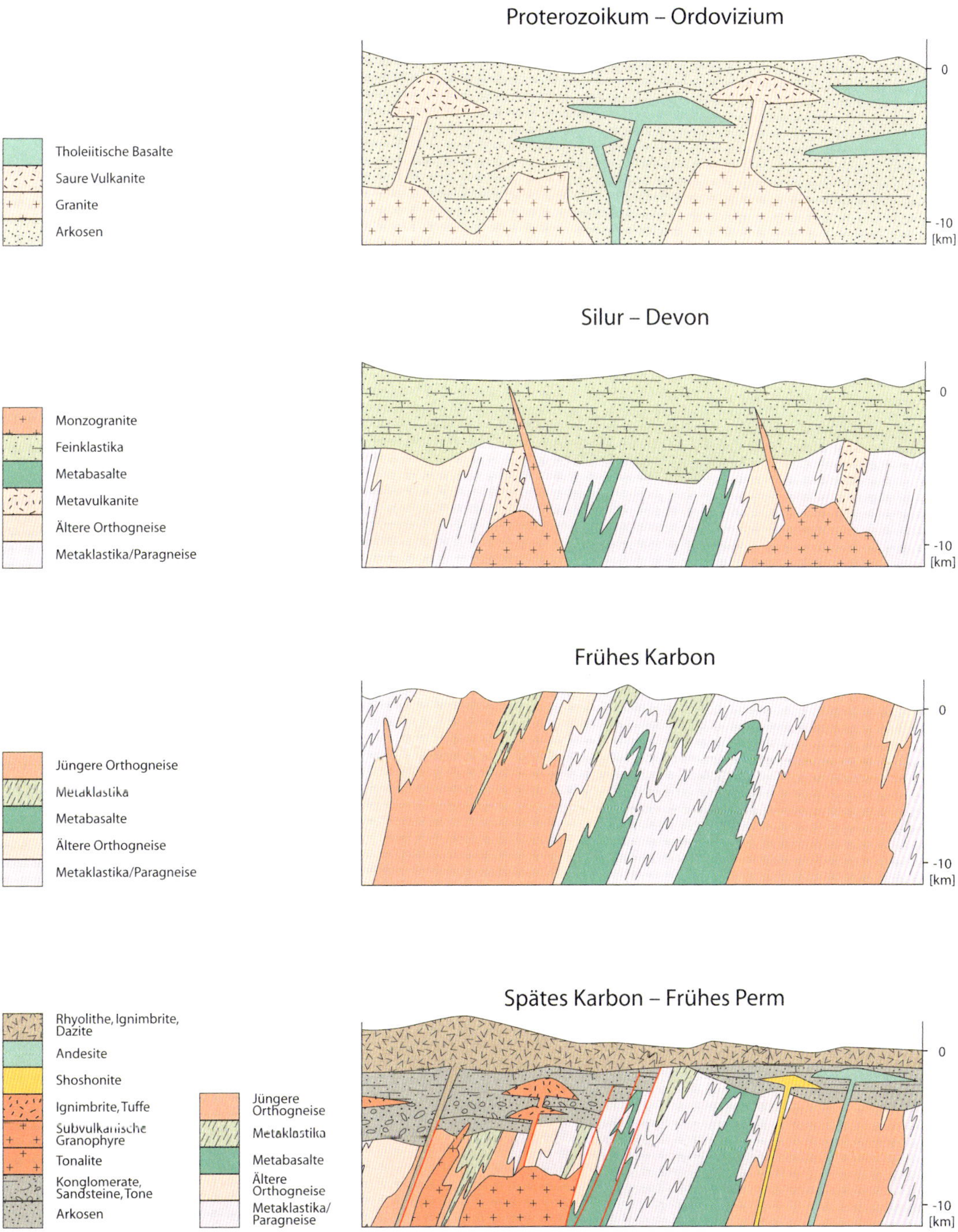

2-9 Die geologische Entwicklungsgeschichte des kristallinen Grundgebirges im Briançonnais der Ligurischen Alpen. Umgezeichnet nach Cortesogno et al. 1993).

von vulkanosedimentären Serien in subsidierenden kontinentalen Gräben. Zuerst lagerten sich in Depressionen Arkosen ab. Anschließend erfolgte die Graben- bzw. Riftbildung, die mit explosivem Vulkanismus einherging. Die Füllung der kontinentalen Becken mit zum Teil grobklastischen Sedimenten im frühen Karbon erfolgte zeitgleich mit der Absenkung der Beckenböden. Im Perm bedeckten mächtige Lagen von Rhyoliten, Ignimbriten und Daziten die Grabenfüllungen und die Grabenschultern.

2.4 Das prä-triadische Grundgebirge des Ostalpins

Im Ostalpin liegen mehrere größere Decken aus prä-triadischem Grundgebirge vor. In der *Silvretta-Decke* ist das kristalline Grundgebirge besonders gut aufgeschlossen und intensiv untersucht worden. Seine Entwicklung soll hier exemplarisch näher diskutiert werden. Dabei wird auf die Kompilation von Maggetti & Flisch (1993) zurückgegriffen.

Die ältesten Gesteine im Grundgebirge der Silvretta-Decke, **Paragneise** und **Glimmerschiefer**, sind als ehemalige klastische Sedimente, hauptsächlich Grauwacken und Tone, zu deuten (Maggetti & Flisch 1993). Untergeordnet sind Kalke und Mergel, die heute als Marmore und Kalksilikatfelsen vorliegen. Eingelagert – und möglicherweise gleichaltrig – in diese Metasedimente sind ehemalige tholeiitische Basalte (heute **Amphibolite**), die möglicherweise auf eine Entstehung in einem „Back-arc"-Becken hindeuten (Abb. 2-10). Das Alter dieser Gesteine ist proterozoisch, eventuell sogar archaisch.

Subduktionsprozesse deformierten die Gesteine (Abb. 2-10) und führten zu einer amphibolitfaziellen, später sogar zu einer eklogitischen metamorphen Überprägung. Am Ende dieser Episode, im späten Proterozoikum, drangen granitische, granodioritische und gabbroide Schmelzen in die nun metamorphen Sedimente. Das Kristallisationsalter beträgt nach Maggetti & Flisch (1993) 895 Millionen Jahre.

Eine erneute Gebirgsbildung, die mit einer zweiten, druckbetonten Metamorphose verknüpft ist, transformierte die spätproterozoischen Intrusiva zu Orthogneisen, den sogenannten **älteren Orthogneisen**. Das Alter dieser Metamorphose ist schwierig zu bestimmen; es dürfte aber jünger als die Intrusion der älteren Orthogneise und älter als die Intrusion der jüngeren Orthogneise sein und könnte deshalb mit dem panafrikanischen orogenen Zyklus korreliert werden. In diesem Zyklus wurden vor zirka 870 bis 550 Millionen Jahren eine Reihe von Gebirgen im ehemaligen Kontinent Gondwana gebildet.

Im späten Ordovizium, vor 451 Millionen Jahren, drangen saure bis intermediäre Schmelzen in die älteren Krustengesteine. Teile davon dürften bis an die damalige Erdoberfläche gelangt sein (vgl. Maggetti & Flisch 1993). Derartige ordovizische Magmatika sind in den Decken des Ostalpins recht verbreitet und wurden – trotz Altersgleichheit mit den kaledonischen Intrusiva – mit kontinentalem Rifting erklärt. Dies würde darauf deuten, dass zu dieser Zeit in den Riften auch Sedimentation stattfand. Die in Abb. 2-10 angeführten Karbonate und Tone sind als solche ordovizische Trogfüllungen gedacht.

Im Verlauf der variszischen Gebirgsbildung wurden die ordovizischen Magmatika zu den **jüngeren Orthogneisen** umgewandelt. Aber auch die

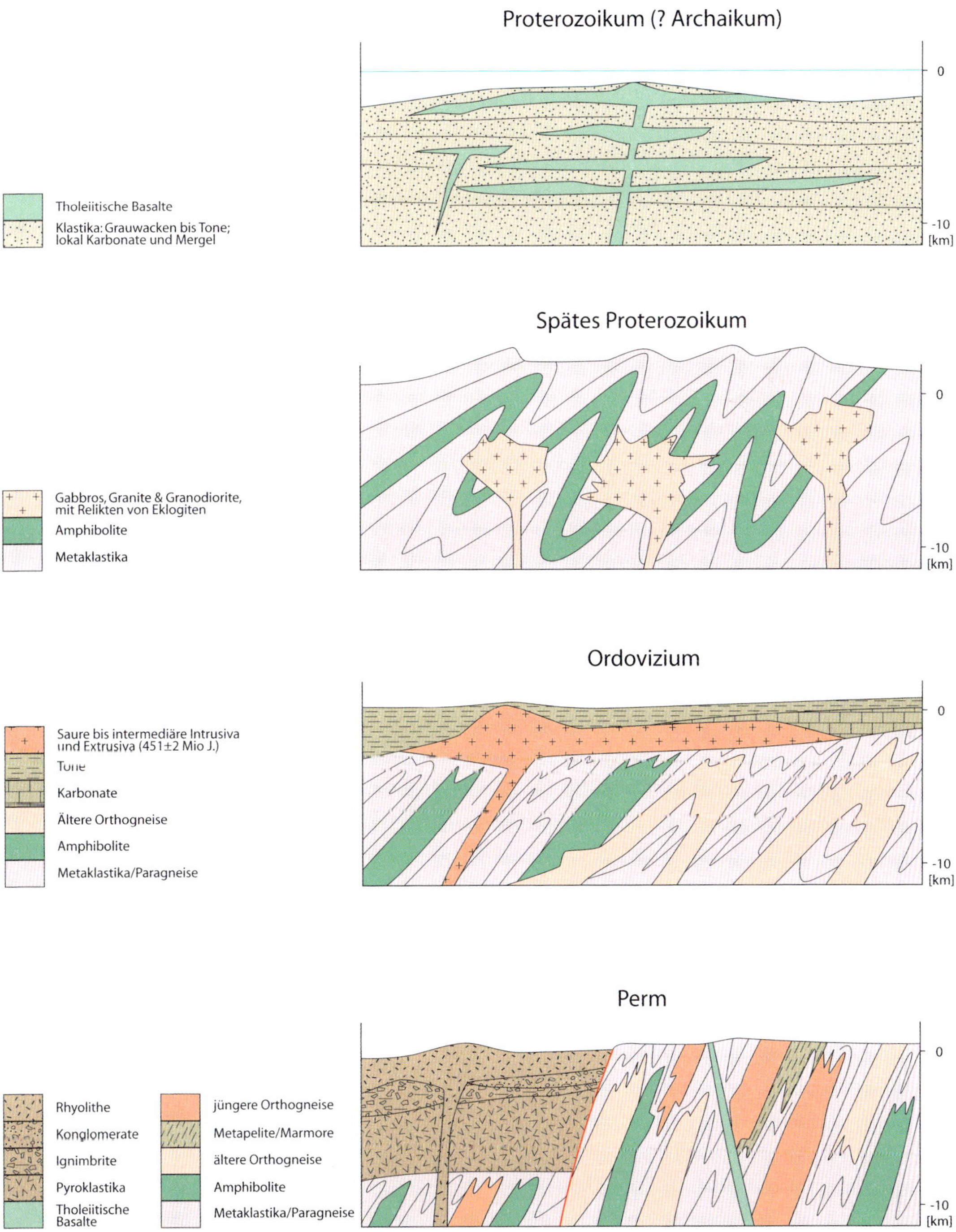

2-10 Die geologische Entwicklungsgeschichte des kristallinen Grundgebirges der ostalpinen Silvretta Decke.
Umgezeichnet nach Maggetti & Flisch (1993).

anderen Gesteine wurden deformiert und metamorph überprägt. Die Metamorphose erreichte in den Gesteinen der Silvretta-Decke Amphibolitfazies. Der Temperaturhöhepunkt (600–650 °C bei Drücken von 5,5–7,5 kbar) fand nach Maggetti & Flisch (1993) vor 370 Millionen Jahren (im späten Devon) statt. Eine anschließende Dekompression zeigt sich im Wachstum von Andalusit bei 550–600 °C und nur 2–3 kbar; es folgte eine Einengungstektonik, die zur Ausbildung von kilometergroßen Schlingenfalten führte. Das Alter dieser jüngeren variszischen Deformationsphase wird auf 340 bis 310 Millionen Jahre (frühes Karbon) geschätzt.

Im späten Karbon und im Perm ist auch im Umfeld der Silvretta-Decke eine kontinentale Dehnungstektonik festzustellen (Abb. 2-10). Auf den Grabenschultern wurden krustale Gesteine exhumiert und entblößt, in den Gräben wurden **Pyroklastika**, saure **Vulkanoklastika** und **Ignimbrite** abgelagert. Eine ganze Anzahl von tholeiitischen **Diabasgängen**, die auch im Zusammenhang mit der Dehnungstektonik zu sehen sind, durchschlug das kristalline Grundgebirge.

2.5 Das prä-triadische Grundgebirge des Südalpins

Das Grundgebirge im nordwestlichen Teil der Südalpen ist von besonderem Interesse, weil es ein nahezu vollständiges Profil durch die Unter- und Oberkruste aufgeschlossen zeigt. Zwei Großeinheiten sind zu unterscheiden: die Ivrea-Zone und die Strona-Ceneri-Zone. Letztere wird auch als „Serie dei Laghi" bezeichnet. Die Insubrische Störung trennt dieses Grundgebirge vom Salassikum (im Westen) und vom Penninikum (im Norden). Die Pogallo-Störung ist die Grenze zwischen der nordwestlich gelegenen Ivrea-Zone und der Strona-Ceneri-Zone. Die geologische Karte in Abb. 2-11 zeigt den Rahmen und die innere Gliederung dieses Grundgebirgskomplexes.

Die *Ivrea-Zone* enthält eine Gesteinsabfolge der unteren Kruste, die durch eine Reihe tektonischer Vorgänge an die Oberfläche gelangte. Von unten nach oben folgen ultramafische Gesteine, der „Basische Hauptzug" und Paragneise (vgl. Abb. 2-12).

Die **ultramafischen Gesteine** umfassen Peridotite und Pyroxenite und stehen, wie in Abb. 2-11 ersichtlich, vor allem als kleinere Körper und Linsen längs der Insubrischen Störung an. Von den Peridotiten sind die Spinell-Peridotite und Lherzolithe in den Körpern von Baldissero und Balmuccia als Mantelderivate zu deuten (Intrusion von Schmelzen des oberen Mantels in die unterste Kruste). Der eigentliche Erdmantel ist noch etwas tiefer gelegen und wird als Ivrea-Körper bezeichnet. Die dichten Mantelgesteine sind für eine ausgesprochen positive Schwereanomalie verantwortlich, die sich längs des Ostrands der Westalpen erstreckt (siehe unten).

Zur Nomenklatur der Ultramafika:

Peridotit:	> 40 % Olivin, daneben Pyroxene
Lherzolith:	Pyroxene sind Orthopyroxen und Klinopyroxen
Harzburgit:	Pyroxene sind nur Orthopyroxen
Dunit:	> 90 % Olivin
Gabbro:	Olivin + Pyroxen + Ca-Plagioklas
Norit:	Olivin-Gabbro

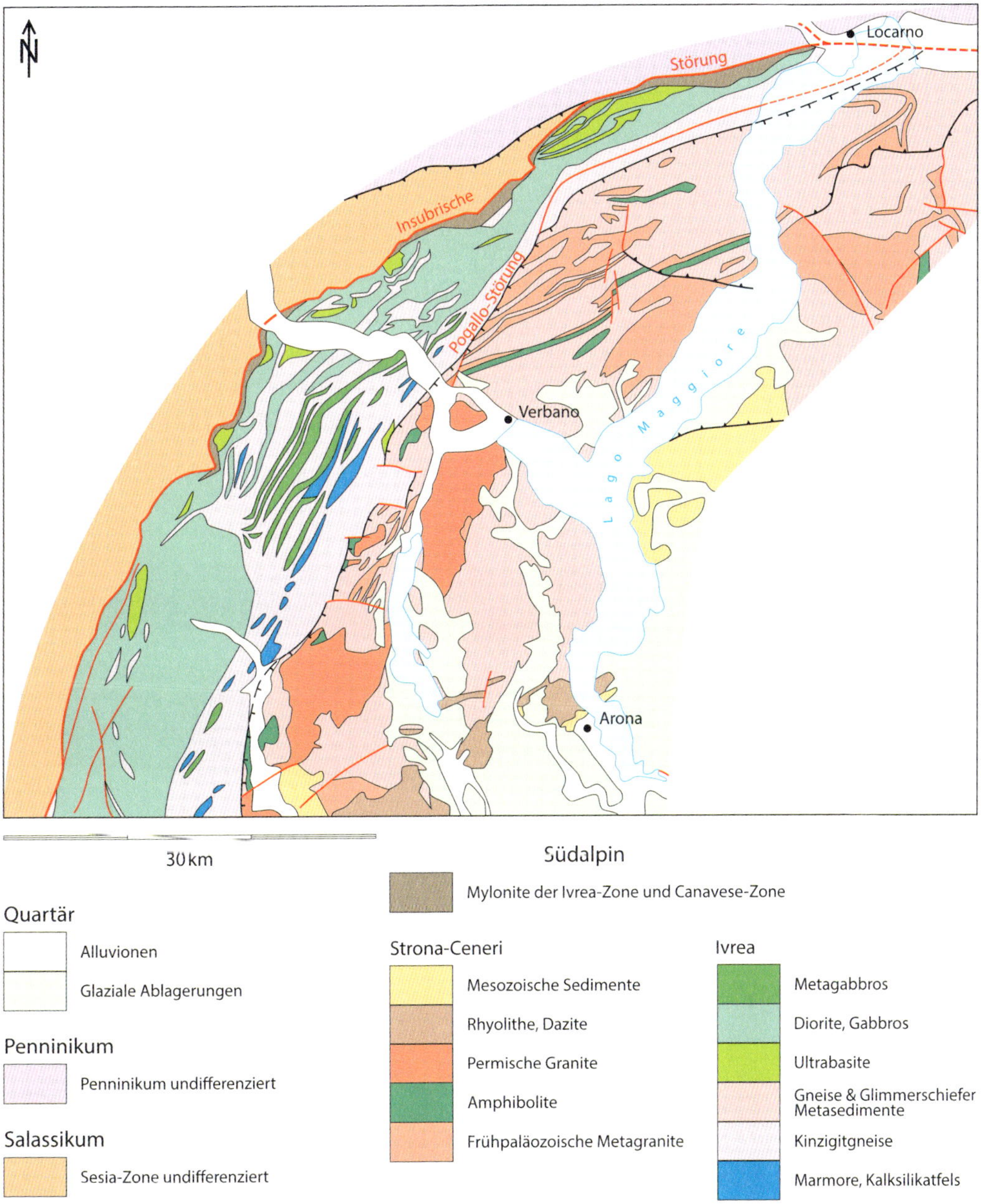

2-11 Geologische Karte der Ivrea- und Strona-Ceneri-Zone der Südalpen. Überarbeiteter Ausschnitt der Geologischen Karte der Schweiz 1:500 000.

Der **„Mafische Hauptzug“** enthält unter anderem zwei lagige Komplexe mit Duniten, Harzburgiten, Noriten und Gabbros. Zwischengelagert finden sich ultramafische Linsen (z. B. Spinell-Peridotit von Balmuccia). Die beiden lagigen Komplexe stellen wahrscheinlich denselben tektonisch repetierten Horizont dar. Ihre Entstehung durch magmatische Differenziation in der Unterkruste könnte in Zusammenhang mit der permischen Degranitisierung stehen.

Die **Paragneise** enthalten Kinzigite, d. h. amphibolitfaziell überprägte Biotit-Sillimanit-Paragneise. Die Paragneise dürften als ehemalige Metapelite zu deuten sein, die durch Degranitisierung chemisch verändert wurden. Die ordovizische Degranitisierung würde auch die kleineren Granitkörper sowie die Aplit- und Pegmatitgänge in der Serie erklären. Schließlich sind auch Amphibolite und amphibolitische Gneise als Einlagerungen in den Paragneisen zu verzeichnen.

Die *Strona-Ceneri-Zone* (bzw. die *„Serie dei Laghi“)* umfasst Gesteine der mittleren Kruste, und zwar hauptsächlich polymetamorphe Metasedimente. Im Nordwesten sind es vor allem psammitische und granitische **Gneise,** die als metamorphe Sandsteine gedeutet werden, während im Südosten **Schiefer** vorherrschen (pelitische Glimmerschiefer). Die Metasedimente sind von ordovizischen Graniten (Alter 466 Millionen Jahre) intrudiert worden, die heute als **Orthogneise** vorliegen. Daneben kommen **Amphibolite** in Lagen und Linsen zwischen den Gneisen und Schiefern vor.

Die Strona-Ceneri-Zone enthält auch **post-variszische Intrusiva.** Bekannt sind die Granite von Baveno (Alter 276 Millionen Jahre, d. h. frühes Perm) und Mt. Orfano (283 Millionen Jahre, frühestes Perm), die als Baustein abgebaut werden (heller rosaroter Granit).

Bei Manno (nördlich Lugano) gibt es ein kleines Vorkommen **spätpaläozoischer Sedimente;** diese enthalten einzelne Kohleflöze, die altersmäßig ins späte Karbon zu stellen sind (Westphalian A und B). Jüngere **permische Vulkanite** sind südlich Lugano aufgeschlossen: der Luganeser Quarzporphyr (Rhyolithe), der als Pflastersteine abgebaut wird, und Porphyrite (bzw. Andesite) von (?früh-)permischem Alter.

Die Gesteine der Krustenabfolge in der Ivrea- und Strona-Ceneri-Zone zeigen eine Entwicklung, die von proterozoischer Sedimentation über ordovizischen Magmatismus zur variszischen Gebirgsbildung und schließlich zu post-variszischem Magmatismus und Sedimentation reichen. Die folgende Diskussion basiert auf einer Synthese von Schmid (1993) und ist in Abb. 2-13 illustriert.

Um die Entstehung der metamorphen Sandsteine und pelitischen Glimmerschiefer in der Strona-Ceneri- und der Ivrea-Zone zu erklären, ist nach Schmid (1993) folgendes Szenario denkbar. Im späten Proterozoikum oder frühen Paläozoikum wurde an einer Subduktionszone, bei der eine ozeanische Platte unter eine kontinentale Platte tauchte, durch frontale Akkretion von Sedimenten ein Akkretionsprisma aufgebaut. Ein weiterer Teil der Sedimente gelangte in größere Tiefe und wurde durch basale Akkretion unten an die kontinentale Platte angefügt. Bei den Sedimenten handelte es sich um Sandsteine und Tonsteine. Die basale Akkretion führte auch dazu, dass einzelne Fragmente von ozeanischer Kruste in die Sedimentabfolge eingeschuppt

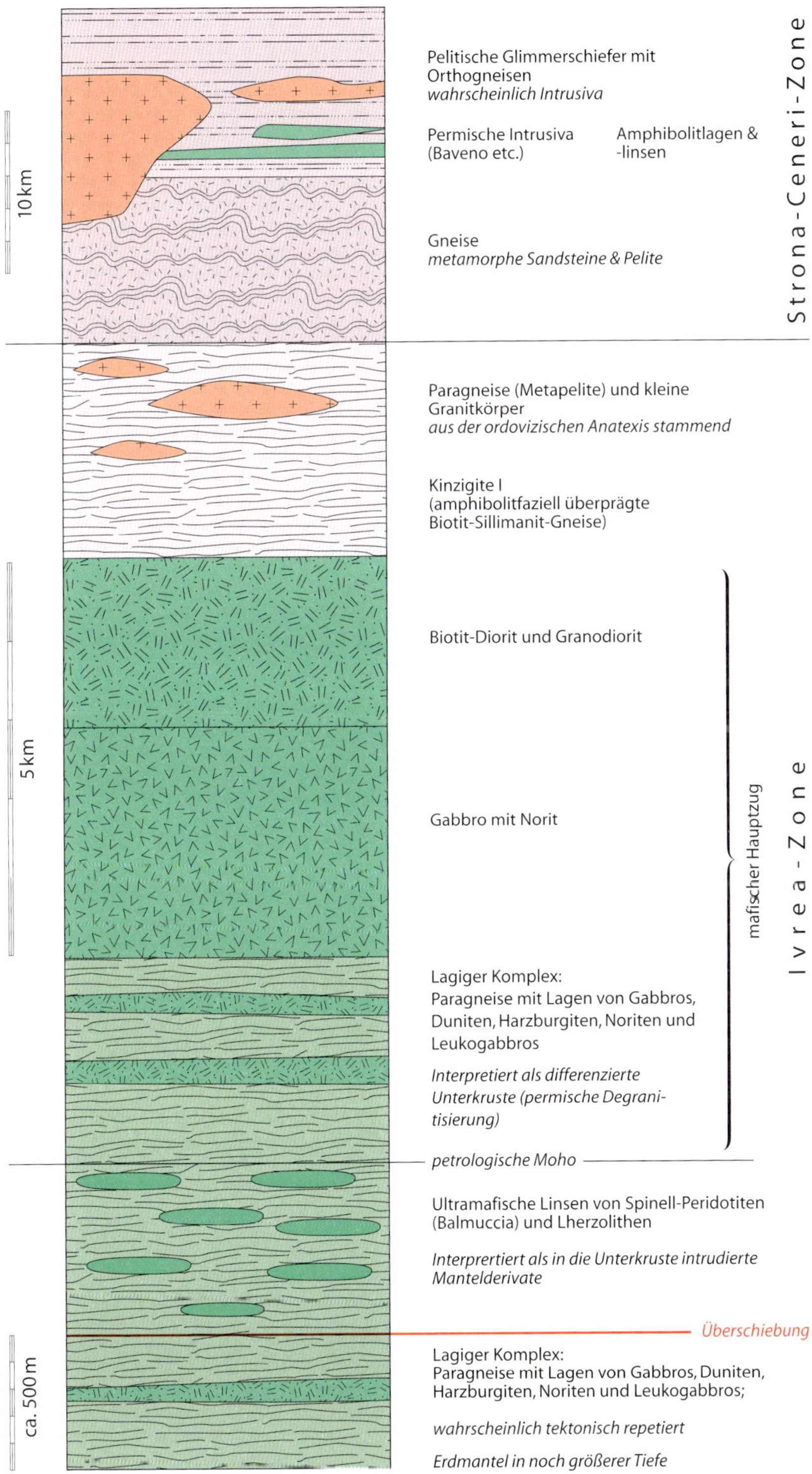

2-12 Gesteinsabfolge im Krustenprofil Ivrea-Zone (untere Kruste) – **Strona-Ceneri-Zone** (obere Kruste).

▶ **2-13 Die geologische Entwicklungsgeschichte** des kristallinen Grundgebirges der südalpinen Ivrea- und Strona-Ceneri-Zone. Umgezeichnet nach Schmid (1993).

wurden (Abb. 2-13). Die Sedimente im Bereich der basalen Akkretion wurden durch eine druckbetonte Metamorphose überprägt.

Im Ordovizium wurde in der oberen Platte ein hoher geothermischer Gradient erreicht, wie das eine erste Aufschmelzung von Gneisen, die auf 478 Millionen Jahre datiert ist (vgl. Schmid 1993 und Referenzen dort), und die gleichzeitige Intrusion von Graniten vor 466 Millionen Jahren in die nun metamorphen Sedimente andeuten. Möglicherweise fanden in der unteren Kruste zu dieser Zeit auch mafische Intrusionen statt (Gabbros vom Typ von Anzola).

Im späten Devon bis frühen Karbon verursachte dann die variszische Gebirgsbildung eine intensive Zerscherung der Krustengesteine. Die ordovizischen Granite wurden dabei in Orthogneise umgewandelt, die heute in der Strona-Ceneri-Zone als Bänder mit riesigen engen Falten, den sogenannten Schlingen, zu beobachten sind. Das Ende der variszischen Gebirgsbildung, angedeutet durch Abkühlung der Gesteine infolge Exhumation, dürfte nach Schmid (1993) in das Zeitintervall von 325 bis 310 Millionen Jahren vor heute fallen (frühes Karbon). Durch diese Exhumation wurde eine bis zu 30 Kilometer mächtige Gesteinssäule abgetragen und die tieferen Krustenteile, die Strona-Ceneri-Zone, an der Erdoberfläche entblößt. Interessanterweise weist die metamorphe Entwicklung der Ivrea- und der Strona-Ceneri-Zone markante Unterschiede auf. Während in den Gesteinen der Strona-Ceneri-Zone infolge der raschen Exhumierung die druckbetonten Paragenesen der variszischen Orogenese erhalten blieben, erfuhren die Gesteine der Ivrea-Zone durch die andauernd hohen Temperaturen eine Umwandlung, sodass die neuen Paragenesen mäßig hohe Drücke anzeigen. Offenbar waren während der variszischen Orogenese die beiden Krustenblöcke bereits entkoppelt. Eine Zone von Hochtemperatur-Myloniten, die heute längs der Pogallo-Störung zu erkennen sind, trennte die Strona-Ceneri-Zone von der Ivrea-Zone. Erstere bewegte sich aufwärts Richtung Erdoberfläche (Exhumation) und kühlte sich ab, letztere verblieb in größerer Tiefe und wurde aufgewärmt.

Eine weitere Phase von Magmatismus erfasste sowohl die Ivrea- als auch die Strona-Ceneri-Zone im späten Karbon und frühen Perm (Abb. 2-12). Die Intrusion von mafischen Schmelzen in die Unterkruste, heute als mafischer Hauptzug in der Ivrea-Zone zu finden, verursachte dort die Aufschmelzung von Metasedimenten (eine zweite Anatexis). Diese Schmelzen stiegen auf und intrudierten in die Oberkruste, die Strona-Ceneri-Zone, oder erreichten gar die Erdoberfläche. Beispiele dieser magmatischen Gesteine sind die bereits erwähnten frühpermischen Baveno- und Mont-Orfano-Granite sowie der permische Luganeser Quarzporphyr. Die magmatische Aktivität, die die gesamte Kruste erfasste, muss durch tief greifende tektonische Prozesse erklärt werden, die ebenfalls vom Erdmantel bis an die Oberfläche reichen. Transtensive Seitenverschiebungen („wrench tectonics" von Schmid 1993 und Referenzen dort) wären eine gute Erklärung hierfür und reihen sich lückenlos in das Konzept der post-variszischen kontinentalen Dehnungstektonik, die bereits im Zusammenhang mit dem Schwarzwald, den Externmassiven, dem Penninikum und Ostalpin erwähnt wurde.

Spätes Proterozoikum – Frühes Paläozoikum

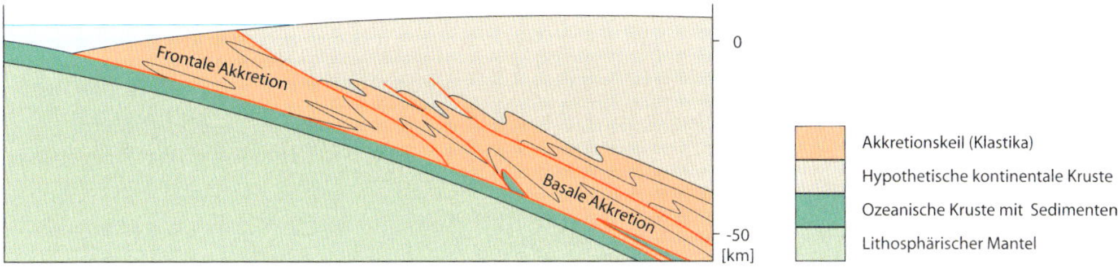

Ordovizium

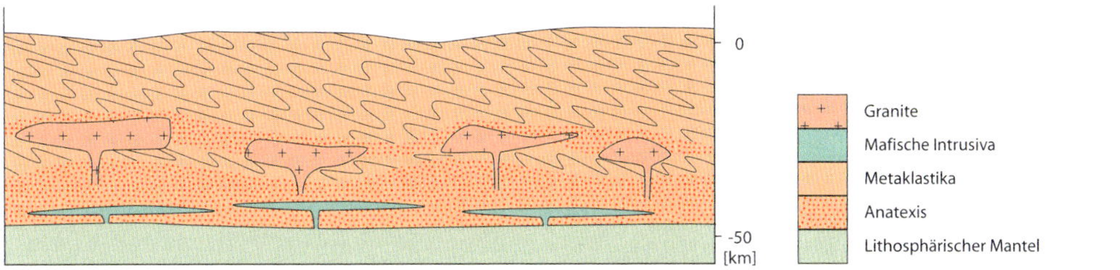

Spätes Devon – Frühes Karbon

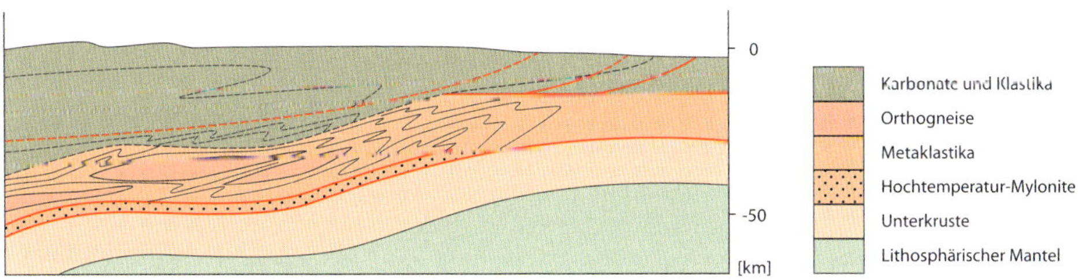

Spätes Karbon – Frühes Perm

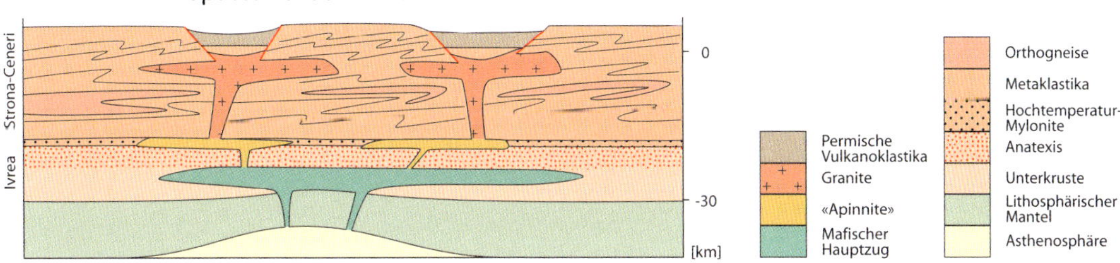

▶ **2-14 Die paläozoische Gesteinsabfolge der Karnischen Alpen (Ostalpin).** Die vereinfachte Schichtreihe ist eine Kompilation basierend auf Schönlaub & Heinisch (1993).

2.6 Paläozoische Sedimente in den Ost- und Südalpen

In den Ostalpen und Südalpen sind an mehreren Stellen paläozoische Sedimente und Vulkanite aufgeschlossen, die von der variszischen (und früheren) Orogenese nicht oder nur schwach überprägt wurden. Die Mächtigkeiten dieser Abfolgen betragen zum Teil mehrere Kilometer, sind aber, wie auch die einzelnen Schichtabfolgen, großen örtlichen Schwankungen unterworfen. Als typische Beispiele sind das Paläozoikum der Karnischen Alpen, die Grauwackenzone und die Innsbrucker Quarzphyllite ausgewählt.

Paläozoikum der Karnischen Alpen

In den Karnischen Alpen, die südlich des periadriatischen Lineaments liegen, findet sich die vollständigste fossil belegte Abfolge. Das stratigrafische Kolonnenprofil in Abb. 2-14 basiert auf der Kompilation von Schönlaub & Heinisch (1993). Über mächtigen Grauwacken und Tonschiefern folgen Vulkanite, Sandsteine und Tone, die sich seitlich verzahnen und dann von Kalken überlagert sind. Die weltweite Regression Ende Ordovizium verursachte Erosion und einen Sedimentationsunterbruch, sodass die silurischen Sedimente den ordovizischen diskordant aufliegen. Im Silur können mehrere Fazieszonen unterschieden werden, die unterschiedlichen Ablagerungsbedingungen entsprechen. Unter seichtmarinen bis pelagischen Bedingungen wurden Kalke abgelagert, während in tiefen, stagnierenden Beckenteilen schwarze Tone zum Absatz gelangten. Im Devon etablierte sich dann eine Karbonatplattform; die Subsidenzgeschwindigkeit nahm zu, war lokal aber unterschiedlich. Verbreitet bildeten sich Riffe, die sich aber zeitlich und örtlich verlagerten. Diese Sedimentationsbedingungen setzten sich bis ins frühe Karbon fort. Ein wichtiger Wechsel erfolgte dann beim Übergang in die Hochwipfel-Formation. Über (paläo)verkarsteten Karbonaten folgen noch im frühen Karbon plötzlich flyschartige Klastika, die mit der variszischen Gebirgsbildung zusammenhängen (vgl. Schönlaub & Heinisch 1993 und Referenzen dort). Sandige und pelitische Turbidite wurden am aktiven Kontinentalrand im SE des Meliata-Ozeans vom entstehenden Gebirge in einen Flyschtrog geschüttet. Die Sedimentation in diesem Flyschtrog reichte bis in das Serpukhovian (326 bis 318 Millionen Jahre).

Diskordant über den ordovizischen bis frühkarbonen Sedimenten folgt eine post-variszische Serie mit einem Transgressionskonglomerat, der Waidegg-Formation, an der Basis. Das Alter dieses Konglomerats ist Moscovian (310 bis 307 Millionen Jahre). Damit kann die variszische Gebirgsbildung in dieser Region auf das Zeitintervall zwischen 318 und 310 Millionen Jahren eingegabelt werden.

Die Sedimente über dem Transgressionskonglomerat (Auernig-Formation) enthalten Küstenkonglomerate, kreuzgeschichtete Sandsteine, bioturbierte Schluffe und Tone sowie Kalke. Die ganze Abfolge wird auch als Molasse (im Sinne von „post-orogenen" klastischen Sedimenten) gedeutet. Nach Krainer (1993) sind sie als klastisch-karbonatische transgressive und regressive Zyklen bzw. Zyklotheme zu deuten. Die einzelnen Zyklen dauerten jeweils etwa 100 000 Jahre und sind wahrscheinlich durch eustatische Meeresspiegelschwankungen im Gefolge von Vereisungen von Gondwana verursacht. Als Umfeld der Sedimentation kann ein intramontanes Becken ange-

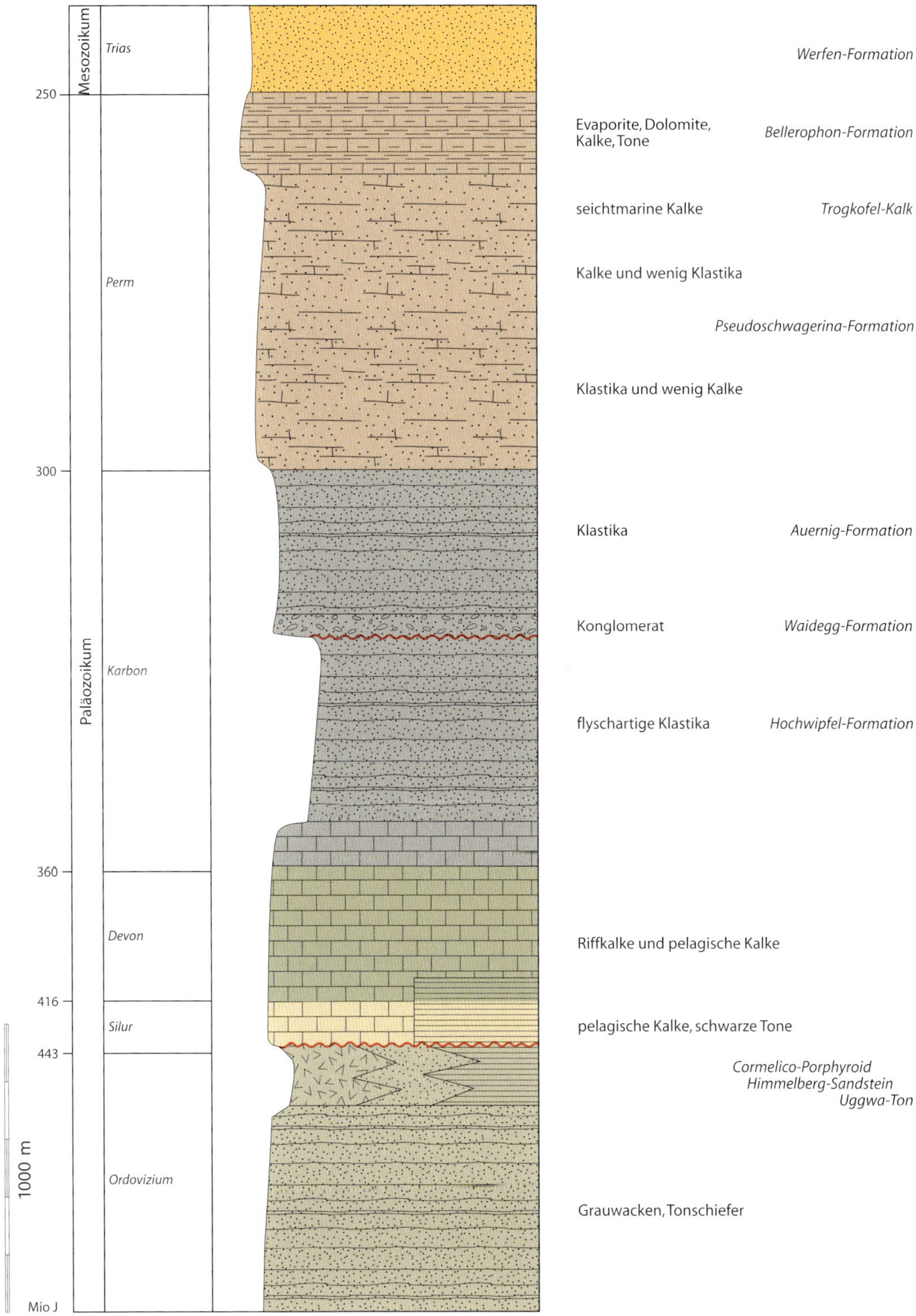
Mesozoikum
Trias
250
Perm
300
Paläozoikum
Karbon
360
Devon
416
Silur
443
Ordovizium
1000 m
Mio J
Werfen-Formation
Evaporite, Dolomite, Kalke, Tone
Bellerophon-Formation
seichtmarine Kalke
Trogkofel-Kalk
Kalke und wenig Klastika
Pseudoschwagerina-Formation
Klastika und wenig Kalke
Klastika
Auernig-Formation
Konglomerat
Waidegg-Formation
flyschartige Klastika
Hochwipfel-Formation
Riffkalke und pelagische Kalke
pelagische Kalke, schwarze Tone
Cormelico-Porphyroid
Himmelberg-Sandstein
Uggwa-Ton
Grauwacken, Tonschiefer

▶ 2-15 Die paläozoische Gesteinsabfolge der östlichen Grauwackenzone (Ostalpen), zusammengefasst nach Schönlaub & Heinisch (1993).

nommen werden, das mit Sedimenten und Vulkaniten unterschiedlicher Herkunft gefüllt wurde.

Die nachfolgenden Klastika des Perms (Pseudoschwagerina-Formation) bestehen zum Teil aus aufgearbeiteten Sedimenten aus dem stratigrafisch Liegenden (der Auernig-Formation). Offenbar verursachten tektonische Bewegungen (die sogenannte saalische Phase) signifikante Hebungen und Erosion an den Beckenrändern (vgl. Krainer 1993). Die permischen Sedimente wurden ebenfalls in intramontanen Becken bzw. Gräben abgelagert, werden aber im Zusammenhang mit den Permokarbon-Trögen im Abschnitt 2.7 besprochen.

Paläozoikum der Grauwacken-Zone

Nach ihrem geografischen Vorkommen unterscheidet man eine östliche (Steiern) und eine westliche Grauwacken-Zone (Salzburg-Tirol). Abb. 2-15 zeigt die Abfolge der östlichen Grauwacken-Zone, zusammengefasst nach Schönlaub & Heinisch (1993).

Eine fossilfreie Abfolge von Schiefern, Phylliten und Metapyroklastika folgt über einem dem kristallinen Grundgebirge aufliegenden Konglomerat. Lokal enthält dieses Konglomerat Gerölle von Orthogneisen, deren Kristallisationsalter auf 500 Millionen Jahre bestimmt wurde (spätestes Kambrium), was den darüberfolgenden Metasedimenten möglicherweise ein ordovizisches Alter zuordnet. Es folgt eine Serie mit Vulkaniten (Ignimbriten, Tuffen, Pyroklastika), der sogenannte Blasseneck-„Porphyroid". Dieser ist lokal mit Kalken verknüpft, deren spätordovizisches Alter gesichert ist. Eine mächtige Tonschieferabfolge (heute als Metapelite vorliegend) schließt das Ordovizium ab und reicht bis ins Silur. Die durchgehende Abfolge des Ordoviziums zeigt nach Schönlaub und Heinisch (1993) keine Einflüsse bzw. Anzeichen einer kaledonischen Gebirgsbildung. Die Vulkanite vom Typ Blasseneck-„Porphyroid" könnten mit dem pan-afrikanischen orogenen Zyklus korreliert werden.

Die basischen Vulkanite des frühen Silurs sind aufgrund geochemischer Daten als Intraplatten-Vulkanite zu deuten. Die folgenden schwarzen Tone und Orthoceras-Kalke sind in einem tektonisch ruhigen Milieu abgelagert worden.

Einen abrupten Wechsel gibt es mit den diskordant darüberfolgenden Kalkbrekzien, die als Produkt einer Verkarstung im frühen Karbon gedeutet werden (Schönlaub & Heinisch 1993 und Referenzen dort). Eine solche Verkarstung ließe sich durch Emersion im Vorland des variszischen Gebirges erklären: Durch die Auflast der Decken im Gebirge selbst wird die subduzierende Platte, Gondwana in diesem Falle, niedergedrückt. Die so verbogene Platte besitzt aber eine gewisse elastische Steifheit, wodurch sich als Reaktion im Vorland eine Aufwölbung bildet. Die Aufwölbung würde die Emersion und Verkarstung hinreichend erklären. Jedenfalls zeigt die sedimentäre Abfolge der Grauwacken-Zone eindeutig Anzeichen der variszischen Gebirgsbildung.

Paläozoikum der Innsbruck-Quarzphyllite

An verschiedenen Orten in den Ostalpen und Südalpen ist das Paläozoikum von phyllitischen, insbesondere quarzphyllitischen Sedimentabfolgen dominiert. Stellvertretend sei hier die Abfolge der Innsbruck-Quarzphyllite kurz behandelt. Die Darstellung in Abb. 2-16 gründet auf der Arbeit von Neubauer & Sassi (1993).

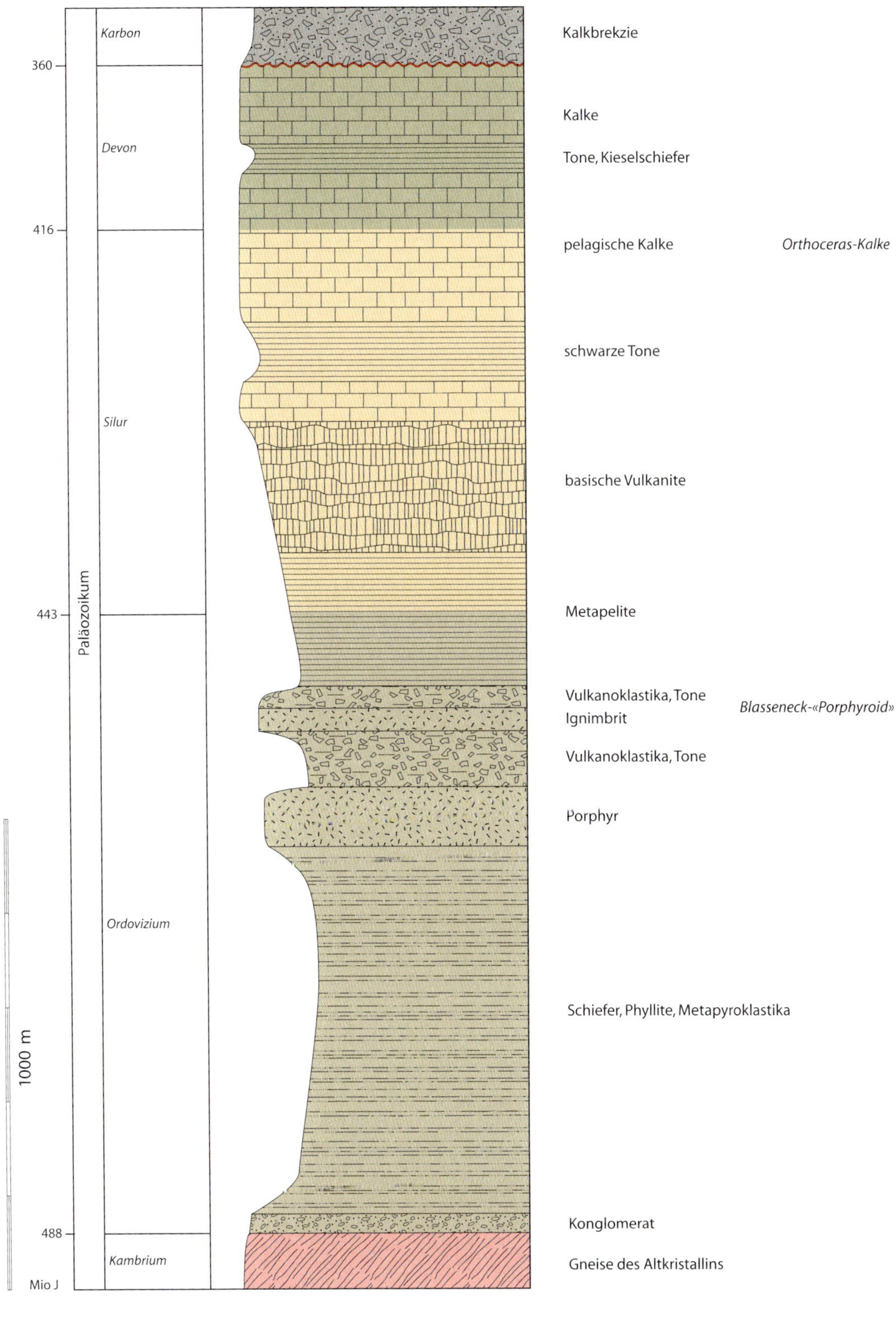
360
416
443
488
Mio J
1000 m
Paläozoikum
Karbon
Devon
Silur
Ordovizium
Kambrium
Kalkbrekzie
Kalke
Tone, Kieselschiefer
pelagische Kalke
Orthoceras-Kalke
schwarze Tone
basische Vulkanite
Metapelite
Vulkanoklastika, Tone
Ignimbrit
Blasseneck-«Porphyroid»
Vulkanoklastika, Tone
Porphyr
Schiefer, Phyllite, Metapyroklastika
Konglomerat
Gneise des Altkristallins

Quarzphyllite und Serizitphyllite des Ordoviziums enthalten Lagen von mafischen und sauren Vulkaniten. Diese Abfolge kann als Füllung eines „Back-arc" Beckens im pan-afrikanischen orogenen Zyklus angesehen werden. Die jüngeren Teile (Silur?) der Quarz- und Serizitphyllite weisen Lagen von Marmoren auf, zuoberst folgt eine mächtige Abfolge von Dolomiten, die sicher vom späten Silur ins mittlere Devon reicht. Neubauer & Sassi (1993) interpretieren diese Abfolge als Produkt von silurischem Rifting und dem Aufbau einer Karbonatplattform auf einer Schwelle.

Aufgrund einer Korrelation der vielen Vorkommen von Quarzphylliten konnten Neubauer & Sassi (1993) folgende generellen Aussagen machen:

Eine mächtige klastische Sequenz wurde im Ordovizium in einem „Back-arc"-Becken zum pan-afrikanischen Plattenrand abgelagert. Einsetzendes Rifting im Silur bewirkte lithologische Unterschiede in den jüngeren „Quarzphylliten" (konglomeratisch-sandig im Süden, tonig im Norden). Rifting ist angedeutet durch die Art des Vulkanismus und die Aktivität von synsedimentären Brüchen. Das Becken füllte sich im späten Silur bis frühen Devon mit Klastika von Schuttfächern und Karbonat-Tempestiten. Die Reife der Klastika deutet auf einen langen Transportweg und ein kontinentales Liefergebiet hin. Ab dem mittleren Devon bis ins frühe Karbon etablierte sich eine Karbonatplattform, möglicherweise auf einer Schwelle innerhalb des Beckens. Ab dem frühen Karbon wurde das Becken durch die variszische Gebirgsbildung geschlossen.

2.7 Das variszische Gebirge im ausklingenden Paläozoikum

Wie in den vorangehenden Abschnitten erwähnt, sind in den Alpen und deren Vorland an mehreren Stellen spät- und post-variszische Intrusiva in die älteren Gesteine des kristallinen Grundgebirges eingedrungen bzw. jungpaläozoische Vulkanoklastika lagerten sich darüber ab. Besonders eindrücklich kann dies in den Externmassiven der Alpen beobachtet werden (vgl. Abb. 2-3 bis 2-8). An anderen Stellen wurden im gleichen Zeitraum unterschiedliche Sedimente abgelagert. Im Bereich der Alpen sind solche Sedimentabfolgen namentlich im Ostalpin und Südalpin aufgeschlossen (vgl. Abb. 2-14 bis 2-16). Beim Vergleich und bei der Gegenüberstellung dieser Gesteinsverbände wird man aber unweigerlich mit dem Problem konfrontiert, dass diese Vorkommen mehrheitlich von jüngeren Gesteinen bedeckt sind und damit nur isoliert in einzelnen Schollen aufgeschlossen sind. Zudem sind diese Schollen im Verlaufe des Mesozoikums beim Zerbrechen von Pangäa und anlässlich der späteren, alpinen Gebirgsbildung in unterschiedlichen Richtungen über größere Distanzen gegeneinander verschoben und überschoben worden. Wie können nun diese Schollen mit ihren verschiedenartigen Gesteinsverbänden zu einem Bild eines variszischen Gebirges zusammengefügt werden?

Um eine Gesamtschau dieser lokalen Verhältnisse zu erhalten, wurde eine sogenannte paläogeografische Karte für das ausklingende Paläozoikum konstruiert. Hierzu mussten die verschiedenen Schollen und Blöcke von Grundgebirge zuerst in ihre ursprüngliche gegenseitige Lage vor der alpinen Gebirgsbildung zurückgeschoben werden. Da wir die Richtungen und Transportweiten der

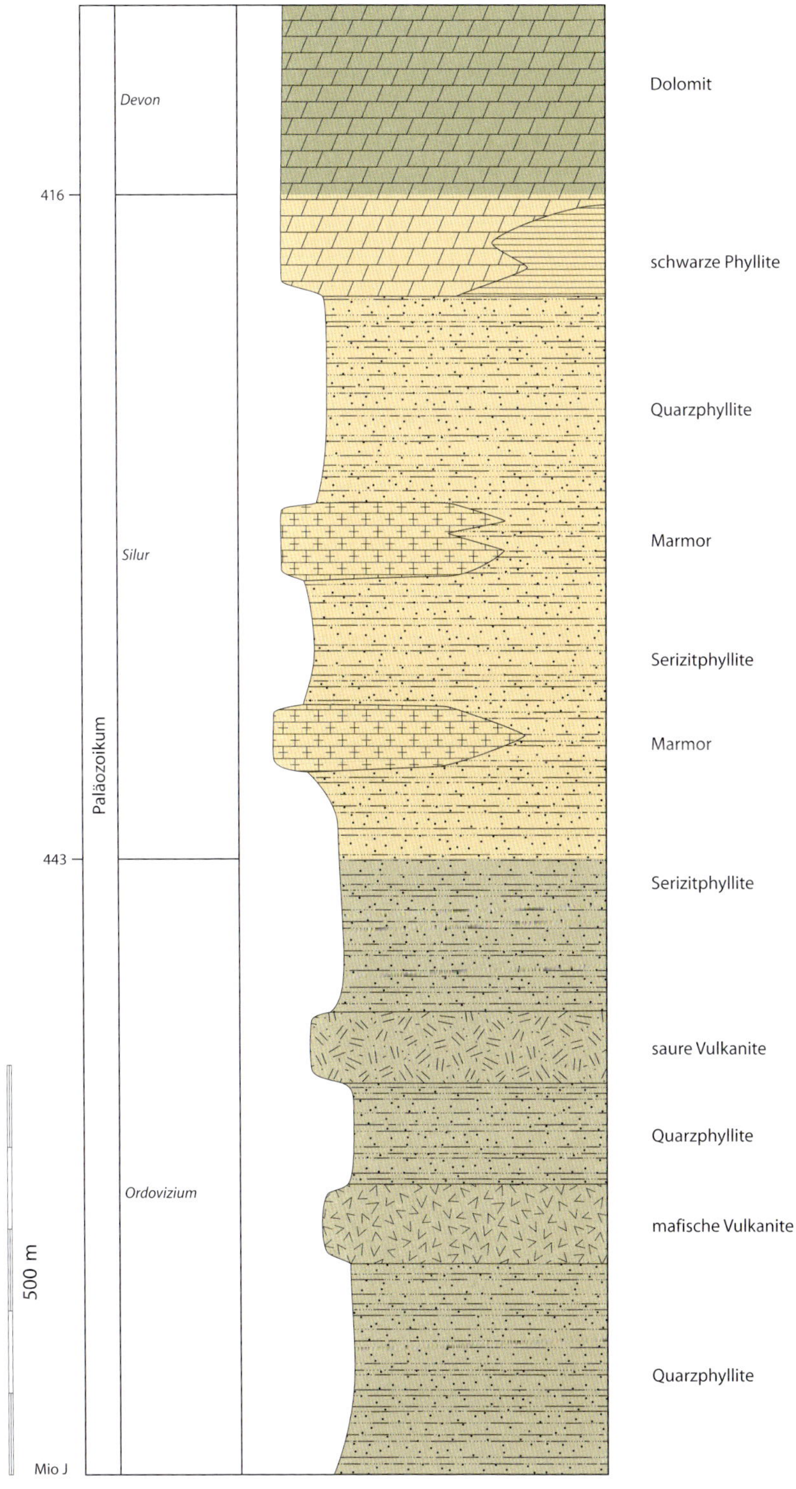

2-16 Die paläozoische Gesteinsabfolge der Innsbruck-Quarzphyllite (Ostalpen), zusammengefasst nach Neubauer & Sassi (1993).

alpinen Bewegungen aber nur lückenhaft kennen, ist die Rekonstruktion mit etlichen Unsicherheiten behaftet. Nach den alpinen Deckenbewegungen mussten anschließend auch die Plattenbewegungen beim Zerbrechen von Pangäa rückgängig gemacht werden. Damit wurde der Spielraum der Interpretation noch größer. Die resultierende paläogeografische Karte in Abb. 2-17 ist deshalb zwar im Detail mit einigen Unsicherheiten behaftet, aber was die größeren Zusammenhänge betrifft, sind einigermaßen gesicherte Aussagen möglich. Die Darstellung basiert teilweise auf den Kompilationen von Pfiffner (1993a), de Graciansky (1993) und Ratschbacher & Frisch (1993), wurde aber ergänzt.

Spuren variszischer Überschiebungen in den Alpen

Auf der paläogeografischen Karte sind die Schollen von prä-triadischem Grundgebirge in ihren Umrissen, wie sie auf einer heutigen geologischen Karte erscheinen, dargestellt. Angegeben ist auch ihre „künftige" Zugehörigkeit zu den mesozoischen Faziesräumen bzw. den alpinen Deckenkomplexen (Helvetikum, Penninikum, Ostalpin und Südalpin). Man erkennt unzweifelhaft, dass die Vorkommen von paläozoischen Sedimenten (Ordovizium bis Devon) eindeutig auf den Südosten des Ostalpins und das Südalpin beschränkt sind, während die zentralen Teile der künftigen Alpen (nordwestliches Ostalpin, Penninikum und Helvetikum) vorwiegend aus kristallinen Gesteinen bestehen. In diesen kristallinen Teilen ist vielerorts eine devonische bis frühkarbone Metamorphose zu beobachten (vgl. Kompilation von von Raumer & Neubauer 1993b). Offenbar stellen diese Teile den Kern des variszischen Gebirges dar, in dem der exhumierte kristalline Kern des Orogens entblößt war. Einschränkend ist zu sagen, dass der variszische Metamorphosegrad im zentralen Teil, insbesondere im Bereich des künftigen Penninikums, alpinmetamorph derart stark überprägt wurde, dass Aussagen über den variszischen Zustand sehr schwierig sind. Immerhin kann geschlossen werden, dass zwischen diesem kristallinen Kern des Orogens und den auf gleicher Höhe gelegenen paläozoischen Sedimenten im Südosten davon eine größere Überschiebung anzunehmen ist, wie sie in Abb. 2-17 skizziert ist. Analoge Überschiebungen sind zwischen dem Kristallin von Saualpe–Koralpe und dem Paläozoikum der Gurktal-Scholle bzw. Ötztal und Südalpin anzunehmen. Infolge der Unsicherheit, die der Rekonstruktion der paläogeografischen Karte inneliegt, sollten aber keine Schlüsse den genaueren Verlauf dieser Überschiebungen betreffend gezogen werden. Im nordalpinen Vorland (Schwarzwald und Vogesen) sind ebenfalls kleinere Vorkommen spät-devonischer bis früh-karboner Sedimente aufgeschlossen (beispielsweise in der Badenweiler-Lenzkirch-Zone südlich der Todtnau-Überschiebung in Abb. 2-2). Im Falle der Todtnau-Überschiebung ist aufgrund strukturgeologischer Befunde von SE-vergenter Deckenbewegung auszugehen (Eisbacher et al. 1989). Bei den paläozoischen Einheiten im Ost- und Südalpin ist anzunehmen, dass der ordovizisch-devonische Teil des Paläozoikums von Graz und der Gurktal-Decke den passiven Kontinentalrand des Gondwana-Kontinents darstellt, die Grauwacken-Zone und die Quarzphyllite demgegenüber einen mehr externen durch Dehnungstektonik charakterisierten Ablagerungsraum. Vulkanische Aktivität begleitete die Füllung des Beckens zu verschiedenen Zeiten. Ab dem mittleren Devon etablierte sich auch in der Zone der Quarzphyllite eine Karbonatplattform.

Extensionstektonik nach der Kollision

Der Beckencharakter änderte sich im frühen Karbon. Mit der variszischen Gebirgsbildung wurde aus dem passiven Kontinentalrand eine synorogene Vorlandsenke mit lokaler Emersion und Verkarstung (Kalkbrekzien in der Grauwackenzone) und flyschartigen Ablagerungen (Hochwipfel-Formation in den Karnischen Alpen). Die Quarzphyllite wurden vielerorts im frühen Karbon (im Zeitintervall zwischen 350 und 320 Millionen Jahren) metamorph überprägt. Das Becken war offensichtlich geschlossen, die Beckenfüllung in den Deckenstapel des variszischen Gebirges einverleibt.

In der paläogeografischen Karte sind auch die granitoiden Körper innerhalb der Kristallinschollen ausgeschieden, gemäß ihrem karbonen oder permischen Alter getrennt. Die granitoiden Intrusiva im kristallinen Kern des variszischen Orogens sind im Nordwesten tendenziell älter. Es ist ein Granitgürtel mit spätkarbonen Intrusionsaltern im Vorland (Schwarzwald) und den Externmassiven auszumachen. Die meisten dieser Intrusionen sind post-variszisch, da sie eindeutig variszische Strukturen schneiden. Ausnahmen gibt es etwa im Schwarzwald (vgl. Abb. 2-2). Eine jüngere, permische Gruppe von Intrusiva konzentriert sich hauptsächlich in einem südlichen Gürtel (südwestliches und südöstliches Ostalpin sowie Südalpin). Im zentralen Bereich, aber auch im Aar- und Gotthard-Massiv, treten gemischte Intrusionen von spätkarbonem und permischem Alter auf. Wie am Beispiel des östlichen Aar-Massivs ausgeführt (vgl. Abb. 2-6), sind die post-variszischen Intrusionen häufig an die Vorkommen von karbonen Grabenstrukturen gebunden. Das Zusammenspiel von Intrusion und Einsenkung von Gräben mit klastischer und vulkanoklastischer Füllung deutet auf eine tief greifende Reorganisation der tektonischen Vorgänge mit einem Wechsel von Kollision zu Dehnungstektonik. Die Dehnung war mit großräumigen Seitenverschiebungen gekoppelt, hervorgerufen durch die Ostdrift von Eurasien relativ zu Gondwana. In Segmenten mit Transtension war dadurch möglicherweise der Magmaaufstieg erleichtert.

Die Bildung von Grabenstrukturen setzte sich im Perm fort und wird im nächsten Abschnitt näher behandelt. Die bekannten permischen Tröge sind in Abb. 2-17 aber ebenfalls eingezeichnet.

Eine Übersicht über die Bauteile des variszischen Gebirges im gesamten zentraleuropäischen Rahmen gibt die Arbeit von von Raumer et al. (2012). Abb. 2-18 zeigt die Situation im Perm (vor 290 Mio. Jahren). Der alpine Teil befand sich im Kern eines großen Gebirges zwischen Gondwana (Afrika) und Baltica und nördlich der Paläotethys.

▲ **2-17 Paläogeografische Karte des künftigen alpinen Raumes zur Zeit Ende Paläozoikum.** Als geografische Orientierung sind die Umrisse der Kristallinschollen mit einer Form, wie sie auf einer heutigen Karte erscheinen, dargestellt. Sie sind aber zurückverschoben in ihre frühere Lage durch Rückgängigmachung der alpinen Überschiebungen und der mesozoischen Bewegungen bei der Öffnung der Meeresbecken. Ebenso angegeben sind die künftigen Grenzen zwischen Vorland, Dauphinois-Helvetikum, Penninikum und Südalpin-Ostalpin.

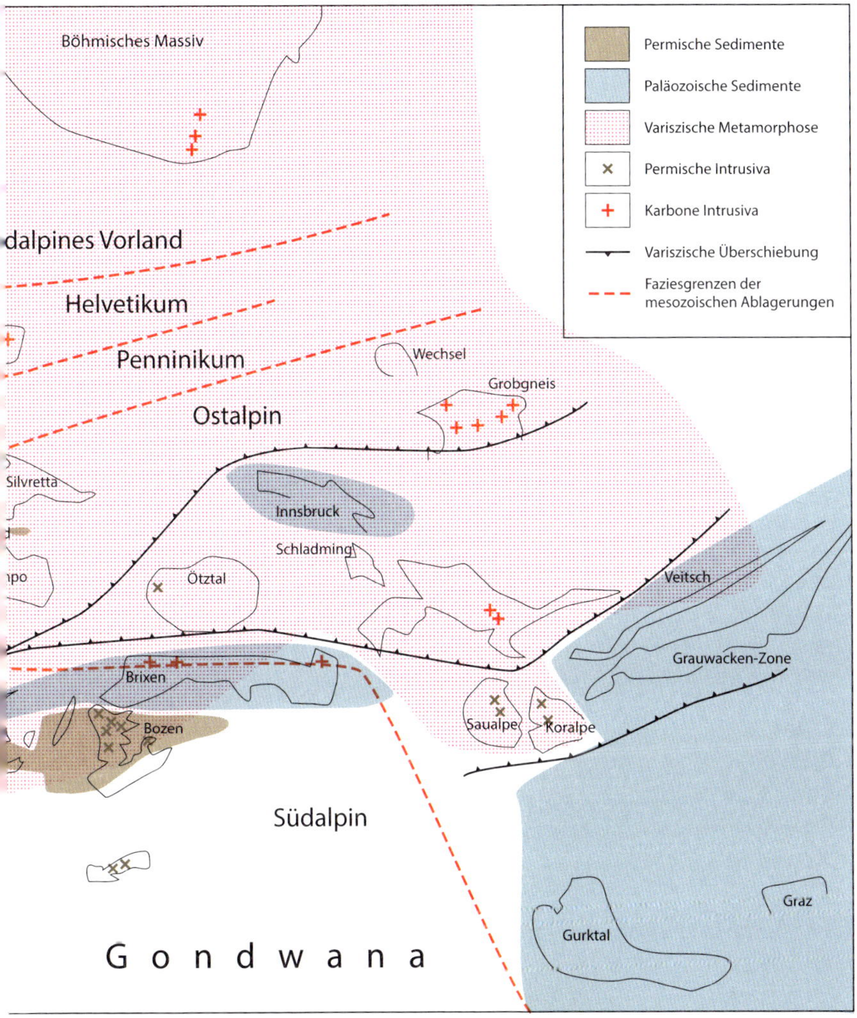

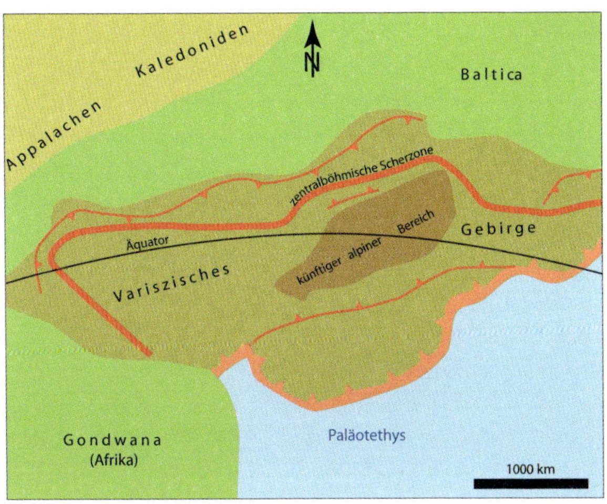

◀ **2-18 Das variszische Gebirge im Perm (vor 290 Mio Jahren)**. Die Grenze zur Paläotethys entspricht einer Subduktionszone. Der künftige alpine Teil liegt südlich der zentralböhmischen Scherzone, im Bereich, wo die Überschiebungen südvergent waren. Vereinfacht und ergänzt nach von Raumer et al. (2012).

2.8 Post-variszische Sedimente und Vulkanite des Perms

Permische Sedimente und damit assoziierte Vulkanite sind aus vielen Stellen in den Alpen und ihrem Vorland bekannt. Flächenmäßig dominieren drei Trogsysteme (Abb. 2-17): eines im nordalpinen Vorland gerade südlich von Schwarzwald und Vogesen, eines im künftigen Penninikum (Zone Houillère) und eines im Südalpin bei Bozen. Daneben ist eine ganze Reihe von kleineren Trögen bekannt.

Einige dieser permischen Tröge bauen auf einem bereits im Karbon angelegten Trog auf. Andere sind erst im Perm entstanden, und umgekehrt haben nicht alle karbonen Tröge ihre Aktivität im Perm fortgesetzt. Während der alpinen Gebirgsbildung wurden manche dieser Tröge partiell oder ganz invertiert, d. h., die Grabenfüllung wurde durch Zusammenschieben der Grabenränder herausgestülpt. Die nachfolgenden Beispiele sollen das Spektrum der Prozesse von der Grabenanlage bis zur Invertierung abdecken.

Der Nordschweizer Permokarbon-Trog

Im Untergrund des östlichen Juras und des nördlichen Molassebeckens der Nordschweiz entdeckte man bei der Suche für Standorte radioaktiver Abfälle einen größeren, EW-streichenden Permokarbon-Trog. Abb. 2-19 zeigt einen Profilschnitt, der auf der Interpretation von reflexionsseismischen Linien und Tiefbohrungen beruht (Diebold et al. 1991, Naef 2007 und Naef & Madritsch 2014). Die Trogfüllung ist durch synsedimentäre Abschiebungen begrenzt. Der ältere Teil des Grabens (Karbon) war im Norden durch eine sehr tief reichende Abschiebung begrenzt. Im Perm verlagerte sich der Trog nach Norden.

Die Grabenfüllung selbst besteht aus fluviatilen, lakustrischen und Playa-Sedimenten (Matter 1987). Der ältere Teil konnte in einer anderen Tiefbohrung (Weiach) als spätes Karbon (Stephanian) datiert werden. Kleinzyklische Sandstein-Ton-Serien darin sind als Schwemmebenen zu interpretieren, feinkonglomeratisch-grobsandige Serien als Flussrinnen. Eingeschaltet darin finden sich dünne Kohle-Serien, die als Sumpfablagerungen in den Schwemmebenen zu deuten sind. Das Ganze stellt ein anastomosierendes fluviatiles System dar. Im Perm setzte sich dieses fluviatile System zunächst fort. Es wurde von Seeablagerungen überdeckt. Durch die Ausbreitung eines alluvialen Fächers verlandete der See. Der Abschluss dieses Fächers in der Tiefbohrung Weiach ist durch polymikte Kristallinbrekzien charakterisiert, die rasch überleiten in feinkörnige Rotschichten, die in einer Playa abgelagert wurden. Die Grenze Karbon-Perm in Abb. 2-19 ist nicht gesichert, da der tiefere Teil des Trogs nur von den seismischen Daten her bekannt ist. In der weiter östlich liegenden Bohrung Weiach, welche die ganze permokarbone Abfolge durchhörterte, sind keine Diskordanzen erkennbar (Matter 1987).

Die mesozoischen Sedimente über dem Permokarbon-Trog sind anlässlich der Bildung des Juragebirges in der Anhydrit-Gruppe der Trias abgeschert und nordwärts schuppenartig aufgestapelt worden. Offenbar wurde der Permokarbon-Trog von dieser Deformation im Hangenden nicht wesentlich beeinflusst, das Grundgebirge verhielt sich starr.

Das Permokarbon im Helvetikum

Im Helvetikum sind permokarbone Abfolgen in kleineren Trögen in den Ex-

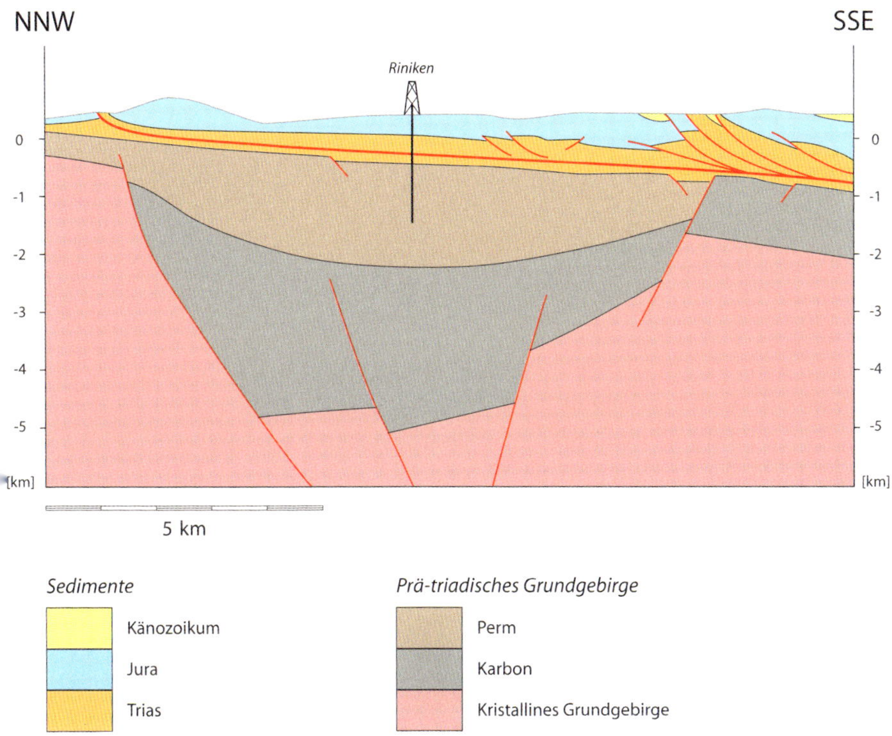

2-19 Geologischer Profilschnitt durch den Nordschweizerischen Permokarbon-Trog im Untergrund des Molassebeckens und des östlichsten Juragebirges. Umgezeichnet nach der Interpretation seismischer Daten von Diebold et al. (1991) und Naef (2007).

ternmassiven bekannt, und ein größerer Trog ist in den Deckenbau der helvetischen Decken involviert. Im Aiguilles Rouges-Massiv existiert eine Anzahl von älteren Trögen, die mit Sedimenten des Devons und Karbons gefüllt sind. Diese Tröge im südwestlichen Teil des Massivs verlaufen Nord-Süd, also schief zum alpinen Streichen. Der Trog von Dorénaz im nordöstlichen Aiguilles Rouges-Massiv ist mit karbonen Sedimenten gefüllt, verläuft parallel zum alpinen Streichen und wurde, wie Abb. 2-20 zeigt, bei der alpinen Gebirgsbildung partiell invertiert. Letzteres zeigt sich an der Aufwölbung des stratigrafischen Kontakts zwischen den karbonen und mesozoischen Sedimenten sowie der Aufwölbung der basalen Überschiebung der Morcles-Decke darüber. Am Südostrand des Trogs wurden die fluviatilen Sandsteine und Grauwacken des Karbons bei der Ausstülpung vertikal gestellt (Abb. 2-21A).

Die Trogfüllung selbst besteht aus alluvialen und fluvio-lakustrinen Sedimenten. Niklaus & Wetzel (1996) konnten zeigen, dass der älteste Teil der Trogfüllung Ablagerungen eines sanddominierten verzweigten Flusssystems sind, das quer über den Graben nach Südosten entwässerte. Mit zunehmender Subsidenz entwickelte sich dann ein beckenaxiales Entwässerungssystem, das vorwiegend pelitische Sedimente hinterließ. Von den Grabenrändern her wurden in alluvialen Fächern Sandsteine geschüttet, die oxidiert wurden und heute eine auffallend weinrote Färbung besitzen. Durch Abnahme des beckenaxialen Gefälles gelangten palustrine Sedimente zum Absatz, die auch Koh-

2-20 Geologischer Profilschnitt und retrodeformierter Profilschnitt durch den Karbon-Trog von Dorénaz (Aiguilles Rouges-Massiv). Umgezeichnet und ergänzt nach Pilloud (1991).

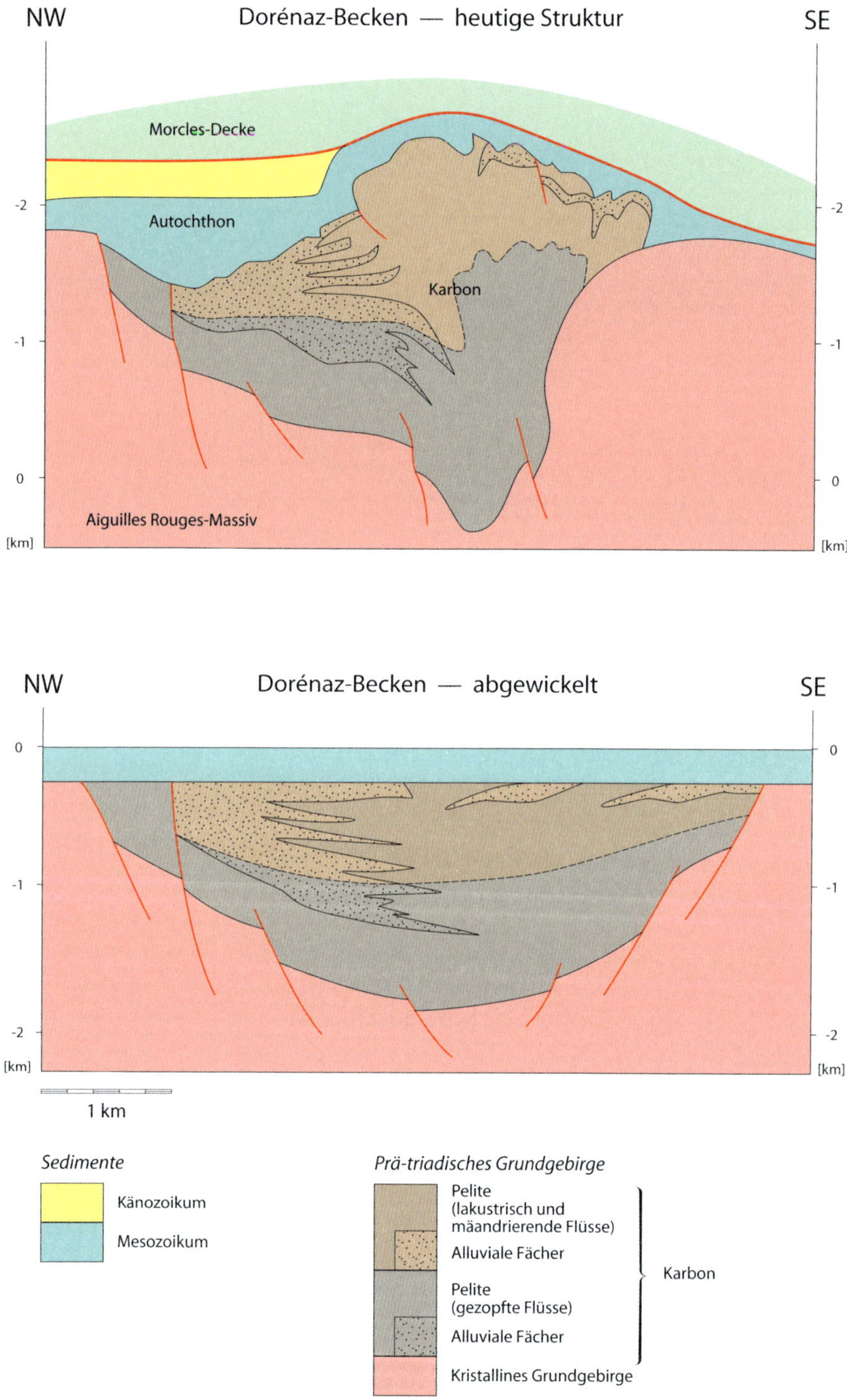

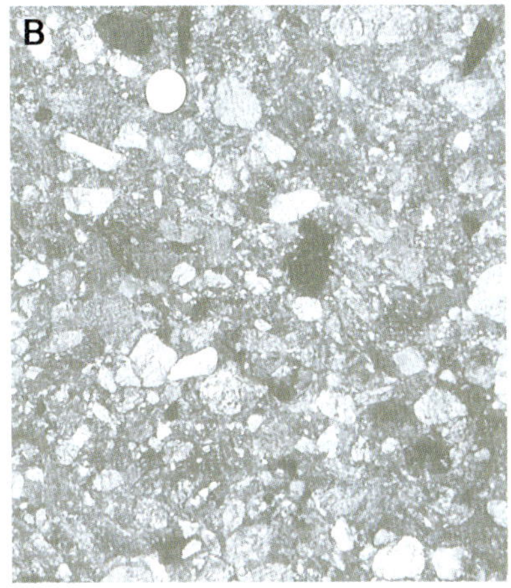

2-21 Die Karbonsedimente von Dorénaz. A) Steil stehende fluviale Abfolge mit kreuzgeschichteten Sandsteinen und Konglomeratschnüren. B) Detailaufnahme eines Konglomerates mit gerundeten und kantengerundeten Geröllen von Quarz, Feldspat und Anthrazit.

lelagen enthalten. Schließlich nahm durch weitere Einsenkung des Grabens das Axialgefälle wieder zu und die Ablagerungen deuten auf ein mäandrierendes, nach Südwesten entwässerndes Flusssystem. Offenbar spiegelt die Sedimentfüllung die tektonische Subsidenzgeschichte des Grabens wider. Die retrodeformierte Geometrie des Karbon-Trogs in Abb. 2-20 beruht auf der Arbeit von Pilloud (1991). Einen Eindruck der Art der Sedimente geben die Fotos in Abb. 2-21 A und B).

In der Ostschweiz liegt beim Permokarbon-Trog des Glarner Verrucanos der Fall einer völligen Invertierung vor: Bei der Deckenbildung wurde die gesamte Trogfüllung abgeschert und über mehr als 30 Kilometer nach Norden geschoben. Frontale Teile der altkristallinen Unterlage (Paragneise und Schiefer) des Tavetscher Zwischenmassivs wurden von dieser Bewegung ebenfalls erfasst (vgl. Pfiffner 1980) und liegen heute als großräumige Verkehrtserie vor. Die dislozierte Trogfüllung kam auf eine viel jüngere Unterlage aus mesozoisch-känozoischen Sedimenten zu liegen. Das Profil in Abb. 2-22 A zeigt eine Rekonstruktion des Trogs zur Zeit des Mesozoikums. Die synsedimentären Abschiebungen an den Trogrändern sind im Gelände nicht mehr erkennbar, da sie bei der Ausstülpung anlässlich

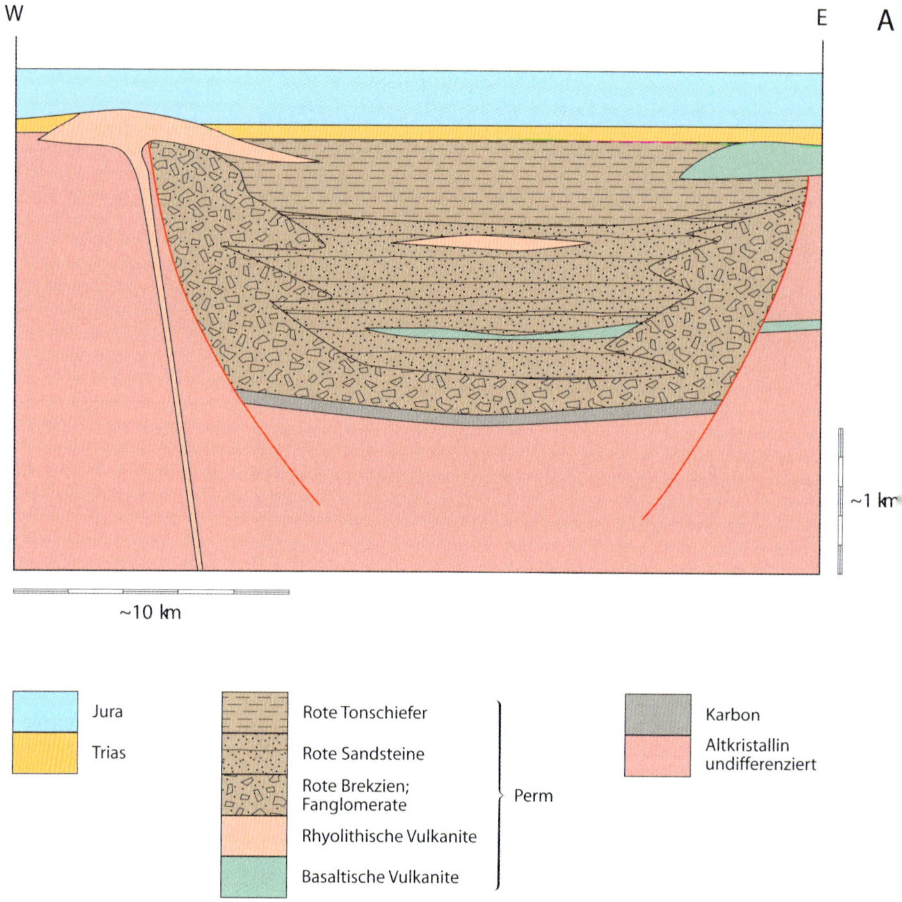

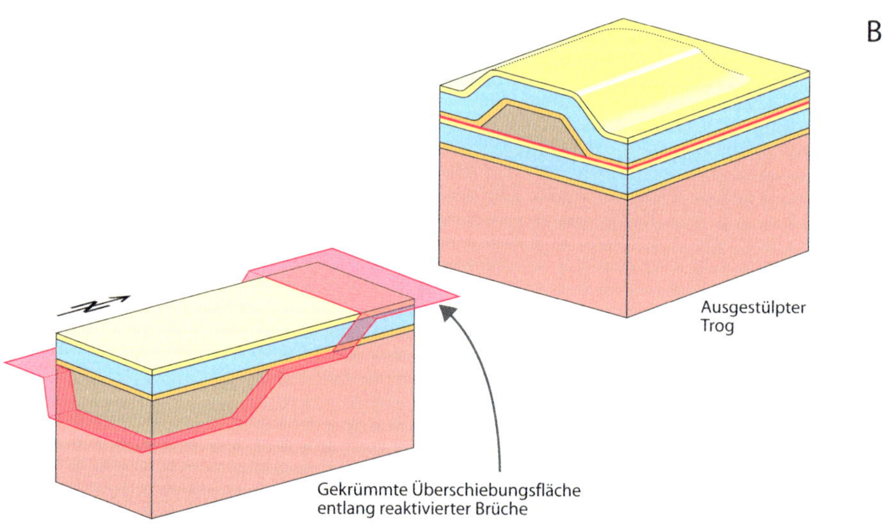

2-22 Der Permokarbon-Trog des Glarner Verrucanos. A) Der retrodeformierte Profilschnitt zeigt die ursprüngliche Grabenstruktur. B) Schematische Blockdiagramme illustrieren die Ausstülpung des Permokarbon-Troges.

der alpinen Deckenbildung als seitliche Rampen benutzt und dann durch interne Deformation völlig zerschert wurden. Sie sind heute in Teilen der basalen Überschiebung der helvetischen Decken (der Glarner Hauptüberschiebung) zu suchen. Abb. 2-22B veranschaulicht den Prozess der Ausstülpung des Permokarbon-Trogs. Die Trogfüllung liegt auf einer ausgeglätteten Überschiebungsfläche. Die ehemaligen Trogränder liegen als Falten vor, deren Achsen einen Bogen von 180° rund um die ausgestülpte Trogfüllung machen. Die mesozoischen Sedimente im Hangenden der Trogfüllung liegen höher als jene östlich und westlich des Trogs. Als Folge davon zeigen die Faltenachsen im Mesozoikum ein markantes Axialgefälle nach Osten und Westen.

Die Trogfüllung (vgl. Abb. 2-22A) enthält sehr geringmächtige schwarze Phyllite und Grauwacken an der Basis, die dem datierten Karbon im Aar-Massiv nicht unähnlich sind. Die permische Füllung ist von roten Brekzien (bzw. Fanglomeraten), Sandsteinen und feinkörnigen Rotschichten dominiert. Die Rotfärbung ist durch die alpine, grünschieferfazielle Metamorphose lokal völlig überprägt. Die grobklastischen Sedimente (lokal als Sernifite bezeichnet) sind als proximale Schuttfächer bevorzugt an den Trogrändern vorhanden, während die feinkörnigeren Klastika mehr das Troginnere ausmachen. Die feinkörnigen Rotschichten (lokal als Schönbüel-Schiefer bezeichnet) stellen den jüngeren Teil dar und können wohl mit jenen des Nordschweizerischen Permokarbon-Trogs korreliert werden. Eingelagert in die Sedimente finden sich Lagen von sauren und basischen Vulkaniten (Rhyolite, Dacite bzw. Basalte, heute als Spilite vorliegend).

Der Begriff „Verrucano“ hat sich für die roten Klastika des Glarner Verrucanos eingebürgert, obschon, wie Trümpy (1980) bemerkt, diese Sedimente wenig mit den triadischen Konglomeraten, Sandsteinen und Tonsteinen von Verruca bei Pisa zu tun haben.

◄ **2-23 Glarner Verrucano.** Grobklastische Varietät mit eckigen Komponenten unterschiedlicher Zusammensetzung. Sernftal (Kt. Glarus, Schweiz).

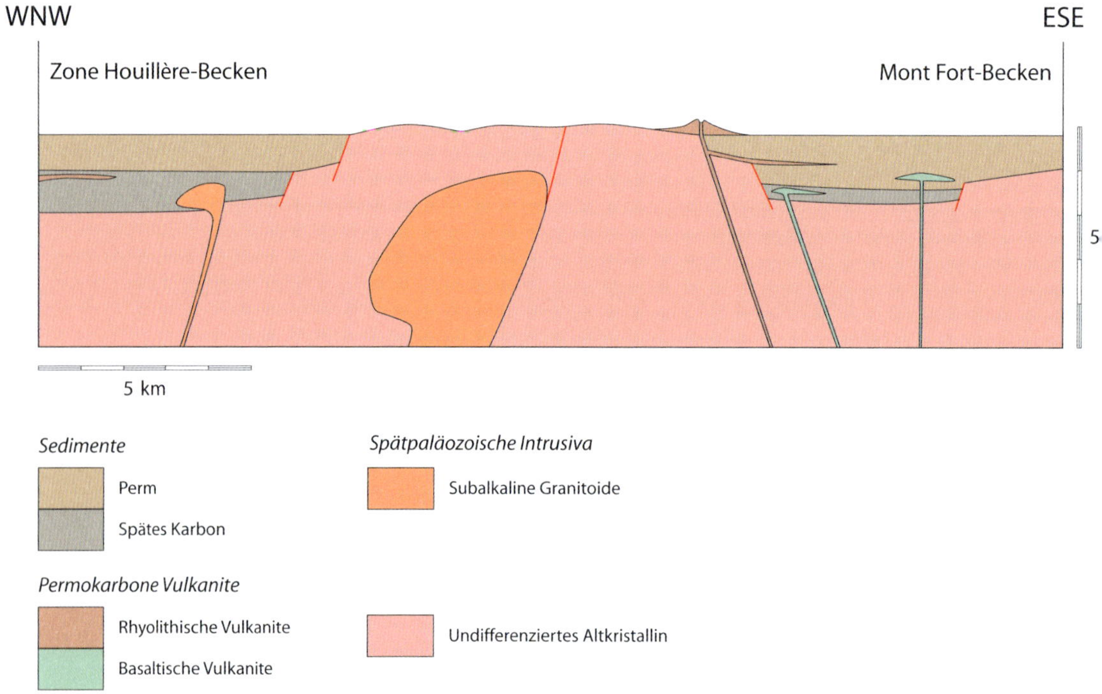

2-24 Retrodeformierter Profilschnitt durch die Briançon-Schwelle mit den Permokarbon-Trögen der **Zone Houillère** und des **Mont Fort** (mittelpenninische Decken der West- und Zentralalpen). Zu den mit den Sedimenten assoziierten Magmatika zählen subalkaline Granitoide und rhyolitische und basaltische Vulkanite. Umgezeichnet nach Thélin et al. (1993).

Das Permokarbon im Penninikum

Im Penninikum sind an vielen Stellen wenig mächtige permische Sedimente zu beobachten. Ein größerer Komplex ist aber im Briançonnais der Westalpen und Zentralalpen auszumachen (Zone Houillère in Frankreich und Mont Fort-Digitation des Bernhard-Deckenkomplexes in der Schweiz). Nach Thélin et al. (1993) handelt es sich um zwei (eventuell mehrere) parallel verlaufende Tröge, die mit spätkarbonen bis permo-triadischen fluviatilen Sedimenten gefüllt sind. In den älteren Serien kommen graphitführende Metapelite und -grauwacken vor, die ein karbones Alter suggerieren. Quarzite bilden den Abschluss der jüngeren, permischen Trogfüllung und gehen übergangslos in Quarzite über, für die ein triadisches Alter angenommen wird. Wie Abb. 2-24 andeutet, sind die Trogfüllungen auch in diesem Falle von einem bimodalen Vulkanismus begleitet. Permische Gabbros und Granitoide intrudieren das Altkristallin und die Sedimente als Lakkolithe bzw. als Lagergänge. Die Vulkanite sind im Mont-Fort-Becken viel zahlreicher, was Thélin et al. (1993) als Indiz für ein Pull-apart-Becken deuten (transtensives tektonisches Regime). Die Orientierung der Becken würde auf eine großräumig dextrale Scherung hindeuten, ähnlich wie im Falle des Nordschweizerischen Permokarbon-Trogs.

Das Permokarbon im Ostalpin

Auch im Ostalpin der Ostalpen finden sich verbreitet permische Sedimente. Sie wurden nach Krainer (1993) in EW- bis NE-SW-verlaufenden Trögen abgelagert, deren Öffnung mit der großräumigen dextralen Scherung erklärt wird, die mit der Ostdrift von Eurasien relativ zu Gondwana zu dieser Zeit zusammenhängt.

Stellvertretend für die vielen Vorkommen soll das Spätpaläozoikum der Gurktal-Decke kurz diskutiert werden. Die stratigrafische Abfolge ist in Abb. 2-25 zusammengefasst und basiert, wie die nachfolgende Diskussion, im Wesentlichen auf Krainer (1993).

Die Serie beginnt mit einem polymikten Basiskonglomerat, das diskordant den variszisch gefalteten, devonischen bis frühkarbonen Sedimenten aufliegt. Die darüber folgende Stangnock-Formation ist als fluviatile Abfolge in einem intramontanen Becken gedeutet, aufgebaut aus mehreren Megazyklen. Diese Megazyklen enthalten jeweils an der Basis Konglomerate (mit erosiver Auflage) eines gezopften bzw. verwilderten Flusssystems, darüber kreuzgeschichtete Konglomerat-Sandstein-Assoziationen eines mehr mäandrierenden Flusses. Den Abschluss machen dunkle anthrazitische Schiefer mit Pflanzenhäckseln, die als Ablagerung auf der Überschwemmungsebene und in Seen von verlassenen Mäanderschlingen zu deuten sind. Diese Abfolge ähnelt auffallend jener im älteren Teil des Nordschweizerischen Permokarbon-Trogs.

Mit dem Übergang zu den Sedimenten des Perms erfolgt ein Farbwechsel auf Rot, der klimatisch bedingt sein dürfte. Die Werchzirm-Formation des frühen Perms besteht aus roten Konglomeraten/Brekzien, unreifen Sandsteinen und feinkörnigen Rotschichten. Sie wird als Ablagerung eines proximalen bis distalen alluvialen Fächers und eines Playa-Komplexes gedeutet. Rhyolitische Vulkanite (Ignimbrite und Pyroklastika) schließen oft die Formation ab.

Der Übergang zur Gröden-Formation des späten Perms ist durch einen Hiatus gekennzeichnet, der durch Bruchschollen-Tektonik verursacht wurde. Diese sogenannte saalische Phase dürfte auf transpressive und transtensive Bewegungen an den bereits existierenden Gräben zurückzuführen sein. Möglicherweise besteht hier ein Zusammenhang mit der Deformation der älteren Trogfüllung im Nordschweizerischen Permokarbon-Trog (Abb. 2-19). Ansonsten handelt es sich bei der Gröden-Formation wiederum um Ablagerungen eines proximalen bis distalen alluvialen Fächers, der oben in einen Playa-Komplex mündet. Allerdings enthalten die grobklastischen Sedimente sehr viel aufgearbeitetes Material frühpermischer Vulkanite. Die Gröden-Formation ähnelt ebenfalls auffallend dem Perm des Nordschweizerischen Permokarbon-Trogs und dem Sedimentanteil des Glarner Verrucanos.

Nach oben setzt sich die Sedimentation ohne Unterbrechung, aber mit einem abrupten Wechsel in den Ablagerungsbedingungen und der Zusammensetzung der Sedimente in den Alpinen Buntsandstein fort (Abb. 2-24). Der Wechsel wird nach Krainer (1993) durch eine rasche Klimaänderung zu mehr humiden Bedingungen erklärt. Im Alpinen Buntsandstein und der darüber folgenden Werfen-Formation können drei Megazyklen unterschieden werden. Jeder Zyklus beginnt mit proximalen Konglomeraten eines gezopften Flusssystems, das zu mehr distalen Sandsteinen überleitet. Den Abschluss bilden jeweilen feinklastische seichtmarine Sedimente. Im Falle der Werfen-Formation liegen anstelle der fluviatilen Sedimente Sturmablagerungen vor, und den Abschluss der Serie bilden Evaporite, die allmählich in den alpinen Muschelkalk übergehen.

▶ **2-25 Die spätpaläozoischen Sedimente der Gurktal-Decke (Ostalpin),** zusammengefasst nach Krainer (1993).

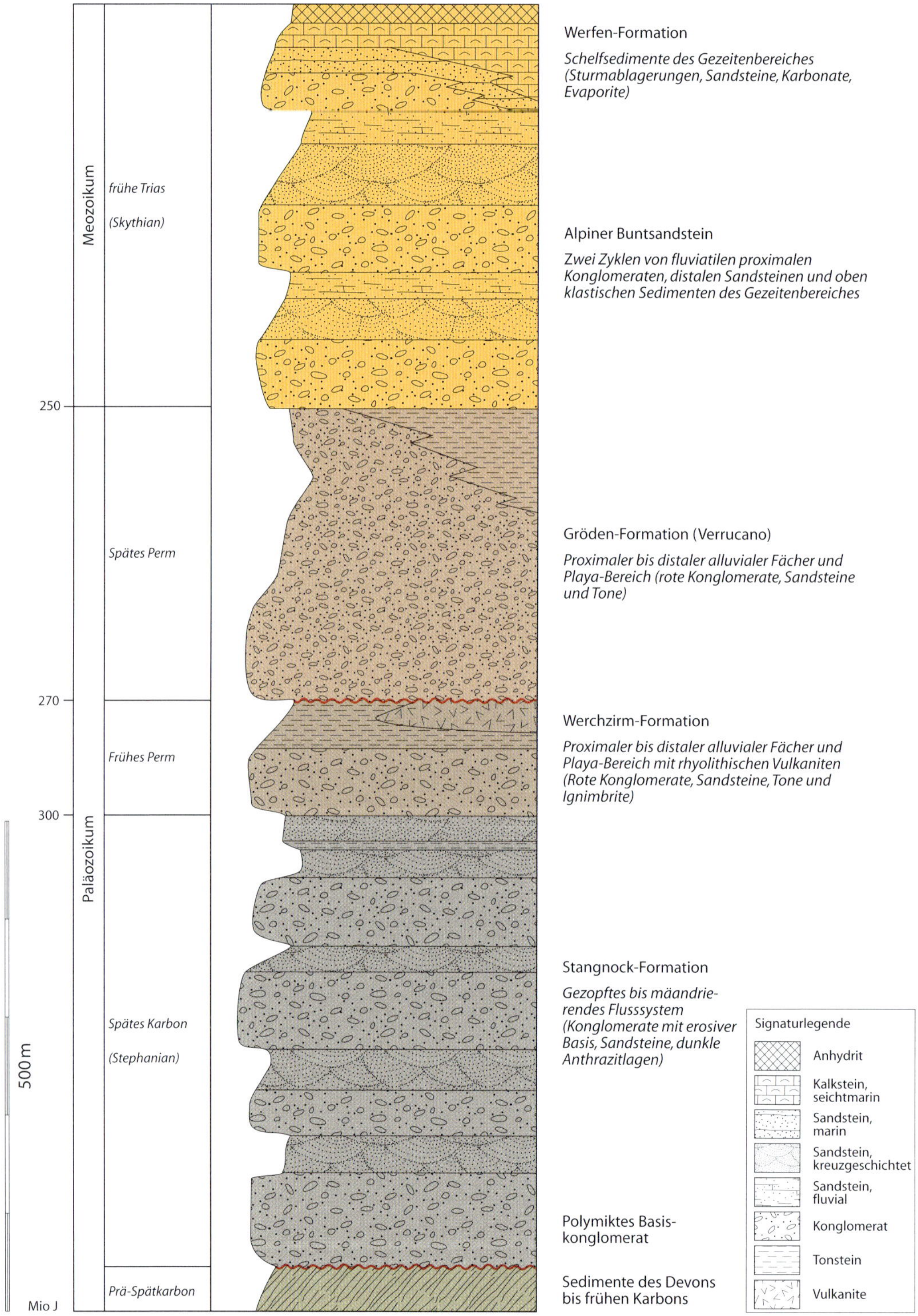
Mezozoikum
frühe Trias
(Skythian)
250
Spätes Perm
270
Frühes Perm
300
Paläozoikum
Spätes Karbon
(Stephanian)
Prä-Spätkarbon
Mio J
500 m
Werfen-Formation
Schelfsedimente des Gezeitenbereiches (Sturmablagerungen, Sandsteine, Karbonate, Evaporite)
Alpiner Buntsandstein
Zwei Zyklen von fluviatilen proximalen Konglomeraten, distalen Sandsteinen und oben klastischen Sedimenten des Gezeitenbereiches
Gröden-Formation (Verrucano)
Proximaler bis distaler alluvialer Fächer und Playa-Bereich (rote Konglomerate, Sandsteine und Tone)
Werchzirm-Formation
Proximaler bis distaler alluvialer Fächer und Playa-Bereich mit rhyolithischen Vulkaniten (Rote Konglomerate, Sandsteine, Tone und Ignimbrite)
Stangnock-Formation
Gezopftes bis mäandrierendes Flusssystem (Konglomerate mit erosiver Basis, Sandsteine, dunkle Anthrazitlagen)
Polymiktes Basiskonglomerat
Sedimente des Devons bis frühen Karbons
Signaturlegende
Anhydrit
Kalkstein, seichtmarin
Sandstein, marin
Sandstein, kreuzgeschichtet
Sandstein, fluvial
Konglomerat
Tonstein
Vulkanite

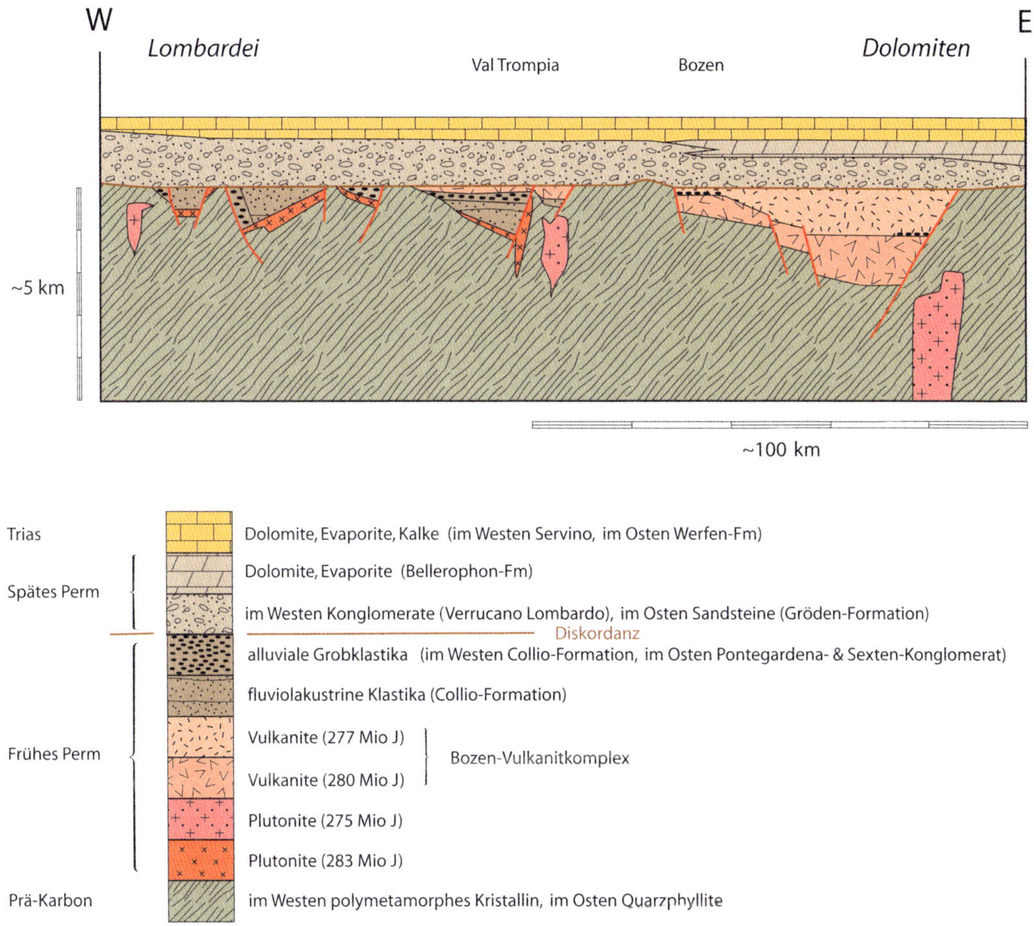

2-26 Die vulkano-sedimentäre, spätpaläozoische Abfolge der Südalpen (Lombardei und Dolomiten).
Zusammengefasst nach Schaltegger & Brack (2007) und Krainer (1993).

Das Permokarbon im Südalpin

Im Südalpin folgt das Perm auf teilweise metamorph überprägte Serien, beispielsweise Quarzphylliten. Im frühen Perm bildeten sich zahlreiche Gräben, welche von magmatischer Aktivität begleitet waren. Die Sedimente des späten Perms lagerten sich diskordant darüber ab. Die magmatische Aktivität im frühen Perm scheint in zwei Schüben, von 283–280 und 277–275 Millionen Jahren, stattgefunden zu haben. In Abb. 2-26 werden die Abfolgen in der Lombardei und den Dolomiten verglichen (vgl. Krainer 1993 und Schaltegger & Brack 2007).

Das Ponte-Gardena-Konglomerat an der Basis der Serie zeigt beträchtliche Mächtigkeitsschwankungen, was auf die synsedimentäre Tektonik beim Einbrechen des Sedimentbeckens zurückzuführen ist. Der Bozen-Vulkanitkomplex besteht aus Laven, Ignimbriten und Tuffen, die mit fluviatilen und lakustrischen Sedimenten wechsellagern. Die lakustrischen Sedimente werden als Ablagerungen in Seen innerhalb des aktiven vulkanischen Komplexes, aber innerhalb Pausen in der vulkanische Aktivität, gedeutet. Die Klastika über den Vulkaniten folgen leicht diskordant, was auf die Blockrotationen der „saalischen Phase“ zurückzuführen sein dürfte. Die Gröden-Formation entspricht dem Verrucano Lombardo. Altersmäßig sind beide Formationen dem späten Perm zuzuordnen. Im Osten, den Dolomiten und den Karnischen Alpen, wird die klastische Sedimentation durch seichtmarine Ablagerungen (unter anderem Dolomit und Evaporite) der Bellerophon-Formation abgelöst. Diese marinen Sedimente, wie auch jene der triadischen Werfen-Formation bzw. Servino-Formation, sind Zeugen einer Transgression von Südosten her.

Die permokarbonen Gesteine im gesamten Gebiet der (künftigen) Alpen sind kontinental-klastischer und vulkanoklastischer Art und in intramontanen Trögen abgelagert. Diese Tröge sind Grabenstrukturen, die durch Ausdünnung der warmen verdickten Kruste des variszischen Gebirges und durch rechtssinnige Verschiebung zwischen Eurasien und Gondwana entstanden sind. Die ältesten Tröge wurden schon im späten Karbon angelegt, ihre Füllung wurde bereits als „Molasse“ bezeichnet. Diese Bezeichnung widerspricht aber der heute verwendeten Definition, laut welcher Molassesedimentation sich auf eine Vorlandsenke bezieht und nicht a priori post-orogen ist. Auch beim Begriff „Verrucano“ ist Vorsicht angebracht. Wie Krainer (1993) bemerkt, kann im geodynamischen Umfeld kaum zwischen den frühpermischen und spätpermischen Grabenbildungen unterschieden werden. Der Übergang von der dextralen Scherung zwischen Eurasien (Baltica) und Gondwana (Afrika) einerseits und das Zerbrechen von Pangäa und die damit assoziierte Öffnung der Tethys andererseits, dürften ähnliche lokale Effekte bewirkt haben. Zudem ist nicht klar ob, die Öffnung des Tethysarms von Südosten her im Perm oder erst in der Trias einsetzte.

3 Bausteine der Alpen: Die mesozoischen Sedimente

Mesozoische Sedimente bezeugen das Zerbrechen von Pangäa

Die mesozoischen Sedimente in den Alpen spiegeln die Ablagerungsbedingungen in den plattentektonisch gesehen relativ kleinen Becken und Schwellen, die beim Zerbrechen von Pangäa zwischen dem afrikanischen und dem eurasischen Kontinent entstanden, wider. Entsprechend vielgestaltig sind die vorhandenen Gesteinstypen und Schichtreihen. Eine einfache Gliederung kann aus den Faziesgürteln (bzw. den Ablagerungsbedingungen) der plattentektonischen Konfiguration abgeleitet werden:

- Der südliche Rand von Baltica (vgl. Abb. 1-5) bzw. Europa entwickelte sich beim Zerbrechen von Pangäa zu einem passiven Kontinentalrand. Auf diesem europäischen Kontinentalrand unterscheidet man zwischen den Faziesgürteln des Juragebirges, dem südöstlich angrenzenden Dauphinois der Westalpen bzw. Helvetikum der Zentralalpen sowie dem noch weiter südöstlich gelegenen Ultradauphinois bzw. Ultrahelvetikum.
- Zwischen dem europäischen und dem adriatischen Kontinentalrand erstreckte sich der intern gegliederte Faziesgürtel des Penninikums. Er entspricht den Meeresarmen, die sich beim Zerbrechen von Pangäa zwischen Baltica und Afrika öffneten.
- Der Südkontinent Afrika wurde im nordöstlichen Teil in Schollen zerlegt. Eine dieser Schollen wird als adriatischer Mikrokontinent (oder als Apulien) bezeichnet. Auf dem nördlichen Rand dieses Mikrokontinents, dem adriatischen passiven Kontinentalrand, können die Faziesgürtel des Ostalpins und des Südalpins unterschieden werden.

3-0 Foto S. 83: **Jura- und Kreidekalke in den Churfirsten**

Im Folgenden werden zuerst die Abfolgen der Sedimente dieser verschiedenen Faziesgürtel anhand vereinfachter, synthetischer Schemata vorgestellt. Anschließend werden die plattentektonische Entwicklung der Sedimentationsräume und die lateralen Variationen der Schichtreihen innerhalb der Faziesgürtel diskutiert.

3.1 Die mesozoischen Schichtreihen

Die mesozoische Sedimentation baut auf einem recht heterogenen Untergrund auf: dem abgetragenen variszischen Gebirge. Mancherorts wurde das Mesozoikum direkt auf metamorphes Altkristallin oder Granite abgelagert, andernorts auf gefaltete paläozoische Sedimente, und in einigen Fällen kamen die mesozoischen Sedimente scheinbar konkordant direkt auf die permischen Sedimente und Vulkanite der Permokarbon-Tröge zu liegen. In den meisten Fällen besteht an der Untergrenze des Mesozoikums eine beträchtliche Schichtlücke, d. h., die Gesteine unmittelbar unter dem Mesozoikum sind wesentlich älter als die Basis des Mesozoikums.

Aber auch an der Obergrenze des Mesozoikums folgen die känozoischen Sedimente zum Teil diskordant und mit einer Schichtlücke. Diese Grenze wird im nächsten Kapitel im Zusammenhang mit den känozoischen Schichtreihen diskutiert.

Der europäische Kontinentalrand

Eine zusammenfassende Darstellung der Schichtreihen des europäischen Kontinentalrands und deren Entwicklung findet sich in Funk et al. (1987). Im Mesozoikum war der europäische

Kontinent im Vorland der Alpen die meiste Zeit von einem sehr seichten Meer überflutet, in dem sich unter anderem Kalke ablagerten. Diese Kontinentalplattform leitete gegen Süden in ein Schelfmeer mit etwas größerer Wassertiefe über, in dem sich ebenfalls vorwiegend Kalke ablagerten. Die mesozoischen Gesteine der Kontinentalplattform können heute im Juragebirge und dessen nördlichem und westlichem Vorland studiert werden. Die Schelfablagerungen demgegenüber sind heute im Helvetikum der Zentralalpen und in dessen Äquivalent in den Westalpen, dem Dauphinois, aufgeschlossen.

Abbildung 3-1 zeigt – stellvertretend für die europäische Kontinentalplattform – die mesozoische Sedimentabfolge des *Juragebirges*. Die Schichtreihe ist stark vereinfacht dargestellt und soll lediglich die groben Züge illustrieren. Die Sedimente der Trias zeigen den Übergang von kontinentalen zu sehr seichtmarinen Bedingungen. Die Sandsteine, Konglomerate, Silt- und Tonsteine des Buntsandsteins sind kontinentale Bildungen. Die darüber folgenden Dolomite und Kalke lagerten sich im Intertidalbereich ab, während die Evaporite (Anhydrit und Steinsalz) durch Eindampfung von Meerwasser in seichten Becken entstanden. In der späten Trias, dem Keuper, wurden neben Evaporiten auch Kohle und Sandsteine abgelagert. Die Sandsteine sind als Ablagerung mäandrierender Flüsse zu interpretieren. Dieser kontinentale Einfluss ist auch in Deutschland und Frankreich in ähnlicher Art zu sehen. Man fasst diese seichtmarinen bis kontinentalen Bildungen auch unter dem Begriff des „germanischen Keupers" zusammen.

Während des Juras wurden hauptsächlich Kalke abgelagert. Die massigen Kalke des späten Juras (Malms) treten morphologisch als Härtlinge und Stufenbildner deutlich in Erscheinung. Sie machen flächenmäßig große Anteile im Juragebirge aus. Es ist deshalb nicht verwunderlich, dass man das erdgeschichtliche Zeitintervall ihrer Ablagerung weltweit gemeinhin als Jura bezeichnet. Bei näherer Betrachtung zeigen die jurassischen Kalke zwei unterschiedliche Entstehungsbedingungen. Kalkoolithe (wie etwa der Hauptrogenstein) und Korallenkalke im Nordwesten deuten auf extrem seichte Bedingungen hin, gleichaltrige Mergel, Eisenoolithe und Kalke im Südosten wurden in Wassertiefen unter der Sturmwellenbasis abgelagert. Die nordwestliche Fazies wird auch als keltisch oder raurazisch bezeichnet, die südwestliche als schwäbisch. Die Grenze zwischen diesen Faziesbereichen wanderte mit der Zeit bald nach Nordwesten, bald nach Südosten, was auf eine gewisse Dynamik in der Subsidenzgeschichte der Kontinentalplattform hindeutet.

Juragebirge

Kreidesedimente sind nur im Westjura vorhanden (westlich einer Linie Biel–Besançon) und beschränken sich im Wesentlichen auf die Zeit der frühen Kreide. Es handelt sich hauptsächlich um Flachwasserbildungen mit Kreuzschichtungen. Einschwemmung von kontinentalen Verwitterungsprodukten färbte die Kalke gelb oder ocker. Die jüngsten Kalke am Übergang zum Känozoikum sind von Verkarstung geprägt. In tiefen Karsttaschen findet man kontinentale Verwitterungsprodukte des Känozoikums. Hierzu zählen Huppererden, Boluston und Bohnerz. Offenbar wurde das Gebiet in der späten Kreide oder im Paläogen zum Festland. Im Ostjura fehlt die Kreide, und man findet känozoische Verwitterungsprodukte in Karsttaschen in den Kalken des Malms. Es ist ungeklärt, ob die Kreide im Ostjura nie abgelagert oder aber ob

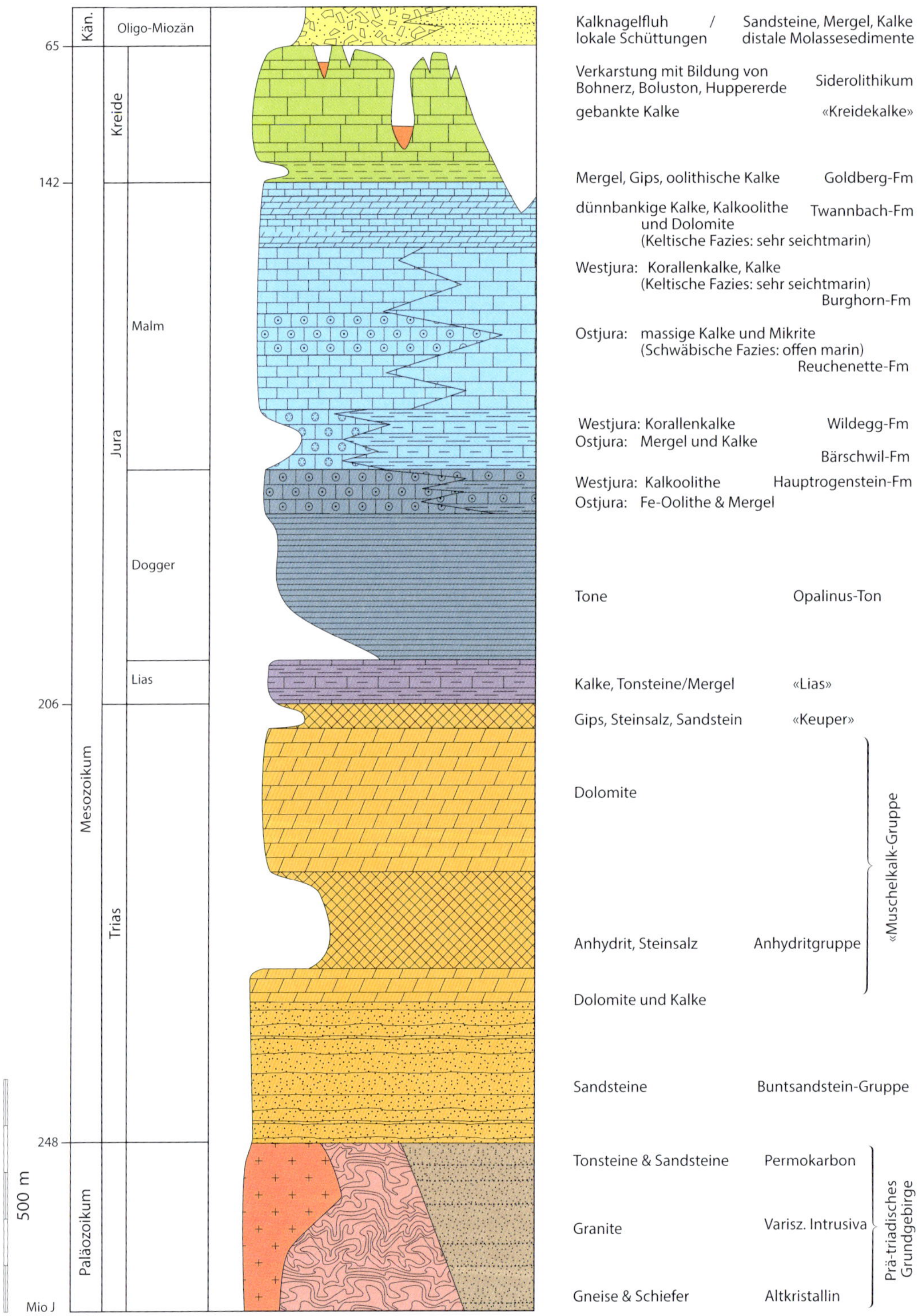
Kän.
Oligo-Miozän
65
Kreide
142
Jura
Malm
Dogger
Lias
206
Mesozoikum
Trias
248
Paläozoikum
500 m
Mio J
Kalknagelfluh / lokale Schüttungen
Sandsteine, Mergel, Kalke distale Molassesedimente
Verkarstung mit Bildung von Bohnerz, Boluston, Huppererde
Siderolithikum
gebankte Kalke
«Kreidekalke»
Mergel, Gips, oolithische Kalke
Goldberg-Fm
dünnbankige Kalke, Kalkoolithe und Dolomite (Keltische Fazies: sehr seichtmarin)
Twannbach-Fm
Westjura: Korallenkalke, Kalke (Keltische Fazies: sehr seichtmarin)
Burghorn-Fm
Ostjura: massige Kalke und Mikrite (Schwäbische Fazies: offen marin)
Reuchenette-Fm
Westjura: Korallenkalke
Wildegg-Fm
Ostjura: Mergel und Kalke
Bärschwil-Fm
Westjura: Kalkoolithe
Hauptrogenstein-Fm
Ostjura: Fe-Oolithe & Mergel
Tone
Opalinus-Ton
Kalke, Tonsteine/Mergel
«Lias»
Gips, Steinsalz, Sandstein
«Keuper»
Dolomite
Anhydrit, Steinsalz
Anhydritgruppe
«Muschelkalk-Gruppe»
Dolomite und Kalke
Sandsteine
Buntsandstein-Gruppe
Tonsteine & Sandsteine
Permokarbon
Granite
Varisz. Intrusiva
Gneise & Schiefer
Altkristallin
Prä-triadisches Grundgebirge

◄ **3-1 Die mesozoische Sedimentabfolge des Juragebirges** – ein vereinfachtes Sammelprofil.

sie während der Festlandphase wieder abgetragen wurde.

Die Gesamtmächtigkeit der mesozoischen Sedimente im Juragebirge beträgt zwischen 1000 und 2000 Metern. Allein für die triadischen Sedimente schwankt die Mächtigkeit zwischen 200 und 1000 Metern. Die maximale Mächtigkeit der Trias ist im Neuenburger Jura zu verzeichnen.

Helvetischer Faziesbereich

Die mesozoische Schichtreihe im *Helvetikum* zeigt den Übergang von einer Kontinentalplattform in der Trias zu einer Schelfplattform im Jura und in der Kreide. Das Sammelprofil in Abb. 3-2 ist wiederum eine vereinfachte, synoptische Darstellung. Die Trias setzt mit quarzitischen Sandsteinen, dem Mels-Sandstein, ein. Lokal ist ein Basiskonglomerat vorhanden. Das kristalline Grundgebirge darunter weist einen markanten Verwitterungshorizont auf. Wo aber der Mels-Sandstein auf Verrucano liegt, ist ein konkordanter Übergang von kontinentalen Rotsedimenten zum Mels-Sandstein zu erkennen. Der Mels-Sandstein ist das Produkt einer marinen Transgression in der mittleren Trias. Die mittlere Trias umfasst dann eine dolomitische Abfolge (Röti-Dolomit), die im paläogeografisch südlichen Teil an der Basis Evaporite enthält. Von der Zusammensetzung und den Bildungsbedingungen her ist diese Abfolge durchaus vergleichbar mit jener des Juragebirges. Aber wie Abb. 3-3A zeigt, ist die Mächtigkeit viel geringer. Die intertidalen Ablagerungsbildungen des Röti-Dolomits zeigen sich beispielsweise im Vorhandensein von Algenmatten und monomikten Primärbrekzien (vgl. Abb. 3-3B). Zur jüngeren Trias gehört die Quarten-Formation, eine Abfolge von kontinentalen Rotsedimenten und Sandsteinen, die typisch ist für die Zentralalpen. Gegen die Westalpen hin treten die klastischen Sedimente zurück und werden ersetzt durch Evaporite. Insgesamt liegt also wie im Juragebirge die Fazies des „germanischen Keupers" vor.

Marine Sedimente sind dann die Regel im jurassischen Anteil. Die Sedimente des frühen Juras (Lias) enthalten im unteren Teil Mergel, Kalke und Sandsteine. Wie die Kreuzschichtungen und Wellenrippel in Abb. 3-3C zeigen, herrschten flachmarine Bedingungen. Im oberen Teil des Lias liegen Kalke und Brekzien vor. Letztere enthalten Komponenten von Röti-Dolomit (Trümpy 1949), was auf ein beträchtliches submarines Relief deutet. Im nördlichen Teil des Helvetikums fehlt der Lias aber vollständig und der Dogger folgt direkt auf die Trias, was Trümpy (1949) durch die Präsenz einer momentanen Hochzone, des „Alemannischen Landes", erklärte, das durch synsedimentäre Brüche begrenzt war. Im mittleren Jura (Dogger) wurden zwar einheitlich Tonsteine gefolgt von eisenschüssigen Sandsteinen, abgelagert, aber die regionalen Mächtigkeitsunterschiede deuten auf eine heterogene Subsidenzgeschichte hin. Viel einheitlicher sind die mächtigen Kalke des späten Juras (Malm), der Quinten-Kalk. Diese mikritischen Kalke wurden in einem subeuxinischen Becken abgelagert. Im unteren Teil ist die spärlich vorhandene Fauna eher pelagischer Natur, im oberen Teil kommen gelegentlich Korallen vor, was wiederum auf eine relativ geringe Wassertiefe hindeutet. Die Mächtigkeit des Quinten-Kalks kann bis 500 Meter betragen (vgl. Abb. 3-3D).

In der Kreide herrschen Kalke vor, die mit einem variablen Anteil von Mergeln wechsellagern. Die Kalke der frühen Kreide sind als küstennahe neritische Ablagerungen zu deuten. Die geringe Wassertiefe zeigt sich im beträcht-

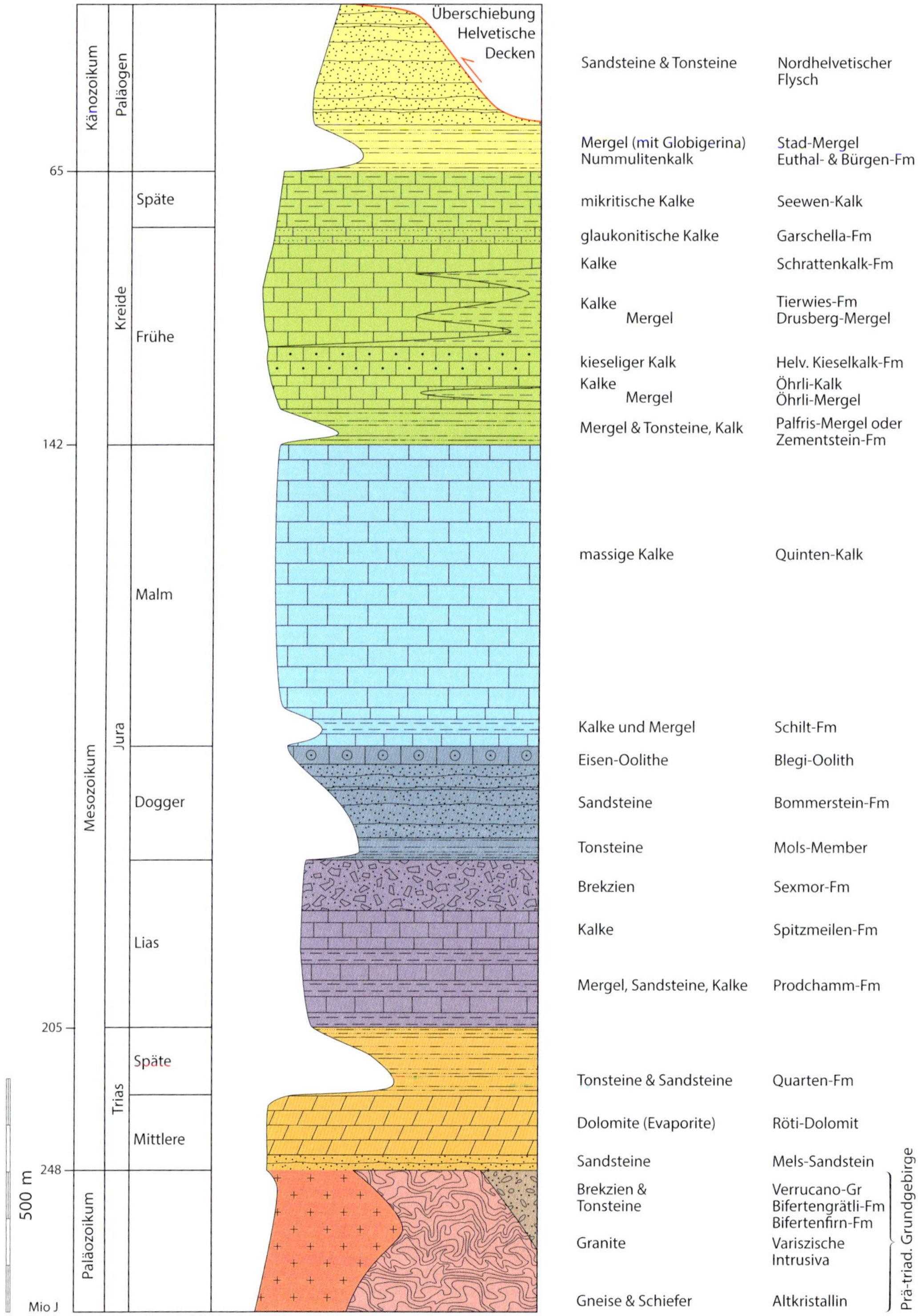
Überschiebung
Helvetische
Decken
Känozoikum
Paläogen
65
Späte
Kreide
Frühe
142
Malm
Jura
Mesozoikum
Dogger
Lias
205
Späte
Trias
Mittlere
248
500 m
Paläozoikum
Mio J
Sandsteine & Tonsteine
Nordhelvetischer Flysch
Mergel (mit Globigerina)
Nummulitenkalk
Stad-Mergel
Euthal- & Bürgen-Fm
mikritische Kalke
Seewen-Kalk
glaukonitische Kalke
Garschella-Fm
Kalke
Schrattenkalk-Fm
Kalke
Mergel
Tierwies-Fm
Drusberg-Mergel
kieseliger Kalk
Helv. Kieselkalk-Fm
Kalke
Mergel
Öhrli-Kalk
Öhrli-Mergel
Mergel & Tonsteine, Kalk
Palfris-Mergel oder Zementstein-Fm
massige Kalke
Quinten-Kalk
Kalke und Mergel
Schilt-Fm
Eisen-Oolithe
Blegi-Oolith
Sandsteine
Bommerstein-Fm
Tonsteine
Mols-Member
Brekzien
Sexmor-Fm
Kalke
Spitzmeilen-Fm
Mergel, Sandsteine, Kalke
Prodchamm-Fm
Tonsteine & Sandsteine
Quarten-Fm
Dolomite (Evaporite)
Röti-Dolomit
Sandsteine
Mels-Sandstein
Brekzien & Tonsteine
Verrucano-Gr
Bifertengrätli-Fm
Bifertenfirn-Fm
Granite
Variszische Intrusiva
Gneise & Schiefer
Altkristallin
Prä-triad. Grundgebirge

lichen Anteil von oolithischen Kalken im Öhrli-Kalk und der Schrattenkalk-Fm. Die Mächtigkeitsschwankungen deuten auf einen subsidierenden Schelf hin. Der mehrfache Wechsel von Flachwasserkalken und Tonen und Mergeln mit Tiefwasserfauna sprechen für eine rhythmische Subsidenz. Mangelsedimentation ist ein Charakteristikum für die Garschella-Formation der mittleren Kreide. In der späten Kreide gelangten zuerst pelagische Kalke (Seewen-Kalk),

◄ **3-2 Die mesozoische Sedimentabfolge des Helvetikums der Zentralalpen** – ein vereinfachtes synoptisches Sammelprofil.

3-3A Mesozoische Sedimente des Helvetikums im Aufschluss. A) Trias und Jura im Wendental (Nordrand Aar-Massiv, Kt. Bern, Schweiz). Über dem Kristallin (unten rechts im Bild) folgt ein dünnes gelbliches Band (Röti-Dolomit), darüber ein dünnes dunkles Band (mittlerer Jura/Dogger) und dann, eine Felswand bildend, der Quinten-Kalk (später Jura/Malm).

B) Monomikte Primärbrekzie im Röti-Dolomit (östliches Aar-Massiv, Punteglias-Gletscher, Kt. GR, Schweiz).

C) Kreuzschichtung und Wellenrippel im Lias der Flumserberge (Prodchamm, Kt. St. Gallen, Schweiz).

später pelagische Mergel und Tone zum Absatz. Die Tone und Mergel der spätesten Kreide (Wang-Schichten) sind auf den paläogeografisch südlichsten Teil beschränkt und liegen diskordant auf ihrer Unterlage.

An der Grenze zum Känozoikum liegt eine große Schichtlücke vor, denn über den Kreidesedimenten folgen marine Sedimente eozänen Alters. Die lokale Verkarstung der Kreideschichten weist auf eine Heraushebung der marinen Sedimente zum Festland. Im paläogeografisch nördlichen Teil, der autochthonen Bedeckung des Aar-Massivs, liegt das Eozän auf der frühen Kreide (Berner Oberland) oder gar auf dem Malm (hinteres Glarnerland).

In den Westalpen wird der Faziesgürtel des Schelfbereichs als *Dauphinois* bezeichnet. Dieses Dauphinois ist eigentlich ein direktes seitliches Äquivalent des Helvetikums. Wie das stratigrafische Sammelprofil in Abb. 3-4

D) Jura und Kreide im Tamina- und Calfeisental bei Vättis (östlichstes Aar-Massiv, Kt. St. Gallen, Schweiz). Der größte Teil der Steilwände wird vom Quinten-Kalk gebildet. Die Kreide darüber ist rein kalkig ausgebildet und hebt sich durch eine leicht bräunliche Färbung vom Quinten-Kalk ab. Die flachen Partien oben sind durch känozoische Sedimente aufgebaut. Rechts am Bildrand ist zuoberst der überschobene permische Verrucano sichtbar. Am linken Bildrand der Stausee von Gigerwald.

zeigt, liegen in der Trias sehr ähnliche Sedimentabfolgen vor, nur die Bezeichnungen der Schichtglieder sind anders. Die Sandsteine der „Werfen-Formation" entsprechen entweder dem Buntsandstein des Juragebirges oder dem Mels-Sandstein des Helvetikums. Lediglich der Name ist vielleicht etwas irreführend, er ist dem Faziesbereich des Südalpins (Dolomiten) entlehnt. Die Dolomite des „Muschelkalks" lassen sich zwanglos mit dem Röti-Dolomit des Helvetikums parallelisieren, und in der späten Trias deuten die Evaporite und Mergel auf eine Zugehörigkeit zum Faziesbereich des „germanischen Keupers". Als neues Element treten in der spätesten Trias, im Rhät, neritische Kalke auf.

Die Sedimente der Jurazeit zeigen einen mannigfachen Wechsel von Kalken, Mergeln und mergeligen Kalken. Im frühen Jura dominieren mächtige Kalke, an der Wende vom mittleren zu späten Jura mächtige Mergel. Die einzelnen Schichtglieder sind beträchtlichen lateralen Wechseln unterworfen (vgl. Debelmas 1974). Die Gesamtmächtigkeit der Jurasedimente kann bis über 2000 Meter betragen und erklärt sich durch einen subsidierenden Schelf, der in kleinräumige Becken gegliedert ist. Eine durchziehende und morphologisch prägnante Schicht sind die massigen, grob gebankten Kalke des Tithons. Zusammen mit den darunterliegenden Kalken des Kimmeridgians sind sie mit dem Quinten-Kalk des Helvetikums zu korrelieren. In den südlichen Subalpinen Ketten der Provence war die Subsidenz weitaus geringer: Der Lias fehlt, die Kalke des Tithons sind korallogen (also in seichtem Wasser abgelagert) und gleich anschließend, in der frühesten Kreide, wurde dieser Teil des Schelfs gehoben und trockengelegt.

Faziesbereich des Dauphinois

Auch die Kreidesedimente liegen hauptsächlich als Mergel und Kalke vor. In der frühen Kreide dominieren die Mergel, während die Kalke immerhin eine fast durchziehende Lage von neritischen Flachwasserkalken, dem sogenannten Urgonien, aufweisen, die mehr oder weniger mit dem Schrattenkalk des Helvetikums korreliert werden können. In der späten Kreide herrschen

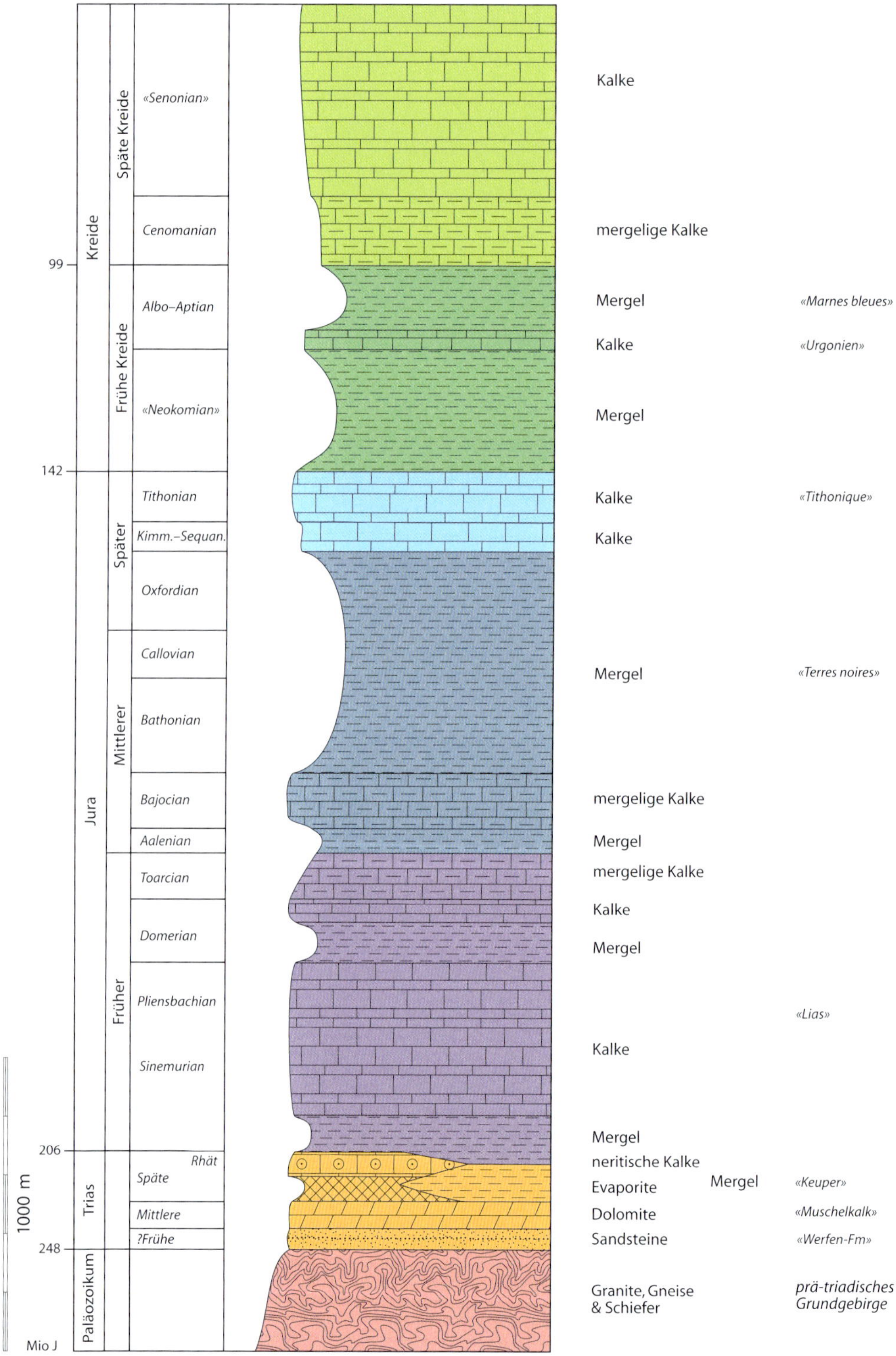
Kreide
Späte Kreide
«Senonian»
Cenomanian
99
Frühe Kreide
Albo-Aptian
«Neokomian»
142
Jura
Später
Tithonian
Kimm.-Sequan.
Oxfordian
Mittlerer
Callovian
Bathonian
Bajocian
Aalenian
Früher
Toarcian
Domerian
Pliensbachian
Sinemurian
206
Trias
Späte
Rhät
Mittlere
?Frühe
248
Paläozoikum
Mio J
1000 m
Kalke
mergelige Kalke
Mergel «Marnes bleues»
Kalke «Urgonien»
Mergel
Kalke «Tithonique»
Kalke
Mergel «Terres noires»
mergelige Kalke
Mergel
mergelige Kalke
Kalke
Mergel
«Lias»
Kalke
Mergel
neritische Kalke
Evaporite
Mergel «Keuper»
Dolomite «Muschelkalk»
Sandsteine «Werfen-Fm»
Granite, Gneise & Schiefer
prä-triadisches Grundgebirge

dann pelagische mergelige Kalke und oben mächtige Kalke vor. Interessanterweise liegt aber im mittleren Teil der Subalpinen Ketten, der Gegend von Devoluy-Diois, der jüngere Teil der späten Kreide („Senon") diskordant auf der cenomanen Unterlage. Offensichtlich haben hier im Turon-Coniacian (vor rund 90 Millionen Jahren) bereits erste Faltungen stattgefunden.

Das Känozoikum folgt mit einer großen Schichtlücke über den Kreidesedimenten. Offenbar wurde analog zum benachbarten Helvetikum der gesamte Schelfbereich des Dauphinois zum Festland.

Im südlichsten Teil des Schelfbereichs des Helvetikums und Dauphinois wurde die Wassertiefe gegen den Kontinentalhang hin größer. Entsprechend wurden dort anstelle von Karbonaten Mergel und Tiefwassertone abgelagert. Dieser Faziesgürtel wird als *Ultrahelvetikum* und *Ultradauphinois* bezeichnet. Die Grenze zum Schelf, d. h. Helvetikum und Dauphinois, war aber nicht scharf, sondern durch eine Übergangszone charakterisiert. Entsprechend wird in den östlichen Zentralalpen zwischen Helvetikum und Ultrahelvetikum zusätzlich ein *Südhelvetikum* ausgeschieden. In vielen Fällen sind im Süd- und Ultrahelvetikum lediglich Teile der mesozoischen Abfolge vorhanden. In der Blattengrat- und Sardona-Decke der Ostschweiz sind es die mergelige Kreide und das Känozoikum, und in der Sex-Mort-Decke der Westschweiz folgt über Trias und Jura direkt das Känozoikum. Eine komplette, aber zergliederte Serie kann in den Decken von Bex (Trias), Arveyes (Jura), Anzeinde (Jura-Kreide) und Plaine Morte (Kreide und Känozoikum) festgestellt werden (Masson et al. 1980). In all diesen Decken deuten die Sedimente – mit Ausnahme der Trias – auf Ablagerung in tieferem Wasser hin. Im Falle des Ultradauphinois liegen ebenfalls Tiefwassersedimente vor, die Schichtreihe reicht aber nicht über die frühe Kreide hinaus.

◄ **3-4 Die mesozoische Sedimentabfolge des Dauphinois der Westalpen,** zusammengestellt nach Debelmas (1974).

Ganz im Osten, im *Tauern-Fenster* der Ostalpen, zählt die mesozoische Schichtreihe der autochthonen Bedeckung des Tauern-Kristallins zum Helvetikum. Sowohl die Triassedimente wie der spätjurassische Hochstegen-Kalk können zwangslos mit den Triassedimenten und dem Quinten-Kalk des Helvetikums korreliert werden (Lammerer 1986, Vesela et al. 2008). Der Hochstegen-Kalk fehlt jedoch an vielen Stellen infolge Erosion, sodass die kretazischen Sedimente (Kaserer-Formation im Westen, Brennkogel-Quarzit im Osten) direkt auf die triadischen Sedimente oder gar auf das kristalline Grundgebirge zu liegen kommen (Schmid et al. 2013). Nach diesen Autoren weisen die Kreidesedimente Ähnlichkeiten zu jenen des nordpenninischen Faziesbereiches (Wallis-Trog) der Zentral- und Westalpen auf. Die Sedimente der ultrahelvetischen Decken am Nordrand der Ostalpen lassen sich trotz ihrer Verschuppung mit dem Rhenodanubischen Flysch fast lückenlos von den Zentralalpen nach Osten verfolgen.

Ultrahelvetikum, Ultradauphinois

Die Meeresarme zwischen Baltica und Afrika

Der Faziesbereich in den Meeresbecken südlich des europäischen und nördlich des adriatischen Kontinentalrands ist durch große Unterschiede in den Wassertiefen gegliedert. Die damit assoziierten mesozoischen Sedimentabfolgen werden dem *Penninikum* zugeordnet. Drei recht unterschiedliche Sedimentabfolgen sind dabei zu unterscheiden. Sie entsprechen den nordpenninischen Sedimenten des Wallis-Trogs, den

Penninischer Faziesbereich: Wallis-Trog Briançon-Schwelle Piemont-Ozean

mittelpenninischen Sedimenten der Briançon-Schwelle und den südpenninischen Sedimenten des Piemont-Ozeans. In Abb. 3-5 sind die entsprechenden Schichtreihen in vereinfachter Form einander gegenübergestellt.

Wallis-Trog: mächtige Abfolge tiefmariner Sedimente

Die Sedimente des **Wallis-Trogs** sind generell von ihrer prä-triadischen Unterlage abgeschert. An ihrer Basis findet man aber stellenweise ein Mélange bestehend aus Gneisen, permischen Klastika, triadischen Dolomiten und Evaporiten, Lias-Kalken sowie Lagen von Grüngesteinen (basaltischen Vulkaniten mit Kissenlaven; Steinmann 1994). Die eigentliche Unterlage des Wallis-Trogs war kontinentale Kruste des ausgedünnten Kontinentalrands und echte ozeanische Kruste im zentralen Teil des Beckens. Die Grüngesteine in den Mélanges sind effusiver Natur (vgl. Abb. 3-6) und geochemisch mit den Basalten der mittelozeanischen Rücken zu vergleichen. Steinmann & Stille (1999) konnten nachweisen, dass die Grüngesteine nicht von einem subkontinentalen Mantel stammen, sondern echte ozeanische Kruste darstellen. Die Mélanges selbst sind das Resultat sowohl der mesozoischen Extensionsgeschichte, welche die kontinentale Kruste in Blöcke zerlegte und lokal ozeanische Kruste entstehen ließ, als auch der alpinen Überschiebungstektonik, die dieses Nebeneinander zerscherte.

Die eigentliche Füllung des Wallis-Trogs besteht aus einer jurassisch-kretazischen tonig-sandig-kalkigen Abfolge eines hemipelagisch-turbiditischen Milieus, in der Literatur als ***Bündnerschiefer*** (bzw. *schistes lustrés* oder *calcescisti*) bezeichnet. Heute liegen sie hauptsächlich als metamorphe, tonigsandige Kalkphyllite vor.

Bündnerschiefer

Die Bündnerschiefer sind über 1000 Meter mächtig, kaum gliederbar und stratigrafisch schlecht datiert. Steinmann (1994) konnte zeigen, dass der Hauptteil der Abfolge kretazischen Alters ist.

Stellvertretend sei die von Steinmann (1994) bearbeitete Schichtreihe der Tomül-Decke in Mittelbünden kurz beschrieben. Die Bärenhorn-Formation, die auf das basale Tomül-Mélange folgt, besteht zumeist aus einer Wechsellagerung von 10 bis 20 Zentimeter mächtigen sandig-kalkigen Bänken und 5 bis 10 Zentimeter dicken Schieferlagen. Verschiedenenorts sind turbiditische Sandsteinbänke zu beobachten. Der folgende Nolla-Tonstein ist bedeutend toniger. Mächtige Tonschieferintervalle sind im unteren Teil typisch, während der obere Teil auch turbiditische Einschaltungen enthält. Steinmann (1994) vermutet aufgrund des hohen Anteils von organischem Kohlenstoff und dessen Variabilität innerhalb der Formation, dass der Nolla-Tonstein altersmäßig in die mittlere Kreide zu stellen ist. Der folgende Nolla-Kalk besteht hauptsächlich aus sandigen Kalken und ist altersmäßig ins Cenomanian zu stellen. Die oberste Formation der Bündnerschiefer, die Carnusa-Formation, enthält im unteren Teil turbiditische Kalke („Safierkalk"), im oberen Teil eine Wechsellagerung von turbiditischen Kalken und Sandsteinen mit Tonschiefern.

Über diesen Bündnerschiefern folgt dann der Tomül-Flysch. Dessen Untergrenze ist vom „Hauptkonglomerat" markiert, einer 40 Meter mächtigen Abfolge von matrixgestützen Konglomeraten, deren Alter möglicherweise ins Coniacian fällt. Die Komponenten können bis 50 Zentimeter groß sein und stammen größtenteils aus den unterlagernden Formationen. Vereinzelt sind aber auch Dolomitgerölle und wieder aufgearbeitete Brekzien mit Dolomitgeröllen zu beobachten. Der eigentliche Tomül-Flysch besteht dann aus tonarmen Kalkschiefern, die feinkörnige Brekzien enthalten und oben in quarzreiche Sandsteine überleiten. Das Alter des Tomül-Flyschs ist fragliches Coniacian und jünger (Steinmann 1994).

Die Detritus-Zufuhr in der Bärenhorn-Formation erfolgte aus südlicher Richtung (Steinmann 1994). Im Liefergebiet müssen kristalline Gesteine vermutet werden, um den hohen Quarzgehalt zu erklären. Die nach oben abnehmende Turbidithäufigkeit spricht für eine abnehmende tektonische Aktivität und fortschreitende Subsidenz des Wallis-Trogs. Die jüngere Abfolge, Nollakalk- und Carnusa-Formation sowie Tomül-Flysch, können als allmählich progradierendes Schüttungssystem gedeutet werden. Steinmann (1994) vermutet, dass zu dieser Zeit im Süden ein Festland als Liefergebiet zur Verfügung stand.

Briançon-Schwelle: flachmarine Karbonatabfolge

Eine ganz andere Geschichte lässt sich aus der Schichtreihe der **Briançon-Schwelle** ableiten. Eine detaillierte Analyse der einzelnen Schichtglieder ist in den Arbeiten von Baud & Septfontaine (1980) für die Zentralalpen und Lemoine (1988) für die Westalpen zu finden. Sartori et al. (2006) etablierten eine systematische Gliederung der Formationen im internen Teil der Zentralalpen und verglichen diese mit den extern gelegenen präalpinen Decken.

Zwar beginnt die Sedimentation in der Trias auch mit basalen Quarziten, gefolgt von Dolomiten und lokal Evaporiten. In der mittleren Trias wurde dann eine mächtige Lage von Anhydrit abgelagert, über der – im Unterschied zum oben beschriebenen germanischen Keuper – blonde Dolomite der späten Trias folgen. Die allmähliche Absenkung und die damit Schritt haltende Sedimentation dieser Plattformsedimente dürfte auf thermische Subsidenz im Zusammenhang mit der Öffnung des Meliata-Ozeans im Osten zurückzuführen sein.

Auch die Abfolge der jurassischen und kretazischen Sedimente zeigt ein anderes Muster der Subsidenz im Vergleich zum europäischen Kontinentalrand. Zweimal wurde die Subsidenz unterbrochen. Eine detaillierte Diskussion dieser Vorgänge ist in Mosar et al. (1996) nachzulesen. Im frühen Jura wurden Teile der Briançon-Schwelle gehoben, trockengelegt und verkarstet. Brekzien (vgl. Abb. 3-7) deuten auf lokale Erosion (Mettraux & Mosar 1989). Diese Vorgänge wurden durch die Öffnung des Piemont-Ozeans verursacht, eines Meeresarms, der im frühen Jura durch schiefes, von Transformbrüchen geprägtes Rifting unmittelbar im Südosten der Briançon-Schwelle aufging. An transpressiven Segmenten wurden einzelne Blöcke an steilen Aufschiebungen emporgestemmt. Durch die anschließende thermische Subsidenz akkumulierten sich im nordwestlichen Teil der Briançon-Schwelle, dem sogenannten Sub-Briançonnais, mehr als 1500 Meter Sedimente (meist Kalkoolithe), während im südöstlichen Teil, der eigentlichen Briançon-Schwelle, festländische Bedingungen herrschten, die sich beispielsweise durch das Vorhandensein von Konglomeraten und Kohleflözen andeuten. In Abb. 3-5 ist die Situation auf der eigentlichen Schwellenzone angegeben. Ein zweiter Stillstand der Subsidenz erfolgte an der Wende zwischen mittlerem und spätem Jura, was durch die Öffnung des Wallis-Trogs unmittelbar nordwestlich der Briançon-Schwelle erklärt wird. Sie führte zu einer bedeutenden Emersion und Erosion in den Westalpen, was in der Umgebung des Städtchens Brian-

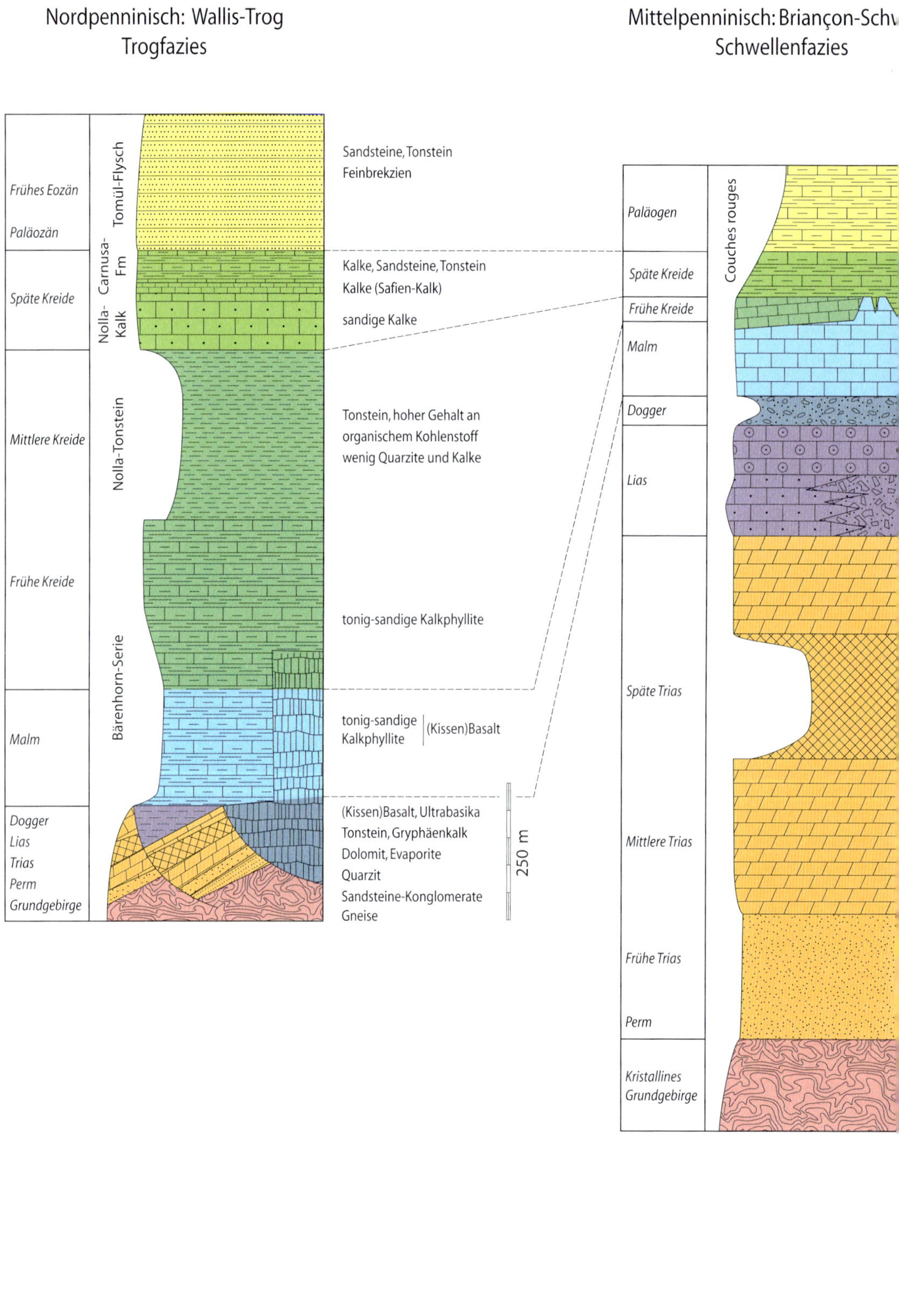
Nordpenninisch: Wallis-Trog
Trogfazies
Frühes Eozän
Paläozän
Späte Kreide
Mittlere Kreide
Frühe Kreide
Malm
Dogger
Lias
Trias
Perm
Grundgebirge
Tomül-Flysch
Nolla- Carnusa- Kalk Fm
Nolla-Tonstein
Bärenhorn-Serie
Sandsteine, Tonstein
Feinbrekzien
Kalke, Sandsteine, Tonstein
Kalke (Safien-Kalk)
sandige Kalke
Tonstein, hoher Gehalt an
organischem Kohlenstoff
wenig Quarzite und Kalke
tonig-sandige Kalkphyllite
tonig-sandige
Kalkphyllite
(Kissen)Basalt
(Kissen)Basalt, Ultrabasika
Tonstein, Gryphäenkalk
Dolomit, Evaporite
Quarzit
Sandsteine-Konglomerate
Gneise
250 m
Mittelpenninisch: Briançon-Schw
Schwellenfazies
Paläogen
Späte Kreide
Frühe Kreide
Malm
Dogger
Lias
Späte Trias
Mittlere Trias
Frühe Trias
Perm
Kristallines
Grundgebirge
Couches rouges

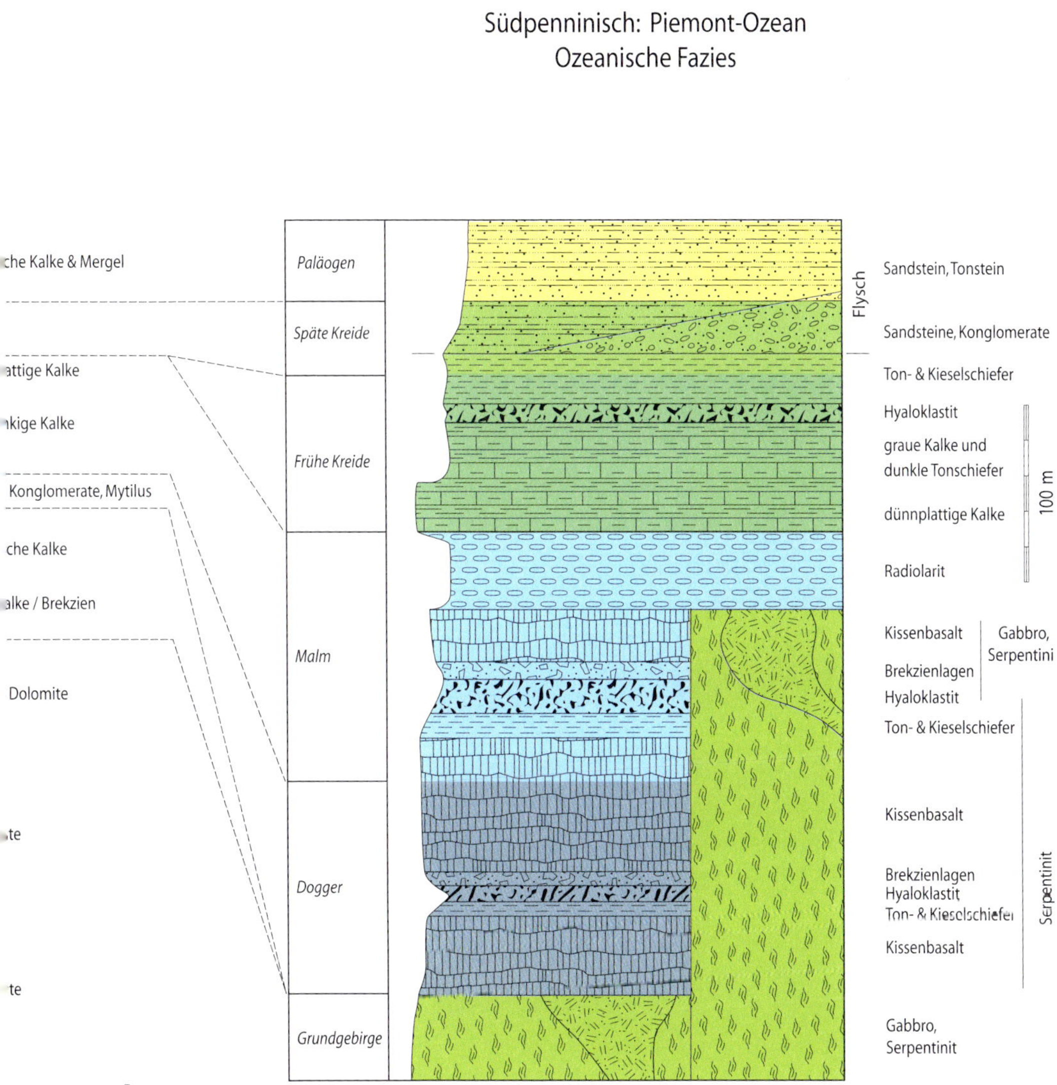

3-5 Schematische Übersicht der mesozoischen Sedimentabfolgen im Penninikum. Die Sedimentabfolge des Wallis-Troges entspricht der Tomül-Decke, die Ophiolithabfolge dem Piemont-Ozean der Platta-Decke in der Ostschweiz.

3-6 Basalte in den Bündnerschiefern des Wallis-Troges.
A) Zerbrochene Basalte. Die durch Zerbrechen entstandenen Spalten wurden mit sekundärem Kalzit gefüllt. Aufnahme aus der Tomül-Decke (Vals, Kt. Graubünden, Schweiz).

B) Pillowlaven in Basalten aus den Bündnerschiefern des Wallis-Troges. Aufnahme aus der Tomül-Decke (Vals, Kt. Graubünden, Schweiz).

çon beobachtet werden kann (Tricart et al. 1988). Diese Hebung erklärt sich durch die schiefe Öffnung des Wallis-Trogs unmittelbar nordwestlich der Briançon-Schwelle, die ebenfalls Tansformbrüche mit transpressiven Segmenten involvierte. Die mit der Öffnung des Wallis-Trogs verknüpfte thermische Subsidenz zeigt sich in der Ablagerung von 30 bis 300 Metern von massigen, zum Teil oolithischen Kalken. In der frühen Kreide stellten sich pelagische Bedingungen ein, die gegen Ende der Kreide Mangelsedimentation Platz machten und sogar zu Sedimentationsunterbrechungen führten. Während der frühkretazischen pelagischen Verhältnisse wurde der sogenannte Calcaire plaqueté abgelagert. Die Couches Rouges darüber wurden in der von Sedimentationsunterbrechungen geprägten Periode der Mangelsedimentation in der späten Kreide und im Paläozän abgelagert. In Abb. 3-7D sieht man die

3-7 Brekzien vom Rand der Briançon-Schwelle.
A) Polymikte Brekzie des mittleren Juras aus der Brekzien-Decke (Seeberg, Simmental, Kt. Bern, Schweiz). Die Komponenten sind meist gerundet und bestehen aus triadischen (hell) und frühjurassischen (dunkel) Karbonatgesteinen.

B) Polymikte Brekzie des Juras aus der Suretta-Decke (Cröt, Kt. Graubünden, Schweiz). Die Gerölle sind alpin deformiert und dürften vorwiegend aus triadischen Karbonaten stammen.

C) Polymikte Brekzie des Juras aus der Suretta-Decke (Val Ferrera, Kt. Graubünden, Schweiz). Die Gerölle sind alpin stark deformiert und stammen aus permischen Intrusiva (hellgrün) und aus triadischen Karbonaten.

transgressive Auflage der kretazischen Couches Rouges auf die verkarsteten spätjurassischen Kalke.

Während des Paläozäns blieb die Sedimentation weitgehend unterbrochen. Aber im Eozän erfolgte eine rasche Zunahme der Subsidenzgeschwindigkeit und führte zu Flyschsedimentation. Das Becken wurde nun in ein Akkretionsprisma einbezogen, das auch die jüngsten Sedimente des sich schließenden Piemont-Ozeans umfasste. Diese rasche Subsidenz erklärt sich durch Biegung (down flexing) der Platte unter der Auflast der sich bildenden penninischen Decken im Südosten.

Die südpenninische Schichtreihe des **Piemont-Ozeans** widerspiegelt die Öffnung und Schließung dieses Meeresarms. Die ältesten Gesteine sind Grüngesteine wie Serpentinite, die als hydratisierte Mantelperidotite angesehen werden müssen, daneben Gabbros und Basalte, welche lokal am Ozeanboden extrudierten. An vielen Stellen sind an der Basis der Schichtreihe Schollen von triadischen Quarziten und Dolomiten über prä-triadischem kristallinem Grundgebirge vorhanden. Diese Gesteine sind als Fragmente des gedehnten Kontinentalrands beidseits des Piemont-Ozeans zu deuten. In den Westalpen besitzen die Dolomite der späten Trias eine auffallende Ähnlichkeit mit jenen des adriatischen Kontinentalrands (Debelmas 1974). Dasselbe gilt für die Trias-Jura-Abfolge in der

D) Paläokarstfüllung aus der Klippen-Decke (Bultschnere, Simmental, Kt. Bern, Schweiz). Verkarstet sind die spätjurassischen Kalke (hell). Die Karstfüllung besteht aus roten Tonen der paläozänen Couches Rouges und aus eckigen Bruchstücken von spätjurassischen Kalken.

Arosa-Zone der Zentralalpen (Eberli 1988).

In der Platta-Decke der Zentralalpen beschreibt Dietrich (1970) Ophiolithe mit Gabbros, Serpentiniten, Gängen von ehemaligen Peridotit-Pyroxenit-Gabbros sowie basische Vulkanite mit massiver Lava, Kissenlavas, Meta-Hyaloklastiten und Brekzien davon. Die Vulkanite stecken schichtparallel in den Sedimenten und sind chemisch mit jenen der mittelozeanischen Rücken zu vergleichen (MORB-Typ). Während in den Sedimenten über den Ophiolithen des frühen bis mittleren Juras Phyllite, Kalkschiefer und Brekzienlagen zu beobachten sind, dominieren Radiolarite mit Lagen von Grüngesteinen im späten Jura. Die Radiolarite wurden metamorph überprägt und liegen heute als Serizit-Chlorit-Quarzite vor. Sie wurden jedenfalls unter echt ozeanischen Bedingungen unterhalb der Kalzit-Kompensationstiefe (der sogenannten CCD) abgelagert. In der Kreide werden die Radiolarite durch Kalkphyllite und Phyllite abgelöst, die aber immer noch Lagen von Grüngesteinen enthalten (vgl. Dietrich 1970). Das Alter der jüngsten Vulkanite konnte er auf 113 Millionen Jahre bestimmen.

Piemont-Ozean: Ophiolithe und ozeanische Sedimente

Marthaler (1984) konnte die Combin-Zone in zwei Decken gliedern (Untere bzw. Obere Combin-Zone) und für beide die lithologischen Abfolgen datieren. In beiden Decken liegt zuunterst eine reduzierte Trias mit Quarziten und Rauwacken bzw. Dolomiten vor (Evolène- bzw. Frilihorn-Formation). In der Frilihorn-Formation können dann jurassische Marmore und phyllitische Marmore fraglichen kretazischen Alters ausgeschieden werden. Die jüngeren, spätkretazischen Schichtglieder sind mehr vom Typ „Bündnerschiefer". Die „Série Rousse" der Unteren Combin-Zone enthält, namengebend, rostbraune sandige Marmore, die lokal phyllitisch sind und den Couches Rouges ähneln. Konglomeratische Lagen enthalten Dolomit-, Marmor- und Quarzitgerölle. Sandige Lagen wechsellagern mit dunklen tonigen Lagen und sind turbiditischer Natur. Das Alter der Abfolge kann mit Turon-Senon angegeben werden. Für die „Série Grise" der Oberen Combin-Zone bestimmte Marthaler (1984) ein cenomanes bis senonisches Alter. Die Zusammensetzung aus sandigen Schiefern und Marmoren, Kalkschiefern und Kalkphylliten ähnelt jener der Bündnerschiefer des Wallis-Trogs. Sandsteine und Mikrobrekzien deuten auf turbiditische Bedingungen, weshalb auch schon die Bezeichnung „kalkiger Flysch" gebraucht wurde. Das

▶ **3-8 Die mesozoische Sedimentabfolge der Dolomiten** (Südalpin). Zusammengestellt nach Doglioni & Flores (1997) und Bossellini et al. (2003).

Dach der Serie bildet ein Prasinithorizont mit fraglichen basaltischen Kissenlaven. Damit ist die „Série Grise" durchaus mit den kretazischen Gesteinen, die Dietrich (1970) in der Platta-Decke beschreibt, zu vergleichen. Aber im Unterschied zur Platta-Decke sind an der Basis der Abfolgen der Combin-Zone keine Ophiolithe vorhanden. Nicht zuletzt aus diesem Grunde wird auch eine paläogeografische Nähe zur Briançon-Schwelle vermutet. Escher et al. (1997) sehen in der Tsaté-Decke die ozeanischen Teile der Combin-Zone. Diese kompliziert verfaltete Einheit enthält an der Basis basaltische Kissenlaven von wahrscheinlich jurassischem Alter.

Die eigentlichen ozeanischen Anteile sind in der Zermatt-Saas-Fee- und Antrona-Zone der Zentralalpen sowie der Lanzo-Zone der Westalpen zu finden (Escher et al. 1997). In der Zermatt-Saas-Fee- und der Lanzo-Zone liegen Metaperidotite, -gabbros und -basalte mit tholeiitischem Chemismus vor. Die Metaperidotite sind lherzolithisch, die Basalte vergleichen sich mit MOR-Basalten. Lokal sind ozeanische Sedimente in Form von Metaradiolariten und Kalkschiefern vorhanden. Im Falle der Lanzo-Zone ist ein größerer, lherzolithischer Peridotitkörper mit Serpentiniten, Metagabbros und -basalten verknüpft. Auch hier sind lokal Radiolarite zu beobachten.

Der adriatische Kontinentalrand

südalpiner Faziesbereich

Die Sedimentation auf dem adriatischen Kontinentalrand zeichnet sich durch eine sehr mächtige Abfolge von triadischen Dolomiten aus. Die jurassischen Sedimente widerspiegeln eine intensive Dehnung des Kontinentalrands und zeigen entsprechend eine bunte Gliederung in lokale Becken und Hochzonen. Gemäß der heutigen tektonischen Stellung wird auf dem adriatischen Kontinentalrand zwischen *Südalpin* und *Ostalpin* unterschieden.

Stellvertretend für das *Südalpin* ist in Abb. 3-8 die stratigrafische Abfolge in den Dolomiten (Südtirol) wiedergegeben. Sie basiert auf Doglioni & Flores (1997) und Bossellini et al. (2003). Über der spätpermischen Bellerophon-Formation mit ihren Evaporiten und Dolomiten folgt die Werfen-Formation, eine karbonatische und klastische Abfolge, die im seichten Schelfbereich abgelagert wurde. Anschließende Schwankungen des Meeresspiegels im Anisian waren möglicherweise tektonisch verursacht und führten zu lokaler Erosion. Mit der anschließenden Transgression etablierte sich eine Karbonatplattform mit der Ablagerung der Flachwasser-Kalke der Contrin-Formation. Die Subsidenz im Ladinian war beträchtlichen lokalen Schwankungen unterworfen. An einigen Orten konnte die Karbonatsedimentation mit der Subsidenz mithalten und mächtige Dolomitabfolgen produzieren (beispielsweise den Sciliar-Dolomit). Andernorts entstanden durch differenzielle Subsidenz 40–45° steile submarine Hänge, auf denen Hangbrekzien entstanden. Ein magmatisch-tektonisches Ereignis im Ladinian zeichnet sich durch die Intrusion basaltischer Gänge und Kollapsstrukturen aus. Dabei bildeten sich heterogene Megabrekzien (Caotico eterogeneo in Abb. 3-8). Ruhigere Bedingungen etablierten sich im Carnian und ließen wieder größere Karbonatplattformen entstehen (Cassian-Dolomit), die über die Bereiche mit größerer Wassertiefe progradieren vermochten. Es resultierte ein insgesamt seichteres Becken, in dem sich Korallenriffe etablieren konnten. Im späten Carnian wurde die Wassertiefe so gering, dass sich terrigene Se-

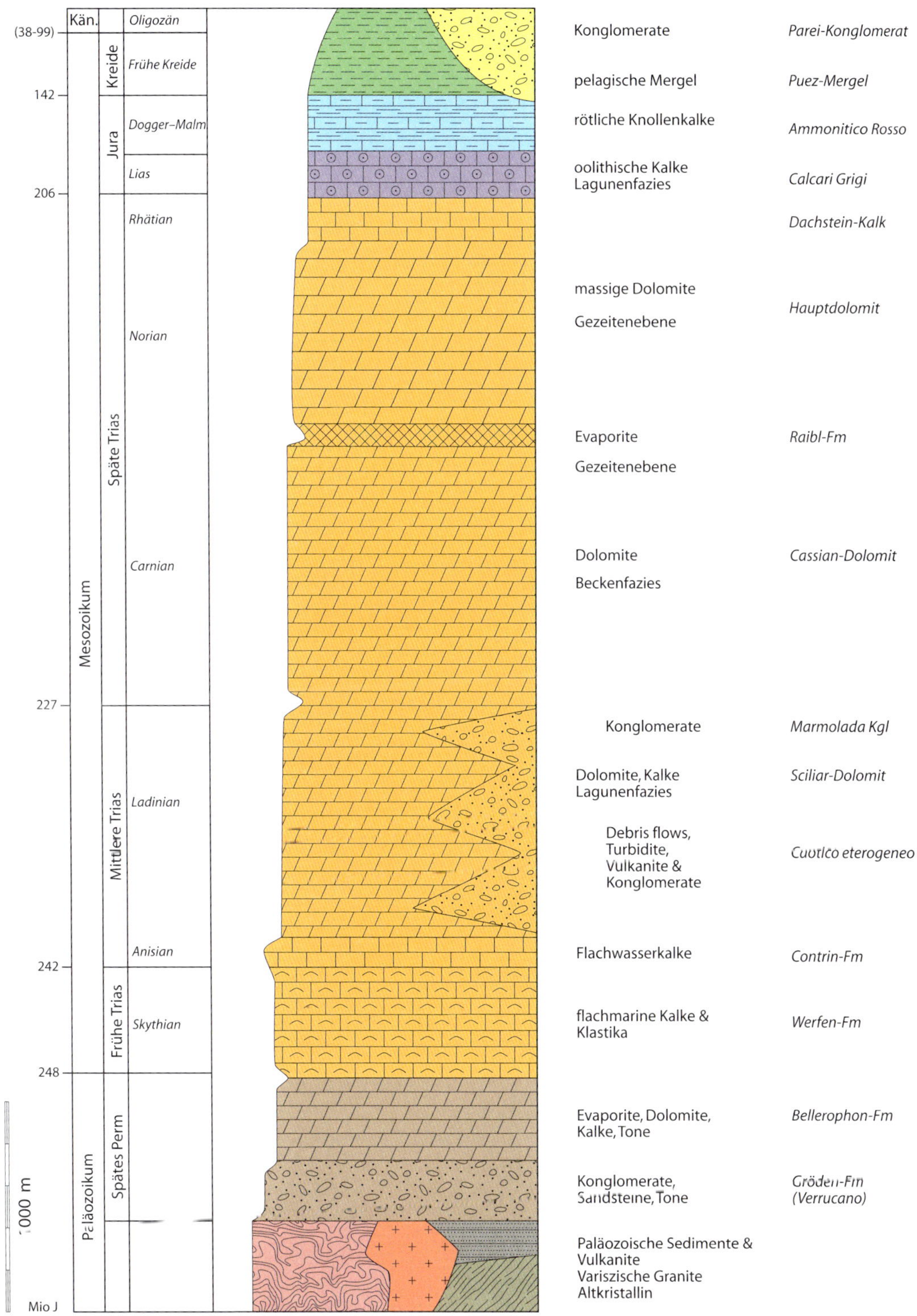

(38-99)
142
206
227
242
248
1000 m
Mio J
Kän.
Oligozän
Kreide
Frühe Kreide
Jura
Dogger–Malm
Lias
Mesozoikum
Späte Trias
Rhätian
Norian
Carnian
Mittlere Trias
Ladinian
Anisian
Frühe Trias
Skythian
Paläozoikum
Spätes Perm
Konglomerate
Parei-Konglomerat
pelagische Mergel
Puez-Mergel
rötliche Knollenkalke
Ammonitico Rosso
oolithische Kalke
Lagunenfazies
Calcari Grigi
Dachstein-Kalk
massige Dolomite
Gezeitenebene
Hauptdolomit
Evaporite
Raibl-Fm
Gezeitenebene
Dolomite
Beckenfazies
Cassian-Dolomit
Konglomerate
Marmolada Kgl
Dolomite, Kalke
Lagunenfazies
Sciliar-Dolomit
Debris flows,
Turbidite,
Vulkanite &
Konglomerate
Caotico eterogeneo
Flachwasserkalke
Contrin-Fm
flachmarine Kalke &
Klastika
Werfen-Fm
Evaporite, Dolomite,
Kalke, Tone
Bellerophon-Fm
Konglomerate,
Sandsteine, Tone
Gröden-Fm
(Verrucano)
Paläozoische Sedimente &
Vulkanite
Variszische Granite
Altkristallin

3-9 Die südalpine Trias in der Sella-Gruppe (Südtirol, Italien). Deutlich erkennt man das dünne zurückwitternde Band der Raibl-Formation im oberen Teil der Steilwand.

dimente und Evaporite (Raibl-Formation) ablagern konnten. Damit wurden die noch bestehenden Unterschiede in den Wassertiefen vollends ausgeglichen, und es entstand eine sehr große Karbonatplattform, die nicht nur den südalpinen, sondern auch den ostalpinen Faziesraum einnahm. Das typische Sediment dieser Plattform ist der „Hauptdolomit“ (bzw. „Dolomia principale“).

Im Jura ließen tektonische Bewegungen, welche die Öffnung des Piemont-Ozeans ankündigen, die Plattform wiederum zerbrechen. Im frühen Jura wurden in einem seichten Meer oolithische Kalke (Calcari Grigi in Abb. 3-8) abgelagert. Synsedimentäre Dehnungstektonik ließ durch tektonische Subsidenz rasch kleinere Becken entstehen, in denen sich im mittleren und späten Jura rötliche Knollenkalke (Ammonitico Rosso) ablagerten. Ab der Kreide war der passive Kontinentalrand durch thermische Subsidenz so weit abgesenkt, dass pelagische Bedingungen herrschten, in denen sich beispielsweise die Puez-Mergel ablagerten.

Weiter im Westen, im lombardischen Teil des Südalpins, gelangten im frühen Jura unterschiedlich mächtige Turbiditablagerungen zum Absatz (der Lombardische Kieselkalk), und im mittleren und späten Jura sind neben dem Ammonitico Rosso echte Radiolarite zu verzeichnen. Die pelagischen Verhältnisse der frühen Kreide zeigen sich in den mikritischen beigen Kalken der „Maiolica“ und den pelagischen Tonen und Kalken der „Scaglia“, die mit den Couches Rouges des Penninikums zu vergleichen sind.

Eine große Schichtlücke deutet die Trockenlegung des Bereichs der Dolomiten an, während weiter im Westen in der späten Kreide mächtige submarine Fächer aus dem Norden auf den flachen, tief liegenden Meeresboden geschüttet wurden. Diese Flyschsedimente sind wahrscheinlich Zeugen der ersten gebirgsbildenden Vorgänge in den Ostalpen.

Im Faziesbereich des *Ostalpins* ist eine ähnliche Entwicklung zu verzeichnen, wobei auch beträchtliche regionale Unterschiede zwischen den westlichen und östlichen Teilen zu verzeichnen sind. In Abb. 3-10 sind die Verhältnisse im westlichen Teil, den heutigen Zentralalpen, dargestellt. Kontinentale klastische Sedimente repräsentieren permische Grabenfüllungen, ähnlich wie die oben beschriebenen Permo-

▶ **3-10 Die mesozoische Sedimentabfolge des Ostalpins der Zentralalpen.** uOA, oOA: Unterostalpin, Oberostalpin.

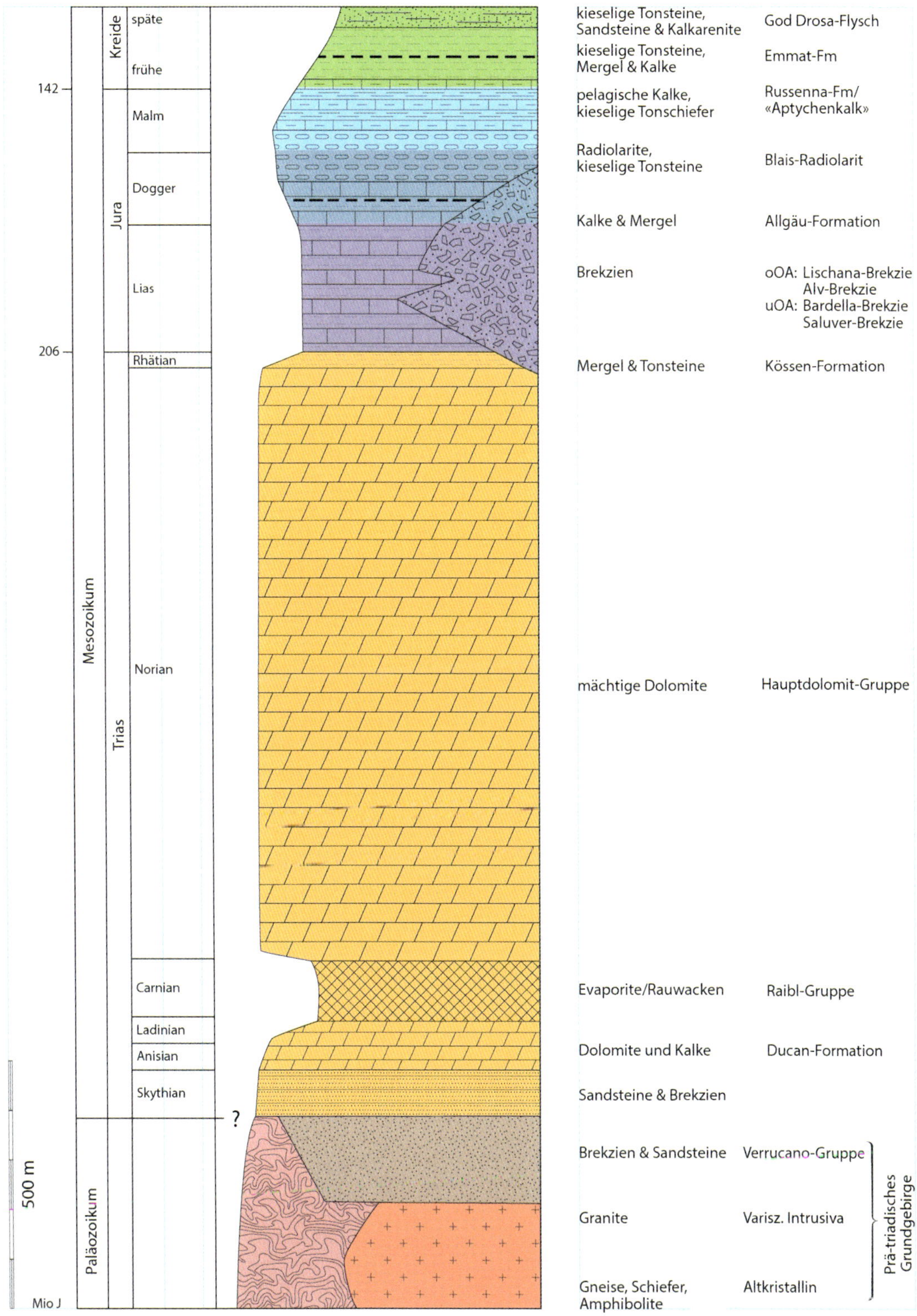

Mesozoikum
Paläozoikum
Kreide
Jura
Trias
späte
frühe
Malm
Dogger
Lias
Rhätian
Norian
Carnian
Ladinian
Anisian
Skythian
142
206
?
500 m
Mio J
kieselige Tonsteine, Sandsteine & Kalkarenite
God Drosa-Flysch
kieselige Tonsteine, Mergel & Kalke
Emmat-Fm
pelagische Kalke, kieselige Tonschiefer
Russenna-Fm/ «Aptychenkalk»
Radiolarite, kieselige Tonsteine
Blais-Radiolarit
Kalke & Mergel
Allgäu-Formation
Brekzien
oOA: Lischana-Brekzie
Alv-Brekzie
uOA: Bardella-Brekzie
Saluver-Brekzie
Mergel & Tonsteine
Kössen-Formation
mächtige Dolomite
Hauptdolomit-Gruppe
Evaporite/Rauwacken
Raibl-Gruppe
Dolomite und Kalke
Ducan-Formation
Sandsteine & Brekzien
Brekzien & Sandsteine
Verrucano-Gruppe
Granite
Varisz. Intrusiva
Gneise, Schiefer, Amphibolite
Altkristallin
Prä-triadisches Grundgebirge

3-11 Durch ostalpine Karbonate geprägte Landschaft in der Nordkette bei Innsbruck (Foto Michaela Ustaszewski).

Ostalpiner Faziesbereich

karbon-Tröge auf dem europäischen Kontinentalrand. Die Sandsteine und Brekzien leiten über in frühtriadische Klastika, die ebenfalls als kontinentale Bildungen zu betrachten sind (Buntsandstein). Die genaue Grenze zwischen Perm und Trias in diesen Serien ist allerdings stratigrafisch nicht belegt. Weiter im Osten liegen die permischen und frühtriadischen Serien als kontinentale bis flachwassermarine Klastika und Evaporite vor (Mandl 2000). Im folgenden Carnian bauten sich im gesamten ostalpinen Faziesbereich Karbonatplattformen auf. In Abb. 3-10 sind dies Kalke und Dolomite der Buffalora-Gruppe. Ein bedeutender Abfall des Meeresspiegels führte zur Bildung von Evaporiten und marinen dunklen Tonen, verursachte aber auch die Trockenlegung einzelner Gebiete und die Ablagerung von Klastika mit Eintrag von Siliziklastika aus dem europäischen Kontinent (Mandl 2000). Diese Sedimente werden als Raibl-Formation zusammengefasst, ihre Äquivalente sind auch im Südalpin vorhanden (Abb. 3-8). Über der Raibl-Formation folgt im westlichen Faziesbereich die mächtige Abfolge des Hauptdolomits, die sich seitlich nach Osten mit der progradierenden Karbonatplattform der Dachstein-Formation verzahnt. Der Hauptdolomit wurde im intertidalen Bereich gebildet. Die bis 1000 Meter mächtige Serie ist homogen aufgebaut und deutet auf ein stabiles Gleichgewicht zwischen Subsidenz und Sedimentation mit einer konstanten Subsidenzrate von 0,1 Millimetern pro Jahr. Die nachfolgende Kössen-Formation enthält Mergel und Tonsteine und weist wiederum auf einen kontinentalen Einfluss. Insgesamt erklären sich die mächtigen Karbonatfolgen der Trias durch eine langsame thermische Subsidenz, mit der die Sedimentation Schritt halten konnte.

Die jurassischen Sedimente bilden hierzu einen gewaltigen Kontrast. Im frühen Jura treten im westlichen Faziesbereich des Ostalpins vielerorts mächtige Brekzienschüttungen auf (Bardella-, Saluver-, Lischana und Alv-Brekzien in Abb. 3-10). Die Brekzien enthalten an Komponenten neben Hauptdolomit auch Kristallingesteine. Ihre Schüttung erfolgte an submarinen Steilhängen, die durch synsedimentäre Abschiebungen bedingt und eine Folge der Dehnung des adriatischen Kontinentalrands waren. Abseits der Steilhänge wurde eine Wechsellagerung von Kalken und Mergeln abgelagert (Allgäu-Formation). Diese Verhältnisse deuten auf ein rasches Absinken des Meeresbodens, auf tektonische Subsidenz. Im mittleren und späten Jura lagerten sich Radiolarite ab, die bereits echte Tiefseebedingungen unterhalb der CCD anzeigen. Unter- und Obergrenze der Radiolarite sind stratigrafisch nicht genau belegt. In der östlichen Fazies des Ostalpins umfassen die Radiolarite nach Mandl (2000) das Callovian und Oxfordian und spiegeln die maximale Wassertiefe im Becken wider. Im jüngsten Jura und der frühen Kreide blieben die großen Wassertiefen erhalten, und es lagerten sich pelagische Kalke (Aptychenkalk, vergleichbar mit der „Maiolica" des Südalpins) und kieselige Tonschiefer ab. In der späten Kreide (bis Cenomanian) folgten dann pelagische Tonsteine, die eine große Ähnlichkeit zur „Scaglia" des Südalpins bzw. den Couches Rouges des Penninikums aufweisen.

Von besonderer Bedeutung sind die kretazischen Gosau-Sedimente, die sich in intramontanen Senken innerhalb der Ostalpen bildeten. Diese Sedimente sind Zeugen der frühesten (der sogenannten eo-alpinen) Gebirgsbildung in den Alpen und werden später im Zusammenhang mit der tektonischen Entwicklung näher diskutiert.

3.2 Die plattentektonische Entwicklung

Wie bereits mehrfach angedeutet, bilden sich in den Schichtreihen der verschiedenen Faziesgürtel unterschiedliche Bildungsbedingungen gleichaltriger Sedimente, aber auch Änderungen der-

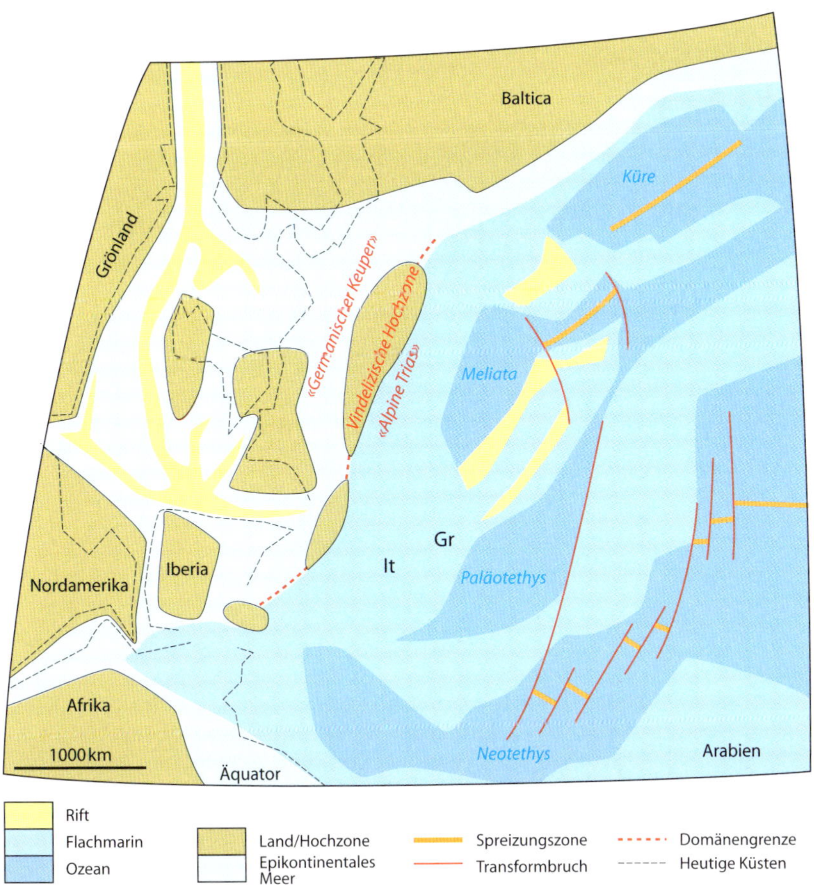

3-12 Die Plattenkonfiguration zur Zeit des Norians (vor 220 Millionen Jahren). Vereinfacht nach Stampfli & Borel (2002). Die vindelizische Hochzone trennt den Faziesbereich des mit dem Nordsee-Rift verknüpften germanischen Keupers vom Faziesbereich der alpinen Trias, der mit dem Meliata-Ozean verbunden ist. Gr: Griechenland, It: Italien.

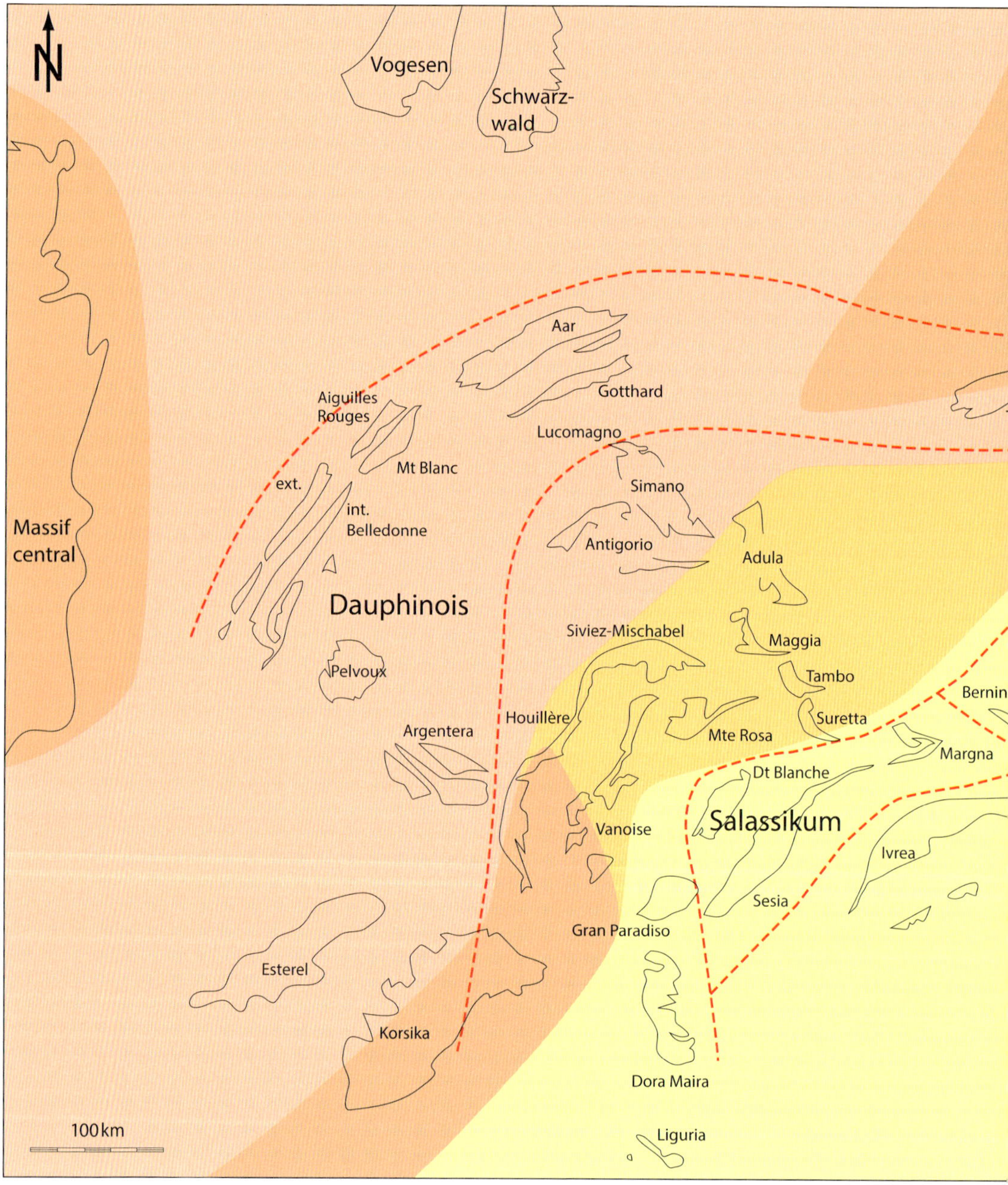

3-13 Paläogeografische Karte des alpinen Raumes zur Zeit des Norians (vor 220 Millionen Jahren). Als geografische Orientierung sind die Umrisse der Kristallinschollen mit einer Form, wie sie auf einer heutigen Karte erscheinen, dargestellt. Ebenso angegeben sind die künftigen Grenzen zwischen Vorland, Dauphinois-Helvetikum, Penninikum und Salassikum-Südalpin-Ostalpin. Die fazielle Zuordnung der Trias der Simano- und Antigorio-Decken ist nicht gesichert infolge fehlender Aufschlüsse.

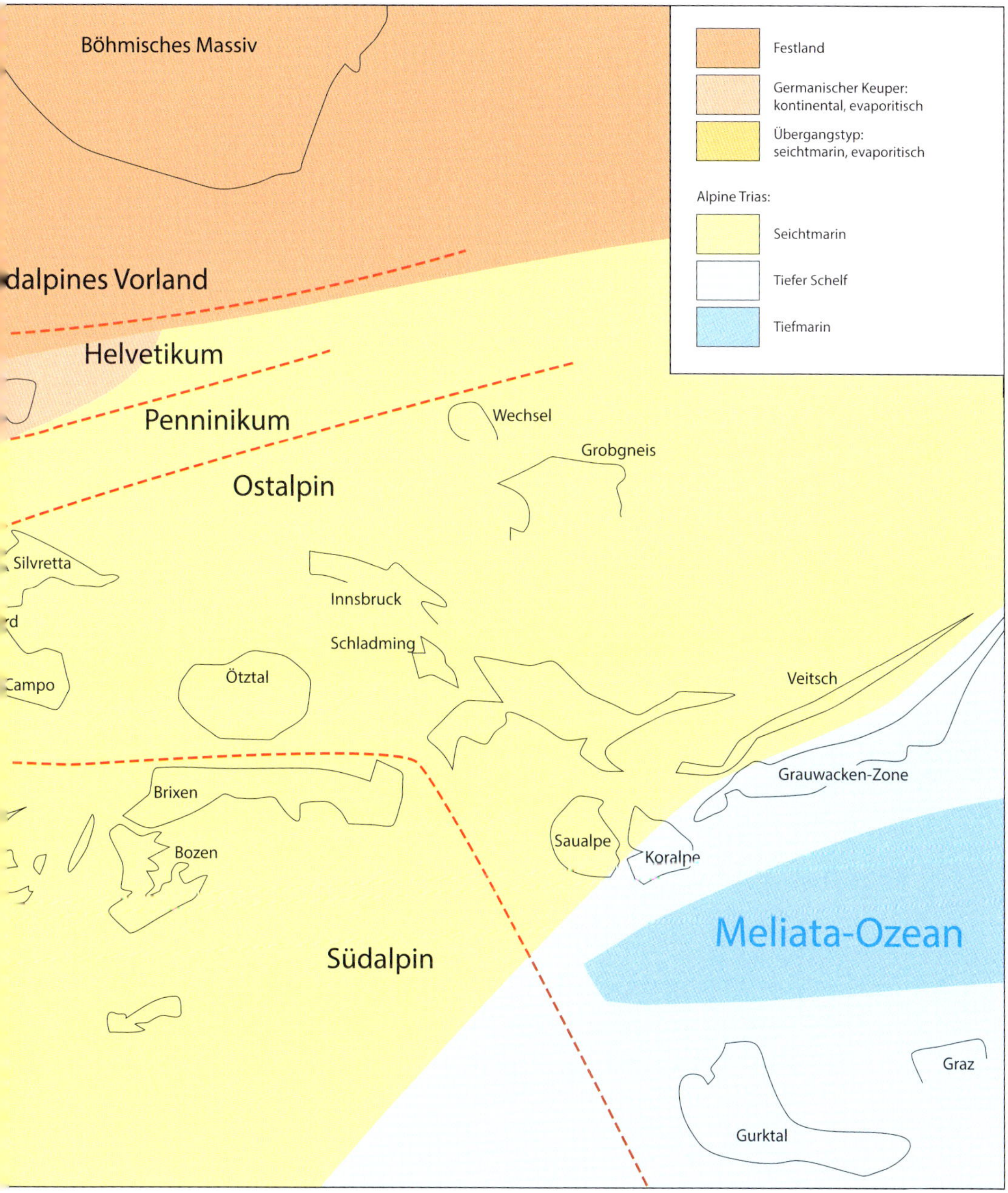

selben in den zeitlichen Abfolgen ab. Diese Unterschiede und Änderungen hängen eng mit den plattentektonischen Verhältnissen des alpinen Raums zusammen, der durch das Zerbrechen von Pangäa und die damit assoziierte Öffnung von Meeresarmen charakterisiert ist. Im kretazischen Teil der Entwicklung spielt sogar die Schließung eines Meeresarms, des Piemont-Ozeans, eine wichtige Rolle. Nachstehend wird diese plattentektonische Entwicklung anhand

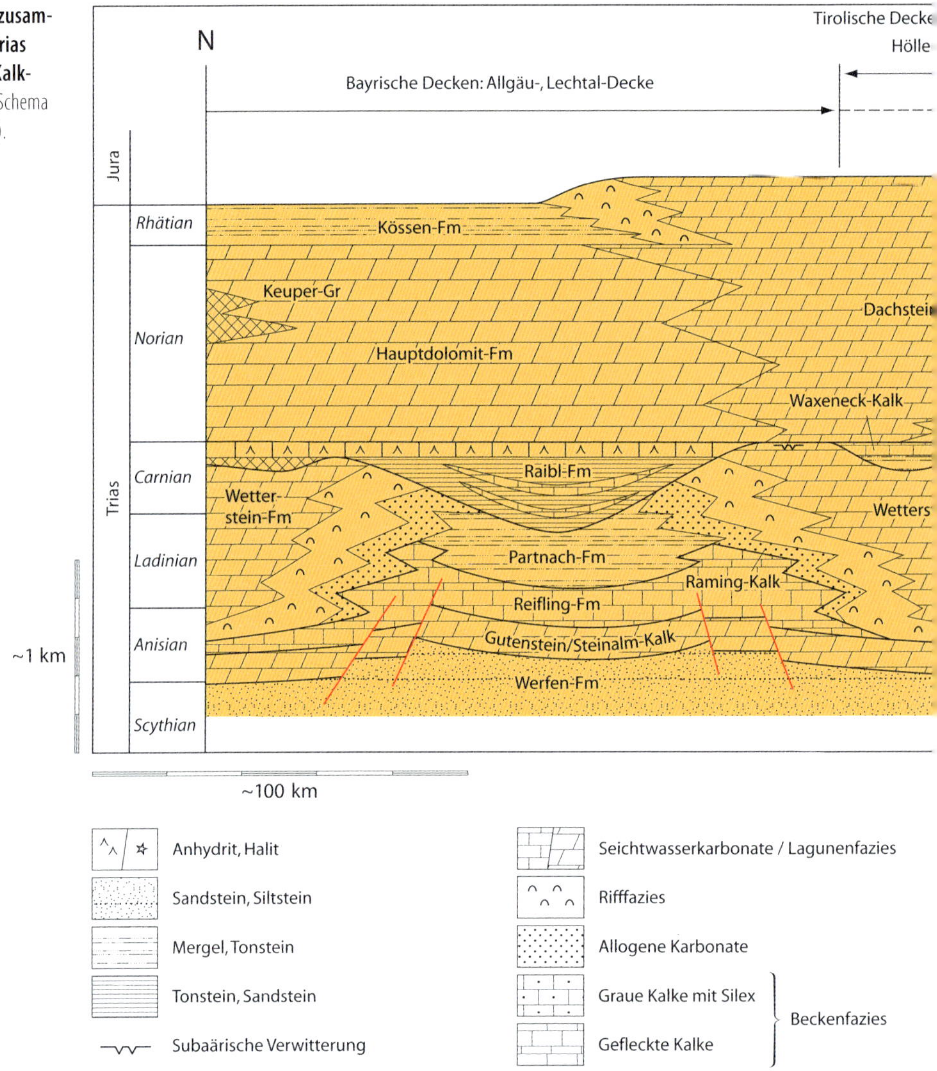

3-14 Die Fazieszusammenhänge der Trias der Nördlichen Kalkalpen (Ostalpin). Schema nach Mandl (2000).

einiger Momentaufnahmen diskutiert. Sie geht lückenlos in jene des Känozoikums über, die erst im nächsten Kapitel behandelt wird.

Trias: epikontinentale Plattformen

Der spätere alpine Raum wurde während der Zeit der Trias von mächtigen Karbonatplattformen dominiert. Diese etablierten sich zwischen den Kontinentalmassen von Pangäa im Norden, Westen und Südwesten (Baltica, Grönland, Nordamerika, Afrika) einerseits und Meeresbecken im Osten und Süden (Meliata, Paläotethys, Neotethys) andererseits (vgl. Abb. 3-12). Die Kontinentalmassen hingen wohl als Platten zusammen, aber die Landmassen bildeten einzelne isolierte Hochzonen, wobei die vindelizische Hochzone mitten durch den künftigen alpinen Raum verlief. Zur Zeit der späten Trias (Norian in Abb. 3-12) war infolge des einsetzenden

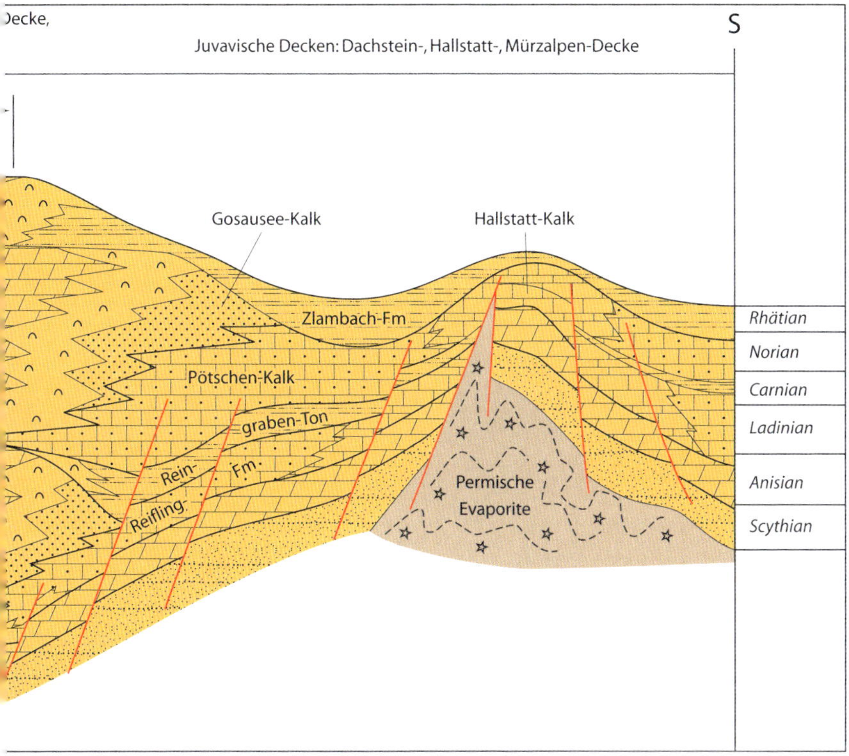

Zerbrechens von Pangäa bereits ein Rift zwischen Baltica und Grönland vorhanden, das aber noch keinen Einfluss auf den alpinen Raum hatte. Ein anderes Rift im Gebiet der künftigen Nordsee hingegen beeinflusste die Ingression des Meers Richtung Süden in den Faziesraum des germanischen Keupers.

Die vindelizische Hochzone trennte einen durch kontinentale Bedingungen charakterisierten Faziesbereich im Westen, den sogenannten germanischen Keuper, von einem marin dominierten Faziesbereich im Osten, der sogenannten alpinen Trias. Die marine, „alpine Trias" stand in Verbindung mit einer Transgression von Osten her, die vom Meliata-Ozean, einem Ableger der Paläotethys, ausging.

Abb. 3-13 ist eine detailliertere paläogeografische Karte des alpinen Raums im Norian (vor zirka 215 Millionen Jahren). Darin sind die Umrisse der Blöcke von prä-triadischem Grundgebirge aus Abb. 2-17 übernommen worden. Ebenso eingezeichnet sind die Grenzen der künftigen alpinen Deckensysteme (Helvetikum-Dauphinois, Penninikum, Ostalpin, Südalpin). Deutlich erkennbar ist die Aufteilung in die Faziesräume des germanischen Keupers im Nordwesten und der alpinen Trias im Südosten. Die Trennung ist im Nordosten durch die Landmasse der vindelizischen Schwelle markiert, im Südwesten durch eine Hochzone im Bereich von Korsika und angrenzender penninischer Kristallinblöcke. Einen Übergangstyp mit spättriadischen blonden Dolomiten findet sich zwischen diesen Hochzonen in jenen Teilen des Penninikums, die später zur Briançon-Schwelle differenziert wurden. Es sind dies der Bernhard-Deckenkomplex, die

Monte Rosa-, Maggia-, Tambo- und Suretta-Decke. Offen ist, inwieweit die Adula-Decke, deren Trias völlig zerschert ist, dazuzählt.

Innerhalb des Ostalpins kann zusätzlich zwischen der seichtmarinen Karbonatplattform mit Hauptdolomit- und Dachstein-Formation und der Hallstattfazies, einem tieferen Schelfbereich mit Hallstatt-Kalk, unterschieden werden (Mandl 2000). Diese Gliederung der ostalpinen Trias ist in Abb. 3-14 dargestellt. Man erkennt darin die progradierenden Riffgürtel der Wetterstein- und Dachstein-Formationen sowie die Verzahnung der seichtmarinen Plattformkarbonate mit der Beckenfazies, vertreten durch die Pötschen- und Hallstatt-Kalke. Ebenfalls ersichtlich ist die unterschiedliche Entwicklung in der frühen und mittleren Trias. Während die Gutenstein- und Steinalm-Kalke, die in seichtmarinem Milieu abgelagert wurden, noch quer durch das gesamte Gebiet zu verfolgen sind, ist die Beckenfazies der Reifling-Formation nicht nur im Osten, in der Hallstattfazies, sondern auch mitten im westlichen Faziesraum, innerhalb der Karbonatplattform der Wetterstein-Formation, anzutreffen. Die differenzielle Beckenentwicklung setzte sich bis zur Meeresspiegelabsenkung an der Wende Carnian-Norian fort, um dann der einheitlicheren Karbonatplattform der Hauptdolomit- und Dachstein-Formation Platz zu machen. Im Unterschied dazu blieb die Hallstattfazies im Osten über das Zeitintervall Ladinian-Norian weg erhalten. Lokal entwickelten sich darin aber über den permischen Evaporiten diapirismusbedingte Hochzonen.

Jura: Öffnung von Meeresarmen

Im Jura verstärkten sich die Bewegungen im Zusammenhang mit dem Zerbrechen von Pangäa. Der Zentralatlantik öffnete sich, wodurch eine Verbindung mit der Neotethys entstand, welche zwischen Iberia und Afrika (beim heutigen Gibraltar) durchzog. In Abb. 3-15 ist die Situation im Oxfordian (vor 154 Mio. Jahren) wiedergegeben. Ein blinder Meeresarm, der Piemont-Ozean, öffnete sich im Bereich des künftigen Penninikums, zwischen Dauphinois-Helvetikum und Ostalpin-Südalpin (Stampfli & Borel 2002 bezeichnen diesen Ozeanarm als „alpine Tethys"). Damit war die definitive Gliederung in einen passiven Kontinentalrand im Nordwesten (Baltica bzw. Europa) und im Südosten (Adria) etabliert. Der Vardar-Ozean löste den Meliata-Ozean im Osten des Ostalpins ab, das Pindus-Becken die Paläotethys. Während der Öffnung des Zentralatlantiks wanderte die Afrikanische Platte relativ zu Baltica (bzw. Europa) nach Osten. Die sich öffnenden Meeresarme wuchsen deshalb schief zu ihren Uferlinien in einem transtensiven Regime. Parallel zur Öffnungsrichtung bildeten sich Transformbrüche. Im zentralen Bereich des Meeresarmes stiegen lokal basaltische Mantelschmelzen auf, die heute als Gabbros und Kissenbasalte vorliegen. Ein eigentlicher mittelozeanischer Rücken fehlte. Der Ozeanboden bestand aus subkontinentaler Mantellithosphäre, welche an einer subhorizontalen Abschiebung unter dem adriatischen Kontinent herausgezogen wurde (Manatschal et al. 2003). Dieser Punkt wird unten in Zusammenhang mit der Abb. 3-25 näher diskutiert.

Die paläogeografische Karte in Abb. 3-16 zeigt wiederum die Lage der künftigen Kristallinblöcke im alpinen Raum. Die Bereiche des Ostalpins und Südalpins wurden um mehrere Hundert Kilometer nach Südosten verschoben, um der Öffnung des Pie-

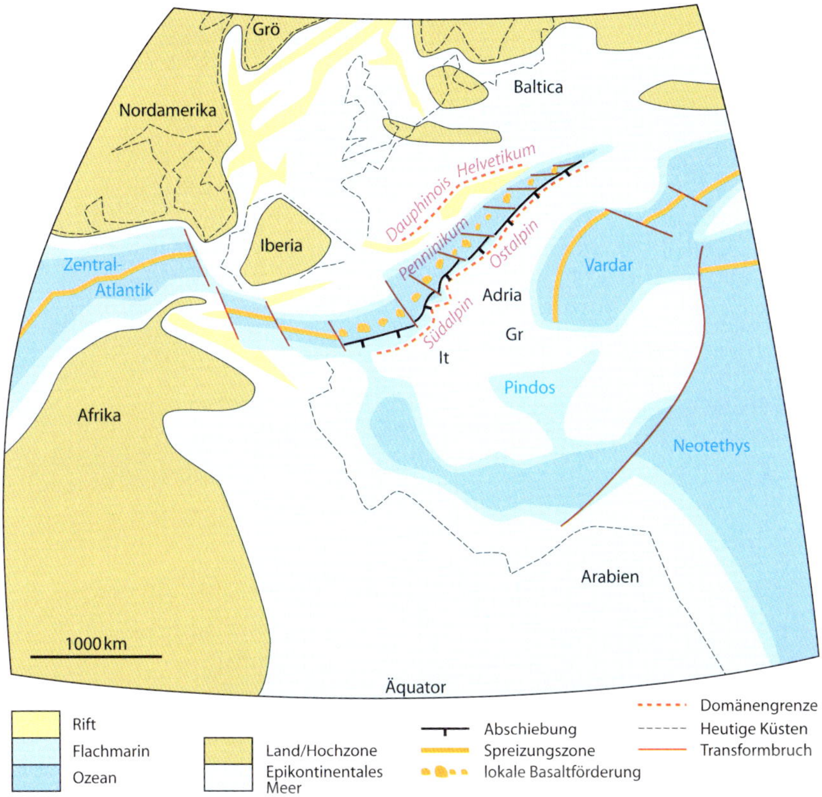

3-15 Die Plattenkonfiguration zur Zeit des Oxfordians (vor 154 Millionen Jahren). Vereinfacht nach Stampfli & Borel (2002). Rot gestrichelt eingezeichnet sind die Grenzen zwischen den Faziesräumen Dauphinois-Helvetikum, Penninikum und Ostalpin-Südalpin. Ein Meeresarm hat sich, ausgehend vom zentralen Atlantik, nach Osten in den Faziesbereich des Penninikums geöffnet. Gr: Griechenland, Grö: Grönland, It: Italien.

mont-Ozeans gerecht zu werden. Auf dem adriatischen Kontinentalrand erkennt man im Südalpin und im Ostalpin mehr oder weniger NS-orientierte Dehnungsbrüche, welche die EW-gerichtete Dehnung kompensierten, die mit der schiefen Öffnung des Piemont-Ozeans in Zusammenhang steht. An diesen Brüchen wurden ab dem frühen Jura Brekzien geschüttet, worauf weiter unten eingegangen wird. Auf der nordwestlichen Seite des Piemont-Ozeans waren ebenfalls Dehnungsbrüche aktiv. Aber die Dehnung verursachte hier ein komplexeres Bild, und die Brüche zeigen sich nur teilweise durch Brekzienschüttungen. Meistens sind es nur Mächtigkeitsunterschiede zwischen den einzelnen jurassischen Formationen, die auf eine dehnungsbedingte tektonische Subsidenz hindeuten. Eine eingehendere Diskussion erfolgt weiter unten. Im Piemont-Ozean selbst wurde die Öffnung durch eine subhorizontale Abschiebung (master décollement) begleitet, die Teile des subkontinentalen Mantels exhumierte (Manatschal et al. 2003). Bei der anschließenden Öffnung stiegen lokal basaltische Schmelzen aus der Asthenosphäre hoch, ohne dass sich aber ein echter mittelozeanischer Rücken ausbildete. Zu den damit assoziierten Gesteinen zählen die bereits erwähnten Gabbros, welche im Dogger (vor 166 bis 161 Millionen Jahren) intrudierten, sowie die darauf folgenden Kissenbasalte (siehe unten, Abb. 3-26B).

Die Briançon-Schwelle, eine Hochzone, bildete quasi den distalen Rand des europäischen Kontinentalrands. Zwischen der Briançon-Schwelle und

▶ **3-16 Paläogeografische Karte des alpinen Raumes zur Zeit des Oxfordians** (vor 154 Millionen Jahren). Als geografische Orientierung sind die Umrisse der Kristallinschollen mit einer Form, wie sie auf einer heutigen Karte erscheinen, dargestellt. Ebenso angegeben sind die künftigen Grenzen zwischen Vorland, Dauphinois-Helvetikum, Penninikum und Salassikum-Südalpin-Ostalpin. Die Briançon-Schwelle trennt den vokontischen und Wallis-Trog im Norden vom penninischen Ozean im Süden.

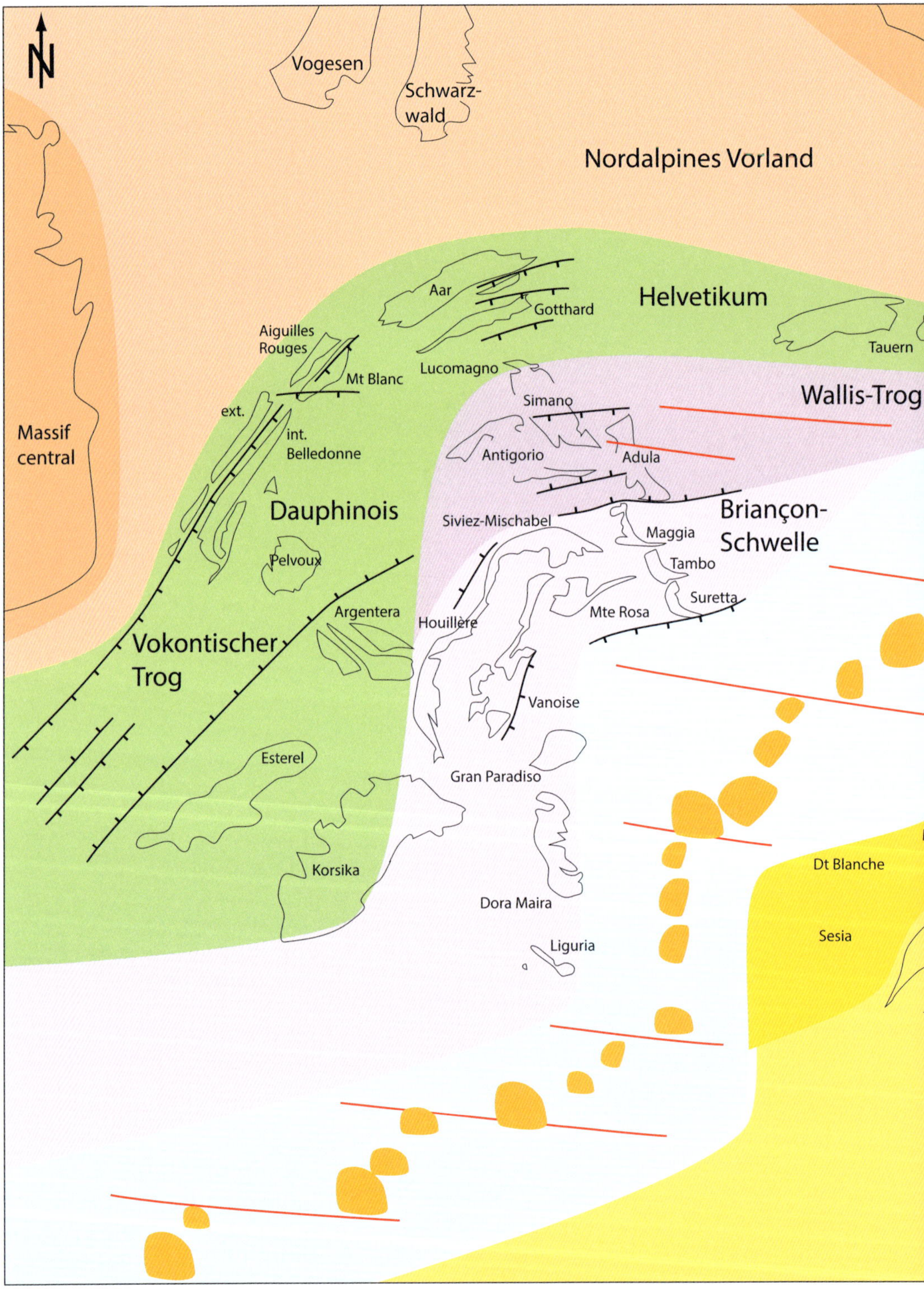
N
Vogesen
Schwarz-
wald
Nordalpines Vorland
Massif
central
Aar
Gotthard
Helvetikum
Tauern
Aiguilles
Rouges
Mt Blanc
Lucomagno
Simano
Wallis-Trog
ext.
int.
Belledonne
Antigorio
Adula
Dauphinois
Siviez-Mischabel
Briançon-
Schwelle
Maggia
Pelvoux
Tambo
Suretta
Argentera
Houillère
Mte Rosa
Vokontischer
Trog
Vanoise
Esterel
Gran Paradiso
Dt Blanche
Korsika
Dora Maira
Sesia
Liguria

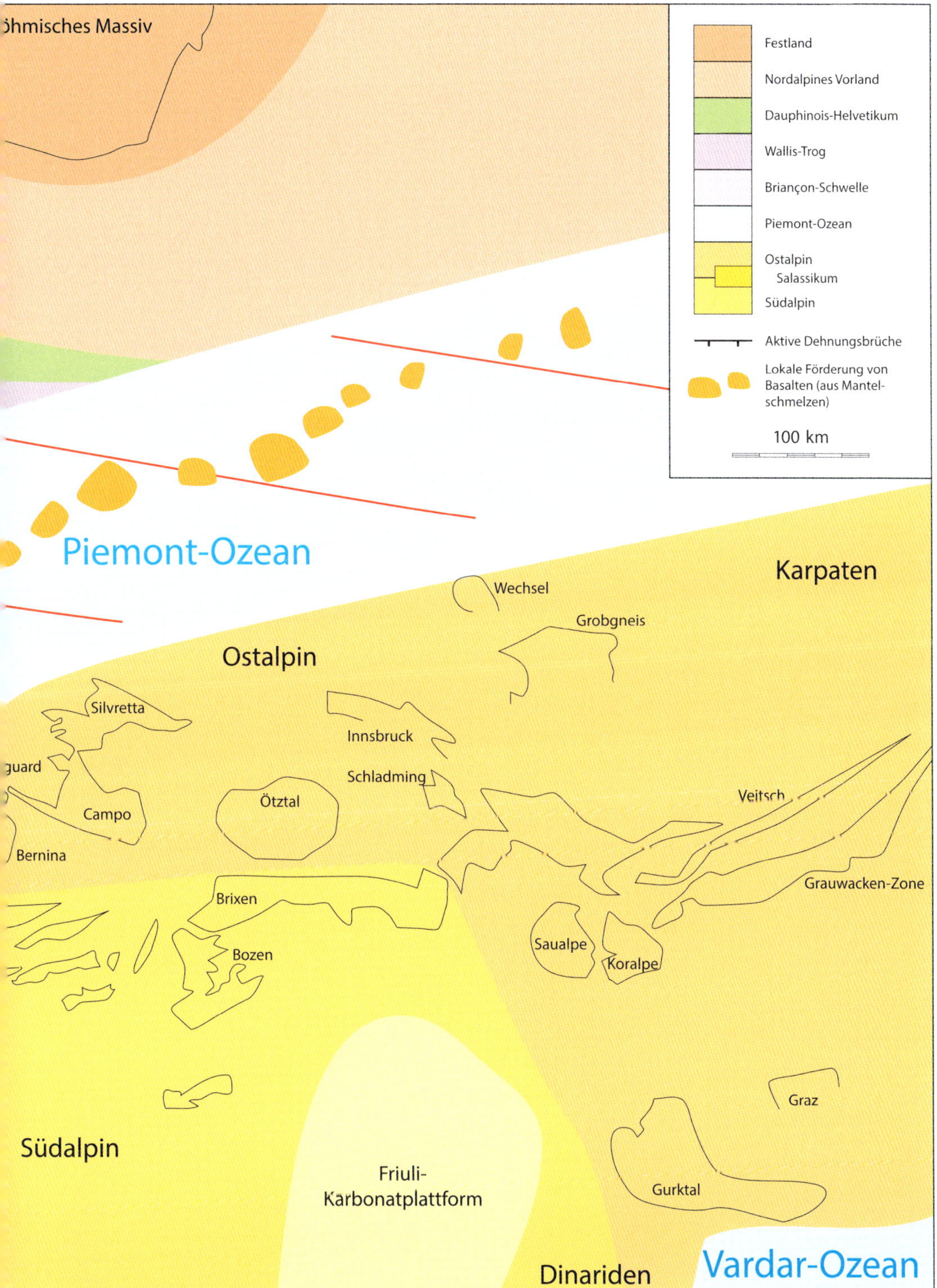

öhmisches Massiv
Festland
Nordalpines Vorland
Dauphinois-Helvetikum
Wallis-Trog
Briançon-Schwelle
Piemont-Ozean
Ostalpin
Salassikum
Südalpin
Aktive Dehnungsbrüche
Lokale Förderung von Basalten (aus Mantelschmelzen)
100 km
Piemont-Ozean
Karpaten
Wechsel
Grobgneis
Ostalpin
Silvretta
Innsbruck
guard
Schladming
Ötztal
Veitsch
Campo
Bernina
Grauwacken-Zone
Brixen
Saualpe
Koralpe
Bozen
Graz
Südalpin
Friuli-Karbonatplattform
Gurktal
Dinariden
Vardar-Ozean

dem europäischen Schelf entstand durch die dehnungsbedingte Subsidenz der Wallis-Trog, der sich westwärts in den vokontischen Trog des Dauphinois fortsetzte. Am Südrand des Wallis-Trogs wie am Nordrand der Briançon-Schwelle wurden synsedimentäre Brüche aktiviert, während am Nordrand des Trogs zumeist nur Unterschiede in den Mächtigkeiten der Schichtglieder zu beobachten sind. Innerhalb des Wallis-Trogs deuten Dolomitbrekzien und polymikte Brekzien mit Kristallinkomponenten auf lokale Schwellen (Adula-Schwelle von Probst 1980). Diese Schwellen könnten als Kippschollen an listrischen Abschiebungen interpretiert werden. Ferner wurde im mittleren bis späteren Jura neue ozeanische Kruste gebildet (Steinmann 1994). Diese machte aber nur einen kleinen Teil der Gesamtfläche des Wallis-Trogs aus (siehe unten).

Im Folgenden sollen einige der wichtigeren Beobachtungen näher betrachtet werden, welche die Öffnungsgeschichte des Piemont-Ozeans und die damit assoziierte Dehnung der beiden Kontinentalränder bezeugen.

Im **Lias und Dogger des Helvetikums** der Ostschweiz konnten Trümpy (1949) und Dollfuss (1965) nachweisen, dass synsedimetäre Tektonik die Schelfsequenzen beeinflusste. Neben abrupten Mächtigkeitsschwankungen sind auch Brekzienschüttungen im spätesten Lias zu verzeichnen. An Komponenten sind auch triadische Dolomite vorhanden, was auf beachtliches Paläorelief deutet. Abb. 3-17 ist umgezeichnet und ergänzt nach Trümpy (1980) und zeigt die Verhältnisse in einem

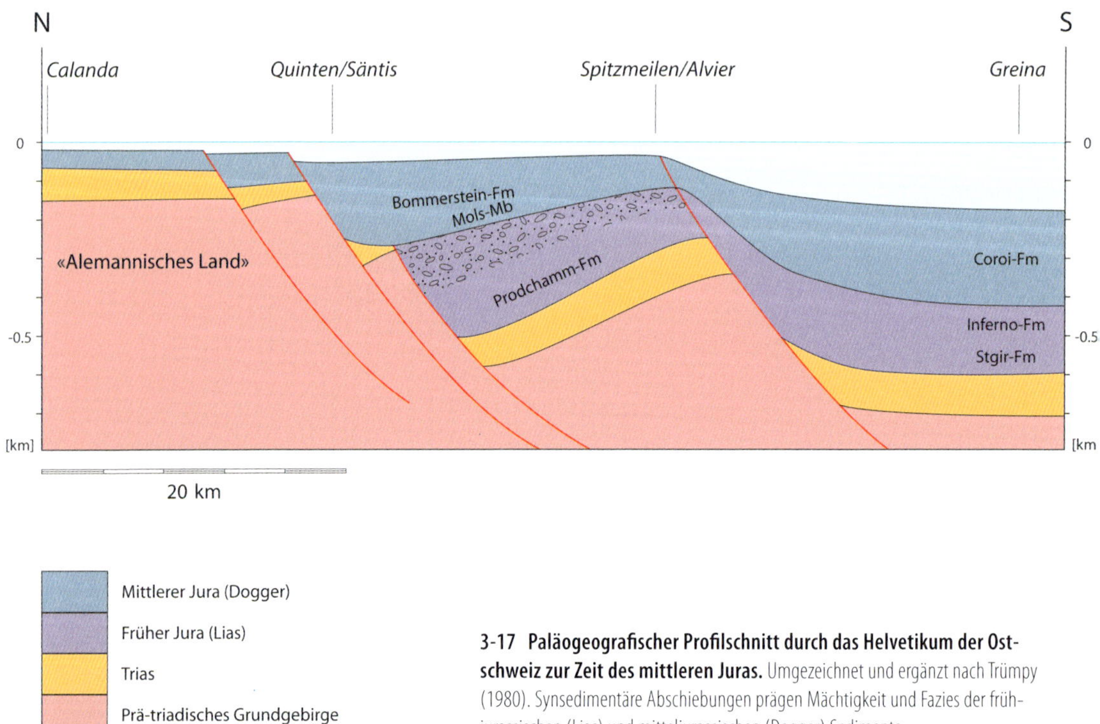

3-17 Paläogeografischer Profilschnitt durch das Helvetikum der Ostschweiz zur Zeit des mittleren Juras. Umgezeichnet und ergänzt nach Trümpy (1980). Synsedimentäre Abschiebungen prägen Mächtigkeit und Fazies der frühjurassischen (Lias) und mitteljurassischen (Dogger) Sedimente.

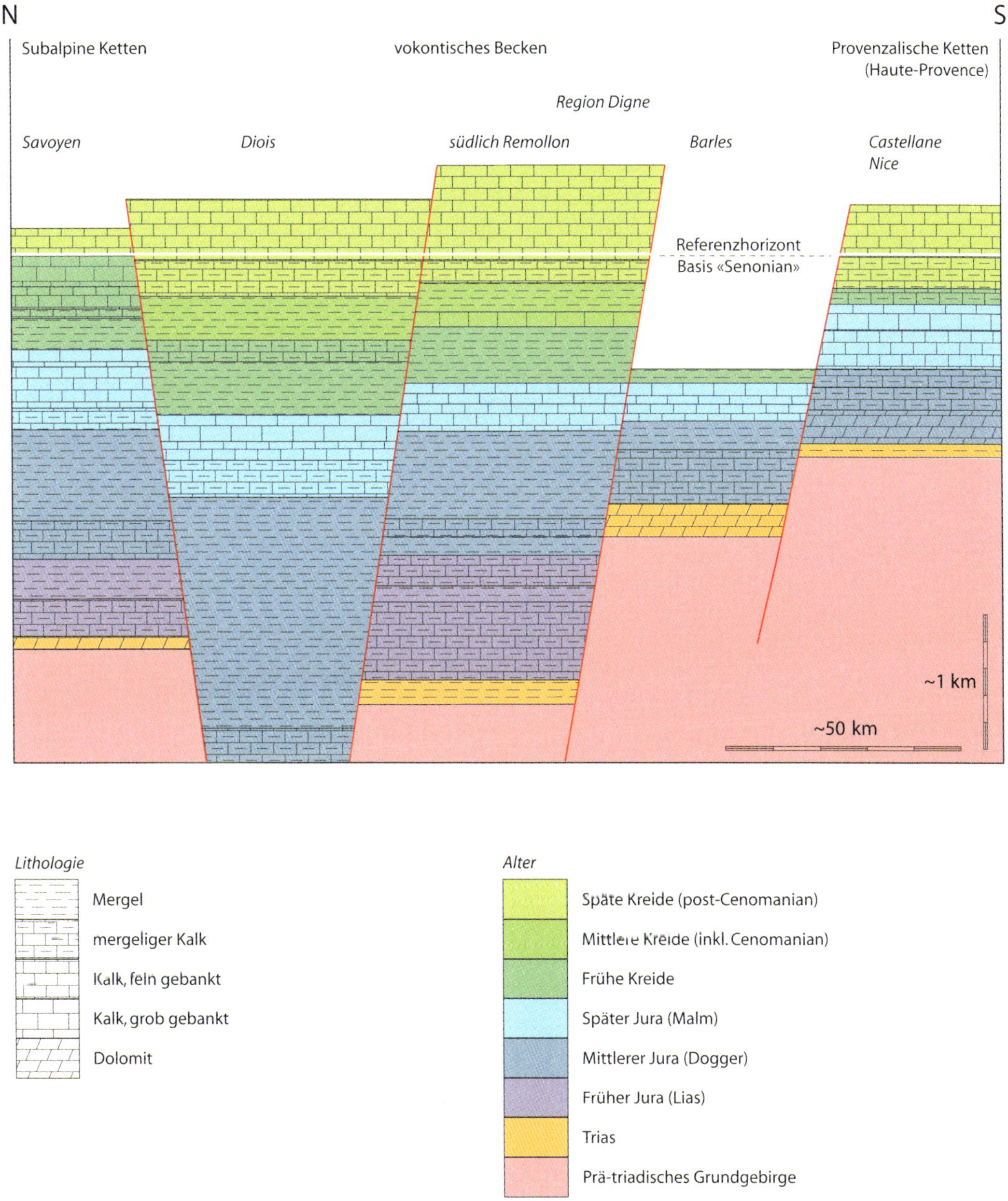

3-18 Schematischer paläogeografischer Profilschnitt durch den vokontischen Trog des Dauphinois (Chaînes subalpines, Frankreich). Umgezeichnet nach Debelmas (1974). Referenzhorizont ist die Basis der spätkretazischen gebankten Kalke. Namentlich im frühen und mittleren Jura sowie in der frühen und mittleren Kreide sind im vokontischen Trog größere Mächtigkeiten zu verzeichnen als nördlich und südlich davon.

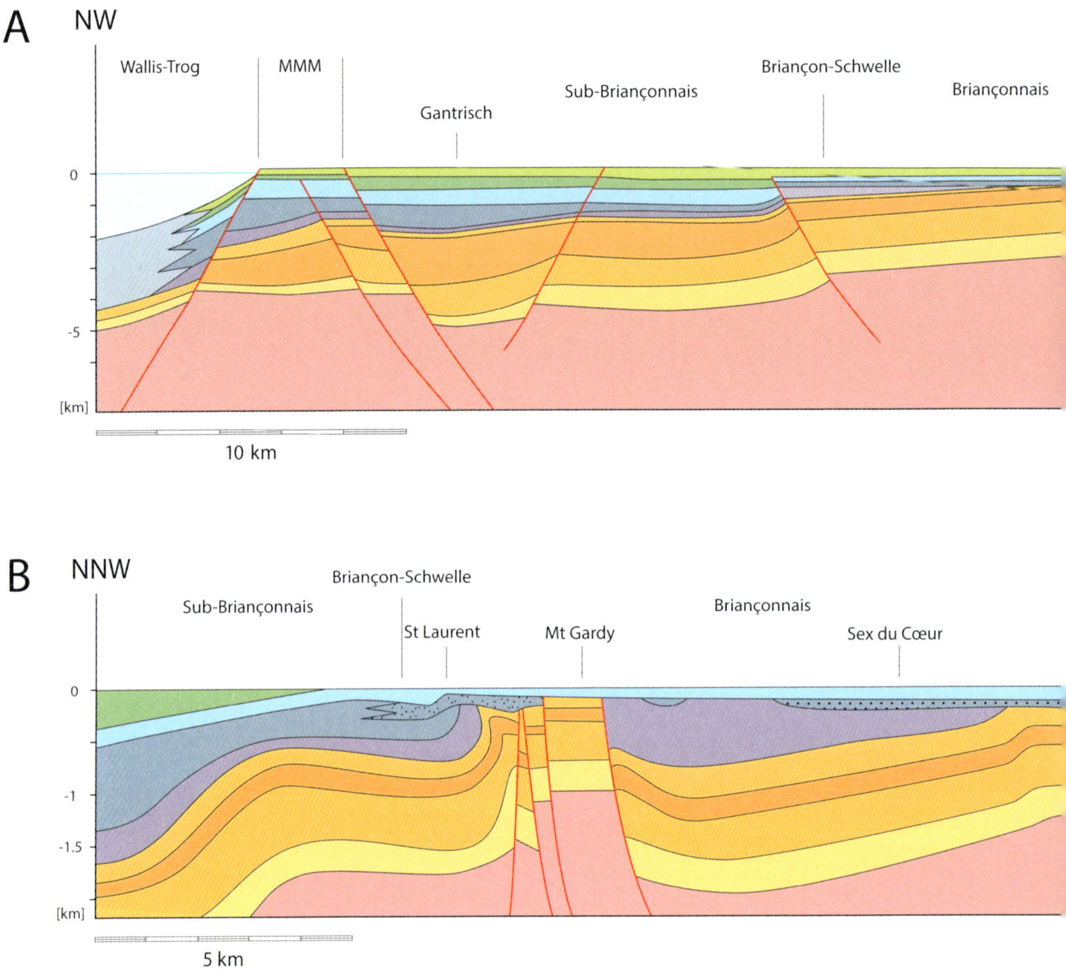

Nord-Süd-Schnitt. Die Hochzone im Norden, wo der Lias fehlt, wird als „alemannisches Land“ bezeichnet. Dieses umfasst etwa den heutigen Umriss des Aar-Massivs und den Ostteil des Mont Blanc-Massivs. Im Dogger setzte sich die Bruchtektonik fort, was nur aus abrupten Mächtigkeitsschwankungen ableitbar ist. Die Serien ganz im Süden, Stgir, Inferno und Coroi, werden als Ultrahelvetikum bezeichnet. Sie liegen heute in verkehrter Lagerung auf dem südöstlichen Gotthard-Massiv. Einige der synsedimentären Abschiebungen waren auch später, in der frühen Kreide, als „persistente Brüche“ noch aktiv (vgl. unten in Abb. 3-25). Wildi et al. (1989) untersuchten die Subsidenzraten auf dem europäischen Kontinentalrand im Mesozoikum und stellten fest, dass diese sowohl zeitlich als auch räumlich kein einheitliches Muster aufweisen. Für den frühen und mittleren Jura betrugen die Subsidenzraten zwischen 10 und 40 Metern pro Million Jahre (0,01 bis 0,04 Millimeter pro Jahr), waren also bedeutend langsamer als jene in der späten Trias auf dem adriatischen Kontinentalrand (0,1 Millimeter pro Jahr; vgl. oben). Sie beschleunigten sich

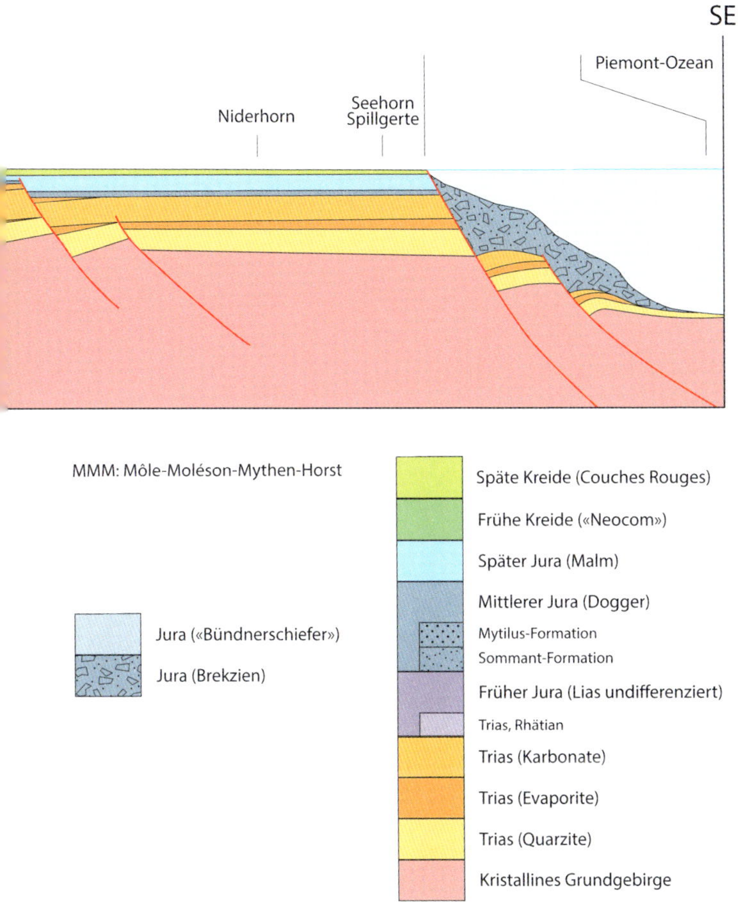

3-19 Paläogeografische Profilschnitte durch die Briançon-Schwelle (Penninikum) zur Zeit Ende Kreide (vor 65 Millionen Jahren).

A) Die Briançon-Schwelle der **Westschweiz** ist beidseits von synsedimentären Brüchen begrenzt, welche enorme Faziesänderungen verursachten. Selbst innerhalb der Schwelle führten synsedimentäre Brüche zu abrupten lateralen Änderungen (nach Wissing & Pfiffner, 2002).

B) Auch in **Savoyen (F)** bewirkten synsedimentären Brüche abrupte laterale Faziesänderungen. Einige dieser Brüche sind als Aufschiebungen zu interpretieren und sprechen für lokale Kompression bzw. Transpression (umgezeichnet nach Septfontaine, 1995).

im späten Jura auf 0,02 im proximalen (Juragebirge) und 0,05 Millimeter pro Jahr im distalen, südlichen Schelf des Helvetikums.

Größere Mächtigkeitsschwankungen charakterisieren den **vokontischen Trog** im Dauphinois der französischen Chaînes subalpines. In Abb. 3-18 sind die Verhältnisse, basierend auf Debelmas (1974), in einem Nord-Süd-Schnitt schematisch dargestellt. Auffallend sind die großen Mächtigkeiten der „Terres Noires" des mittleren Juras und der Mergelabfolgen der frühen und der mittleren Kreide („Marnes Bleues"). Nach Debelmas et al. (1983) war der vokontische Trog bereits im frühen Jura angelegt, wie dies die große Mächtigkeit der cephalopodenführenden Mergelkalke im zentralen Teil des Trogs andeutet (in Abb. 3-18 nicht vermerkt).

Die Sedimentgesteine der **Briançon-Schwelle** waren ein viel diskutiertes Objekt in der Geologie der Alpen. Schon 1877 erkannte Kaufmann das Neben- bzw. Übereinander unterschiedlicher Gesteine in der Zentralschweiz. Die Aneinanderreihung der verschiedenen Vorkommen von Briançon-Sedimenten zwischen dem Engadiner Fenster in den Ostalpen über die Klippen der Zentralalpen bis in

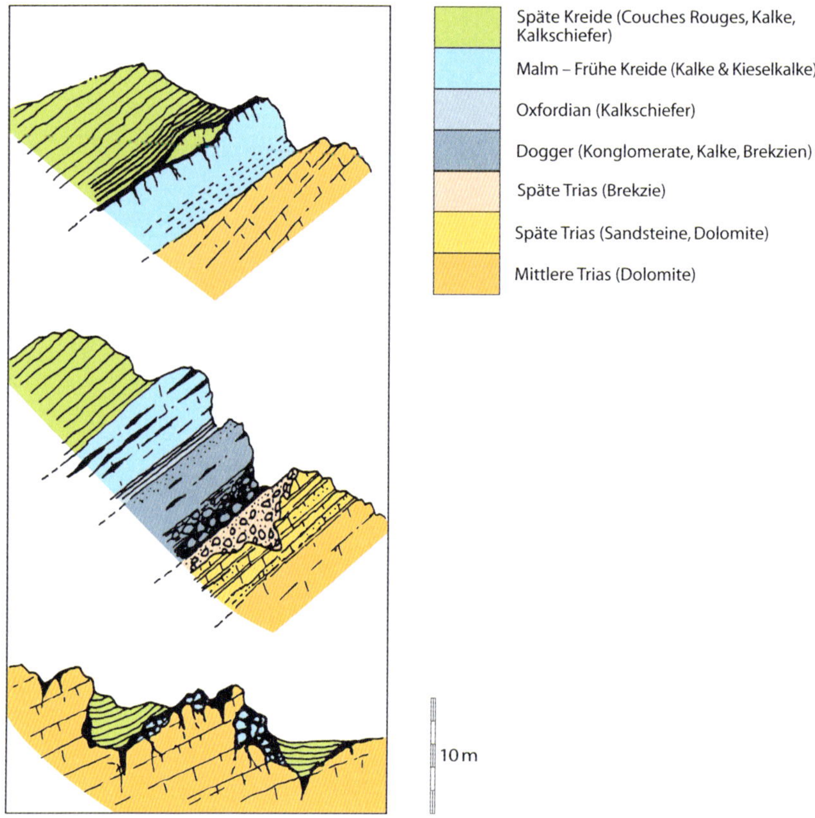

3-20 Detailaufnahmen aus der Briançon-Schwelle in der Umgebung von Briançon (vallée de la Durance, Frankreich). Umgezeichnet nach Debelmas et al. (1979 und 1983). Winkeldiskordanzen, Verkarstungen, Brekzien und Rinnenbrekzien deuten auf jurassisch-kretazische synsedimentäre Tektonik.

die penninischen Decken der Westalpen bereitete manchen Mühe, dies als eine paläogeografisch zusammenhängende Zone zu akzeptieren. Die lang gestreckte Schwellenzone lässt sich quer zu ihrer Längsachse in eine eigentliche Briançon-Schwelle und ein „Sub-Briançonnais" gliedern, wie es in Abb. 3-19 veranschaulicht ist. Das Profil in Abb. 3-19A beruht auf einer bilanzierten Abwicklung der Klippen-Decke im Querschnitt des Simmentals nach Wissing & Pfiffner (2002) und zeigt eine etwa 40 Kilometer breite Schwelle. In der Trias wurden Evaporite abgelagert, die später bei der alpinen Deckenbildung als Abscherhorizont benutzt wurden. Auf der eigentlichen Briançon-Schwelle sind die Evaporite an der Basis der triadischen Dolomite, im „Sub-Briançonnais" im Dach derselben. Aus diesem Grund sind die triadischen Dolomite des „Sub-Briançonnais" weitgehend auf ihrem prä-triadischen Grundgebirge zurückgeblieben. Auf der eigentlichen Briançon-Schwelle liegt eine reduzierte Serie vor, in der die pelagischen Plattformkalke des Malms fast direkt der Trias aufliegen. Gegen Nordwesten setzen zusehends Lias- und Doggersedimente ein. Deren Mächtigkeiten nehmen an synsedimentären Brüchen schlagartig zu. Im „Sub-Briançonnais" besitzen die

Doggersedimente ihre größte Mächtigkeit, aber auch die pelagischen Kalke der frühen Kreide und die Couches Rouges der späten Kreide und dem Paläozän setzen hier ein. Am Südostrand der Schwelle bestand ein steiler submariner Abhang, der mit einer oben steil einfallenden synsedimentären Abschiebung zu erklären ist und auf welchen Brekzien geschüttet wurden. Im Querschnitt von Abb. 3-19 findet man darin hauptsächlich Komponenten aus der Trias (vgl. Abb. 3-7B). Am Nordwestrand der Schwelle ist ein lokaler Horst zu verzeichnen. Er kann von Savoyen über die Westschweiz bis in die Zentralschweiz verfolgt werden und heißt entsprechend Môle-Moléson-Mythen-Horst (MMM in Abb. 3-19A). Dieser Horst leitet rasch in den Wallis-Trog über. Im Querschnitt von Abb. 3-19A ist nicht klar, ob auch Brekzien damit verknüpft sind. Aber weiter östlich sind am Nordrand der Briançon-Schwelle in der Falknis-Decke und in den Schamser Decken der Ostschweiz weitere Brekzienvorkommen vorhanden. Diese Brekzien enthalten auch Kristallinkomponenten und bauen größere submarine Fächer auf (Gruner 1981, Rück 1995).

Am Übergang zu den Westalpen sind nach Septfontaine (1995) auch kompressive Bruchstrukturen am Bau der Briançon-Schwelle beteiligt. Die Situation ist in Abb. 3-19B dargestellt. Im nordnordwestlichen Teil der eigentlichen Briançon-Schwelle erkennt man eine asymmetrische Hochzone mit einer Antiklinalen im NNW und einer Abschiebung im SSE. Die steil gestellten Schichten der Trias, des Lias und frühesten Doggers sind diskordant von der Sommant- und Mytilus-Formation des Doggers (Bathonian bzw. Callovian) überlagert. Die Bildung der Antiklinalstruktur könnte mit der speziellen Orientierung eines Paläobruchs in transpressiver Lage bei der Öffnung des Wallis-Trogs erklärt werden, wie bereits von Schmid et al. (1990) postuliert. Die Schwelle war aber nach Septfontaine (1995) bereits im Bajocian teilweise Festland und somit der Verkarstung und Erosion unterworfen. Die Hebung der Schwelle und die damit verbundene Emersion hatten im Callovian-Oxfordian einen weiteren Höhepunkt. Die lokalen festländischen Bedingungen auf der Schwelle dauerten bis in den späten Jura hinein, im südlichsten Teil, der eigentlichen Briançon-Schwelle, sogar bis in die Kreide.

Aber auch in den Westalpen, in der Umgebung des namengebenden Städtchens Briançon, kann die Schwellennatur nachgewiesen werden. Die berühmten „Brêches du télégraphe" reihen sich in die oben erwähnten Brekzienvorkommen ein. Zusätzlich konnten auch Winkeldiskordanzen, Verkarstungen und Erosionsrinnen beobachtet werden. Abb. 3-20, umgezeichnet nach Debelmas et al. (1979 und 1983), zeigt diese Phänomene. Die geneigten Schichten unter den Winkeldiskordanzen entstanden durch die Rotation von Schollen aus prä-rift-Sedimenten bei der Bewegung auf listrischen Abschiebungen. Die gekippten Schichten wurden anschließend von syn-rift-Sedimenten zugedeckt. Rinnenbrekzien deuten auf Erosion und die Verkarstung auf zeitweilige Trockenlegung der Schwelle.

Auf dem **adriatischen Kontinentalrand** zeigt sich die Dehnung durch eine ausgeprägte Gliederung in Schwellen und Becken. Abb. 3-21, basierend auf Bernoulli (2007), zeigt, wie die Geometrie der synsedimentären Abschiebungen Halbgräben mit keilförmigen syn-rift-Sedimenteinfüllungen hervorruft. Dies gilt insbesondere für den Lombardischen Kieselkalk des frühen Juras. Unmittelbar über und in den zerbrochenen Trias-

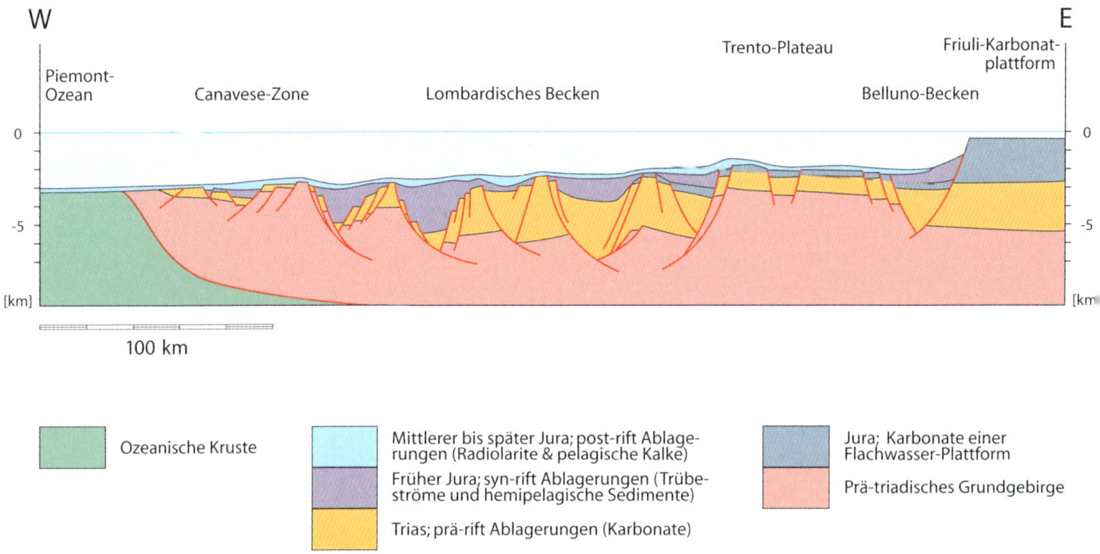

▲ **3-21 Paläogeografischer Profilschnitt durch das Südalpin der Lombardei (Italien)** zur Zeit Ende Jura. Umgezeichnet nach Bernoulli (2007). Namentlich frühjurassische syn-rift Ablagerungen weisen frappante Mächtigkeitsänderungen auf. Der Kontinentalrand war in EW-Richtung in Schwellen und Becken gegliedert.

karbonaten sind vielerorts Brekzien als Spaltenfüllungen zu finden. Dazu zählen etwa die Brekzien der „Macchiavecchia“, die abgebaut und zu Dekorationszwecken verwendet werden (vgl. Abb. 3-22). Nach der frühjurassischen Phase tektonischer Subsidenz wurden im mittleren Jura pelagische mergelige Kalke („Ammonitico Rosso“) und Radiolarite als post-rift Sedimente abgelagert.

Aber auch im ostalpinen Teil waren zahlreiche synsedimentäre Brüche aktiv. Sie verursachten Kippschollen mit Spalten und submarine Steilhänge, an denen Brekzien geschüttet wurden. In der oberostalpinen S-charl-Decke konnte Mader (1987) das gleichzeitige Nebeneinander von Brekzien und pelagischen Tiefseeablagerungen nachweisen. Ferner gelang es ihm auch, die

► **3-22** Brekzien des „Brocatello“ bzw. der „Macchiavecchia“, entstanden beim synsedimentärem Zerbrechen einer Karbonatplattform.
A) Detailansicht der Brekzien. Bruchstücke der zerbrochenen Karbonatplattform wurden in offene Spalten einsedimentiert. Eine rötliche feine Matrix füllte die Hohlräume zwischen den Brekzienkomponenten.

B) Übersichtsaufnahme zeigt die unterschiedliche Größe der Komponenten. Die Komponenten sind zum Teil von Adern durchsetzt, also bereits vor der Resedimentierung tektonisiert worden.

Brekzien zu gliedern und zu datieren. Wie Abb. 3-23 zeigt, sind die Brekzien teilweise Spaltenfüllungen und liegen mit einer Winkeldiskordanz auf den triadischen Dolomiten der Hauptdolomit-Formation. Die Winkeldiskordanz deutet auf Kippung, die Spalten auf Dehnung und sprödes Zerbrechen. Beides steht in Einklang mit der Bildung von Kippblöcken im Hangenden von listrischen Abschiebungen. Die Beckengeometrie in Abb. 3-23, die durch Retrodeformation des geologischen Profilschnitts von Mader (1987) erstellt ist, zeigt, dass im Südosten pelagische Sedimente des Juras (Rims-Formation, Radiolarit, Aptychenkalk) und der Kreide (Triazza-Formation) über einer geringmächtigen frühjurassischen Lischana-Brekzie folgen, während im Nordwesten die Lischana-Brekzie viel mächtiger ist und altersmäßig bis in den späten Jura reicht. Die Typisierung der Brekzien durch Mader (1987) ergab außerdem, dass die Spaltenbildung auch nach der ersten Brekzienschüttung weiterging (die Brekzientypen A–C in Abb. 3-23 sind ihrerseits auch wieder zerbrochen). Dies deutet auf eine Episodizität der

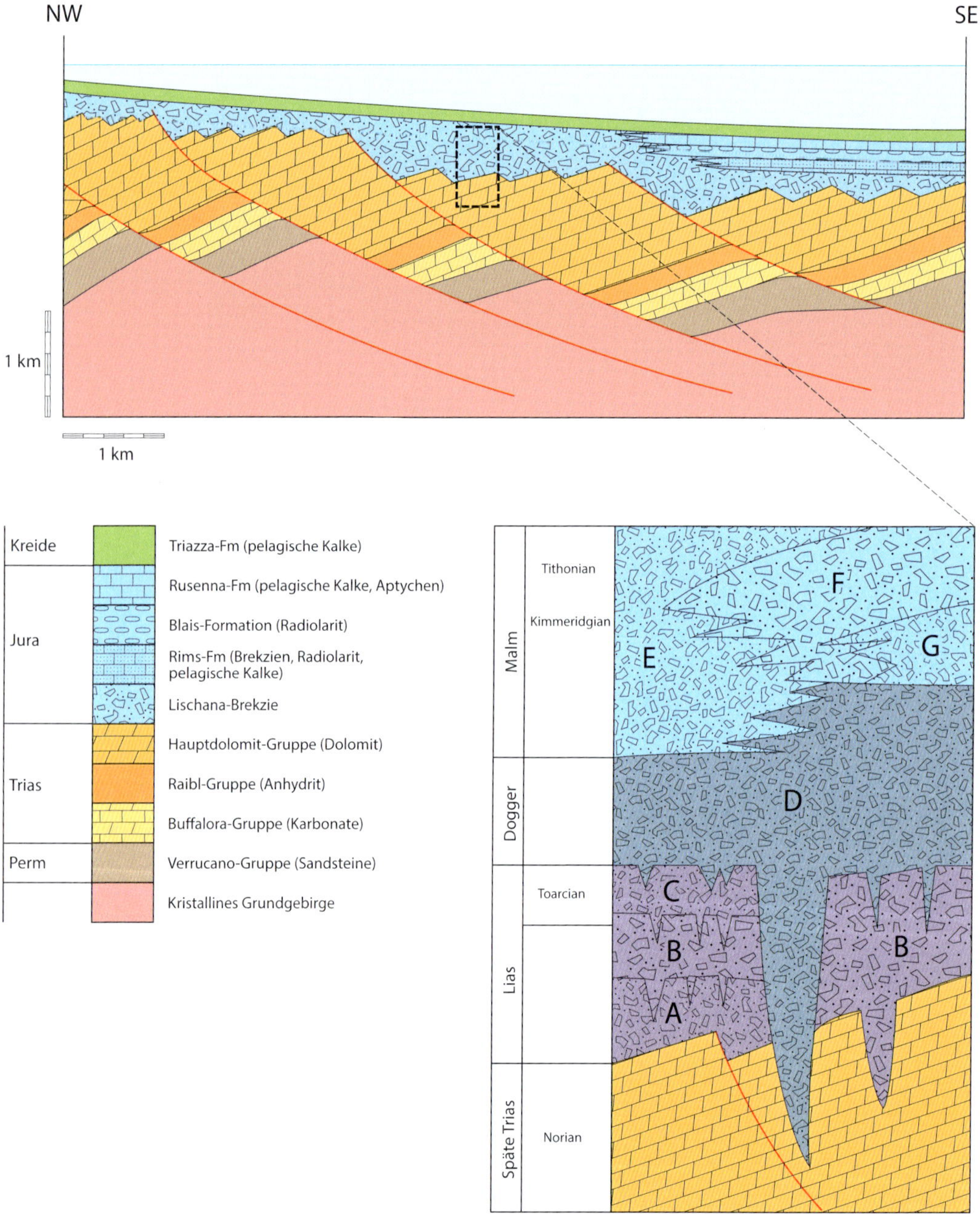

3-23 Die Lischana-Brekzie in der S-charl-Decke des Oberostalpins im Engadin (Kt. Graubünden, Schweiz). Zusammengestellt nach Mader (1987). Im synoptischen Kolonnenprofil erkennt man, dass die Brekzien A, B und C wiederum von Spaltenfüllungen durchsetzt sind, was auf eine mehrphasige tektonische Aktivität schließen lässt. Im paläogeografischen Profilschnitt folgt die kretazische Triazza-Formation direkt über der Lischana-Brekzie. Die pelagischen Altersäquivalente der Lischana-Brekzie (Rims-Fm., Blais-Formation und Aptychenkalk-Fm.) sind auf den südöstlichen Bereich beschränkt. Das Rechteck gibt die Lokalität des Kolonnenprofils an.

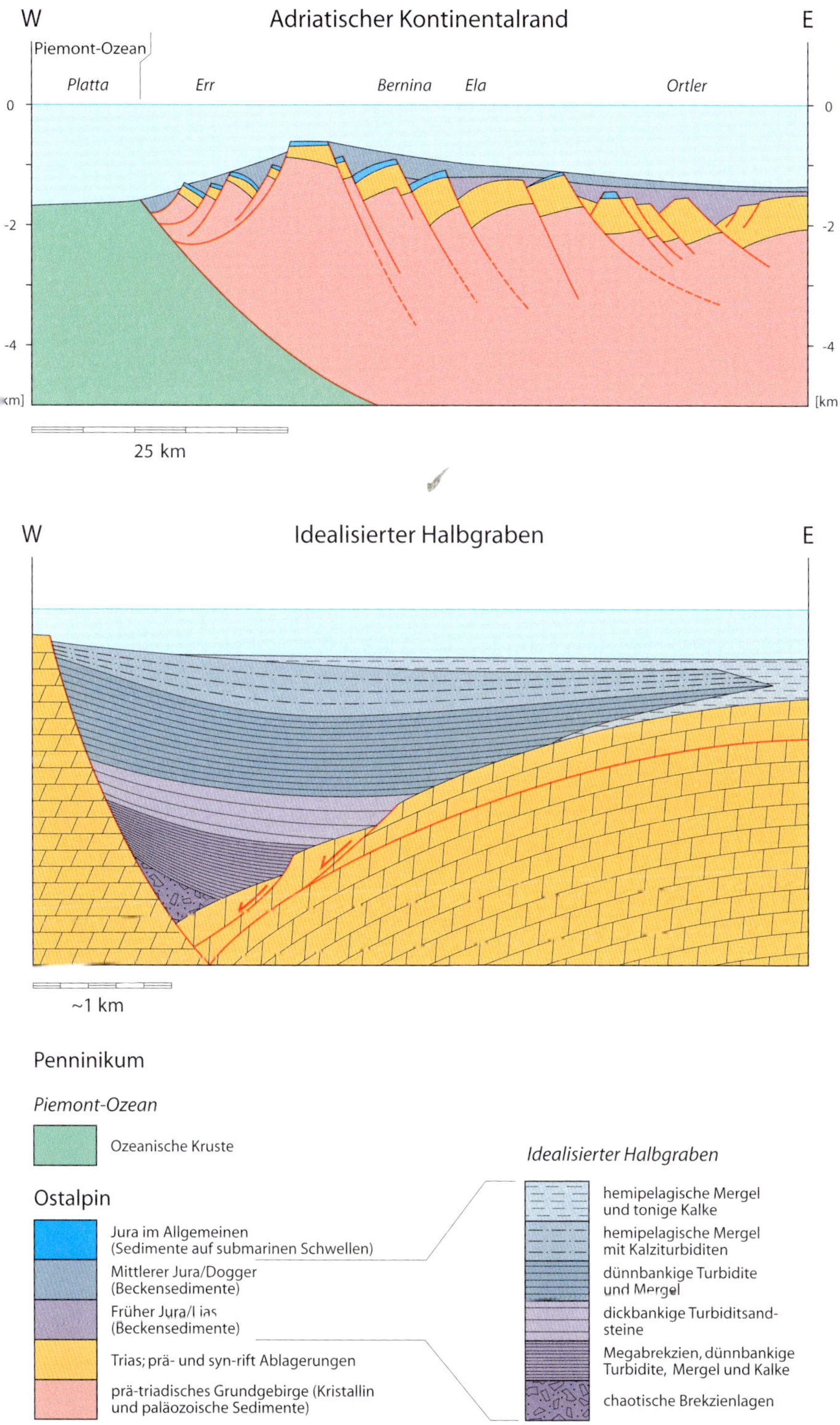

3-24 Beckenmodell des passiven adriatischen Kontinentalrandes nach Eberli (1988). Die Abschiebungen im Osten waren früher, im frühen Jura aktiv, jene im Westen erst im mittleren Jura. Die Füllung der asymmetrischen Halbgräben greift mit der Zeit sukzessive weiter auf die sich absenkende Kippscholle.

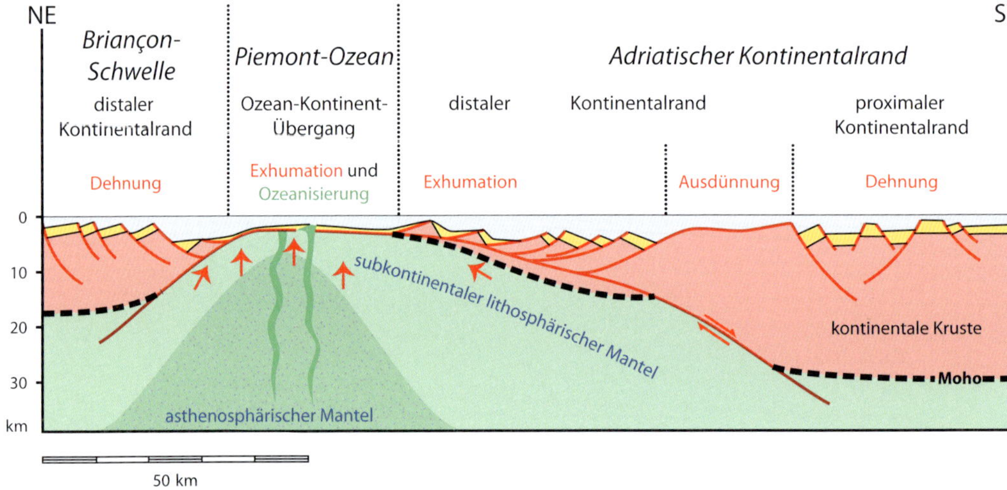

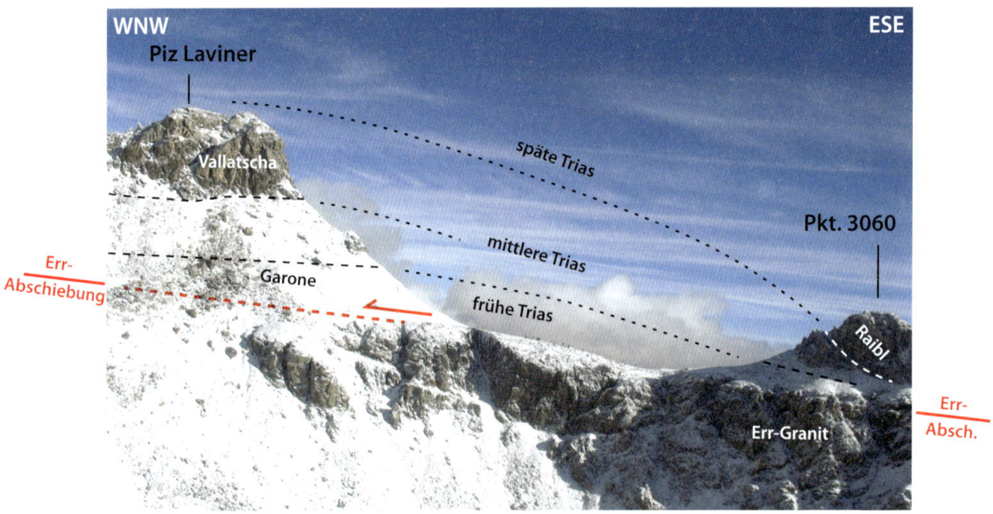

3-25 Modell zur Entstehung des Übergangs vom ausgedünnten passiven Kontinentalrand des Ostalpins zum Piemont-Ozean. Umgezeichnet nach Mohn et al. (2010). Der paläogeografische Profilschnitt zeigt Dehnung im proximalen Bereich des Kontinentalrandes, gefolgt von einem Segment mit Ausdünnung und schließlich Exhumation im distalen Bereich. Bedingt durch die listrische Form der synsedimentären Abschiebungen kamen einzelne Kippschollen direkt auf den entblößten, hydratisierten bzw. serpentinisierten Erdmantel zu liegen. Mantelschmelzen waren volumenmäßig bescheiden. Das Foto zeigt als Beispiel die Err-Abschiebung am Piz Laviner (Graubünden, Schweiz). Die Dolomite der Vallatscha-Formation und der Raibl-Gruppe liegen diskordant auf dem Err- Granit. Die Evaporite (Rauchwacken) der Garone-Formation markieren den Abscherhorizont.

Schüttungen bzw. der Dehnung und Reliefbildung des adriatischen Kontinentalrands. Die Brekzien weisen eine chaotische Struktur auf mit bis hausgroßen Komponenten. Im untersten Teil (Typ A und B) dominieren Komponenten aus der Trias (hauptsächlich Hauptdolomit). Ab Typ C treten auch jurassische Kalke im Komponentenspektrum auf, und erst zuoberst, in den Typen E und F, dominieren wiederum Komponenten aus der Trias. Insgesamt ist die Lischana-Brekzie größtenteils durch submarine Bergstürze entstanden (Mader 1987). Die Bergstürze gingen an Steilhängen nieder, welche durch die im oberen Teil steilen Abschiebungen entstanden. Das Einfallen der Hauptdolomit-Formation im Liegenden der Lischana-Brekzie lässt vermuten, dass die Abschiebungen gegen Südosten, d. h. gegen den Kontinent hin, einfallen.

In den unterostalpinen Decken konnte Eberli (1988) die Existenz eines Systems von jurassischen Halbgräben nachweisen. Wie Abb. 3-24 zeigt, fallen die listrischen Abschiebungen, welche die Halbgräben mit einem Steilhang begrenzen, im östlichen Teil nach Osten in Richtung Kontinent ein, im Westen nach Westen in Richtung Piemont-Ozean. Dazwischen blieb eine submarine Schwellenzone erhalten. Wie Eberli (1988) zeigen konnte, sind die Abschiebungen im Osten (Ortler-Decke) im frühen Jura angelegt worden, denn die Halbgräben sind mit frühjurassischen Sedimenten gefüllt. Dies deckt sich mit den oben diskutierten Verhältnissen in der S-charl-Decke (Mader 1987). Die westlichen Abschiebungen beidseits der Schwellenzone wurden erst im mittleren Jura angelegt und die Halbgräben mit mitteljurassischen Sedimenten gefüllt. Die sedimentäre Füllung der Halbgräben zeigt eine Sequenz mit nach oben feiner werdenden, dünner gebankten Resedimenten. Chaotische Brekzienlagen wurden als Erstes am Fuß der Steilstufe deponiert. Die jüngeren Schichten greifen dann sukzessive weiter von der aktiven Abschiebung weg über die sich absenkende Kippscholle. Resedimentfreie, hemipelagische Mergel und tonige Kalke zeigen das Ende der riftbedingten Sedimentation an. Die Komponenten in den verschiedenen Brekzien und Turbiditen stammen ausschließlich aus den Trias- und Jurasedimenten. Offenbar war das prä-triadische Grundgebirge in diesem Gebiet durch die Dehnungstektonik nicht entblößt. In der Ela-Decke beobachtete Eberli (1988) zwei nach oben feiner werdende Megazyklen übereinander, was wiederum auf eine Episodizität der Dehnungstektonik hindeutet.

Bei der Öffnung des **Piemont-Ozeans** wölbte sich der sublithosphärische Mantel unter der sich ausdünnenden kontinentalen Kruste auf und kam so auf den Ozeanboden zu liegen (Manatschal et al. 2003). Dabei wurde der Peridotit hydratisiert und zu Serpentinit umgewandelt. Die Aufwölbung war begleitet von einer großräumigen Abschiebung, die am adriatischen Kontinentalrand über weite Strecken subparallel zum Kontakt zwischen prä-triadischem Kristallin und den triadischen Sedimenten verlief. Durch diese flach einfallende Abschiebung wurde die ausgedünnte Kruste sozusagen vom sich aufwölbenden Mantel weggezogen, was die Exhumation des Mantels erleichterte. Die Situation ist, basierend auf der Darstellung von Mohn et al. (2010), in Abb. 3-25 skizziert. Zahlreiche listrische Abschiebungen mündeten unten in die subhorizontale Hauptabschiebung („master décollement") und verursachten Kippschollen, d. h. Blöcke, die

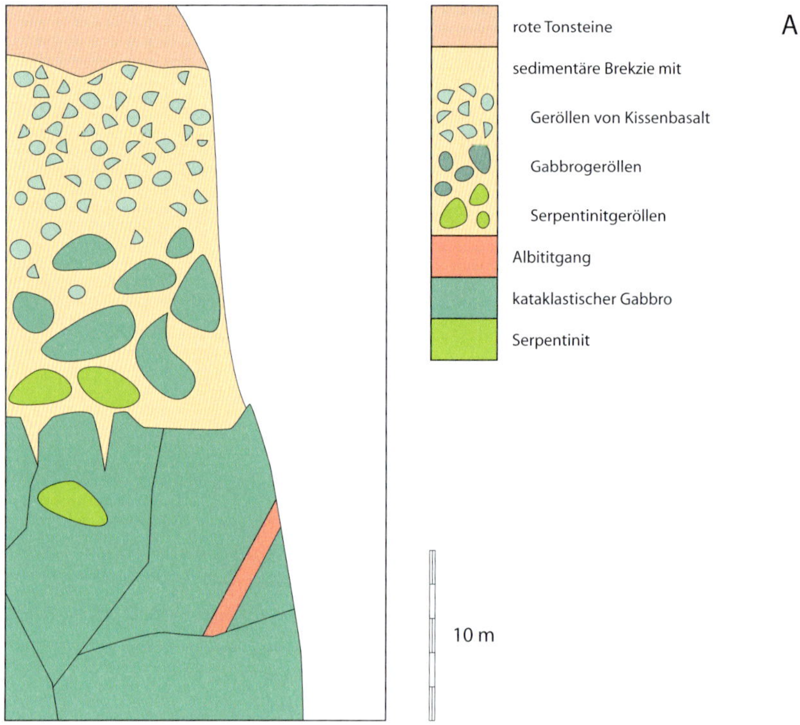

3-26 Bildung sedimentärer Brekzien bei der Exhumierung des Erdmantels. A) Das Kolonnenprofil (umgezeichnet nach Manatschal et al., 2003) zeigt die ideale Abfolge, die durch die Exhumation des Erdmantels und der nachfolgenden tektonischen Subsidenz entsteht: über kataklastisch überprägtem Gabbro folgen sedimentäre Brekzien mit Komponenten von Serpentinit (exhumiertem Erdmantel), dann Gabbro (neue ozeanische Kruste) und schließlich Basalt (oberste neue ozeanische Kruste). Abgeschlossen wird die Serie durch rote Tiefseetone (subsidierte ozeanische Kruste).

bei der Bewegung längs der listrischen Fläche sukzessive rotiert wurden. Die Gesteine längs der Hauptabschiebung wurden unter den herrschenden relativ niedrigen Temperaturen spröd deformiert und liegen heute als Kataklasite vor. Durch weitere Dehnung stiegen lokal Schmelzen aus der Asthenosphäre hoch, und es bildeten sich Gabbros unten und Kissenbasalte darüber. Aber auch diese Gesteine wurden teilweise von der andauernden Dehnung erfasst, zerbrochen und brekziiert.

Bei der Mantelaufwölbung gerieten die spezifisch schweren Gesteine kurzzeitig nahe an die Oberfläche. Durch isostatische Ausgleichsbewegungen senkten sie sich aber sehr rasch ab. Diesen Prozess, der eine direkte Folge der tektonischen Ausdünnung und Dehnung der kontinentalen Kruste ist, bezeichnet man als tektonische Subsidenz. Sie senkte den Meeresboden unter die CCD ab, sodass sich über dem exhumierten serpentinisierten Mantel Radiolarite ablagerten. Abb. 3-26A (aus Manatschal et al. 2003, umgezeichnet) verdeutlicht die ideale Abfolge, die man am Ozeanboden erwarten kann. Über Gabbros und Serpentiniten mit Zonen von Spröddeformation und Spalten folgen zuerst Brekzien mit Komponenten aus Serpentiniten, Gabbros und Kissenlaven und darüber die eigentlichen Tiefseetone und Radiolarite. Die Brekzien deuten auf ein submarines Relief, welches durch aktive Bruchtektonik am Ozeanboden entstand.

Abb. 3-26B, zeigt die Abfolge, die Peters & Dietrich (2008) in der Platta-Decke beobachtet haben, und die der Situation in der Tiefseeebene abseits aktiver Brüche entsprechen dürfte. Unten

B

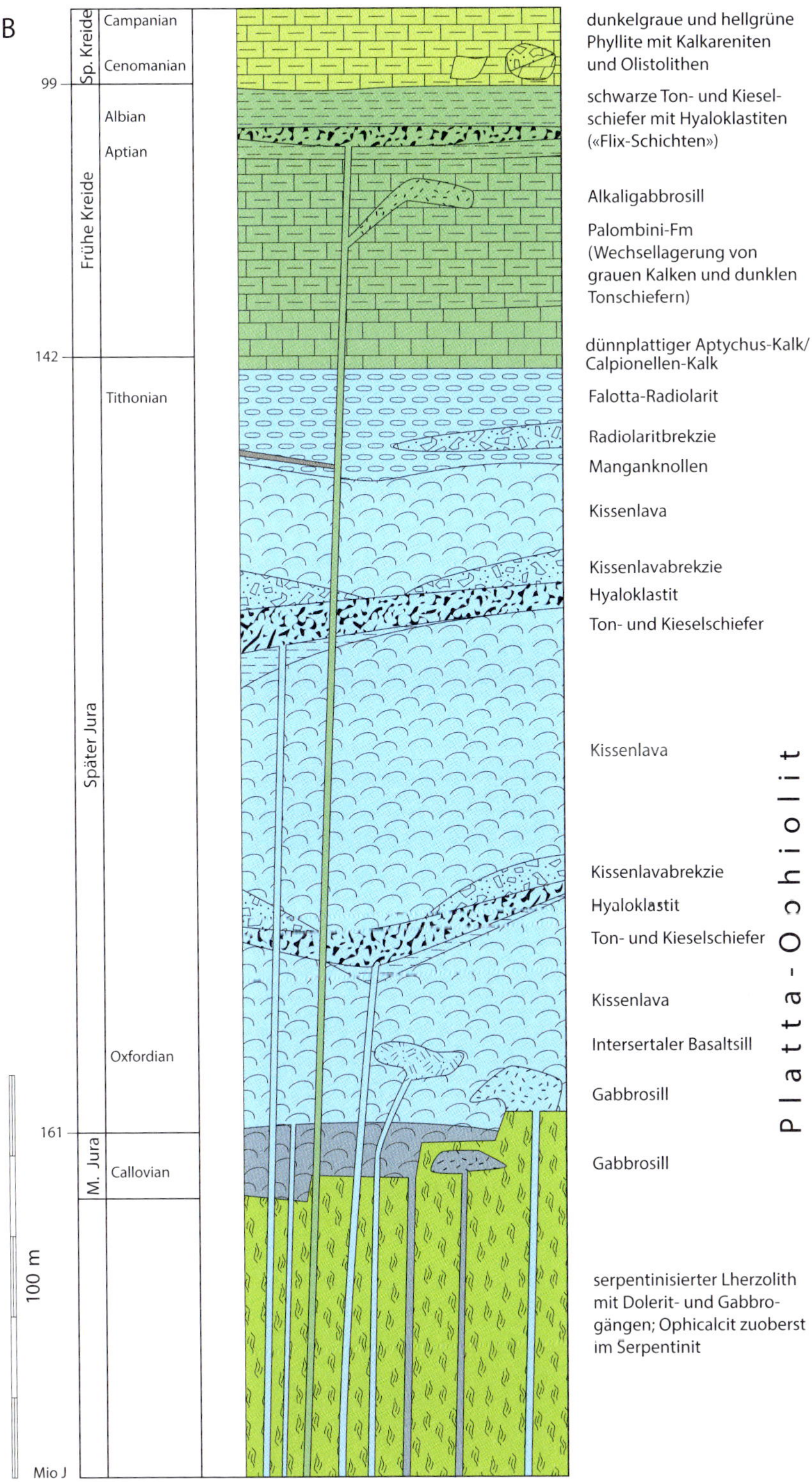

B) Die Abfolge von Ophiolithen und ozeanischen Sedimenten der Platta-Decke (Penninikum der Zentralalpen) nach Peters & Dietrich (2008). Die Förderung von Kissenbasalten wurde zwei Mal von ruhigen Phasen mit Sedimentation von Radiolariten und roten Tonen unterbrochen, war also episodisch.

liegen die Gesteine des Erdmantels, serpentinisierter Peridotit (Lherzolit), durchschlagen von Dolerit- und Gabbrogängen. Darüber folgen lokal Lagergange von Gabbros und dann mächtige Kissenbasalte. Diese enthalten Lagen von Radiolariten und roten Tonschiefern (Tiefseetonen) sowie Trümmer von Kissenlaven (Hyaloklastiten und Kissenlavenbrekzien). Schließlich bildet eine Serie von Tiefseesedimenten aus schwarzen Ton- und Kieselschiefern sowie Phylliten den Abschluss. Aus Abb. 3-26B ist ersichtlich, dass die Förderung von Pillowbasalten episodisch war und im Jura zweimal länger unterbrochen wurde, angedeutet durch die beiden Lagen mit Radiolarit und Tonschiefer. Die Förderung der ältesten Pillowbasalte im Callovian ist etwa zeitgleich mit der Öffnung der jüngeren Halbgräben im Unterostalpin (Ela-Decke, vgl. oben, Abb. 3-24). Interessanterweise sind Gabbros in der Gets-Decke, die Ophiolithkomponenten in Mélanges enthält, von Bill et al. (1997) ebenfalls als Callovian (166 Millionen Jahre) datiert worden. Die beiden jüngeren, spätjurassischen Basaltlagen in der Platta-Decke (Abb. 3-26) sind gleichaltrig mit den jüngsten Lischana-Brekzien des Oberostalpins (vgl. Abb. 3-23). Daraus kann geschlossen werden, dass nicht nur die Dehnungstektonik, sondern auch der Aufstieg von Mantelschmelzen in Episoden passierte. Diese Episoden waren durch Zeitintervalle tektonischer „Ruhe" getrennt.

Kreide: Öffnung und Schließung von Meeresarmen

Die im Jura geöffneten Meeresarme entwickelten sich in der frühen Kreide weiter. Aber ab Mitte Kreide änderte sich die Bewegungsrichtung zwischen Baltica (Europa) und Afrika, wodurch die soeben entstandenen Meeresarme durch Konvergenz und Subduktion langsam wieder geschlossen wurden. In der frühen Kreide bewegte sich Afrika bezüglich Baltica weiter Richtung Osten. Aber jetzt bewegten sich Iberia gemeinsam mit Afrika ostwärts. Dadurch entstand zwischen Iberia und Baltica ein transtensives Riftbecken, das die Biskaya öffnete und sich mit dem Wallis-Trog verband. Abb. 3-27, umgezeichnet nach Stampfli & Borel (2002), zeigt die Plattenkonfiguration im Aptian (vor 125 Millionen Jahren). Der atlantische Ozean hatte sich weiter geöffnet und trennte nun Iberia von Nordamerika. Der Wallis-Trog hatte sich weiter verbreitert und vereinte sich ostwärts mit dem Piemont-Ozean zu einem penninischen Ozean. Dauphinois-Helvetikum und Südalpin-Ostalpin flankierten diesen Ozean auf beiden Seiten. Die Verbindung zwischen Atlantik und Neotethys war geschlossen.

In der mittleren Kreide vor 92 Millionen Jahren änderte sich die Bewegung der afrikanischen Platte von einer Ostdrift zu einer Norddrift (Dewey et al. 1989). Dadurch entstand an der Grenze zwischen Piemont-Ozean und dem adriatischen Kontinentalrand eine Subduktion, der Piemont-Ozean wurde vom adriatischen Kontinent überfahren. Die Plattenbewegungen hatten aber auch eine Zusammenstauchung der adriatischen Platte zur Folge, was zu einer ersten, der kretazischen Gebirgsbildung führte (vgl. unten).

Die paläogeografische Konfiguration der Kristallinblöcke des alpinen Raums im Aptian ist in Abb. 3-28 wiedergegeben. Darin erscheint der Wallis-Trog infolge weiterer Öffnung durch Ozeanisierung breiter als zur Zeit des Oxfordians (Abb. 3-16) und besitzt nach wie vor eine westliche Fortset-

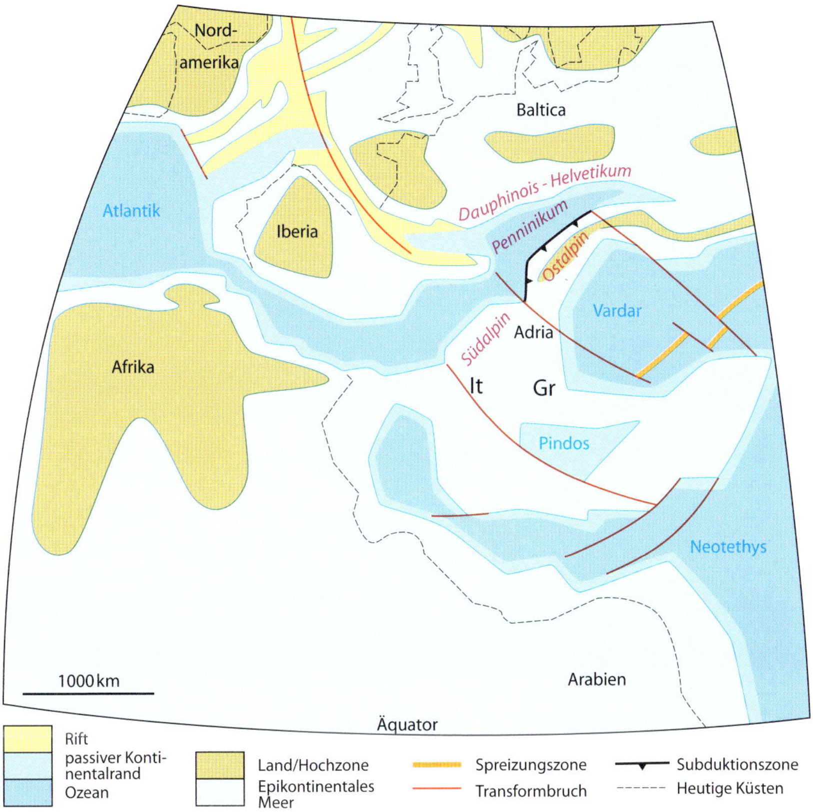

3-27 Die Plattenkonfiguration im Aptian (vor 115 Millionen Jahren). Umgezeichnet nach Stampfli & Borel (2002). Rot gestrichelt eingezeichnet sind die Grenzen zwischen den Faziesräumen Dauphinois-Helvetikum, Penninikum und Salassikum-Südalpin-Ostalpin. Der Atlantik und der Meeresarm im Faziesbereich des Penninikums haben sich weiter geöffnet. Gr: Griechenland, It: Italien.

▶ **3-28 Paläogeografische Karte des alpinen Raumes zur Zeit des Aptians** (vor 115 Millionen Jahren). Als geografische Orientierung sind die Umrisse der Kristallinschollen mit einer Form, wie sie auf einer heutigen Karte erscheinen, dargestellt. Ebenso angegeben sind die künftigen Grenzen zwischen Vorland, Dauphinois-Helvetikum, Penninikum und Salassikum-Südalpin-Ostalpin. Am Südostufer des Piemont-Ozeans ist eine Subduktionszone vorhanden, längs welcher der Piemont-Ozean sukzessive in der Tiefe verschwand.

zung in den vokontischen Trog. Im Wallis-Trog wurde im Aptian die Nollaton-Formation abgelagert. Steinmann (1994) konnte zeigen, dass diese Tone einem weltweiten anoxischen Ereignis zugeordnet werden können. Anoxische Ereignisse zeichnen sich durch erhöhte Konzentrationen von organischem Kohlenstoff aus. Diese sind das Resultat global erhöhter Temperaturen und des damit verknüpften Erliegens der Meeresströmungen. Im benachbarten vokontischen Trog des Dauphinois können die gleichaltrigen „Marnes Bleues" mit der Nollaton-Formation korreliert werden. Die „Marnes Bleues" besitzen im Zentrum des vokontischen Trogs ein Mächtigkeitsmaximum. Der helvetische Schelf subsidierte mit lateral unterschiedlichen Geschwindigkeiten (Funk 1985), was unten noch näher diskutiert wird. Eine eindeutige Verlangsamung der Subsidenz geschah im Aptian.

Der Südostrand des Piemont-Ozeans ist in Abb. 3-27 und 3-28 als Subduktionszone markiert. Die eigentliche Subduktion begann aber etwas später, nach der Richtungsänderung der Plattenbewegung von Afrika im Turonian. Im zentralen Bereich des Ostalpins gehört das Aptian zu einer größeren Schichtlücke (Faupl & Wagreich 2000). Der Sedimentationsunterbruch

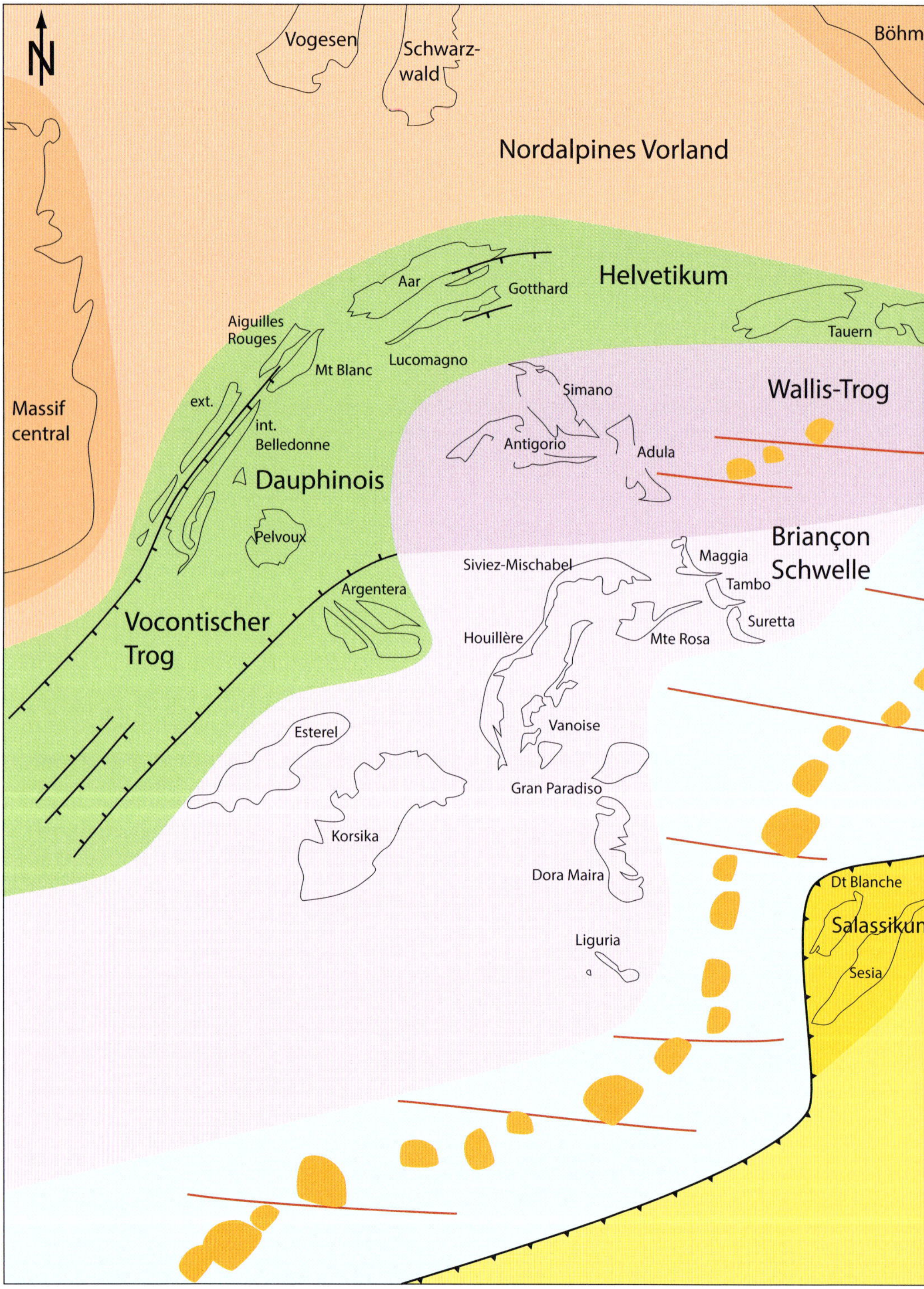
Vogesen
Schwarz-
wald
Böhmi
Nordalpines Vorland
Massif
central
Aar
Gotthard
Helvetikum
Tauern
Aiguilles
Rouges
Mt Blanc
Lucomagno
ext.
int.
Belledonne
Simano
Wallis-Trog
Antigorio
Adula
Dauphinois
Pelvoux
Briançon
Schwelle
Maggia
Tambo
Suretta
Siviez-Mischabel
Argentera
Vocontischer
Trog
Houillère
Mte Rosa
Esterel
Vanoise
Korsika
Gran Paradiso
Dora Maira
Dt Blanche
Salassikum
Liguria
Sesia

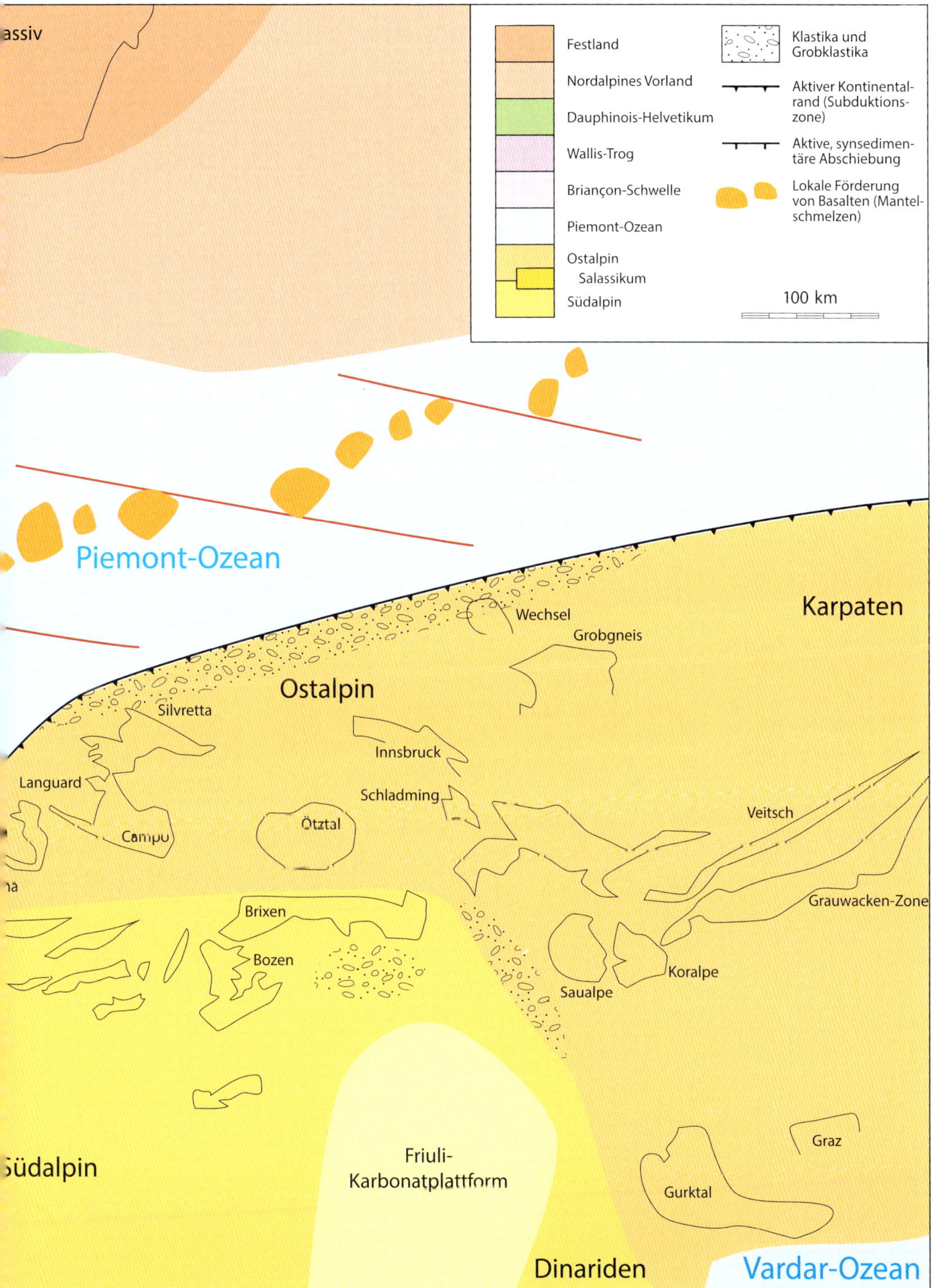

assiv
Festland
Nordalpines Vorland
Dauphinois-Helvetikum
Wallis-Trog
Briançon-Schwelle
Piemont-Ozean
Ostalpin
Salassikum
Südalpin
Klastika und Grobklastika
Aktiver Kontinentalrand (Subduktionszone)
Aktive, synsedimentäre Abschiebung
Lokale Förderung von Basalten (Mantelschmelzen)
100 km
Piemont-Ozean
Karpaten
Wechsel
Grobgneis
Ostalpin
Silvretta
Innsbruck
Languard
Schladming
Ötztal
Campo
Veitsch
Grauwacken-Zone
Brixen
Bozen
Koralpe
Saualpe
Südalpin
Friuli-Karbonatplattform
Gurktal
Graz
Dinariden
Vardar-Ozean

reichte bis in das Turonian hinauf. Am Nordrand des Ostalpins, in den künftigen Nördlichen Kalkalpen, wurden aber Tiefwasserklastika und Grobklastika abgelagert. Diese deuten auf erste orogene Bewegungen. Die Schüttungen erfolgten hauptsächlich aus dem Süden. Schließlich wurden im Aptian auch im Süden, im Gebiet der künftigen Lienzer Dolomiten, distale, terrigene Turbidite über Tiefwasserkalken abgelagert. Im Bereich des Südalpins wurden zu dieser Zeit hauptsächlich pelagische Sedimente abgelagert. Lediglich im Norden, bei Cortina, sind Flyschvorkommen zu beobachten, die auf ein Liefergebiet aus dem Bereich des Ostalpins deuten (Doglioni & Bosellini 1987). In Abb. 3-28 sind die Vorkommen dieser klastischen Sedimente schematisch vermerkt.

Nachstehend sind einige Aspekte der Entwicklung in der Kreidezeit näher beleuchtet. Als erstes Beispiel soll wiederum der **Schelf des Helvetikums** dienen, der in Abb. 3-17 bereits für die Jurazeit als Beispiel diente. Derselbe Querschnitt zeigt in Abb. 3-29 die Situation in der frühen Kreide, basierend auf Funk (1985). Deutlich erkennt man die Mächtigkeitszunahme in den Palfris-Mergeln der frühesten Kreide und des Kieselkalks. Oolithische Kalke (Öhrli- und Betliskalk) dazwischen werden nach Süden durch Mergel ersetzt, und ein mikritischer Kalk (Diphyoides-Kalk) tritt an ihrer Stelle ganz im Süden auf. Der oberste oolithische Kalk, der Schrattenkalk, ist das Äquivalent des „Urgoniens" der Westalpen und manifestiert die gewaltige Ausdehnung dieser Karbonatplattform. Auch die Drusberg-Mergel unmittelbar darunter nehmen nach Süden an Mächtigkeit zu. An zwei Stellen sind größere Wechsel zu beobachten, die auf synsedimentäre Tektonik hindeuten. Es sind dies das erste Auftreten von Mergeln anstelle von oolithischen Kalken und das plötzliche Auftreten von mikritischen Kalken. Nach Wildi et al. (1989) waren die Subsidenzraten wie schon in der Jurazeit lokal unterschiedlich, aber im distalen Teil des Schelfs, im Helvetikum, höher als im proximalen Teil (0,02–0,04 Millimeter pro Jahr, verglichen mit 0,005–0,01 Millimeter pro Jahr). Einer der Orte mit lokal großen Unterschieden in der Subsidenzrate befindet sich in dem in Abb. 3-29 gezeigten Querschnitt. Später, im Albian (vor 108 bis 96 Millionen Jahren), sanken die Subsidenzraten im Helvetikum auf Werte meist unter 0,005 Millimeter pro Jahr.

In Abb. 3-29 sind auch die spätjurassischen Kalke (hauptsächlich Quinten-Kalk) mit ihren entsprechenden Mächtigkeiten eingetragen. Diese Mächtigkeiten nehmen zum distalen Ende hin ab. Interessanterweise befindet sich in diesen spätjurassischen Jurakalken gerade in der Fortsetzung der südlichen synsedimentären Störung eine stratiforme Eisenlagerstätte. Deren Entstehung wurde durch synsedimentäre Tektonik wesentlich beeinflusst. Bruchzonen erhöhten die Wegsamkeit der heißen Fluide, lokale Depressionen auf dem Schelf verhinderten eine Durchmischung der Fluide mit dem Meerwasser. Nach Pfeifer et al. (1988) stammen die Fluide aus dem prä-triadischen kristallinen Grundgebirge. Zuunterst in Abb. 3-29 sind schematisch auch die früh- und mitteljurassischen Sedimente eingezeichnet. Man erkennt sofort, dass die nördliche Störung in der Kreide ziemlich genau die Fortsetzung der jurassischen Störungen bildet. Möglicherweise liegt hier ein persistenter Bruch vor, dessen kretazische Aktivierung durch die jurassische (? und permische) Vorgeschichte beeinflusst war.

Die Fotos in Abb. 3-30 illustrieren die großen Mächtigkeitsunterschiede

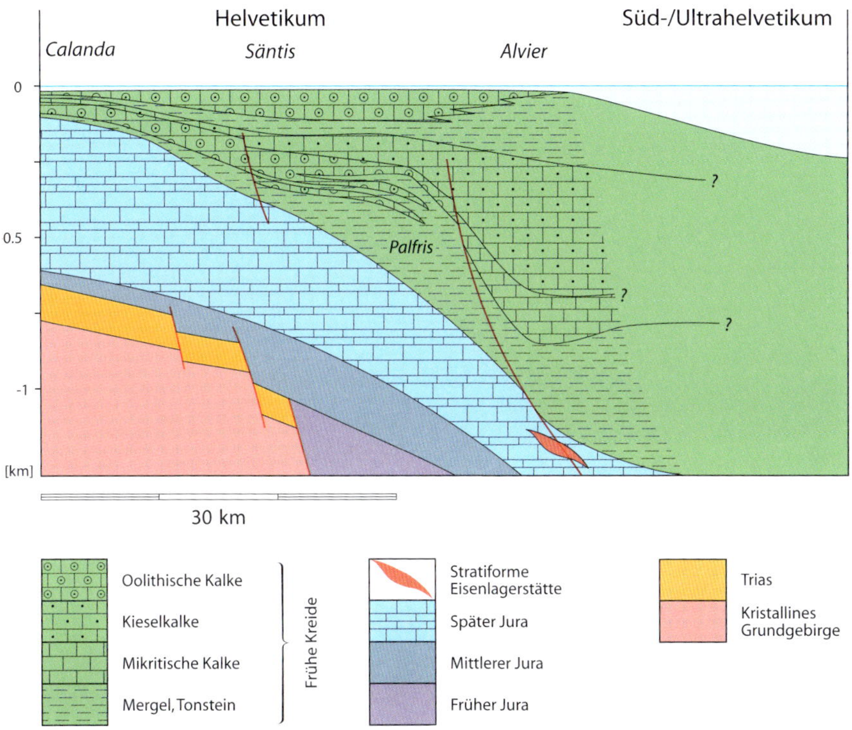

3-29 Paläogeografischer Profilschnitt durch das Helvetikum der Ostschweiz zur Zeit der frühen Kreide. Umgezeichnet und ergänzt nach Funk (1985). Synsedimentäre Abschiebungen prägen abrupte laterale Mächtigkeitsänderungen und Faziesänderungen (Kalke werden im Süden durch Mergel und Tonsteine ersetzt).

zwischen dem proximalen und distalen helvetischen Schelf in der Ostschweiz.

Ein zweites Beispiel zeigt die Beckengeometrie und Beckendynamik des **Wallis-Trogs** mit der Ablagerung der mächtigen Bündnerschiefer über ausgedünnter kontinentaler Kruste und neuer ozeanischer Kruste. Abb. 3-31 basiert auf der Arbeit von Steinmann (1994). Das Beckenmodell zeigt zwei Bereiche mit ozeanischer Kruste. Die Gesteine dieser ozeanischen Teile bildeten sich aus Mantelschmelzen in zwei getrennten Becken des Typs „pull-apart". Das nördliche Becken öffnete sich bereits im Jura, das südliche in der frühen Kreide. Die angrenzende kontinentale Kruste wurde durch Dehnung ausgedünnt und in kleinere Kippschollen zerlegt. Diese kleinräumigen Unebenheiten spielten später bei der Deckenbildung eine Rolle. Im Becken selbst wurde im Bereich der künftigen Grava- und Tomül-Decken die Nollaton-Formation abgelagert. Diese Tone können nach Steinmann (1994) mit der Valzeina-Serie des Prättigaus im Norden und den Tonphylliten der Briançon-Schwelle (Schamser Decken) im Süden korreliert werden (vgl. Abb. 3-31 oben). Die Sedimentation setzte sich im Wallis-Trog fort, zuerst mit den Kalken der Nollakalk-Formation und den sandigen Kalken der Carnusa-Formation, und gipfelte dann in der Ablagerung von Flyschsedimenten. Der Tomül-Flysch wurde von Süden, der Prättigau-Flysch aus Norden geschüttet. Im Falle des Prättigau-Flysch, reichte die Sedimentation bis ins Eozän.

Aus den vorangegangenen Beschreibungen geht hervor, dass in der späten Kreide auf dem europäischen Kontinentalrand auf dem Schelf (Jura,

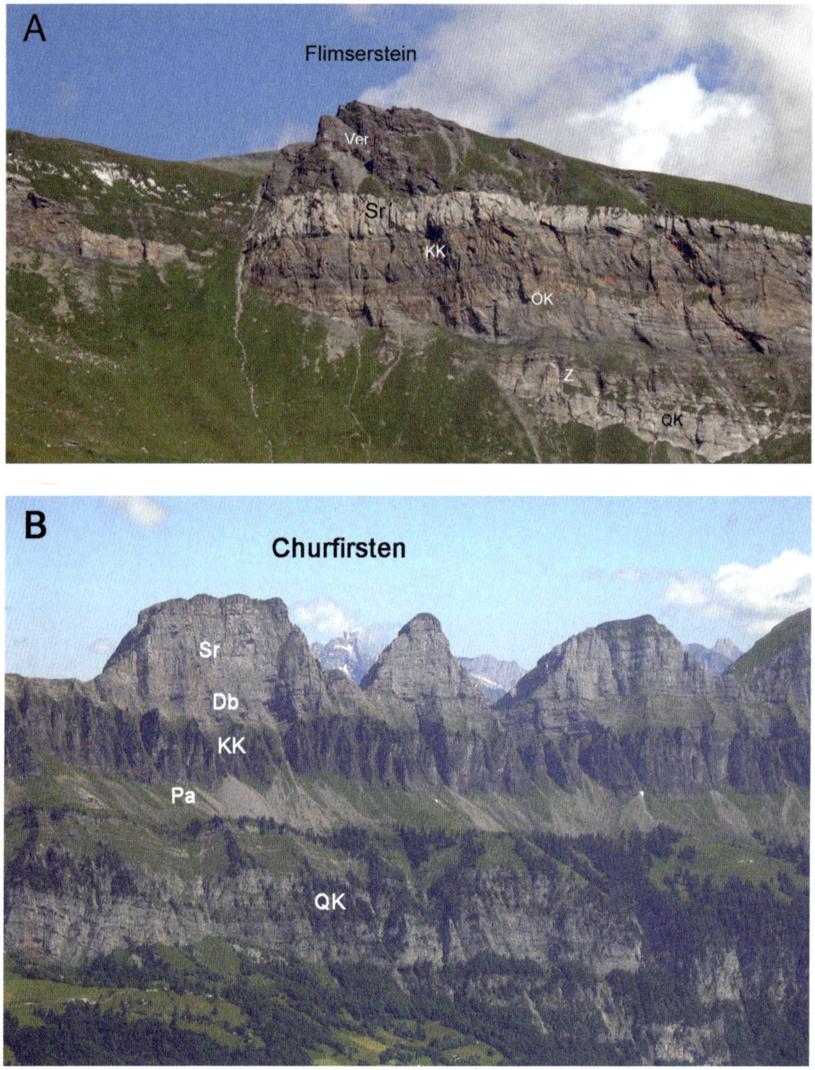

3-30 Die beiden Fotos der helvetischen Kreideabfolgen bei Flims (Kt. Graubünden) und in den Churfirsten (Kt. St. Gallen) verdeutlichen die enormen Mächtigkeitsunterschiede. Besonders eindrücklich hierzu ist der Schrattenkalk, welcher im Flimserstein ein dünnes Band bildet, während er in den Churfirsten den gesamten Gipfelaufbau ausmacht. Ver: Verrucano, QK: Quinten-Kalk, Z: Zementstein-Fm, Pa: Palfris-Mergel, ÖK: Öhrlikalk, KK: helvetische Kieselkalk-Fm, Db: Drusberg-Mergel, Sr: Schrattenkalk-Fm.

▶ **3-31 Die Bündnerschiefer des Wallis-Troges in Graubünden.** Zusammengestellt nach Steinmann (1994). Im Korrelationsschema kann beispielsweise die Nollaton-Fm vom Prättigau (Wallis-Trog) bis in die Falknis- und Schams-Decken (Briançon-Schwelle) verfolgt werden. Das Beckenmodell zeigt den Wallis-Trog mit zwei ozeanischen Bereichen. Der nördliche öffnete sich im Jura, der südliche erst in der frühen Kreide.

Helvetikum und Dauphinois), im angrenzenden Wallis-Trog und auf der Briançon-Schwelle Kalke und Mergel abgelagert wurden. Auf dem adriatischen Kontinentalrand widerspiegeln die abgelagerten klastischen Sedimente demgegenüber das Vorhandensein eines Festlands. Des Weiteren deuten die Flyschsedimente aus dem Raum des Piemont-Ozeans an, dass dieser Ozean im Begriff war, durch ESE-gerichtete Subduktion geschlossen zu werden. Dieses Nebeneinander von Schelfsedimentation, Subduktion und Gebirgsbildung stellt die Wende zwischen dem Zerbrechen von Pangäa und der nun einsetzenden konvergenten Plattenbewegung dar, die im Känozoikum in der Kollision zwischen dem europäischen und adriatischen Kontinentalrand gipfelte.

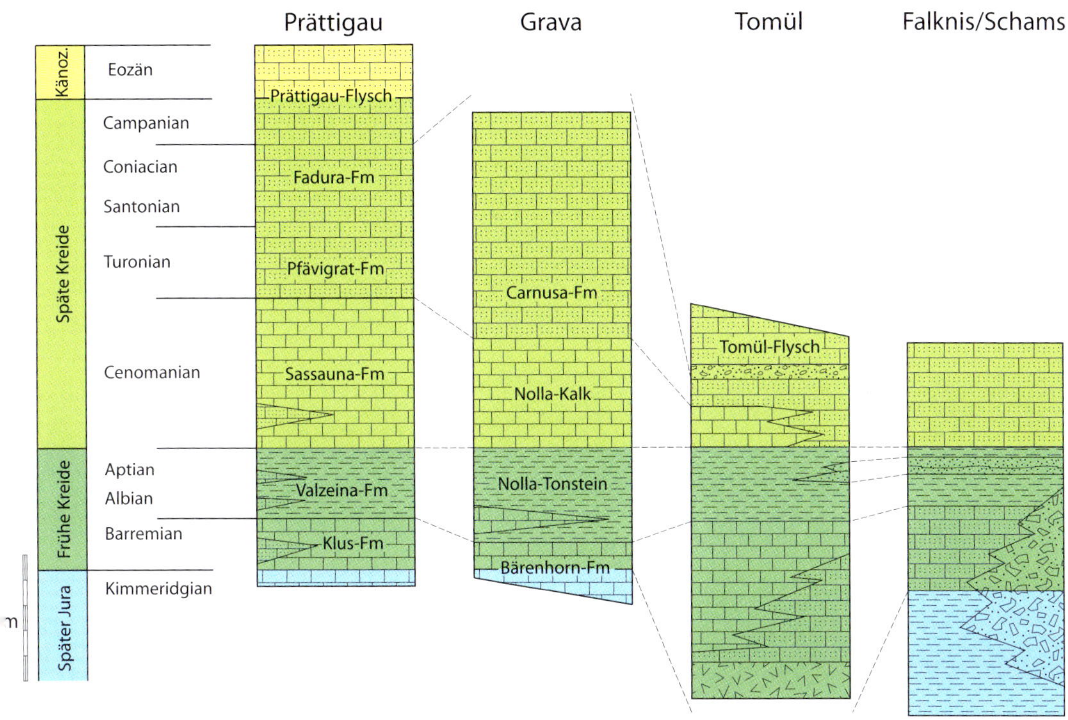
Prättigau
Grava
Tomül
Falknis/Schams
Känoz.
Eozän
Späte Kreide
Campanian
Coniacian
Santonian
Turonian
Cenomanian
Frühe Kreide
Aptian
Albian
Barremian
Später Jura
Kimmeridgian
Prättigau-Flysch
Fadura-Fm
Pfävigrat-Fm
Sassauna-Fm
Valzeina-Fm
Klus-Fm
Carnusa-Fm
Nolla-Kalk
Nolla-Tonstein
Bärenhorn-Fm
Tomül-Flysch

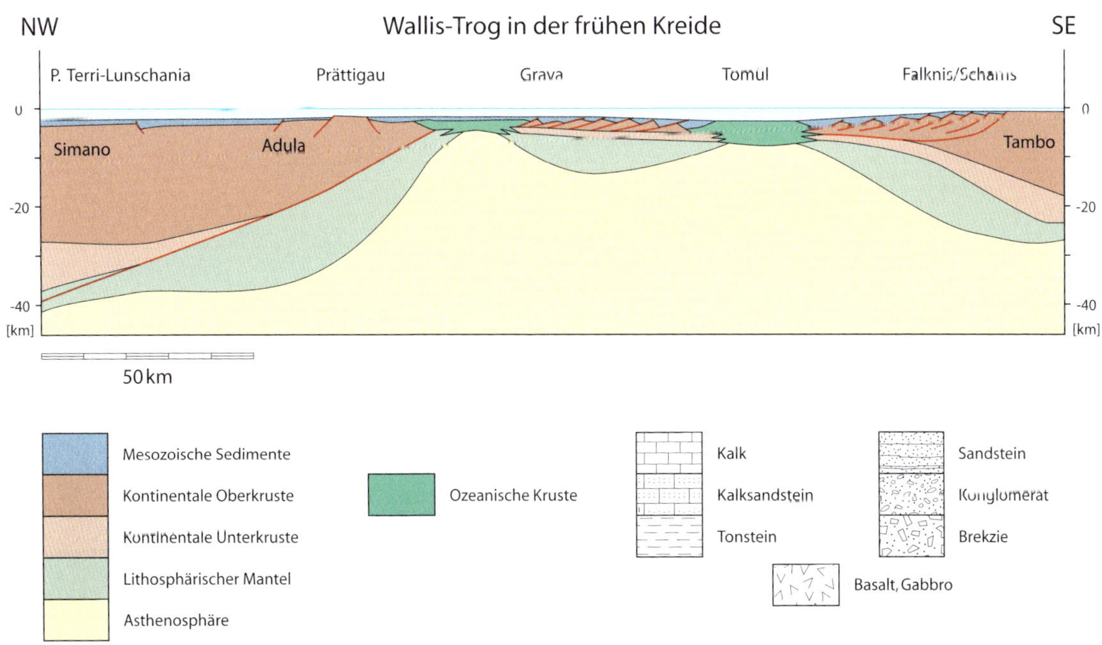
NW
Wallis-Trog in der frühen Kreide
SE
P. Terri-Lunschania
Prättigau
Grava
Tomül
Falknis/Schams
Simano
Adula
Tambo
0
-20
-40
[km]
50 km
Mesozoische Sedimente
Kontinentale Oberkruste
Kontinentale Unterkruste
Lithosphärischer Mantel
Asthenosphäre
Ozeanische Kruste
Kalk
Kalksandstein
Tonstein
Sandstein
Konglomerat
Brekzie
Basalt, Gabbro

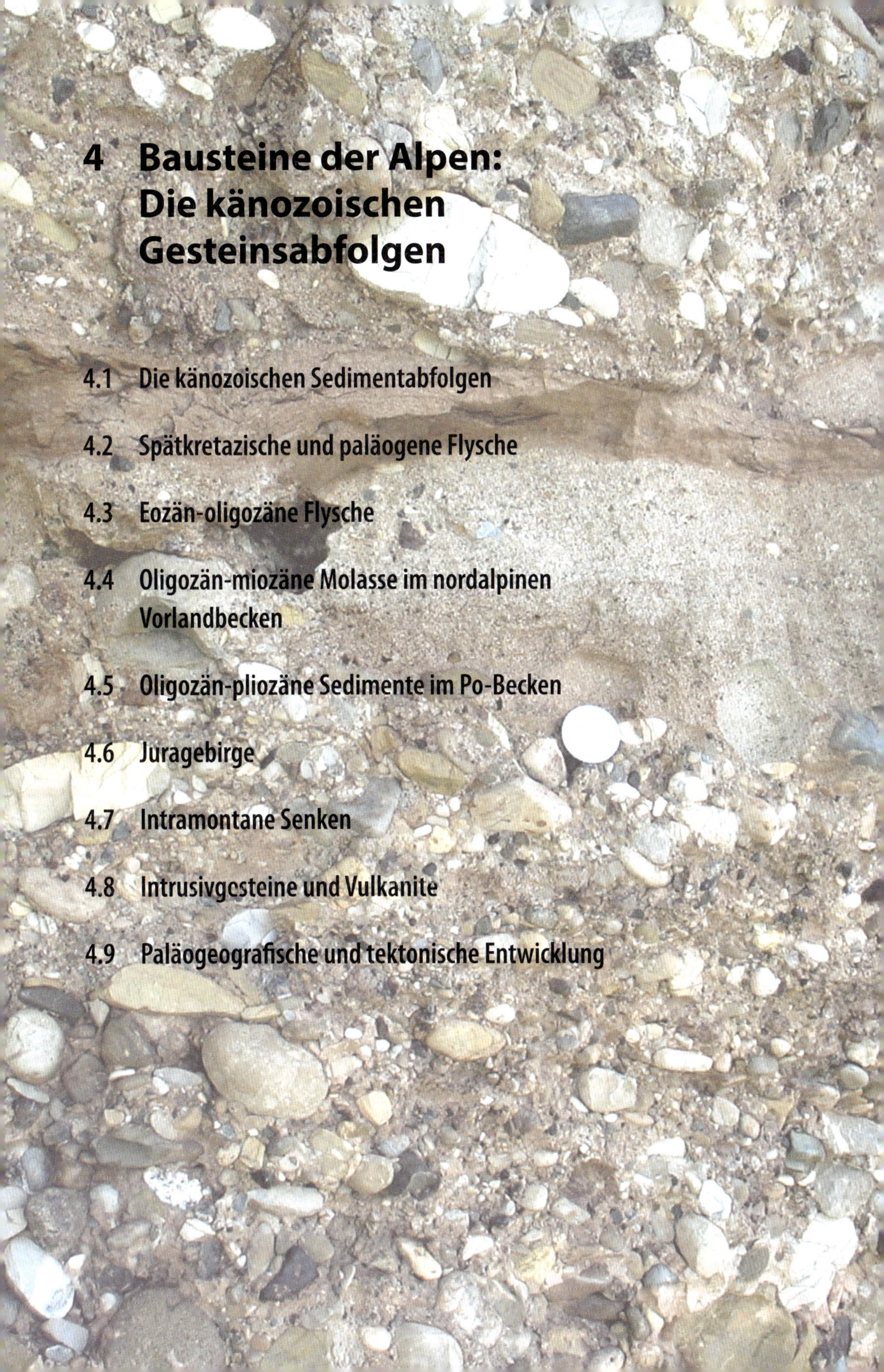

4 Bausteine der Alpen: Die känozoischen Gesteinsabfolgen

Im Känozoikum wurden im Alpenraum einerseits hauptsächlich klastische Sedimente abgelagert, andererseits herrschten örtlich Phasen von Erosion. Schließlich sind lokal auch magmatische Gesteine, und zwar plutonische wie vulkanische, gebildet worden.

- Viele der klastischen Sedimente entstanden mehr oder weniger als direkte Folge der Bildung der Alpen, insbesondere deren Heraushebung zum Gebirge. Eine ältere Serie entstand unter marinen Bedingungen, eine jüngere unter wechselnd marinen und terrestrischen Bedingungen. Die Sedimentbecken waren relativ schmale Tröge, die entlang der damaligen Plattengrenze einsanken.
- Im Känozoikum herrschten aber auch längere Phasen des Abtrags. Als Folge davon wurden jüngere klastische Sedimente in Senken innerhalb des werdenden Gebirges geschüttet.
- Neben den känozoischen Sedimentgesteinen wurden in den Alpen auch magmatische Gesteine gebildet. Hierzu zählen granitische Intrusiva und Vulkanite, die in engem Zusammenhang mit der alpinen Orogenese zu sehen sind.

In Abb. 4-1 sind die verschiedenen Gesteinsserien schematisch nach Alter und Genese nebeneinander dargestellt. Man erkennt, dass für einzelne Sedimentabfolgen die Ablagerung offenbar nur während eines Intervalls innerhalb des Känozoikums stattfand. Zudem lagerten sich die Sedimente in örtlich beschränkten Becken ab. So erkennt man beispielsweise auf der linken Seite der Abb. 4-1, welche die Alpennordseite darstellt, wie sich die Sedimentation in den Flyschbecken vom Penninikum (Prättigau-Flysch) über das Helvetikum (Sardona- und Nordhelvetischer Flysch) ins Molassebecken zeitlich fast lückenlos ablöst. Auf der Südseite der Alpen ist die Sedimentation zwar kontinuierlich, aber Flyschablagerungen beschränken sich auf die späte Kreide (lombardischer Flysch). Sie werden abgelöst durch pelagische Mergel. Die anschließenden grobklastischen Sedimente im Oligozän und Miozän (die Gonfolite lombarda) sind in tiefem Wasser abgelagert und somit nicht mit der Molasse auf der Alpennordseite zu vergleichen. Wiener und Steirisches Becken sind intramontane Senken, bei denen Teile eines bereits bestehenden Gebirges abgesenkt wurden. Die Vorkommen von Kalknagelfluhen und Schotter im Jura sind örtlich sehr begrenzt.

Die magmatischen Gesteine machen einen verschwindend kleinen Volumenanteil der Alpen aus. Granodioritische Intrusiva sind auf der Alpensüdseite längs des periadriatischen Bruchsystems eingedrungen. Altersgleich mit den jüngeren Intrusionen sind andesitische Gänge eingedrungen, und im Nordhelvetischen Flysch zeugen vulkanische Bomben und Feindetritus von dieser vulkanischen Aktivität. Trotz ihres volumenmäßig zum Teil bescheidenen Auftretens geben uns die känozoischen Gesteine wichtige Hinweise auf die Entstehung der Alpen.

In den folgenden Abschnitten werden nun zuerst die verschiedenen Sedimenttypen, ihre Abfolgen und Ablagerungsbedingungen diskutiert. Anschließend erfolgt die Deutung der Sedimentabfolgen im plattentektonischen Rahmen der alpinen Gebirgsbildung. In diese Deutung werden auch die magmatischen Gesteine einbezogen.

4-0 Foto S. 139: **Nagelfluh der unteren Süßwassermolasse (USM) an der Rigi.**

4.1 Die känozoischen Sedimentabfolgen

Die känozoischen Sedimente sind unweigerlich verknüpft mit den Begriffen „Flysch“ und „Molasse“. Der Gebrauch beider Begriffe war in der Vergangenheit einem Wandel unterworfen.

„Flysch“ geht auf einen im Simmental von Bauern gebrauchten Flurnamen für ein Gebiet mit schiefrigem „schlechtem“ Gestein zurück. Bereits Studer (1827) verwendete den Begriff Flysch für eine Abfolge von Tonsteinen und grau-schwärzlichen Sandsteinen. Er tat dies im Sinne einer Schichtabfolge bzw. einer Formation. Nach einem Besuch im Entlebuch mit A. Escher, wo Studer sich von der stratigrafischen Auflage der dortigen Ton- und Sandsteine auf eozäne Kalke überzeugen ließ, wurde aus Flysch eine Schichtabfolge eozänen Alters (vgl. Studer 1853). Später wurden andere Flyscheinheiten in den Alpen datiert, und man erkannte, dass es noch ältere Flysche gibt. Im Zuge des Durchbruchs der Deckentheorie ordnete man die verschiedenen Flyscheinheiten einzelnen Decken zu, und der Begriff Flysch wurde fast als Deckenbezeichnung gebraucht. Später, als die Entstehungsweise von Trübeströmen erkannt war, wurde Flysch quasi als Synonym für Abfolgen von Turbiditablagerungen verwendet. Eine eingehende Diskussion zum Begriff Flysch findet sich in Hsü & Briegel (1991).

Der heutige Gebrauch des Begriffs Flysch sollte folgenden Kriterien genügen:

- Es liegt eine mächtige, gut gebankte Abfolge vor, aufgebaut durch eine Wechsellagerung von marinen Sandsteinen, Kalkareniten oder Konglomeraten mit marinen Tonsteinen oder Ton-Siltsteinen.
- Es handelt sich um Ablagerungen von Turbiditströmen oder von mass flows (mit langsamerem Fließen).
- Das tiefmarine Becken ist ein Vorlandbecken eines aktiven Orogens.
- Das Becken ist „underfilled“, d. h., die Sedimentation hielt nicht Schritt mit der Subsidenz.

Flysch: Tiefwasserklastika

Das Foto in Abb. 4-2A zeigt eine Abfolge von Turbiditablagerungen im Nordhelvetischen Flysch bei Elm (Kanton Glarus, Zentralalpen). Die Schichtung ist hervorgehoben durch bevorzugte Verwitterung und Abtrag der feinkörnigen Tonsteine im Dache der Turbiditablagerungen unterhalb der grobkörnigen Sandsteine und Brekzien des darüber folgenden Ereignisses. Altersmäßig bilden spätkretazische bis paläogene Flysche im Bereiche des Wallis-Trogs und des Piemont-Ozeans eine Gruppe und paläogene Flysche auf dem europäischen Kontinentalrand eine zweite. Auf der Alpensüdseite wurden spätkretazische Flysche ins lombardische Becken, paläogene von den Dinariden her geschüttet.

„Wildflysch“: tektonisches Mélange

Speziell zu erwähnen in diesem Zusammenhang ist der Begriff **„Wildflysch“**. Darunter versteht man eine Gesteinsschicht mit einer Matrix aus dunklen Tonschiefern, in der Blöcke von Sandsteinen, Kalken, Konglomeraten und Granit in wirrer Lage schwimmen. Die Matrix ist oft von glänzenden Rutschflächen durchzogen und enthält zerbrochene Kalzit- und Quarzadern. Der Begriff wurde schon von Kaufmann (1877 und 1886) verwendet. Über die Entstehung war man sich damals sehr wenig im Klaren, wie das Zitat aus Kaufmann (1886, S. 553) illustrieren soll: *„Die Ursache dieser extremen Lageveränderungen kann nicht blos in dem allgemeinen Dislokationsdrucke gesucht werden; denn sowie man in den Querprofilen*

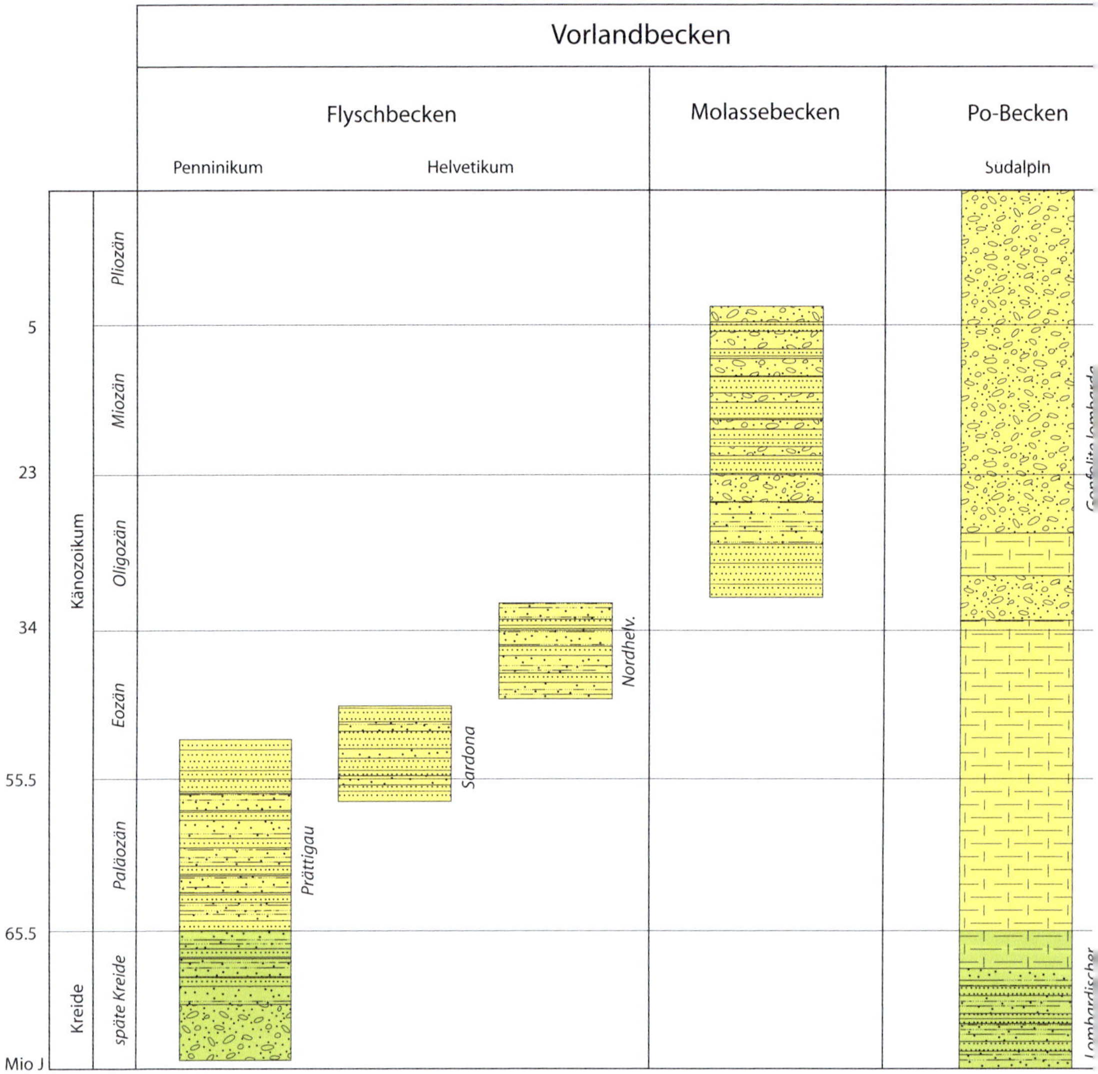

aus dem Wildflysch (schwarzen Schiefer) herauskommt, pflegen sofort wieder einfachere Verhältnisse aufzutreten. Es scheint, dass dieser Wildschiefer aus irgend einer chemischen Qualität eine unwiderstehliche Kraft erlangt habe sein Volumen zu vergrößern und sich sonach unter wurmähnlichen Windungen Platz zu verschaffen.“

Die heutige Erklärung der Entstehung baut auf den oben beschriebenen Beobachtungen im Aufschluss auf und berücksichtigt, dass die verschiedenen „Wildflysche“ in den Alpen jeweils längs wichtiger Deckenkontakte bzw. Überschiebungen gefunden werden, typischerweise an der Basis der helvetischen und penninischen Sedimentdecken. „Wildflysch“ wird heute als tektonisches Mélange betrachtet, entstanden während der Platznahme der Decke

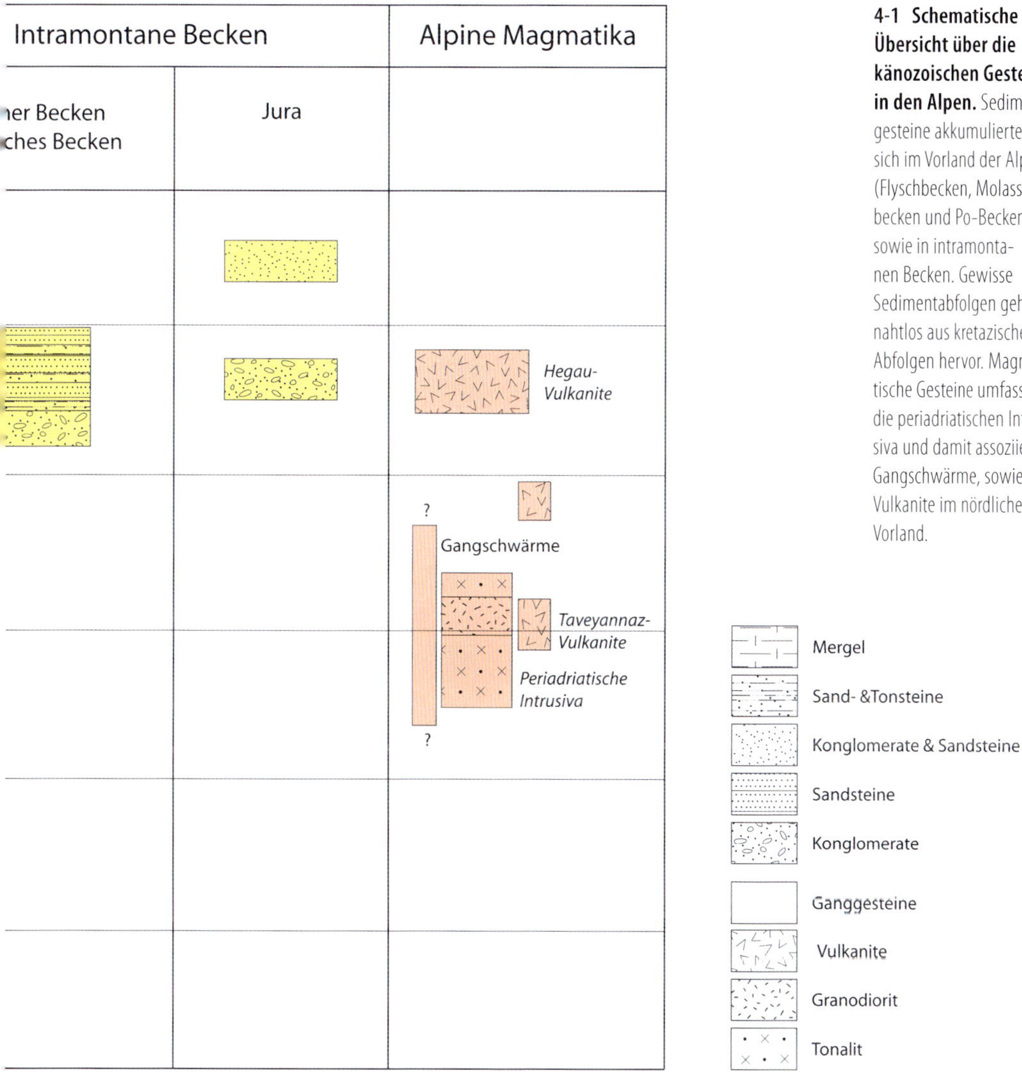

4-1 Schematische Übersicht über die känozoischen Gesteine in den Alpen. Sedimentgesteine akkumulierten sich im Vorland der Alpen (Flyschbecken, Molassebecken und Po-Becken) sowie in intramontanen Becken. Gewisse Sedimentabfolgen gehen nahtlos aus kretazischen Abfolgen hervor. Magmatische Gesteine umfassen die periadriatischen Intrusiva und damit assoziierte Gangschwärme, sowie Vulkanite im nördlichen Vorland.

im Hangenden des „Wildflyschs", und zwar an der Ausbisslinie von deren Basalüberschiebung an der Erdoberfläche (vgl. unten). Die Fotos in Abb. 4-2B und C zeigen die charakteristischen Merkmale von „Wildflyschen" des Ultrahelvetikums, welche in den Ostalpen bei Mellau (Vorarlberg, Österreich) anzutreffen sind: in einer etwa 30 Meter mächtigen Zone sind Fragmente von Kalken und Sandsteinen unterschiedlicher Herkunft eingestreut in eine komplex deformierte dunkle tonige Matrix.

Molasse: marine und fluviatile Klastika

„Molasse" geht auf das französische Wort „meule" zurück, mit dem man die weichen Sandsteine bezeichnete, die zu Mühlrädern verarbeitet werden konnten. Bereits Studer (1853) unterschied im Molassebecken der Zentralalpen vier Großeinheiten, die noch

4-2 Flysch und „Wildflysch" im Aufschluss. A) Regelmäßig gebankte Sequenz von Turbiditablagerungen in der Taveyannaz-Formation des Nordhelvetischen Flyschs der Zentralalpen. Das Foto wurde bei Elm (Kt. Glarus, Schweiz) aufgenommen. **B) Zerbrochene Fragmente von Kalken und Sandsteinen** schwimmen in einer dunklen tonigen Matrix einer 30 Meter mächtigen Schicht von ultrahelvetischem „Wildflysch". Das Foto wurde nahe Mellau (Vorarlberg, Österreich) aufgenommen. **C) Detail aus (B)** zeigt die chaotische Internstruktur.

heute verwendet werden. Es sind dies zwei marine Abfolgen mit Sandsteinen und Tonsteinen, jede gefolgt von einer kontinentalen Abfolge mit Sandsteinen, Konglomeraten und Mergeln. Die (grob)klastischen Sedimente wurden schon von Studer (1853) als Abtragungsschutt eines nahe gelegenen Gebirges interpretiert. Der Begriff Molasse wurde dann auch außerhalb der Alpen verwendet. In einzelnen Fällen wurden dabei Sequenzen von Sandsteinen und Konglomeraten gemeinhin als Molasse bezeichnet, oder der Begriff Molasse wurde auch auf Klastika im Inneren eines Gebirges oder auf Grabenfüllungen im Vorland eines Gebirges ausgedehnt. Nach und nach kamen aber verfeinerte Vorstellungen über die Ablagerungsbedingungen ins Spiel, und

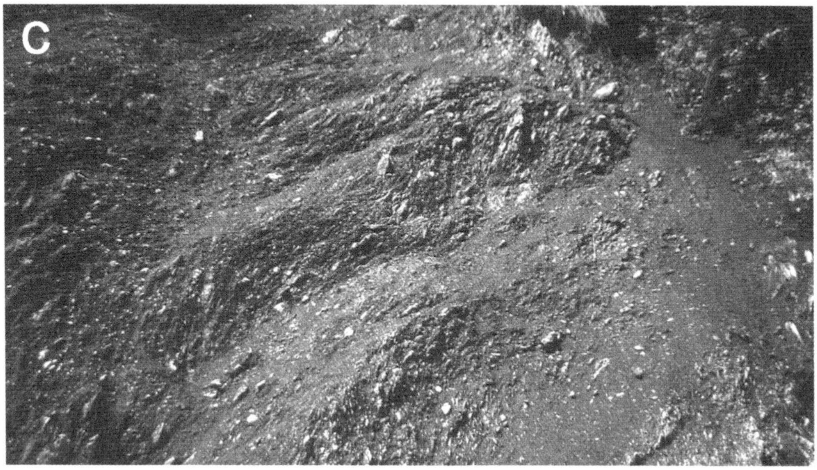

Molasse wurde als Faziesassoziation kontinentaler, hauptsächlich fluviatiler und seichtwasser-mariner Bedingungen aufgefasst, die im Vorland eines Gebirges angetroffen werden.

Der moderne Gebrauch des Begriffs setzt mehrere Bedingungen voraus, Molasse ist damit, wie Flysch, zu einem genetischen Begriff geworden. Diese Bedingungen können wie folgt zusammengefasst werden:

- Es liegt eine kontinental-fluviatile und marine Abfolge von klastischen Sedimenten vor.
- Die marinen Abfolgen enthalten flachwasser-marine Einschaltungen mit Einflüssen von Gezeiten oder Wellen.
- Die kontinental-fluviatilen Abfolgen enthalten „fining-upward"-Zyklen (Sohlbank-Zyklen), „coarsening-upward"-Megazyklen (progradierende Deltaablagerungen) sowie Feinklastika (Sedimente der Überschwemmungsebenen).
- Das Becken ist ein Vorlandbecken eines sich heraushebenden Orogens.
- Das Becken ist „overfilled", zeitweise völlig zugeschüttet.

Das Foto in Abb. 4-3A zeigt eine Abfolge von Konglomeraten (sogenannte „Nagelfluhen"), welche im proximalen (alpennahen) Teil des Rigi-Schuttfächers (Untere Süßwassermolasse, Zentralschweiz) angehäuft wurden. Das Detail in Abb. 4-3B hebt das polymikte Spektrum der Gerölle hervor (gelbe Dolomite, graue Kalke, weißliche Quarzite etc.). Weiter sieht man eine eingeschlossene erhaltene Linse aus sandig-tonigen Gesteinen innerhalb der grobkörnigen Konglomerate.

Altersmäßig umfassen die Sedimente des Molassebeckens das Paläogen und Neogen (Oligozän bis Miozän).

4.2 Spätkretazische und paläogene Flysche

Eine ältere Serie von Flyschen findet sich eingestreut in den penninischen Decken. In einigen Fällen sind die Flysch-Einheiten eigenständige Decken mit einem basalen Abscherhorizont. In anderen Fällen liegt ein allmählicher stratigrafischer Übergang aus den mesozoischen Sedimenten im Liegenden vor. Das Alter der Flyschsedi-

4-3 Molassegesteine im Aufschluss.
A) Regelmäßige, schlecht gebankte Abfolge von Konglomeraten im proximalen Teil des Rigi-Fächers (Untere Süßwassermolasse). Das Foto wurde auf der SW-Flanke der Rigi (Zentralschweiz) aufgenommen.
B) Detail aus (A) mit einer Linse von Sandstein und Tonstein. Das breite Spektrum von Geröllen in den Konglomeraten zeichnet sich deutlich in den Farben ab.

mente ist mit wenigen Ausnahmen nur annähernd bekannt. Die Flyschbecken gingen sowohl aus dem Wallis-Trog als auch dem Piemont-Ozean hervor. Die paläogeografische Zuordnung einzelner Flysch-Einheiten zu diesen sich schließenden Meeresbecken war lange Zeit recht kontrovers und ist auch heute noch nicht völlig geklärt. Als Kriterien für die Korrelation wurden unterschiedliche Aspekte herangezogen: das Alter, die lithologische Zusammensetzung, die Zusammensetzung der Komponenten in den Grobklastika, die Schüttungsrichtung und die tektonische Position im Deckenstapel. Eine Gesamtschau der Flyschbecken, welche die Paläogeografie zu verschiedenen Zeitpunkten, die Herkunft und Zusammensetzung der Schüttungen sowie die Strömungsrichtungen innerhalb der Becken berücksichtigt, ist in Wildi (1985) zu finden.

Die Anlage der kretazischen Flyschbecken hängt mit der einsetzenden Subduktion und Schließung des Piemont-Ozeans und der eoalpinen Gebirgsbildung bzw. der danach folgenden Schließung des Wallis-Trogs im Paläogen zusammen. Die Becken waren als „Restmeere" lange schmale und tiefe Tröge. Trübeströme, die am Beckenrand ausgelöst wurden, verliefen im Zentrum der Becken meist parallel zur Beckenachse. In anderen Fällen erfolgte die Akkumulation der klastischen Sedimente in einem System submariner Fächer. Auf jeden Fall sind die Flyschsedimente in tiefmarinem Milieu abgelagert worden. Anhand der in den Areniten vorkommenden Schwermineralien (Zirkone, Chromspinell, Granat etc.) kann auf die Herkunft des detritischen Materials geschlossen werden. Wildi (1985) konnte zeigen, dass in den nordpenninischen Flyschbecken Zirkon, Turmalin und TiO2-Gruppen dominieren, was auf eine Herkunft aus granitischen Gesteinen schließen lässt. Demgegenüber dominiert in den südpenninischen Flyschbecken Granat, der aus dem Südalpin und dem Böhmischen Massiv stammen dürfte. Chromspinell schließlich ist typisch für die spätkretazischen Flysche im Bereiche des Piemont-Ozeans, dessen Ophiolithe als Lieferanten für den Chromspinell angesehen werden.

Flyschbecken im Endstadium des Schließens des Piemont-Ozeans

Zu den Flyschen, die dem Piemont-Ozean (bzw. dem Südpenninikum) zugeordnet werden, zählen der Voirons-Flysch, die auf die Klippen-Decke überschobenen Flysche der „Nappe supérieure“ (Sarine-, Dranses-, Simme- und Gets-Flysch) sowie die „Série grise“ und der Arblatsch-Flysch im Alpeninnern. Traditionell werden auch die drei sich ähnelnden Gurnigel-, Schlieren- und Wägital-Flysche dem Südpenninikum zugeordnet (Winkler et al., 1985). Als Kriterium werden Leicht- und Schwermineralspektren sowie die lithologische Ähnlichkeit mit den obgenannten Flyschen herangezogen. Allerdings bestehen laut Winkler et al. (1985) auch Unterschiede zu den südpenninischen Flyschen. Zudem ist die Lage der drei Flysche im heutigen Deckenstapel äußerst schwierig zu erklären für eine südpenninische Herkunft (vgl. hierzu Wissing & Pfiffner, 2002). Auch war der Piemont-Ozean im Eozän, zur Zeit der jüngsten Ablagerungen in diesen Flyschen, bereits subduziert und geschlossen, wie später in Kapitel 6 näher diskutiert wird. Es ist denkbar dass der Gurnigel-Flysch im „Restmeer“ des Piemont-Ozeans abgelagert wurde, das Ablagerungsgebiet sich dann aber als Akkretionskeil nach Norden zum „Restmeer“ des Wallis-Troges verlagerte (vgl. hierzu Scheiber et al. 2013b, deren Figur 12). Diesem Verlagerungsmechanismus ist in Abb. 4-4 durch den diagonalen Verlauf der stratigrafischen Kolonne Rechnung getragen. Im Falle des Arblatsch-Flyschs konnte Ziegler (1956) eine gewisse Ähnlichkeit mit dem Ruchberg-Sandstein des (nordpenninischen) Prättigau-Flyschs feststellen. Aber die Korngrößen innerhalb des Arblatsch-Flyschs nehmen von Süden nach Norden ab, was auf eine Schüttung aus dem Süden schließen lässt, während der Prättigau-Flysch nach Nänny (1948) von Norden geschüttet wurde. Daneben stellten Thum & Nabholz (1972) fest, dass zwar der mittlere Gesamtkarbonatgehalt des Ruchberg-Sandsteins und des Arblatsch-Flyschs ähnlich sind, der Arblatsch-Flysch aber im Unterschied zum Ruchberg-Sandstein einen beträchtlichen Dolomit-Gehalt aufweist. Damit scheint es plausibler, den Arblatsch-Flysch dem Südpenninikum zuzuordnen, wie dies auch die Kartierung von Ziegler (1956) andeutet. Für den Rhenodanubischen Flysch wird sowohl eine nord- wie eine südpenninische Herkunft in Erwägung gezogen. Da aber die trennende Briançon-Schwelle höchstwahrscheinlich nach Osten einem vereinten penninischen Ozean Platz macht, ist die Frage etwas hinfällig. Dem Wallis-Trog werden der Niesen- und der Prättigau-Flysch zugeordnet. Beide sind durch stratigrafischen Übergang mit ihrer mesozoischen Unterlage verbunden.

Um eine Übersicht zu gewinnen, sind in Abb. 4-4 schematisch die Abfolgen in den südpenninischen Flyschen zusammengefasst. Die einzelnen Einheiten sind in ihrer jeweiligen paläogeografischen Position dargestellt. Dabei ist zu beachten, dass Gurnigel-, Schlieren- und Wägital-Flysch einander sehr ähnlich sind (Winkler et al. 1985) und sich von West nach Ost seitlich ablösen. Nicht zuletzt aus diesem Grunde ist in Abb. 4-4 stellvertretend der Gurnigel-Flysch gewählt, für den Alter und Bildungsbedingungen aufgrund der Arbeit von van Stuijvenberg (1979) besonders gut bekannt sind. Die vier Flysche der „Nappe supérieure“ (Gets, Simme, Dranses und Sarine) sind aus der Arbeit von Caron (1972) zusammengefasst. Unklar ist, wo genau innerhalb des Südpenninikums die von Marthaler (1984) beschriebene „Série grise“ der Tsaté-Decke und der von Ziegler (1956) auskartierte Arblatsch-Flysch einzuordnen sind. Die metamorphe Überprägung der „Série grise“ erlaubt weder eine vernünftige Altersbestimmung noch eine sedimentologische Analyse.

Im **Gurnigel-Flysch** konnte van Stuijvenberg (1979) unten eine spätkretazische Serie (die Hellstätt-Formation des Maastrichtians) von Turbiditen mit Konglomeraten, Sandsteinen und Mergeln, aber geringem Kalk- und Tongehalt ausscheiden. Darüber folgen känozoische Einheiten mit unterschiedlichen Anteilen von Sand- und Tonsteinen. Die Gesamtmächtigkeit des Gurnigel-Flyschs beträgt etwa 800 Meter. Die Schüttung erfolgte anfänglich in der Kreide in Richtung Westen, im Känozoikum hauptsächlich in Richtung Südosten. Die Ablagerung erfolgte nach van Stuijvenberg (1979) auf einem Schuttfächer in der Tiefsee. Ein Hinterland, in dem Granite und mesozoische Sedimente aufgeschlossen waren, muss als Liefergebiet bestanden haben. Das Flyschbecken war etwa 40 Kilometer breit, das Liefergebiet muss ein 75 bis 100 Kilometer breiter Gürtel gewesen sein, wovon etwa 20 Kilometer auf den Schelf entfielen. Nach den angeführten Sachverhalten liegt es nahe, dass zuerst der adriatische und später der europäische Kontinentalrand das Liefergebiet waren.

Sarine- und **Dranses-Flysch** sind kalkige Flysche mit Sandstein-Kalk-Mergel-Abfolgen, beide mit gelegentlichen Konglomerateinschaltungen. Fukoide (verzweigte Abdrücke von Grabbauten) sind aus dem Sarine-Flysch bekannt, während die Fraß- bzw. Weidespuren im Dranses-Flysch für die früher gebrauchte Bezeichnung „Helminthoiden-Flysch“ verantwortlich sind.

Der **Simme-Flysch** zeichnet sich durch eine basale Tonsteinabfolge mit einzelnen Konglomeratlinsen aus, die als Abscherhorizont der Simme-Decken diente. Es folgt eine Sand-Tonsteinabfolge und darüber ein „Wildflysch“, in dem Linsen von Radiolarit, Aptychenkalk, Dolomit und Granit zu finden sind. Den Abschluss bildet die Mocausa-Formation, eine 300 bis 400 Meter mächtige Serie aus Konglomeraten und Sandsteinen. Die Schüttung erfolgte von einer Schwelle aus dem Südosten, vom adriatischen Kontinentalrand her. Diese Nachbarschaft deutet sich auch in den Linsen im Wildflysch darunter an.

Im **Gets-Flysch** besteht der älteste, frühkretazische Teil aus Tonsteinen und fein gebankten Kalken. Eingestreut darin sind Lagen von Grüngesteinen und Graniten. Über einer Sandstein-Tonstein-Abfolge mit einzelnen Konglomeratlagen folgt ein zweiter Horizont mit Linsen von Grüngesteinen. Der jüngere, spätkretazische Teil ist aus polygenen Konglomeraten und quarzitischen Sandsteinen aufgebaut (die Hundsrück-Formation).

Flyschbecken im Endstadium des Schließens des Wallis-Troges

Als nordpenninische Flysche gelten neben den jüngeren Teilen der Gurnigel Schlieren-Wägital-Flysche die zwei spätkretazisch-paläogenen Flysche des Prättigaus und des Niesens. Beide gingen aus einer mesozoischen Abfolge des Wallis-Trogs hervor. Im Falle des **Prättigau-Flyschs** besteht ein allmählicher Übergang vom Sedimenttyp der «Bündnerschiefer» in den Flysch. Entsprechend schlugen Trümpy et al. (1970) vor, die spätkretazischen Teile (Pfävigrat-, Fadura-, Gyrenspitz- und Eggberg-Fm in Abb. 4-5) als „Präflysch“ zu bezeichnen, und die Bezeichnung Prättigau-Flysch auf die paläozän-eozänen Teile zu beschränken. Im kretazischen Teil dominieren mächtige

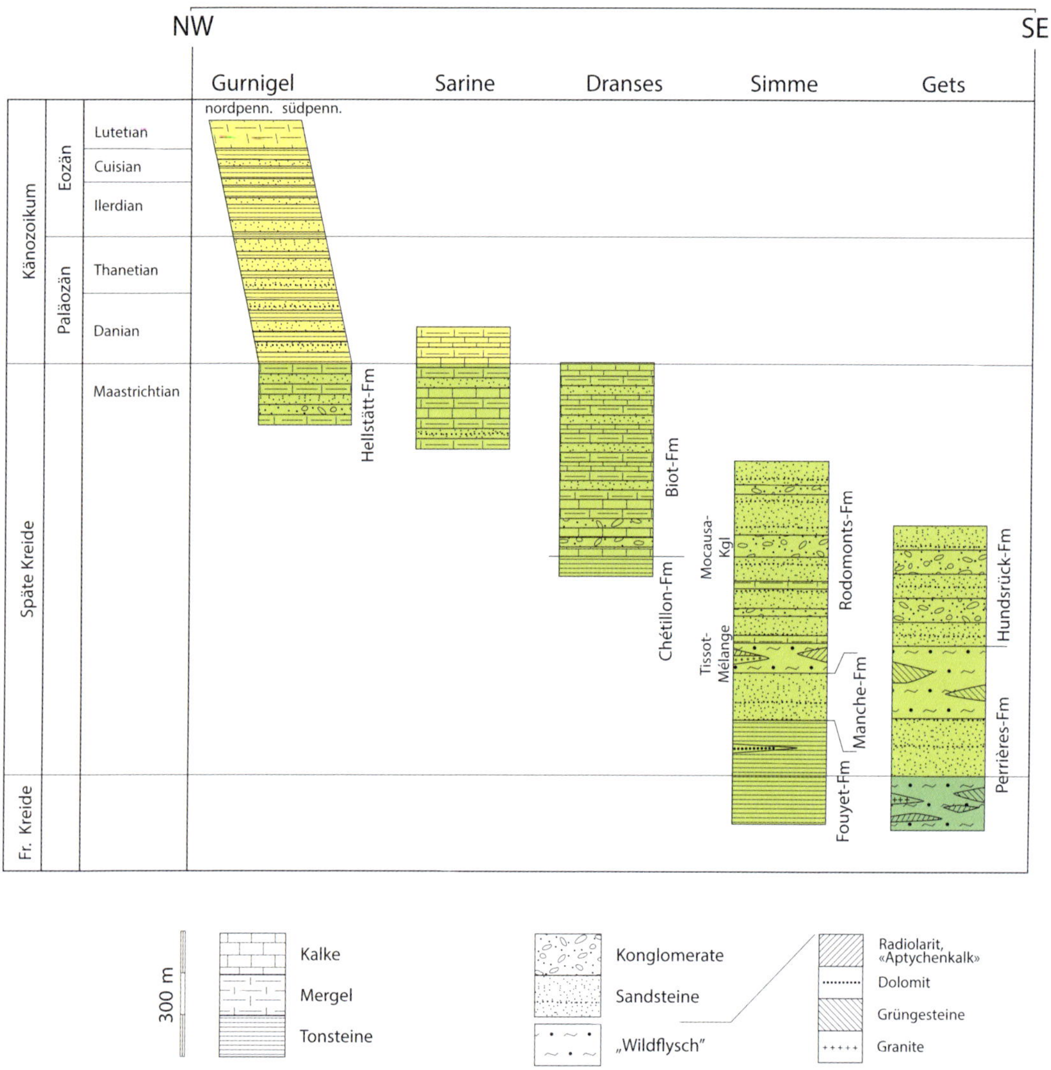

4-4 Die Sedimentabfolgen der südpenninischen Flysche, zusammengestellt nach van Stuijvenberg (1979) und Caron (1972). Die Flysche reichen altersmäßig weit in die Kreide zurück, känozoische Anteile beschränken sich auf den Gurnigel- und Sarine-Flysch. Im Falle des Gurnigel-Flysches sind die jüngeren Teile eher als nordpenninisch zu bezeichnen.

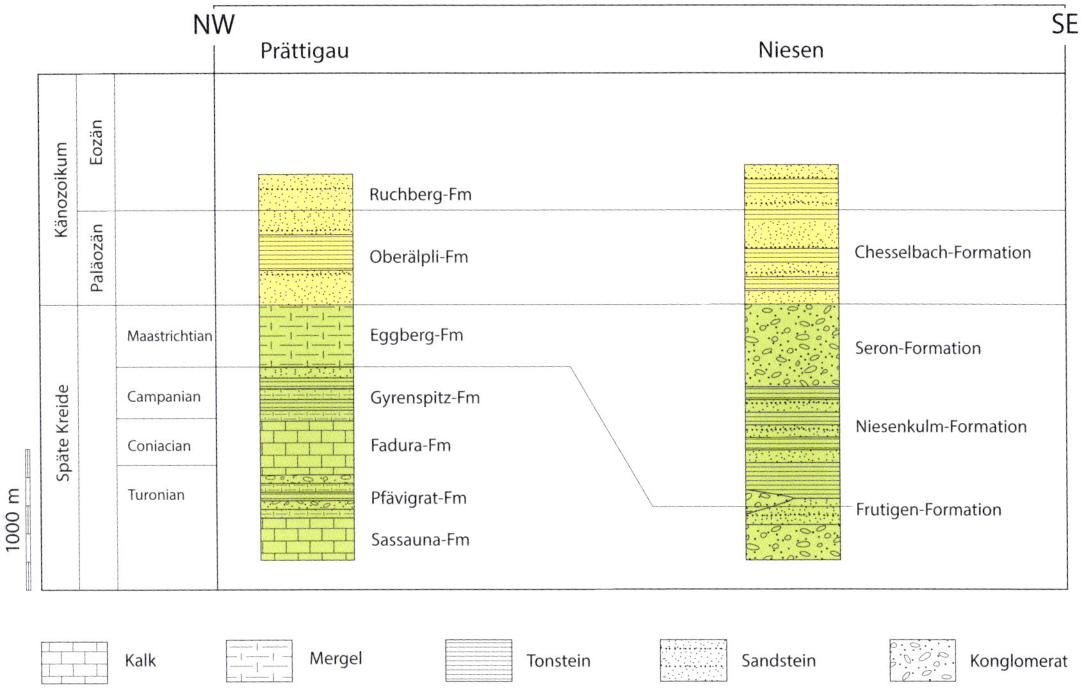

4-5 Die Sedimentabfolgen der nordpenninischen Flysche. Zusammengestellt nach Nänny (1948) und Ackermann (1986). Die Abfolge Pfävigrat- bis Eggberg-Formation im Prättigau-Flysch wurden auch schon als „Präflysch" bezeichnet.

Abfolgen von Kalken, mergeligen und sandigen Kalken und Mergeln (Nänny 1948, Trümpy et al. 1970). Eingelagert darin sind polymikte Konglomerate. Thum & Nabholz (1972) beobachteten ein sehr homogenes Schwermineralspektrum über die gesamte Abfolge, dominiert durch Turmalin und Zirkon, untergeordnet Apatit und Rutil. Selten ist Granat und noch seltener Chromspinell. Der jüngere, paläozäne bis früheozäne Anteil (Oberälpli- und Ruchberg-Fm, vgl. Abb. 4-5), weist mehr Flyschcharakter auf und besteht aus Sandsteinen und Tonsteinen. Nach Nänny (1948) erfolgte die Schüttung der Sande aus dem Norden. Das Schwermineralspektrum ist nach Thum & Nabholz (1972) unverändert.

Der **Niesen-Flysch** besteht aus terrigenen Sedimenten. Verbreitet sind mächtige Konglomerate, daneben kommen turbiditische Sandstein-Tonstein-Wechsellagerungen vor. Auch hier geht die jüngste Einheit, der paläozäne Chesselbach-Flysch, aus den spätkretazischen Flyschteilen darunter hervor. Ackermann (1986) konnte zeigen, dass die hemipelagischen Pelite in Wassertiefen unterhalb der CCD abgelagert wurden. Die turbiditischen Abfolgen im älteren Teil, dem Frutigen-Flysch, bildeten einen Schuttfächer, der aus einem submarinen Canyon aus südlicher bis südöstlicher Richtung gespeist wurde. Im mittleren Teil, dem Niesenkulm- und Seron-Flysch, dominieren Sedimente des Kontinentalabhangs.

▶ **4-6 Polymiktes Konglomerat im Niesen-Flysch.** Das Geröllspektrum deutet auf tektonische Aktivität im Liefergebiet. Foto aufgenommen auf dem Niesen (Kt. Bern, Schweiz).

Die Schüttungen erfolgten hauptsächlich in nördlicher Richtung. Der paläogene Chesselbach-Flysch wurde demgegenüber auf einem Schuttfächer von Norden her geschüttet. An Schwermineralien dominieren laut Ackermann (1986) Turmalin und etwas untergeordnet Zirkon und Rutil. Apatit ist häufiger im paläozänen Flysch. Das Geröllspektrum der Konglomerate ist im älteren Teil, dem Frutigen-Flysch, eher reduziert, enthält aber Sedimente (insbesondere Dolomite und Kalke), metamorphe Gesteine (namentlich Gneise und Glimmerschiefer) sowie Magmatika (Granite und Rhyodacite). Das Geröllspektrum wird aber sukzessive breiter, was sich insbesondere durch mannigfaltige Vulkanite in den jüngeren Teilen, dem Seron-Flysch, zeigt. Ackermann (1986) interpretiert diese Abnahme des Reifegrads (bzw. die Zunahme der instabileren Komponenten) durch intensivere tektonische Aktivität im Hinterland, die sukzessive neue Gesteinseinheiten der Erosion aussetzte (vgl. Fig. 4-6). Der totale Wechsel der Schüttungsrichtung und damit des Liefergebiets im paläozänen Chesselbach-Flysch steht in Einklang mit dem Wechsel im Reifegrad der Sedimente: Das Geröllspektrum wurde wiederum enger.

Flyschbecken auf der Alpensüdseite

Nebst den südpenninischen Flyschen mit kretazischer Unterlage sind auch die kretazischen Klastika zu erwähnen, die aus den werdenden Alpen in Richtung Süden geschüttet wurden: der lombardische Flysch im Südalpin der Ostalpen. Dieser Flysch besteht aus terrigenen Sedimenten, die ein tiefmarines System von Schuttfächern aufbauten (Bichsel & Häring 1981). Die stratigrafische Unterlage bzw. die jüngeren Sedimente über dem Schuttfächer waren hemipelagische, verschiedenfarbige kalkige und tonige Mergel (Scaglia rossa, Scaglia variegata, Scaglia bianca bzw. Scaglia cinerea). Die Sedimentation dieser Scaglia erfolgte in Wassertiefen noch oberhalb der CCD. Im Schuttfächersystem selbst dominieren monotone Turbiditabfolgen. Zeitweise wurden die Turbidite aus tiefmarinen Canyons gespeist. Im Santonian wurden an verschieden Stellen Konglomerate mit nahezu identischem Geröllspektrum geschüttet: Kristallin, Dolomit, Radiolarit, pelagische und Seichtwasserkalke. Schüttungsrichtung und Gerölle deuten darauf hin, dass im Norden des Beckens bereits eine Hochzone aus wahrscheinlich ostalpinen und ältesten südalpinen Decken bestand.

4.3 Eozän-oligozäne Flysche

Eine jüngere Serie von Flyschen wurde im Faziesbereich des Helvetikums und Dauphinois abgelagert. Ähnlich wie im Penninikum erfolgte die Sedimentation in langen schmalen Trögen, die sich entlang des Nordrands des werdenden Orogens erstreckten. Namentlich im Helvetikum ging dieser Flyschsedimentation aber eine Phase von Emersion und Verkarstung voraus. Die nachfolgenden neritischen Sedimente des Eozäns folgen daher mit Winkeldiskordanz auf die mesozoischen Serien (Herb 1988). Stellenweise wurde die gesamte Kreide während dieser Emersionsphase aberodiert. Typisch ist eine Trilogie aus neritischen Kalken (unten), gefolgt von Mergeln, und schließlich einer mächtigen Flyschabfolge aus Sandsteinen und Tonsteinen als Abschluss. Altersmäßig reicht diese „Trilogie" vom Eozän ins früheste Oligozän, ist aber äußerst heterochron. Die diachrone Entwicklung der eozänen Sedimente wurde von Herb (1988) und Menkveld-Gfeller (1995) eingehend bearbeitet. Über den neritischen Kalken und Sandsteinen (Einsiedeln- bis Sanetsch-Fm in Abb. 4-7), die oft Nummuliten oder Assilinen enthalten, folgen globigerinenführende Mergel (Stad-Mergel), die in leicht tieferem Wasser abgelagert wurden. Lokal sind in den Stad-Mergeln Pakete von Konglomeraten (die sogenannten Wängenkalke) eingeschaltet. Erst dann folgt eine turbiditische Sequenz von Mikrobrekzien, Sandsteinen und Tonsteinen, die als Nordhelvetischer Flysch bezeichnet wird (Abb. 4-7).

Der **Nordhelvetische Flysch** ist geografisch in drei größeren Komplexen aufgeschlossen: Champsaur (Westalpen), Savoyen-Westschweiz (Grenze Westalpen/Zentralalpen) und Glarnerland (Zentralalpen). In Abb. 4-7 ist die für die Zentralalpen typische vertikale Gliederung dargestellt. Herausstechende Eigenschaft ist das massive Vorkommen von vulkanischen Trümmern in den Mikrobrekzien. Detaillierte sedimentpetrografische Untersuchungen von Vuagnat (1952) zeigten, dass die Vulkanite auf die älteren Serien innerhalb des Flyschs begrenzt sind und nach oben mehr sedimentärem und granitischem Material Platz machen. Andesitische Trümmer dominieren in der Taveyannaz-Formation und verschwinden allmählich innerhalb der Elm-Formation (in der Arbeit von Vuagnat 1952 als Val-d'Illiez-Sandstein bezeichnet). Im unteren Teil der Taveyannaz-Formation beobachtete Vuagnat (1952) zudem unverwitterte Augite und Hornblenden, was auf eine rasche Umlagerung der eben geförderten Vulkanite schließen lässt. Die Herkunft dieses vulkanischen Materials ist recht schwierig zu erklären. Eigentlich würde man einen Vulkangürtel zu dieser Zeit gleich im Hinterland des Flyschtrogs erwarten. Aber keine der zu dieser Zeit unmittelbar anschließenden tektonischen Einheiten (helvetische und penninische Decken) zeigen Spuren von vulkanischen Fördergängen. Späteozäne Magmatite sind erst weiter südlich, längs des periadriatischen Bruchsystems, in Form von granodioritischen und tonalitischen Intrusiva oder Andesitgängen vorhanden. In der Elm-Formation konnte Vuagnat (1952) neben den Andesiten als Komponenten auch Diabase, Chloritite und Albitite nachweisen. Diese stammen vermutlich aus den Ophiolithen der penninischen Decken. Radiolarite, die bereits ab den jüngeren Taveyannaz-Sandsteinen einsetzen, und unmetamorphe dolomitische Kalke sowie Gneise dürften aus dem Grenzbereich Penninikum-Ostalpin stammen. Granitische Komponenten sind bereits im ältesten Teil der Taveyannaz-Formation vorhanden, nehmen dann im jüngeren Teil zu und sind in der Elm-Formation verbreitet. Ihre Herkunft dürfte im ostalpinen, eventuell penninischen kristallinen Grundgebirge zu suchen sein. Siegenthaler (1974) hat die Schüttungsrichtungen im Nordhelvetischen Flysch des Glarnerlandes untersucht und konnte zeigen, dass in der Taveyannaz-Formation die Schüttungen zuerst nach Norden, dann nach Nordosten erfolgten. In der Elm-Formation war dann ein recht einheitlich ENE-gerichtetes, d. h. trogparalleles Schüttungsmuster vorhanden. Siegenthaler (1974) vermutet, dass die größeren vulkanischen Komponenten direkt in die Trübeströme oder in deren Einzugsgebiet geschüttet wurden, denn die großen Komponenten schwimmen regellos in den ansonsten gradierten Turbiditen.

Flysch im nordalpinen Vorlandbecken

Eine Änderung erfolgte am Übergang zur jüngsten, der Matt-Formation. Als Komponenten treten Granite, Gneise, Radiolarite und Kalke auf, während Vulkanite völlig fehlen (Vuagnat 1952). Zudem machten die trogparallelen Schüttungen einem radialen Muster Platz. Dies deutet auf den Aufbau von fluviatilen Deltas und auf einen Übergang von Flysch- zu Molassesedimentation. In der Ostschweiz fand dieser Wechsel an der Wende Eozän-Oligozän, in der Westschweiz erst im mittleren Oligozän statt.

Bemerkenswert ist das Fehlen von drei Gesteinsgruppen im Komponentenspektrum des Nordhelvetischen Flyschs: (1) alpinmetamorphe Sedimente mit Granat etc. (die entsprechenden Gesteine befanden sich noch in der Tiefe); (2) Sedimente aus dem Faziesbereich des nördlichen Helvetikums (keine Schüttung aus dem Norden); (3) ältere Sedimente aus dem Nordhelvetischen Flysch (die internen, älteren Teile des Flyschtrogs waren von den ankommenden Decken bereits überfahren).

In den Westalpen liegt eine sehr ähnliche Abfolge vor (vgl. Sinclair 1997). Die Ablagerung der neritischen Kalke erfolgte allerdings auf ein Paläorelief mit bis 200 Meter tiefen Schluchten, die mit Konglomeraten (den sogenannten Poudingues d'Argens), Sandsteinen und Tonsteinen gefüllt sind (Sinclair 1997, Lickorish & Ford 1998 und dort zitierte Literatur). Für die Sedimentation der Stad-Mergel über den neritischen Kalken wurden Wassertiefen von zwischen 500 und 1000 Metern geschätzt (op. cit.). Zu den zuoberst liegenden Flyschsandsteinen zählen Champsaur- und Annot-Sandstein. Der Champsaur-Sandstein der südlichen Chaînes subalpines ist weniger andesitisch, dafür mehr ophiolithisch geprägt. Noch weiter im Süden, in den Alpes Maritimes und der Haute Provence, besitzt der Annot-Sandstein ein breites Spektrum von Komponenten, die aus dem umliegenden Kristallin und dessen Sedimentbedeckung stammen.

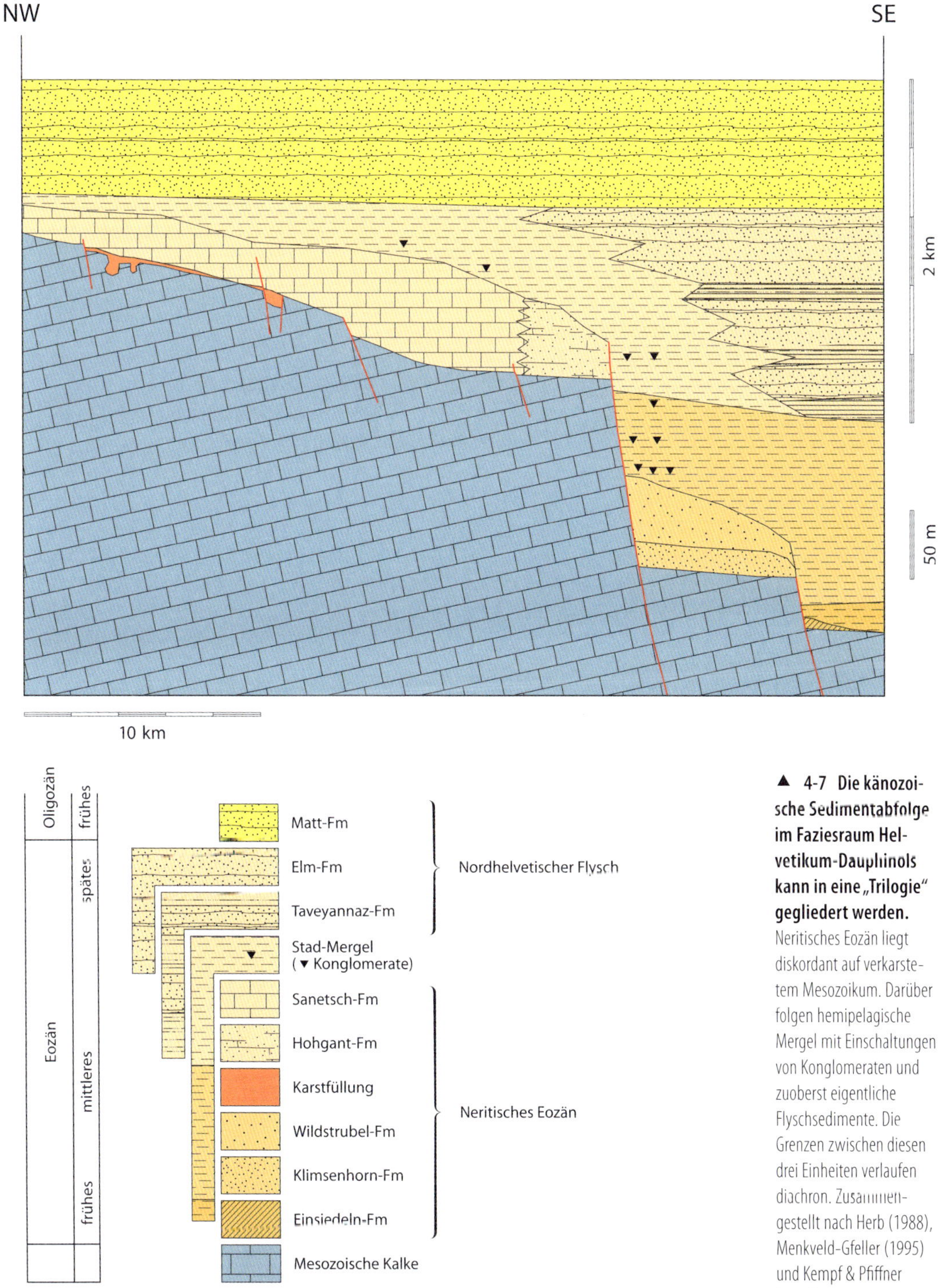

▲ **4-7 Die känozoische Sedimentabfolge im Faziesraum Helvetikum-Dauphinois kann in eine „Trilogie" gegliedert werden.** Neritisches Eozän liegt diskordant auf verkarstetem Mesozoikum. Darüber folgen hemipelagische Mergel mit Einschaltungen von Konglomeraten und zuoberst eigentliche Flyschsedimente. Die Grenzen zwischen diesen drei Einheiten verlaufen diachron. Zusammengestellt nach Herb (1988), Menkveld-Gfeller (1995) und Kempf & Pfiffner (2004).

Schüttungsrichtungen in den Westalpen deuten auf Liefergebiete im Südosten, den werdenden Alpen, und im Süden, in Korsika-Sardinien (op. cit.) oder der Provence-Plattform.

4.4 Oligozän-miozäne Molasse im nordalpinen Vorlandbecken

Das nordalpine Vorlandbecken erstreckte sich im Oligozän und Miozän längs der Zentralalpen und der Ostalpen. Im Westen verengte es sich am Übergang in die Westalpen, gegen Osten war es breiter. Die Sedimentfüllung des Beckens weist naturgemäß große laterale Schwankungen auf. Trotzdem können die Schichten zu vier Gruppen zusammengefasst werden: Untere Meeresmolasse, Untere Süßwassermolasse, Obere Meeresmolasse und Obere Süßwassermolasse (Abb. 4-8). Schon die Namen verraten den Wechsel zwischen marinen und kontinentalen Sedimentationsbedingungen.

Die Molassesedimente folgen auf eine vorwiegend marine mesozoische Abfolge, deren Oberkante von einer paläogenen Verkarstung erfasst wurde. Diese Verkarstung zeugt von einer Trockenlegung dieses Teils des europäischen Kontinentalrands, die höchstwahrscheinlich als Aufwölbung im Vorland des werdenden alpinen Orogens zustande kam. Zwischen der Aufwölbung und den werdenden Alpen bestand eine Senke, das Molassebecken, das sukzessive aufgefüllt wurde und sich mit der Zeit nach Norden verlagerte.

Die älteste Schicht, die Untere Meeresmolasse **(UMM)**, lagerte sich im internen, südlichsten Bereich des Beckens ab und ging aus dem Vorgängerbecken des Nordhelvetischen Flyschs hervor. Im unteren Teil herrschen entsprechend Turbiditablagerungen vor, die vom Abhang der werdenden Alpen im Süden her geschüttet wurden. Die mächtigste Einheit der UMM baut sich aus einer Ton-Mergel-Abfolge auf, die später bei der Bildung der Subalpinen Molasse als Abscherhorizont diente. Der obere Teil der UMM besteht aus küstendominierten Sandsteinabfolgen (Diem 1986), die auch das vollständige Auffüllen des Beckens bedeuteten. Die Subsidenz des UMM-Beckens erfolgte von Osten, vom Wiener Becken her (Kempf & Pross 2005).

Die nachfolgende Untere Süßwassermolasse **(USM)** zeichnet sich durch fluviatil-kontinentale Sedimente aus. Der Umschlag vom marinen zum kontinentalen Milieu fällt mit einem weltweiten Abfall des Meeresspiegels zusammen. In der USM bauten sich nebeneinander mehrere Schuttfächer auf (Schlunegger et al. 1996, Kempf et al. 1999, Berger 1996). Im Süden, d. h. nahe der Front des damaligen alpinen Gebirges, wurden proximale grobklastische Konglomerate, in der Schweiz als Nagelfluhen bezeichnet, geschüttet. Deren Geröllspektrum entspricht den obersten Decken im alpinen Hinterland, den ostalpinen Decken. Diese bestehen aus mesozoischen Sedimenten und einer kristallinen Unterlage. Entsprechend enthalten die älteren Nagelfluhen ein Komponentenspektrum mit Dolomiten, Kalken, Sandsteinen und Radiolariten. Kristallingesteine treten als Gerölle erst in den jüngeren Nagelfluhen auf. Die Geröllspektren spiegeln ziemlich direkt die geologische Zusammensetzung des Liefergebiets im Hinterland wider. Im distalen Bereich der Schuttfächer, dort, wo die Transportkompetenz der Urflüsse kleiner wurde, dominieren Sandsteine und Mergel. Letztere wurden auch in den Überschwemmungsebenen neben

Molassebecken: Vorlandbecken mit alternierend marinen und festländischen Bedingungen

den Schuttfächern abgelagert. Mit der Abnahme der Korngröße geht auch eine Abnahme der Mächtigkeit der Schuttfächer einher. Sie nimmt von drei bis vier Kilometern im proximalen auf rund 300 Meter im distalen Bereich ab.

Die Schuttfächer progradierten mit der Zeit ins Vorlandbecken hinaus. Dadurch lagerten sich in einem Vertikalprofil grobklastische proximale Sedimente über älteren distalen feinklastischeren Sedimenten ab. Dieser Sachverhalt wird mit dem Begriff der „coarsening-upward"-Megazyklen umschrieben. Insgesamt ergibt sich also zu jedem Zeitpunkt ein recht komplexes Bild verschiedenartiger Sedimente nebeneinander.

Eine schmale Meeresstraße, die sogenannte Burdigalische Meeresstraße, prägte die Zeit der Oberen Meeresmolasse **(OMM)**. Sie war etwa 100 Kilometer breit und verband das Pannonische Becken (Paratethys) mit dem Mittelmeerraum (Tethys). Die in dieser Meeresstraße abgelagerten Sandsteine weisen eine küstendominierte Fazies auf (Allen et al. 1985). Typisch sind Anzeichen für Strömungen (Kreuzschichtungen), Gezeitenströmungen (Flutkanäle und Megarippeln), Muschelschille (mit marinen Muscheltieren) sowie fossile Trockenrisse und Vogelspuren (Wattenmeerbedingungen). Im schweizerischen Teil des Molassebeckens zählen die St.-Gallen- und Luzern-Formation sowie der Berner Sandstein zu den wichtigsten Schichtgliedern der OMM. Diese lagerten sich im Wesentlichen in einem Gürtel ab, der externer als die UMM war. Im Süden der Burdigalischen Meeresstraße wurden vom alpinen Hinterland her kleinere Schuttfächer geschüttet.

Diese Schuttfächer bauten mächtige Konglomeratabfolgen auf, die distal und seitlich wiederum in Sandsteine und Mergel übergehen. Das Becken wurde dadurch trockengelegt. Das Komponentenspektrum der Nagelfluhen umfasste nun auch Gesteine aus tieferen Einheiten des anerodierten alpinen Deckenstapels (Penninikum mit Kristallingeröllen). Die Schuttfächer progradierten in der Zeit der Oberen Süßwassermolasse (**OSM**) ebenfalls ins Vorlandbecken hinaus, ähnlich wie zur Zeit der USM. Allerdings erfolgte die Entwässerung im distalen Teil des Beckens nun nicht mehr nach Osten, sondern nach Westen. Dies zeigt sich an einem schmalen Komplex von glimmerführenden Sandsteinen, der sogenannten Glimmersandrinne. Diese lässt sich von weit im Osten bis ins westliche Ende des Molassebeckens verfolgen und zeigt Fließrichtungen nach Westen an. Das Geröllspektrum in den Konglomeraten der OSM ist ähnlich jenem der USM (Kempf et al. 1999). Kristallingerölle aus dem Ostalpin und Penninikum machen weniger als 20 % aus und nehmen nach oben hin ab. Gerölle aus Sedimentgesteinen stammen aus dem Ostalpin, Penninikum und dem Helvetikum. Ähnlich wie in der USM spiegelt dieses Geröllspektrum ebenfalls die Geologie des Liefergebiets wider. Die unterste Einheit im alpinen Deckenstapel, das Helvetikum, wird zuletzt der Erosion preisgegeben.

Ein einmaliges Ereignis stellt das Leitniveau des „Appenzellergranits" im unteren Teil des Hörnli-Schuttfächers in der Ostschweiz dar. Die ganze Abfolge des „Appenzellergranits" wird als Ablagerung von zahlreichen Schlammströmen gedeutet. Diese gehen auf einen große Bergsturz im Ostalpin der Alpen bzw. an deren äußerem Rand zurück (Bürgisser 1980, Bürgisser et al. 1981). Die Ablagerungen des Bergsturzes wurden durch Schlammströme

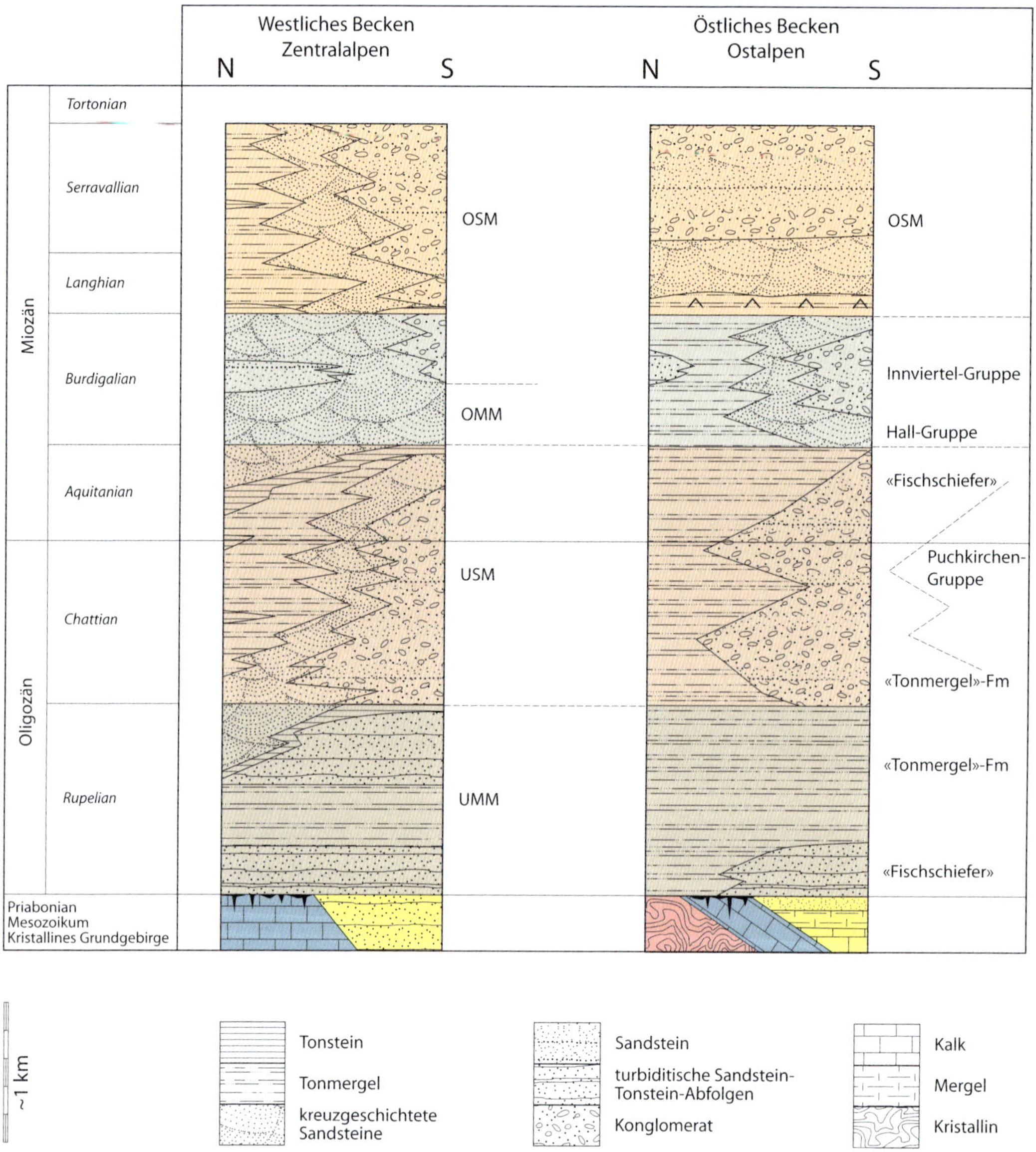

4-8 Schematische Übersicht über die Schichtreihe des Molassebeckens, zusammengestellt nach Schlunegger et al. (1996), Kempf et al. (1999), Steininger & Wessely (2000) und Oberhauser (1980).

(Muren) ins Vorland hinaustransportiert, alsdann aber wieder aufgearbeitet und gelangten als fluviatile Rinnenablagerungen, als Schlammströme (mass flow) oder durch erneute fluviatile Aufarbeitung bis in den distalen Bereich des Hörnli-Schuttfächers.

Die Sedimentabfolgen im östlichen Teil des Molassebeckens (siehe Abb. 4-8), in Bayern und Österreich, zeigen im Vergleich zum westlichen Teil mehr marine Einflüsse. Eine eingehende Beschreibung der Sedimente des östlichen Molassebeckens findet sich in Oberhauser (1980).

Im späten Eozän und frühen Oligozän, also zeitgleich mit der Sedimentation des Nordhelvetischen Flyschs, wurden, wie aus Bohrungen bekannt ist, Nummulitenkalke, Mergel und Sandsteine abgelagert (Steininger & Wessely 2000). Eine mächtige Tonmergelabfolge des frühen Oligozäns ist mit der UMM im Westen vergleichbar. Darüber folgt, im Unterschied zum Westen, eine marine Abfolge von turbiditischen Sandsteinen (bekannt unter dem Namen Puchkirchen-Formation), die sich durch submarine Erosion in ihre Unterlage eingeschnitten haben. Innerhalb dieses submarinen Sandsteinfächers finden sich Einschaltungen von Konglomeraten, den sogenannten Augensteinen, die vom Süden, von den Alpen her geschüttet wurden. Zu dieser Zeit bestand eine marine Verbindung vom östlichen Molassebecken, von Salzburg südwärts, in die künftigen Alpen Richtung Inntal und nach Wagner (1996) möglicherweise bis ins Po-Becken. Marine pelagische Mergel charakterisieren die Sedimente des Frühmiozäns (Burdigalian). Zu dieser Zeit bestand eine marine Verbindung nach Westen via Burdigalische Meeresstraße der OMM. Auch im östlichen Molassebecken wurden am Südrand von den Alpen her Schuttfächer mit Konglomeraten aufgebaut. An deren nördlichem Übergang in die pelagischen Mergel wurden Küstensande abgelagert. Aber auch nördlich der Mergel lagerten sich Sande ab, die aber von Norden, vom Böhmischen Massiv her, geschüttet wurden. Ab dem Langhian, zeitgleich mit der OSM, gelangten nun ebenfalls terrestrische Klastika und „kohleführende Süßwasserschichten“ zum Absatz. Doch mehrmals (um 17, 15, 13 und 11 Millionen Jahre vor heute) erfolgten kurze marine Ingressionen aus dem Osten. Im Unterschied zum westlichen Molassebecken erfolgte die Entwässerung ganz im Osten in östlicher Richtung ins Donausystem (Steininger & Wessely 2000). Die Wasserscheide befand sich südlich des Sporns des Böhmischen Massivs.

4.5 Oligozän-pliozäne Sedimente im Po-Becken

Im Po-Becken auf der Südseite der Alpen wurde eine mehrere Kilometer mächtige Abfolge von Sedimenten abgelagert. Randlich ist das Becken von den tektonischen Ereignissen der benachbarten Gebirge, Alpen, Dinariden und Apennin, erfasst worden. Auch der Inhalt des Beckens spiegelt diese Ereignisse wider.

Das Zentrum des Beckens, das nur von Bohrungen her bekannt ist (Pieri & Groppi 1981, Gunzenhauser 1985, Garzanti & Malusà 2008), weist eine mächtige Abfolge von marinen Peliten und Siltiten auf (vgl. Abb. 4-9). Diese reichen altersmäßig vom Eozän bis ins späte Miozän. Eingeschaltet darin sind spätcozäne neritische Kalke (Ternate-Fm in Abb. 4-9). Die feinklastische Sequenz setzt sich im Miozän fort, enthält jetzt aber einzelne dünne Lagen von Sandsteinen und Konglomeraten.

Po-Becken: Vorlandbecken der Alpen, Dinariden und des Apennins

Gegen die Alpen hin erscheint mit der Gonfolite-Lombarda-Gruppe ein völlig neues Spektrum an Sedimenten. Während im frühen Oligozän noch marine Mergel, Pelite und turbiditische Sandsteine (Chiasso-Fm in Abb. 4-9) zu verzeichnen sind, treten im späten Miozän, im Chattian, schlagartig mächtige Konglomeratabfolgen auf (Como- und Lucino-Fm in Abb. 4-9). Diese Konglomerate sind insgesamt etwa 3,6 Kilometer mächtig und lassen sich als 30 Kilometer breiter Gürtel längs der Alpen über mehr als 50 Kilometer verfolgen.

Tiefwasserklastika über marinen Ton- und Siltsteinen

Nach Gunzenhauser (1985) wurden die Konglomerate in einem System von submarinen Fächern von Norden, den Alpen, her geschüttet. Das schlagartige Einsetzen im Chattian kann, wie Gunzenhauser (1985) argumentiert, auf zwei Arten erklärt werden: (1) mit der dramatischen Meeresspiegelabsenkung, die zu diesem Zeitpunkt stattfand und den Schutt auf dem nun freigelegten Küstenstreifen der Erosion preisgab, und (2) mit den Hebungen im Hinterland, wo um diese Zeit eine intensive Phase der Deckenstapelung und Aufschiebung an einer steilen Aufschiebung (der Insubrischen Störung) stattfand. Die Chiasso-Formation im Liegenden der Konglomerate liegt selbst diskordant auf ihrer Unterlage, mit einem Winkel von 10–20°. Zudem besteht diese Unterlage örtlich aus verschiedenaltrigen Gesteinen. Dieser Sachverhalt deutet auf eine prä-obereozäne Deformationsphase hin. Tatsächlich ist in den Südalpen eine derart frühe Deformationsphase anzunehmen, da die Adamello-Intrusion eine Überschiebung innerhalb der Südalpen schneidet (Brack 1981). Interessant ist in diesem Zusammenhang auch die Tatsache, dass in den Konglomeraten der Como-Formation Gerölle der Bregaglia-Intrusion zu finden sind. Die Intrusion erfolgte vor rund 30 Millionen Jahren in einer Tiefe von zirka fünf bis sechs Kilometern, das Alter der Konglomerate beträgt etwa 25 Millionen Jahre. Dies zeugt von einer intensiven Phase der Exhumation mit Raten von über einem Millimeter pro Jahr.

Die miozänen Sedimente werden von jüngeren Sedimenten diskordant überlagert. Dazu gehören das Pontegana-Konglomerat des jüngsten Miozäns (Messinian) und die pliozänen Balerna-Tone. Im Becken selbst liegen das Pliozän und das Pleistozän als feinklastische Abfolge vor.

4.6 Juragebirge

Im Juragebirge sind die känozoischen Gesteine vielfach nur in kleinen isolierten Aufschlüssen vorhanden. Es sind drei Typen von Sedimenten zu unterscheiden. Ein erster Typ umfasst Ablagerungen des distalen Bereichs des Molassebeckens. Hierzu zählen etwa Sandsteine der OMM und Süßwasserkalke sowie Mergel der USM und OSM. Beim zweiten Typ handelt es sich um lokale Schüttungen von Kalknagelfluhen (den sogenannten gompholites). Zum dritten Typ schließlich gehören die Nagelfluhen und Sande, die aus dem Norden, von Schwarzwald und Vogesen her, geschüttet wurden. Die Vogesen-Schüttungen sind hauptsächlich in der Ajoie und dem Becken von Laufen anzutreffen. Zu den Schüttungen aus dem Schwarzwald zählen die Jura-Nagelfluhen im Becken von Delémont und der Region Basel, Aargau und Randen. Zu diesen Jura-Nagelfluhen sind auch die Wanderblock-Bildungen zu zählen (vgl. Kemna & Becker-Haumann 2003). Nach Kälin (1997) erfolgten die-

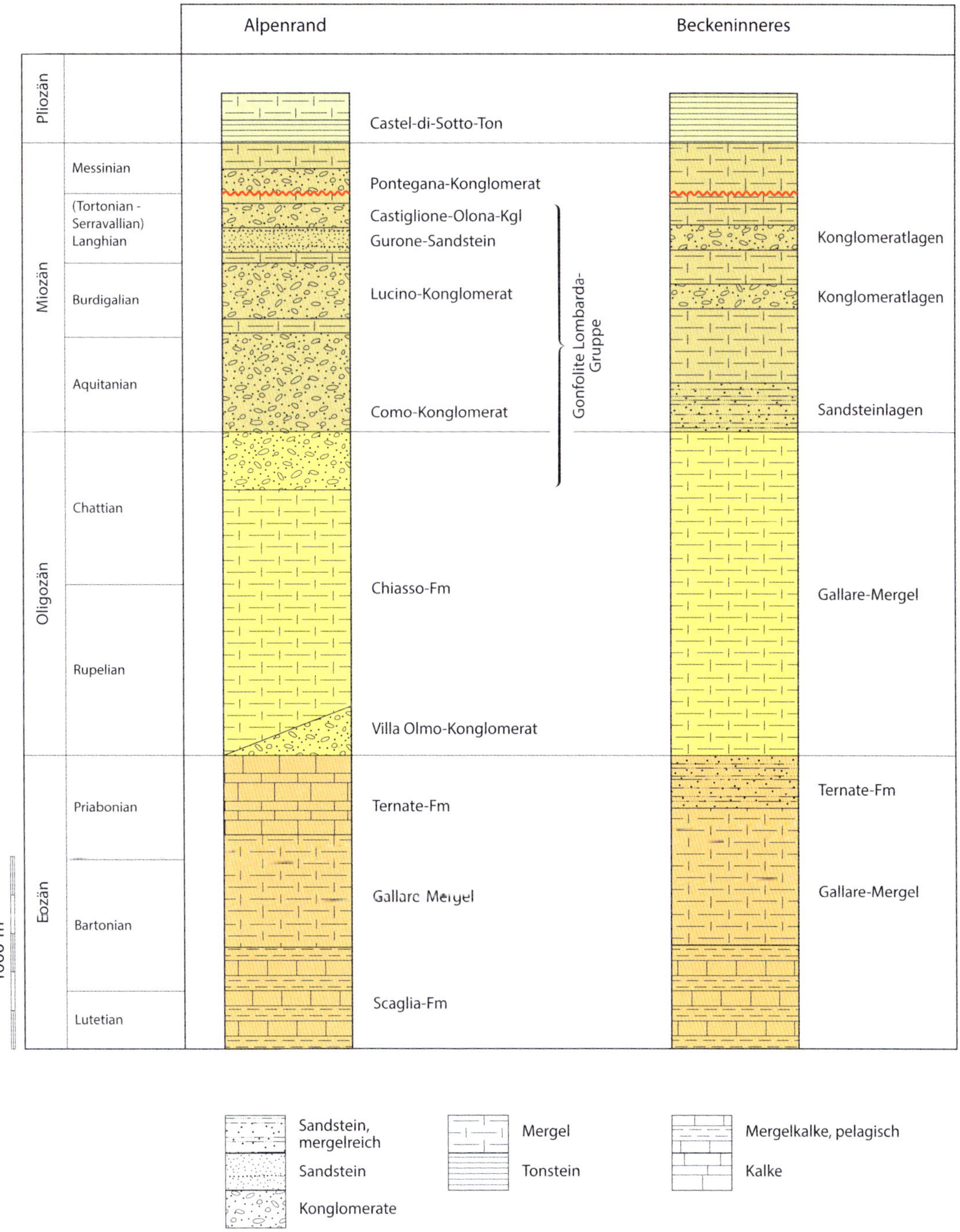

4-9 Die Sedimentabfolgen im Po-Becken. Zusammengestellt nach Gunzenhauser (1985) und Garzanti & Malusà (2008).

se Schüttungen im Mittelmiozän; eine Ausnahme machen die Jura-Nagelfluhen der Ajoie, für die ein spätmiozänes Alter bestimmt werden konnte. Die känozoischen Sedimente stehen in direktem Zusammenhang mit der Faltung des Juras. Sie werden deshalb in einem späteren Kapitel näher diskutiert.

4.7 Intramontane Senken

Zwei intramontane Senken bildeten sich ab dem Miozän am östlichen Ende der Ostalpen, das Wiener Becken im Norden und das Steirische Becken im Süden (vergleiche Steininger & Wessely 2000 und Hamilton et al. 2000 für eine ausführliche Diskussion).

Im Falle des **Wiener Beckens** erfolgte der Einbruch im Frühmiozän (Burdigalian) und war durch synsedimentäre Abschiebungen bedingt. Die Subsidenz erfolgte im späten Badenian (vor 14 bis 13 Millionen Jahren) und betrug 2000 Meter. Insgesamt war die Absenkung jedoch größer als 5000 Meter. Im Frühmiozän herrschten marine Bedingungen im nördlichen Teil des Beckens, mit Ablagerung von Sandsteinen und Mergeln. Im südlichsten Teil wurden aus Südwesten, von den Alpen her, fluviatile Konglomerate geschüttet. Marine Sedimentationsbedingungen dominierten im Mittelmiozän, wobei diese von tiefmarin (mit Mergeln und Sandsteinen) bis neritisch (mit Lithothamnienkalken und lokal Konglomeraten) reichten. Ab Ende Mittelmiozän wurden die Bedingungen zunehmend brackisch, und im Spätmiozän war das Becken mit Süßwasserablagerungen aufgefüllt.

Im **Steirischen Becken** fand der Einbruch erst im frühen Mittelmiozän statt. Abgelagert wurde eine syn-rift-Sequenz mit lakustrischen Sedimenten, mächtigen fluviatilen Klastika und marinen Sedimenten. Hinzu kam eine erste Serie von Vulkaniten andesitischer Zusammensetzung, die in der Zeitspanne vor 17 bis 13 Millionen Jahren vor heute gefördert wurde. Marine post-rift-Sedimentation charakterisiert das Mittel- und Spätmiozän. Limnisch-fluviatile Sedimente markieren die vollständige Auffüllung des Beckens Ende Miozän. Insgesamt lagerten sich im Steirischen Becken etwa 4000 Meter Sedimente ab. Im Pliozän wurde das Becken dann invertiert. Neben Erosion kam es dabei auch zur Förderung einer zweiten Serie von Vulkaniten, diesmal mit basaltischer Zusammensetzung.

4.8 Intrusivgesteine und Vulkanite

Längs des periadriatischen Bruchsystems ist eine ganze Reihe von größeren und kleineren Plutonen in die Gesteine unmittelbar neben den Bruchflächen eingedrungen. Daneben sind auch zahlreiche Schwärme von Gängen in einem breiteren Gürtel längs dieses Bruchsystems aufgeschlossen. Rosenberg (2004) gibt eine Gesamtschau dieses Magmatismus, insbesondere auch eine Diskussion der Mechanismen der Platznahme der Plutone. Die folgende Darstellung stützt sich auf diese Arbeit und die darin zitierte Literatur. Die regionale Verbreitung dieser känozoischen Magmatika und deren Zusammenhang mit dem periadriatischen Bruchsystem offenbart sich in Abb. 4-10, die auf Rosenberg (2004) basiert.

Periadriatische Plutone

Nach Rosenberg (2004) erfolgte die Platznahme der **Plutone** in einem transpressiven Regime längs des periadriatischen Bruchsystems und innerhalb eines kurzen Zeitintervalls zwischen 42 Millionen Jahren (mittleres Eozän) und

28 Millionen Jahren (frühes Oligozän) vor heute. Diese Zeitspanne verkürzt sich auf das frühe Oligozän, auf 34 bis 28 Millionen Jahre vor heute, wenn man den südlichen Teil des Adamello-Plutons nicht in Betracht zieht. Dies bedeutet eine nahezu synchrone Intrusion über eine Distanz von 700 Kilometern entlang des gesamten periadriatischen Bruchsystems. Letzteres war während dieser Zeitspanne als dextrale Seitenverschiebung und steile Aufschiebung aktiv.

Alle Plutone gehören der kalkalkalinen Serie an und sind vom I-Typ (Rosenberg 2004), also Produkt intrusiver Schmelzen. Die Isotopenverhältnisse zeigen eine Mischung von Mantel- und Krustensignatur. Offenbar sind Mantelschmelzen vermischt mit partiell aufgeschmolzener mafischer Unterkruste und am Ende fraktionierte Kristallisation verantwortlich für die Entstehung von dioritischen, tonalitischen, granodioritischen und granitischen Schmelzen. Die Plutone setzen sich entsprechend hauptsächlich aus Tonaliten und Granodioriten zusammen. Gabbros, Diorite und Granite sind zwar meist auch vorhanden, aber in untergeordneten Mengen.

Aufgrund extremer Anreicherungen von Cr-, Ni-, Sr- und Nd-Isotopen kann davon ausgegangen werden, dass die Schmelzen nicht in der konvektierenden Asthenosphäre, sondern im lithosphärischen Mantel entstanden, und zwar in einer Tiefe von mindestens 40 bis 50 Kilometern. Da in einigen Fällen die obersten Teile der Plutone in einer seichten Tiefe von fünf bis zehn Kilometern erstarrten, muss ein Magmaaufstieg von über 30 Kilometern angenommen werden. Die Platznahmemechanismen der Plutone variierten von Ort zu Ort (vgl. Rosenberg 2004 und dort zitierte Literatur). Vorgeschlagen wurden Calderasubsidenz (Biella-Pluton), „Ballooning“ (Adamello- und Bregaglia-Pluton), Stoping (Adamello-Pluton) und Aufstemmung (Rieserferner- und Karawanken-Plutone). Abb. 4-11 zeigt die geometrischen Beziehungen der Plutonite mit dem Nebengestein am Beispiel der Bregaglia-Intrusion.

Die **Gänge** haben eine ähnliche Zusammensetzung wie die Plutone. Ihre Verteilung in einem bis über 50 Kilometer breiten Gürtel beidseits der Plutone lässt vermuten, dass die Schmelzen im lithosphärischen Mantel in einem größerflächigen Bereich auftraten und nicht nur unmittelbar unterhalb der Plutone. Dies, zusammen mit den Kontaktbeziehungen der Plutone zum Nebengestein, erklärt sich nach Rosenbeerg (2004) nur dadurch, dass der Aufstieg des Magmas konzentriert längs des aktiven periadriatischen Bruchsystems erfolgte. Bleibt die Frage, weshalb es überhaupt zur Aufschmelzung kam. Von Blanckenburg & Davis (1995) postulierten, dass das Abbrechen des subduzierten Teils der europäischen Platte zu einer Aufströmung von asthenosphärischem Mantel in die sich öffnende Lücke führte. Die damit assoziierte Aufwärmung des lithosphärischen Mantels der adriatischen Platte hätte dort zu Aufschmelzung geführt. Dieser Mechanismus erklärt aber die Verbreitung der Gangschwärme über größere Distanzen schlecht.

In Zusammenhang mit dem Nordhelvetischen Flysch wurde der andesitische Vulkanismus diskutiert, der sich im Spektrum der klastischen Komponenten äußert. Flyschsedimentation und Gangschwärme sind möglicherweise gleich alt (für viele Gänge wird aus der ähnlichen Zusammensetzung auf ein oligozänes Alter geschlossen). Man könnte sich deshalb fragen, ob die

▶ **4-10 Tektonische Karte der Alpen mit der Verteilung der periadriatischen Intrusiva und der Gangschwärme** (basierend auf Rosenberg, 2004) sowie der Vulkanite im nordalpinen Vorland.

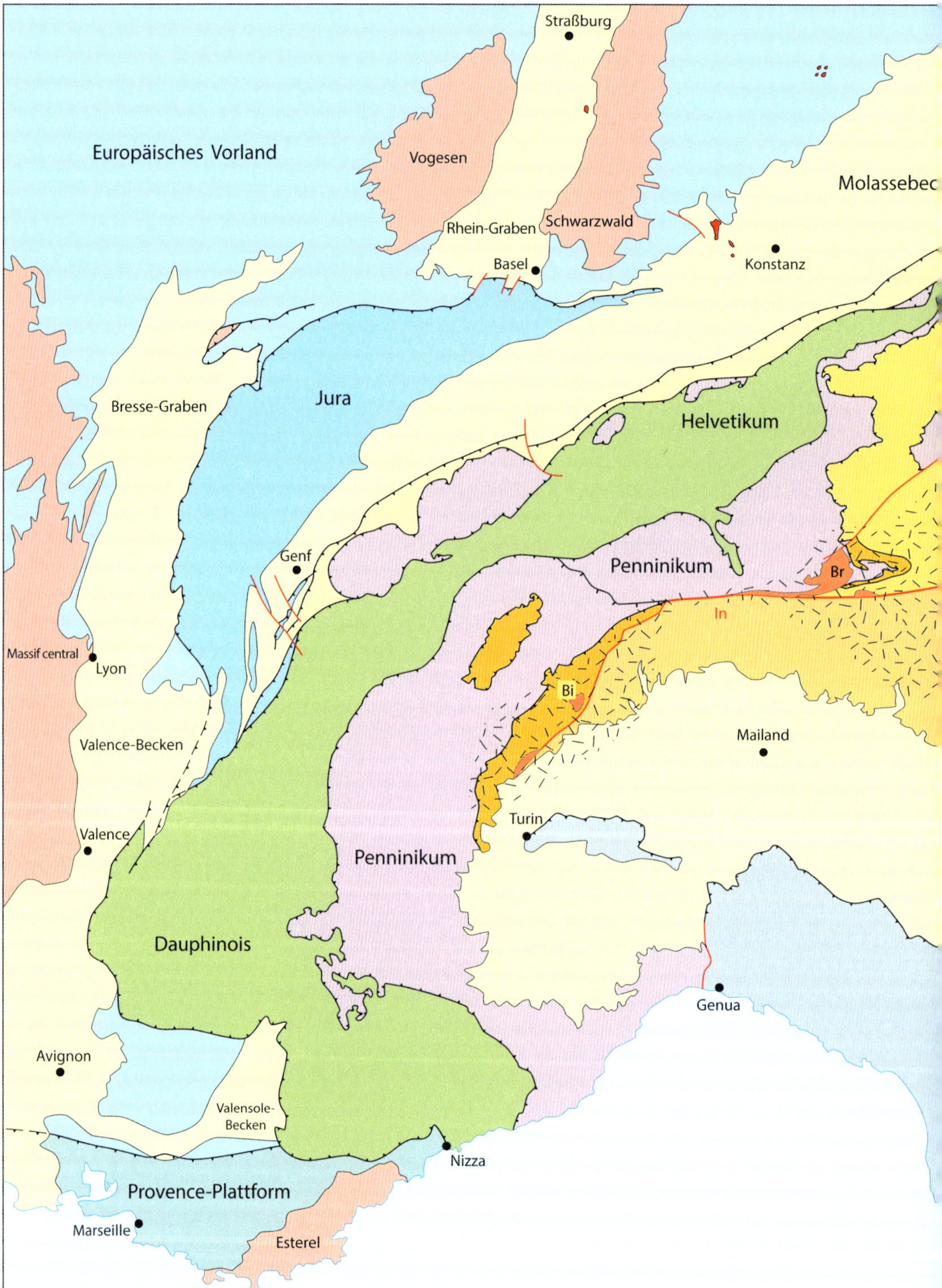
Straßburg
Europäisches Vorland
Vogesen
Molassebec
Rhein-Graben
Schwarzwald
Basel
Konstanz
Jura
Bresse-Graben
Helvetikum
Genf
Penninikum
Br
In
Massif central
Lyon
Bi
Valence-Becken
Mailand
Turin
Valence
Penninikum
Dauphinois
Genua
Avignon
Valensole-Becken
Nizza
Provence-Plattform
Marseille
Esterel

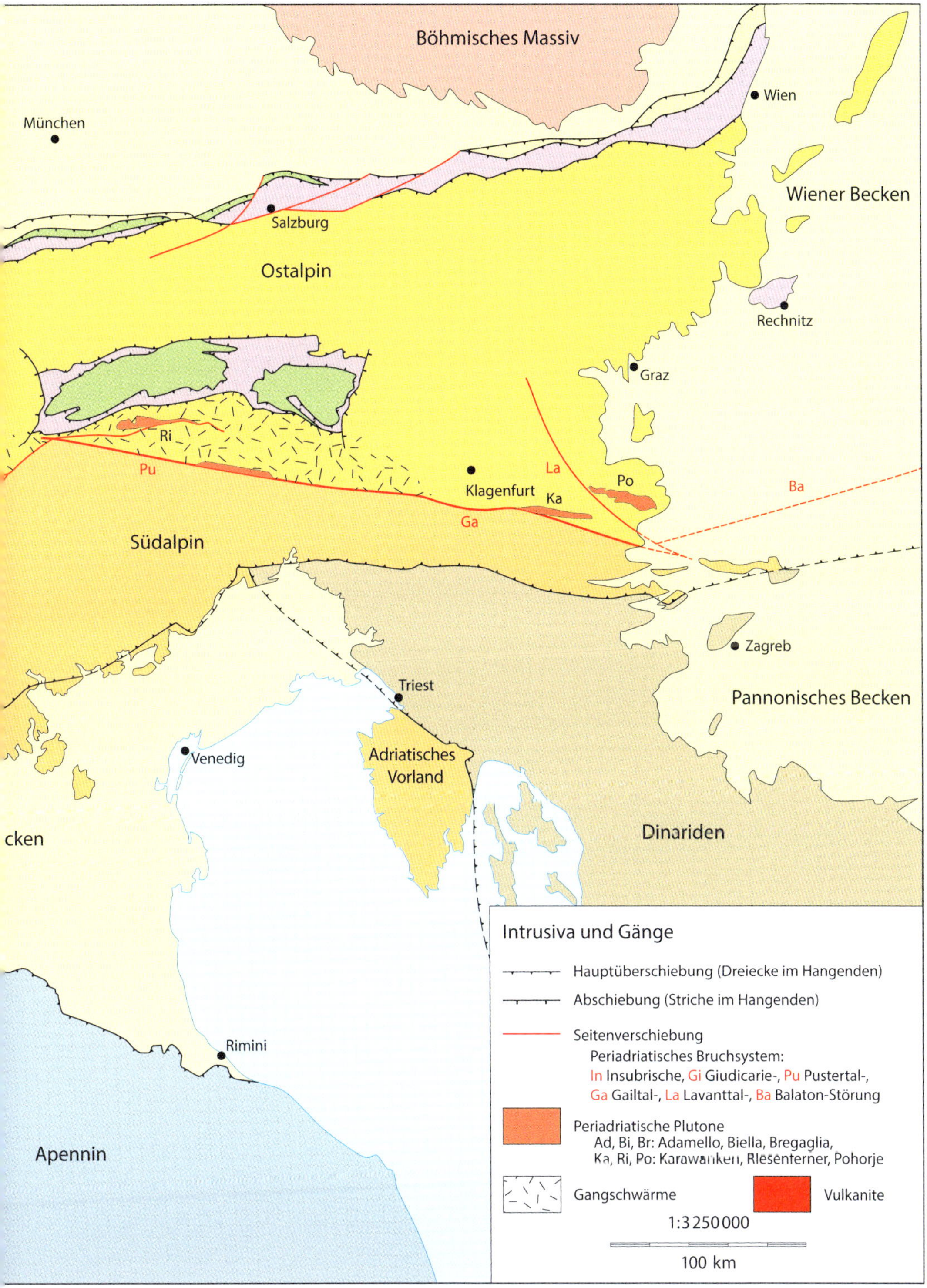
Böhmisches Massiv
München
Wien
Wiener Becken
Salzburg
Ostalpin
Rechnitz
Graz
Ri
Pu
La
Po
Ba
Klagenfurt
Ka
Ga
Südalpin
Zagreb
Triest
Pannonisches Becken
Venedig
Adriatisches Vorland
cken
Dinariden
Rimini
Apennin
Intrusiva und Gänge
Hauptüberschiebung (Dreiecke im Hangenden)
Abschiebung (Striche im Hangenden)
Seitenverschiebung
Periadriatisches Bruchsystem:
In Insubrische, Gi Giudicarie-, Pu Pustertal-,
Ga Gailtal-, La Lavanttal-, Ba Balaton-Störung
Periadriatische Plutone
Ad, Bi, Br: Adamello, Biella, Bregaglia,
Ka, Ri, Po: Karawanken, Riesenferner, Pohorje
Gangschwärme
Vulkanite
1:3250000
100 km

4-11 Profilschnitt durch die Bregaglia-Intrusion. Umgezeichnet nach Rosenberg (2004).

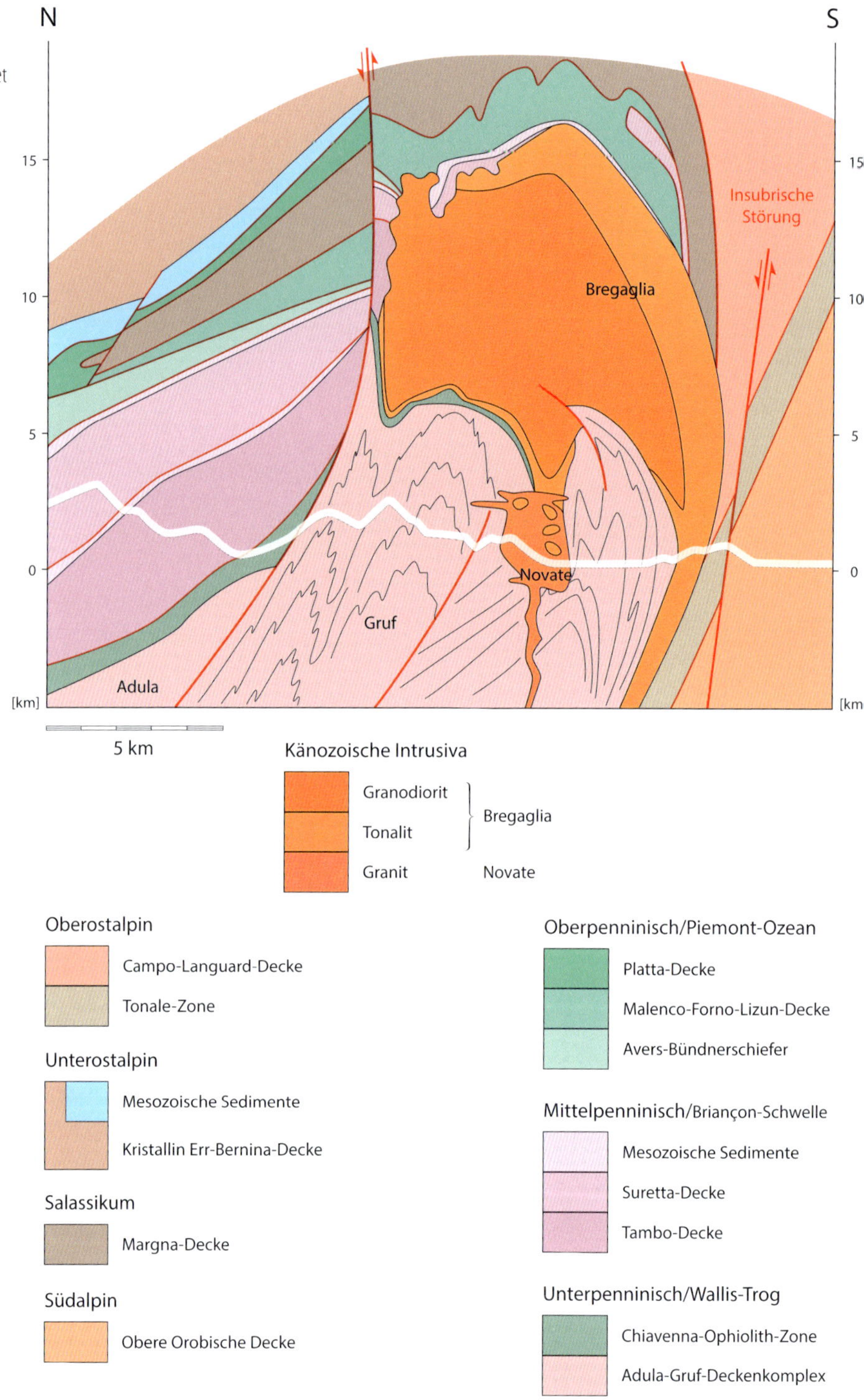

Gangschwärme Fördergänge dieses **Taveyannaz-Vulkanismus** sein könnten. Die heutige Distanz zwischen Nordrand der Gangschwärme und Flyschvorkommen beträgt etwa 70 Kilometer. Die Verkürzung im Helvetikum nach der Flyschbildung hat die ursprüngliche Distanz noch verkürzt. Somit ist das potenzielle Liefergebiet von andesitischem Material sehr weit weg vom Flyschtrog. Man ist deshalb weiterhin gezwungen, den Taveyannaz-Vulkanismus südwestlich des Flyschtrogs, aber nordwestlich der Gangschwärme zu vermuten. Die Unterlage dieser Vulkane bestand aus heute erodierten ostalpinen Decken. Die Fördergänge müssen aber auch die (schon damals) darunter liegenden penninischen Decken und das Helvetikum durchschlagen haben. Gemäß des für diese Zeit rekonstruierten Profilschnitts (vgl. Abb. 6-12) könnten diese Fördergänge im Bereich des südlichsten Aar-Massivs gesucht werden, ein Bereich, der heute vom Gotthard-Massiv überschoben und somit der direkten Beobachtung nicht zugänglich ist.

Neben den periadriatischen Plutonen und den Gangschwärmen ist aber auch der **außeralpine Vulkanismus** zu erwähnen. Dieser bildet einen vulkanischen Gürtel in Mitteleuropa, der sich über mehrere 100 Kilometer vom Massif Central bis zum Egergraben auf der Außenseite des Alpenbogens erstreckt. Die vulkanische Aktivität begann in der Kreide (vor 110 Millionen Jahren) und dauerte bis ins Holozän (11 000 Jahre; vgl. Franke 1992). Obschon einige Vulkane, wie etwa der Kaiserstuhl im Oberrheingraben, in Riftstrukturen vorkommen, gibt es nach Franke (1992) keine Korrelation zwischen Rifting und Vulkanismus, wenn man den gesamten vulkanischen Gürtel betrachtet. Geochemisch ist der Vulkanismus als Intraplattenvulkanismus zu deuten. Die magmatische Aktivität dürfte auf den Prozess des Asthenosphären-upwellings zurückzuführen sein. Die Diatreme müssen als explosionsartige Ausbrüche gedeutet werden, die ihren Ursprung in mehr als hundert Kilometern Tiefe hatten und die gesamte Kruste durchschlugen.

In der Schwäbischen Alb, also gerade nördlich ans westliche Molassebecken angrenzend, fällt der Höhepunkt der vulkanischen Aktivität nach Keller (1984) in die Zeit zwischen 15 und 7 Millionen Jahre vor heute (mittleres bis spätes Miozän). Die Olivin-Melilithe dort sind als undifferenzierte primäre Magmen zu interpretieren (Keller 1984 und Literatur darin), die in großer Tiefe entstanden. Demgegenüber sind die verbreiteten Phonolithe (Alter 9,5 bis 7 Millionen Jahre) als fraktionierte Schmelzen anzusehen. Die Deckentuffe (15 bis 12 Millionen Jahre), zu denen auch die Schlotfüllungen zählen, enthalten Mantelxenolithe und entstanden ebenfalls in großer Tiefe. Insgesamt sind über 300 Schlote zu verzeichnen. Sie sind in einer „grabenartigen Struktur" als Streifen angeordnet, ausgehend vom Kaiserstuhlvulkan im Oberrheingraben in Richtung Südosten (Keller 1984).

Der Kaiserstuhl im Oberrheingraben stellt einen größeren Vulkankomplex dar (Keller 1984 und dort angeführte Literatur), der in etwa über der Mantelaufwölbung des Oberrheingrabens sitzt (Alter 18 bis 13 Millionen Jahre). Auch hier sind primäre Mantelschmelzen nachzuweisen (Olivin-Nephelinite und Tephrite-Essexite). Fraktionierung führte zur Bildung von Phonolithen (differenzierte Tephritschmelzen) und schließlich zu Bergalithen und Karbonatiten.

4.9 Paläogeografische und tektonische Entwicklung

Die känozoischen Sedimente in und rund um die Alpen wurden in eng begrenzten Sedimentbecken abgelagert. Diese Becken veränderten ihre Lage, Form und Tiefe in Abhängigkeit der tektonischen Vorgänge der Bildung der Alpen. Die Entwicklung dieser Sedimentbecken lässt sich am besten anhand einer chronologischen Reihe von paläogeografischen Kartenskizzen erläutern. Diese Karten sind mit Unsicherheiten behaftet, denn die ursprüngliche relative Lage einzelner Krustenblöcke ist nur ungefähr bekannt, in einigen Fällen muss sie geschätzt werden. Als Anhaltspunkte sind in allen Karten die wichtigeren Kristallinblöcke, d. h. Externmassive und alpine Kristallindecken, in ihren heutigen Umrissen angedeutet. Aus deren sich ändernden Relativpositionen können die abgelaufenen Bewegungen abgelesen werden. Die paläogeografischen Karten wurden für die Zeitpunkte vor 90 (späte Kreide/Turonian), 55 (frühes Eozän/Ypresian), 35 (Wende Eozän-Oligozän/Priabonian-Rupelian) und 25 Millionen Jahren (spätes Oligozän/Chattian) konstruiert.

Abb. 4-12 zeigt die paläogeografische Situation im **Turonian** (späte Kreide) vor 90 Millionen Jahren. Im nordalpinen Vorland sowie im Helvetikum und Dauphinois werden zu dieser Zeit auf dem europäischen Schelf pelagische Kalke abgelagert. Im Südwesten wird die mesozoische Serie durch eine NS-gerichtete Kompression, die mit der Bildung der Pyrenäen zusammenhängt, deformiert. Dies ist in Abb. 4-12 symbolisch durch eine nordvergente Überschiebung am Nordrand der Provence-Plattform angedeutet. Die frühere Einsenkung des vokontischen Trogs dürfte um diese Zeit nicht mehr aktiv gewesen sein. Aber die Gliederung im Penninikum zeigt sich weiterhin an der Art der Sedimente. Im Wallis-Trog wurden die mächtigen, teilweise sandigen und mergeligen Kalke und Mergel des Prättigau-Flyschs (bzw. des „Präflyschs") und des Rhenodanubischen Flyschs abgelagert. Wie bereits erwähnt, stellen diese Sedimente einen Übergang zwischen den jurassisch-kretazischen Bündnerschiefern und dem paläogenen Prättigau-Flysch dar. Demgegenüber lagerten sich auf der Briançon-Schwelle pelagische Mergelkalke ab. Im Bereiche des Piemont-Ozeans bildeten sich die älteren südpenninischen Flyschbecken vor den vorrückenden alpinen Decken. Die Schüttungen im Gets-, Simme- und Arblatsch-Flysch erfolgten aus Südosten, von den sich heraushebenden Alpen her. Im Falle des nordpenninischen Rhenodanubischen Flyschs erfolgte die Schüttung aus Nordosten. Offenbar war die Briançon-Schwelle zu dieser Zeit abgesenkt und vollständig überflutet, sodass sie nicht als Liefergebiet von Detritus wirken konnte. Innerhalb des werdenden Orogens entstanden zu dieser Zeit eine Reihe von kleinen intramontanen Senken, die Gosau-Becken. In diesen sammelte sich der Schutt aus den unmittelbar benachbarten Gebieten. Die Verbandsverhältnisse machen klar, dass diese Sedimentation parallel zu aktiver Überschiebungstektonik erfolgte (Ortner 2001), ein Punkt, auf den später noch einzugehen ist. Auf der Südseite des Orogens wurde der Lombardische Flysch geschüttet. Liefergebiet hierfür waren die Alpen. Der Bereich des Ostalpins in Abb. 4-12 war durch die kretazische Gebirgsbildung mehr oder weniger gesamthaft herausgehoben worden und der subaerischen Erosion unterworfen. Diese Gebirgsbildung war, wie später diskutiert, eine Folge der konvergenten Plattenbewegung zwischen der eurasischen und der afrikanischen bzw. adriatischen Platte. Dabei kam es zur Subduktion des Piemont-Ozeans unter den adriatischen Kontinentalrand. Hochdruck-Metamorphosealter aus ostalpinen Gesteinen beweisen, dass vor 90 Millionen Jahren Gesteinspakete in der Subduktionszone bereits in große Tiefen versenkt waren (Oberhänsli et al. 2004, Berger & Bousquet 2008). Die Subduktionszone ist in Abb. 4-12 symbolisch mit der Überschiebung an der Grenze zwischen dem (restlichen) Piemont-Ozean und dem Ostalpin angedeutet.

Im frühen Eozän, vor 55 Millionen Jahren, hatte sich die Verteilung von Land und Wasser im alpinen Raum völlig verändert. Wie in Abb. 4-13 angedeutet, ist zwischen dem nördlichen Vorland und den werdenden Alpen nur ein isoliertes Becken zurückgeblieben. Es umfasste Teile des ehemaligen nordpenninischen Wallis-Trogs und des Helvetikums und Dauphinois. Im alpenwärtigen Teil dieses Beckens wurden der Gurnigel-Schlieren-Wägital-Flysch sowie der Prättigau- und der Niesen-Flysch abgelagert. Im nordwestlichen Teil des Beckens gelangten auf dem helvetischen Schelf die Kalke der Einsiedeln-Formation zum Absatz (Kempf & Pfiffner 2004). Die Beckenteile wurden durch Schwellenzonen begrenzt, von welchen her die Schüttungen des Niesen-Flyschs (Ackermann 1986) und des Prättigau-Flyschs (Nänny 1948) erfolgten. Am südwestlichen Ende des Beckens beobachtet man Konglomerate (Argens-Konglomerate), die Füllungen von Paläotälern darstellen (Sinclair 1997, Lickorish & Ford 1998). Die Schüttung erfolgte nach Lickorish & Ford (1998) aus dem Süden, den Paläo-Westalpen von Korsika. Die Nachbarschaft des Ausläufers der Pyrenäen, die Provence-Plattform, käme als Liefergebiet allenfalls ebenfalls in Betracht. Im Nordosten musste sich das Flyschbecken im Untergrund der heutigen ostalpinen Decken schließen, denn zwischen Salzburg und Wien herrschten zu dieser Zeit Festlandverhältnisse. Im Po-Becken herrschten pelagische Verhältnisse, angezeigt durch die Mergelkalke der Scaglia. Von den Dinariden her erfolgte eine Flyschschüttung in das Po-Becken (Doglioni & Bosellini 1987). Südgerichtete Überschiebungen waren möglicherweise noch im frühen Eozän im Südalpin der Alpen aktiv (Schönborn 1992). In den Paläo-Westalpen müssen linkssinnige Seitenverschiebungen angenommen werden, welche die nordgerichtete Bewegung der adriatischen Platte relativ zu Eurasien kompensierten.

Schließung des Piemont-Ozeans

Das nordpenninische Flyschbecken ist als ein Vorlandbecken des alpinen Orogens zu deuten, und zwar als ein sogenanntes „underfilled basin“. Die Senke widerspiegelt das Verbiegen des unter die adriatische Platte eintauchenden europäischen Plattenrands durch die Auflast der oberen Platte und des bereits bestehenden Gebirges. Infolge der elastischen Steifheit der europäischen Platte bildete sich durch die Verbiegung im nordwestlich gelegenen Vorland eine Aufwölbung. Dadurch wurden die mesozoischen Kalke des Vorlands der subaerischen Erosion ausgesetzt und verkarsteten. Vielerorts wurden die kretazischen Sedimente wegerodiert, sodass die jüngeren känozoischen Sedimente direkt auf die Malmkalke zu liegen kamen. Andererseits gerieten die Gesteine der abtauchenden europäischen Platte in der Subduktionszone in immer größere Tiefe. Die resultierende Metamorphose begann nun allmählich auch die Gesteine des distalsten euro-

▶ **4-12 Paläogeografische Karte des alpinen Raumes zur Zeit des Turonian** (vor 90 Millionen Jahren). Als geografische Orientierung sind die Umrisse der Kristallinschollen mit einer Form, wie sie auf einer heutigen Karte erscheinen, dargestellt. Die südpenninischen Flyschbecken bildeten schmale Tröge längs der Subduktionszone, an welcher der Piemont-Ozean unter den sich deformierenden adriatischen Kontinentalrand eintauchte. Die Gosau-Becken und der lombardische Flysch deuten auf die Präsenz eines Gebirges aus ostalpinen Einheiten. Pfeile geben die Schüttungsrichtungen an.

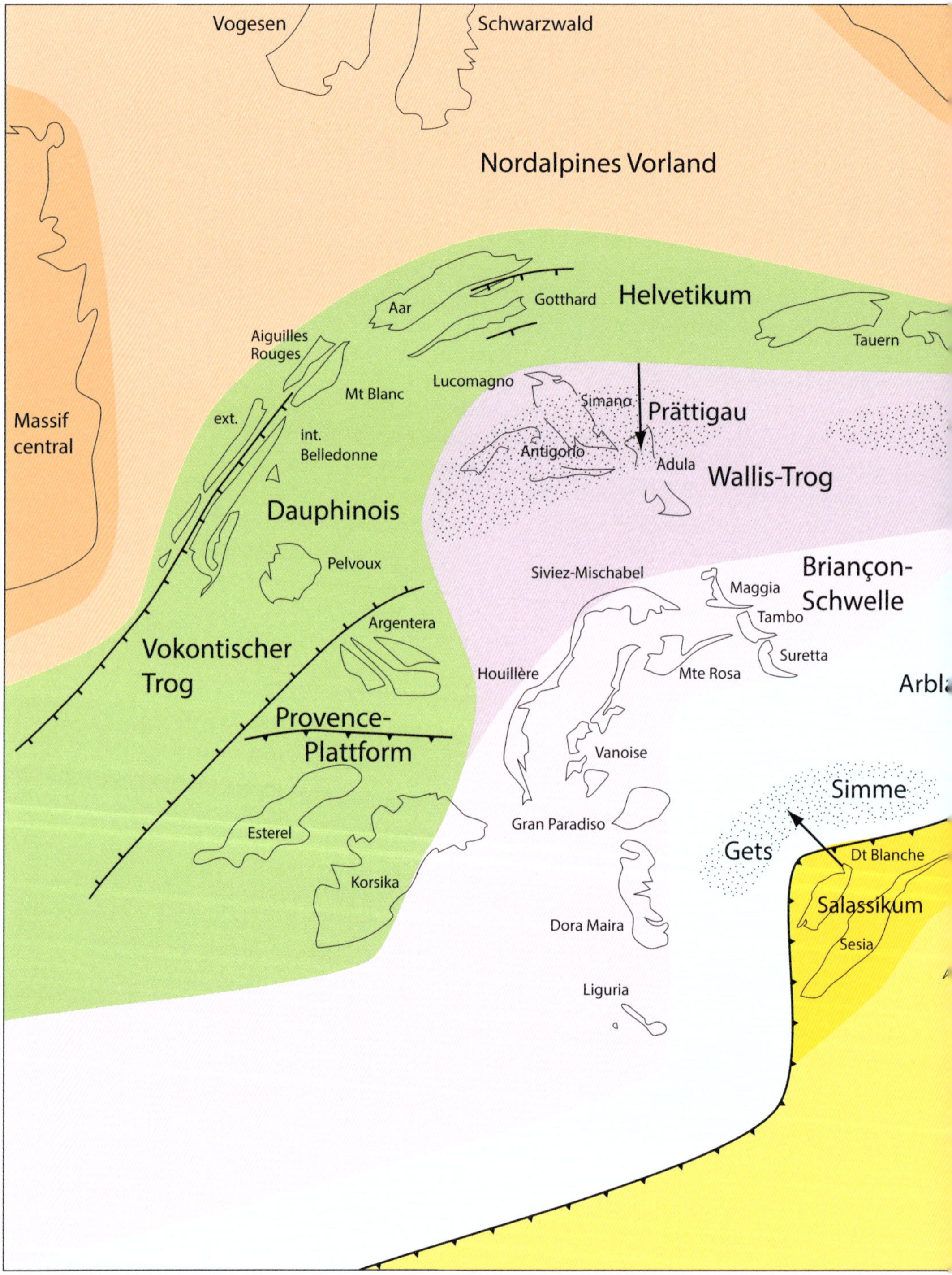

Vogesen
Schwarzwald
Nordalpines Vorland
Massif central
Aar
Gotthard
Helvetikum
Tauern
Aiguilles Rouges
Mt Blanc
Lucomagno
Simano
Prättigau
ext.
int.
Belledonne
Antigorio
Adula
Wallis-Trog
Dauphinois
Pelvoux
Siviez-Mischabel
Maggia
Briançon-Schwelle
Tambo
Argentera
Suretta
Vokontischer Trog
Houillère
Mte Rosa
Arbl
Provence-Plattform
Vanoise
Simme
Esterel
Gran Paradiso
Gets
Dt Blanche
Korsika
Salassikum
Sesia
Dora Maira
Liguria

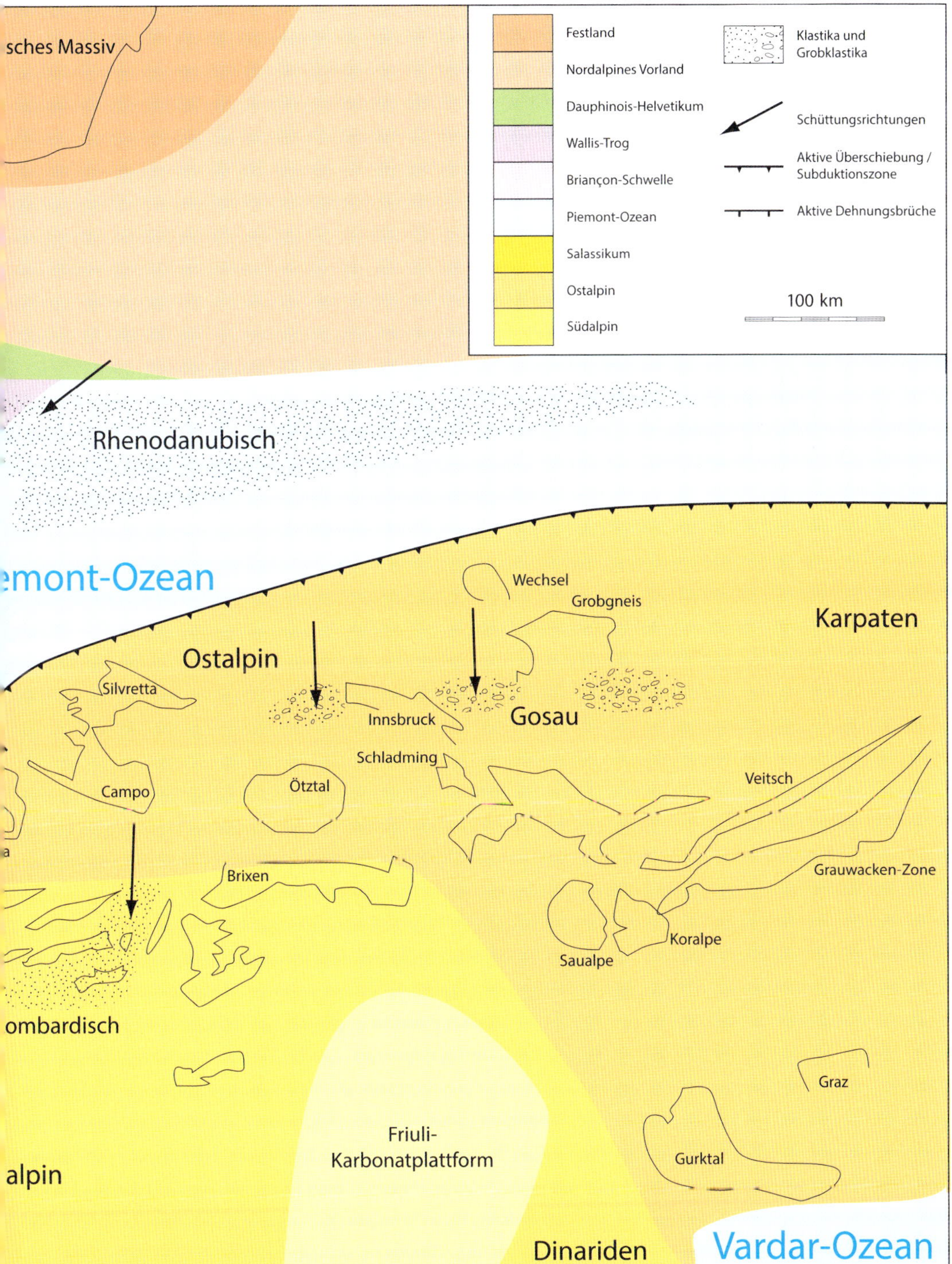
Festland
Nordalpines Vorland
Dauphinois-Helvetikum
Wallis-Trog
Briançon-Schwelle
Piemont-Ozean
Salassikum
Ostalpin
Südalpin
Klastika und Grobklastika
Schüttungsrichtungen
Aktive Überschiebung / Subduktionszone
Aktive Dehnungsbrüche
100 km
sches Massiv
Rhenodanubisch
emont-Ozean
Wechsel
Grobgneis
Karpaten
Ostalpin
Silvretta
Innsbruck
Gosau
Schladming
Campo
Ötztal
Veitsch
Brixen
Grauwacken-Zone
Koralpe
Saualpe
ombardisch
Graz
Friuli-Karbonatplattform
Gurktal
alpin
Dinariden
Vardar-Ozean

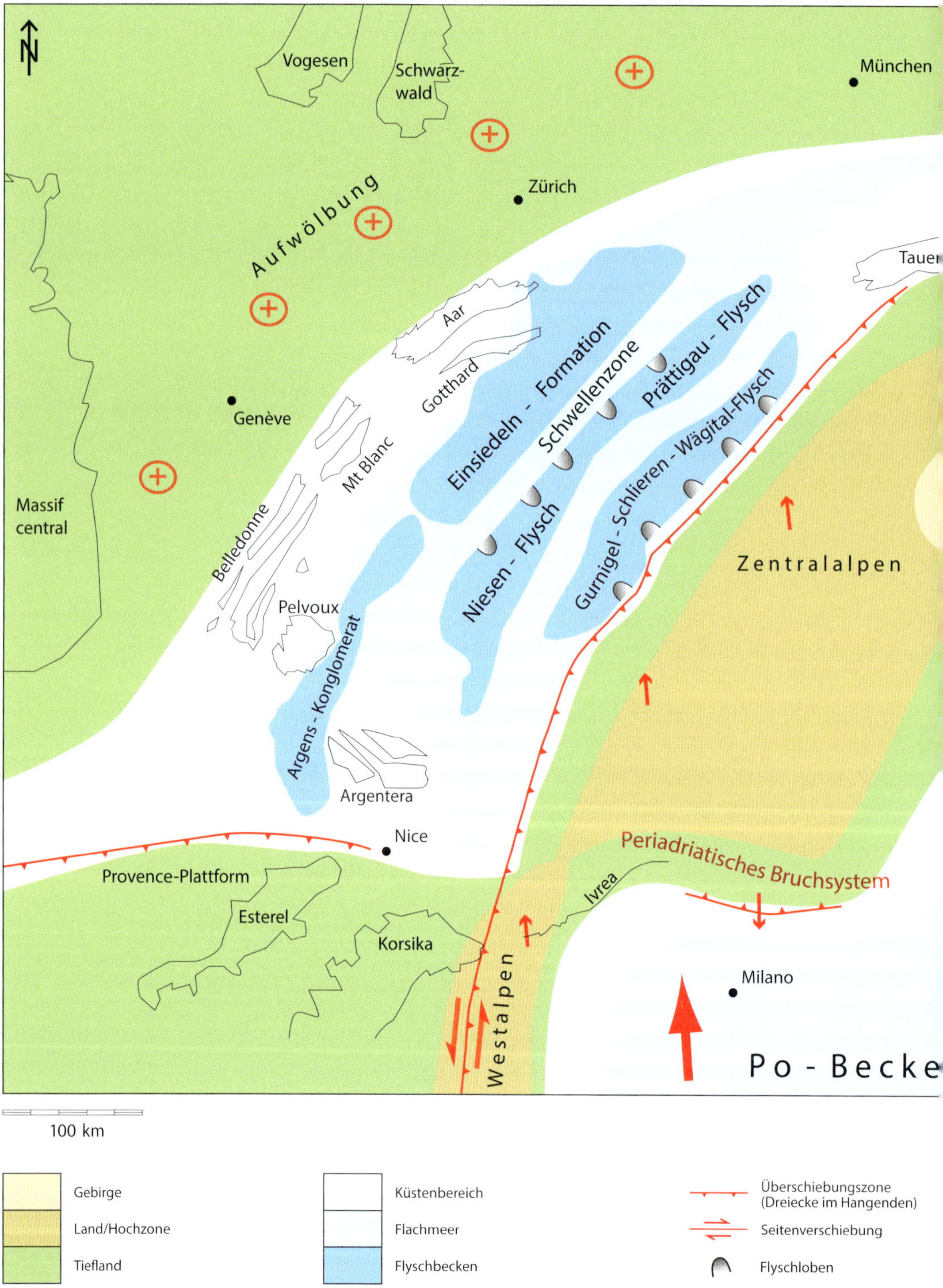
N
Vogesen
Schwarz-
wald
München
Zürich
Aufwölbung
Tauer
Aar
Gotthard
Einsiedeln - Formation
Schwellenzone
Prättigau - Flysch
Gurnigel - Schlieren - Wägital-Flysch
Niesen - Flysch
Genève
Mt Blanc
Massif
central
Belledonne
Pelvoux
Argens - Konglomerat
Zentralalpen
Argentera
Nice
Periadriatisches Bruchsystem
Provence-Plattform
Esterel
Ivrea
Korsika
Westalpen
Milano
Po - Becke
100 km
Gebirge
Land/Hochzone
Tiefland
Küstenbereich
Flachmeer
Flyschbecken
Überschiebungszone
(Dreiecke im Hangenden)
Seitenverschiebung
Flyschloben

päischen Rands, wie beispielsweise die Dora Maira-Decke, zu erfassen (vgl. Schwartz et al. 2007).

Der Wandel der Land-Wasser-Verteilung des alpinen Raums und seines Vorlands setzte sich weiter fort. Abb. 4-14 zeigt die Situation an der Wende Eozän/Oligozän vor 35 Millionen Jahren. Die Vorlandsenke im Norden hatte sich weiter nach Norden und Westen verlagert und reichte im Osten bis in die Gegend von Salzburg. Bei den Sedimenten, die in dieser Vorlandsenke abgelagert wurden, handelt es sich um mächtige Turbiditabfolgen. In den Zentralalpen werden sie dem Nordhelvetischen Flysch zugeordnet (Taveyannaz-Formation), in den Westalpen dem Annot-Sandstein. Die Turbidite wurden am alpennahen Beckenrand ausgelöst, die Strömungsrichtungen verliefen dann aber parallel zur Beckenachse. Es ist nicht klar, ob das Flyschbecken im Osten mit jenem im Westen direkt verbunden war oder ob im Bereich über dem künftigen Aar-Massiv eine seitliche Ablösung stattfand. Die Paläogeografie des südlichen Teils des Beckens (Argentera) beruht auf der Rekonstruktion von Sinclair (1997).

Um die Herkunft der andesitischen Komponenten und Gerölle im Flysch zu erklären, sind in Abb. 4-14 eine Reihe von Vulkanen angedeutet. Ihre genaue Lokation ist fraglich, muss aber den anteilmäßig wichtigen vulkanischen Detritus erklären. Die südlichen hypothetischen Vulkane wären in der Verlängerung des periadriatischen Bruchsystems gelegen. Wie oben diskutiert, dürfte dieses Bruchsystem die Wegsamkeit für den Aufstieg der Schmelzen verursacht haben. Eine westliche Fortsetzung des Bruchsystems Richtung Argentera für diesen Zeitabschnitt ist aber nicht nachweisbar. Für die nördliche Vulkanreihe in

◀ **4-13 Paläogeografische Karte des alpinen Raumes zur Zeit des frühen Eozäns (vor 55 Millionen Jahren).** Als geografische Orientierung sind die Umrisse der Kristallinschollen mit einer Form, wie sie auf einer heutigen Karte erscheinen, dargestellt. Die nordpenninischen Flyschbecken lagerten sich in einer Vorlandsenke ab, welche durch zwei Schwellenzonen unterteilt war und von denen der Detritus der Flysche stammt. Die einzelnen Flyschbecken waren schmale Tröge und endeten im Osten wie im Westen. Nördlich des Vorlandbeckens bestand eine großräumige Aufwölbung, auf welcher festländische Bedingungen herrschten.

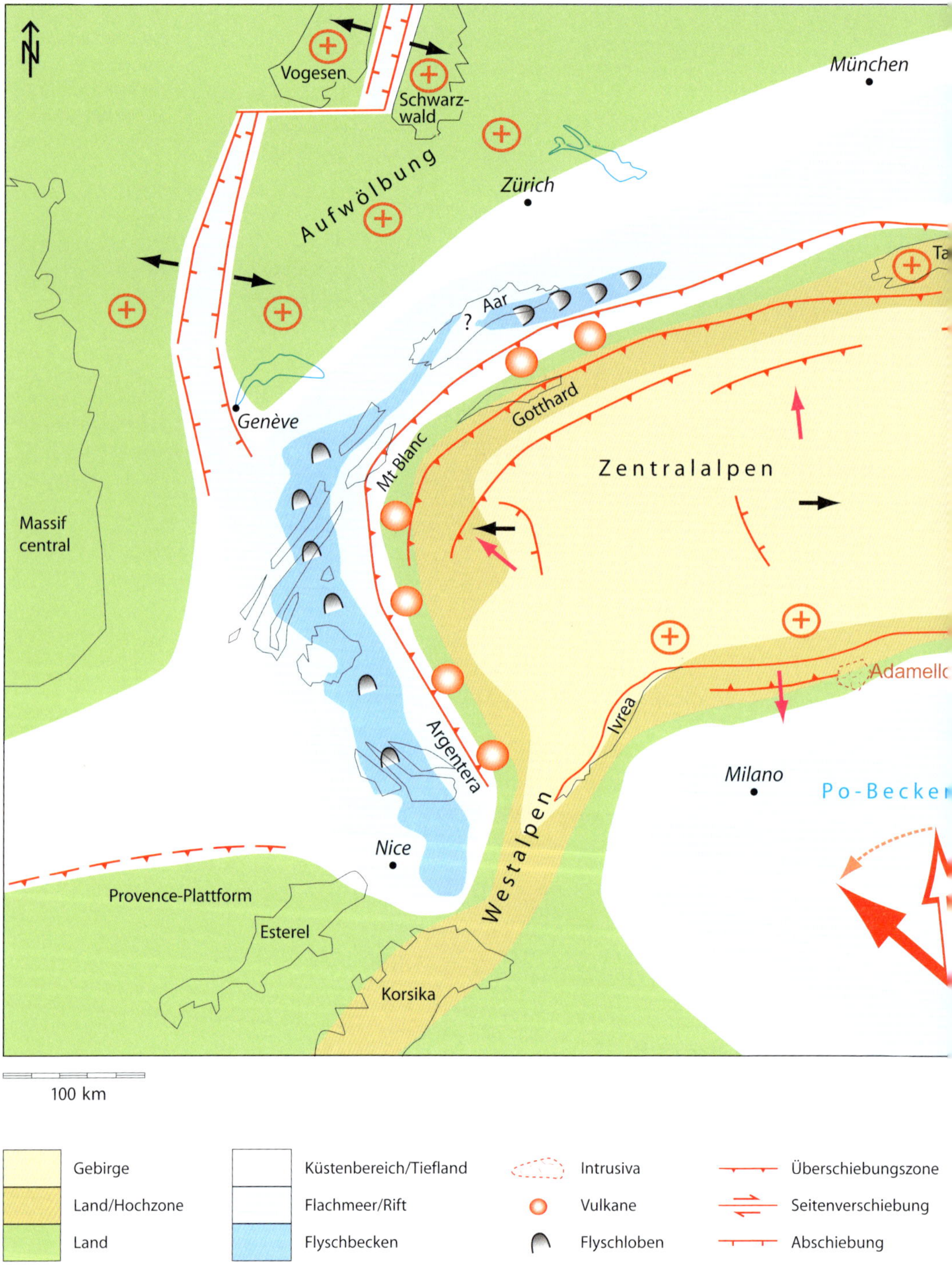
Vogesen
Schwarzwald
München
Aufwölbung
Zürich
Aar
?
Gotthard
Genève
Mt Blanc
Zentralalpen
Massif central
Adamello
Ivrea
Argentera
Milano
Po-Becken
Nice
Westalpen
Provence-Plattform
Esterel
Korsika
100 km
Gebirge
Land/Hochzone
Land
Küstenbereich/Tiefland
Flachmeer/Rift
Flyschbecken
Intrusiva
Vulkane
Flyschloben
Überschiebungszone
Seitenverschiebung
Abschiebung

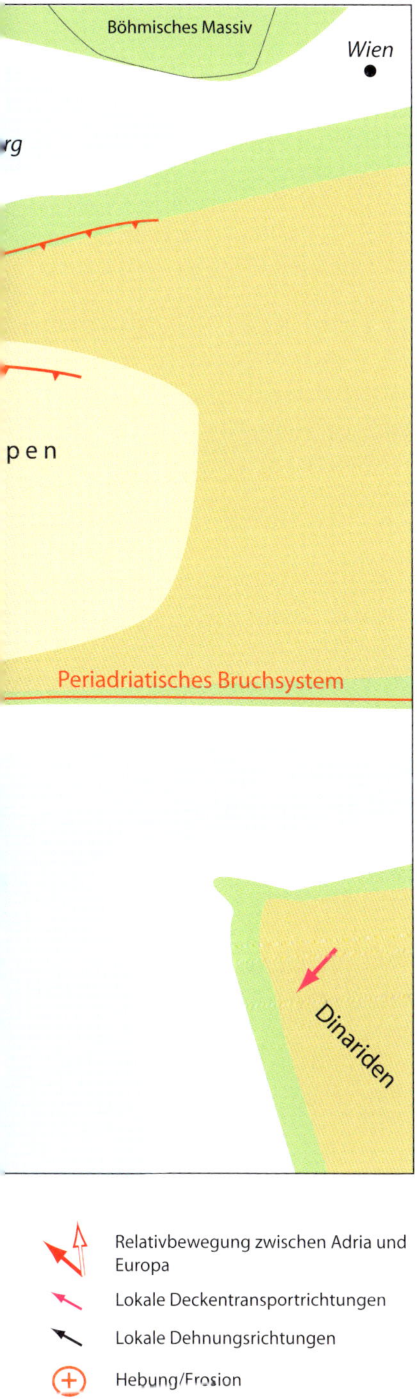

◀ **4-14 Paläogeografische Karte des alpinen Raumes zur Zeit der Wende Eozän-Oligozän (vor 35 Millionen Jahren).** Als geografische Orientierung sind die Umrisse der Kristallinschollen mit einer Form, wie sie auf einer heutigen Karte erscheinen, dargestellt. Der Nordhelvetische Flysch wurde in einem schmalen Trog im nördlichen und westlichen Vorland der Alpen abgelagert. Marine Bedingungen in diesem Vorlandbecken reichten bis in die Gegend von Salzburg.

Abb. 4-14 ist ein Zusammenhang mit diesem Bruchsystem unwahrscheinlich. Auch die oligozänen Gangschwärme (vgl. Abb. 4-10) sind relativ weit entfernt vom Flyschbecken. Schließlich können diese Vulkane auch nicht mit klassischem andesitischem Vulkanismus an einer Subduktionszone erklärt werden, denn die eozäne Subduktionszone erreichte die kritische Tiefe von 120 Kilometern erst in beträchtlicher Distanz vom inneren Rand des Flyschbeckens.

Am Südrand des alpinen Orogens erfolgten südgerichtete Überschiebungen im Bereich des Südalpins, und am periadriatischen Bruchsystem setzte eine steile südgerichtete Aufschiebung ein, begleitet von dextraler Seitenverschiebung. Es ist daher davon auszugehen, dass dieser südliche Teil der Zentralalpen zu dieser Zeit kräftig herausgehoben wurde. Die Oberflächengesteine in den damaligen Ost- und Zentralalpen bestanden hauptsächlich aus ostalpinen Gesteinen. Aber im Untergrund war der Deckenstapel des Pennikums schon weitgehend angelegt. In den Westalpen waren an der Oberfläche wahrscheinlich hauptsächlich südalpine Gesteinseinheiten aufgeschlossen. Der penninische Deckenstapel im Untergrund war aber ebenfalls bereits weitgehend vorhanden.

Im nördlichen Vorland setzten EW-gerichtete, distensive Bewegungen ein. Als Folge davon zerbrach der europäische Kontinentalrand, und es entwickelte sich ein NS-orientiertes Riftsystem. Im Norden war dies der Rhein-Graben (vgl. Schumacher 2002), der an einer Transferzone südlich der Vogesen seitlich versetzt in den Bresse-Graben überleitete (Ziegler 1992).

Im frühen Oligozän verlandete das Vorlandbecken nördlich der Zentralalpen. Aus dem „underfilled" Flyschbecken wurde ein „overfilled" Molassebecken. Wie in Abb. 4-15 ersichtlich, hatten sich mächtige Schuttfächer aufgebaut. Sie wurden von den Urflüssen der Alpen her geschüttet und progradierten, d. h., sie verlagerten sich langsam in Richtung Norden. Die Verlandung des Vorlandbeckens erfolgte aber nicht rein durch die Auffüllung durch die Flüsse, sondern war auch durch einen markanten Meeresspiegelabfall zu Beginn des Chattians mitgeprägt.

Deckenstapelung verlagerte das Vorlandbecken Richtung NW

Die Beckenachse hatte sich seit der Wende Eozän-Oligozän in zehn Millionen Jahren etwa 50 Kilometer nach Norden verschoben. Dies entspricht einer Geschwindigkeit von fünf Millimetern pro Jahr, was etwa der damaligen Konvergenzgeschwindigkeit der europäischen und adriatischen Platten entspricht. Die Entwässerung der Schuttfächer erfolgte damals in der Beckenachse nach Osten. Im Vorlandbecken der Ostalpen herrschten zwischen Wien und Salzburg weiterhin marine Verhältnisse. Wagner (1996) vermutet, dass auf der Länge von Salzburg eine Meeresstraße zwischen der Vorlandsenke und dem Po-Becken bestand (vgl. hierzu auch Steininger & Wessely 2000). Die känozoischen Sedimente im Unteren Inntal enthalten Konglomerate (Oberangerberg-Formation des Chattians), die aus Westen geschüttet wurden (Ortner & Stingle 2001) und somit eine Einbuchtung der Vorlandsenke nach Süden in die Ostalpen hinein andeuten. Aber in der Sedimentbedeckung des Tauern-Massivs südlich dieser Bucht sind absolut keine Anzeichen für känozoische Ablagerungen vorhanden. Interessanterweise enthalten die Konglomerate der Oberangerberg-Formation auch vulkanische Gerölle. Um diese Zeit ist die Phase der Intrusionen längs der periadriatischen Störungszone eben abgeschlossen (Rosenberg 2004). Der in Abb. 4-15 vermerkte Vulkan könnte das Liefergebiet für die vulkanischen Gerölle darstellen.

In den Zentralalpen war der Deckenbau mit nordvergenten Überschiebungen im Helvetikum und südvergenten im Südalpin voll im Gange. Im Penninikum erfolgten in dieser Zeit südvergente Rückaufschiebung und Rückfaltungen (Mischabel-Rückfalte, Steilstellung Gotthard und Rückfaltung und -aufschiebung am insubrischen Segment der periadriatischen Bruchzone). All diese Bewegungen mit horizontaler NS-gerichteter Verkürzung verursachten eine vertikale Krustenverdickung. Als Folge davon geriet einerseits die Krusten-Mantel-Grenze (Moho) in größere Tiefe und andererseits wurde die Landoberfläche gehoben, wodurch der Abtrag durch fließendes Wasser beschleunigt wurde. Als Anzeiger intensiven Abtrags kann das erste Auftreten von grobkörnigen Konglomeraten gelten. Die Kompilation von Pfiffner et al. (2002) deutet an, dass diese Schüttungen im Osten, im Speer-Schuttfächer, früher einsetzten und sukzessive nach Westen „wanderten" (vor 32 Millionen Jahren im Speer-, vor 25 Millionen Jahren im Pèlerin-Schuttfächer). Dies spricht dafür, dass auch die Reliefbildung in den Alpen sich von Ost nach West verlagerte. Interessanterweise zeigen auch die Abkühlalter in den Alpen an, dass die Exhumierung der Gesteine im Kern der Alpen nach dem gleichen Muster verlief. Im Chattian, vor 25 Millionen Jahren, zeigt sich rasche Hebung im Lepontin-Bereich östlich der Maggia-Querzone (in Abb. 4-15 mit einem + angedeutet). Die Maggia-Querzone selbst spielte als rechtssinnige Seitenverschiebung im Stockwerk der penninischen Kristallindecken. Später, im Miozän, verlagerte sich das Hebungsmaximum in die Toce-Region westlich der Maggia-Querzone. Pfiffner et al. (2002) führen diese Verlagerung der Hebung auf den Effekt des Ivrea-Körpers in der nordwestlichen Ecke der adriatischen Platte zurück. Der Ivrea-Körper wirkte als starrer Block, der in die europäische Platte hineingedrückt wurde. Gleichzeitig bewegte er sich längs des periadriatischen Bruchsystems in westlicher Richtung.

Von den Ostalpen wurden ebenfalls Konglomerate, die sogenannten Augensteine, geschüttet. Sie lagerten sich noch am Südufer des marinen Vorlandtrogs ab.

Auf der Südseite der Zentralalpen setzten mit den Konglomeraten der Gonfolite Lombarda im Chattian ebenfalls schlagartig grobklastische Schüttungen ein. Wie im Abschnitt 4.5 diskutiert, trugen dazu der Meeresspiegelabfall, welcher größere Bereiche mit bereitgestelltem Schutt freilegte, und die intensive Hebung im Bereiche des insubrischen Segments der periadriatischen Bruchzone bei. Die Klastika wurden in Canyons im tiefmarinen Bereich des Po-Beckens abgelagert. Der Begriff „Molasse" ist deshalb für die Gonfolite Lombarda nicht angezeigt. Die Resedimentation von Geröllen des Bregaglia-Plutons deutet auf eine sehr rasche Exhumationsrate von einem Millimeter pro Jahr, ein Betrag, der sich mit der oben erwähnten Konvergenzrate von fünf Millimetern pro Jahr vergleichen lässt.

Ein größeres Riftsystem durchbrach die europäische Platte im Vorland der Alpen und Pyrenäen. Die Anlage des Riftsystems erfolgte bereits im Eozän, als Reaktion auf die durch die Kollision verursachten Spannungen innerhalb der europäischen Platte. Eine eingehende Diskussion hierzu findet sich in Ziegler & Dèzes (2007). Im Vorland der Alpen sind der Rhein- und der Bresse-Graben Ausdruck dieses Riftsystems. Die beiden Gräben sind durch eine Transferzone südlich der Vogesen versetzt. Der Bresse-Graben leitet im Süden ins Valence-Becken und dieses ins Valensole-Becken über. Das Valence-Becken ist asymmetrisch, mit einer ganzen Anzahl von Abschiebungen, die den östlichen Block absenkten und lokale Senken mit großer Mächtigkeit von Sedimenten produzierten (Séranne 1999).

Im Süden der Alpen bildete sich langsam ein Rift zwischen Korsika und der Provence-Plattform (Esterel). Das Rift weitete sich anschließend rasch aus: Korsika rotierte im Gegenuhrzeigersinn weg von Esterel. In der Öffnung dazwischen bildete sich neue ozeanische Kruste, die heute den Untergrund des Ligurischen Meers ausmacht (Séranne 1999).

Zwischen Bresse-Graben und Molassebecken bestand zu dieser Zeit eine Hochzone im künftigen Juragebirge. Im südlichen Teil dieser Hochzone fanden wahrscheinlich bereits erste Faltungen statt. Dies wird, wie später diskutiert wird, durch Diskordanzen an der Basis der miozänen Sedimente angedeutet.

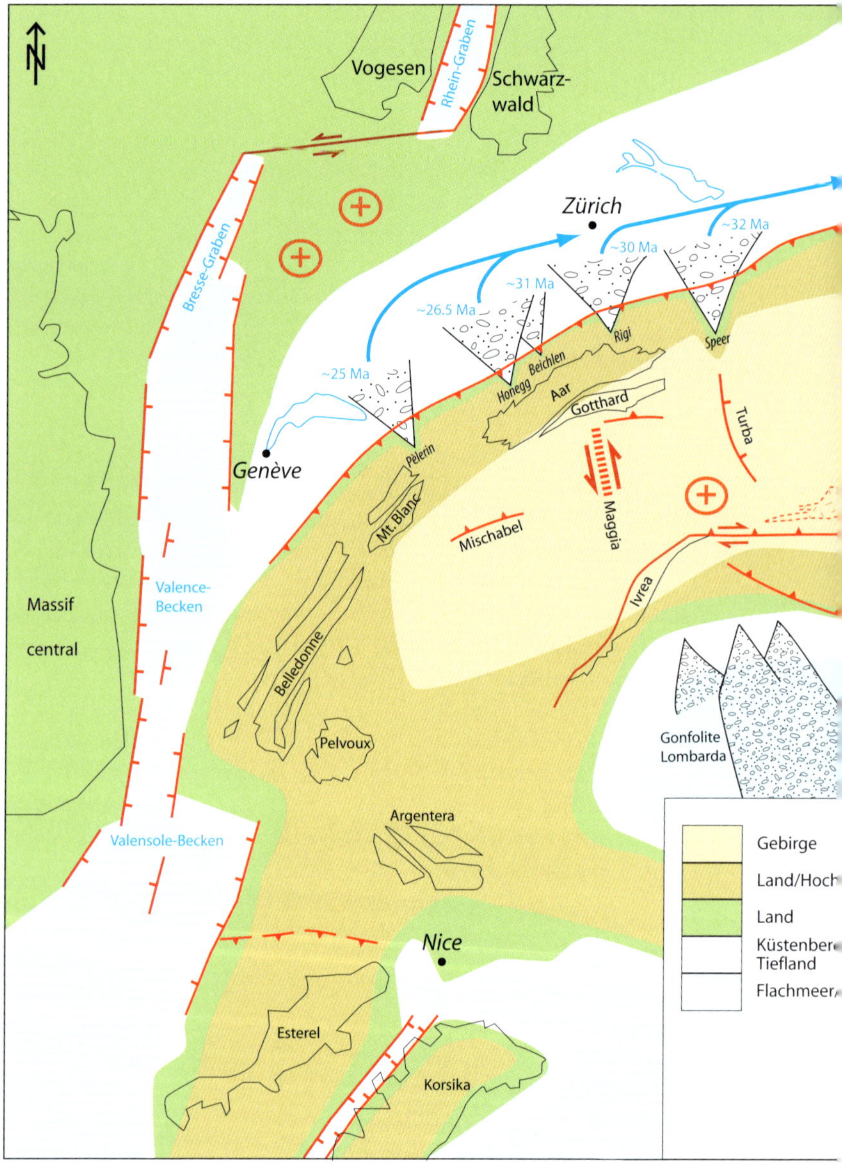

4-15 Paläogeografische Karte des alpinen Raumes zur Zeit des späten Oligozäns (vor 25 Millionen Jahren). Als geografische Orientierung sind die Umrisse der Kristallinschollen mit einer Form, wie sie auf einer heutigen Karte erscheinen, dargestellt. Kontinentale Bedingungen im zentral- und ostalpinen Vorland verursachten den Aufbau von mächtigen fluvialen Fächern, welche das Becken vollständig auffüllten. Marine Bedingungen im Vorlandbecken herrschten nur noch ganz im Osten, im Abschnitt Salzburg-Wien. Hier, wie auch im Po-Becken wurden riesige submarine Schuttfächer geschüttet. Marine Bedingungen herrschten auch in einem schmalen NS-orientierten Becken westlich der Westalpen (Valensole- und Valence-Becken), welches sich im Norden mit der Riftstruktur des Bresse- und Rhein-Grabens verbindete.

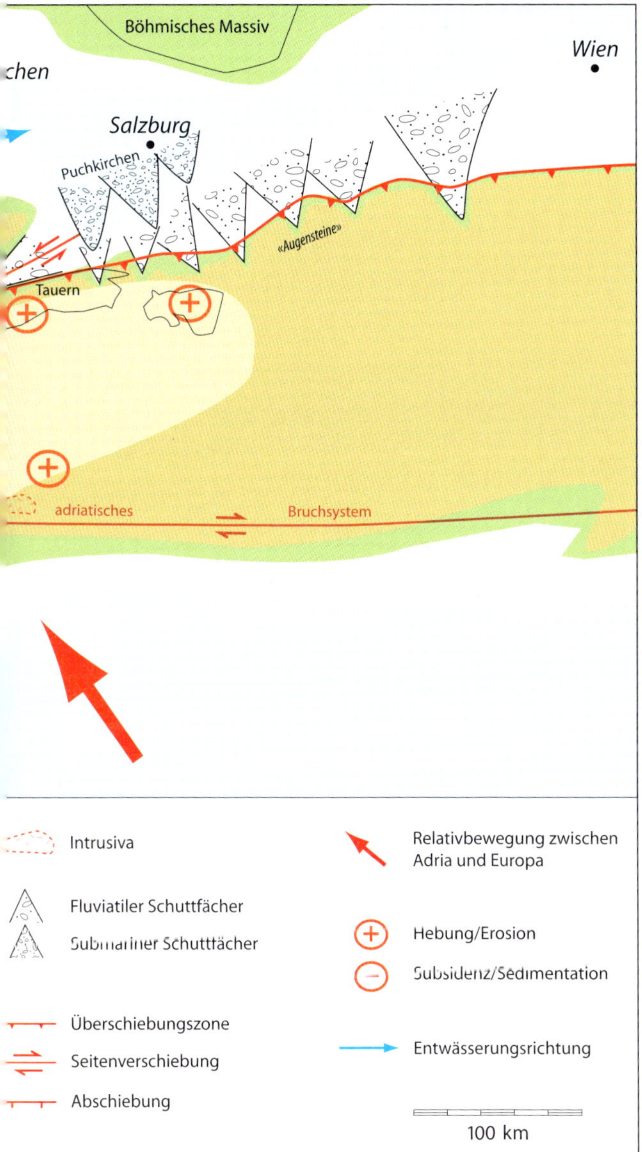
Böhmisches Massiv
Wien
chen
Salzburg
Puchkirchen
«Augensteine»
Tauern
adriatisches
Bruchsystem
Intrusiva
Relativbewegung zwischen Adria und Europa
Fluviatiler Schuttfächer
Submariner Schuttfächer
Hebung/Erosion
Subsidenz/Sedimentation
Überschiebungszone
Seitenverschiebung
Abschiebung
Entwässerungsrichtung
100 km

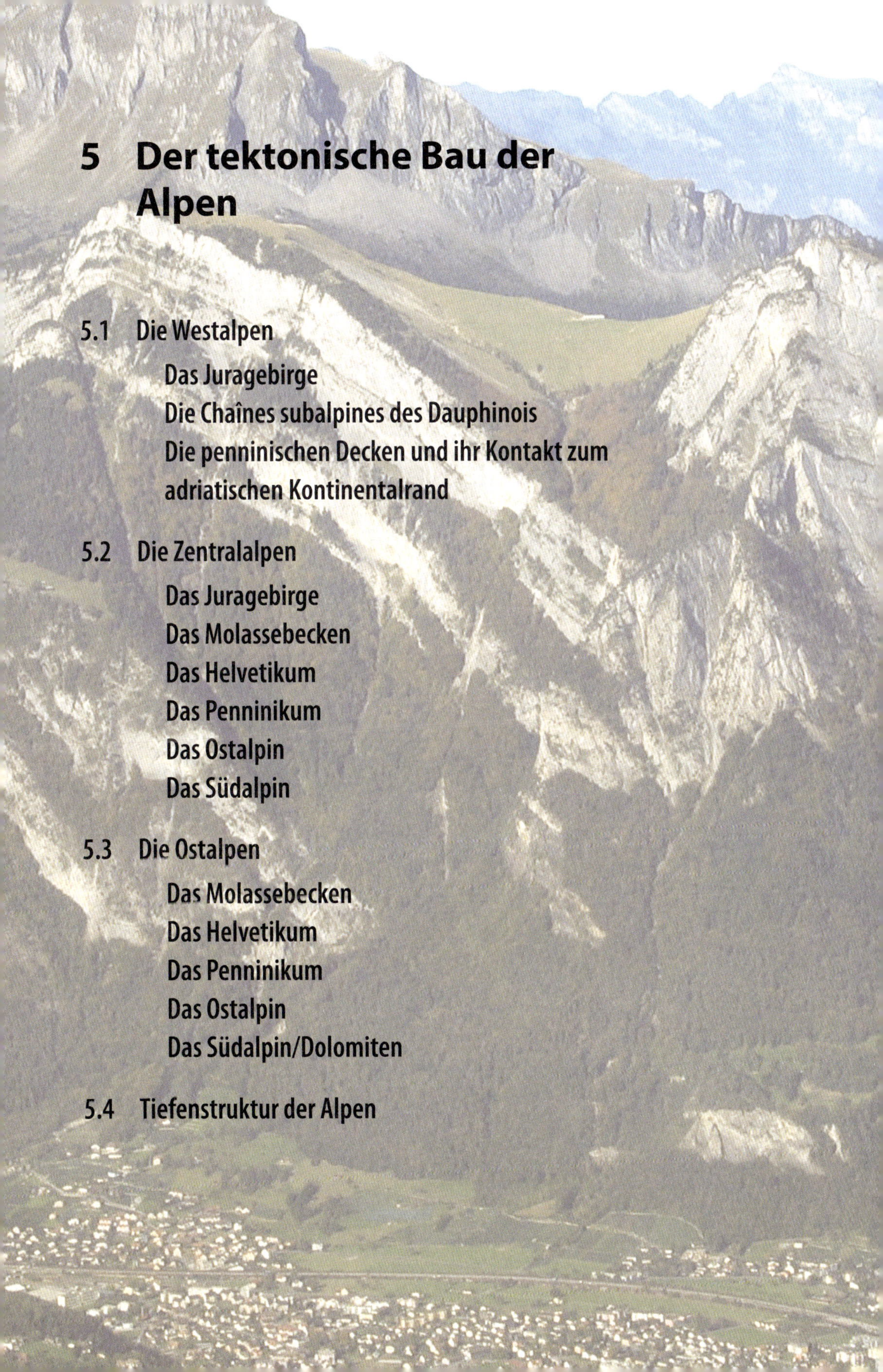

5 Der tektonische Bau der Alpen

5.1 Die Westalpen
- Das Juragebirge
- Die Chaînes subalpines des Dauphinois
- Die penninischen Decken und ihr Kontakt zum adriatischen Kontinentalrand

5.2 Die Zentralalpen
- Das Juragebirge
- Das Molassebecken
- Das Helvetikum
- Das Penninikum
- Das Ostalpin
- Das Südalpin

5.3 Die Ostalpen
- Das Molassebecken
- Das Helvetikum
- Das Penninikum
- Das Ostalpin
- Das Südalpin/Dolomiten

5.4 Tiefenstruktur der Alpen

Bei der Betrachtung einer geologischen Karte der Alpen entsteht unweigerlich der Eindruck eines wirren Musters von Farbflecken. Sedimentgesteine unterschiedlichen Alters liegen bald neben-, bald übereinander, in vielen Fällen stehen Gesteine unterschiedlichen Alters in direktem Kontakt zueinander. Diese wirren Muster sind das Abbild des tektonischen Baus der Alpen, welchem gewaltige Verschiebungen und Verbiegungen der Krustengesteine zugrunde liegen.

Steine dienten der Menschheit seit jeher als Baustoff für größere und kleinere Bauten. Bei städtischen Gebäuden fiel die Wahl meist auf besonders schön gefärbte, leicht bearbeitbare und verwitterungsresistente Gesteine. Eine nachhaltige Versorgung mit dem Rohstoff Stein setzte gründliche Kenntnisse über die Herkunft voraus. Auch für kleinere Bauten in ländlichen Gegenden bediente man sich des Rohstoffs Stein, beispielsweise für Trockenmauern, Gebäudemauern, Dächer und viele andere Zwecke. Beobachtet man die Gesteinszusammensetzung in solchen ländlichen Bauten, so ist unschwer festzustellen, dass meistens lokale Gesteine benutzt wurden, dass aber bei der Auswahl auch der Bearbeitbarkeit der Gesteine Beachtung geschenkt wurde. Offenbar war der Bevölkerung die „lokale Geologie" sehr wohl bekannt. Dies zeigt sich auch in der landwirtschaftlichen Nutzung der Gebirgslandschaft. Rodungen wurden dort vorgenommen, wo auch Aussicht bestand, dass der Boden etwas hergeben würde.

Die Wiege der Deckentheorie

Die Alpen als Gebirge haben aber auch die Forscher seit jeher fasziniert. Die frühen „Geognostiker" realisierten bald, wie die Verbreitung von einzelnen Gesteinstypen gewissen Gesetzmäßigkeiten unterworfen war. Und dass es hierzu offenbar Ausnahmen bzw. Widersprüche gab. Aus den vielen Beobachtungen, sorgsam in Karten zusammengetragen, ergab sich ein Bild der Verteilung von Gesteinsschichten, das in das zeitgenössische Weltbild einzuordnen war. Immer klappte dies nicht. Es dauerte viele Jahrzehnte, bis scheinbare Widersprüche geklärt waren (vgl. hierzu Franks et al. 2000).

In den Alpen des Glarnerlandes und der Urschweiz etwa stellte Hans Conrad Escher bereits 1809 fest, dass scheinbar ältere Gesteine (Grauwacke) auf jüngeren (Alpenkalk) liegen, was zu jener Zeit allen Vorstellungen widersprach. Er berief den eminenten Geologen Leopold von Buch aus Preußen ins Glarnerland. Dieser äußerte sich 1810 dahin gehend, dass die scheinbar ältere „Grauwacke" eben etwas jünger zu sein habe, da es keine Ausnahmen gebe. Abb. 5-1 ist eine Aquarellzeichnung der Tschingelhoren mit dem Martinsloch, die Hans Conrad Escher im Jahre 1812 anfertigte. Sehr deutlich erkennt man darauf zwei unterschiedliche Gesteinsformationen, die durch eine scharfe Linie getrennt sind. Das Foto in Abb. 5-2, ungefähr vom selben Standort aufgenommen, belegt die akribische Beobachtung von Escher. Die Gipfelpartie der Tschingelhoren besteht aus permischen Sedimenten (Verrucano-Gruppe) und überlagert graue spätjurassische Kalke (Quinten-Kalk), innerhalb deren das Martinsloch liegt. Die Tschingelhoren liegen in der Tektonikarena Sardona, die im Jahre 2008 in die Liste des UNESCO-Weltnaturerbes aufgenommen wurde. Die gewaltige Überschiebung, die an vielen Stellen sehr eindrücklich zu erkennen ist und uns den Prozess der Gebirgsbildung klar vor Augen bringt, war der Hauptgrund für die Aufnahme dieses Gebiets in das Welterbe.

5-0 Foto S. 181: **Gonzen-Alvier-Tschuggen**

5-1 Die Glarner Hauptüberschiebung und das Martinsloch in den Tschingelhoren. Aquarell von H. C. Escher (1812).

5-2 Die Glarner Hauptüberschiebung und das Martinsloch in den Tschingelhoren.

Der Sohn von Hans Conrad, Arnold Escher, verfolgte die Angelegenheit und rief eine weitere Eminenz, den Geologen Murchison, ins Glarnerland. Dieser bestätigte Escher, dass am Panixerpass offenbar eine gewaltige Überschiebung („an enormous overthrust") vorhanden sein müsse. Arnold Escher traute sich aber nicht, diese „Monstrosität" der Fachwelt vorzustellen – er wollte nicht für einen Narren gehalten werden. So erdachte er sich eine gewaltige liegende Doppelfalte, auf deren Verkehrtschenkel Altes auf Jungem lag, und präsentierte diese Idee 1866. Albert Heim, der zu dieser Zeit gerade eine eingehende Studie über den Mechanismus der Gebirgsbildung fertiggestellt hatte (Heim 1878), nahm diese Idee auf. Abb. 5-3 zeigt eine Geländeskizze der berühmten Lokalität „Lochsite" im Glarnerland, angefertigt von Heim (Heim 1878) basierend auf A. Escher. Zwischen dem permischen Verrucano oben und dem känozoischen Flysch unten zieht ein dünnes Kalkband, der „Lochsitenkalk", durch. Dessen Alter wurde als spätjurassisch („Malmkalk") angenommen, woraus sich scheinbar eine einfache Verkehrtserie ergab. Gelb gefärbte Partien im oberen Teil des „Lochsitenkalks", wie sie an vielen Stellen vorkommen, wurden als triadische Dolomite interpretiert. Der lange Weg,

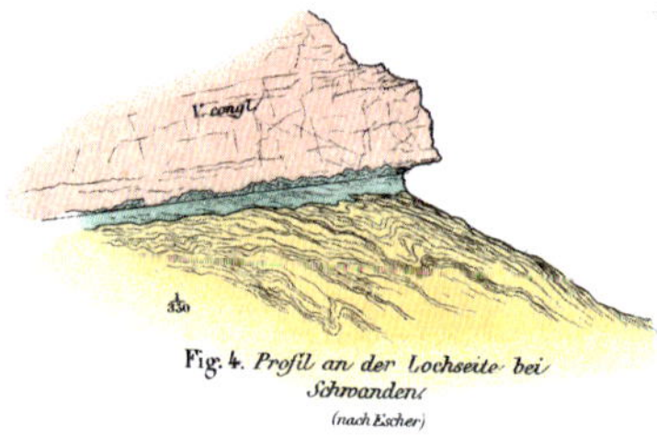

5-3 Die Glarner Hauptüberschiebung an der Lochsite, nach einer Zeichnung von A. Escher (in Alb. Heim, 1878).

den Albert Heim gehen musste, bis er 1901 schließlich Überschiebungen akzeptierte, ist von Trümpy & Westermann (2008) trefflich dargestellt.

Ein schönes Beispiel für die Darlegung des Problems „Alt auf Jung" lässt sich in den Mythen der Urschweiz zeigen. Abb. 5-4 zeigt die Mythen aus Westen gesehen. Von Weitem fällt auf, dass die Gipfelpartie mehrheitlich aus Kalken besteht, die offenbar auf einer Schicht aus Mergeln schwimmen. Kaufmann, der das Gebiet mit den Notizen aus dem Nachlass von Hans Conrad Escher durchstreifte, erkannte schon 1877, dass hier ein besonderes Neben- und Übereinander vorlag. Seine originale Zeichnung (aus Kaufmann 1877) ist in Abb. 5-5 wiedergegeben. Auch heute könnten wir ein Ansichtsprofil kaum besser darstellen. Kaufmann schweigt sich jedoch über die Konsequenz seiner Beobachtungen aus.

Im Jahre 1884 erklärte Bertrand, ein belgischer Bergwerkgeologe, ohne je die Alpen besucht zu haben, dass die Feldbefunde der Eschers und von Albert Heim als Überschiebung zu deuten seien. 1893 erkannte Schardt, der die romanischen Voralpen der Westschweiz bearbeitete, dass dort ebenfalls eine gewaltige Überschiebung vorliegen musste. Es war dann Maurice Lugeon, der 1896–1902 die geologische Fachwelt von der Existenz von Überschiebungen überzeugte. Albert Heim tat sich trotz seiner eingehenden Kenntnisse der Alpen und der Deformationsvorgänge in den Gesteinen sehr schwer mit der neuen Idee. Erst 1902 bekehrte er sich nach vielen heftigen Auseinandersetzungen. Mit dieser Erklärung war die Idee der Deckentheorie geboren, wonach bei einer Gebirgsbildung größere Krustenpakete übereinandergeschoben und zusammengestaucht werden. Im Gefolge dieses Prozesses ist es leicht zu verstehen, weshalb an gewissen Stellen Altes auf Jungem liegt, andernorts die „normale" Abfolge mit dem Jungen obenauf vorliegt. Mit die-

5-4 Die penninischen Klippen in den Mythen der Zentralschweiz.

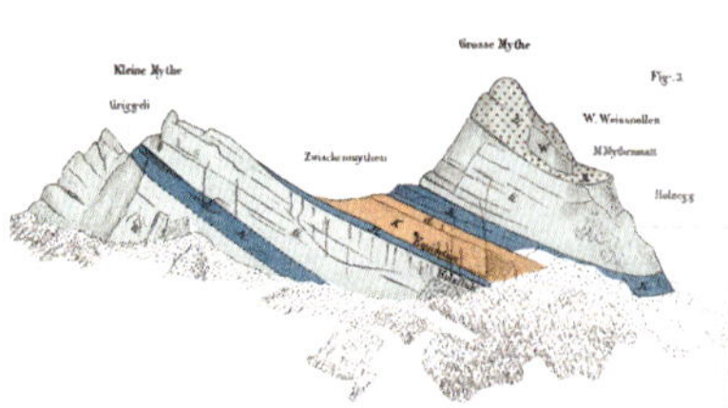

5-5 Die penninischen Klippen in den Mythen der Zentralschweiz, nach einer Zeichnung von J. Kaufmann (1877).

ser Erkenntnis war es nun auch möglich, den tektonischen Bau der Alpen zu verstehen und näher zu erkunden.

Westalpen, Zentralalpen und Ostalpen unterscheiden sich bezüglich ihres tektonischen Baus beträchtlich. Sie werden im Folgenden deshalb getrennt behandelt, obschon gewisse der großtektonischen Einheiten sich über mehr als nur einen Teil erstrecken. Die Diskussion erfolgt jeweils von extern (europäischem Plattenrand) nach intern (adriatischem Plattenrand).

5.1 Die Westalpen

Die Westalpen, als Gebirge NS-verlaufend, enthalten das volle Spektrum der tektonischen Bauteile der Alpen. Auf der tektonischen Karte in Abb. 5.1-1 erkennt man im Nordwesten das Juragebirge, das den äußersten Rand des deformierten europäischen Kontinentalrands darstellt, und im Osten die Ivrea-Zone, die dem Rand des adriatischen Kontinentalrands entspricht. Dazwischen ziehen die Deckenstapel der penninischen Decken und die Chaînes subalpines des Dauphinois als zwei separate Bänder von den Zentralalpen südwärts. In den Chaînes subalpines ist zwischen einem allochthonen, d. h. weit überschobenen Deckenkomplex und einem wenig dislozierten, parautochthonen Faltengürtel zu unterscheiden. Größere Kristallinaufbrüche erstrecken sich längs des internen Rands dieser Zone (Belledonne-, Pelvoux- und Argentera-Massiv). Sie werden auch als „Externmassive" bezeichnet und stellen die Fortsetzung des Aiguilles Rouges- und Mont Blanc-Massivs der Zentralalpen dar. Der allochthone Deckenkomplex der Chaînes subalpines endet in südlicher Richtung etwa am Südende der Kristallinaufbrüche. Im parautochthonen Faltengürtel verlaufen die Faltenachsen der Großfalten in zwei Richtungen, Ost-West und Nord-Süd. Die EW-verlaufenden Falten sind ganz im Süden von nordvergenten Überschiebungen begleitet. Diese Strukturen sind als Ausläufer der Pyrenäen zu deuten und älter als die NS-verlaufenden Falten. Südlich des Argentera-Massivs ist der parautochthone Faltengürtel an der Digne-Überschiebung in südwestlicher Richtung um einige Kilometer überschoben worden. Die frontalen Falten dieses Überschiebungssystems bilden einen Faltenbogen, der sich bis in die Gegend von Nice verfolgen lässt. Innerhalb der penninischen Decken sind ebenfalls zwei größere Kristallinaufbrüche auszumachen, das Gran Paradiso- und das Dora Maira-Massiv. Sie werden auch als „Internmassive" bezeichnet. Das kristalline Grundgebirge beider Einheiten ist ein Teil des Briançon-Mikrokontinents und über mehr als 100 Kilometer weit nach Westen überschoben worden. Die Westalpen werden umrahmt von känozoischen Sedimentbecken: dem Po-Becken im Osten, dem Bresse-Graben im Nordwesten, Valence- und Valensole-Becken im Südwesten.

Abb. 5.1-1 enthält auch die Spuren der geologischen Profilschnitte, anhand deren der Bau der Westalpen erläutert wird. Vorangestellt ist in Abb. 5.1-2 ein Profilschnitt durch die nördlichen Westalpen (umgezeichnet nach Guellec et al. 1990, Mugnier et al. 1990, Schmid & Kissling 2000 und Bucher et al. 2004). Dieser Profilschnitt enthält neben strukturgeologischen Beobachtungen auch Angaben über die Tiefenstruktur, die aus den geophysikalischen Untersuchungen von ECORS-CROP (Nicolas et al. 1990 und Roure et al. 1996), sowie aus teleseismischen Stu-

▶ **5.1-1 Vereinfachte geologisch-tektonische Karte der Westalpen** mit den Spuren der Profilschnitte (Zahlen entsprechen den Abbildungsnummern).

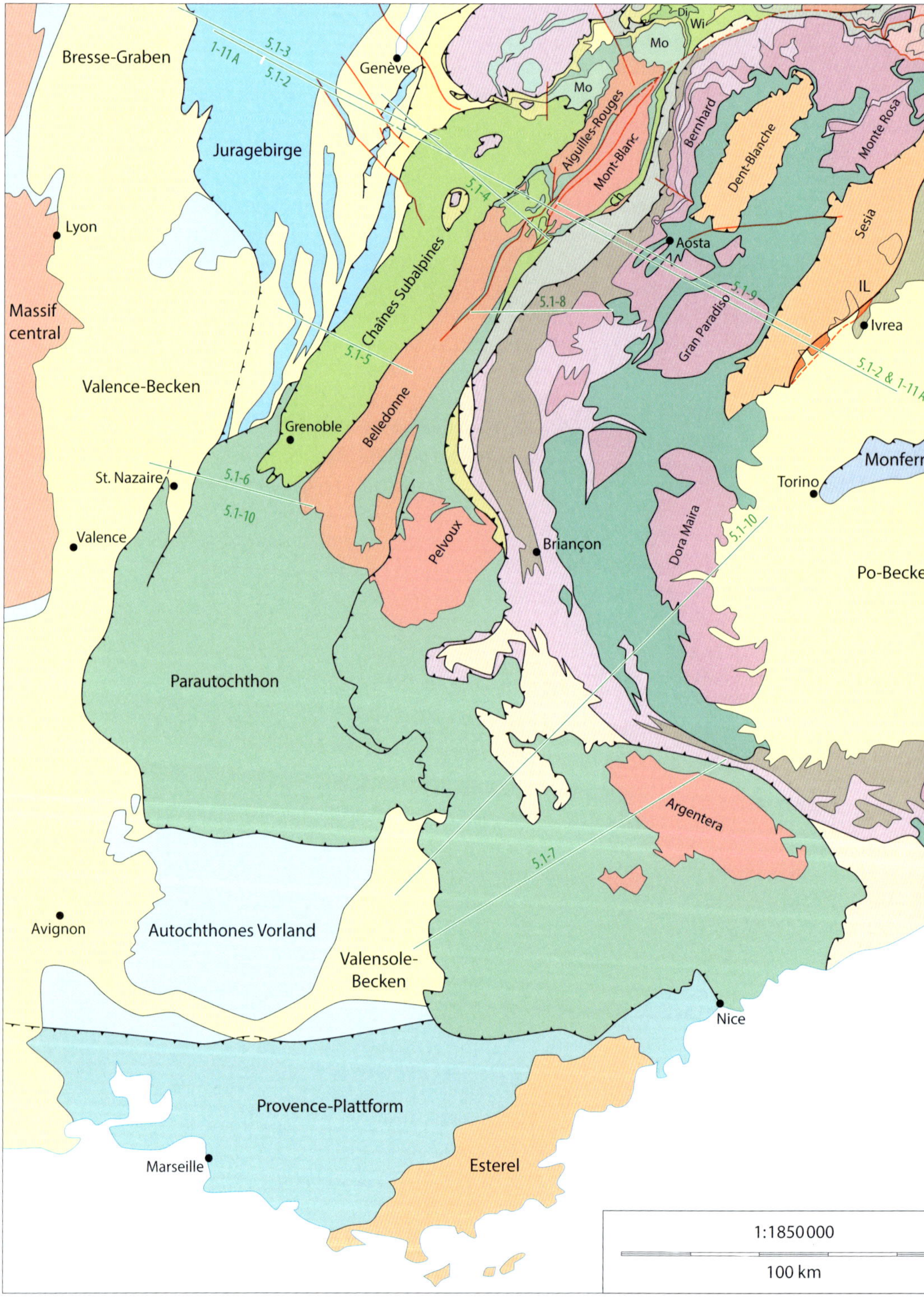
Bresse-Graben
Juragebirge
Genève
Lyon
Massif central
Valence-Becken
Chaînes Subalpines
Grenoble
Belledonne
St. Nazaire
Valence
Pelvoux
Briançon
Aiguilles-Rouges
Mont-Blanc
Ch
Mo
Di
Wi
Bernhard
Dent-Blanche
Monte Rosa
Sesia
Aosta
IL
Ivrea
Gran Paradiso
Dora Maira
Torino
Monferra
Po-Becke
Parautochthon
Argentera
Avignon
Autochthones Vorland
Valensole-Becken
Nice
Provence-Plattform
Marseille
Esterel
1-11 A
5.1-3
5.1-2
5.1-4
5.1-5
5.1-6
5.1-10
5.1-8
5.1-9
5.1-2 & 1-11 A
5.1-7
1:1850000
100 km

Europäisches (Nordalpines) Vorland

Känozoische Sedimente

- Subalpine Molasse
- Molassebecken, Bresse-Graben, Valence- und Valensole-Becken

Mesozoische Sedimente

- Autochthones mesozoisches Vorland
- Juragebirge

Prä-triadisches Grundgebirge

- Kristallinaufbruch (Massif central)

Adriatisches Vorland

Känozoische Sedimente

- Po-Becken

Alpine Deckensysteme

Dauphinois/Oberhelvetikum

- Ultrahelvetische Sedimentdecken
- Ultrahelvetische Kristallindecke (Verampio)
- Chaînes Subalpines, Wildhorn-Decke (Wi)
- Diablerets-Decke (Di)

Infradauphinois/Unterhelvetikum

Mesozoisch-Känozoische Sedimente

- Morcles-Decke (Mo)
- Parautochthon der Chaînes Subalpines

Prä-triadisches Grundgebirge (zumeist Kristallin)

- Chétif (Ch)
- Argentera, Pelvoux, Mont Blanc
- Belledonne, Aiguilles Rouges

Unterpenninische Decken / Wallis-Trog

- Flyschdecken (Ubeye, Embrunais)
- Sedimentdecken
- Kristallindecken

Mittelpenninische Decken / Briançon-Schwelle

- Sedimentdecken
- Paläozoische Sedimente (Zone Houillère, Liguria)
- Kristallindecken: Dora Maira, Gran Paradiso, Bernhard, Monte-Rosa

Oberpenninische Decken / Piemont-Ozean

- Ophiolithdecken (Queyras, Viso)

Salassikum

- Kristallindecken: Sesia-Zone, Dent Blanche-Decke
- Känozoische Intrusiva

Südalpine Kristallinblöcke

- Strona-Ceneri-Zone (Oberkruste)
- Ivrea-Zone (Unterkruste)

Außeralpine Einheiten

- Mesozoikum der Provence-Plattform
- Kristallinaufbruch (Esterel)
- Apennin (Monferrato-Einheit)

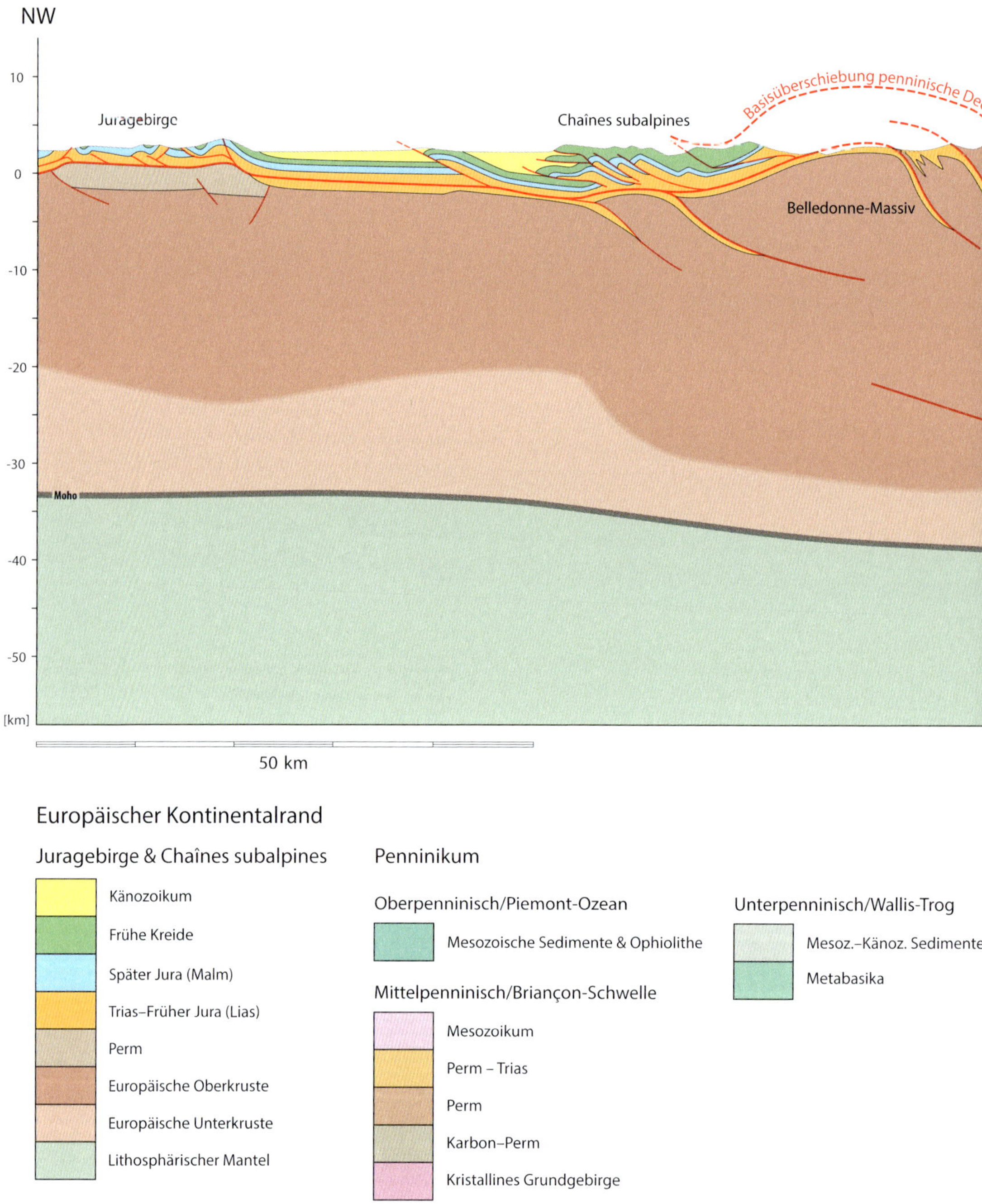

5.1-2 Geologischer Profilschnitt durch die Westalpen längs der seismischen Linien von ECORS/CROP (umgezeichnet nach Schmid & Kissling, 2000).

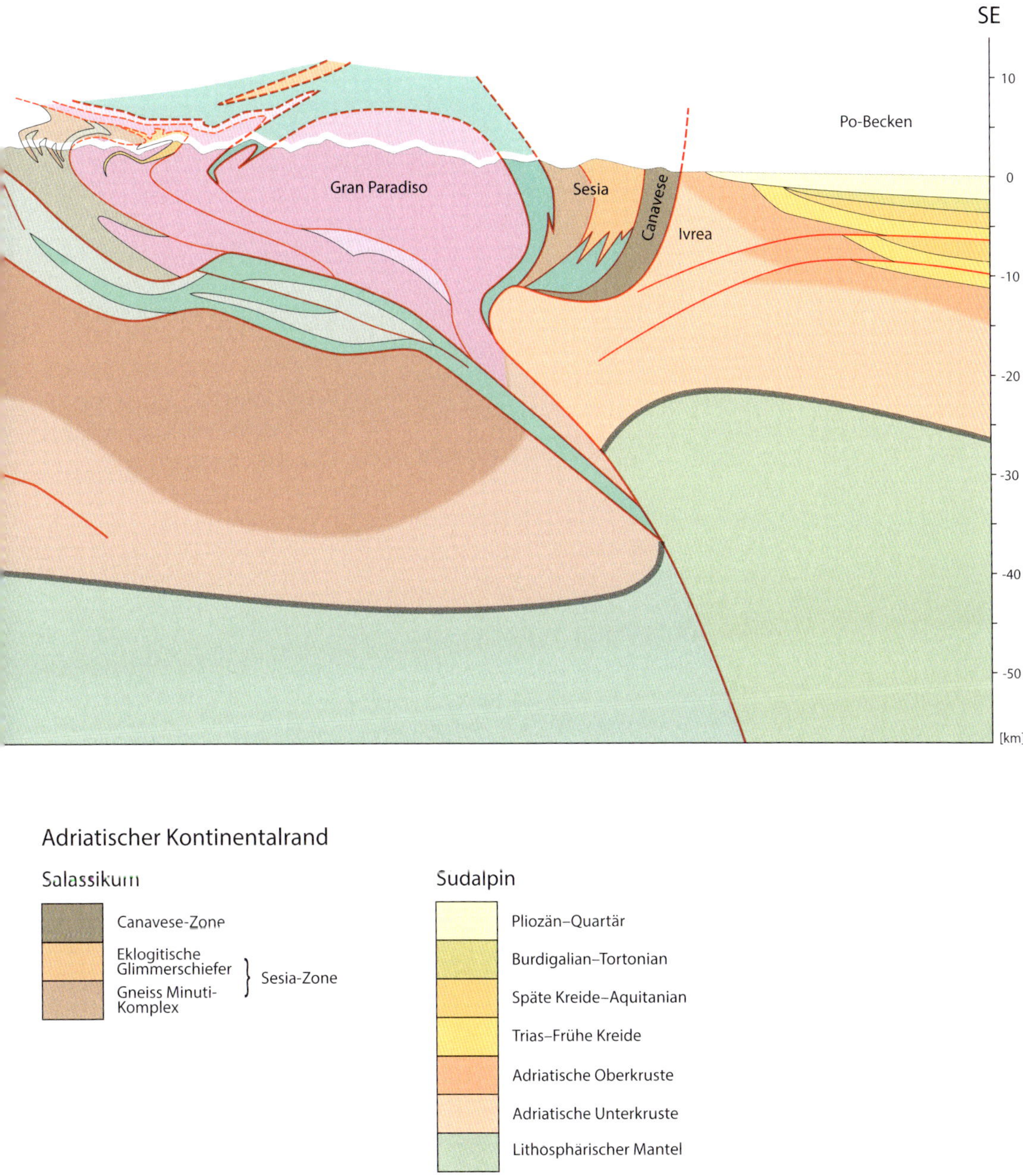
SE
10
Po-Becken
0
Gran Paradiso
Sesia
Canavese
Ivrea
-10
-20
-30
-40
-50
[km]
Adriatischer Kontinentalrand
Salassikum
Canavese-Zone
Eklogitische Glimmerschiefer
Gneiss Minuti-Komplex
Sesia-Zone
Sudalpin
Pliozän–Quartär
Burdigalian–Tortonian
Späte Kreide–Aquitanian
Trias–Frühe Kreide
Adriatische Oberkruste
Adriatische Unterkruste
Lithosphärischer Mantel

dien von Waldhauser et al. (2002), Diel et al. (2009) und Wagner et al. (2012) gewonnen wurden.

Die europäische Kruste sinkt in diesem Profilschnitt nach Osten unter die adriatische Kruste ein. Im Nordwesten, im Juragebirge und den Chaînes subalpines, ist die mesozoisch-känozoische Sedimenthaut abgeschält und nach Nordwesten transportiert worden. Die dislozierten Sedimente sind dabei intern stark verkürzt worden, in den Chaînes subalpines mehr als im Juragebirge. Das Substrat der Sedimente, das prä-triadische kristalline Grundgebirge, ist unter dem Juragebirge nur schwach deformiert und bildet eine lokale Hochzone. Unter den Chaînes subalpines wurde das kristalline Grundgebirge durch Überschiebung intern verkürzt. Die domartige Aufwölbung brachte die Kristallinoberfläche im Belledonne- und Mont Blanc-Massiv in eine viel höhere Lage als im Vorland. Im internen Teil des Orogens ist das kristalline Grundgebirge, das dem distalen Rand des europäischen Kontinentalrands entspricht, intern noch viel stärker deformiert. Es bildet die Unterlage der unter- und mittelpenninischen Decken. Obschon die verschiedenen Kristallinblöcke aufgestapelt übereinanderliegen, sind die tektonischen Kontakte später duktil verfaltet worden. Dies zeigt sich etwa im größten Kristallinblock, dem Gran Paradiso-Massiv, dessen kuppelförmige Oberfläche dem Kontakt zu den oberpenninischen Decken entspricht. Die mesozoischen Sedimente der unter- und mittelpenninischen Decken sind von ihrem kristallinen Substrat abgeschält und bilden einen eigenen Deckenstapel im frontalen Bereich der penninischen Decken. Die oberpenninischen Decken liegen über dem und südöstlich des Gran Paradiso-Massivs. Es handelt sich hierbei um ozeanische Gesteine, die während der alpinen Orogenese eine Hochdruck-Metamorphose erlebten. Die meisten dieser Einheiten sind im Profilschnitt von Abb. 5.1-2 der Erosion zum Opfer gefallen. Wie die Karte in Abb. 5.1-1 zeigt, stehen diese Einheiten rund um das Gran Paradiso Massiv herum an, sodass kein Zweifel besteht, dass sie einst auch darüber lagen. Im Untergrund der penninischen Decken muss aufgrund geophysikalischer Daten angenommen werden, dass die europäische Unterkruste durch eine tektonische Repetition verdickt wurde, denn die Krusten-Mantel-Grenze, die Moho, liegt unter dem Gran Paradiso-Massiv in einer Tiefe von über 50 Kilometern. Die Natur dieser Krustendeformation zeigt sich an der verbogenen und zersetzten Grenzfläche zwischen Unter- und Oberkruste, der sogenannten Conrad-Diskontinuität.

Westalpen: Erdmantel und Unterkruste in Hochlage

Ganz anders sieht die Situation im Südosten auf der adriatischen Seite aus. Oberkruste und Unterkruste sind zwar auch durch Überschiebungen verdickt. Die mesozoisch-känozoischen Sedimente darüber sind ebenfalls von Überschiebungen betroffen, ohne dass es zu einer eigentlichen Abscherung kam wie im Falle der europäischen Kruste. Interessant ist nun, dass die Unterkruste und der adriatische Mantel gegen Nordwesten hin ansteigen. Die Unterkruste erreicht dabei die Erdoberfläche und ist heute in der Ivrea-Zone aufgeschlossen. Der Mantel darunter, auch als Ivrea-Körper oder Ivrea-Mantel bezeichnet, steigt ebenfalls an und erreicht die Erdoberfläche knapp. Bei Baldissero sind ultramafische Gesteine aufgeschlossen, die wohl aus dem Erdmantel stammen, aber möglicherweise Intrusionen von Mantelschmelzen in die unterste Kruste darstellen. Zwischen den penninischen Decken und dem Ivrea-Körper sind die tektonischen Kontakte steil, und es liegt ein Nebeneinander von oberpenninischen, ozeanischen Einheiten und kontinentalen Krustenpaketen des adriatischen Kontinentalrands (beispielsweise die Lanzo- bzw. die Sesia-Zone) vor. Zwei größere steile Scherzonen zeigen an, wie die Gesteine in dieser Steilzone (Canavese-Zone) auf den Ivrea-Körper (Insubrische Störung) und das Gran Paradiso-Massiv aufgeschoben wurden. Mit gleichzeitiger Erosion gerieten die hochmetamorphen Gesteine näher an die Erdoberfläche, was als Exhumation bezeichnet wird.

Das Juragebirge

Am äußersten nordwestlichen Rand der Westalpen löst sich das Juragebirge als eigener Gebirgsstrang von den Alpen, genauer gesagt den Chaînes subalpines, ab (vgl. Abb. 5.1-1). Das Juragebirge ist aus einer Vielzahl von Falten aufgebaut, die auf einem basalen Abscherhorizont in Evaporiten der Trias von ihrem prä-triadischen Grundgebirge abgelöst und nach Nordwesten verschoben wurden. Der Profilschnitt in Abb. 5.1-3 basiert mit einigen Modifikationen auf Guellec et al. (1990) und Mugnier et al. (1990). Ganz im Nordwesten ist das Juragebirge auf die känozoische Füllung des Bresse-Grabens aufgeschoben. Im Südosten tauchen die mesozoischen Sedimente unter das Känozoikum des Molassebeckens. Der innere Bau des Juragebirges zeichnet sich durch meist NW-vergente Aufschiebungen aus. Diese Aufschiebungen steigen als Rampen aus dem schichtparallelen Abscherhorizont auf und bleiben entweder im Kern von Antiklinalen in der Trias stecken oder aber transportieren die Trias im Hangenden über weite Distanzen auf die jüngeren Gesteine. Lokal entwickelten sich auch SE-gerichtete Aufschiebungen. Interessanterweise befindet sich der basale Abscherhorizont im südöstlichen Teil des Juragebirges in einer höheren Lage als im Nordwesten. Da der Abscherhorizont nicht auf einer derart gekrümmten Fläche aktiv gewesen sein kann, muss davon ausgegangen werden, dass das südöstliche Segment nach der Abscherung in die höhere Lage angehoben wurde. In Abb. 5.1-2 ist dies dahin gehend interpretiert, dass ein ausgestülpter Permokarbon-Trog für diese Struktur verantwortlich ist.

Die Chaînes subalpines des Dauphinois

Der externe Teil der Westalpen wird durch die Chaînes subalpines aufgebaut. Der Bau dieser Einheit verändert sich längs des Streichens. Im Norden, in der Haute Savoie, liegen diese subalpinen Ketten als eine allochthone Einheit vor. Diese endet im Süden etwa am Südende des Belledonne-Massivs (vgl. Abb. 5.1-1). Im Süden, im Vercors, werden die mesozoischen Sedimente des Dauphinois von einer Reihe von Überschiebungen mit geringer Transportweite zerschnitten. Dieser Wechsel im internen Bau wird in drei Profilschnitten näher erläutert.

Der Profilschnitt in Abb. 5.1-4 basiert im unteren Teil auf den reflexionsseismischen Daten von ECORS-CROP (Guellec et al. 1990, Mugnier et al. 1990). Der interne Bau der Chaînes subalpines ist aber neu konstruiert und gründet auf einer aktuellen strukturgeologischen Analyse der Oberflächendaten (Pfiffner et al., 2010). Diese zeigt, dass die Großfalten in der Haute Savoie nicht allein das Resultat einer nordwestvergenten Verschuppung sind, sondern dass viele der Falten als Abscherfalten mit mehr symmetrischem Bau zu deuten sind. Die Abscherung erfolgte in den Evaporiten der Trias. Aber die

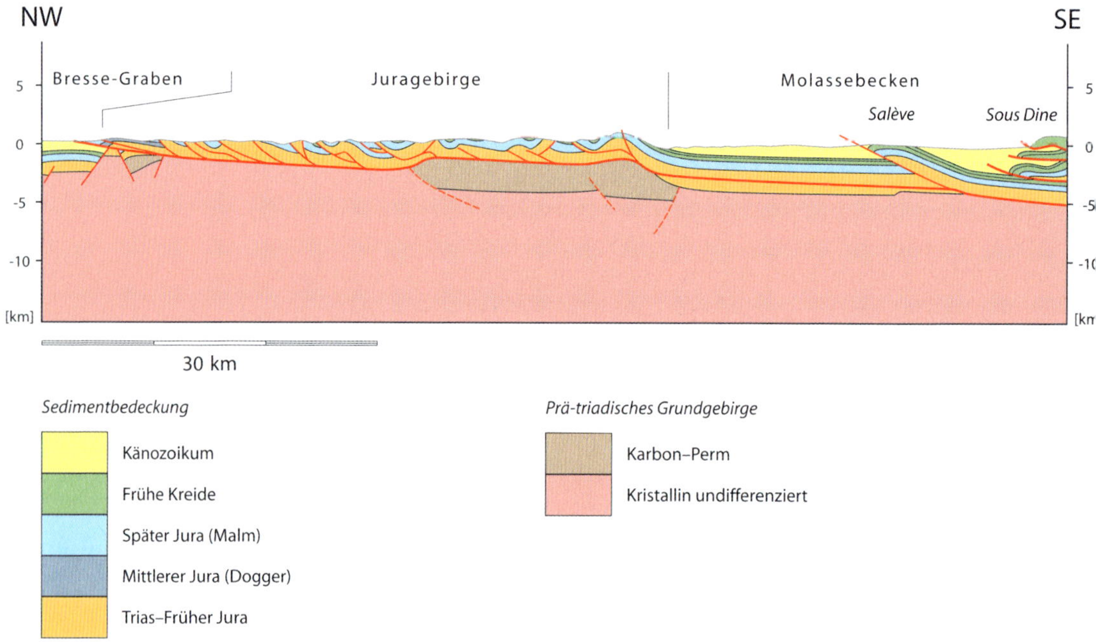

▲ **5.1-3 Geologischer Profilschnitt durch das westliche Juragebirge längs der seismischen Linie von ECORS** (umgezeichnet und modifiziert nach Guellec et al., 1990, und Mugnier et al., 1990).

Antiklinalkerne der Abscherfalten sind mit den mächtigen tonig-mergeligen Serien des Lias und Doggers ausgefüllt. Der Faltenbau ist geprägt durch die mechanisch starren mächtigen Kalke des Malms und der frühen Kreide (Quinten-Kalk und „Urgonien"-Kalke bzw. Schrattenkalk-Formation).

Im Norden leiten die Chaînes subalpines in das Juragebirge über. Am Übergang befindet sich im Querschnitt des Profilschnitts der Abb. 5.1-4 die aufgeschobene Antiklinalstruktur des Salève. Die Salève- wie auch die Vuache-Antiklinale ragen als Inselberge aus den flach liegenden känozoischen Schichten des Molassebeckens. Gegen das Juragebirge hin reihen sich die Falten in viel engerer Folge (vgl. Abb. 5.1-3). Im Südschenkel der Salève-Antiklinale liegen über den mesozoischen Sedimenten Molassesedimente (USM). Daraus wird ersichtlich, dass die Füllung des westlichsten Molassebeckens allochthon ist („piggy-back basin"). Die allochthonen Falten der Kette Sous Dine in Abb. 5.1-4 markieren die Front der eigentlichen Chaînes subalpines. Die basale Überschiebung verläuft zuerst in den Tonsteinen des Doggers, weiter südlich dann aber in den Evaporiten der Trias.

Im Südosten steigt die basale Überschiebung an, bildet ein Gewölbe über dem Belledonne- bzw. dem Aiguilles Rouges- und Mont Blanc-Massiv und taucht dann im Südosten der Externmassive unter die penninischen Decken. Die frontale Kette Sous Dine wurde somit relativ zum kristallinen Grundgebirge über mehr als 50 Kilometer nach Nordwesten transportiert. Im nordöstlichen Teil des Aiguilles Rouges-Massivs zieht diese basale Überschiebung eindeutig über die Morcles-Decke. Damit befindet sich die Decke der Chaînes subalpines in derselben tektonischen Position wie die Diablerets-Decke der Zentralalpen, d. h., die allochthonen Chaînes subalpines sind mit den Helvetischen Decken zu parallelisieren. Ihre strukturelle Lage über der Morcles-Decke deutet auch darauf hin, dass die Chaînes subalpines paläogeografisch im Südosten des Mont Blanc-Massivs zu beheimaten sind und nicht in der Chamonix-Zone, wie dies Affolter et al. (2008) vermuten. Im Profilschnitt von Abb. 5.1-4 wird die basale Überschiebung der Chaînes subalpines von zwei steilen Aufschiebungen versetzt. Es sind dies zwei Ausläufer der Rhone-Simplon-Störung, die in diesem Segment neben der Seitenverschiebung eine Aufschiebungskomponente besitzen.

In der Haute Savoie besitzen die Antiklinalstrukturen der Chaînes subalpines eine ausgesprochene Bogenform. Affolter et al. (2008) führen dies auf die Verbreitung der Evaporite der Trias zurück. Wo die Evaporite vorhanden sind – wie etwa im Profilschnitt der Abb. 5.1-4 –, wurden die Chaînes subalpines weiter nach Nordwesten verfrachtet als im Gebiet südlich davon, wo diese Evaporite fehlen. Die Antiklinalstrukturen lassen sich von der Haute Savoie nach Süden, ins Gebiet der Chartreuse, verfolgen. Abb. 5.1-5 zeigt einen Profilschnitt, umgezeichnet nach Philippe et al. (1998). Wie Abb. 5.1-1 und 5.1-5 zeigen, liegt in diesem Querschnitt ein allochthones Paket von mesozoischen Sedimenten westlich und über der autochthonen mesozoischen Bedeckung des Belledonne-Massivs. Die basale Überschiebung dieses Pakets, die Chartreuse-Überschiebung, bildet eine Mulde und steigt ostwärts über das Belledonne-Massiv an. Die Überschiebung liegt nach Philippe et al. (1998) nicht in triadischen Evaporiten, sondern in den tonig-mergeligen Serien des Doggers, steigt nach Westen aber stratigrafisch in die basalen Sedimente des Malms (vgl. Abb. 5.1-5). Im Liegenden dieser Chartreuse-Überschiebung sind die jurassisch-kretazischen Sedimente durch zahlreiche Überschiebungen mit bescheidenem Versatz in einen Schuppenbau gelegt. Die frontalen Schuppen enthalten als Jüngstes känozoische Sedimente des Valence-Beckens. Nach Osten vereinigen sich die Überschiebungen dieses Schuppenbaus in der Tiefe und durchschlagen das kristalline Grundgebirge des Belledonne-Massivs. Die Abwicklung des Profilschnitts ergibt, dass die in Schuppen gelegten Einheiten ursprünglich die autochthone Bedeckung des (externen) Belledonne-Massivs darstellen, während die Chaînes subalpines über der Chartreuse-Überschiebung von weiter intern stammen müssen. Somit ist die frontale Antiklinale über der Chartreuse-Überschiebung um mindestens 35 Kilometer nach Westen transportiert worden.

Weiter südlich, im Vercors, ändert sich der Bau der Chaînes subalpines. Die Chartreuse-Überschiebung endet am Südrand des Belledonne-Massivs. In Abb. 5.1-6 (umgezeichnet nach Philippe et al. 1998) erkennt man vier nach Osten einfallende Überschiebungen, die sich im basalen Abscherhorizont der Evaporite der jüngeren Trias bzw. den Tonen des frühen Lias vereinen. Der Profilschnitt, der mithilfe von Bohrungen und reflexionsseismischen Daten konstruiert wurde, offenbart, wie die Mächtigkeit der mesozoischen Sedimente gegen Osten zunimmt (vgl. Philippe et al. 1998). Dies hängt damit zusammen, dass diese Sektion den Westrand des vokontischen Trogs (vgl. Kapitel 3) im Dauphinois darstellt. Dieser Trog öffnete sich im Jura, synsedimetäre Abschiebungen verursachten

Chaînes subalpines:
- *abgeschertes Mesozoikum*
- *Überschiebungen im kristallinen Grundgebirge*

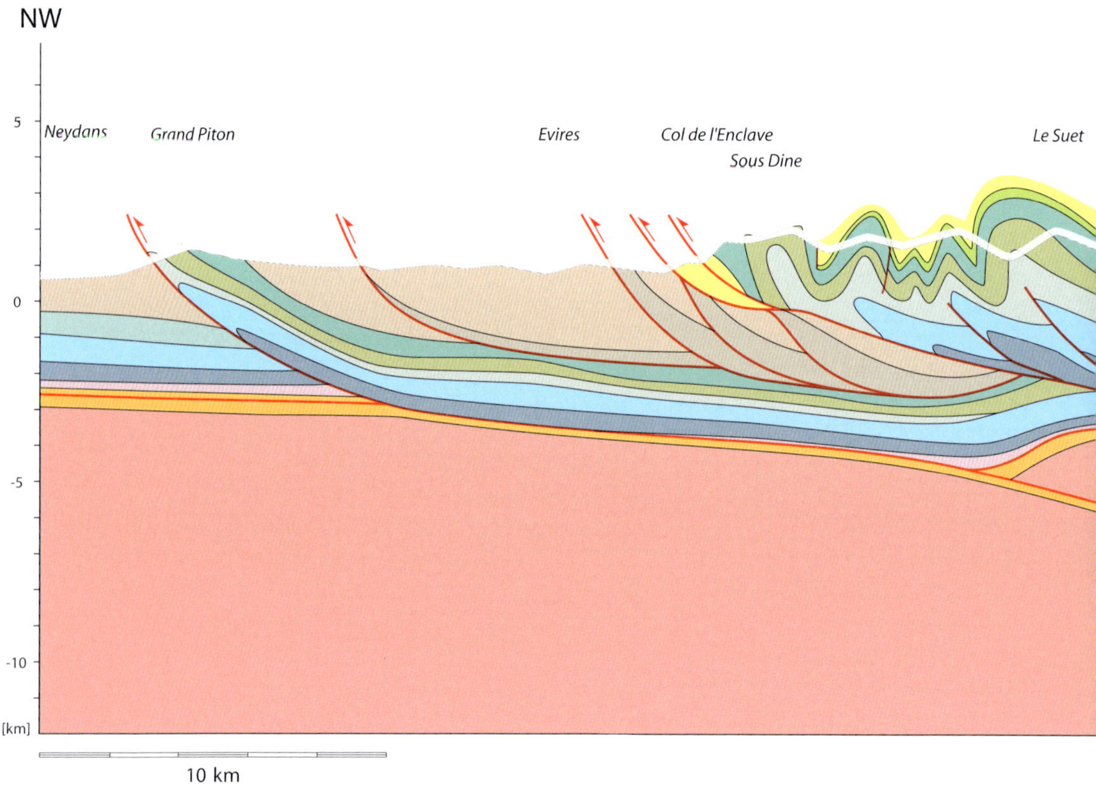

Nordalpines Vorland

Känozoikum / Molasse

- Untere Süßwassermolasse
- Untere Meeresmolasse

Helvetikum/Dauphinois

Sedimente

- Känozoikum
- Späte Kreide
- Schrattenkalk-Formation
- Kieselkalk-Formation
- Palfris-Ton
- Später Jura (Malm)
- Mittlerer Jura (Dogger)
- Früher Jura (Lias)
- Trias

Prä-triadisches Grundgebirge

- Karbon
- Granit
- Gneise und Schiefer

Allochthone Einheiten

- Ultrahelvetikum

SR Simplon-Rhone-Störung
ChS Chaînes subalpines-Überschiebung

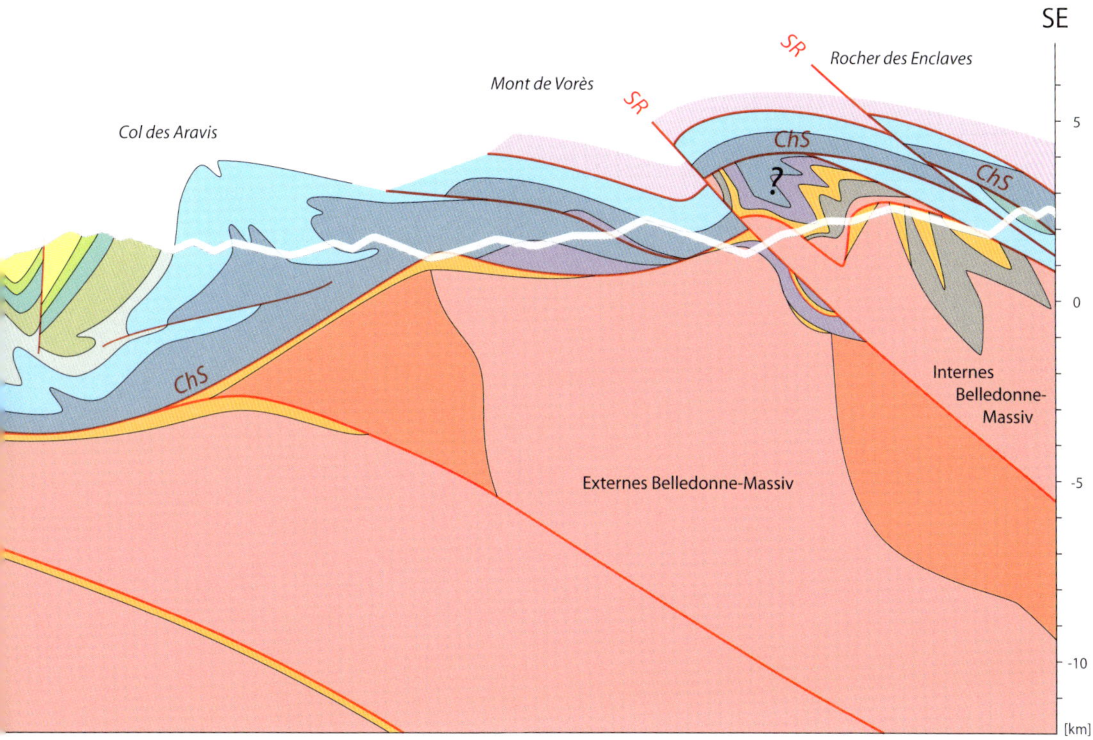

Penninikum

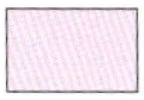

Penninische Decken undifferenziert

5.1-4 Geologischer Profilschnitt durch die Chaînes subalpines von Savoyen.

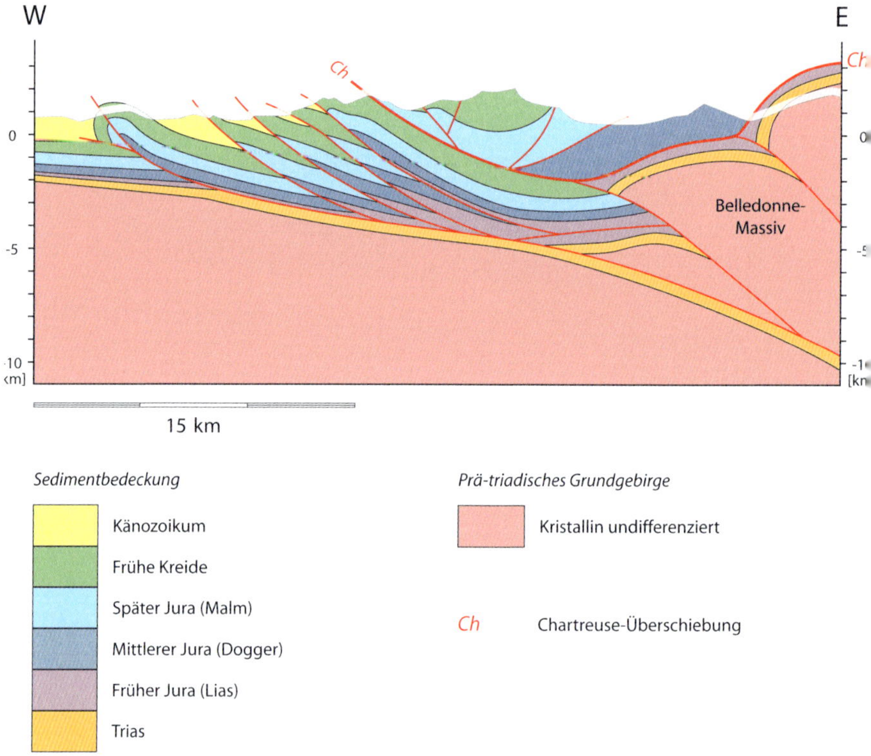

5.1-5 Geologischer Profilschnitt durch die Chaînes subalpines der Chartreuse (umgezeichnet nach Philippe et al., 1998).

abrupte Mächtigkeitsänderungen in der Trogfüllung. Die drei kleineren, nach Osten ins kristalline Grundgebirge einfallenden Abschiebungen im westlichen Teil des Profils unterstreichen die Situation am westlichen Trogrand. Aber auch in den mesozoischen Sedimenten sind mancherorts noch Abschiebungen vorhanden, die beispielsweise die Sedimente des Doggers versetzen und abrupte Mächtigkeitsänderungen anzeigen. Am Ostrand des Profils widerspiegeln die größeren, nach Westen einfallenden Abschiebungen den Ostrand des vokontischen Trogs und eine angrenzende Hochzone (La Mure in Abb. 5.1-6). Durch die alpine EW-gerichtete Einengung wurde der Kristallinblock der La Mure-Hochzone westwärts auf das kristalline Grundgebirge des vokontischen Trogs überschoben. Gleichzeitig aber wurde die sedimentäre Füllung des Trogs ostwärts gegen die Hochzone aufgeschoben. Durch diese Beckeninversion ergab sich eine gewisse Symmetrie im Bau der Chaînes subalpines, wie dies etwa in der Villard-de-Lans-Synklinalen in Abb. 5.1-6 erkennbar ist.

Es gilt nun zu beachten, dass im Vercors in der Kreide, anlässlich der Bildung der Pyrenäen, eine NS-gerichtete Verkürzung zur Ausbildung mehrerer EW-verlaufender Faltenstrukturen führte. Diese Strukturen wurden dann bei der känozoischen alpinen und EW-gerichteten Verkürzung überprägt.

In den Chaînes subalpines der Chartreuse und des Vercors erfolgte die alpine Verkürzung einheitlich in Richtung

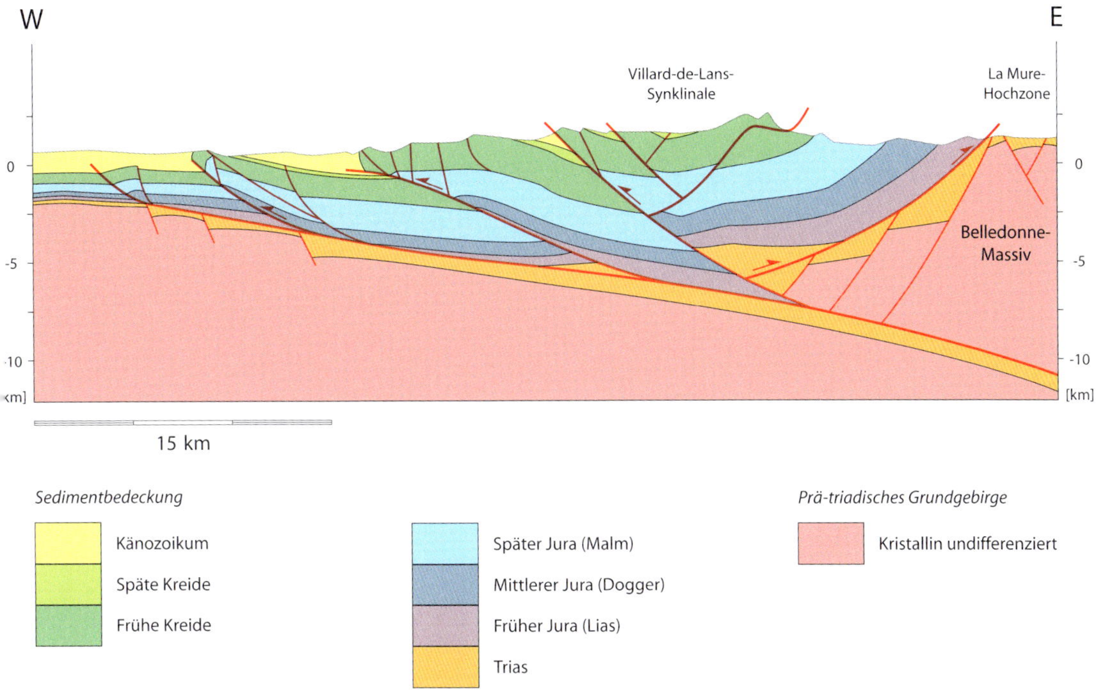

▲ **5.1-6 Geologischer Profilschnitt durch die Chaînes subalpines des Vercors** (umgezeichnet nach Philippe et al., 1998).

WNW-ESE(Philippe et al. 1998), mit einer Transportrichtung der Decken nach WNW. Weiter im Südosten, in den südlichen Chaînes subalpines des Gebiets von Digne, war demgegenüber diese Verkürzung SW-NE gerichtet, der Deckentransport erfolgte in Richtung SW. Lickorish & Ford (1998) konstruierten einen bilanzierten Profilschnitt vom Argentera-Massiv bis ins Valensole-Becken, der in Abb. 5.1-7 wiedergegeben ist. Die mesozoischen (und känozoischen) Sedimente sind von ihrem prä-triadischen Grundgebirge abgeschert. Als Abscherhorizont dienten die Evaporite der Trias. Im Südwesten erkennt man, wie die St.-Jurs-Schuppen auf die känozoischen Sedimente des Valensole-Beckens aufgefahren sind. Die wichtigste Überschiebung ist die im Nordosten anschließende Digne-Überschiebung. Die Mächtigkeit der mesozoischen Serien in der Digne-Decke ist viel größer als jene der St.-Jurs-Schuppen. Dieser Umstand wird dadurch erklärt, dass die Digne-Überschiebung eine reaktivierte synsedimentäre Abschiebung darstellt. Diese Abschiebung wäre eine jener Strukturen, die mit der Ausbildung des vokontischen Trogs im Jura zusammenhing. In der Digne-Decke sind heute somit die Sedimente des vokontischen Trogs zu finden. Die Digne-Decke ist intern verkürzt durch weitere Überschiebungen, die nach unten in den Abscherhorizont der Evaporite einmünden. Die Gesamtverkürzung in diesem Profil beträgt gemäß dieser Konstruktion von Lickorish & Ford (1998) 21,5 Kilometer. Die frontale Antiklinale der Digne-Decke wurde relativ zum kristallinen Grundgebirge um elf Kilometer nach Südwesten transportiert, das hintere Ende um 23 Kilometer. Diese Zunahme erklärt sich durch die interne

Verkürzung der Decke, welche die ursprüngliche Länge der Decke verkürzte, wodurch das hintere Ende um einen zusätzlichen Betrag längs der Überschiebung transportiert wurde. Die wichtigste interne Verkürzung passierte an der Tinée-Überschiebung, die alleine eine Verkürzung um etwa 6,5 Kilometer bewirkte.

Der Profilschnitt in Abb. 5.1-7 zeigt aber auch, dass das kristalline Grundgebirge ebenfalls verkürzt wurde und die Digne-Überschiebung deformierte. An den nach Nordosten einfallenden Überschiebungen wurde die Kristallinfläche jeweils angehoben. Unter den St.-Jurs-Schuppen ist der Châteauredon-Dom durch zwei symmetrische steile Aufschiebungen aufgestemmt worden, und im Falle des Argentera-Massivs bildete sich eine großräumige Aufwölbung. Die Aktivität der Digne-Überschiebung muss älter sein als diese Deformationen, denn eine Abscherung auf einer derart unregelmäßigen Fläche ist nicht denkbar. Andererseits muss die Digne-Überschiebung jünger sein als die überfahrenen mio-pliozänen Sedimente des Valensole-Beckens. Dies ergibt für die Digne-Überschiebung ein junges, pliozänes Alter.

Interessant ist auch der Vergleich der Transportweiten der Front der verschiedenen allochthonen Einheiten der Chaînes subalpines. Im Norden der Haute Savoie sind sie mit über 50 Kilometern am höchsten und WNW-gerichtet, in der Chartreuse mindestens 35 Kilometer und W-gerichtet und schließlich im Falle der Digne-Überschiebung lediglich elf Kilometer und SW-gerichtet. In allen Fällen wurde der basale Abscherhorizont in einer späte-

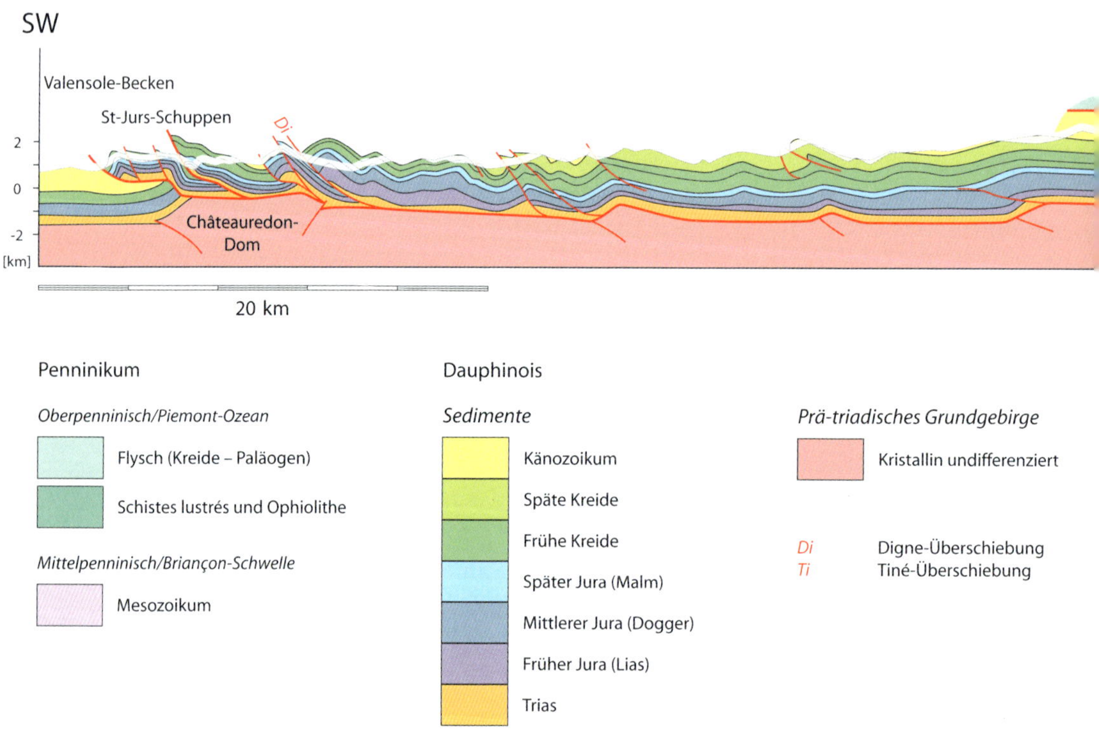

ren Phase durch Deformation im darunterliegenden kristallinen Grundgebirge gewölbt und teilweise in kleinem Maßstab deformiert. Offenbar blieb das Grundgebirge längere Zeit starr und deformierte sich erst unter der größeren Auflast im Anschluss an die Abscherung. Dieses Muster ist auch in den helvetischen und penninischen Decken verbreitet.

Die penninischen Decken und ihr Kontakt zum adriatischen Kontinentalrand

Zum internen Teil der Westalpen zählt der Deckenstapel der penninischen Decken. Diese werden im östlichen Teil von der südalpinen Sesia-Zone und der südalpinen Ivrea-Zone flankiert (vgl. Abb. 5.1-1). Der penninische Deckenstapel wird dreigeteilt. Die unteren penninischen Decken stammen aus dem Wallis-Trog, die mittleren korrelieren mit der Briançon-Schwelle, und die oberen penninischen Decken sind dem Piemont-Ozean zuzuordnen.

Innerhalb der penninischen Decken können nach der Gesteinszusammensetzung drei Typen unterschieden werden. Der Typ I besteht aus mesozoisch-känozoischen Sedimenten, die von ihrem kristallinen Substrat abgeschert wurden. Der Typ II besteht vorwiegend aus kristallinem Grundgebirge und stellt die ursprüngliche Unterlage des Typs I dar. Der Typ III schließlich besteht aus ophiolithischen Gesteinen und ozeanischen Sedimenten. Typ I und II sind in den unteren und mittleren penninischen Decken zu Hause, der Typ III in den oberen penninischen Decken.

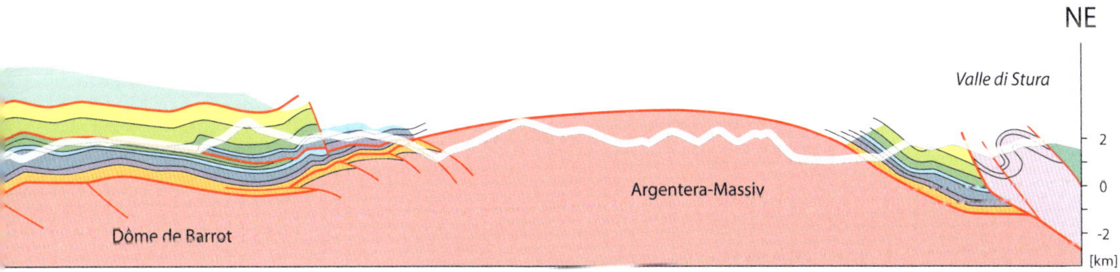

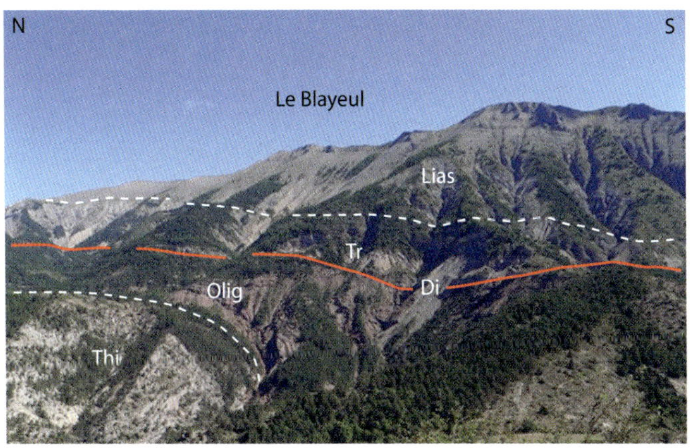

5.1-7 Geologischer Profilschnitt durch die Chaînes Subalpines bei Digne (umgezeichnet nach Lickorish & Ford, 1998). Das Foto zeigt die Digne-Überschiebung auf der Flanke des Le Blayeul. Trias und Lias der Digne-Decke sind auf das Oligozän des Valensole-Beckens und dessen jurassische Unterlage aufgeschoben. Abscherhorizont sind die Evaporite und Tonsteine des Keupers. Thi: Thitonien; Tr: späte Trias (Keuper), Di: Digne Überschiebung. Foto. Nathalie Romeuf.

Betrachtet man die tektonische Karte in Abb. 5.1-1, so erkennt man, dass die unteren penninischen Decken gegen Süden schmaler werden und auskeilen. Dieses Verschwinden hängt damit zusammen, dass im südlichen Teil der Westalpen der Wallis-Trog seitlich durch den vokontischen Trog im Dauphinois ersetzt wird. Demgegenüber bilden die mittleren penninischen Decken ein breites Band, in dem sich unter anderem das namengebende Städtchen Briançon befindet. Die oberen penninischen Decken sind hauptsächlich im Osten der Westalpen aufgeschlossen. Zwei auffallende Fenster werden durch die domartige Aufwölbung von Dora Maira und Gran Paradiso gebildet. Im Kern dieser Fenster sind kristalline Gesteine kontinentaler Kruste aufgeschlossen. Diese werden den mittleren penninischen Decken zugeordnet.

Der Bau der Internzone der Westalpen und seine Beziehung zur Externzone werden anhand dreier Profilschnitte näher beleuchtet. Der erste Profilschnitt, Abb. 5.1-8, beruht auf der Arbeit von Ceriani & Schmid (2004). Er zeigt die tektonische Auflagerung einer Flyschsequenz auf die mesozoischen Sedimente des Dauphinois im Dach des internen Belledonne-Massivs (Grandes Rousses- und Grand Chatelard-Teilmassive). Dieser Flysch wurde im Wallis-Trog abgelagert, und durch seine heutige Position zuunterst im penninischen Deckenstapel wird er den unterpenninischen Decken zugeordnet. Eine weitere Einheit ähnlicher Herkunft und Position ist am Ostende des Profils in größerer Tiefe zu vermuten. Sie besteht aus mesozoischen Sedimenten (schistes lustrés bzw. Bündnerschiefer) und enthält ophiolithisches Material. Das Volumen dieser Einheiten aus dem Wallis-Trog ist gering, weil wir uns bereits am südwestlichen Ende des Trogs befinden. Im Osten werden diese unterpenninischen Decken durch mesozoische oder permokarbone Sedimente der mittelpenninischen Decken überlagert, die dem „Sub-Briançonnais“ bzw. dem „Briançonnais“ zugeordnet werden. Ein größerer Bruch mit Abschiebungskomponente (der Sub-Briançonnais Fault, „SBF“) durchschlägt all diese Deckenkontakte. Ganz im Osten steht die Zone Houillère mit kristallinem Grundgebirge in Kontakt, das ebenfalls den mittelpenninischen Decken zugeordnet wird. Man sieht hier, wie dieser Deckenkontakt durch spätere Deformationen intensiv gefaltet wurde.

Penninische Decken:
- *abgeschertes Mesozoikum*
- *abgescherte Oberkruste*
- *gefaltete Überschiebungen*

Der Profilschnitt in Abb. 5.1-9 folgt der seismischen Linie ECORS-CROP und basiert auf den Untersuchungen von Bucher et al. (2004). Die unteren penninischen Decken liegen als über fünf Kilometer dickes Paket auf den Sedimenten des Dauphinois über dem Mont Blanc-Massiv. Die Versoyen-Decke enthält neben Tonschiefern auch Prasinite, während die Moûtier- und Petit-St-Bernard-Decke aus mesozoischen und känozoischen klastischen Sedimenten (Bündnerschiefer bzw. schistes lustrés) bestehen. Die darüber folgenden mittelpenninischen Decken (Zone Houillère, Ruitor und Gran Paradiso) bestehen mehrheitlich aus kristallinem Grundgebirge, das die ursprüngliche Oberkruste des Briançon-Mikrokontinents darstellt. Die Zone Houillère besitzt einen Kern aus kristallinem Grundgebirge, der von einer mächtigen Sequenz von Karbonsedimenten überlagert ist. Die Kohleflöze in diesem Karbon gaben der Decke ihren Namen. In der Ruitor-Decke wird das kristalline Grundgebirge von wenigen permo-triadischen Quarziten überlagert. Dasselbe gilt für die Internzone (bzw. Vanoise-Decke). Die höchste mittelpenninische Einheit ist das Gran Paradiso-Massiv, dessen domarti-

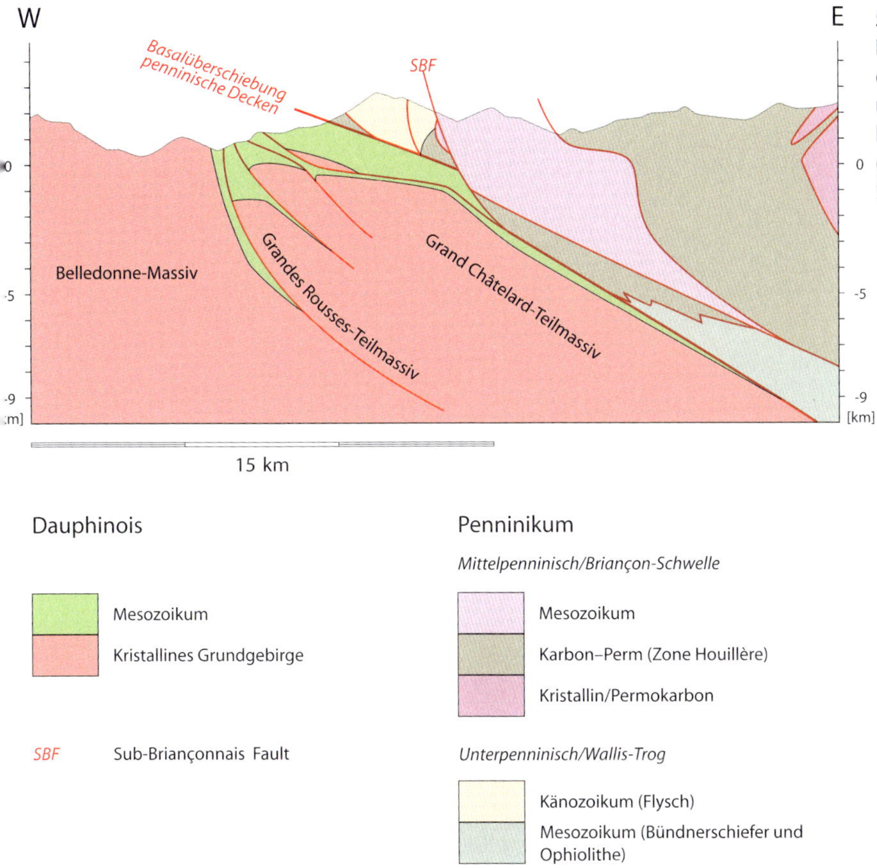

5.1-8 Geologischer Profilschnitt durch das externe Penninikum und das interne Belledonne-Massiv (umgezeichnet nach Ceriani & Schmid, 2004).

ge Oberfläche im Profilschnitt von Abb. 5.1-9 klar zum Ausdruck kommt. Der Deckenstapel aus kristallinem Grundgebirge ist bei der alpinen Gebirgsbildung zuerst schuppenartig gestapelt worden (Bucher et al. 2004). Anschließend wurden die Deckenkontakte, wie in Abb. 5.1-9 ersichtlich, intensiv verfaltet, ein Prozess, der als „post-nappe folding" bezeichnet wird. Besonders eindrucksvoll sind die nach Westen schließende Ruitor-Falte und die nach Osten schließende Valsavanche-Falte (R und A in Abb. 5.1-9). Ihre subhorizontalen Achsenflächen deuten auf eine vertikale Verkürzung des Deckenstapels, was wiederum infolge Volumenkonstanz eine horizontale Streckung bedingt. Man kann dieses Phänomen als eine Art „Kollapsstruktur" interpretieren: Der durch die Plattenkollision zusammengestauchte Deckenstapel entweicht teilweise nach oben und bildet ein Gebirge. Dieses zerfließt unter dem eigenen Gewicht, wodurch im obersten Teil des Orogens horizontale Dehnung in Richtung der Plattenkonvergenz zustande kommt. Numerische Modellierungen von Kontinent-Kontinent-Kollisionen zeigen ein identisches Verhalten (vgl. Selzer et al. 2008).

Die oberpenninischen Decken bilden einerseits einen Deckel auf den mittelpenninischen Decken, tauchen aber im Osten davon steil in die Tiefe. Sie bestehen aus Kalkschiefern, die

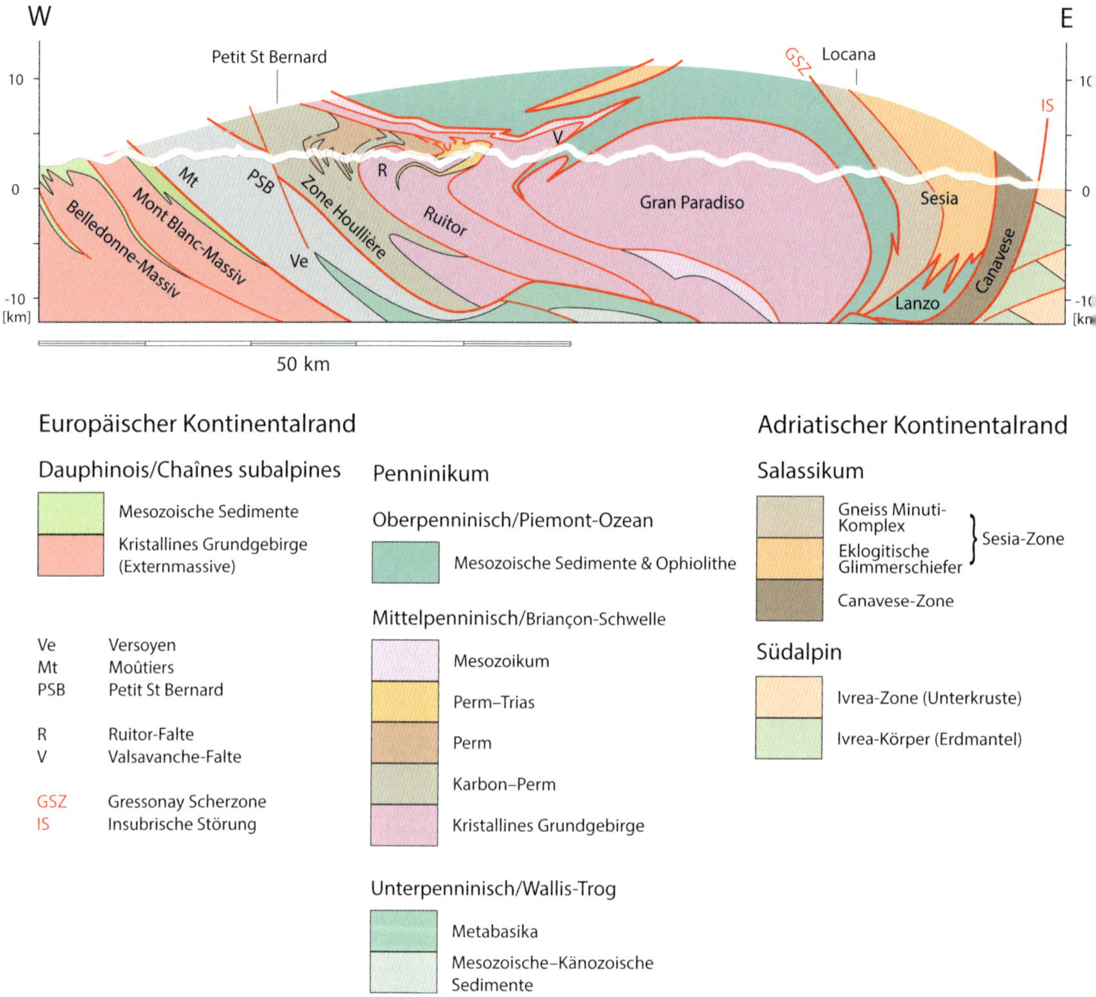

▲ **5.1-9 Geologischer Profilschnitt durch das Penninikum längs der seismischen Linie ECORS/CROP** (umgezeichnet nach Bucher et al., 2004).

Metabasite enthalten, und sind von einer Hochdruck-Metamorphose überprägt worden. Heute liegt ein Gemisch von blauschieferfaziellen und eklogitischen Metabasiten sowie Hochdruck-Metasedimenten vor. Nordwestlich des Gran Paradiso-Massivs ist die basale Überschiebung der oberpenninischen Decken durch die Überschiebungen innerhalb der mittelpenninischen Decken und durch die jüngeren Faltungen in eine komplexe Form gelegt worden. Daran erkennt man, dass es sich bei diesem Kontakt um den ältesten tektonischen Kontakt innerhalb des gesamten Deckenstapels handelt (vgl. hierzu auch Bucher et al. 2004). Der Kontakt zu den Einheiten des adriatischen Kontinentalrands ist verschuppt, was man beispielsweise am Kontakt zwischen Lanzo-Einheit (Piemont-Ozean) und Sesia-Zone (adriatischem Kontinentalrand) erkennen kann. Diese Verschuppung kann mit der Kinematik innerhalb des Subduktionszone erklärt werden. Wie auch numerische Modellierungen zeigen (Pfiffner et al. 2000), entsteht am Kontakt zwischen den Platten in einer

Subduktionszone eine breite Deformationszone, in der je nach Änderung des Subduktionswinkels oder der mechanischen Eigenschaften der subduzierenden Gesteinseinheiten ein Gemisch von Gesteinen unterschiedlicher Herkunft entsteht. Diese Deformationszone wird auch als Subduktionskanal bezeichnet. In Abb. 5.1-9 würden die Sesia-, Lanzo- und Canavese-Zone zu diesem Subduktionskanal zählen. Es ist nun wichtig zu berücksichtigen, dass dieser Kanal während der aktiven Subduktion nicht vertikal wie heute, sondern nach Osten unter die adriatische Platte eintauchte. Die Steilstellung erfolgte erst mit der späteren Verfaltung des penninischen Deckenstapels. Zwei wichtige Scherzonen begleiten die Deckenkontakte innerhalb des Subduktionskanals. Beide besitzen einen Schersinn, der die Heraushebung der penninischen Decken relativ zum adriatischen Kontinentalrand unterstreicht. Die Gressoney-Scherzone (GSZ in Abb. 5.1-9) ist um das Gran Paradiso-Massiv gefaltet, sodass an der Oberfläche eine scheinbare Abschiebung vorliegt. An der Insubrischen Störung (IS) ist die Canavese-Zone steil auf den adriatischen Mantel und die Unterkruste aufgeschoben.

In Abb. 5.1-10 wird ein Profilschnitt im südlichen Teil der Westalpen gezeigt. Er basiert auf den Arbeiten von Lardeaux et al. (2006), Morag et al. (2008) und Dumont et al. (2022), wurde im Westen aber nach Angaben von Debelmas (1974) und Philippe et al. (1998) erweitert. Auffallend ist das Dora Maira-Massiv, das nach Lardeaux et al. (2006) einen Kern aus Mantelgesteinen besitzt. Dieses Mantelstück ist ein Teil der adriatischen Platte, die in die Kruste des Briançonnais-Mikrokontinents hineingedrückt wurde.

Das kristalline Grundgebirge des Briançonnais bildet einen komplexen Schuppenbau und ist verzahnt mit den oberpenninischen Decken. Zu Letzteren zählen der Monviso-Ophiolith und die Queyras-Decke, die aus hochdruckmetamorphen mesozoischen Tonschiefern (schistes lustrés) und Metabasalten besteht. Im Dora Maira-Massiv bilden Ultrahochdruck-Gesteine eine Schale um den Kern der adriatischen Mantelgesteine. Auch die Queyras-Decke ist von kontinentalen Krustengesteinen, dem Acceglio-Kristallin unterlagert. Aber der Kontakt ist tektonischer Natur und wurde später intensiv verfaltet. Insgesamt zeigt das Acceglio-Kristallin einen bivergenten tektonischen Bau: die Basis ist überschoben Richtung Südwest, der Konakt zur darüber liegenden Queyras-Decke zeigt NE-vergente Falten (sogenannte Rückfalten). Ganz im Westen sind mesozoische Sedimente des Briançonnais an der Front des Acceglio-Kristallins schuppenartig angehäuft und sogar überfahren. Die überfahrenen Teile sind auf das Känozoikum der Digne-Decke aufgeschoben und ihrerseits vom Helminthoiden-Flysch der Ubay-Decke überlagert.

Die Digne-Decke des Dauphinois ist längs eines basalen Abscherhorizontes von ihrem kristallinen Substrat abgeschert und nach SW transportiert worden. Das Substrat ist in der Oberkruste, welche das Briançonnais unterlagert, zu suchen. Lokal ist der Abscherhorizont möglicherweise durch jüngere Aufschiebungen später zerschnitten worden, ähnlich wie dies weiter südlich im Argentera-Massiv vermutet wird (vgl. Abb. 5.1-7). An der Grenze zum Valensole-Becken ist die Digne-Decke auf die känozoische Beckenfüllung überschoben.

Auffallend ist das Fehlen des Unterpenninikums am Kontakt zwischen der Digne-Decke des Dauphinois und der oberpenninischen Ubaye-Decke. Dies

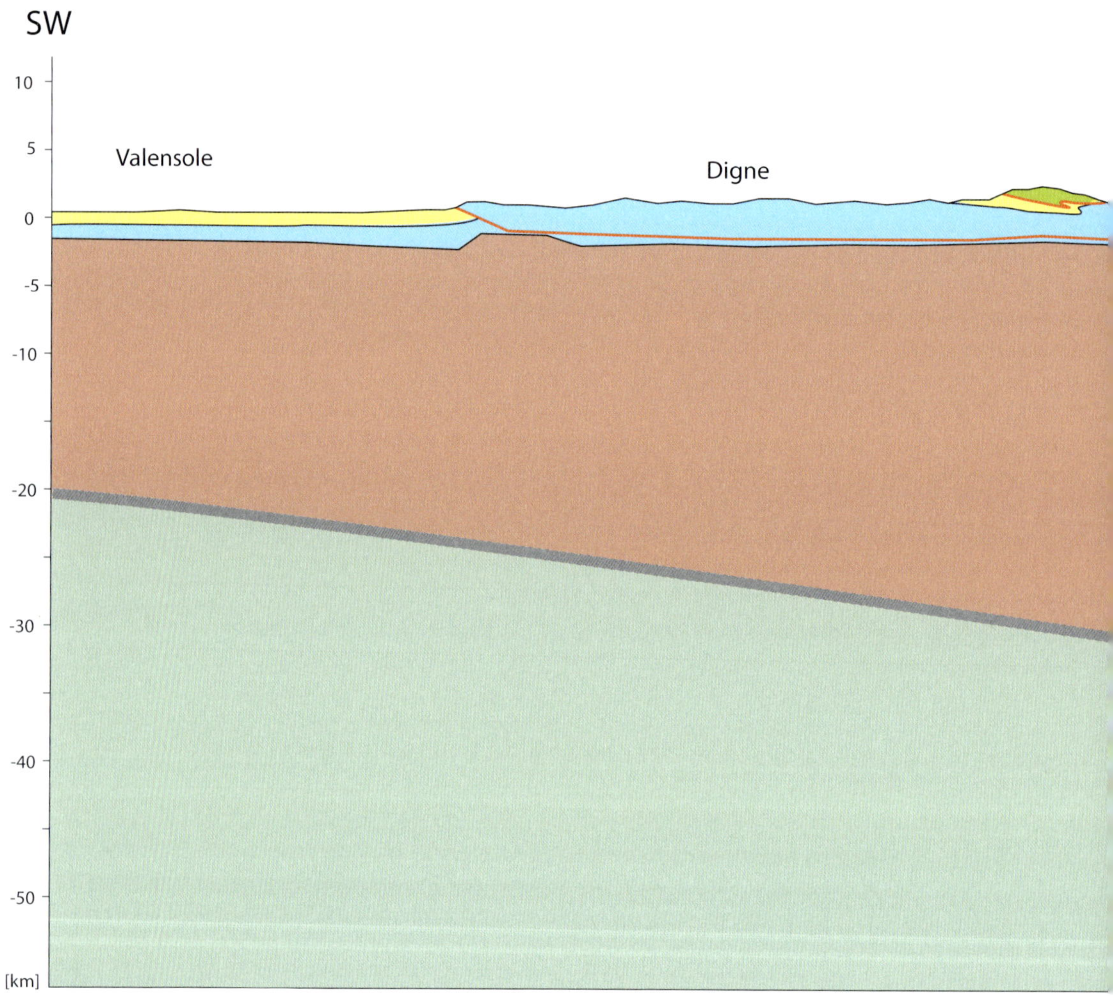

Europäischer Kontinentalrand

Dauphinois

Penninikum

Känozoikum

Mesozoikum

Europäische Kruste

Europäischer Mantel

Oberpenninisch/Piemont-Ozean

Helminthoiden-Flysch (Ubay)

Ophiolithe (Monviso)

Mélange aus Ophiolithen & Schistes lustrés (Queyras)

Mittelpenninisch/Briançon-Schwelle

Mesozoikum

Karbon–Perm

Kristallin/Oberkruste

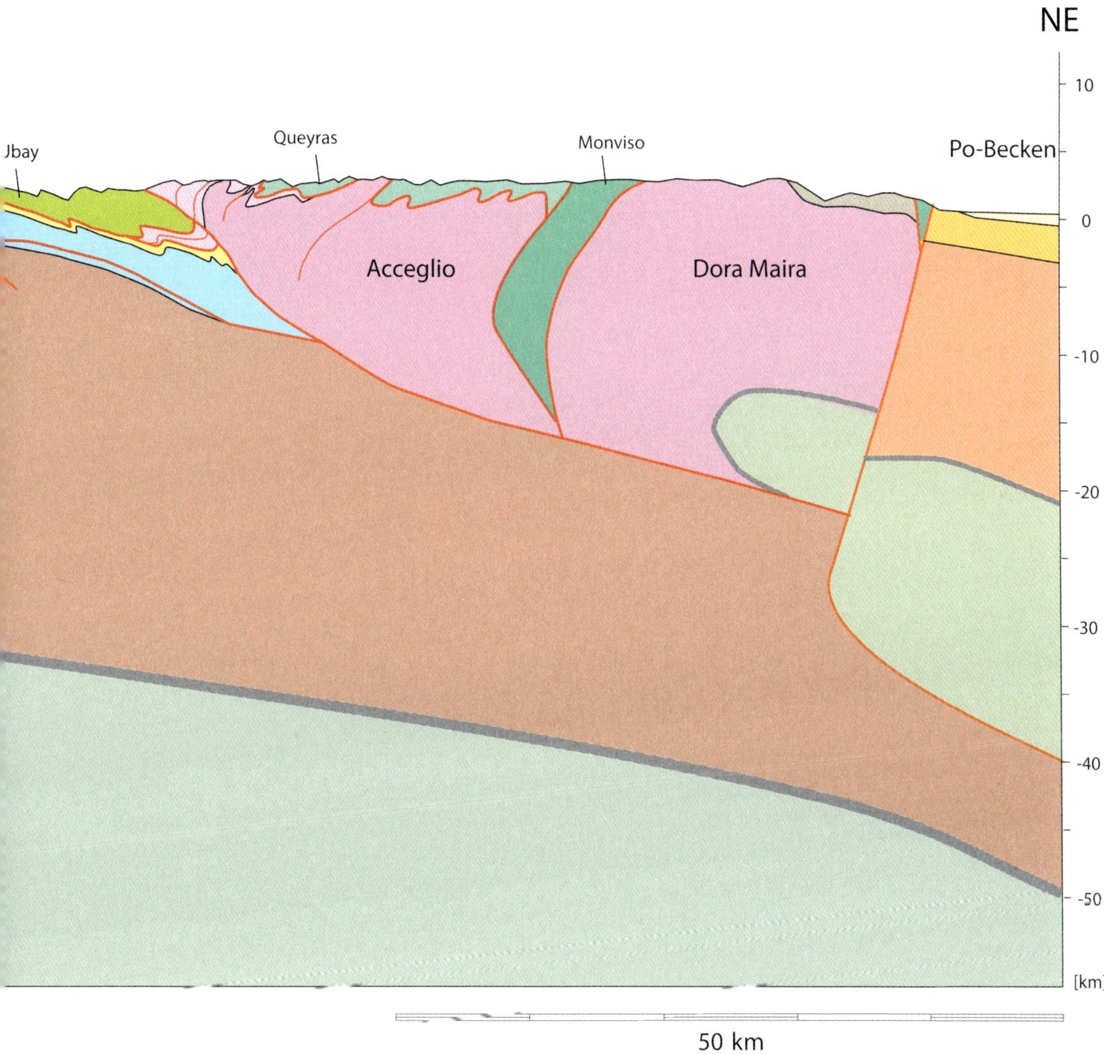

Adriatischer Kontinentalrand

Südalpin

- Pliozän–Quartär
- Mesozoikum
- Adriatische Kruste
- Adriatischer Mantel

5.1-10 Geologischer Profilschnitt durch die südlichen Westalpen (ergänzt nach Lardeaux et al., 2006, Morag et al., 2008 und Dumont el al. 2022).

ist deshalb so, weil der Wallis-Trog in südwestlicher Richtung verschwindet und durch den vokontischen Trog des Dauphinois ersetzt wird. Das Auskeilen der unterpenninischen Decken nördlich des Städtchens Briançon ist in der geologisch-tektonischen Karte von Abb. 5.1-1 klar ersichtlich.

5.2 Die Zentralalpen

Die Zentralalpen sind sozusagen das Verbindungsstück zwischen den NS-verlaufenden Westalpen und den EW-verlaufenden Ostalpen. Obschon an beiden Enden der Zentralalpen ein allmählicher Übergang in die West- bzw. Ostalpen vorliegt, zeichnen sie sich durch die Besonderheit aus, dass hier die tiefsten tektonischen Einheiten an der Erdoberfläche aufgeschlossen sind und der Bau sämtlicher Deckenstapel, Helvetikum, Penninikum, Ostalpin und Südalpin, infolge Axialgefälle sich klar offenbart. Daneben ist hier auch der Bau des Juragebirges und des Molassebeckens besonders einsichtig.

Auf der tektonischen Karte von Abb. 5.2-1 erkennt man im Nordwesten das Juragebirge, das eine Bogenform besitzt und am südlichen und östlichen Ende ausdünnt. Die Faltenachsen im inneren Teil, dem Faltenjura, unterstreichen mit ihrem Verlauf diese Form. Sie sind von Seitenverschiebungen zerschnitten, die schon während der Faltung aktiv waren. Südlich angrenzend erstreckt sich das Molassebecken über die gesamte Länge der Zentralalpen. Dieses Becken setzt sich ostwärts in den Ostalpen fort. Aber westwärts verengt es sich am Übergang zu den Westalpen. Der interne Teil des Molassebeckens ist von der alpinen Gebirgsbildung erfasst worden. Dieser Gürtel, bestehend aus überschobenen und gefalteten Molasseschichten, wurde insgesamt von den alpinen Decken überfahren und wird deshalb als „Subalpine Molasse" bezeichnet.

In den Alpen erkennt man am externen Rand das Helvetikum. Es besteht aus einem allochthonen, bis 50 Kilometer weit dislozierten Deckenpaket, den helvetischen Decken, und darunter einem wenig überschobenen, parautochthonen Falten- und Überschiebungskomplex, dem Infrahelvetikum. Die Kristallinaufbrüche des Aiguilles Rouges-, Mont Blanc-, Aar- und Gotthard-Massivs sind teilweise viele Kilometer überschoben worden und stellen das kristalline Grundgebirge des (Infra)Helvetikums dar. Die helvetischen Decken stammen aus einem Gebiet süd- oder südöstlich dieser Kristallinaufbrüche. An mehreren Stellen tragen die helvetischen Decken Erosionsreste der höheren Deckensysteme. Diese Klippen bezeugen, dass die penninischen und ostalpinen Decken einst weite Teile des Helvetikums überlagerten. Größere Klippen aus penninischen Decken sind im Chablais (Savoyen) und den romanischen Voralpen vorhanden. In den zum Teil sehr kleinen Klippen der Zentralschweiz finden sich sogar Erosionsreste der ostalpinen Decken. Die penninischen Decken sind im zentralen Teil der Zentralalpen aufgeschlossen. Decken aus Kristallingesteinen dominieren mehr im südlichen Teil, Sedimentdecken mehr nördlich. In der Leventina und nördlich Domodossola sind im sogenannten lepontischen Dom die strukturell tiefsten und höchstmetamorphen Einheiten aufgeschlossen. Aus dem Einfallen der Deckenkontakte rund um dieses Gebiet erkennt man, dass eigentlich eine domförmige Aufwölbung vorliegt, in deren Kern die höchstmetamorphen Gesteine an der Erdoberfläche aufgeschlossen sind. Abschiebungen markieren den Westrand (Simplon-Störung) und den Ostrand

(Forcola- und Turba-Abschiebung) und trugen zur Heraushebung des lepontischen Doms bei.

Interessant ist der Verlauf zwischen penninischen und ostalpinen Decken im Kartenbild. In den Zentralalpen bildet dieser ein ausgefranstes Muster. Ganz im Osten sind an der Erdoberfläche lediglich ostalpine Decken aufgeschlossen, Kristallin im Süden und Sedimente im Norden. Im Engadin ist die Unterlage aus penninischen Decken in einem tektonischen Fenster aufgeschlossen. Im Südosten ist dieses Fenster durch einen Bruch begrenzt, der die penninischen Decken relativ zum Ostalpin im Südosten anhebt. Im restlichen Teil des Fensterrands ist der basale Deckenkontakt des Ostalpins kuppelförmig angehoben, sodass durch Erosion die tieferen Einheiten entblößt wurden. Südlich des Bodensees verläuft die Grenzfläche Penninikum-Ostalpin im Zickzack quer durch die Alpen. Tendenziell fällt der Kontakt nach Osten ein, sodass in den Ostalpen an der Oberfläche mehrheitlich ostalpine Decken aufgeschlossen sind. Augenfällig ist das Vordringen des Ostalpins in Vorarlberg und das Zurückweichen im Prättigau (man spricht hier vom Prättigau-Halbfenster). Weiter im Westen sind im Bereich der Iberger Klippen kleinere Klippen von Ostalpin auf Penninikum zu verzeichnen. Am Nordrand des Ostalpins östlich des Bodensees zieht ein dünnes Band von penninischen und lokal helvetischen Decken südlich der Subalpinen Molasse ostwärts. An vielen Orten markieren ophiolithische Gesteine die penninisch-ostalpine Grenze. Es handelt sich hierbei um die oberpenninischen Decken, die aus Gesteinen des ehemaligen Piemont-Ozeans stammen. Das Vorhandensein von Fenstern und Klippen und der gezackte Verlauf der Grenze Penninikum-Ostalpin quer durch das Orogen erklären sich als Erosionsrand. Das dünne Band von Penninikum am Nordrand der Alpen und das Engadiner Fenster beweisen, dass sich die penninischen (und helvetischen) Decken im Osten in der Tiefe unter dem Ostalpin fortsetzten.

Im Süden der Zentralalpen ist eine markante Bruchstörung, die Insubrische Störung, auszumachen. Sie ist Teil des periadriatischen Bruchsystems, das von den Westalpen über die Zentralalpen bis ins Ostende der Ostalpen zu verfolgen ist. Im Bereich der Zentralalpen trennt dieses Bruchsystem zwischen Lago Maggiore und Lago di Como das Südalpin vom nördlich gelegenen Penninikum. Westlich der Seen ist es die Trennung zwischen Südalpin und Salassikum, östlich der Seen die Trennung zwischen Südalpin und Ostalpin. Als «Salassikum» bezeichnet man den nordwestlichsten Rand der adriatischen Platte, welcher bei der Bildung der Alpen zuerst als untere Platte unter das Südalpin eintauchte und metamorphisiert wurde. Anschließend wurde es Teil der oberen Platte und kam so auf die Gesteine des Piemont-Ozeans zu liegen. Zwei größere granodioritische Intrusionen (Bregaglia und Adamello) befinden sich in unmittelbarer Nähe zu diesem Bruchsystem. Im Südalpin sind mehrere SW-NE- bis EW-verlaufende südvergente Überschiebungen zu sehen. Jene im Norden überschieben kristallines Grundgebirge auf Kristallin oder mesozoische Sedimente.

Der Profilschnitt in Abb. 5.2-2 resümiert den Bau der Zentralalpen längs der Osttraverse des NFP 20 (vgl. Pfiffner et al. 1997a) und der Europäischen GeoTraverse (EGT) (vgl. Blundell et al. 1992). Das Profil verläuft östlich des Juragebirges. Im Molassebecken erkennt man das seichte Eintauchen der meso-

▶ **5.2-1 Vereinfachte geologisch-tektonische Karte der Zentralalpen** mit den Spuren der Profilschnitte (Zahlen entsprechen den Abbildungsnummern). Doppelpfeile zeigen die Orientierung der wichtigesten Faltenachsen.

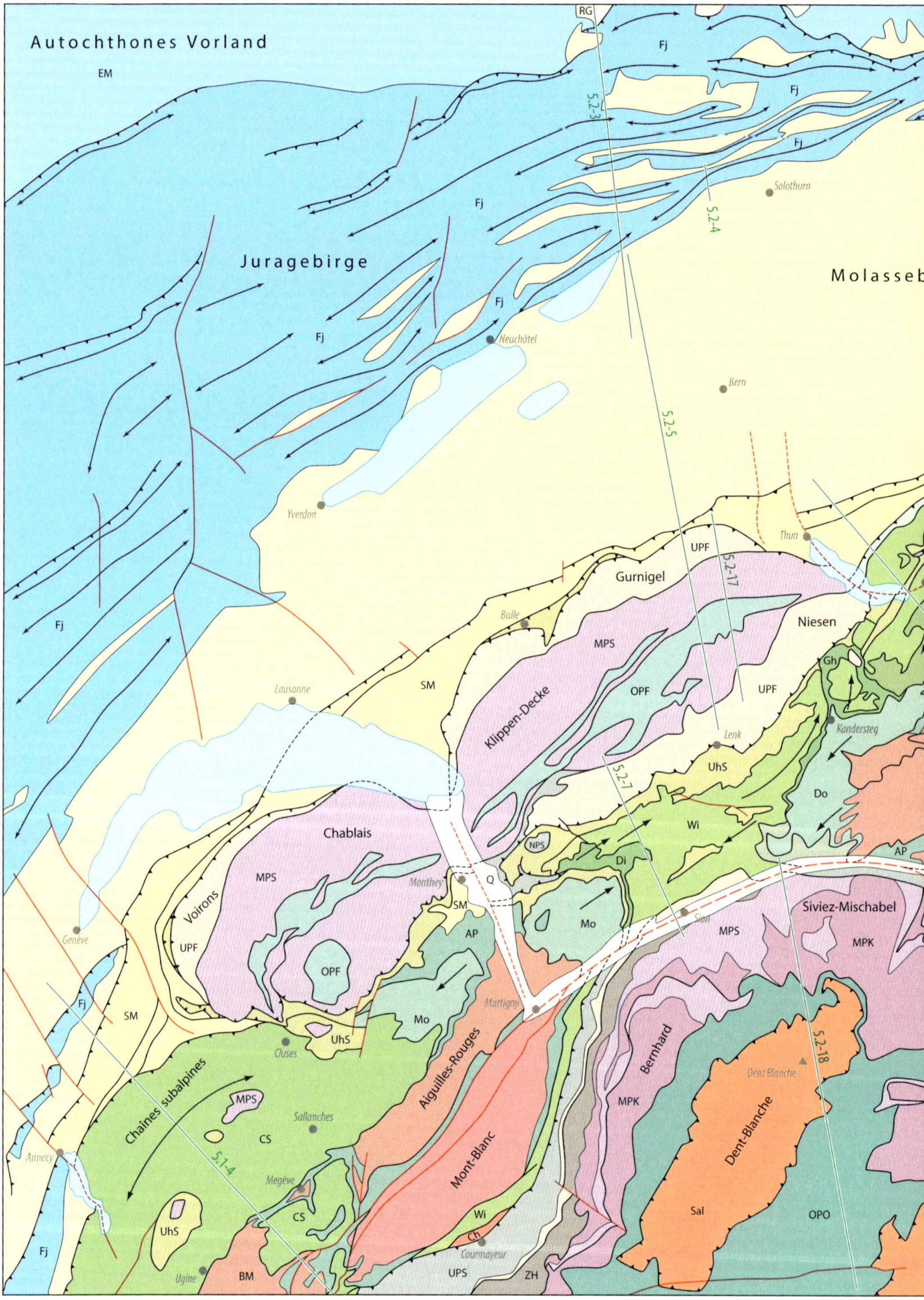
Autochthones Vorland
EM
RG
Fj
5.2-3
5.2-4
Solothurn
Juragebirge
Molasseb
Neuchâtel
Bern
5.2-5
Yverdon
Thun
UPF
Gurnigel
5.2-17
Bulle
Niesen
MPS
OPF
Gh
Lausanne
SM
Klippen-Decke
UPF
Kandersteg
Lenk
UhS
5.2-7
Do
Chablais
Wi
NPS
Di
AP
Monthey
Q
Voirons
MPS
SM
Sion
Siviez-Mischabel
Genève
UPF
AP
Mo
MPS
MPK
OPF
Martigny
Mo
SM
UhS
Cluses
Aiguilles-Rouges
Bernhard
5.2-18
Chaînes subalpines
MPS
Dent Blanche
Sallanches
CS
MPK
Dent-Blanche
5.1-4
Mont-Blanc
Annecy
Megève
CS
Sal
OPO
Wi
UhS
Ch
Courmayeur
Fj
Ugine
BM
UPS
ZH

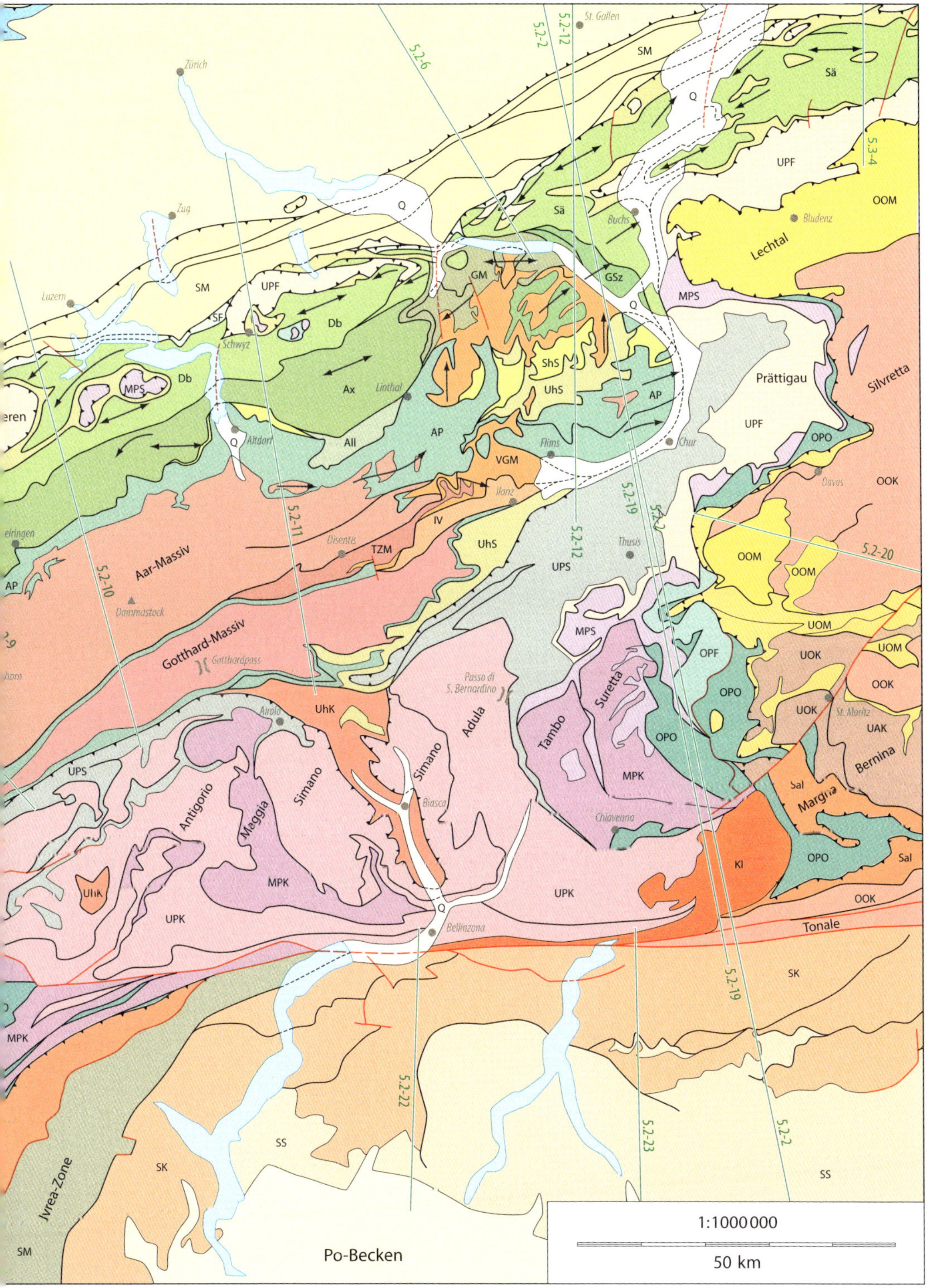
St. Gallen
Zürich
Zug
Luzern
Schwyz
Altdorf
Linthal
Buchs
Flims
Chur
Ilanz
Disentis
Thusis
Davos
Bludenz
St. Moritz
Chiavenna
Biasca
Bellinzona
Airolo
Gotthardpass
Passo di S. Bernardino
Dammastock
Aar-Massiv
Gotthard-Massiv
Lechtal
Prättigau
Silvretta
Bernina
Margna
Tonale
Tambo
Suretta
Adula
Simano
Maggia
Antigorio
Ivrea-Zone
Po-Becken
SM
UPF
Q
Sä
Db
Ax
All
AP
GM
GSz
ShS
UhS
VGM
IV
TZM
UPS
MPS
UhK
MPK
UPK
OPF
OPO
OOM
OOK
UOM
UOK
UAK
Sal
Kl
SK
SS
5.2-2
5.2-6
5.2-10
5.2-11
5.2-12
5.2-19
5.2-20
5.2-22
5.2-23
5.3-4
1:1000000
50 km

zoischen und känozoischen Sedimente Richtung Alpen. Im Molassebecken nimmt die Mächtigkeit der känozoischen Sedimente dabei zu, und an der Grenze zum Helvetikum sieht man den Schuppenbau in der Subalpinen Molasse. Die Grenze Subalpine zu Vorlandmolasse ist durch eine fast symmetrische Antiklinalstruktur markiert („triangle structure" im englischen Sprachgebrauch). Die helvetischen Decken sind als allochthones Deckenpaket erkennbar, dessen Verbindung nach Süden infolge Erosion fehlt. Im Infrahelvetikum darunter bildet der Kristallinaufbruch des Aar-Massivs ein 30 Kilometer breites Gewölbe. Auf dessen Südseite ist der Kristallinblock des Gotthard-Massivs über mehr als zehn Kilometer nordwärts aufgeschoben worden. In den penninischen Decken sind die aus mesozoischen (und känozoischen) Sedimenten bestehenden Decken (Grava, Tomül, Schams) klar getrennt von jenen aus kristallinem Grundgebirge (Simano, Adula, Tambo, Suretta). Die basalen Überschiebungen dieser Decken sind in vielen Fällen in einer späten Phase eng verfaltet worden („post-nappe folding"). Sehr deutlich zeigen dies etwa die Grava-Überschiebung oder der Kontakt im Dach der Suretta-Decke. Im Gipfel des Piz Toissa ist eine kleine Klippe von Ostalpin (Ela-Decke) erhalten geblieben, und am Piz Platta liegt ein Erosionsrest der oberpenninischen Platta-Decke vor. Beide Klippen deuten den Verlauf der in diesem Querschnitt erodierten penninisch-ostalpinen Grenze an. Die Bregaglia-Intrusion im Süden durchschlägt Deckenkontakte, zieht sich aber längs der Insubrischen Störung, einem Segment des periadriatischen Bruchsystems, in die Tiefe. Das Profil soll hier die genetische Verknüpfung zwischen Platznahme der Intrusion und Bewegung an der Insubrischen Störung verdeutlichen. Ein dünnes Paket von ostalpinen Decken (Err-Bernina- und Tonale-Decke) liegt unmittelbar nördlich des peri-adriatischen Bruchsystems eingeklemmt in steiler Stellung. Die Steilzone bildete sich durch steile südgerichtete Aufschiebung des penninischen Deckenstapels relativ zum Südalpin. Dabei kam es auch zur Bildung von sogenannten „Rückfalten" (südvergente Falten mit steiler Achsenfläche), sichtbar etwa am Kontakt zwischen Simano- und Adula-Decke.

Zentralalpen:
- *bivergente Deckenstruktur*
- *asymmetrische Krustenstruktur*

Im Südalpin zeigt Abb. 5.2-2 den südvergenten Deckenbau, der sowohl das Kristallin wie auch die Sedimente erfasste. Die Unterkruste des Südalpins, der adriatische Kontinentalrand, ist gegen Norden keilförmig in die europäische Kruste eingespießt. Die Struktur der Unterkruste wie sie in Abb. 5.2-2 gezeigt ist, basiert auf teleseismischen Untersuchungen von Waldhauser et al. (2002), Diel et al. (2009) und Wagner et al. (2012). Die europäische Unterkruste taucht unter die adriatische Kruste, während die europäische Oberkruste abgeschält und zu einem Deckenstapel zusammengestaucht wurde. Dies zeigt sich nicht nur in der Aufwölbung des Aar-Massivs, sondern auch an den allochthonen Blöcken des Gotthard-Kristallins und der penninischen Simano- und Adula-Decke. Die adriatische Oberkruste ist substanziell verkürzt im Untergrund des Südalpins, und die adriatische Unterkruste ist vor allem am Nordende, dort, wo sie mit der abgeschälten europäischen Oberkruste kollidierte, verdickt. Am Südende des Profilschnittes ist die adriatische Unterkruste auf mehr als die doppelte Mächtigkeit angehäuft.

Das Juragebirge

Auch im Abschnitt der Zentralalpen ist das Juragebirge im Wesentlichen

Legende zu Abbildung 5.2-1

- Q – Quartäre Füllung der Haupttäler
- ⟷ Faltenachsen

Europäisches (Nordalpines) Vorland

- RG – Rhein-Graben
- Mittelländische Molasse
- SM – Subalpine Molasse
- EM – Autochthones Mesozoikum
- FJ – Faltenjura

Deckensystem des europäischen Kontinentalrandes

Oberhelvetikum

- UhS – Ultrahelvetische Sedimentdecken
- UhK – Ultrahelvetische Kristallindecken (Lucomagno, Verampio)
- ShS – Südhelvetische Sedimentdecken
- CS – Chaînes subalpines
- Wi – Wildhorn-Decke
- Di – Diablerets-Decke
- Db – Drusberg-Decke
- Ax – Axen-Decke
- Gh – Gellihorn-Decke
- IV – Ilanz-Verrucano
- Sä – Säntis-Decke
- GSz – Gonzen-Schuppenzone
- GM – Glarner & Mürtschen-Decke
- VGM – Verrucano der Glarner- und Mürtschen-Decke

Unterhelvetikum

- SF – Subalpiner Flysch
- All – Allochthone Einheiten
- Mo – Morcles-Decke
- AP – Autochthon-parautocht. Sedimentbedeckung
- Do – Doldenhorn-Decke
- Chétif-Massiv (Ch)
- Mont Blanc-Massiv
- Aiguilles Rouges-Massiv
- Belledonne-Massiv
- Gotthard-Massiv
- Aar-Massiv
- Tavetscher Zwischenmassiv (TZM)

Penninische Decken

Wallis-Trog (Unterpenninikum)

- UPF – Flysch
- UPS – Sedimentdecken
- UPK – Kristallindecken

Briançon-Schwelle (Mittelpenninikum)

- MPS – Sedimentdecken
- MPK – Paläozoische Sedimente (Zone Houillère)
- MPK – Kristallindecken

Piemont-Ozean (Oberpenninikum)

- OPF – Flysch
- OPO – Ophiolithdecken

- KI – Känozoische Intrusiva

Deckensystem des adriatischen Kontinentalrandes

Südalpine Decken

- SS – Südalpine Sedimentdecken
- SK – Südalpine Kristallindecken
- SM – Südalpine Unterkruste (Ivrea-Zone)

Salassikum

- Sal – Kristallines Grundgebirge

Ostalpine Decken

Oberostalpine Decken

- OOM – Mesozoikum
- OOK – Kristallines Grundgebirge

Unterostalpine Decken

- UOM – Mesozoikum
- UOK – Kristallines Grundgebirge

Adriatisches Vorland

- Känozoikum des Po-Beckens

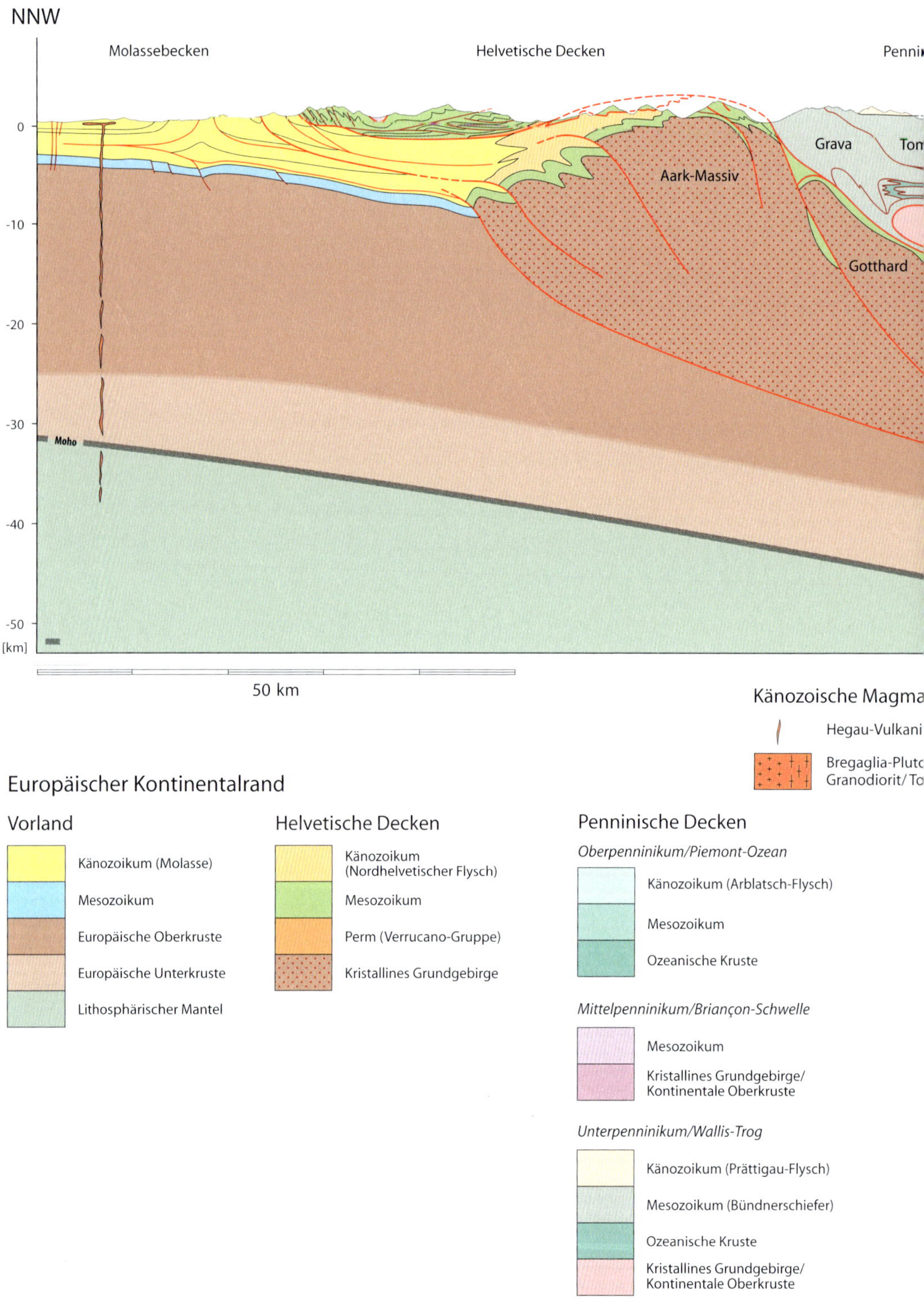
NNW
Molassebecken
Helvetische Decken
Aark-Massiv
Grava
Gotthard
Moho
0
-10
-20
-30
-40
-50
[km]
50 km
Europäischer Kontinentalrand
Vorland
Känozoikum (Molasse)
Mesozoikum
Europäische Oberkruste
Europäische Unterkruste
Lithosphärischer Mantel
Helvetische Decken
Känozoikum (Nordhelvetischer Flysch)
Mesozoikum
Perm (Verrucano-Gruppe)
Kristallines Grundgebirge
Penninische Decken
Oberpenninikum/Piemont-Ozean
Känozoikum (Arblatsch-Flysch)
Mesozoikum
Ozeanische Kruste
Mittelpenninikum/Briançon-Schwelle
Mesozoikum
Kristallines Grundgebirge/ Kontinentale Oberkruste
Unterpenninikum/Wallis-Trog
Känozoikum (Prättigau-Flysch)
Mesozoikum (Bündnerschiefer)
Ozeanische Kruste
Kristallines Grundgebirge/ Kontinentale Oberkruste

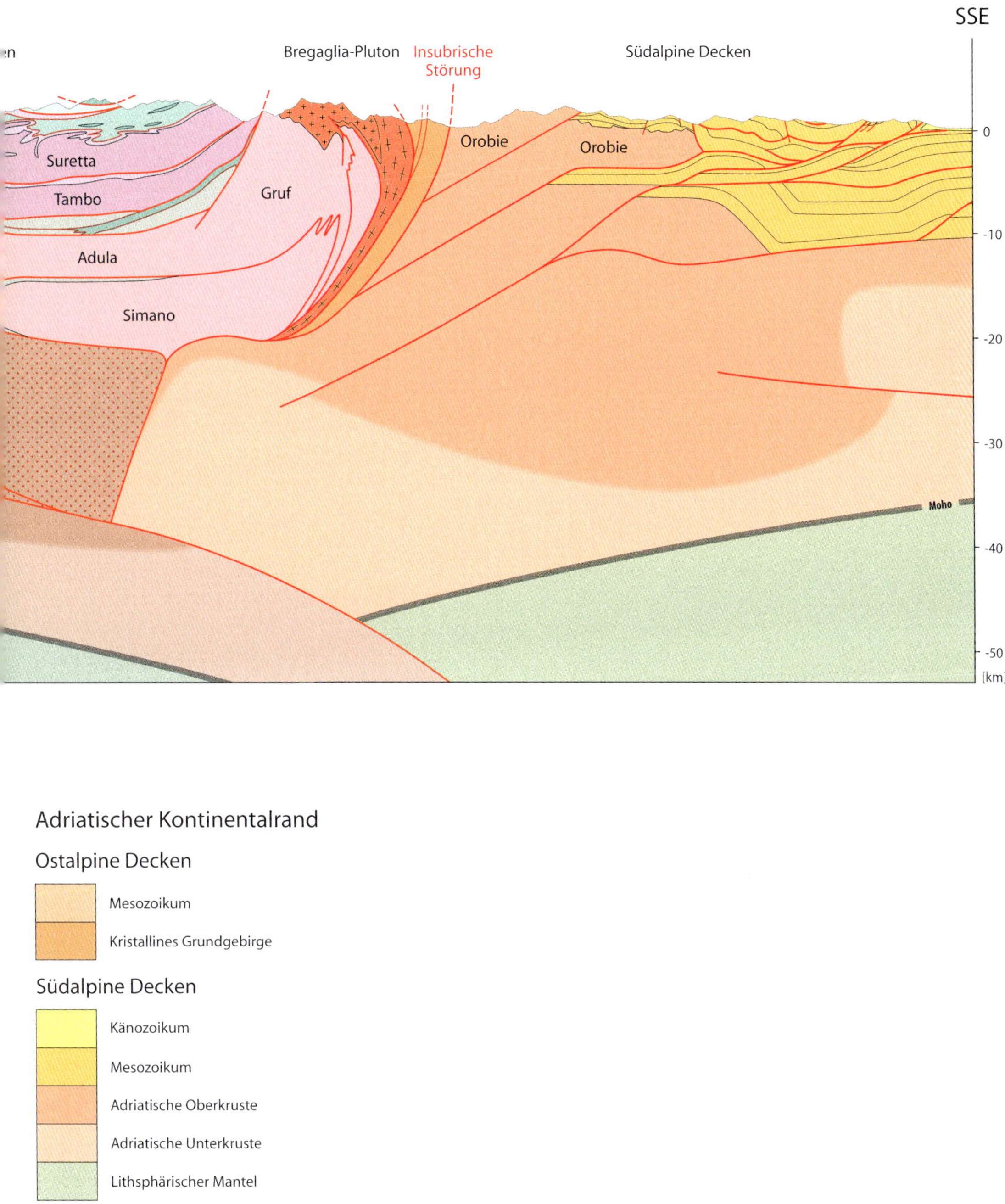

5.2-2 Geologischer Profilschnitt durch die östlichen Zentralalpen längs der Osttraverse von NFP20 (überarbeitet nach Pfiffner & Hitz, 1997).

ein Faltengebirge, das in den Evaporiten der Trias von seiner Unterlage abgeschert und nach Nordwesten verfrachtet wurde. Die tektonische Karte in Abb. 5.2-1 illustriert den Verlauf der Antiklinalen. Diese sind im südöstlichen Teil, im Faltenjura, eng geschart, während die Antiklinalen im Plateaujura durch breite Synklinalen getrennt sind. Größere Seitenverschiebungen (die „décrochements") zerschneiden die Falten. Beim Vergleich der beiden Flügel dieser Brüche erkennt man, dass die einzelnen Falten sich nicht entsprechen und sich unabhängig voneinander entwickelten. Dies bedeutet, dass die Seitenverschiebungen gleichzeitig mit der Faltung aktiv waren.

Faltenjura: abgescherte mesozoische Sedimente

Der Profilschnitt durch den zentralen Jura in Abb. 5.2-3 illustriert die Interndeformation der mesozoisch-känozoischen Schichten. Im NNW, dem frontalen Teil, ist das Juragebirge auf das autochthone Vorland aufgeschoben. Zwei weitere Überschiebungen erkennt man gleich anschließend im SSE. Der internere Teil des Juragebirges wird dann der Bezeichnung „Faltengebirge" eher gerecht. Als Abscherfalten sind jene Falten zu deuten, deren Kerne mit Evaporiten gefüllt sind. Ihre Amplitude beträgt teilweise mehr als einen Kilometer. Laubscher (1965) analysierte die Verkürzungsbeträge im Juragebirge detailliert. In seinem Modell, dem eine Rotation des Juragebirges um dessen Ostende zugrunde liegt, nimmt die interne Verkürzung vom Ostende des Juras gegen Westen sukzessive zu. Für den Querschnitt in Abb. 5.2-3 schätzte Laubscher (1965) die Verkürzung auf zirka 15 Kilometer. Die Abwicklung des Profils in Abb. 5.2-3 ergibt etwas weniger (10,5 Kilometer). Der ermittelte Verkürzungsbetrag hängt von der Interpretation des Stils der Falten ab. Einige der Antiklinalen enthalten Überschiebungen im Kern, was einen hohen Verkürzungsbetrag ergibt, andere wiederum sind beinahe als Pilzfalten entwickelt, woraus ein geringerer Verkürzungsbetrag resultiert. Zusätzlich ändert sich in vielen Fällen der interne Stil der Antiklinalen längs des Streichens, was die Abschätzung der Verkürzung nochmals schwieriger macht.

Eine Frage, die sich die frühen Bearbeiter schon stellten, betrifft den Mechanismus der Jura-Auffaltung und des Einbezugs des prä-triadischen Grundgebirges. Bei Profilkonstruktionen der Faltenstrukturen in den mesozoischen Schichten wurde bald klar, dass es unmöglich ist, das prä-triadische Grundgebirge gleichermaßen mitzufalten. Daraus wurde geschlossen, dass in den Evaporiten der Trias eine Entkoppelung stattgefunden haben muss. Da aber die in den mesozoischen Schichten vorhandene Verkürzung auch irgendwo im prä-triadischen Grundgebirge kompensiert sein muss, wurde die „Fernschubhypothese" aufgestellt, erstmals von Buxtorf (1907) klar formuliert. Danach erfolgte der Schub für die Jurafaltung von den Alpen her und wurde von den mesozoischen Sedimenten unter und den Molassesedimenten selbst übertragen. Die im Juragebirge erfolgte Verkürzung in den mesozoischen Sedimenten wurde für das kristalline Grundgebirge in den Alpen kompensiert, und zwar in den frontalen Decken oder unter den Kristallinaufbrüchen im Helvetikum. Laubscher (1961) diskutiert die historische Entwicklung der Ideen und präsentierte eine eingehende Analyse und Lösungsansätze zum Problem des „Fernschubs".

Heute wissen wir, dass der Abscherhorizont im westlichen Jura in den Evaporiten der späten Trias, im östlichen Jura in jenen der mittleren Trias liegt.

Er zieht dann unter dem Molassebecken durch und wurzelt in den Kristallinaufbrüchen. Bei der Jurafaltung wurde somit das gesamte Molassebecken auch mit verschoben. Dies zeigt sich etwa daran, dass im westlichen Molassebecken die OMM heute auf einer Höhe von über 1000 Metern über dem Meer liegt, während sie im Osten unter Meeresniveau liegt. Da die OMM quasi einen „fossilen Meeresspiegel" darstellt, ist das westliche Molassebecken beträchtlich gehoben worden. Diese Hebung lässt sich wenigstens teilweise durch das Hinaufschieben der mesozoisch-känozoischen Sedimente auf einer alpenwärts geneigten Schubbahn erklären (vgl. Laubscher 1961 und Pfiffner et al. 1997b).

Die Geometrie dieses Abscherhorizonts ist nur indirekt durch Profilkonstruktionen einigermaßen bekannt. Laubscher (1961) dokumentierte beispielsweise eine unregelmäßige Fläche, die im zentralen Teil des Juras höher und nahezu horizontal lag und am Jurasüdhang relativ steil nach Südosten einfiel. Im Profilschnitt von Abb. 5.2-3A zeigt der Abscherhorizont kleinräumig einen buckligen Verlauf, vor allem über partiell ausgestülpten Permokarbon-Trögen. Der Trog unter Hermrigen ist von den Untersuchungen im Zusammenhang mit einer Erdölbohrung und Neubearbeitung der reflexionsseismischen Daten her bekannt (vgl. Pfiffner et al. 1997b), andere Tröge sind aus bekannten Trögen in den Nachbargebieten hereinprojiziert und damit etwas spekulativ. Die höhere Lage des Abscherhorizonts NNW von Biel in Abb. 5.2-3 ergibt sich zwangsläufig aus der Profilkonstruktion. Die so erhaltene unregelmäßige Form des Abscherhorizonts zeigt, dass das prä-triadische Grundgebirge unter dem Juragebirge ebenfalls etwas verkürzt ist. Diese Verkürzung ist gering und geschah in einer späten Phase der Bildung des Juragebirges. Auch unter dem Molassebecken sind Unstetigkeiten im Verlauf des Abscherhorizonts zu verzeichnen. Offenbar wurde in der Schlussphase der Jurabildung das Grundgebirge leicht deformiert. Dies mag mit einer Zunahme der Auflast in Zusammenhang stehen, die im Juragebirge mit der Auffaltung und im Molassebecken mit der Platznahme einer mächtigeren Beckenfüllung zustande kam.

Der Profilschnitt in Abb. 5.2-3B zeigt ein Modell des internen Westjuras (umgezeichnet nach Marro et al. 2023). Hier ist der Abscherhorizont in den Evaporiten der Keuper-Gruppe und verläuft praktisch ungestört über der Muschelkalk-Gruppe. Der innere Bau des Juragebirges zeigt vier westvergente Überschiebungen, an welchen die hier sehr mächtigen Evaporite weit über die Jura- und Kreidesedimente reichen. Die Verkürzung im internen Westjura beträgt etwa 23,6 km. Für den gesamten Westjura beträgt sie etwa 30 km (Affolter et al. 2008), ist also wesentlich höher als im Querschnitt des Zentraljuras (Abb. 5.2-3A).

Ein klassisches Beispiel für den internen Bau der Falten findet sich im Querschnitt längs des Grenchenberg-Eisenbahntunnels. Der Profilschnitt in Abb. 5.2-4 ist umgezeichnet nach Buxtorf (1916). In dieser Arbeit dokumentiert Buxtorf den durch den Tunnelbau erreichten Fortschritt des Wissensstands über den geologischen Bau des Juras. Fein säuberlich sind die Prognosen und die Befunde der Eisenbahntunnels Hauenstein und Grenchenberg nebeneinandergestellt und kommentiert. Im Falle des Grenchenbergtunnels wurde im Kern der Grenchenberg-Antiklinale

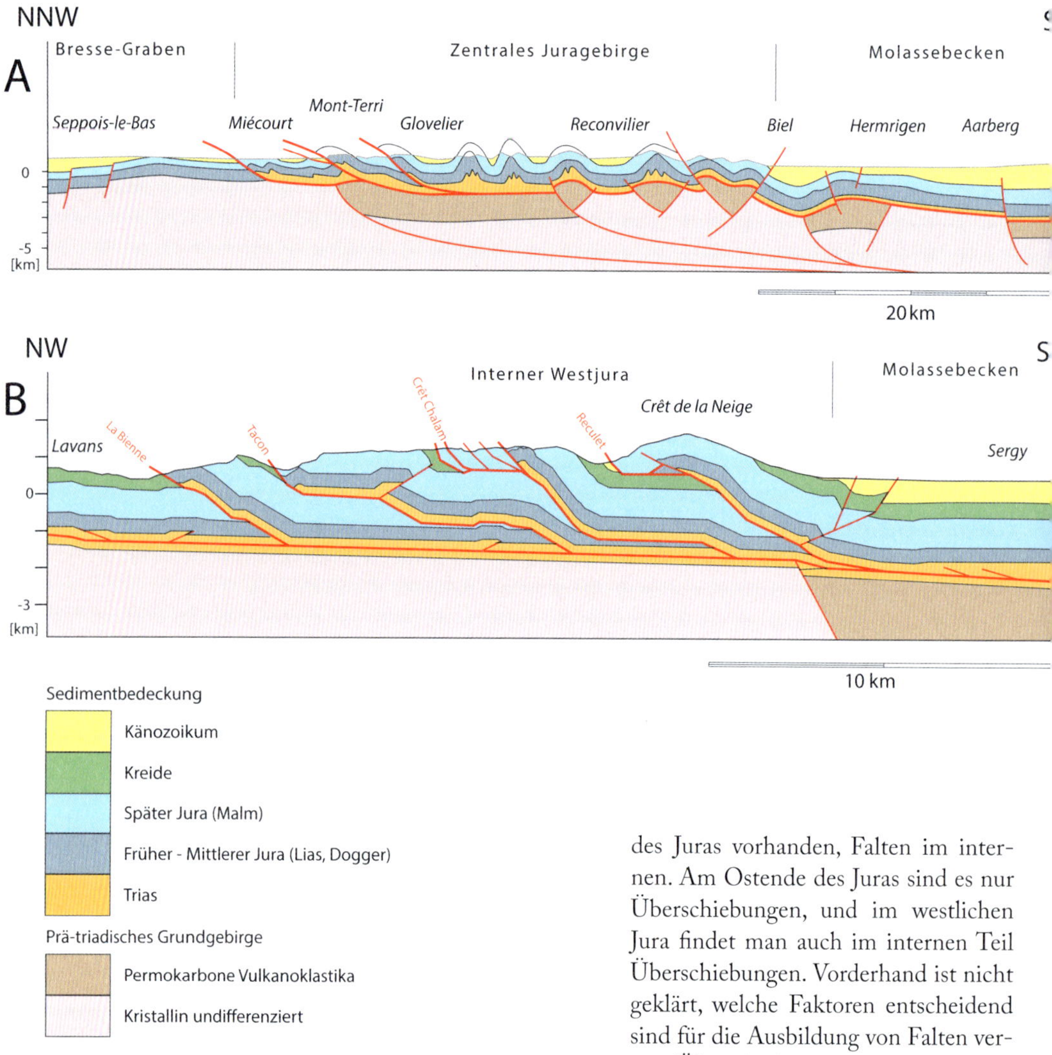

5.2-3 Geologische Profilschnitte durch das Juragebirge. A) Zentraler Jura (nach Pfiffner et al., 1997b). B) Interner Westjura (umgezeichnet nach Marro et al., 2023).

eine gefaltete Überschiebung entdeckt. Buxtorf (1916) skizziert, wie diese als Aufschiebung mit einer Rampe ausgehend vom Abscherhorizont quer durch die mesozoisch-känozoische Sedimentabfolge begann und anschließend durch die Bildung der Grenchenberg-Antiklinale sukzessive in ihre heutige Form verbogen wurde. Dieses Beispiel zeigt, dass sowohl Überschiebungstektonik wie auch Faltentektonik den Bau des Juragebirges prägen. In Abb. 5.2-3 sind Überschiebungen im externen Teil des Juras vorhanden, Falten im internen. Am Ostende des Juras sind es nur Überschiebungen, und im westlichen Jura findet man auch im internen Teil Überschiebungen. Vorderhand ist nicht geklärt, welche Faktoren entscheidend sind für die Ausbildung von Falten versus Überschiebungen. Denkbar sind primäre Unterschiede in der „mechanischen Stratigrafie" der mesozoischen Schichtreihen, wie dies etwa im Falle der penninischen und helvetischen Decken nachweisbar ist.

Der Faltenstil kann in den tiefen Schluchten, den sogenannten „cluses", welche die Falten queren, studiert werden. Diese Schluchten wurden durch die anteszendenten Urflüsse während der Auffaltung laufend eingetieft. Ein eindrückliches Beispiel ist in der Klus von Moutier in Abb. 5.2-4 abgebildet.

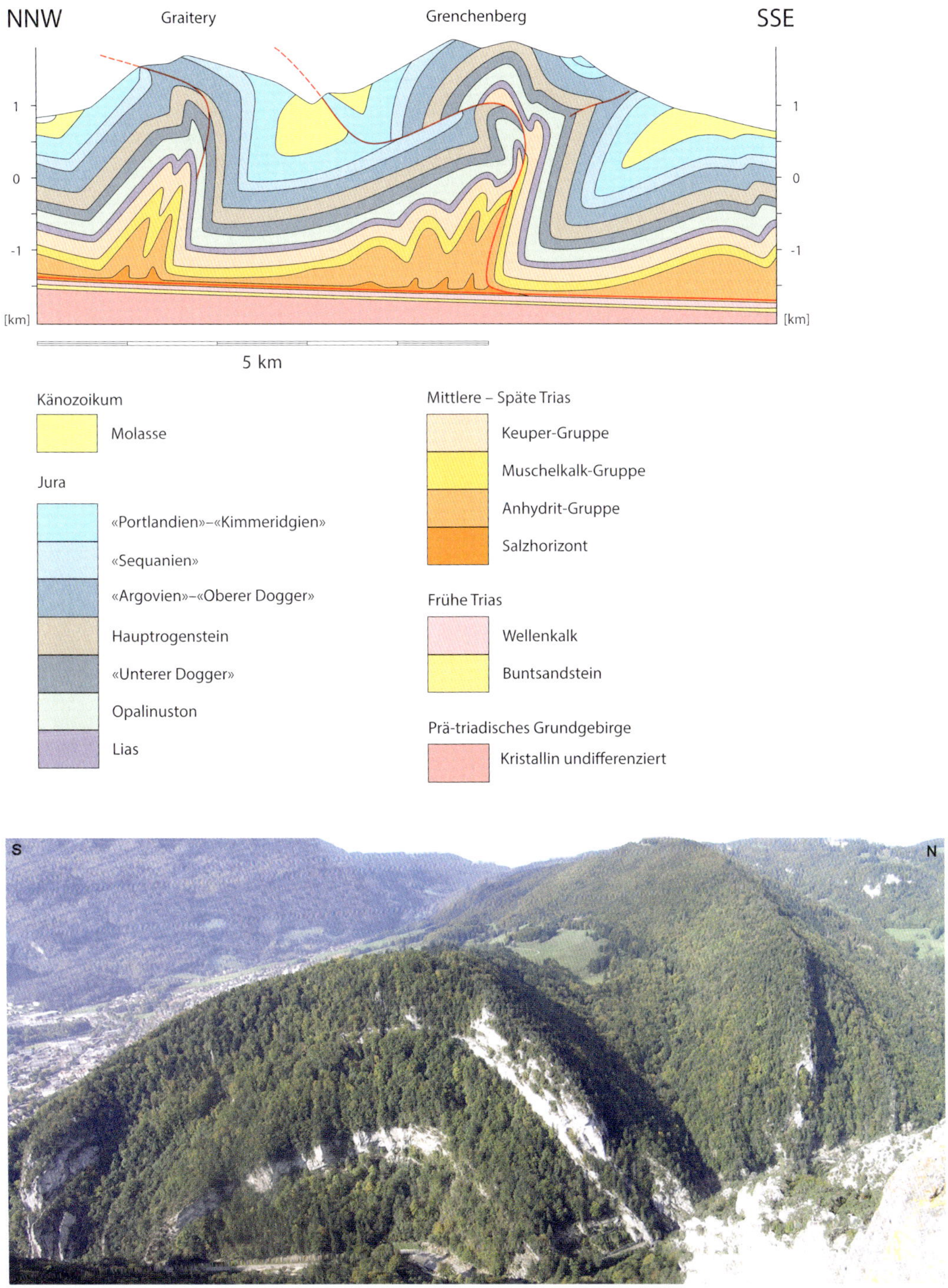

5.2-4 Geologischer Profilschnitt durch den Faltenjura längs des Grenchenberg-Basistunnels (umgezeichnet nach Buxtorf, 1916). Das Foto zeigt die Falten in der Klus von Moutier (Kt. Jura, Schweiz) mit Blick nach WSW. Die Synklinale, eine enge Kinkfalte, zeigt geradlinige (ebenflächige) Faltenschenkel während die Antiklinale etwas offener ist und von mehreren Knicken durchsetzt ist. Die Felswände werden zumeist aus spätjurassischen Kalken aufgebaut.

Das Molassebecken

Molassebecken:
- *stark deformierter interner Teil*
- *allochthon im Westen*

Vom tektonischen Bau her ist das Molassebecken in drei Zonen zu unterteilen: die Subalpine Molasse im Süden, die flach liegende Mittelländische Molasse oder Vorlandmolasse sowie die Subjurassische Zone im Norden. **Die Subalpine Molasse** besteht aus einem Überschiebungsgürtel, der von den alpinen Decken überfahren wurde. Östlich des Aaretals sind dies die helvetischen, westlich davon die penninischen Decken. Auch der innere Bau der Subalpinen Molasse und ihr Kontakt zur nördlich angrenzenden Mittelländischen Molasse ändern sich längs des Streichens (vgl. Abb. 5.2-1). In der Ostschweiz ist die Subalpine Molasse unter die aufgerichtete Mittelländische Molasse hineingeschoben worden („Dreieckzone"); in der Zentralschweiz und bis zum Aaretal dominiert eine steilstehende Faltenzone diesen Kontakt. Westlich der Aare ist die Mittelländische von der Subalpinen Molasse überfahren worden. Die abrupte Ablösung der Strukturen über das Aaretal hinweg deutet auf das Vorhandensein einer Seitenverschiebung, die gleichzeitig mit den Überschiebungen aktiv war.

Die nördlich angrenzende **Mittelländische Molasse bzw. Vorlandmolasse** ist vorwiegend flach gelagert. Gegen die Subalpine Molasse hin sind die Schichten aufgerichtet. In ihrem zentralen Teil sind in der Mittelländischen Molasse einzelne offene Antiklinalen auszumachen. Diese sind häufiger im westlichen Molassebecken, d. h. im rückwärtigen Teil des Juragebirges.

Die **Subjurassische Zone** erstreckt sich längs des Südrands des Juragebirges und ist charakterisiert durch mehrere, im Vergleich zur Mittelländischen Molasse, etwas engere Antiklinalen, die auch das darunterliegende Mesozoikum erfassen.

Trotz des scheinbaren Übergangs von Mittelländischer Molasse über die Subjurassische Zone ins Juragebirge zeichnen sich die südlichsten Antiklinalen des Juragebirges durch eine vergleichsweise viel größere Amplitude aus. Die Scheitel dieser Antiklinalen liegen auf 1000 bis 1700 Metern über Meer, sind also 500 bis 1000 Meter höher als jene in der Subjurassischen Zone. Wie aus Abb. 5.2-1 ersichtlich ist, zeichnen sich die Antiklinalen am Jurasüdfuß und in der Subjurassischen Zone durch ausgesprochene Axialgefälle auf. Mit Ausnahme der Antiklinalen im Bereich Neuenburger- und Bielersee (St. Blaise, Cressier und Petersinsel) tauchen die Antiklinalen en échelon und „left-stepping" nach Osten ab (Engelberg südöstlich Olten, Chestenberg und Lägern). Inwieweit dieses Abtauchen auf Unterschiede in den Mächtigkeiten der beteiligten Sedimentschichten zurückzuführen ist, bleibt vorderhand ungeklärt. Es ist auch denkbar, dass bei der Auffaltung des Juragebirges die Füllung des Molassebeckens als „Indentor" in die südlichsten Falten eingepresst wurde und es dabei zu Scherungen und Rotationen kam. In diesem Falle wäre der Kern des Indentors etwa bei Grenchen zu suchen.

Burkhard (1990) versuchte, die Verkürzung im Juragebirge und im Molassebecken in ein kohärentes kinematisches Modell zu setzen. Gemäß diesem müsste die Gesamtverkürzung von Juragebirge und Molasse längs des Streichens konstant sein und gleichzeitig stattgefunden haben. Er interpretierte, dass die beobachtete geringere Verkürzung im Ostjura durch eine größere Verkürzung in der östlichen Subalpinen Molasse kompensiert sei. Burkhard (1990) kam zum Schluss, dass die Mittelländische Molasse als „deformierbarer Indentor" die unterschiedlichen Verkürzungsbeträge im Juragebirge am besten erklären würde. Eine Folge dieses Modells ist, dass das Molassebecken eine Rotation um 7° im Uhrzeigersinn erfahren haben müsste. Kempf et al. (1999) konnten mittels Geomagnetik nachweisen, dass tatsächlich eine gleichsinnige Rotation um 7 bis 14° anzunehmen ist.

Die beiden Profilschnitte in Abb. 5.2-5 und 5.2-6 zeigen die generelle Struktur des Molassebeckens im Westen und Osten. Deutlich sieht man die generelle Zunahme der Mächtigkeit der Molassesedimente Richtung Alpen. Besonders klar trifft dies für die USM zu. Im Osten wie im Westen müssen die Überschiebungen der Subalpinen Molasse südwärts bis ins kristalline Grundgebirge reichen. Zu groß ist der kumulierte Überschiebungsbetrag, als dass er einfach in die basale Überschiebung der alpinen Decken einmünden könnte und sich dort verliert. Man beachte auch, dass die OMM im Ostprofil deutlich tiefer liegt als im Westprofil. Die höhere Lage der Schichten der Mittelländischen Molasse im Westen wurde in der älteren Literatur auf die sogenannte „Resthebung" zurückgeführt. Wie wir heute wissen, erklärt sich die höhere Lage, wie schon im Zusammenhang mit der „Fernschub-Hypothese" des Juragebirges diskutiert, durch den passiven Transport des Molassebeckens auf dem geneigten Trias-Abscherhorizont während der pliozänen Faltungsphase des Juragebirges.

Im Westen wie im Osten sind die Schichten der UMM auf die Subalpine Molasse, jene der OSM auf die Mittelländische Molasse beschränkt. Dies zeigt, wie sich die Beckenachse der Vorlandsenke mit der Zeit von intern nach extern verlagerte. Das Fehlen der jüngeren Schichten in der Subalpinen Molasse erklärt sich dahin gehend, dass infolge Überschiebungen an der damaligen Front des Orogens der interne Teil des Vorlandbeckens überfahren und zugedeckt wurde und sich somit gar keine jüngeren Schichten ablagern konnten. Diese Prozesse werden in Pfiffner (1986) für die Ostschweiz und Burkhard & Sommaruga (1998) für die Westschweiz näher beschrieben.

Der Profilschnitt von Abb. 5.2-5 basiert auf den reflexionsseismischen Untersuchungen des NFP 20 (Pfiffner et al. 1997b). Im NNW erkennt man bei Hermrigen eine Antiklinalstruktur über einem partiell ausgestülpten Permokarbon-Trog. Zwei weitere Permokarbon-Tröge sind unter dem Wohlensee und unter der Front der penninischen Decken zu erkennen. In beiden Fällen ist die mesozoische Sequenz durch partielle Ausstülpung der Tröge verstellt. Der Abscherhorizont des Juragebirges in den Evaporiten der Trias ist von dieser Deformation ebenfalls betroffen. Dies bedeutet, dass die Sockelverkürzung bei der Ausstülpung der Permokarbon-Tröge später stattgefunden hat als die Aktivität des Abscherhorizonts. In der Subalpinen Molasse deuten die seismischen Daten auf die Anwesenheit von Molasse-Schuppen im Liegenden der penninischen Decken. Die Molasse-Schuppen wurden offenbar nach ihrer Bildung von den penninischen Decken überfahren. Ganz im Süden muss ein Übergang von den UMM-Schichten in den Nordhelvetischen Flysch bestehen. Dessen genaue Geometrie ist spekulativ. Immerhin deutet die gefaltete und überschobene Oberkante des kristallinen Grundgebirges auf intensivere Sockelverkürzung.

Der Profilschnitt in Abb. 5.2-6 basiert ebenfalls auf reflexionsseismischen Daten (Pfiffner et al. 1997b). Interessant

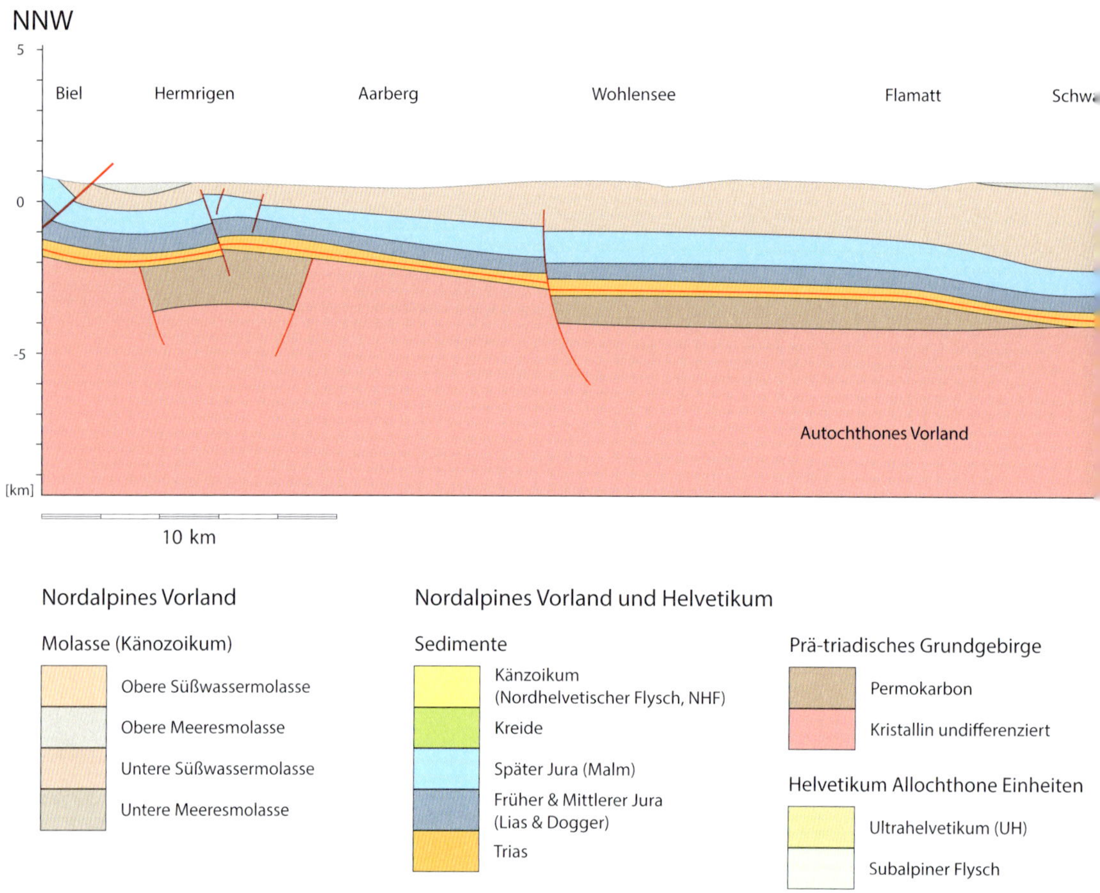

▲ **5.2-5 Geologischer Profilschnitt durch das westliche Molassebecken längs der Westtraverse von NFP20** (Pfiffner et al., 1997b).

ist hier die Übergangszone von der Subalpinen in die Mittelländische Molasse, welche durch eine Antiform (auch „Dreieckzone“ genannt) charakterisiert ist. Zwei Überschiebungen unterschiedlicher Vergenz versteilen sich im Kern dieser Antiform. In deren Kern ist unten die UMM nordwärts aufgeschoben und in die USM eingepresst worden; im oberen Teil sind die Schichten der unteren USM steil gestellt und isoklinal verfaltet worden. Die nordvergenten Überschiebungen weiter im Süden sind an der Erdoberfläche steil, verflachen aber nach unten. Die Abscherung dieser Molasse-Schuppen erfolgte in den Tonmergeln der UMM. Die Mächtigkeit der Subalpinen Molasse ist in diesem Profilschnitt viel höher als in jenem von Abb. 5.2-5. Dies beruht auf der größeren Mächtigkeit der Molasseschichten und nicht auf der Anzahl übereinandergetürmter Schuppen. Im Profilschnitt überfahren die helvetischen Decken die oberste Schuppe nahezu parallel zur Schichtung. Im Kartenbild erkennt man aber, dass die basale Überschiebung des Helvetikums interne Überschiebungen der Subalpinen Molasse schneidet (vgl. Diskussion hierzu in Pfiffner 1986).

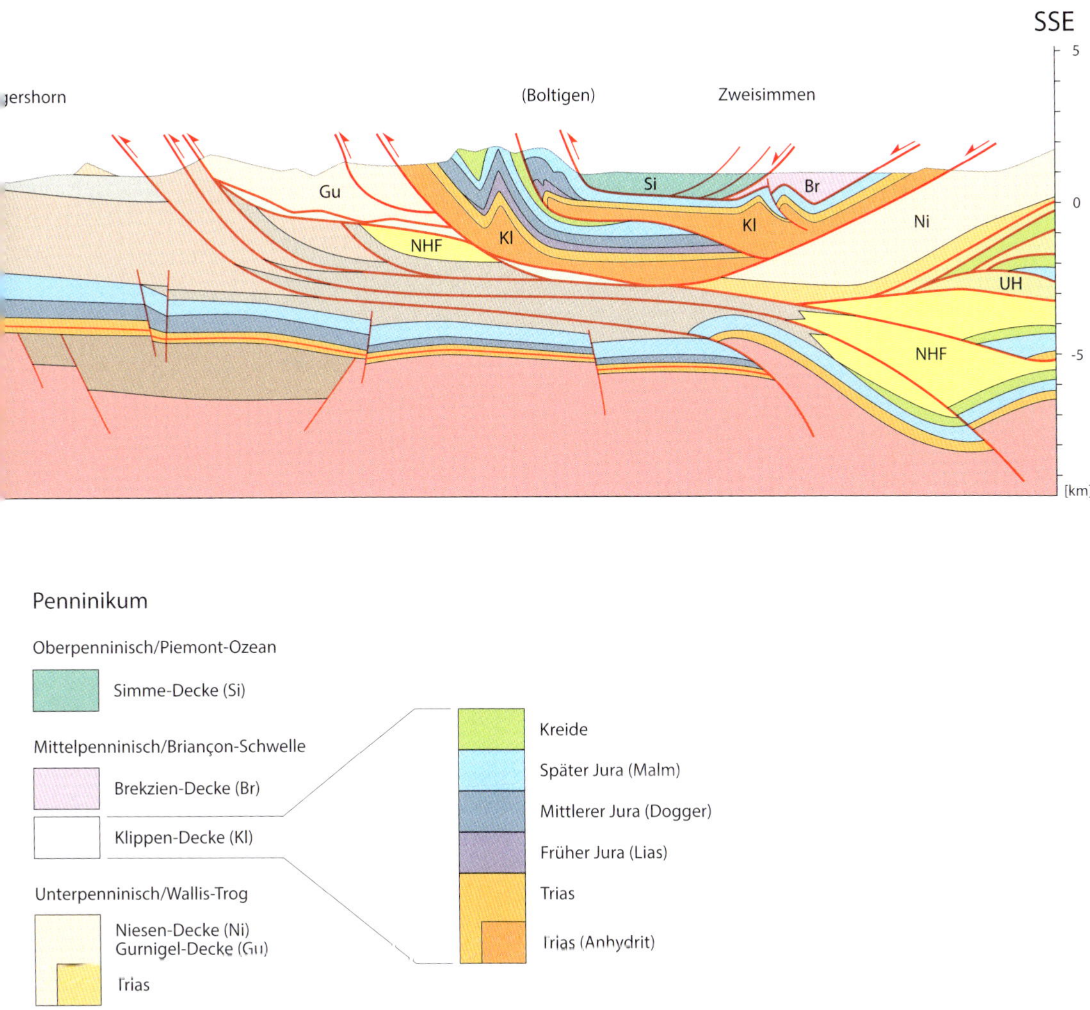

Das Helvetikum

Helvetikum: eine Hauptüberschiebung mit weiteren Überschiebungen und Falten darüber und darunter

Das Helvetikum kann tektonisch in zwei sehr unterschiedliche Zonen gegliedert werden: die helvetischen Decken oben und das Infrahelvetikum unten. Die **helvetischen Decken** umfassen die allochthonen Sedimente, die längs der basalen Überschiebung über viele Zehner von Kilometern nordwärts überschoben wurden. Diese basale Überschiebung ändert von West nach Ost ihren Charakter und ihren Namen: Es sind die Diablerets-Überschiebung im Westen, die Gellihorn-Überschiebung beidseits des Kandertals, die Axen-Überschiebung zwischen Lauterbrunnen und Linth und die Glarner Hauptüberschiebung im Osten.

Unter diesen basalen Überschiebungen liegt das **Infrahelvetikum**, bestehend aus dem kristallinen Grundgebirge und dessen autochthoner Sedimentbedeckung. Beides, Kristallin und Sedimente, sind stark deformiert, in Falten gelegt und von Überschiebungen zerschlitzt. Lokal sind auch allochthone Einheiten aus diversen Faziesräumen im Liegen-

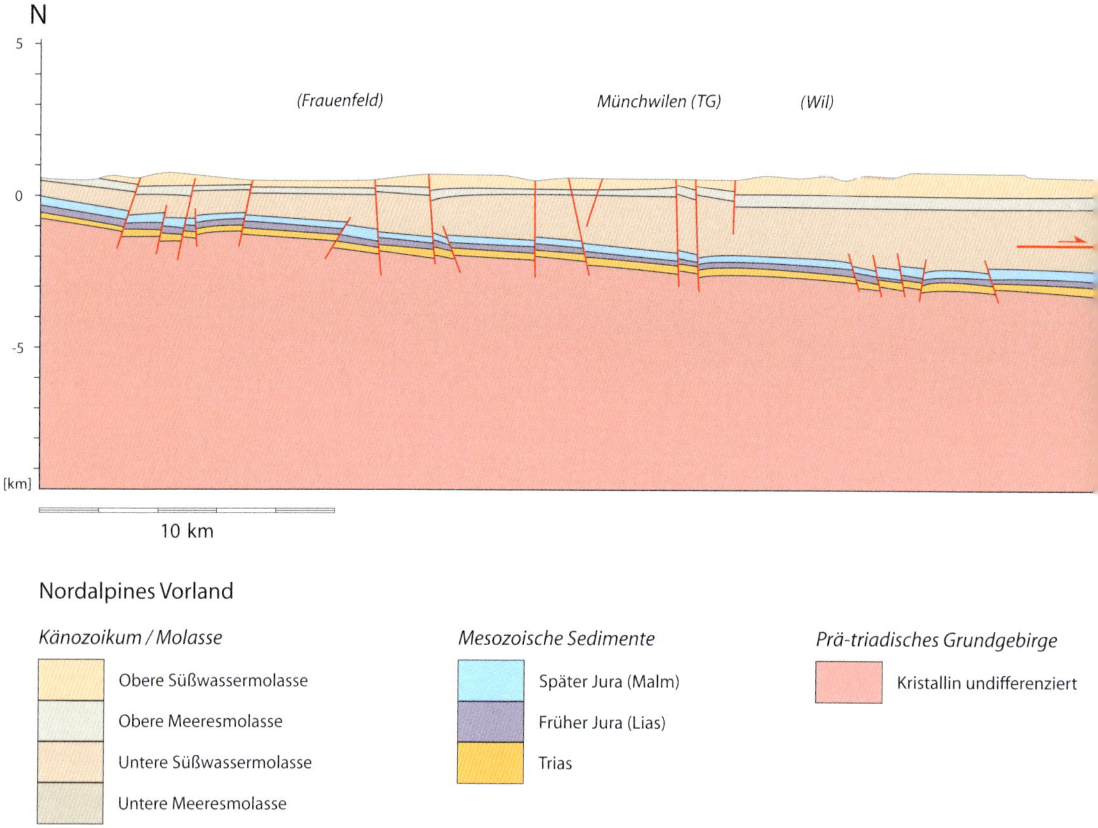

▲ **5.2-6 Geologischer Profilschnitt durch das östliche Molassebecken längs der Osttraverse von NFP20** (Pfiffner et al., 1997b).

den der basalen Überschiebungen zu finden. Es seien hier das Ultrahelvetikum und das Südhelvetikum als wichtigste Elemente erwähnt. An diversen Stellen liegen diese allochthonen Einheiten als inniges Gemisch von Gesteinsblöcken unterschiedlicher Herkunft eingebettet in eine verfaltete mergelig-tonige Matrix vor. Diese tektonischen Mélanges wurden in der Literatur als „Wildflysch" bezeichnet (vergleiche hierzu die Diskussion eingangs Kapitel 4).

Auf der tektonischen Karte in Abb. 5.2-1 sind die verschiedenen helvetischen Decken farblich unterschieden und mit Indizes markiert. Man erkennt ein kontinuierliches Band am Nordrand des Helvetikums, bestehend aus Wildhorn-, Drusberg- und Säntis-Decke, das sich längs der gesamten Zentralalpen bis in die Ostalpen erstreckt. Diese oberen helvetischen Decken bestehen im Wesentlichen aus kretazischen Sedimenten. Im Falle der Wildhorn-Decke sind diese im internen Teil noch mit ihrem Substrat aus jurassischen Sedimenten verbunden. Im Gegensatz dazu ist die Kreide der Drusberg- und Säntis-Decke völ-

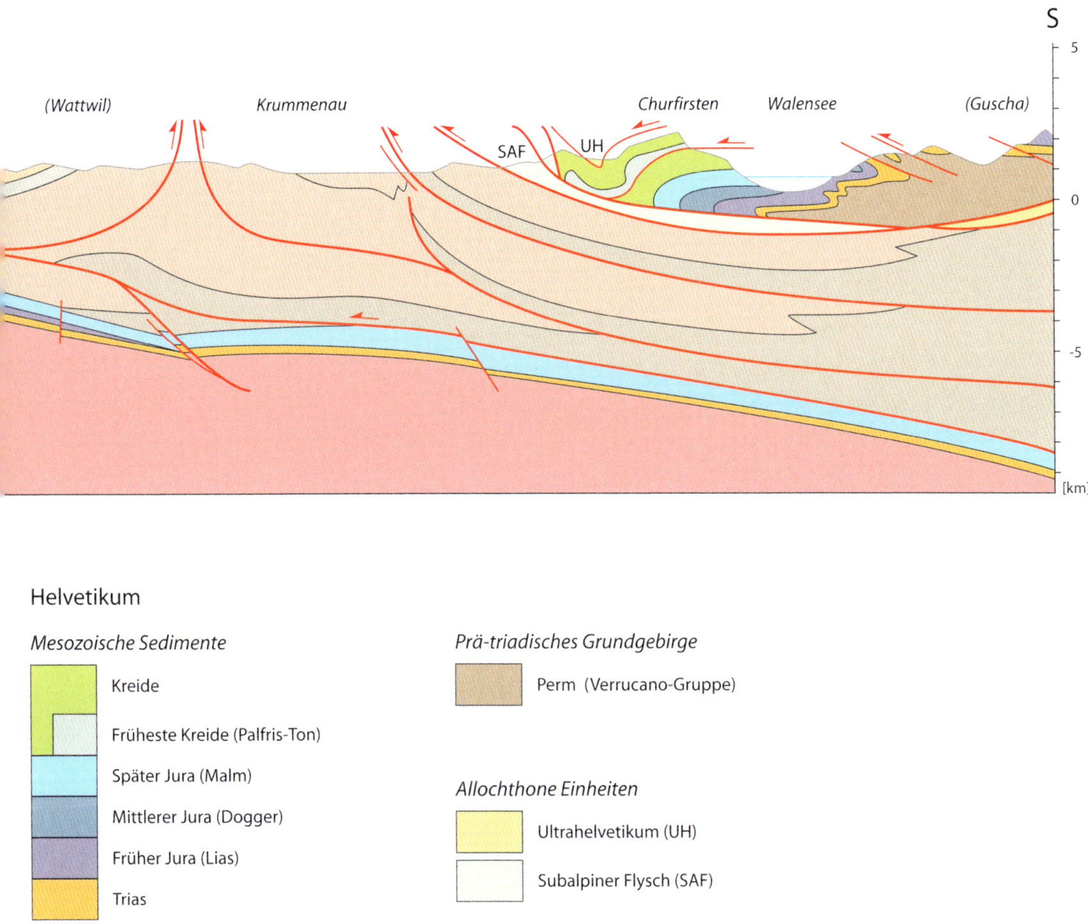

lig abgeschert von ihrer jurassischen Unterlage. Die unteren helvetischen Decken enthalten teilweise kretazische Sedimente (Diablerets-Decke, Teile der Axen-Decke, Mürtschen-Decke). Ansonsten sind nur triadische und jurassische Sedimente vorhanden. Im Falle der Glarnerdecke sind auch permische Sedimente (Verrucano) am Bau beteiligt. Ganz im Südwesten, in den Westalpen, liegt über der Morcles-Decke die Decke der Chaines subalpines des Dauphinois. Wenn auch deren Internstruktur anders gestaltet ist, entspricht ihre strukturelle Position doch jener der helvetischen Decken haargenau.

In Abb. 5.2-1 ist auch der Verlauf der Faltenachsen der wichtigsten Großfalten angegeben. Obschon die Faltenachsen generell parallel zum alpinen Streichen verlaufen, erkennt man im Westen (Savoyen, südlich Brienzer See), in der Zentralschweiz (südlich Vierwaldstättersee), im Osten (südlich Walensee) und in Vorarlberg eigentliche Faltenbögen. Diese Faltenbögen sind meist durch die Geometrie des lokalen Sedimentbeckens bedingt. Die ursprünglichen Beckenränder pausten

Mechanische Eigenschaften der Gesteinsschichten beeinflussen die Falten- und Überschiebungsstrukturen

sich bei der Deckenbildung, bei der die mächtigeren Beckenfüllungen ausgestülpt wurden und auf eine ebenflächige Überschiebungsbahn zu liegen kamen, durch. Auch das Axialgefälle der Falten zeigt diesen Ausstülpungsprozess (bzw. „basin inversion"). Die Faltenachsen fallen von der Hochzone des ausgestülpten Beckens weg in beide Richtungen.

Interessant ist der Verlauf der Faltenachsen der Morcles-Decke: Diese verlaufen schief zur Massivachse, kulminieren über dem Aiguilles Rouges-Massiv und tauchen beidseits in unterschiedlicher Richtung ab. Offensichtlich ist entweder die Aufdomung des Aiguilles Rouges-Massivs nach der Bildung und Platznahme der Morcles-Decke erfolgt, oder aber die Morcles-Decke schob sich als duktil verformbarer Körper über einen präexistenten Rücken. Das durch Spaltspurdaten angezeigte junge Alter der Heraushebung der Massive spricht eher für die erste Variante.

Im Infrahelvetikum sind in der Karte von Abb. 5.2-1 die Morcles-Decke im Westen, die Doldenhorn-Decke im Berner Oberland und die Tschep-Decke im Osten ausgeschieden. Diese Decken wurden über mehrere Kilometer überschoben, sind somit mehr allochthon als die anderen, parautochthonen Einheiten des Infrahelvetikums. Aber diese Überschiebungsbeträge (namentlich der Morcles- und Doldenhorn-Decken) sind deutlich geringer als jene der darüberliegenden helvetischen Decken.

Die lithologische Abfolge von spätem Paläozoikum, Mesozoikum und Känozoikum sowie die regionalen Unterschiede dieser Abfolgen spielten eine wesentliche Rolle beim Deckenbau im Helvetikum (Pfiffner 1993b gibt eine eingehendere Diskussion). In Abb. 5.2-7 bis 5.2-12 sind eine Reihe von Profilschnitten durch das Helvetikum zu sehen, die diese Unterschiede illustrieren und andeuten, wie groß die lateralen Änderungen im Bau längs des Streichens effektiv sind.

In Abb. 5.2-7, die den Profilschnitt in der Westschweiz zeigt, erkennt man die „Trilogie" Morcles-Diablerets-Wildhorn. Die Wildhorn-Decke zeigt in ihrem südlichen Teil einen isoklinalen Faltenbau. Besonders groß ist die Amplitude der Prabé-Synform, in deren Kern ultrahelvetische Divertikel eingefaltet sind. Das Kreidestockwerk wird durch eine Überschiebung verdoppelt, aber die Überschiebung verliert sich in den Isoklinalfalten im Jurastockwerk (Sublage- und Mont Gond-Digitation). Auch der interne Teil der Diablerets-Decke ist durch Isoklinalfalten charakterisiert. Die extreme Ausdünnung der Faltenschenkel lässt den Zusammenhang mit den Falten der Wildhorn-Decke kaum erkennen. Im nördlichen Teil ist der Bau einfacher: Über weite Distanz folgt die Diablerets-Überschiebung einem Abscherhorizont in den Tonsteinen des Doggers, steigt dann als Rampe durch den Malm und die Kreide bis hinauf ins Känozoikum. Selbst die basale Überschiebung des Ultrahelvetikums wird noch zerschnitten. Die Schichten im Hangenden dieser Rampe bilden ein weites, von Parasitärfalten durchsetztes Gewölbe, das man als „Rampenantiklinale" bezeichnen darf. Die Morcles-Decke zeigt eine große liegende Antiklinale, deren Kern mit mächtigen mittel- und frühjurassischen Sedimenten gefüllt ist. Der Verkehrtschenkel ist in Abb. 5.2-7 kürzer, als er an der Oberfläche beobachtet werden kann. Dies rührt daher, dass der Raum zwischen der Diablerets-Decke und der Kristallinoberfläche zu eng ist, um die

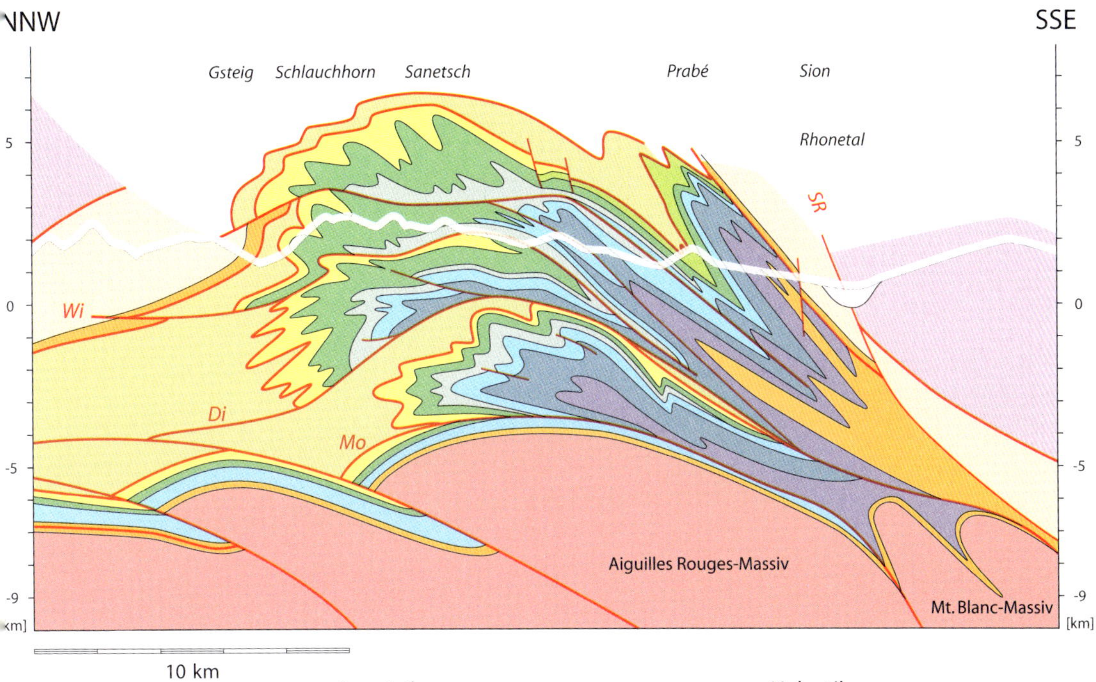

Penninikum

- Unterpenninischer Flysch
- Trias
- Penninische Decken undifferenziert

Helvetikum

Sedimente

- Känozoikum
- Späte Kreide
- Frühe Kreide
- Palfris-Mergel
- Später Jura (Malm)
- Mittlerer Jura (Dogger)
- Früher Jura (Lias)
- Trias

Prä-triadisches Grundgebirge

- Kristallin undifferenziert

Allochthone Einheiten

- Ultrahelvetikum

SR	Simplon-Rhone-Störung
Wi	Wildhorn-Überschiebung
Di	Diablerets-Überschiebung
Mo	Morcles-Überschiebung

◄ **5.2-7 Geologischer Profilschnitt durch das Helvetikum im Querschnitt Sanetschpass.** Die deckeninterne Struktur zeichnet sich durch eine Kombination von isoklinalen Falten und Überschiebungen aus. Die Wildhorn-Überschiebung ist von Falten im Dache der Diablerets-Decke lokal verfaltet, die Diablerets-Übersciebung ist über der Morcles-Decke durch Letztere aufgewölbt, und die Morcles-Überschiebung ist durch das Aiguilles Rouges-Massiv verbogen. Das Foto zeigt die frontalen Falten in den Kreideschichten auf der Westflanke des Schluchhorns. Die helle Felswand ist Schrattenkalk-Formation, der Kern der Falte besteht aus Drusberg-Mergeln.

gesamte an der Erdoberfläche sichtbare Struktur darzustellen. Die Kristallinoberfläche ist durch die reflexionsseismischen Daten des NFP 20 (Pfiffner et al. 1997c) bestimmt. Der Profilschnitt verläuft in der Depression zwischen Aiguilles Rouges- und Aar-Massiv.

Man beachte, dass selbst die Basisüberschiebung der penninischen Decken durch die Interndeformation der helvetischen Decken deformiert ist. Interne Falten der Diablerets-Decke scheinen die Wildhorn-Überschiebung zu falten, und die Morcles-Decke als Ganzes verursacht eine Aufwölbung der Diablerets-Überschiebung. Diese Sachverhalte sprechen dafür, dass die Anlage der Decken von „oben nach unten" bzw. von intern nach extern erfolgte („in-sequence thrusting").

Axen, Drusberg, Aar

Ein recht unterschiedliches Bild weist der Bau der helvetischen Decken im Querschnitt der Jungfrau auf (vgl. Abb. 5.2-8, umgezeichnet nach Hänni & Pfiffner 2001 und ergänzt). Die basale Überschiebung der helvetischen Decken (der Axen-Decke) steigt südwärts über die Aufwölbung des Aar-Massivs und senkt sich auf dessen Südseite unter die penninischen Decken südlich des Rhonetals ein. Der höchste Teil der Axen-Überschiebung ist erodiert, ist über dem Gipfel der Jungfrau aber auf über 5000 Metern über Meer zu erwarten. Nördlich der Jungfrau ist die Axen-Überschiebung nicht nur vertikal, sondern sogar überkippt. Daraus ergibt sich, dass die Aufwölbung des Aar-Massivs nach der Aktivität der Axen-Überschiebung passierte. Der Abscherhorizont der Axen-Decke folgte den Tonsteinen des Doggers, und bildete im Norden eine Rampe durch die Malmkalke. Der interne Bau der Axen-Decke zeichnet sich aus durch enge, teilweise liegende Falten. Die höchste dieser Falten ist von Abschiebungen zerschnitten, die jünger sind als der Faltenbau. Im untersten Teil sind drei Abschiebungen auszumachen (Aabeberg-, Bürgle- und Sylere-Abschiebung), die als reaktivierte synsedimentäre Abschiebungen zu deuten sind (vgl. hierzu die eingehende Diskussion in Hänni & Pfiffner 2001). Das Kreidestockwerk verhielt sich unabhängig vom Jurastockwerk. Dies erkennt man am besten am Vordringen der Kreidesedimente auf die Subalpine Molasse im Norden. Offenbar sind diese Kreidesedimente in den Palfris-Mergeln der frühesten Kreide abgeschert und als unabhängiges Paket nach Norden transportiert worden. Dieses Kreidepaket lässt sich nach Osten weiterziehen und bildet die Drusberg-Decke. Der frontalste Teil der Drusberg-Decke bildet die augenfällige Randkette, in der schroffe Kalkberge auf den weichen Molassegesteinen aufliegen. Im südlichen Teil ist der Abscherhorizont, d. h. die Drusberg-Überschiebung, durch die Falten im Jurastockwerk etwas verfaltet. Dies deutet darauf hin, dass die Drusberg-Decke in einem frühen Stadium von ihrer jurassischen Unterlage abgeschert wurde.

Im Norden des Profilschnitts zeigt die Subalpine Molasse einen Schuppenbau, der ganz im Norden am Übergang zur Mittelländischen Molasse mit einer Art antiformer Struktur (bzw. „Dreieckzone") abschließt. Diese Übergangszone weist eine gewisse Ähnlichkeit mit jener in Abb. 5.2-6 auf.

Im Süden des Profilschnitts erkennt man das Goms-Zwischenmassiv und schließlich das Gotthard-Massiv. Die Massive sind durch permische oder triadische Sedimentzüge getrennt, die man im Kartenbild auf viele Kilometer parallel zum Streichen verfolgen kann. Das südliche Aar-Massiv, das Goms-Zwischenmassiv und das Gotthard-Massiv haben den Großteil ihrer sedimentären

Bedeckung verloren. Es ist aber nicht klar, welche Teile der abgescherten Bedeckung wo genau in den helvetischen Decken zu suchen sind. Deshalb ist in Abb. 5.2-8 die Axen-Überschiebung so gezeichnet, dass sie sich aufgabelt und in jedes der drei Massive hineinzieht. Erwähnenswert ist, dass die restliche Sedimentbedeckung des Goms-Zwischenmassivs vorwiegend verkehrt liegt, während das Gotthard-Massiv mehr eine Antiklinalstruktur mit nord- und südfallenden Faltenschenkeln aufweist. Die Verkehrtserie im Zwischenmassiv deutet auf großräumige Faltenstrukturen, welche offenbar später zerschert wurden.

Eindrücklich ist die Geometrie des Kontakts zwischen Kristallin und Sedimenten in der Nordabdachung des Aar-Massivs. Abb. 5.2-9 (umgezeichnet nach Kammer 1985) zeigt dies beispielhaft für das Berner Oberland. Der Kontakt zwischen Kristallin und Sedimenten bildet großräumige Falten. Die Falten sind liegend oder gar tauchend. Bei ihrer Anlage waren auch Abschiebungen beteiligt, erkennbar daran, dass lokal der Malm direkt auf dem Kristal lin liegt. Die Axen-Überschiebung ist zwar steil gestellt durch die Aufwölbung des Aar-Massivs insgesamt, ist aber von den erwähnten Falten nicht betroffen. Umgekehrt werden diese Falten von der Axen-Überschiebung auch nicht gekappt. Daraus lässt sich ableiten, dass die Faltung im Massiv und die Axen-Überschiebung eine Zeit lang gleichzeitig aktiv waren und zur Ausbildung eines „antiformal stacks" führten (Bei einem „antiformal stack" erfolgt Faltung und Überschiebung im Kern einer sich passiv aufwölbenden Antiform). In einer späteren Phase wurde die Axen-Überschiebung durch Deformationen im tieferen Untergrund passiv in die heutige steile Lage rotiert. Die Läsistock-Schuppe ist ein abgeschürfter Span der ursprünglichen südlichen autochthonen Bedeckung des Aar-Massivs, der durch die Axen-Decke nach Norden verfrachtet wurde.

Abb. 5.2-10 zeigt einen Profilschnitt im Querschnitt der Zentralschweiz vom Pilatus ins zentrale Gotthard-Massiv (umgezeichnet nach Menkveld 1995 und ergänzt). In den helvetischen Decken ist hier ebenfalls ein abgeschertes Kreidestockwerk (Drusberg-Decke) von einem eng gefalteten Jurastockwerk (Axen-Decke) zu unterscheiden. Im Unterschied zur einfachen Schichtplatte der Randkette von Abb. 5.2-8 bildet der frontale Teil der Drusberg-Decke im Pilatus einen Falten- und Überschiebungskomplex. Auch die rückwärtigen Teile der abgescherten Kreide sind zu Falten zusammengestaucht. Der Bau der Axen-Decke darunter ist charakterisiert durch mehrere isoklinale liegende bis tauchende Falten. Im Kern derselben finden sich die Tonsteine und Sandsteine des Doggers, in den untersten Falten sind auch Liasgesteine beteiligt. Die mechanisch starre Schicht bilden die spätjurassischen Quinten-Kalke. Mehrere Abschiebungen begleiten diese Falten. Einige sind nordfallend und schneiden die Quinten-Kalke in spitzem Winkel zur Schichtung, andere sind südfallend und schneiden die Quinten-Kalke in stumpfem Winkel. Beide Typen bewirken eine horizontale Streckung der Axen-Decke, was im Kern eines durch horizontale Verkürzung entstandenen Orogens nicht sofort einleuchtet. Es ist denkbar, dass diese Streckung ein Kollaps des übersteilten Orogens ist, das unter seinem eigenen Gewicht zergleitet. Ein solches Verhalten ist in numerischen Modellierungen von Gebirgsbildungsprozessen zu beobachten (Pfiffner et al. 2000, Selzer et al. 2008).

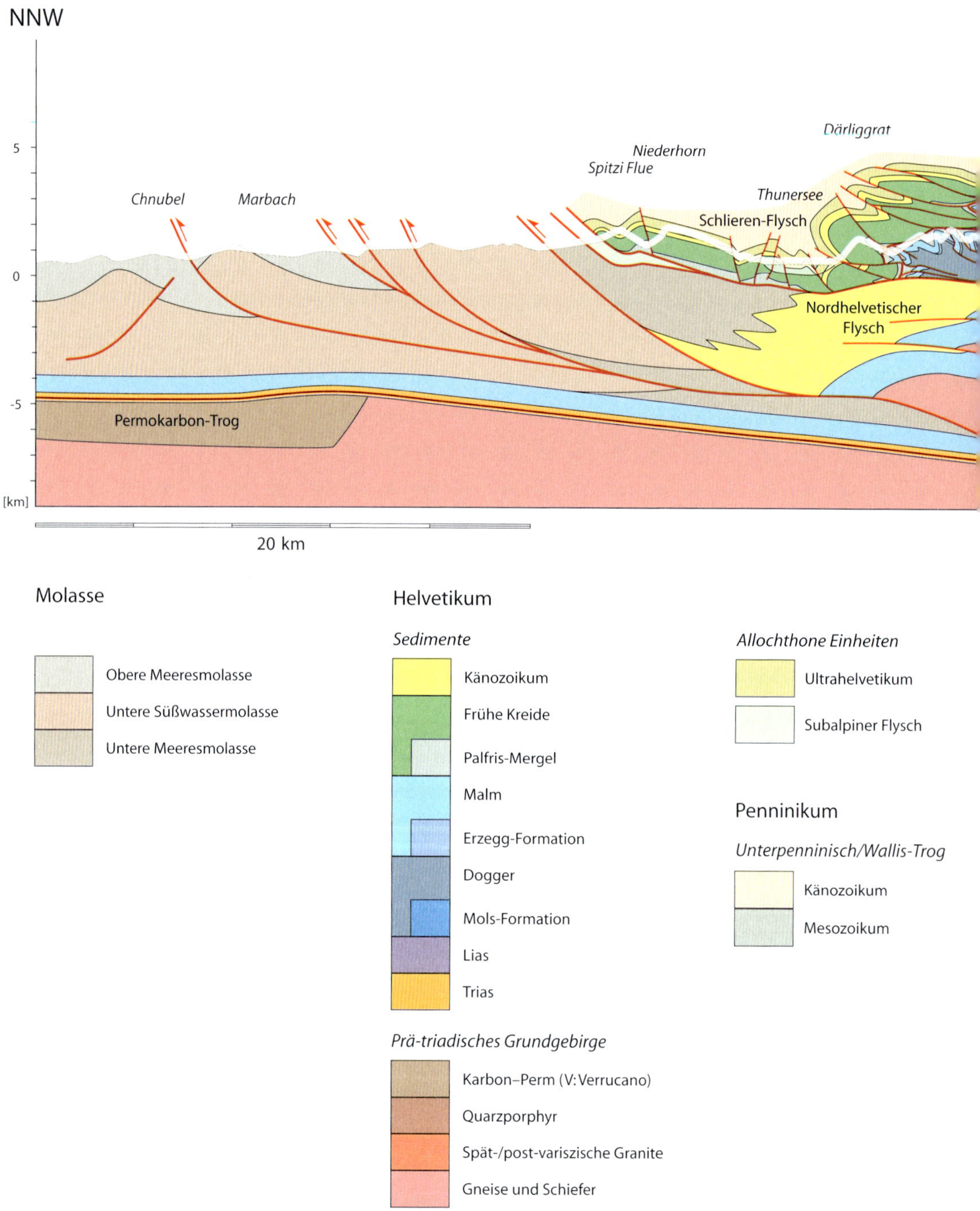
NNW
5
0
-5
[km]
Därliggrat
Niederhorn
Spitzi Flue
Chnubel
Marbach
Thunersee
Schlieren-Flysch
Nordhelvetischer Flysch
Permokarbon-Trog
20 km
Molasse
Obere Meeresmolasse
Untere Süßwassermolasse
Untere Meeresmolasse
Helvetikum
Sedimente
Känozoikum
Frühe Kreide
Palfris-Mergel
Malm
Erzegg-Formation
Dogger
Mols-Formation
Lias
Trias
Prä-triadisches Grundgebirge
Karbon–Perm (V: Verrucano)
Quarzporphyr
Spät-/post-variszische Granite
Gneise und Schiefer
Allochthone Einheiten
Ultrahelvetikum
Subalpiner Flysch
Penninikum
Unterpenninisch/Wallis-Trog
Känozoikum
Mesozoikum

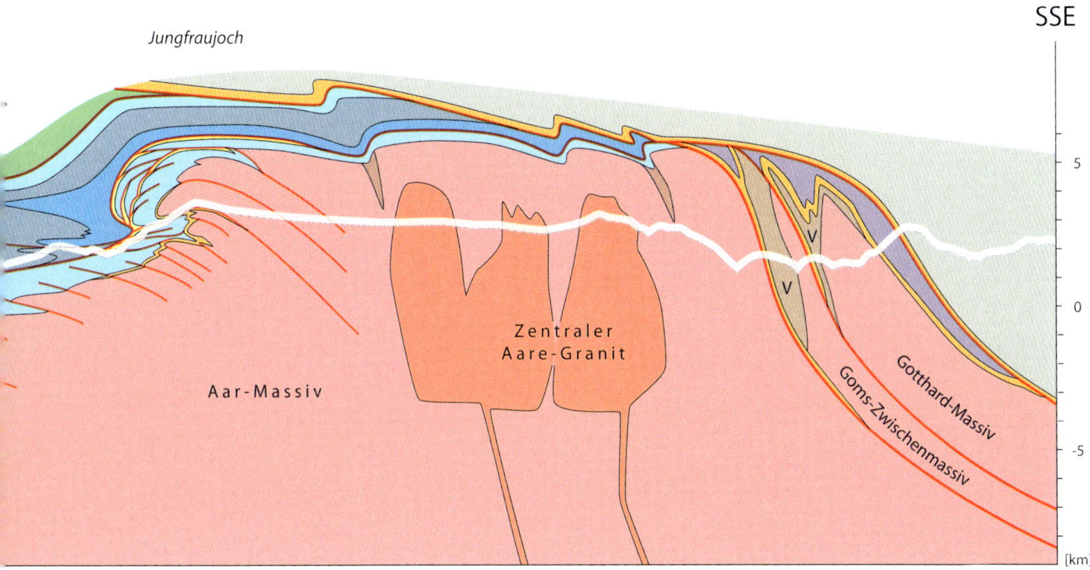

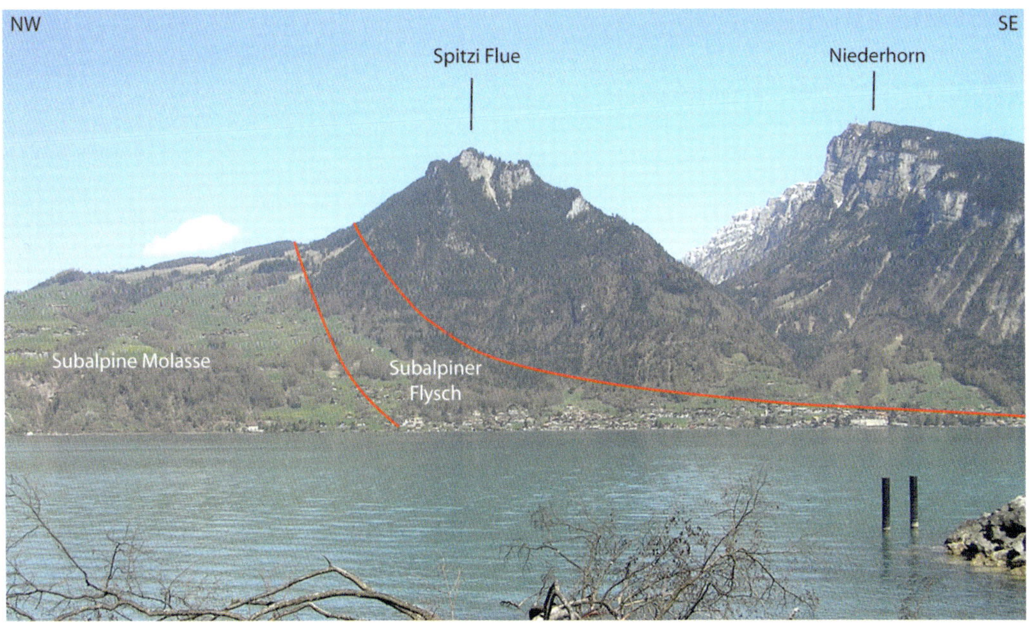

5.2-8 Geologischer Profilschnitt durch das Helvetikum im Querschnitt Jungfrau. Die Axen-Überschiebung ist auf der Nordabdachung des Aar-Massivs steil gestellt. Die Drusberg-Überschiebung ist lokal durch Internfalten der Axen-Decke deformiert. Sowohl Axen- wie auch Drusberg-Decke zeigen einen komplexen Internbau mit Falten und Überschiebungen. Das Foto , aufgenommen quer über den Thunersee, zeigt die Situation an der Front der helvetischen Decken, wo Kreidekalke der Randkette der Drusberg-Decke auf Subalpinem Flysch und Subalpiner Molasse aufliegen.

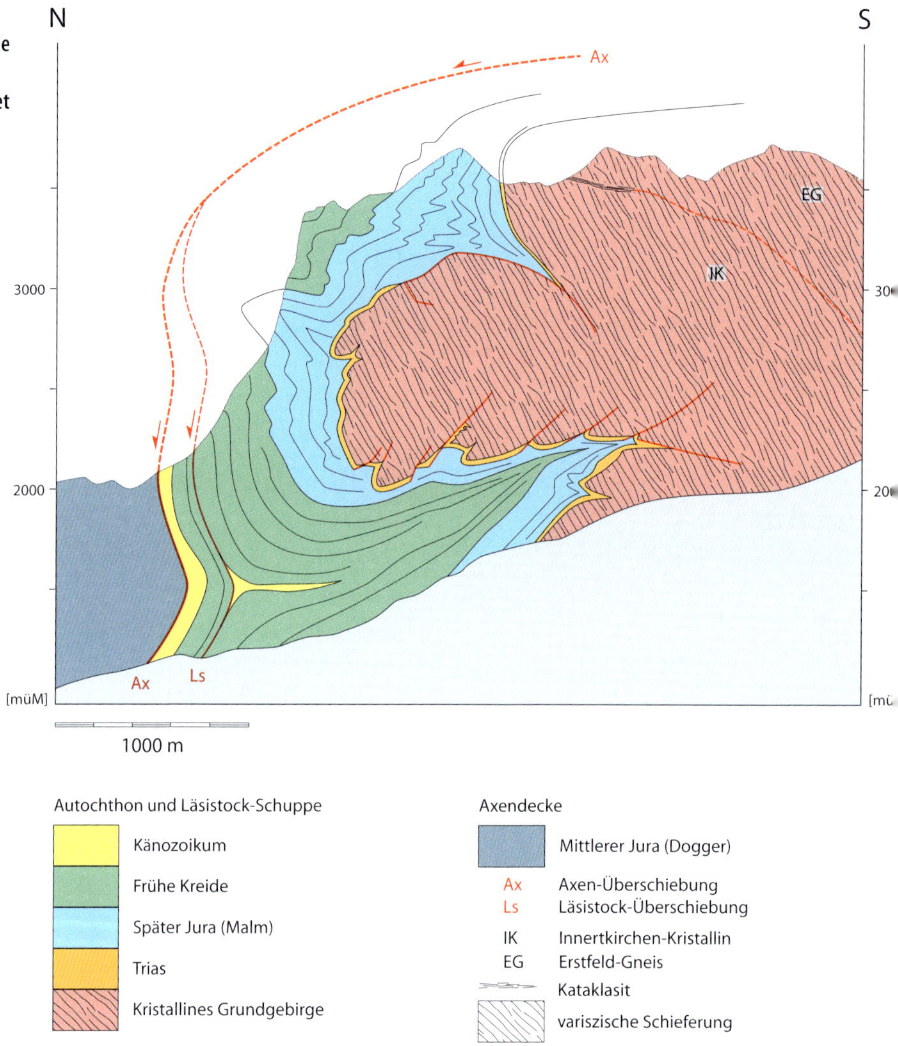

5.2-9 Geologischer Profilschnitt durch die Nordabdachung des Aar-Massivs im Gebiet Grindelwald-Wetterhörner (umgezeichnet nach Kammer, 1985).

Axen, Drusberg, Aar, Gotthard

Die Axen-Überschiebung steigt nach Süden an und sinkt südlich des Aar-Massivs in den Untergrund. Wie in Abb. 5.2-10 angedeutet, fehlt die autochthone Sedimentbedeckung im südlichen Aar-Massiv. Im Falle des Gotthard-Massivs ist auf der Nordseite nur Permokarbon vorhanden, auf der Südseite sind triadische und frühjurassische Sedimente vorhanden. Das Goms-Zwischenmassiv liegt ähnlich wie im Profil von Abb. 5.2-8 als dünnes, verkehrt liegendes Paket vor. Somit kommen das südliche Aar-Massiv, das Goms-Zwischenmassiv und das Gotthard-Massiv als kristallines Substrat der helvetischen Decken infrage.

Im Querschnitt der Zentralschweiz von den Mythen ins östliche Gotthard-Massiv gewinnt man mehr Einsicht in den Bau des Aar-Massivs. Der nördliche Teil des Profilschnitts in Abb. 5.2-11 ist umgezeichnet nach Schmid in Funk et al. (1983), die Tiefenstruktur basiert auf unpublizierten reflexionsseismischen Daten. Das Aar-Massiv ist in diesem Querschnitt auf das autochthone Vorland aufgeschoben. Die Massivoberfläche ist namentlich im südlichen Teil gefaltet und von Überschiebungen zerschnitten. Eine größere liegende Falte im mittleren Teil besitzt einen Kern aus (Windgällen)Quarzporphyr. Dieser vulkanische Körper ist erst von mitteljurassischen Sedimenten überlagert, ragte zur Zeit der Trias also noch als Hochzone aus der flachen Umgebung. Möglicherweise gab diese Hochzone Anlass zur Bildung einer Falte an ebendiesem Ort. Die Überschiebungen in den Malmkalken darüber zeichnen die liegende Falte etwas nach. Dieser Umstand kann so interpretiert werden, dass ursprünglich zwei flach aufsteigende Überschiebungen die autochthonen Sedimente aufeinanderstapelten und später von der Windgällen-Falte verfaltet wurden. Im unmittelbar Hangenden dieser gefalteten Überschiebungen, aber noch im Liegenden der Axen-Überschiebung befinden sich isolierte Schollen jurassisch-kretazischer Sedimentpakete. Sie sind von südlich der känozoischen Sedimente des Aar-Massivs her überschoben worden, also allochthon.

Der interne Bau der Axen-Decke ist durch eine viele Kilometer lange Normalserie geprägt, die im Norden auch kretazische und känozoische Sedimente umfasst. Die darüberliegende Drusberg-Decke besteht ebenfalls aus einer Normalserie, aber lediglich aus kretazischen Gesteinen. Falten im frontalen Teil beeinflussen auch die Überschiebungen des Ultrahelvetikums und der penninischen Decken darüber. Auch hier sind offenbar die höheren Decken interner Herkunft zuerst auf die künftigen helvetischen Decken aufgefahren und später passiv verfaltet worden.

Da die rückwärtigen Teile der Axen- und Drusberg-Decke der Erosion zum Opfer gefallen sind, ist der Ort, wo die beiden Deckengrenzen im Profilschnitt zusammenlaufen, spekulativ, ebenso die Aufgabelung der Überschiebung in den Rücken des Aar-Massivs, des Tavetscher Zwischenmassivs und des Gotthard-Massivs. Da der Lias im nördlichen Spickel des Gotthard-Massivs sehr ähnlich jenem des Südendes der Axen-Decke ist, wäre eine Beheimatung der Axen-Decke auf dem Tavetscher Zwischenmassiv plausibel. Gleichzeitig fehlt auch dem Gotthard-Massiv bis auf wenige Reste von Trias die Sedimentbedeckung. Gemäß einer palinspastischen Rekonstruktion (Kempf & Pfiffner 2004) ist anzunehmen, dass die Drusberg-Decke auf dem Gotthard-Massiv zu beheimaten ist. Heute liegen ultrahelvetische Sedimente auf dem Gotthard-Massiv, teilweise in verkehrter Lagerung. Die Überschiebung an der Basis dieses Ultrahelvetikums und der darüberliegenden penninischen Decken ist ebenfalls von der intensiven Faltung, angezeigt durch die Massivoberfläche, erfasst worden. Wie in Abb. 5.2-11 ersichtlich, ist das südliche Gotthard-Massiv von einer Rückfalte südwärts überkippt worden.

Drusberg, Axen, Aar, Tavetsch, Gotthard

Im Unterschied zu den vorangehenden Profilschnitten erscheint in Abb. 5.2-12 eine Lage permischer Sedimente (Verrucano) an der Basis der helvetischen Decken. Die Mächtigkeit des Verrucanos ist in diesem Querschnitt gering, wenige Kilometer weiter im Westen beträgt sie nahezu zwei Kilometer. Die basale Überschiebung der helvetischen Decken ist die Glarner Hauptüberschiebung. Insgesamt liegt über der Glarner Hauptüberschiebung in der Glarner Decke eine Normalserie vor. Im Jurastockwerk erkennt man im Norden eine mehrfache Repetition der Malmkalke (die Walenstadt-Gonzen-

Glarus, Säntis, Aar

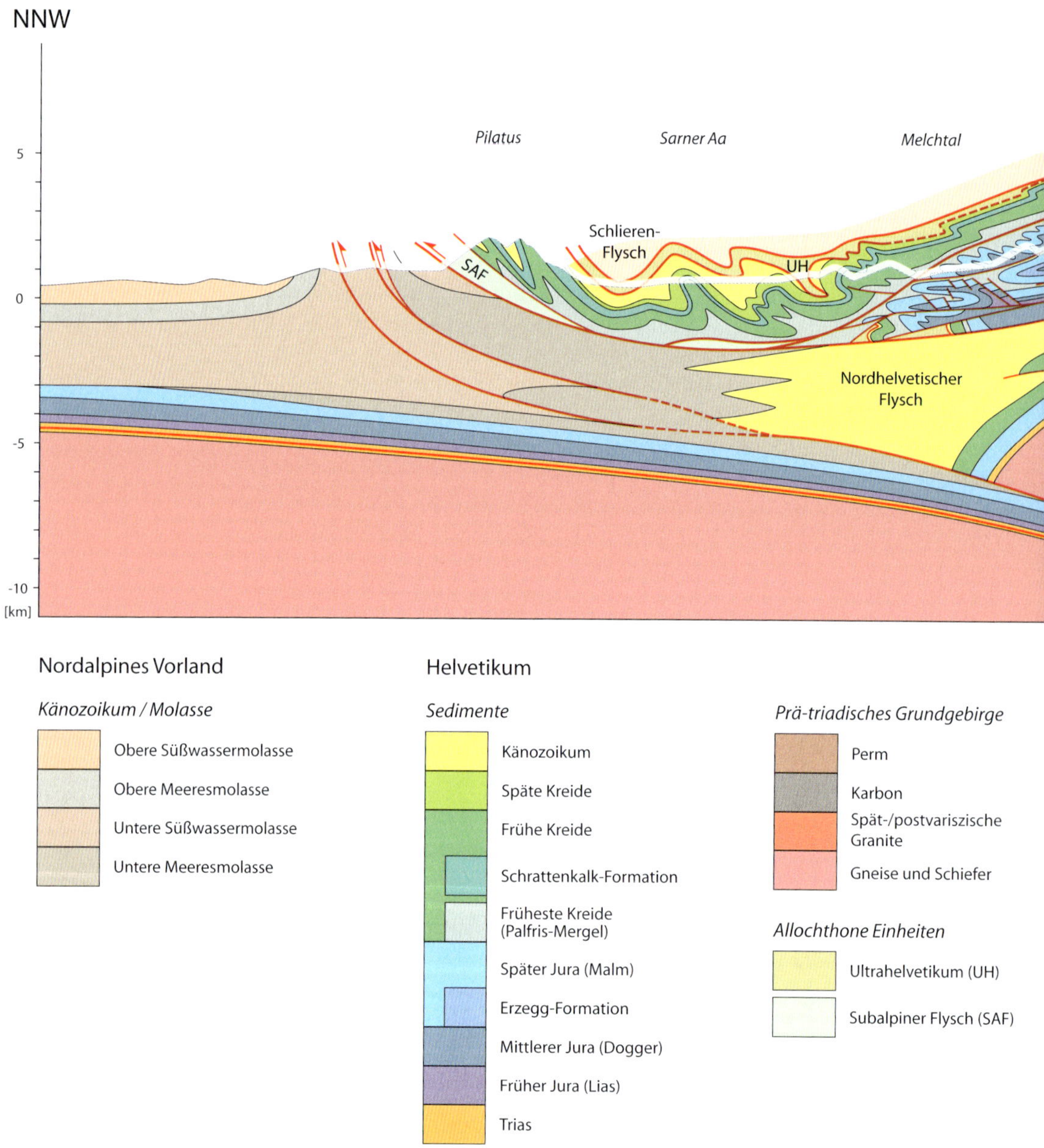

5.2-10 Geologischer Profilschnitt durch das Helvetikum im Querschnitt Pilatus-Goms. Aar- und Gotthard-Massiv sind durch eine steil stehende Zone von permischen und mesozoischen Sedimenten getrennt, welche in der Tiefe auch Kristallinlamellen enthält. Das Foto wurde einige Kilometer östlich des Profilschnittes quer über den Urnersee aufgenommen (Blickrichtung West). Eine interne Überschiebung der Drusberg-Decke (rot markiert) setzte eine Normalserie aus frühkretazischen Sedimenten auf eine Synklinale, die aus kretazischen Sedimenten besteht. Die Schichtung ist punktiert angegeben. Pa: Palfris-Mergel (Abscherhorizont), Kk: Kieselkalk-Fm, Sr: Schrattenkalk-Fm.

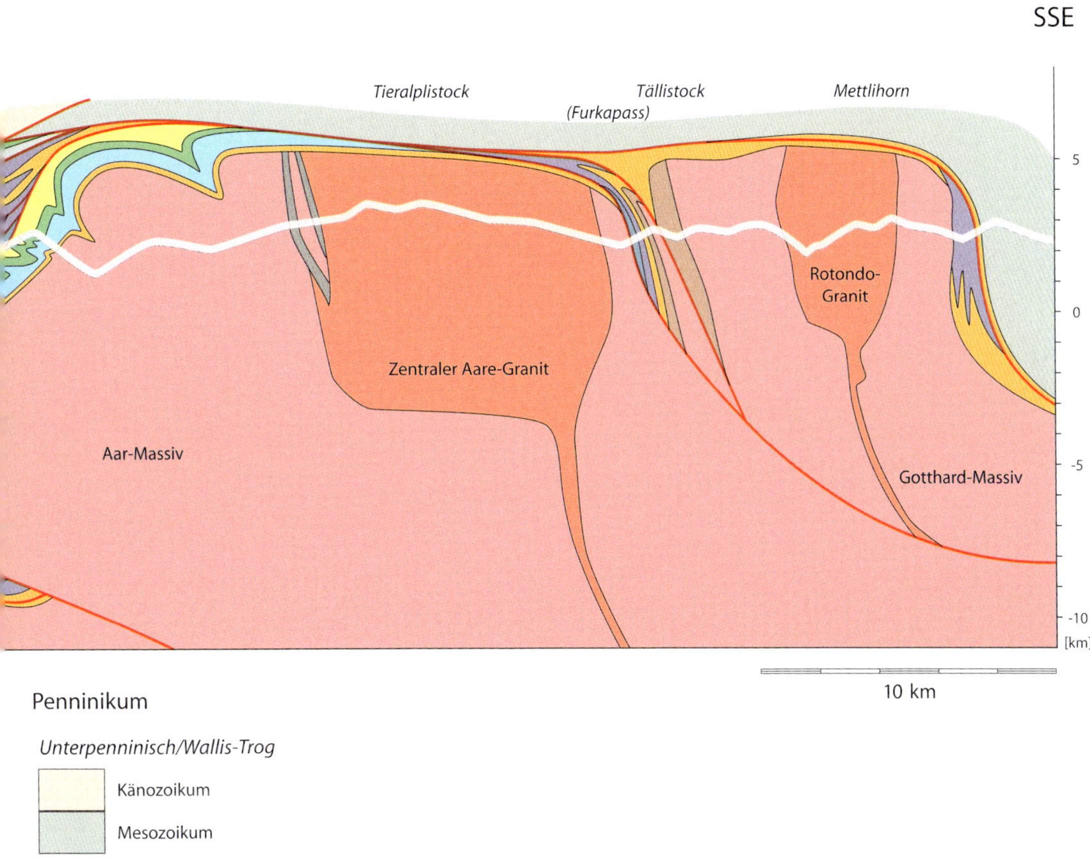
SSE
Tieralplistock
Tällistock
(Furkapass)
Mettlihorn
Rotondo-
Granit
Zentraler Aare-Granit
Aar-Massiv
Gotthard-Massiv
5
0
-5
-10
[km]
10 km
Penninikum
Unterpenninisch/Wallis-Trog
Känozoikum
Mesozoikum

S
N
Sr
Kk
Pa
Kk
Sr

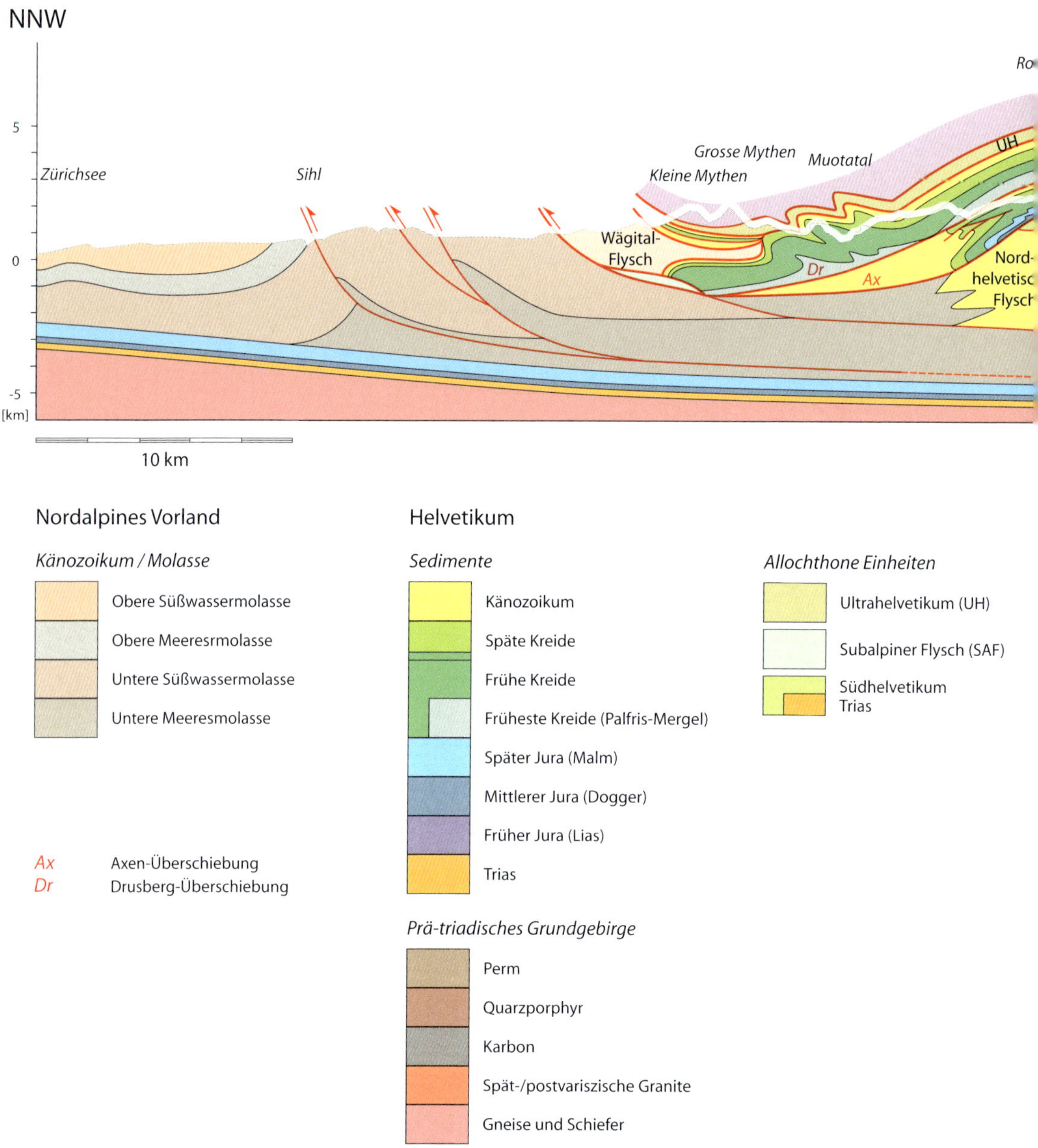

5.2-11 Geologischer Profilschnitt durch das Helvetikum im Querschnitt Mythen-Lukmanierpass. Auf dem südlichen Aar-Massiv und auf dem Tavetsch- und Gotthard-Massiv fehlen die post-triadischen Sedimente. Diese sind heute in der Axen- und Drusberg-Decke zu suchen. Das Foto zeigt die Windgällen-Falte (Blickrichtung WSW) auf der SSE-Flanke der Großen Windgälle. Die liegende Falte hat den permischen Windgällen-Porphyr im Kern (Pe). Mitteljurassische Schichten (MJ; bräunlich) folgen direkt über dem Perm, und der spätjurassische Quinten-Kalk (Qi; grau) hebt das Faltenscharnier hervor.

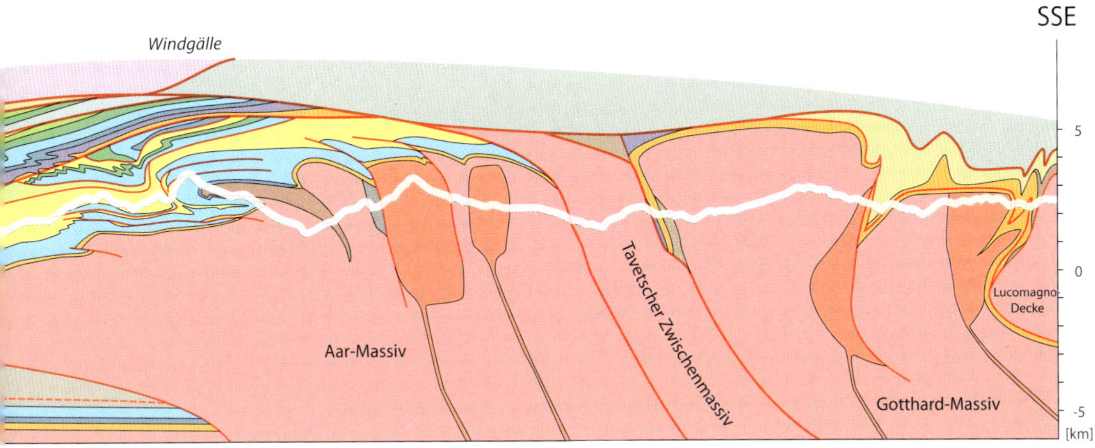

Penninikum

Mittelpenninisch/Briançon-Schwelle

Mesozoikum

Unterpenninisch/Wallis-Trog

Kreide – Känozoikum

Mesozoikum

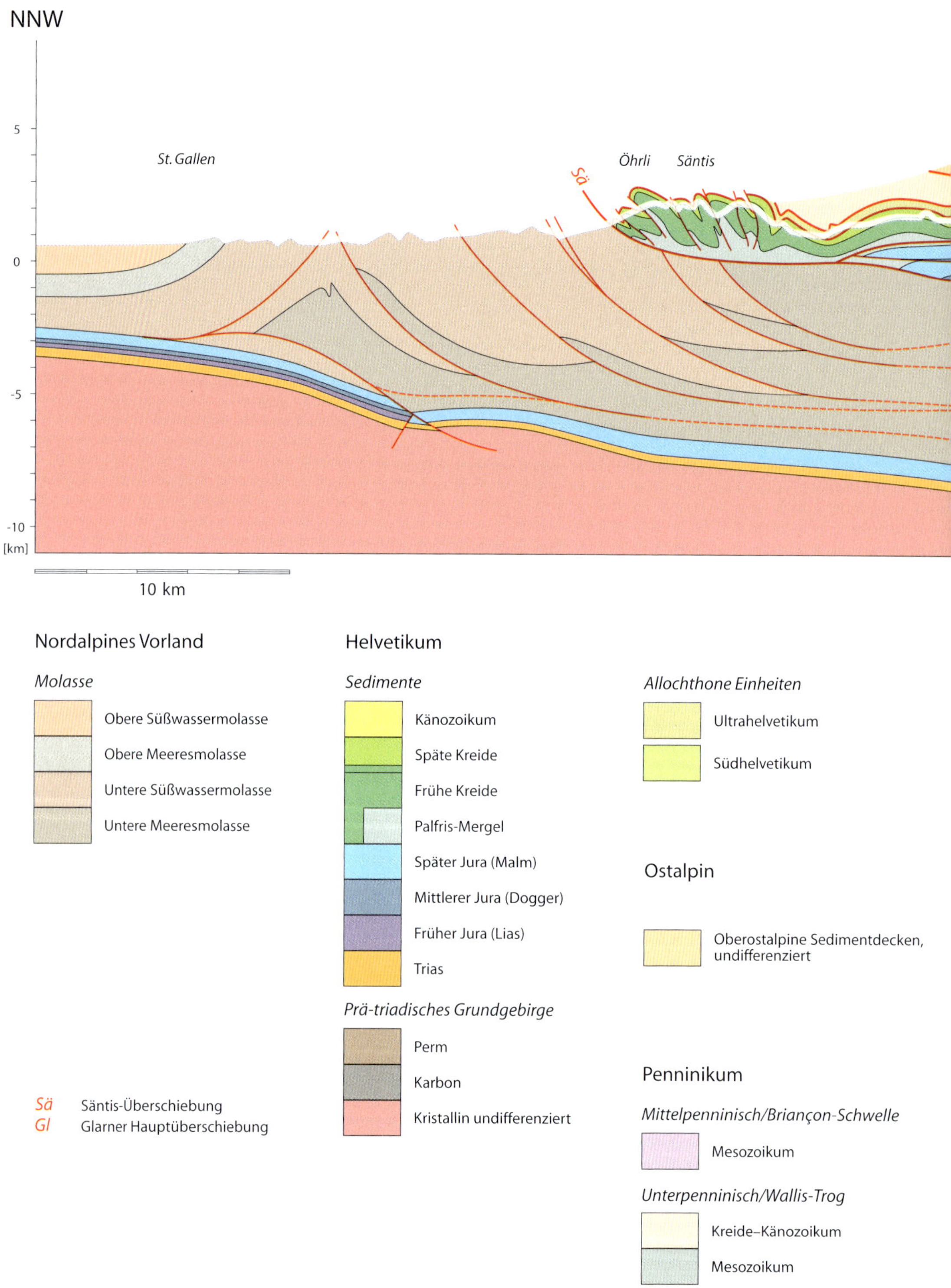
NNW
5
0
-5
-10
[km]
St. Gallen
Sä
Öhrli
Säntis
10 km
Nordalpines Vorland
Molasse
Obere Süßwassermolasse
Obere Meeresmolasse
Untere Süßwassermolasse
Untere Meeresmolasse
Helvetikum
Sedimente
Känozoikum
Späte Kreide
Frühe Kreide
Palfris-Mergel
Später Jura (Malm)
Mittlerer Jura (Dogger)
Früher Jura (Lias)
Trias
Prä-triadisches Grundgebirge
Perm
Karbon
Kristallin undifferenziert
Allochthone Einheiten
Ultrahelvetikum
Südhelvetikum
Ostalpin
Oberostalpine Sedimentdecken, undifferenziert
Penninikum
Mittelpenninisch/Briançon-Schwelle
Mesozoikum
Unterpenninisch/Wallis-Trog
Kreide–Känozoikum
Mesozoikum
Sä Säntis-Überschiebung
Gl Glarner Hauptüberschiebung

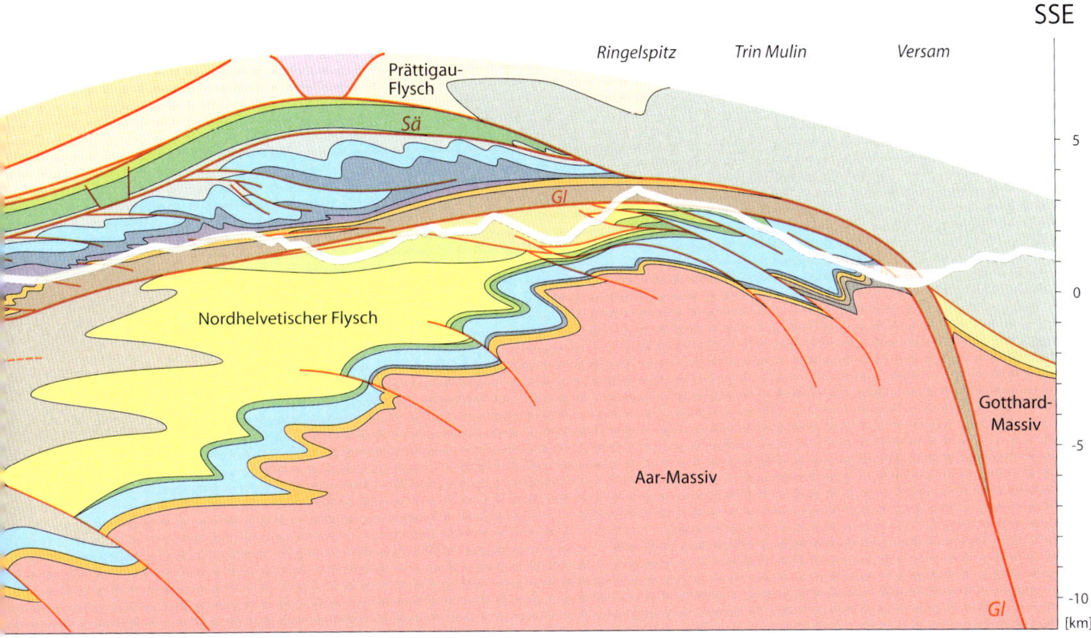

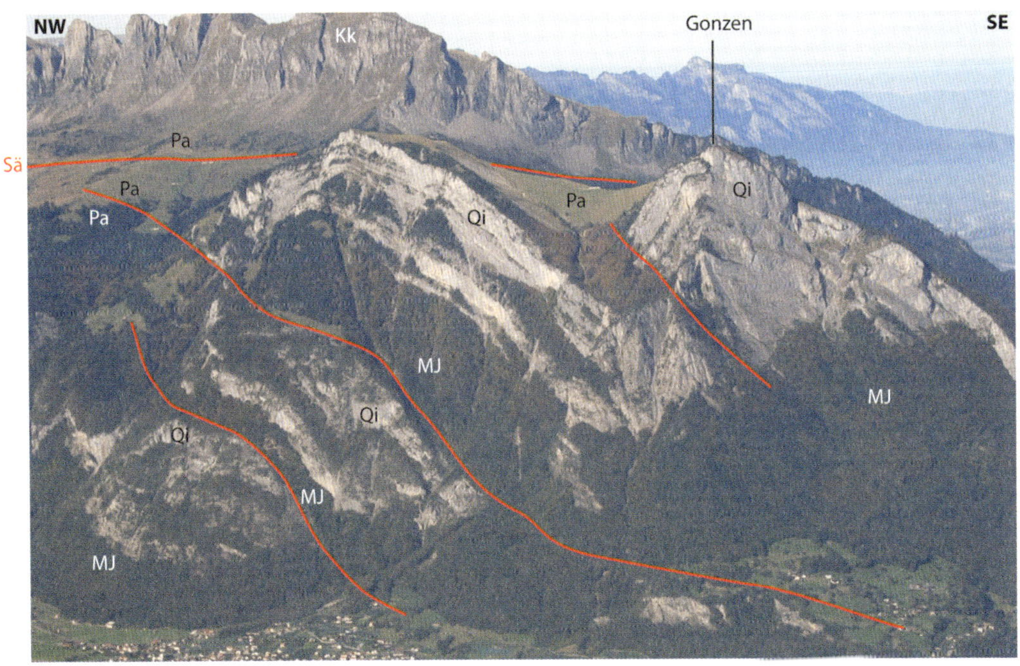

5.2-12 Geologischer Profilschnitt durch das Helvetikum im Querschnitt Säntis-Flims. Das Aar-Massiv weist eine deutlich geringere Kulminationshöhe auf, und entsprechend ist auch die Glarner Hauptüberschiebung nur schwach aufgewölbt. Das Foto wurde quer über das Seeztal bei Sargans (Kt. St. Gallen, Schweiz) aufgenommen (Blickrichtung NE). Es zeigt den Übergang von der Schuppenstruktur in den jurassischen Sedimenten zum Faltenbau. Die Gonzen-Antiklinale besitzt einen Kern aus mitteljurassischen Sedimenten (MJ). NW des Gonzen ist der Quinten-Kalk (Qi) durch Überschiebungen zu einem Stapel aufgetürmt; Abscherhorizont sind Tonsteine des mittleren Juras. Die Säntis-Überschiebung folgt den Palfris-Mergeln (Pa), deren Typlokalität sich gerade links des Gonzens befindet. Kk: Kieselkalk-Fm.

Schuppenzone), im Süden eine Faltenkaskade. Das Kreidestockwerk, die Säntis-Decke, ist von der jurassischen Unterlage abgeschert und rund zwölf Kilometer nach Norden verfrachtet worden. Die Säntis-Überschiebung benutzte als Abscherhorizont die frühkretazischen Palfris-Mergel. Der frontale Teil der Säntis-Decke ist zusammengestaucht, mit Schuppenbau ganz im Norden und anschließend mehr Faltenbau. Die rückwärtigen Teile der Säntis-Decke liegen als einfache Normalserie vor. Abb. 5.2-12 zeigt sehr deutlich, dass das Jura- und das Kreidestockwerk sich völlig unabhängig verhielten. Die größere interne Verkürzung im Jurastockwerk führt dazu, dass der Versatz an der Säntis-Überschiebung von etwa zwölf Kilometern im Norden auf vielleicht ein bis zwei Kilometer im Süden abnimmt. Eine teilweise Entkopplung zwischen Verrucano und Malmkalken erfolgte in den tonig-mergeligen, mächtigen Lias- und Doggersedimenten. Dies ist ein Grund dafür, dass der Verrucano im Süden weiter zurückreicht als das Südende des Jurastockwerks. Hierbei muss berücksichtigt werden, dass der Kontakt zwischen den helvetischen und penninischen Einheiten am Südende des Profilschnitts unter dem Quartär des Rheintals verborgen ist.

Glarner Hauptüberschiebung

Im Liegenden der Glarner Hauptüberschiebung erkennt man die Aufwölbung des Aar-Massivs. Das Gewölbe reicht hier im Vergleich zur Situation weiter westlich (Abb. 5.2-8 und 5.2-11) nur auf eine Höhe von etwa 1000 Metern über Meer, wie die Aufschlüsse im Fenster von Vättis zeigen. Die Geometrie der Aufwölbung ist durch die reflexionsseismischen Daten des NFP 20 (Pfiffner et al. 1997c) recht gut definiert. Auf jeden Fall ist das Aar-Massiv in diesem Querschnitt nicht auf das Vorland aufgeschoben. Die Kristallinoberfläche ist durch Falten und kleinere Überschiebungen deformiert. Diese Deformation ist besonders intensiv auf dem Gewölbescheitel, angezeigt durch die mehrfache Repetition der mesozoischen Sedimente. Über den mächtigen paläogenen Sedimenten des Nordhelvetischen Flyschs befinden sich noch im Liegenden der Glarner Hauptüberschiebung zwei mächtige, allochthone Pakete von südhelvetischen und ultrahelvetischen Sedimenten. Ihre basalen Überschiebungen sind durch die Überschiebungen in der parautochthonen Bedeckung des Aar-Massivs zerschlitzt, müssen also älter sein. Offenbar sind diese allochthonen Decken früh auf den Nordhelvetischen Flysch aufgeglitten und später von den helvetischen Decken überfahren worden, ein Prozess, der in der alpinen Literatur als „Einwicklung" bezeichnet wird („out-of-sequence thrusting").

Der Bau der Subalpinen Molasse im Norden des Profilschnitts ist ebenfalls durch die seismischen Daten des NFP 20 besser bekannt geworden. Ähnlich wie in Abb. 5.2-5 befindet sich am Übergang vom Schuppenbau der Subalpinen Molasse zur aufgerichteten Mittelländischen Molasse eine Antiklinalstruktur.

Wie schon eingangs erwähnt, besitzt die Glarner Hauptüberschiebung eine große Bedeutung für die Geschichte der Geologie, namentlich der Deckentheorie. Sie ist auch heute noch Objekt strukturgeologischer Untersuchungen. Im Juli 2008 wurde das Gebiet im Südteil des Profilschnitts in Abb. 5.2-12 als „Tektonikarena Sardona" in die Liste des UNESCO-Weltnaturerbes aufgenommen („Swiss Tectonic Arena Sardona" lautet die offizielle Bezeichnung). Eine Rückschau und der Stand der aktuellen Forschungen sind in der Arbeit von Herwegh et al. (2008) zu finden.

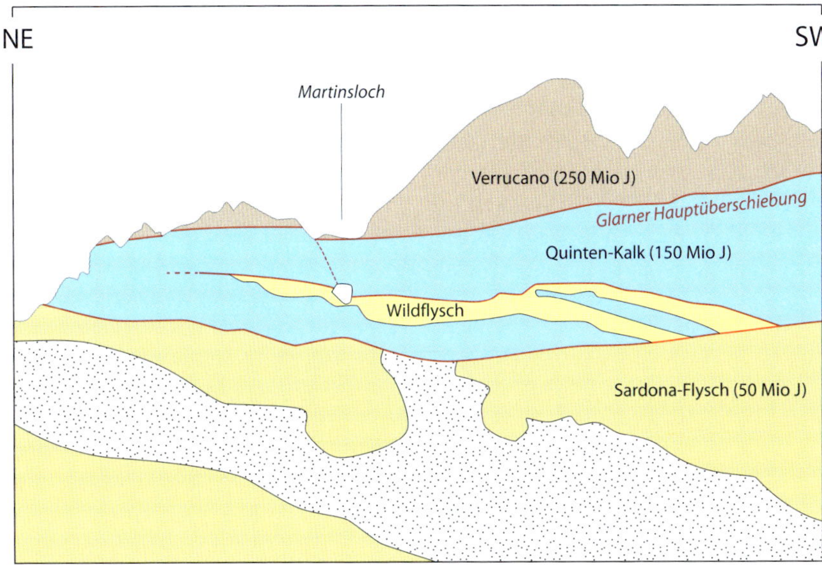

5.2-13 Die Glarner Hauptüberschiebung in den Tschingelhoren (von Norden betrachtet), ein Kernstück des UNESCO Weltnaturerbes „Tektonikarena Sardona“. Der Quinten-Kalk unter der Glarner Hauptüberschiebung ist ein an der Deckenbasis mitgerissenes Paket, welches auf den Sardona-Flysch im Liegenden überschoben wurde. Das Paket ist auch intern verschuppt, wie die Flyschzunge am Martinsloch es andeutet.

Abb. 5.2-13 soll einen Eindruck der Situation vermitteln. Der Quinten-Kalk im Liegenden der Glarner Hauptüberschiebung ist nur in seinem obersten Teil zu einem zirka einen Meter mächtigen Kalkmylonit (bzw. Lochsitenkalk) umgewandelt. Das ganze Kalkpaket ist ein an der Basis der helvetischen Decken mitgeschlepptes Stück, das weiter im Süden vom Liegenden losgerissen wurde. Deshalb ist auch an der Basis dieses Pakets, am Kontakt zum ultrahelvetischen Sardona-Flysch, ein tektonischer Kontakt vorhanden. Wie das dünne Wildflyschband, das zum Martinsloch hochsteigt, andeutet, ist der Quinten-Kalk sogar intern verschuppt. Das Losreißen und die interne Verschuppung dürften damit zusammenhängen, dass die Glarner Hauptüberschiebung im Verlaufe ihrer Aktivität die Schubbahn zunehmend ausglättete. Höckrige Erhebungen wurden abgeschliffen, Depressionen aufgefüllt. Dieser Prozess erklärt viele der Phänomene, die längs der Glarner Hauptüberschiebung zu beobachten sind.

Falten- und Überschiebungstektonik

Im Folgenden seien einige grundsätzliche Deformationsstile im Helvetikum etwas näher kommentiert. Der Vergleich des Querschnitts der Westschweiz (Abb. 5.2-7) mit jenem der Ostschweiz (Abb. 5.2-12) offenbart grundlegende Unterschiede. Im Westen ist der rückwärtige Teil von Isoklinalfalten beherrscht, im Osten liegt eine Normalserie vor, verkürzt durch Schuppenbau. Großräumige Verkehrtserien sind in der Morcles-Decke und in der Doldenhorn-Decke zu verzeichnen. In beiden Fällen sind die Faltenkerne durch mächtige tonig-mergelige Lias- und Doggersedimente gefüllt. Abb. 5.2-14A und B zeigen den Verkehrtschenkel der Morcles-Decke und die frontalen liegenden Isoklinalfalten der Doldenhorn-Decke.

Auch die kleinräumigeren Isoklinalfalten in der Axen-Decke der Zentralschweiz (Abb. 5.2-10 und 5.2-14C) besitzen Kerne aus denselben Gesteinen. Diese Unterschiede im Bau widerspiegeln die stratigrafische Abfolge der mesozoischen Sedimente. Im Jurastockwerk bilden die Quinten-Kalke das mechanisch starre Paket, das die Faltung weitgehend kontrolliert. Die tonig-mergeligen Lias- und Doggersedimente sind leicht deformierbar, duktil. Sind sie mächtig, so können sie die Faltenkerne der Antiklinalen füllen, sind sie wenig mächtig, können sie als Abscherhorizont dienen und führen zu Schuppenbau. Beispiele für Schuppenbau sind in Abb. 5.2-14 D und E ersichtlich. Eine Analyse zeigt, dass das kritische Verhältnis der Mächtigkeiten von inkompetenten, weichen Schichten zu kompetenten, starren Schichten etwa 0,5 beträgt (Pfiffner 1993b). Ist das Verhältnis kleiner, entwickelt sich Schuppenbau, ist es höher, so entstehen größere Falten, die sich von ihrem Substrat leicht abscheren. Da nun die früh- und mitteljurassischen Sedimente abrupte Mächtigkeitsänderungen aufweisen, resultieren daraus auch rasche Wechsel im Bau der Decken. Die abrupten Mächtigkeitsänderungen sind eine Folge der jurassischen Dehnungstektonik auf dem europäischen Kontinentalrand. Tendenziell sind die Sedimentmächtigkeiten im südlichen Teil höher. Es ist deshalb verständlich, dass der Baustil im Infrahelvetikum sich von jenem der helvetischen Decken so unterscheidet.

In ähnlicher Weise lässt sich erklären, weshalb die oberen helvetischen Decken, namentlich Drusberg- und Säntis-Decke, als selbstständiges Paket vorliegen. Hier spielte die bis in die Kreide aktive Subsidenz eine Rolle. Die höhere Subsidenz und Wassertiefe im Süden führte zu größerer Mächtig-

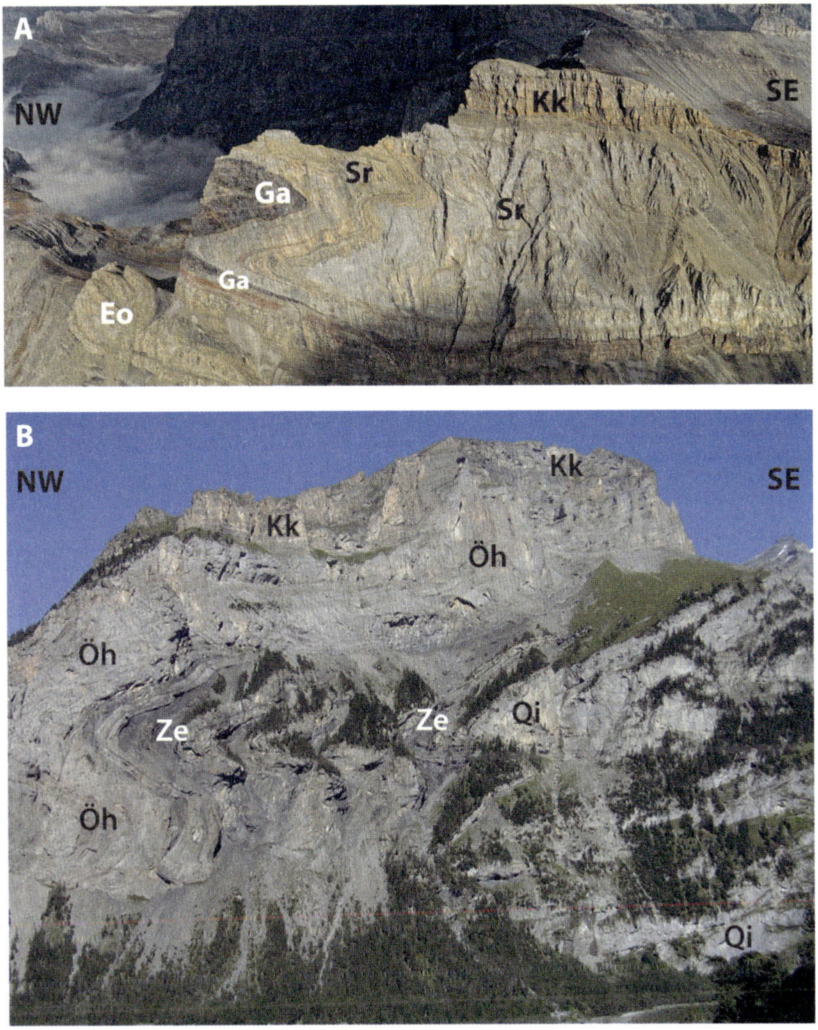

5.2-14 Falten- und Überschiebungs-strkturen im Helvetikum.

A) Verkehrtschenkel der Morcles-Decke in den Dents de Morcles (Westschweiz) mit Blickrichtung ENE. Beachtenswert ist die extreme Ausdünnung auf dem untersten Verkehrtschenkel, angedeutet durch die Garschella-Fm. Kk: Kieselkalk-Fm, Sr: Schrattenkalk-Fm, Ga: Garschella-Fm, Eo: Eozän. Foto Bernhard Edmaier.

B) Liegende Falte an der Front der Doldenhorn-Decke (Gasterntal, Kt. Bern, Schweiz). Spätjurassische und frühkretazische Schichten sind mehr oder weniger harmonisch verfaltet. Qi: Quinten-Kalk, Ze: Zementstein-Fm, Öh: Öhrli-Kalk, Kk: Kieselkalk-Fm.

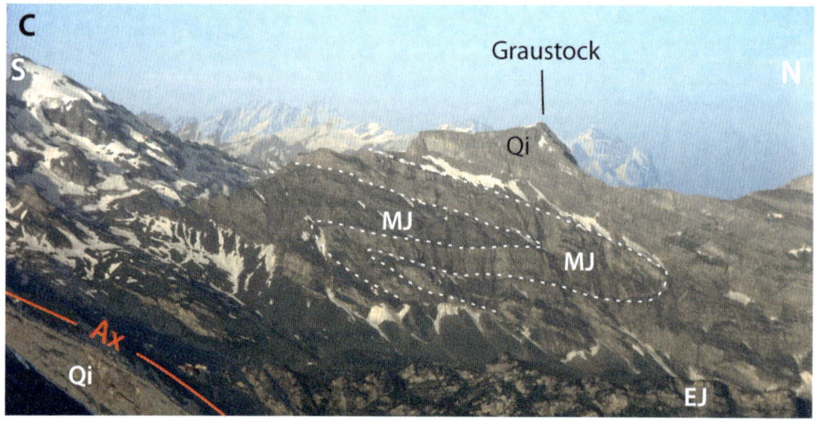

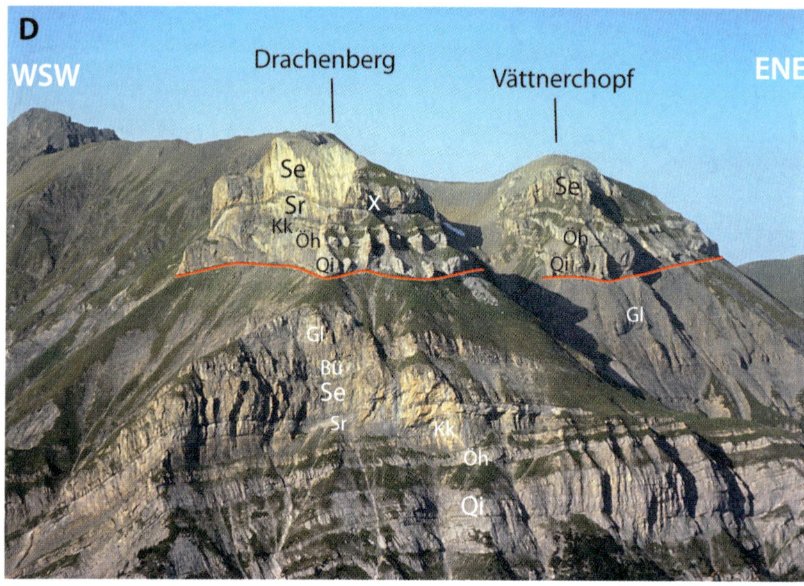

C) Tauchende Falte in der Ostflanke des Graustocks (Engelberg, Zentralschweiz) mit Blickrichtung West. Die liegende Falte mit einem Kern von früh- und mitteljurassischen Sedimenten wurde bei der Aufwölbung des Aar-Massivs gekippt. EJ: früher Jura, MJ: mittlerer Jura, Qi: Quinten-Kalk, Ax: Axen-Überschiebung.

D) Schuppenbau bei Vättis (Kt. St. Gallen, Schweiz). Die rot markierte Überschiebung legte zwei Normalserien übereinander. Qi: Quinten-Kalk, Öh: Öhrli-Kalk, Kk: Kieselkalk-Fm, Sr: Schrattenkalk-Fm, Se: Seewen-Kalk, Bü: Bürgen-Fm, Gl: „Globigerinen-Mergel". Die Garschella-Fm ist das dünne dunkle Band zwischen Schrattenkalk-Fm und Seewen-Kalk. Der weiße Stern (x) kennzeichnet die Drachenberghöhle, in welcher Ureinwohner vor 40 000 bis 45 000 Jahren die Knochen der heute ausgestorbenen Höhlenbären zusammentrugen.

E) Schuppenbau in der Ostflanke des Crap Mats (NNW von Reichenau, Kt. Graubünden, Schweiz). An der rot markierten Tschep-Überschiebung ist der spätjurassische Quinten-Kalk auf eine mehrfach gestapelte bzw. verschuppte Abfolge von Kreidesedimenten überschoben. Der Schuppenbau zeigt sich an der mehrfachen Repetition des Schrattenkalk-Garschella-Paares (helle Schrattenkalk-Fm, dunkle Garschella-Fm). Die einzelnen Paare sind mit einem schwarzen Punkt (•) markiert.

F) Faltung und Überschiebung in der Westflanke des Piz d'Artgas (N Breil/Brigels, Kt. Graubünden, Schweiz). Die nach NNW-vergente Antiklinale unterhalb der Gipfelpyramide zeigt sich an der braun gefärbten Bürgen-Fm (Eozän). Die Gipfelpartie über der rot markierten Überschiebung besteht aus einer Verkehrtserie aus kristallinem Grundgebirge (Diorit), welche den Gipfel aufbaut, und dem darunterliegenden triadischen Röti-Dolomit. Das Val Nauscha Mélange im Liegenden der Überschiebung enthält mehrfach repetierte Linsen und Blöcke von kretazischen und eozänen Sedimenten. X: Kristallin (Punteglias-Teilmassiv des Aar-Massivs), Rö: Röti-Dolomit, Sr: Schrattenkalk-Fm, Ga: Garschella-Fm, Se: Seewen-Kalk, Bü: Bürgen-Fm, Gl: „Globigerinen-Mergel", VN: Nal Nauscha-Mélange.

▶ **5.2-15** Paläogeografische Karte des prä-triadischen Grundgebirges (oben) und der mesozoischen Sedimente der helvetischen Decken (unten) in den Zentralalpen (umgezeichnet und ergänzt nach Kempf & Pfiffner, 2004). Ax, Di, Do, Dr, Ge, Gl, Mo, Wi: Axen-, Diablerets-, Doldenhorn-, Drusberg-, Gellihorn-, Glarner-, Morcles-, Wildhorn-Decke; Chs: Chaînes subalpines (Allochthon), R: Randkette (der Drusberg-Decke).

keit der Palfris-Mergel. Die Grenze der Mächtigkeitsänderung war aber nicht am genau gleichen Ort wie im Fall der jurassischen Sedimente (vgl. Abb. 3-29). Deshalb blieb die Kreide in den helvetischen Decken in einigen wenigen Fällen solidarisch mit ihrer Unterlage (Mürtschen-Decke und Teile der Axen-Decke).

Auch im Kartenbild zeigen sich die ehemaligen Beckengrenzen. Zwei Beispiele mögen dies erläutern. In der westlichen Schweiz besitzen die Morcles-Decke und die Doldenhorn-Decke eine sehr ähnliche interne Struktur und auch ihre Positionen im Deckenstapel entsprechen sich. Sie wurden deshalb oft direkt korreliert. Wie nun aber die tektonische Karte in Abb. 5.2-1 offenbart, zielen die Faltenachsen der beiden Decken überhaupt nicht aufeinander. Die beiden Decken liegen vielmehr en échelon nebeneinander, was mit einer ursprünglichen Beckengeometrie leicht erklärbar ist. Das zweite Beispiel betrifft den Verrucano der Glarner Decke. Der Kontakt Verrucano-Trias ist an mehreren Stellen gefaltet. Am Westrand der Glarner Decke sind die Falten westvergent, am Ostrand ostvergent. Die Faltenachsen fallen nach Norden ein, biegen aber gegen Norden um in eine Ost-West-Richtung und bilden einen vollen Bogen. Die Falten in den jurassischen Sedimenten östlich und westlich des Verrucanos tauchen nach ENE bzw. WSW ab. Diese Geometrie lässt sich am besten durch eine völlige Ausstülpung der Füllung des Verrucanotrogs erklären wie in Abb. 2-21B dargestellt. Die seitlichen Ränder des Trogs verliefen Nord-Süd und funktionierten als laterale Rampen bei der Ausstülpung. Bei der Platznahme der Trogfüllung auf der ebenflächigen Überschiebungsbahn pausten sich die Trogränder als Rampenantiklinalen durch und führten zu einem Faltenbogen. Die ausgestülpte Trogfüllung verursachte eine lokale Hochzone. Die quer dazu verlaufenden Falten in den Gesteinen darüber tauchen entsprechend in beiden Richtungen von dieser Hochzone weg.

Die Deformation des Aar-Massivs und dessen Sedimentbedeckung zeigt das Zusammenspiel von Faltungs- und Überschiebungstektonik auf eindrückliche Weise. Der Kontakt zwischen kristallinem Grundgebirge und Sedimenthülle am Nordrand des Aar-Massivs, wie in Abb. 5.2-9 ersichtlich, weist Falten auf, welche durch Brüche verstärkt sind. Aber im südlichen Aar-Massiv, wo die Deformation unter höheren Temperaturen stattfand, entwickelten sich infolge duktilen Verhaltens einfachere Falten, wie das Beispiel im Foto in Abb. 5.2-11 zeigt. Ein etwas spezielleres Beispiel ist in Abb. 5.2-14 F abgebildet. In diesem Falle ist ein Verkehrtschenkel aus kristallinem Grundgebirge, welches die Gipfelpartie des Piz d'Artgas bildet, zusammen mit Trias-Sedimenten auf ein tektonisches Mélange aus kretazischen und känozoischen Sedimenten überschoben (Val Nauscha-Schuppenzone). Letztere sind auf ein Antiklinal-Synklinal-Paar aufgeschoben, welches sich in den kretazisch-känozoischen Sedimenten deutlich abzeichnet. Der Verkehrtschenkel mit dem Gipfelkristallin kann nach Westen in eine Antiklinale verfolgt werden, deren Kern aus kristallinem Grundgebirge besteht (Punteglias-Teilmassiv). Der Verkehrtschenkel selbst sowie die Val Nauscha-Schuppenzone sind Ausdruck einer intensiven Scherung in der Nähe der Überschiebung.

Eine Frage, die schon anklang, ist die nach der kristallinen Unterlage der helvetischen Decken. Im Falle der Glarner Decke kann das Tavetscher Zwischen-

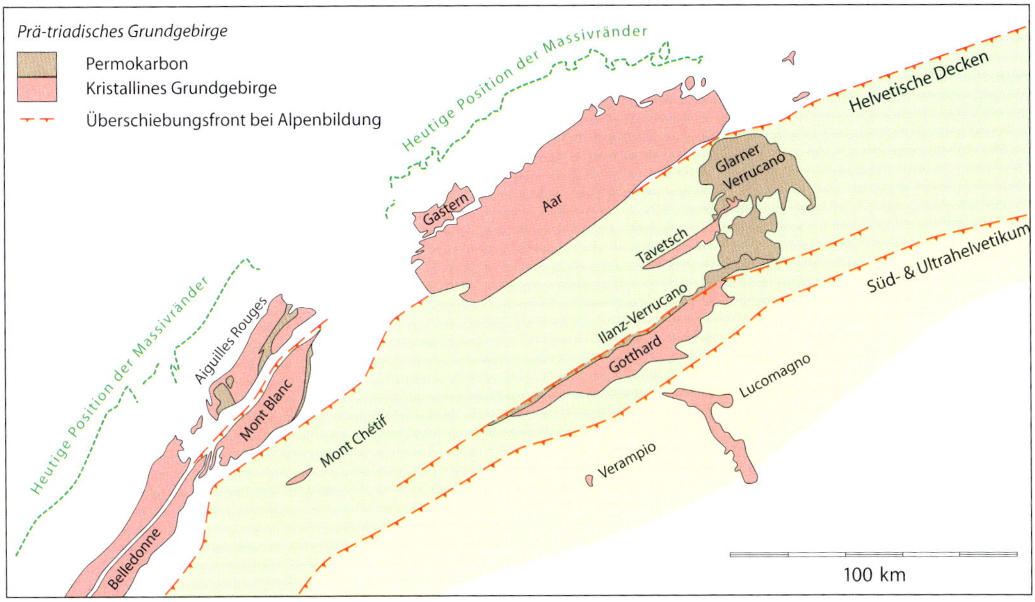
Prä-triadisches Grundgebirge
Permokarbon
Kristallines Grundgebirge
Überschiebungsfront bei Alpenbildung
Heutige Position der Massivränder
Helvetische Decken
Glarner Verrucano
Gastern
Aar
Tavetsch
Ilanz-Verrucano
Gotthard
Süd- & Ultrahelvetikum
Lucomagno
Verampio
Mont Chétif
Aiguilles Rouges
Mont Blanc
Belledonne
100 km

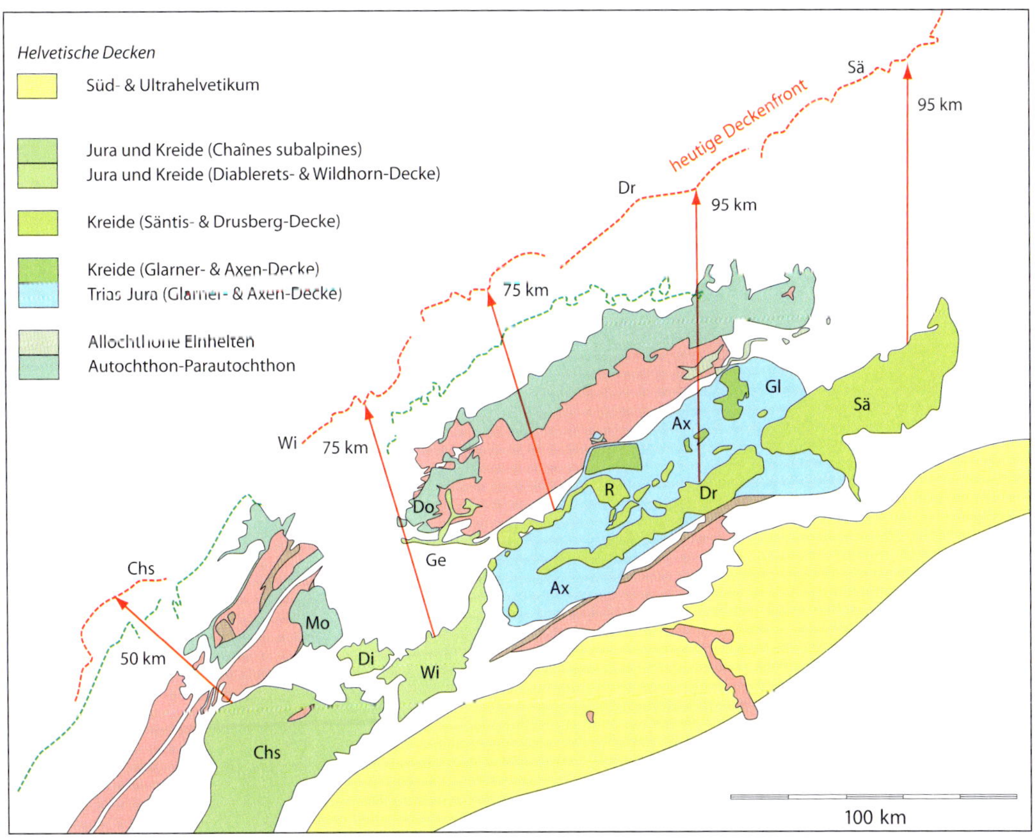
Helvetische Decken
Süd- & Ultrahelvetikum
Jura und Kreide (Chaînes subalpines)
Jura und Kreide (Diablerets- & Wildhorn-Decke)
Kreide (Säntis- & Drusberg-Decke)
Kreide (Glarner- & Axen-Decke)
Trias Jura (Glarner- & Axen-Decke)
Allochthone Einheiten
Autochthon-Parautochthon
heutige Deckenfront
Sä
95 km
Dr
95 km
75 km
Wi
75 km
Gl
Ax
Sä
R
Dr
Do
Ge
Ax
Chs
50 km
Mo
Di
Wi
Chs
100 km

Welche Sedimente auf welchem Kristallin?

massiv östlich Pigniu/Panix direkt in den Glarner Verrucano verfolgt werden. Auf dem Südrücken des Aar-Massivs sind jeweils nur spärliche Reste von Mesozoikum auszumachen (Surselva, Urseren, Goms). Auf dem nördlichen Gotthard-„Massiv" liegen über Verrucano Trias (mit Evaporiten) und Lias (Fazies ähnlich Südende Axen-Decke am Klausenpass), im Süden nur Reste von Trias. Um die Fragen der kristallinen Unterlage zu klären, wurde eine paläogeografische Rekonstruktion des gesamten Ablagerungsraums des Helvetikums erstellt, unter Berücksichtigung der internen Deformation der Decken (Kempf & Pfiffner 2004). In einem ersten Schritt wurden die Kristallinaufbrüche relativ zum Vorland zurückgeschoben (als Fixpunkt wurde der Schwarzwald genommen) und anschließend die Permokarbon-Tröge eingepasst (Abb. 5.2-15 oben). In einem zweiten Schritt erfolgte die Retrodeformation der helvetischen Decken mittels einer kompetenten Kalkschicht (Schrattenkalk-Fm und Quinten-Kalk), und schließlich erfolgte das Zurückschieben der Decke nach Süden (Ostschweiz), SSE (Westschweiz) und Südosten (Savoyen). In Abb. 5.2-15 (unten) ist neben der paläogeografischen Position auch die heutige Position der Deckenfront angegeben. Wie die Pfeile mit den Kilometerangaben zeigen, ist die Transportweite im Osten am größten (fast 100 Kilometer), nimmt dann nach Westen sukzessive auf 50 Kilometer in Savoyen ab. Die Rekonstruktion in Abb. 5.2-15 zeigt auch, dass der südlichste Teil der helvetischen Decken (Südrand von Drusberg- und Säntis-Decke) auf dem Gotthard-Massiv beheimatet werden kann. Die Süd- und Ultrahelvetischen Einheiten sind auf den interner gelegenen Kristallindecken (Lucomagno, Leventina, Verampio) zu beheimaten.

Die Fotografie in Abb. 5.2-16 illustriert die Stockwerktektonik am Beispiel der helvetischen Decken der Ostschweiz. Die im Sichelkamm sichtbare große Falte wird durch die Kreidekalke der Säntis-Decke gebildet. Die frühkretazische Schrattenkalk-Formation zeichnet als massiges graues Band die Geometrie der Synklinale besonders deutlich ab. Im unteren Teil des Bildes bilden die Palfris-Mergel die Unterlage der sonnenbeschienenen flachen Partien. Ganz zuunterst erkennt man zwei graue Felswände. Diese bestehen aus zwei übereinandergestapelten Paketen von spätjurassischem Quinten-Kalk. Die Palfris-Mergel bilden den Abscherhorizont der Säntis-Decke. Offensichtlich setzt sich der Schuppenbau in den Quinten-Kalken nicht in die darüberliegenden kretazischen Kalke fort, und umgekehrt findet die Synklinale des Sichelkamms keine Fortsetzung in den jurassischen Kalken. Die mächtigen Palfris-Mergel füllten die Kerne der Antiklinalen in den Kreidekalken darüber und erlaubten eine unabhängige interne Verkürzung im Jurastockwerk darunter und dem Kreidestockwerk darüber.

Das Penninikum

Penninikum: Sedimentdecken, Kristallindecken, ozeanische Fragmente und Mélanges

Auf der tektonischen Karte in Abb. 5.2-1 bilden die penninischen Decken ein unregelmäßiges, südlich an das Helvetikum angrenzendes Band. Die Gliederung der penninischen Decken in unter-, mittel- und oberpenninische Decken orientiert sich an der paläogeografischen Herkunft der mesozoischen Gesteine innerhalb der Decken. Die unterpenninischen Decken bestehen aus Sedimenten des Wallis-Trogs. Diese wurden auf einer ausgedünnten kontinentalen Kruste abgelagert, und der oberste Teil dieser Kruste wurde ebenfalls in den Deckenbau mit einbe-

5.2-16 Stockwerktektonik im Gebiete Sichelkamm/Walensee (Kt. St. Gallen, Schweiz). Die Kreidekalke der Säntis-Decke (KK, Sr, Ga) sind gefaltet und abgeschert in den Mergeln und Tonsteinen der Palfris-Formation (Pa). Die jurassischen Sedimente darunter weisen einen unabhängigen Schuppenbau auf, bei welchem die Abscherung in den Tonsteinen an der Basis des Doggers (MJ) passierte. Qi: Quinten-Kalk, MJ: mittlerer Jura (Sä: Säntis-Hauptüberschiebung).

zogen und baut heute beispielsweise die Simano-, Adula- und Antigorio-Decke auf. In ähnlicher Weise stammen die mittelpenninischen Decken aus dem Bereich der Briançon-Schwelle, und auch hier bilden die mesozoischen Sedimente einen eigenen Deckenstapel (beispielsweise die Klippen-Decke), der von der ursprünglichen kristallinen Unterlage abgeschert wurde. Letzterer wurde aber auch in den Deckenbau mit einbezogen, wie dies etwa der Bernhard-Deckenkomplex der Westschweiz und die Tambo- und Suretta-Decke in der Ostschweiz zeigen. Etwas anders ist die Situation in den oberpenninischen Decken, die aus Gesteinen des ehemaligen Piemont-Ozeans bestehen. Bei der alpinen Gebirgsbildung wurde dieser Ozean, der schon im Mesozoikum von Transformbrüchen und synsedimentären Abschiebungen zerhackt war, nochmals in Schollen zerlegt. Deswegen zeigen die oberpenninischen Decken eine komplexere Internstruktur. Immerhin sind lokal größere Komplexe von ophiolithischen Gesteinen mit Serpentiniten, Gabbros und Basalten erkennbar, die exhumierte Mantelteile und neu gebildete ozeanische Kruste darstellen (Beispiele sind die Platta-Decke oder die Zone von Saas-Zermatt). Andernorts sind größere Komplexe von mesozoischen Sedimenten zu erkennen, die aber meist mit mafischen oder ultramafischen Gesteinen verknüpft sind (Avers-Bündnerschiefer oder Tsaté-Decke). In vielen Fällen ist aber ein Gemisch verschiedenartigster Gesteine vorhanden. Darin finden sich sogar Fragmente von kontinentalen Krustengesteinen und damit assoziierten Sedimenten. Für derartige Fälle wird auch der Begriff „Mélange" gebraucht, und Beispiele dafür wären die Arosa-Zone und die Simme-Decke.

Wie in Abb. 5.2-1 ersichtlich, folgen diese oberpenninischen Decken der Grenze zum Ostalpin und Südalpin. Dies zeigt sich auch in der Umrandung des Engadiner Fensters in der Ostschweiz oder im Liegen der Klippe der südalpinen Dent Blanche-Decke.

Der Bau der penninischen Decken ändert sich längs des Streichens viel rascher, als dies etwa im Helvetikum der Fall ist. Nachfolgend wird dieser Bau anhand einer Auswahl typischer Fallbeispiele erläutert.

Klippen-Decke

Die Klippen-Decke der romanischen Voralpen in der Westschweiz und im Chablais von Savoyen ist ein Beispiel für eine penninische Sedimentdecke, die völlig losgelöst von ihrem kristallinen Substrat weit nach Norden überschoben wurde. Die innere Struktur (vgl. Abb. 5.2-17, umgezeichnet nach Wissing & Pfiffner 2002) ist im Norden durch großmaßstäbliche Falten charakterisiert, während im Süden ein Schuppenbau vorherrscht. Diesen Unterschied im Stil unterstreichen die Bezeichnungen „Médianes plastiques" und „Médianes rigides" für den nördlichen bzw. südlichen Teil. Der Grund für den Unterschied ist in der stratigrafischen Abfolge zu suchen. Die mächtigen Evaporite im Norden vermochten die Kerne der großen Antiklinalen zu füllen, und die kalkig-mergelige Abfolge der jurassischen Kalke eignete sich für die Anlage von Falten. Interessanterweise fallen die Überschiebungen zwischen den Falten sowie die südlich anschließende Heiti- und Gastlosen-Überschiebung mit primären Unstetigkeiten in der stratigrafischen Abfolge zusammen, die durch synsedimentäre Brüche verursacht wurden (vgl. Wissing & Pfiffner 2002). Der Schuppenbau im Süden wurde durch die mächtigen, mechanisch starren triadischen Karbonate und das Fehlen der mergeligen früh- und mitteljurassischen Sedimente begünstigt. Die basale Überschiebung der südpenninischen Simme-Decke und der mittelpenninischen Brekzien-Decke ist durch die Interndeformation der Klippen-Decke passiv deformiert. Die Evaporite des Abscherhorizonts der Klippen-Decke bestehen aus einer Wechsellagerung von Anhydrit und Dolomit. Der Anhydrit war bei der Deckenbildung unter geringen Temperaturen bereits fließfähig, die dünnen Dolomitlagen zerbrachen (vgl. Wissing & Pfiffner 2002). Durch die Einwirkung des Bergwassers wird der Anhydrit gelöst oder in Gips umgewandelt, und lokal bildet sich Kalzit. Schließlich entstehen aus diesen Anhydrit-Dolomit-Gips-Kalzit-Gemengen sogenannte Rauwacken (Schaad 1995). In diesen Gesteinen geht die Verwitterung weiter. Karbonatlösung verursacht mehrere Meter große Hohlräume, an der Oberfläche als Dolinen sichtbar. In tiefer gelegenen Hohlräumen können sich Dolomitbruchstücke ansammeln. Nach der Verkittung täuschen solche Brekzien mächtigere Dolomitlagen vor, Gesteine, die man in einem Abscherhorizont nicht vermuten würde.

Eine eingehende Diskussion zum Bau der Klippen-Decke vermitteln Mosar et al. (1996) und Plancherel (1979), Masson (1976) gibt einen Überblick über deren Erforschungsgeschichte.

Abb. 5.2-18 zeigt einen Profilschnitt durch den Hauptkörper der penninischen Decken in der Westschweiz. Das Profil ist umgezeichnet und verändert nach Escher et al. (1997) und basiert auf den reflexionsseismischen Daten des NFP 20. Im Nordwesten tauchen die helvetischen Decken in die Tiefe. Ebenso das Mont Blanc-Massiv, das weiter unten durch eine Rückfalte steil gestellt wird. Die penninischen Decken selbst werden durch die Rhone-Simplon-Störung zerschnitten. Dieser Bruch ist am Simplonpass eine Abschiebung (vgl. Abb. 5.2-1), wird im Rhonetal eine Seitenverschiebung, um dann in Savoyen in eine Aufschiebung überzugehen (vgl. Abb. 5.1-4). Die unterschiedliche Natur der Störung erklärt sich in der Orientierung der Bruchfläche, auf welcher der südöstliche Block nach Südwesten bewegt worden ist. Im Profilschnitt von Abb. 5.2-18 kappt die Rhone-Simplon-Störung die Basis der mittel- und unterpenninischen Decken und bringt sie in direkten Kontakt mit den Bündnerschiefern (bzw. schistes lustrés) der Sion-Courmayeur-Zone, einer Abfolge, die aus dem Wallis-Trog stammt. Mächtigkeit und Internstruk-

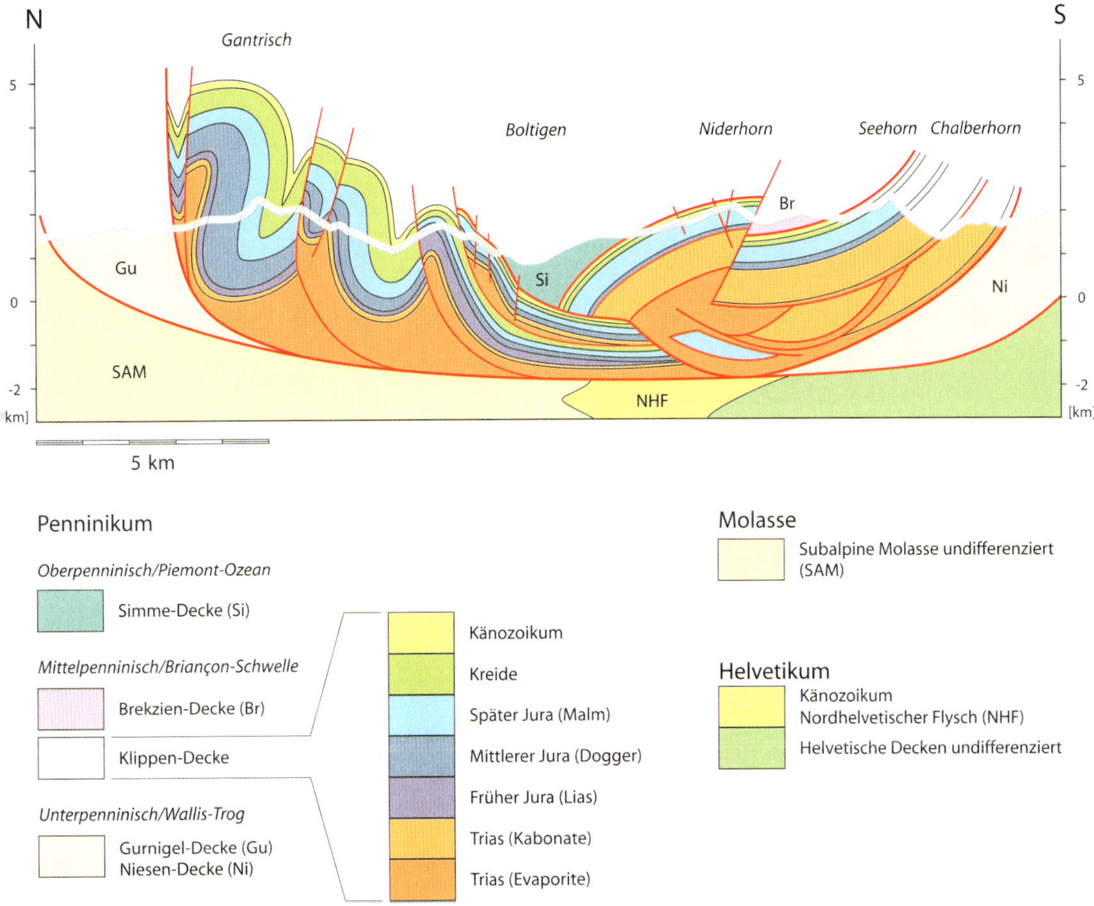

▲ **5.2-17 Geologischer Profilschnitt durch die mittelpenninische Klippen-Decke im Querschnitt Gantrisch** (umgezeichnet nach Wissing & Pfiffner, 2002). Im Süden dominiert Schuppenbau, im Norden sind große Falten mit Überschiebungen verknüpft.

tur der Sion-Courmayeur-Zone sind im Wesentlichen unbekannt. Im Hangenden der Rhone-Simplon-Störung befindet sich der Bernhard-Deckenkomplex. Dieser kann zweigeteilt werden, in die Siviez-Mischabel- und Mont Fort-Digitation. Diese zwei Digitationen bestehen zur Hauptsache aus prätriadischem Kristallin, überlagert von permo-triadischen Quarziten. Escher et al. (1997) erklärten die Internstruktur als große Isoklinalfalten mit kilometerlangen Verkehrtschenkeln, deren südlichste Teile durch großmaßstäbliche Rückfaltungen überprägt wurden. Gemäß Scheiber et al. (2013) handelt es sich bei den Verkehrtschenkeln vielmehr um eine Schuppenzone aus normal gelagerten Abfolgen. Die Zone Houillère stellt die unterste Einheit des mittelpenninischen Deckenstapels dar. Im nördlichen Teil sind die permokarbonen Sedimente der Zone Houillère und die mesozoischen Sedimente darüber (früher als Pontis-Decke bezeichnet) durch mehrere Abschiebungen zerschnitten. Diese Abschiebungen sind als Ableger der Rhone-Simplon-

Störung zu deuten. Mont Fort- und Siviez-Mischabel-Digitation verkeilen sich im Süden mit den ophiolithführenden Antrona- und Zermatt-Saas-Fee-Zonen, welche ihrerseits die Monte Rosa-Decke umhüllen. Die Monte Rosa-Decke besteht zur Hauptsache aus dem gleichnamigen Granit. Dieser variszische Intrusivkörper ist alpin derart schwach überprägt, dass er von früheren Bearbeitern als känozoische Intrusion angesehen wurde. Wie aus Abb. 5.2-18 ersichtlich, bildet der südliche Teil der Monte Rosa-Decke wie auch die darunter liegenden Decken eine gewaltige, südvergente Rückfalte. Der ausgedünnte, nach Nordwesten einfallende Schenkel gilt als klassische „Deckenwurzel". Bei Villadossola kann dieser ausgedünnte Faltenschenkel an der Oberfläche direkt beobachtet werden. Die Monte Rosa-Granite liegen hier als Stängelgneise vor, deren magmatische Herkunft wegen der zentimetergroßen Plagioklase unverkennbar ist (siehe Foto in Abb. 5.2-18). Die erwähnte Rückfalte der Monte Rosa-Decke wird von der Aosta-Ranzola-Störung zerschnitten.Diese Störung ist Teil eines distensiven Bruchsystems welches im späten Oligozän aktiv war (Bistacchi et al. 2001).

Penninikum:
- *gefaltete Überschiebungen*
- *Rückfalten*

Im oberflächennahen Teil des Profilschnitts von Abb. 5.2-18 bedeckt die Tsaté-Decke sowohl die Mont Fort-Digitation des Bernhard-Deckenkomplexes wie auch die Zermatt-Saas-Fee-Zone. Die Tsaté-Decke enthält nach Escher et al. (1997) an der Basis basaltische Kissenlaven von wahrscheinlich jurassischem Alter, die aber intern kompliziert verfaltet sind. Den Abschluss oben bildet schließlich die Dent Blanche-Decke, eine Klippe von Salassikum. Das Äquivalent der Dent Blanche-Decke im Verkehrtschenkel der Monte Rosa-Rückfalte ist in der ebenfalls salassischen Sesia-Zone zu suchen.

Ganz zuunterst im Profilschnitt ist im Südosten ein Paket aus penninischen Decken und adriatischen Unterkruste angedeutet. Diese Einheiten gehören zu einem größeren Komplex von Gesteinen mit anormal hoher seismischer Geschwindigkeit. Der Komplex besitzt Keilform und wird als von der subduzierten europäischen Platte abgeschertes Element gedeutet. Auf jeden Fall sind die penninischen Decken im Hangenden dieses Keils in südöstlicher Richtung aufgeschoben worden, was mit der großen Rückfalte in Zusammenhang stehen könnte. Die Synklinale in zwanzig Kilometern Tiefe nordwestlich der Aosta-Ranzola-Störung ergibt sich aus der Projektion von Oberflächenstrukturen in die Tiefe (Escher et al. 1997).

Der Profilschnitt in Abb. 5.2-19 verläuft längs der Osttraverse des NFP 20, und seine Tiefenstruktur ist durch die reflexionsseismischen Daten recht gut gestützt (vgl. Pfiffner & Hitz 1997, Schmid et al. 1996 und 1997a). Im Norden tauchen das kristalline Grundgebirge der helvetischen Decken und der süd- bis ultrahelvetischen Divertikel (Aar-Massiv, Gotthard-Massiv und Lucomagno-Leventina-Kristallin) nach Süden in die Tiefe.

Die Simano-Decke und der Adula-Deckenkomplex darüber gehören zu den **unterpenninischen Decken**. Von ihrem Gesteinsinhalt her zählen sie zu den Kristallindecken, die einst dem ausgedünnten Kontinentalrand Europas angehörten und die Unterlage des Wallis-Trogs bildeten. Die Sedimentfüllung des Wallis-Trogs wurde abgeschürft und nach Norden verfrachtet, sodass diese mesozoischen Sedimente, Bündnerschiefer im Wesentlichen, eine eigenen Deckenstapel aufbauen. Zu diesem zählen im Profilschnitt die Grava- und

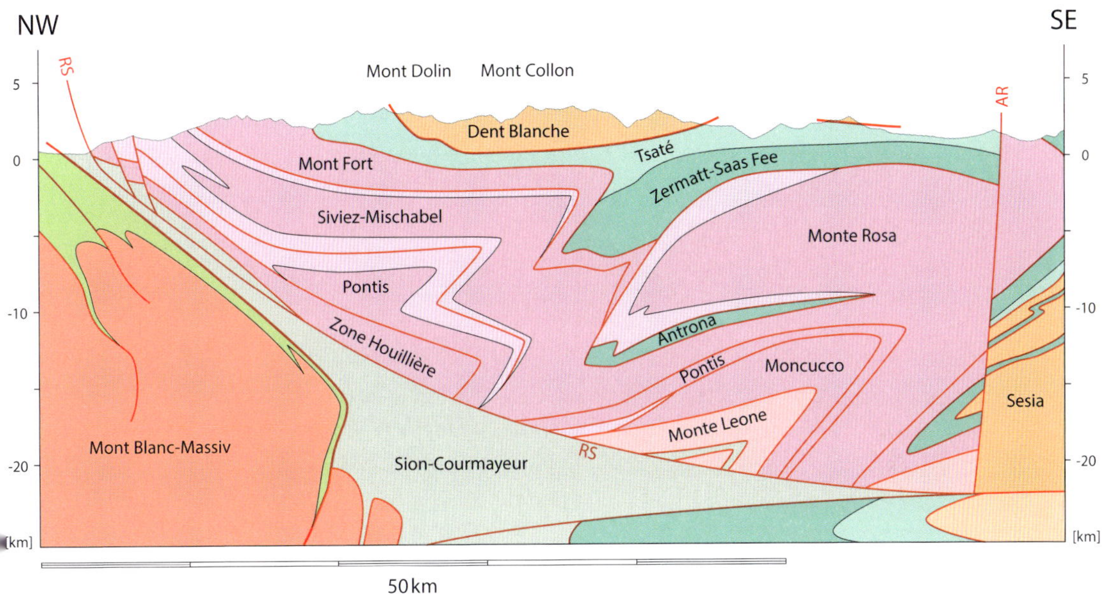

5.2-18 Geologischer Profilschnitt durch die penninischen Decken des Wallis längs der Westtraverse von NFP20 (umgezeichnet und verändert nach Escher et al., 1997). Dünne Sedimentlagen (sogenannte Deckentrenner) trennen die Kristallindecken voneinander. Das Foto zeigt einen hoch deformierten Augengneis aus der „Wurzelzone" der Monte Rosa-Decke bei Villadossola (Italien). Schreibzeug als Maßstab.

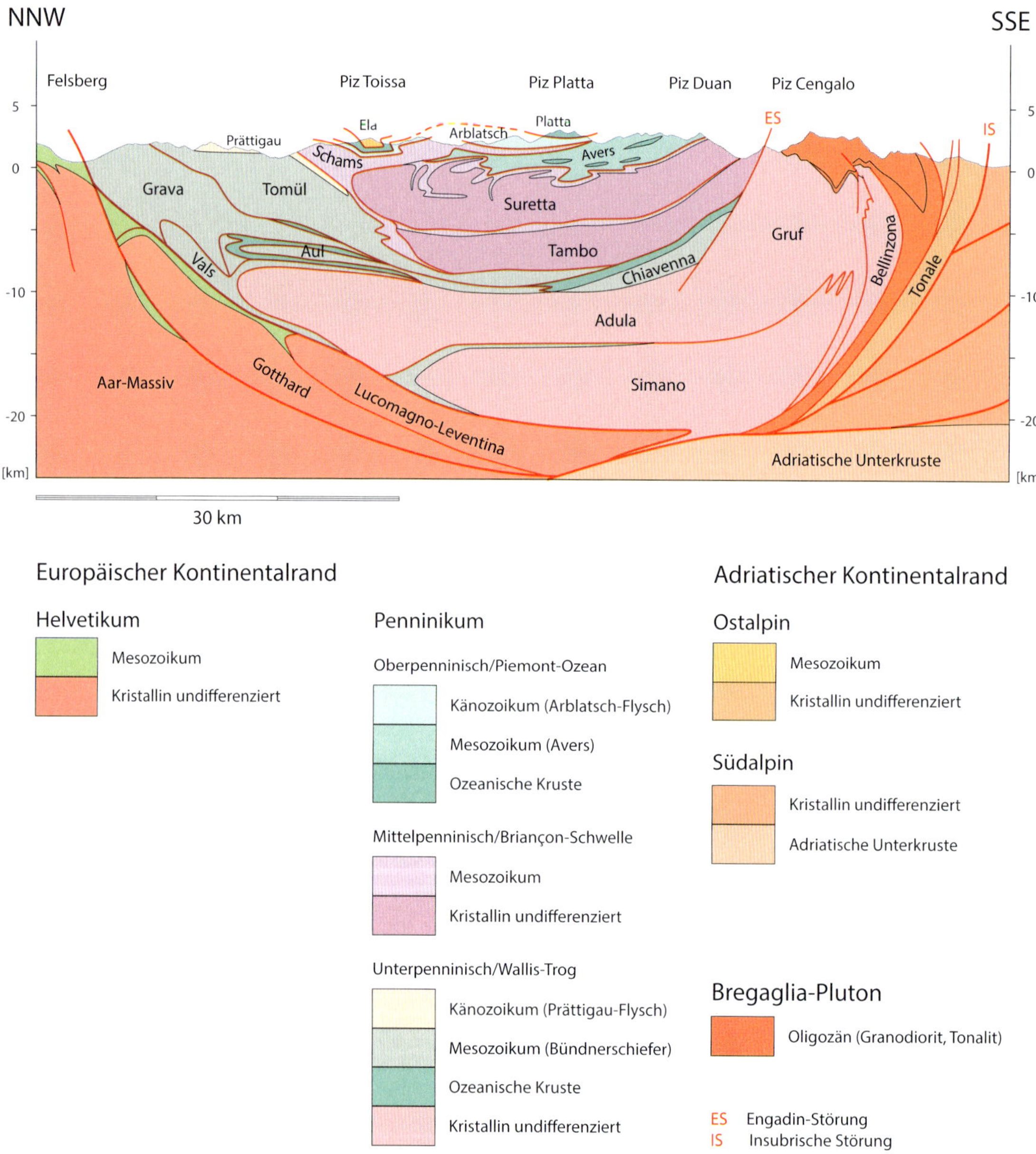

5.2-19 Geologischer Profilschnitt durch die penninischen Decken von Graubünden längs der Osttraverse von NFP20 (nach Pfiffner & Hitz, 1997) Die Sedimenthülle wurde von ihrem kristallinen Substrat abgeschert und bildet einen eigenen Deckenstapel (Vals- Grava- Tomül- und Schamser Decken). Auch das Kristallin wurde vom tieferen Teil der Kruste abgeschert und zu vier größeren Decken aufeinandergetürmt (Simano-, Adula-, Tambo- und Suretta-Decke).

Tomül-Decke sowie die kleineren Einheiten darunter (Vals, Aul und Chiavenna). Man beachte, dass einzelne der Überschiebungen (beispielsweise jene an der Basis der Grava-Decke) isoklinal verfaltet sind und eine mehrphasige Tektonik beweisen. An der Basis der Tomül-Decke wie auch in der Aul- und Chiavenna-Decke sind auch ophiolithische Gesteine anzutreffen, welche die kleinen Pull-apart-Becken des Wallis-Trogs andeuten (vgl. hierzu Abb. 3-31). Im Dach der Bündnerschiefer der Tomül-Decke folgt der Prättigau-Flysch in normalstratigrafischer Auflage. Der Adula-Deckenkomplex enthält interne Überschiebungen (in Abb. 5.2-19 nicht gezeichnet), angedeutet durch schmale Marmorzüge im Kristallin. Sie deuten auf eine komplexe Verschuppung bei der Deckenbildung hin, die höchstwahrscheinlich in großer Tiefe im Subduktionskanal entstand („tektonischer Akkretionskanal" von Engi et al. 2001). Eine genaue Zuordnung der Sedimentdecken aus Bündnerschiefern des Wallis-Trogs zu ihrer kristallinen Unterlage ist im Detail nicht möglich. Immerhin zeigt eine Abwicklung, dass die Bündnerschiefer für den Wallis-Trog eine Breite von zirka 200 Kilometern andeuten (Schaad 1995 und Steinmann 1994), was mit der gesamten Länge der Kristallindecken wenigstens in der Größenordnung übereinstimmt (vgl. Abb. 3-31).

Im Süden sind die unterpenninischen Kristallindecken von einer großmaßstäblichen Rückfalte erfasst worden. Deren Verkehrtschenkel bildet eine breite Scherzone, die neben den unterpenninischen Decken (Adula-Gruf- und Bellinzona-Zone) auch steil gestellte ostalpine Einheiten (Tonale in Abb. 5.2-19) umfasst. Diese Steilzone ist ein Teil des periadriatischen Bruchsystems, das die Nordgrenze des Südalpins markiert. Die intensiv zerscherten Gesteine der Steilzone weisen sowohl auf eine Rückaufschiebung wie auch auf eine dextrale Seitenverschiebung. Die Insubrische Störung (IS in Abb. 5.2-19) entspricht einer späten spröden Bruchphase im periadriatischen Bruchsystem und trennt hier das Ostalpin vom Südalpin. Längs der Steilzone sind auch die Tonalite und Granodiorite der Bregaglia-Intrusion aufgestiegen (vgl. hierzu Abb. 4-10).

Über den unterpenninischen liegen die **mittelpenninischen Decken**. Auch hier sind die mesozoischen Sedimente der ehemaligen Briançon-Schwelle von ihrer kristallinen Unterlage getrennt. Im Profilschnitt von Abb. 5.2-19 sind es die Schamser Decken, ein allochthones Paket, das allseits von gefalteten tektonischen Kontakten begrenzt ist. Eine eingehende Diskussion der Verhältnisse ist in Schmid et al. 1996 und 1997b nachzulesen. Die Internstruktur der Schamser Decken ist durch zwei Faltenschenkel mit völlig verschiedener Zusammensetzung geprägt. Der eine Schenkel enthält mächtige jurassische Brekzienabfolgen, die an synsedimentären Abschiebungen am Rand des Briançon-Mikrokontinents geschüttet wurden. Die abrupten lateralen Änderungen in der Schichtreihe pausten sich bei der alpinen Deformation durch und ließen einen Verkehrtschenkel mit Brekzien entstehen. Äquivalente der Schamser Decken sind auch weiter nördlich zu finden (Sulzfluh- und Falknis-Decke), im betrachteten Profilschnitt aber der Erosion zum Opfer gefallen. Die Tambo- und die Suretta-Decke (siehe Abb. 5.2-19) bestehen hauptsächlich aus prä-triadischem Kristallin. Beide Decken besitzen Reste einer autochthonen Bedeckung von triadischen Quarziten, Evaporiten, Dolomit- und Kalkmarmoren; an der Basis des Kristallins liegt ein Überschiebungskontakt vor. Ähnliche

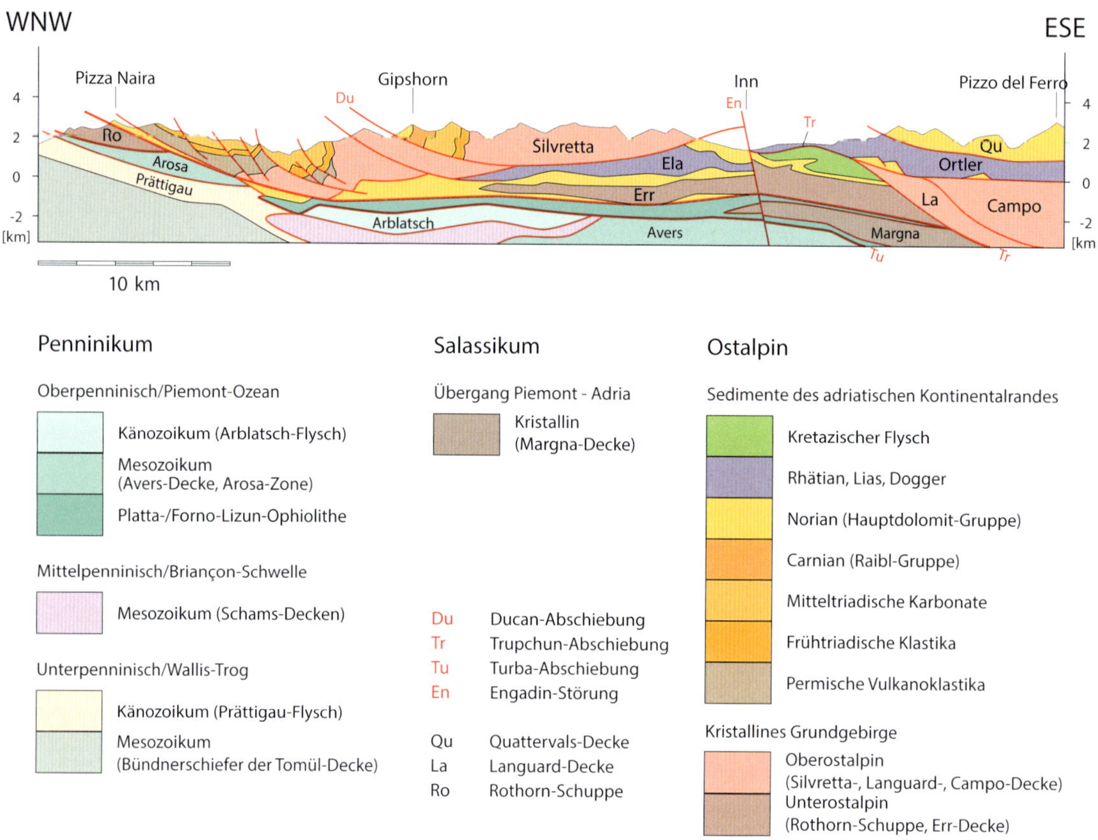

▲ **5.2-20 Geologischer Profilschnitt durch die ostalpinen Decken von Graubünden** (umgezeichnet nach Schmid et al., 1997b). Sowohl Kristallin wie auch mesozoische Sedimente sind am Deckenbau beteiligt. Nebst alpinen Überschiebungen sind auch mesozoische Abschiebungen auszumachen.

„Deckenscheider"

Sedimentreste aus Quarziten und Dolomitmarmoren sind auch zwischen Simano- und Adula- und auf dem Adula-Deckenkomplex zu finden. Diese dünnen Sedimentzonen, die über viele Kilometer verfolgt werden können, werden auch als „Deckenscheider" bezeichnet. Gerade in den unterpenninischen Decken ist nicht immer klar, ob diese Sedimentreste normal oder verkehrt gelagert sind. Interessant ist das Dach der Suretta-Decke. Hier sind der Kontakt zwischen Kristallin und Sedimenten wie auch die Überschiebung im Kontakt zu den darüberliegenden Avers-Bündnerschiefern von engen Falten überprägt. Die Achsenflächen dieser Falten fallen nach Norden ein, werden nach unten aber steil und biegen schließlich in ein Südfallen um. Offenbar wurden diese Falten durch eine Rückfaltung überprägt. Die duktile Natur dieser Falten täuscht darüber hinweg, dass die Deckenbasis eine Überschiebung ist, angelegt unter spröderen Bedingungen bei noch relativ niedrigen Temperaturen.

Für lange Zeit herrschte eine Kontroverse darüber, wo die allseitig durch tektonischen Kontakt begrenzten Schamser Decken ursprünglich zu beheimaten waren. Stammen sie aus dem Dach der Suretta-Decke? Von unter der Tambo-Decke? Oder gar aus dem Raum dazwischen (der Splügen-Zone)?

Schamser Dilemma

Die begleitenden Untersuchungen zum NFP 20 offenbarten, dass die Sedimentreste auf der Tambo- und Suretta-Decke Ähnlichkeiten zu den Sedimenten der Schamser Decken aufweisen, dass aber die Schamser Decken weit unter die Tambo-Decke hineinziehen. Eine palinspastische Abwicklung (bei der Faltungen und Überschiebungen rückgängig gemacht werden) deutet an, dass die ursprüngliche Ausdehnung der Schamser Decken – dies entspricht der Breite der Briançon-Schwelle – größer ist als jene der Tambo- und Suretta-Decke zusammen. Offenbar ist ein Teil des kristallinen Substrats der Briançon-Schwelle bei der Deckenbildung subduziert worden (vgl. hierzu Schmid et al. 1996 und 1997a).

Zu den oberpenninischen Decken zählen die Avers-Decke, der Arblatsch-Flysch und die mehrheitlich aus Ophiolithen bestehende Platta-Decke. Die Avers-Decke besteht zur Hauptsache aus Bündnerschiefern, enthält aber ebenfalls Linsen von Gabbros und Basalten (bzw. Prasiniten), und an der Basis sind lokal Evaporitlinsen zu finden. Das Alter dieser metamorphen Bündnerschiefer ist aber vorderhand unbekannt. Die Überschiebung an der Basis ist gemeinsam mit den Sedimentresten der Suretta-Decke verfaltet, was eine frühe Platznahme dieser Einheit auf der Suretta-Decke beweist. Am Piz Toissa liegt ein kleiner Erosionsrest der unterostalpinen Ela-Decke auf den Ophiolithen der Platta-Decke. Auch deren basale Überschiebung ist verfaltet. Würde man den Profilschnitt etwas weiter östlich zeichnen, so läge ein nahezu kontinuierlicher Deckel von Ostalpin obenauf. Der Profilschnitt in Abb. 5.2-19 zeigt, dass auch die mittel- und oberpenninischen Decken nach Süden ansteigen, und die Aufschlüsse weiter im Osten belegen, dass sie die große Rückfalte, welche die unterpenninischen Decken erfasst, auch mitmachen. Im Profilschnitt wird dieses Bild durch den Versatz der Engadin-Störung verwischt. Insgesamt zeigen die penninischen Decken einen Muldenbau, bedingt durch die abtauchenden Massive im Norden und die Rückfaltung im Süden. Letztere setzt sich im südvergenten Deckenbau in den Südalpen fort.

Das Ostalpin

Auf der tektonischen Übersichtskarte der Zentralalpen in Abb. 5.2-1 bedeckt das Ostalpin größere Flächen ganz im Osten. Im Norden davon sind es die Nördlichen Kalkalpen, ein riesiger Komplex von mesozoischen Sedimenten, der sich in die Ostalpen fortsetzt und in diesem Zusammenhang noch näher diskutiert wird. Weiter im Süden schließen Gebiete an, in denen kristallines Grundgebirge das Kartenbild prägt, unterbrochen von Einschaltungen von Sedimenten. Die flächige Ausdehnung des Ostalpins wird durch das Engadiner Fenster unterbrochen, in dem die penninischen Decken im Liegenden des Ostalpins aufgeschlossen sind und andeuten, dass die Gesamtmächtigkeit des ostalpinen Deckenstapels nur wenige Kilometer beträgt. Dies wird auch durch die bereits erwähnte „ausgefranste" Kontaktlinie zwischen Ostalpin und Penninikum unterstrichen, welche die Zentralalpen in Nord-Süd-Richtung quert.

Einen guten Eindruck des Baus dieses orogenen Deckels von ostalpinen Decken vermittelt der Profilschnitt in Abb. 5.2-20. Dieser ist umgezeichnet und ergänzt nach Schmid et al. (1997b) und zeigt die etwas unregelmäßige Grenzfläche zwischen Penninikum und Ostalpin. Das Foto in Abb. 5.2-21 zeigt den irregulären Verlauf des Kontaktes

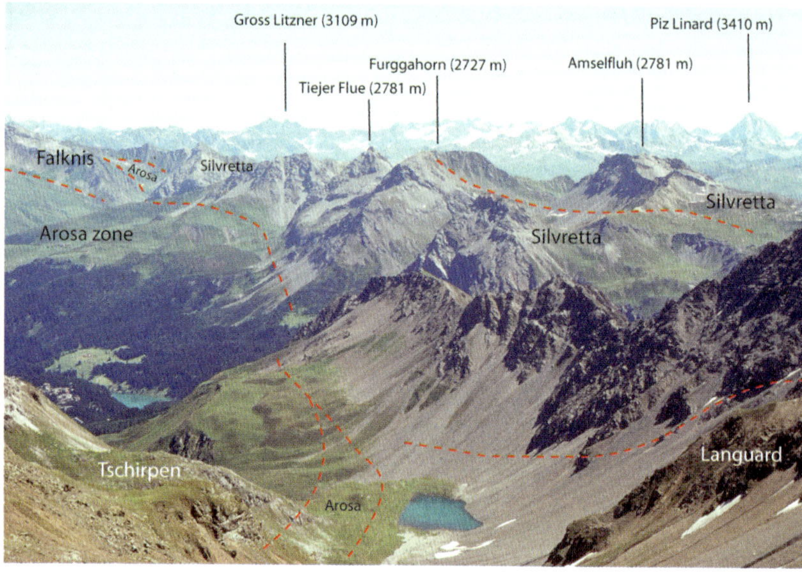

5.2-21 Der penninisch-ostalpine Kontakt in der Umgebung von Arosa (Kt. Graubünden, Schweiz). Hier liegen Gesteine des adriatischen Kontinentalrandes (Ostalpin) über Gesteinen des Piemont-Ozeans und der Briançon-Schwelle (Penninikum). Amselfluh und Furggahorn sind aus permischen und mesozoischen Sedimenten der oberostalpinen Silvretta-Decke aufgebaut. Die Sedimente sind durch eine deckeninterne Überschiebung verdoppelt. Die oberostalpine Languard-Decke besteht aus Kristallin und keilt gegen den See am unteren Rand des Fotos (Älplisee) aus. Die Arosa-Zone ist ein Gemisch aus ophiolithischen Gesteinen und ozeanischen Sedimenten, welche beide aus dem Piemont-Ozean stammen, und liegt tektonisch unter der Silvretta-Decke, wie dies in der Flanke des Furggahorns klar erkennbar ist. Die Arosa-Zone liegt ihrerseits über der Falknis-Decke welche am linken Bildrand zu erkennen ist. Die mesozoischen Sedimente der Falknis-Decke wurden auf der Briançon-Schwelle abgelagert. Aufnahme vom Parpaner Rothhorn Richtung ENE.

Jurassische Brüche beeinflussen die Deckenstruktur

zwischen den penninischen Decken (Arosa-Zone aus dem Piemont-Ozean; Falknis-Decke von der Briançon-Schwelle) und den unterostalpinen Decken des adriatischen Kontinentalrandes. Wie auf der tektonischen Karte in Abb. 5.2-1 zu erkennen ist, sind es vor allem oberpenninische Decken, die dem Piemont-Ozean zuzuordnen sind, die längs dieser Kontaktfläche vorkommen. Da die ostalpinen Decken den ehemaligen adriatischen Kontinentalrand darstellen, ist dieser Kontakt als ehemalige Plattengrenze zu verstehen, wie dies schon Trümpy (1975) ausdrückte. In den Zentralalpen werden die ostalpinen Decken zweigeteilt in unter- und oberostalpine Decken (Abb. 5.2-20), und in beiden sind sowohl das prä-triadische Grundgebirge wie auch dessen mesozoische Sedimentbedeckung am Deckenbau beteiligt. Der interne Bau dieser Decken wird ganz wesentlich geprägt durch jurassische synsedimentäre Abschiebungen, die sehr flach einfallen und lange Zeit als Überschiebungen interpretiert wurden. Ihre Bedeutung als jurassische Abschiebungen wurde im Zusammenhang mit Abb. 3-23, 3-24 und 3-25 bereits ausführlich diskutiert. Die wichtigsten Abschiebungen sind die Ducan- und Trupchun-Abschiebung, beide mit einem Versatz von mehreren Kilometern.

Ganz im Westen des Profilschnitts liegt unter dem Ostalpin die Arosa-Zone und darunter der Prättigau-Flysch. Die etwas wirre Internstruktur der Arosa-Zone kann in diesem Maßstab nicht weiter aufgelöst werden. Wie bereits erwähnt, ist diese Internstruktur geprägt durch die jurassische Dehnungstektonik, die Lage in einem Akkretionskeil einer Subduktionszone in der Kreide sowie die alpine Überschiebungstektonik im Känozoikum. Zu den unterostalpinen Decken zählt die Kristallinscholle des (Parpaner) Rothorns im Westen des Profilschnitts. Die anschließende oberostalpine Silvretta-Decke besteht aus einer Normalserie mit einem mächtigen Kristallinkörper, der im Westen von permischen und mesozoischen Sedimenten überlagert ist. Letztere sind als Kippschollen auf den listrischen jurassischen Abschiebungen bereits steil gestellt worden. Die Abschiebungen fallen nach Osten ein, und ihr Versatz ist gegenläufig zur westgerichteten Überschiebungsrichtung. Die Engadin-Störung, eine sinistrale Seitenverschiebung mit Abschiebungskomponente, durchschneidet den ostalpinen Deckenstapel. Östlich davon sind in den Engadiner Dolomiten die Ortler- und Quattervals-Decken zur Hauptsache aus Sedimenten aufgebaut. Ihr kristalliner Unterbau ist zwar in der Campo- und Languard-Decke zu suchen, aber der Kontakt zwischen Kristallin- und Sedimentdecken ist wiederum von Abschiebungen begleitet.

Das Südalpin

Das Südalpin wird im Norden durch das periadriatische Bruchsystem begrenzt und taucht im Süden unter die känozoische Füllung des Po-Beckens (vgl. tektonische Karte in Abb. 5.2-1). Die Ivrea-Zone dominiert den westlichsten Teil des Südalpins. Die Unterkrustengesteine der Ivrea-Zone wurden bereits im Zusammenhang mit Abb. 2-11, 2-12 und 2-13 näher diskutiert, ebenso das östlich angrenzende Oberkrustenpaket der Strona-Ceneri-Zone. Im östlichen Teil des Südalpins der Zentralalpen dominierten das kristalline Grundgebirge im Norden, die Sedimente im Süden. Wie in Abb. 5.2-1 ersichtlich, ist das Kristallin südwärts auf die Sedimente aufgeschoben. Die Überschiebungen im Südalpin sind en échelon angeordnet, was sich mit der gleichzeitigen dextralen Seitenverschiebung am periadriatischen Bruchsystem erklären lässt. Der interne Bau ist anhand zweier Profilschnitte illustriert.

Der erste Profilschnitt basiert auf reflexionsseismischen Daten des NFP 20. Abb. 5.2-22 ist umgezeichnet und ergänzt nach Schumacher (1997). Die geologische Interpretation zeigt eine mehrfache Repetition der triadischen Sedimente unter Einbeziehung von Schollen des kristallinen Grundgebirges. Die einzelnen Decken wurden, im Gegensatz zum Penninikum nördlich des periadriatischen Bruchsystems, in südlicher Richtung überschoben. Der im Profilschnitt angedeutete Baustil kann in den Oberflächenaufschlüssen der Unteren und Oberen Orobischen Decke direkt beobachtet werden. Die Extrapolation dieses Baustils in die Tiefe ist vom Reflexionsmuster der seismischen Daten her gesehen plausibel. Die Überschiebungsbeträge in den untersten Einheiten, dem Parautochthon, der Lombardischen und der Oberen Orobischen Decke, sind relativ gering, sie betragen je fünf bis zehn Kilometer. Mit knapp 30 Kilometern ist dieser Betrag für die Untere Orobische Decke viel größer. Im rückwärtigen, nördlichen Teil der Oberen Orobischen Decke ist das Kristallin der Strona-Ceneri-Zone keilförmig in

Südalpin:
- *Südvergente Überschiebungen*
- *Kristallin mit beteiligt*

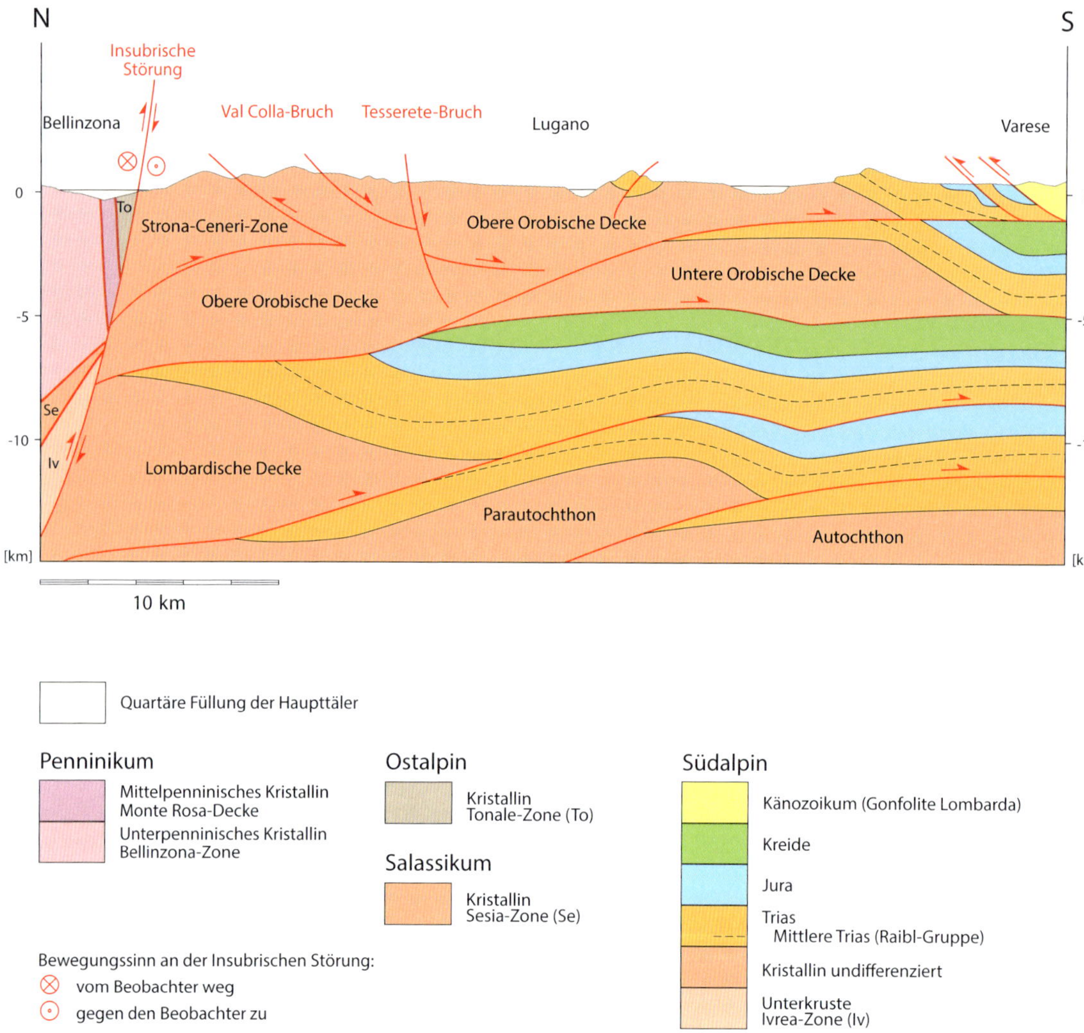

▲ **5.2-22 Geologischer Profilschnitt durch die südalpinen Decken des Ticinos längs der Südtraverse von NFP20** (umgezeichnet und verändert nach Schumacher, 1997). Das Kristallin der Unteren Orobischen Decke ist weit nach Süden auf das in sich schon repetierte Mesozoikum überschoben.

diese Decke eingepresst worden. Zwei weitere Brüche mit Abschiebungskomponenten zerhacken das Kristallin der Oberen Orobischen Decke, des Val Colla-Bruchs, zerschnitten vom Tesserete-Bruch. Im Süden tauchen die mesozoischen Sedimente der Oberen Orobischen Decke unter das Po-Becken ab. Dieses Abtauchen ist aber umrahmt von nordvergenten Überschiebungen. Eine davon befindet sich innerhalb der abtauchenden mesozoischen Sedimente selbst. An einer zweiten Überschiebung ist die känozoische Füllung des Po-Beckens (die Gonfolite-Lombarda-Gruppe) auf die abtauchende Obere Orobische Decke hinaufgeschoben worden. Die basalen Überschiebungen der Orobischen Decken vereinigen sich in der Tiefe zu einer Überschiebung, die ganz im Norden vom periadriatischen Bruchsystem gekappt wird. Diese Altersbeziehung ergibt sich aus der Tatsache, dass die orobischen Überschiebungen im Osten

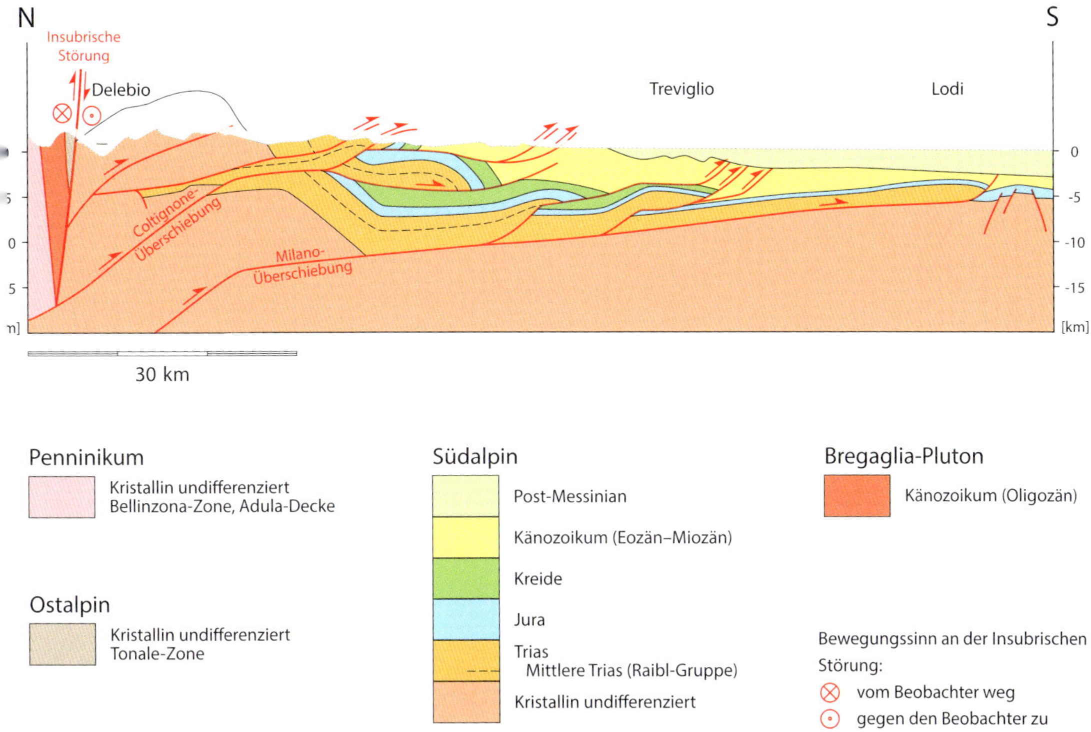

▲ **5.2-23 Geologischer Profilschnitt durch die südalpinen Decken der Lombardei** (umgezeichnet und ergänzt nach Schönborn, 1992). Überschiebungen laufen als Flachbahnen über weite Strecken parallel zu Schichtung.

von der Adamello-Intrusion geschnitten werden, also älter als 30 Millionen Jahre alt sein müssen, und dass das periadriatische Bruchsystem in jüngeren Zeiten noch aktiv war.

Der zweite Profilschnitt verläuft weiter östlich in der Lombardei. Abb. 5.2-23 ist umgezeichnet und leicht verändert nach Schönborn (1992) und beruht im Po-Becken auf Bohrdaten. Der Profilschnitt zeigt grundsätzlich einen ähnlichen Bau wie jener in Abb. 5.2-22, gibt aber sehr viel mehr Information zur Struktur des Unterbaus des Po-Beckens. Zahlreiche, südvergente Überschiebungen sind für eine mehrfache Stapelung der mesozoischen Sedimente verantwortlich. Das kristalline Grundgebirge ist lediglich im Norden in diesen Deckenbau mit einbezogen. Innerhalb der Sedimente verlaufen die Überschiebungen als sogenannte Flachbahnen über große Strecken parallel zur Schichtung in evaporitischen Lagen der Trias. Sie steigen dann südwärts als Rampen durch die triadischen Karbonate und erfassen im Süden auch den älteren Teil der känozoischen Füllung des Po-Beckens. Schönborn (1992) konnte zeigen, dass die Anlage der Überschiebungen von oben nach unten bzw. Norden nach Süden erfolgte. Die orobische Überschiebung (Überschiebungssystem 1 von Schönborn 1992) ist die älteste und wurde wahrscheinlich schon in der späten Kreide angelegt. Die Coltignone-Überschiebung (Überschiebungssystem 2) gabelt sich auf. Der obere Ast dürfte ebenfalls ein prä-Adamello (spätkretazisches?) Alter besitzen. Der untere Ast wurde später von einer jüngeren Überschiebung des Überschiebungssystems 3 verschnitten. Die Milano-Überschiebung (System 4 von Schönborn 1992) ist nur von seismischen Daten und Bohrlöchern her bekannt, aber mit einem eigentlichen Gürtel von Falten und Überschiebungen assoziiert. Dieser verläuft in ost-westlicher Richtung im tieferen Untergrund des Po-Beckens, wo er die älteren, prä-messinianischen Sedimente erfasst. Das Alter der Milano-Überschiebung muss deshalb mittel- bis spätmiozän sein. Die Versiegelung der sich von der Milano-Überschiebung abspaltenden Aufschiebungen durch die post-messinianischen Sedimente ist in Abb. 5.2-23 südlich von Treviglio klar ersichtlich. Am Nordende des Profilschnitts ist die periadriatische Bruchzone unten durch eine jüngere Überschiebung abgeschnitten. Diese Altersbeziehung ergibt sich aus der Tatsache, dass die Milano-Überschiebung und das System 3 jünger als das periadriatische Bruchsystem sind.

5.3 Die Ostalpen

Die Ostalpen verlaufen als Gebirge in west-östlicher Richtung, verschwinden im Osten im Becken von Wien, um sich anschließend in den Karpaten fortzusetzen. Auffallend ist ein etwa 50 Kilometer breites Band aus mesozoischen Sedimenten im nördlichen Teil der Ostalpen (vgl. Abb. 5.3-1). Hierbei handelt es sich um die **Nördlichen Kalkalpen**, einen Deckenstapel aus ostalpinen Decken. Man unterscheidet darin drei Deckengruppen. Es sind dies von unten nach oben das Bajuvarikum, das Tirolikum und das Juvavikum. Ganz im Westen, in Vorarlberg und Tirol unterscheidet man von unten nach oben die Allgäu-, Lechtal- und Inntal-Decken (vgl. Abb. 5.3-1), bzw. Tannheim- und Karwendel-Decken (vgl. Abb. 5.3-6). Die Nördlichen Kalkalpen sind im Westen von ihrem prä-triadischen kristallinen Grundgebirge weitgehend abgeschert worden. Dieses Grundgebirge ist in den südlich angrenzenden Silvretta- und Ötztal-Decken zu suchen, zwei großen Kristallinblöcken, die lokal von permo-triadischen Sedimenten bedeckt sind. Im Osten ist aber die paläozoische Unterlage der Nördlichen Kalkalpen an deren Südrand aufgeschlossen, Quarzphyllite nahe Innsbruck und die Grauwacken-Zone im Osten (vgl. Abb. 5.3-1).

Längs des gesamten Nordrands der Nördlichen Kalkalpen lässt sich ein schmales Band von helvetischen und penninischen Decken verfolgen. Im Westen, in Vorarlberg, sind es die helvetischen Decken, weiter östlich ziehen die penninischen Decken, genauer gesagt der Rhenodanubische Flysch, als Band unterschiedlicher Breite bis nach Wien. Die helvetischen wie die penninischen Decken sind auf die Subalpine Molasse im Norden aufgeschoben. Letztere ist im mittleren Teil der Ostalpen sehr schmal, sodass die alpinen Decken fast direkt an die autochthone Vorlandmolasse anstoßen. Bohrungen belegen aber, dass allochthone Molasseschürflinge bzw. Subalpine Molasse unter den alpinen Decken vorhanden sind.

In drei größeren tektonischen Fenstern ist die Unterlage der ostalpinen Decken im Innern des Gebirges aufgeschlossen. Ganz im Westen und Osten sind dies das Engadiner bzw. das Rechnitzer Fenster, in denen penninische Decken aufgeschlossen sind. Im zentralen Teil ist es das Tauern-Fenster, in welchem unter den penninischen Decken sogar noch das Helvetikum entblößt ist. An einer markanten Abschiebung am Westrand des Tauern-Fensters, der Brenner-Abschiebung, und der extensionalen Katschberg-Scherzone am Ostrand sind die tieferen tektonischen Einheiten des Fensters relativ zu den Rahmengesteinen herausgehoben worden (vgl. Ratschbacher & Frisch 1993 und Schmid et al. 2013). Diese Situation ist mit dem lepontischen Dom in den Zentralalpen zu vergleichen.

Wie Abb. 5.3-1 zeigt, sind im südlichen Teil des Ostalpins hauptsächlich Einheiten aus kristallinem Grundgebirge oder paläozoischen Sedimenten anzutreffen. Lediglich ganz im Süden verläuft ein länglicher Komplex von mesozoischen Sedimenten längs des periadriatischen Bruchsystems von den Karnischen Alpen in die Karawanken. Zahlreiche Seitenverschiebungen durchschneiden die verschiedenen Einheiten des Ostalpins, und zwar im Süden wie auch in den Nördlichen Kalkalpen. Diese Seitenverschiebungen entstanden durch gleichzeitig NS-gerichtete Verkürzung und EW-gerichtete Dehnung des Gebirgskörpers (vgl. Ratschbacher et al. 1991).

Gegen Süden ist das Ostalpin durch das **periadriatische Bruchsystem** vom Südalpin bzw. den Dolomiten abgetrennt. Dieses Bruchsystem enthält ein SSW-NNE-streichendes Segment, die Giudicarie-Störung, die das generell EW-verlaufende periadriatische Bruchsystem sinistral versetzt. Zahlreiche kleinere und größere Plutone sind längs des periadriatischen Bruchsystems eingedrungen, die meisten davon vor rund 30 Millionen Jahren. Wie bereits in Zusammenhang mit Abb. 4-10 diskutiert, besteht ein genetischer Zusammenhang zwischen diesen Intrusionen und der Lage und Aktivität des periadriatischen Bruchsystems.

In den **Dolomiten** ist das prä-triadische Grundgebirge einerseits im nördlichen Teil, gerade südlich des periadriatischen Bruchsystems, an der Oberfläche aufgeschlossen. Zusätzlich erscheint es im zentralen Teil der Dolomiten im Hangenden der Valsugana-Überschiebung. Ansonsten herrschen die triadischen Karbonate vor, die dem Gebirgsteil den Namen gegeben haben. Zahlreiche Überschiebungen queren die Dolomiten in ost-westlicher Richtung, begleitet von zwei größeren NS-verlaufenden Seitenverschiebungen. Die Transportrichtung an den Überschiebungen war meist nach Süden gerichtet.

Zwei Seitenverschiebungen begrenzen die im Westen der Dolomiten gelegene Giudicarie-Störungszone. Die westliche davon markiert den Kontakt zur känozoischen Adamello-Intrusion und die Grenze zum Südalpin. Die gesamte Störzone war über längere Zeit und in unterschiedlicher Art aktiv und verursachte einen 70 Kilometer großen Versatz des periadriatischen Bruchsystems im Bereich der Dolomiten (vgl. Prosser 1998 und Castellarin et al. 2006a für eine eingehende Diskussion). Mehrere en échelon angeordnete Überschiebungen innerhalb der Giudicarie-Störungszone deuten auf eine sinistrale transpressive Scherung an dieser Störungszone (vgl. Abb. 5.3-1).

Im Osten der Dolomiten biegen die Überschiebungen in NW-SE-Richtung um. Größere Störungen mit gleicher Orientierung gesellen sich dazu. Dieses Bruchsystem markiert den Übergang zu den benachbarten Dinariden im Süden.

Der NS-verlaufende Profilschnitt in Abb. 5.3-2 resümiert den Bau der Ostalpen im Querschnitt durch das Tauern-Fenster. Der Profilschnitt basiert auf den reflexionsseismischen Daten von TRANSALP (Lüschen et al. 2004) und deren Interpretationen (Auer & Eisba-

Ostalpen:
- *mächtiger ostalpiner Deckenstapel*
- *symmetrische Krusten-Mantel-Grenze*
- *Tauern-Massiv als „pop-up"*

▶ **5.3-1 Vereinfachte geologisch-tektonische Karte der Ostalpen und Dolomiten** mit den Profilspuren der Abb. 5.3-2 bis 5.3-9. Pfeile sind Großfaltenachsen.

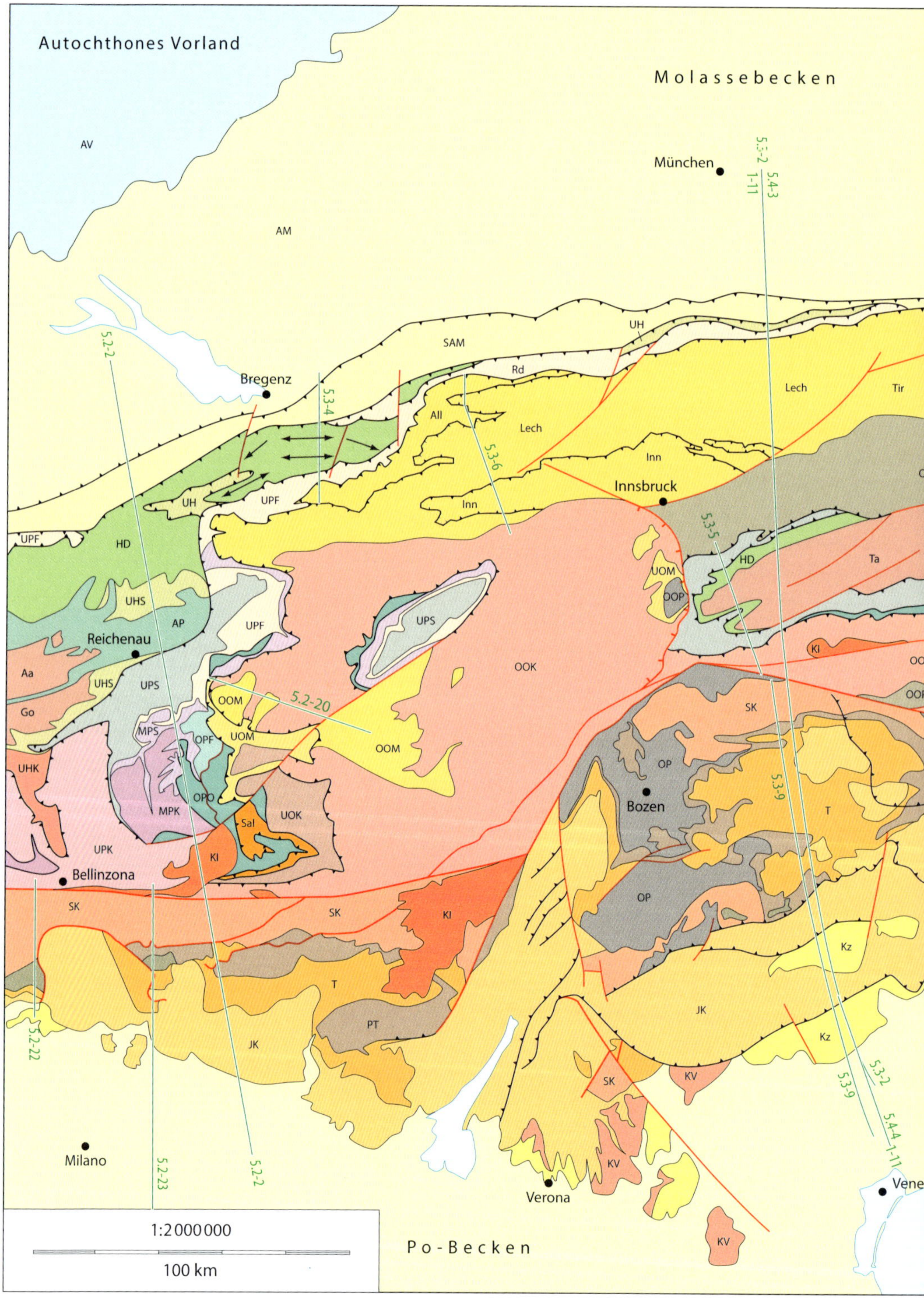
Autochthones Vorland
Molassebecken
AV
AM
München
Bregenz
Innsbruck
Reichenau
Bellinzona
Bozen
Milano
Verona
Po-Becken
SAM
UH
Rd
Lech
Tir
All
Inn
HD
UPF
UHS
AP
UPS
Aa
Go
MPS
OPF
UOM
OOM
UHK
MPK
OPO
Sal
UOK
UPK
KI
OOK
SK
OP
T
Kz
JK
PT
KV
Ta
OOP
5.2-2
5.3-4
5.3-6
5.3-5
5.2-20
5.3-9
5.3-2
5.4-3
1-11
5.2-22
5.2-23
5.4-4
1:2 000 000
100 km

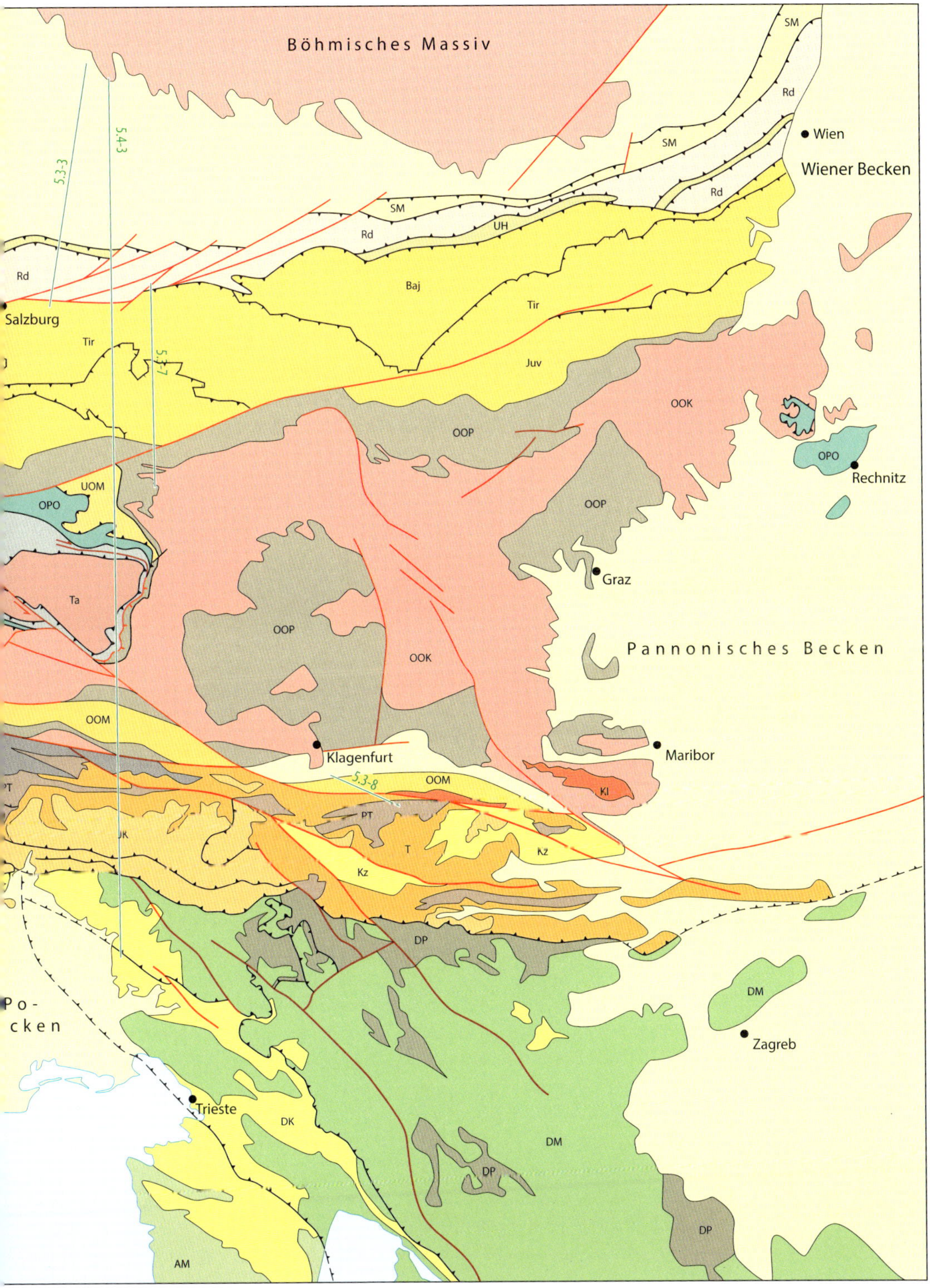

Böhmisches Massiv
Wien
Wiener Becken
Salzburg
Rechnitz
Graz
Pannonisches Becken
Klagenfurt
Maribor
Zagreb
Trieste
SM
Rd
UH
Baj
Tir
Juv
OOK
OOP
OPO
UOM
Ta
OOM
PT
T
Kz
Kl
DP
DM
DK
AM
5.3-3
5.4-3
5.3-7
5.3-8

cher 2003, Lammerer et al. 2008, Castellarin et al. 2006b), weiteren Arbeiten (Lammerer & Weger 1998, Doglioni 2007, Brandner 1980, Ortner et al. 2006) und eigenen Überlegungen. Die Struktur der Unterkruste beruht auf den teleseismischen Analysen von Waldhauser et al. (2002) und Diel et al. (2009).

Im Untergrund des Molassebeckens fällt das prä-triadische kristalline Grundgebirge mit seiner autochthonen Bedeckung von mesozoischen Sedimenten seicht gegen Süden unter die Alpen ein. Zwei größere Abschiebungen, angedeutet durch die reflexionsseismischen Daten, versetzen das Mesozoikum im Untergrund der Nördlichen Kalkalpen. Ein dünnes Band von Subalpiner Molasse, helvetischen Schuppen und ein Paket von penninischem, Rhenodanubischem Flysch taucht unter die Nördlichen Kalkalpen und verliert sich im Süden. Die Internstruktur der Nördlichen Kalkalpen (umgezeichnet nach Auer & Eisbacher 2003) zeigt einen typischen Deckenstapel. Zwei dünne Scherben ostalpiner Sedimente markieren die basale Überschiebung der Nördlichen Kalkalpen. Darüber folgt die in diesem Querschnitt zwei Kilometer mächtige Allgäu-Decke. Den Hauptteil der Nördlichen Kalkalpen macht die zuoberst liegende Lechtal-Decke aus. Auch diese weist an der Basis eine Schuppenzone aus mitteltriadischen Sedimenten auf, während der obere Teil der Decke Großfalten und steile, nord- und südvergente Aufschiebungen aufweist. Dieser Baustil ist wesentlich geprägt durch die mächtigen, starren Dolomitabfolgen der spättriadischen Hauptdolomit-Gruppe. Im Süden der Decke erscheinen unter der Trias paläozoische Gesteine der Grauwacken-Zone oder Quarzphyllite, bis schließlich die steil südfallende Inntal-Bruchzone die gesamte Decke scharf abschneidet.

Der mittlere Teil des Profilschnitts von Abb. 5.3-2 wird von einer großräumigen Antiform dominiert. In deren Kern ist als unterste Einheit das prätriadische kristalline Grundgebirge des Tauern-Fensters aufgeschlossen (dessen Gesteinszusammensetzung ist in Zusammenhang mit Abb. 2-8 näher diskutiert). Isoklinalfalten und tauchende Falten zeigen eine duktile Deformation unter höheren Temperaturen an. Lammerer & Weger (1998) schätzten eine horizontale, duktile Verkürzung der ursprünglichen domartigen Aufwölbung auf rund die Hälfte. Die autochthone Sedimentbedeckung dieses Kristallins ist dem Faziesraum des Helvetikums ähnlich. In ihrem Dach folgen mit Überschiebungskontakt die penninischen Decken, bestehend aus einer metamorphen Ton-Sandstein-Abfolge, die auch Prasinite enthält. Als Herkunft dieser penninischen Decken kann nur der penninische Ozean angegeben werden, der die vereinigte Fortsetzung des Wallis-Trogs und des Piemont-Ozeans der Zentralalpen darstellt. Auch die Beziehung dieser bündnerschieferartigen Gesteine zum penninischen, Rhenodanubischen Flysch ist vorderhand ungeklärt. Die basale Überschiebung der penninischen Decken wurde von der duktilen Deformation im Kern des Tauern-Fensters ebenfalls erfasst und gefaltet. Die Platznahme der penninischen Decken muss also vorher erfolgt sein. Die ostalpinen Decken bilden das Dach der oben genannten Antiform. Im Norden sind es paläozoische Serien (Quarzphyllite und Grauwacken-Zone), im Süden Kristallin.

Eine größere Überschiebung in der Tiefe ist dafür verantwortlich, dass das kristalline Grundgebirge von einer Tiefe von zirka sieben Kilometern unter dem Meer im Vorland (unter den Nördlichen Kalkalpen) auf über drei

Legende zu Abbildung 5.3-1

Europäisches (Nordalpines) Vorland

Känozoische Sedimente

- SAM – Subalpine Molasse
- AM – Autochthone Molasse
- AV – Autochthones mesozoisches Vorland
- Kristallinaufbruch (Böhmisches Massiv)

Adriatisches Vorland

Känozoische Sedimente

- Känozoikum des Po-Beckens
- AM – Autochthones Mesozoikum

Deckensystem des europäischen Kontinentalrandes

Helvetische Decken

Mesozoische Sedimente

- UHS – Ultrahelvetische Sedimentdecken
- UHK – Ultrahelvetische Kristallindecken
- HD – Helvetische Decken
- APT – Autochthon-Parautochthon

Prä-triadisches Grundgebirge (zumeist Kristallin)

- Externmassive: Aar (Aa), Gotthard (Go), Tauern (Ta)

Penninische Decken

Oberpenninikum/Piemont-Ozean

- OPF – Flyschdecken
- OPO – Ophiolithdecken

Mittelpenninikum/Briançon-Schwelle

- MPS – Sedimentdecken
- MPK – Kristallindecken

Unterpenninikum/Wallis-Trog

- UPF – Flyschdecken: Rhenodanubischer Flysch (Rd)
- UPS – Sedimentdecken
- UPK – Kristallindecken

Deckensystem des adriatischen Kontinentalrandes

Ostalpine Decken

Oberostalpine Decken

- OOM – Mesozoikum
- All Baj – Allgäu-Decke / Bajuvarikum
- Lech Tir – Lechtal-Decke / Tirolikum
- Inn Juv – Inntal-Decke / Juvavikum
- OOP – Paläozoikum
- OOK – Kristallines Grundgebirge

Unterostalpine Decken

- UOM – Mesozoikum
- UOK – Kristallines Grundgebirge

Salassikum

- Sal – Kristallin

Südalpine Decken/Dolomiten

- Kz – Känozoikum
- JK – Jura–Kreide
- T – Trias
- PT – Perm–Trias
- OP – Ordovizium–Perm
- SK – Kristallin

Außeralpine Einheiten

Intramontane Becken im Osten

- Wiener Becken, Pannonisches Becken

Dinariden

- DK – Känozoikum
- DM – Mesozoikum
- DP – Paläozoikum

Känozoische Magmatika

- KV – Vulkanite
- KI – Intrusiva

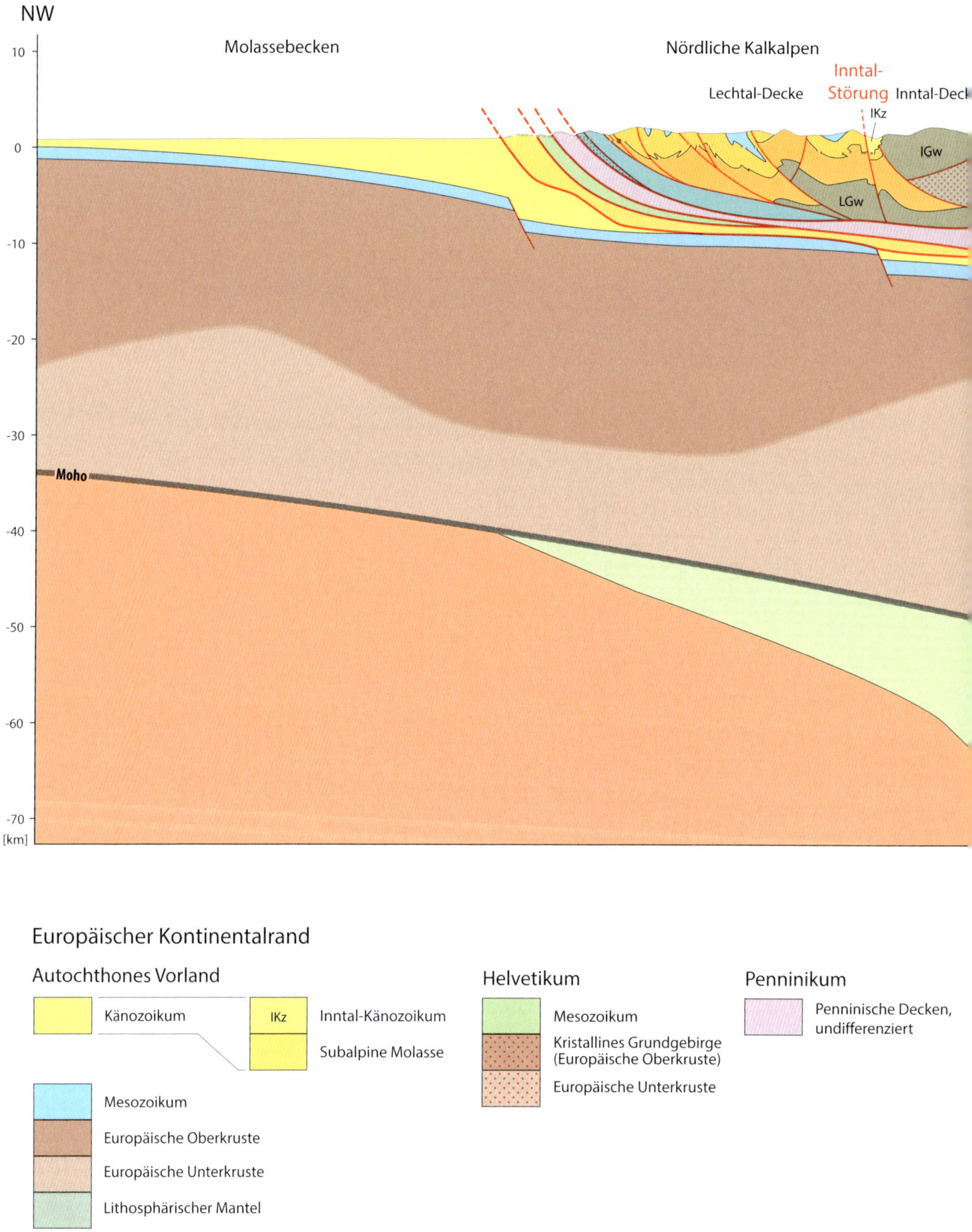
NW
Molassebecken
Nördliche Kalkalpen
Inntal-Störung
Lechtal-Decke
Inntal-Deck
IKz
IGw
LGw
Moho
10
0
-10
-20
-30
-40
-50
-60
-70
[km]
Europäischer Kontinentalrand
Autochthones Vorland
Känozoikum
IKz
Inntal-Känozoikum
Subalpine Molasse
Mesozoikum
Europäische Oberkruste
Europäische Unterkruste
Lithosphärischer Mantel
Helvetikum
Mesozoikum
Kristallines Grundgebirge (Europäische Oberkruste)
Europäische Unterkruste
Penninikum
Penninische Decken, undifferenziert

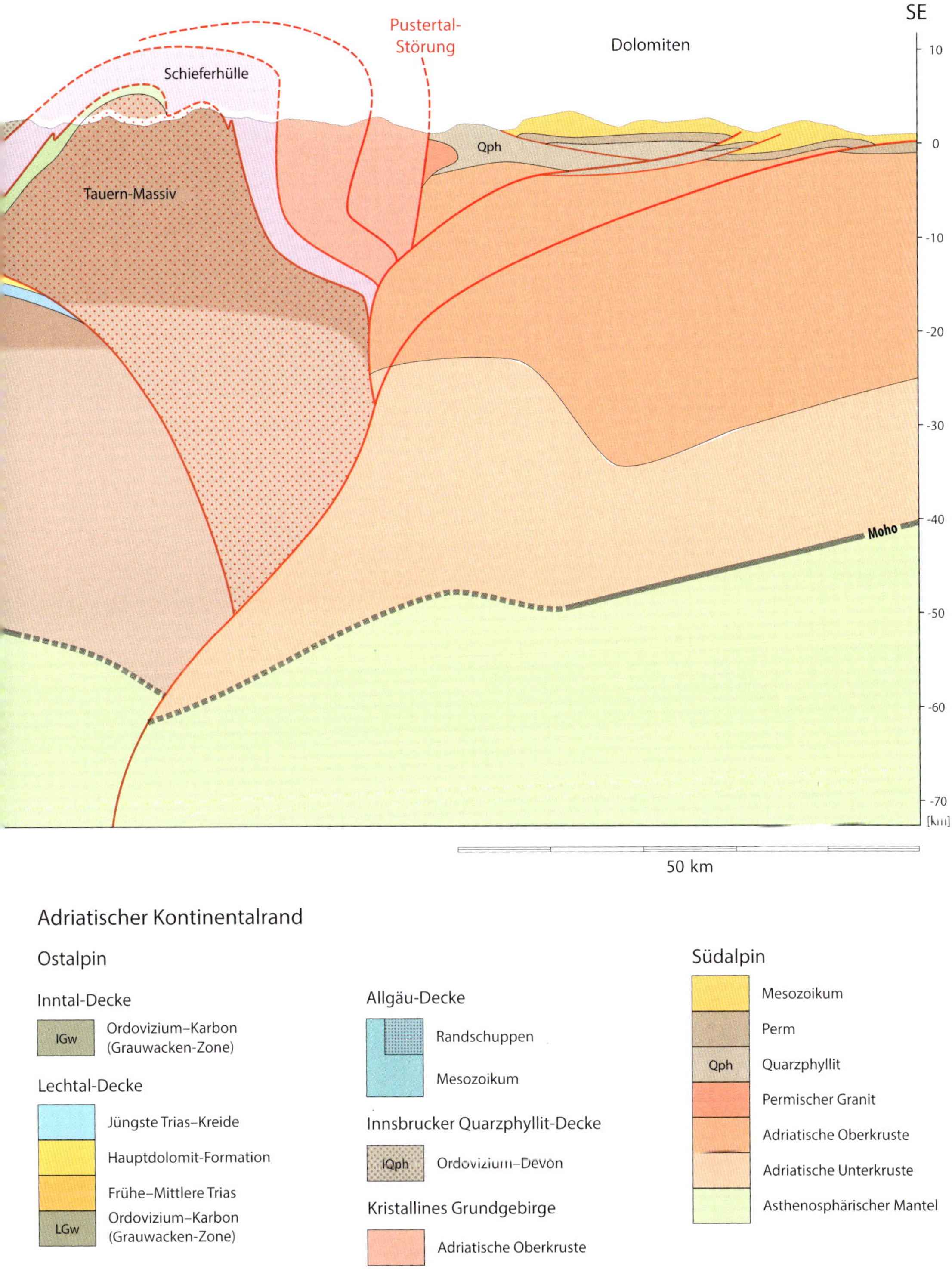
SE
Pustertal-
Störung
Dolomiten
Schieferhülle
Qph
Tauern-Massiv
Moho
10
0
-10
-20
-30
-40
-50
-60
-70
[km]
50 km
Adriatischer Kontinentalrand
Ostalpin
Inntal-Decke
IGw
Ordovizium–Karbon (Grauwacken-Zone)
Lechtal-Decke
Jüngste Trias–Kreide
Hauptdolomit-Formation
Frühe–Mittlere Trias
LGw
Ordovizium–Karbon (Grauwacken-Zone)
Allgäu-Decke
Randschuppen
Mesozoikum
Innsbrucker Quarzphyllit-Decke
IQph
Ordovizium–Devon
Kristallines Grundgebirge
Adriatische Oberkruste
Südalpin
Mesozoikum
Perm
Qph
Quarzphyllit
Permischer Granit
Adriatische Oberkruste
Adriatische Unterkruste
Asthenosphärischer Mantel

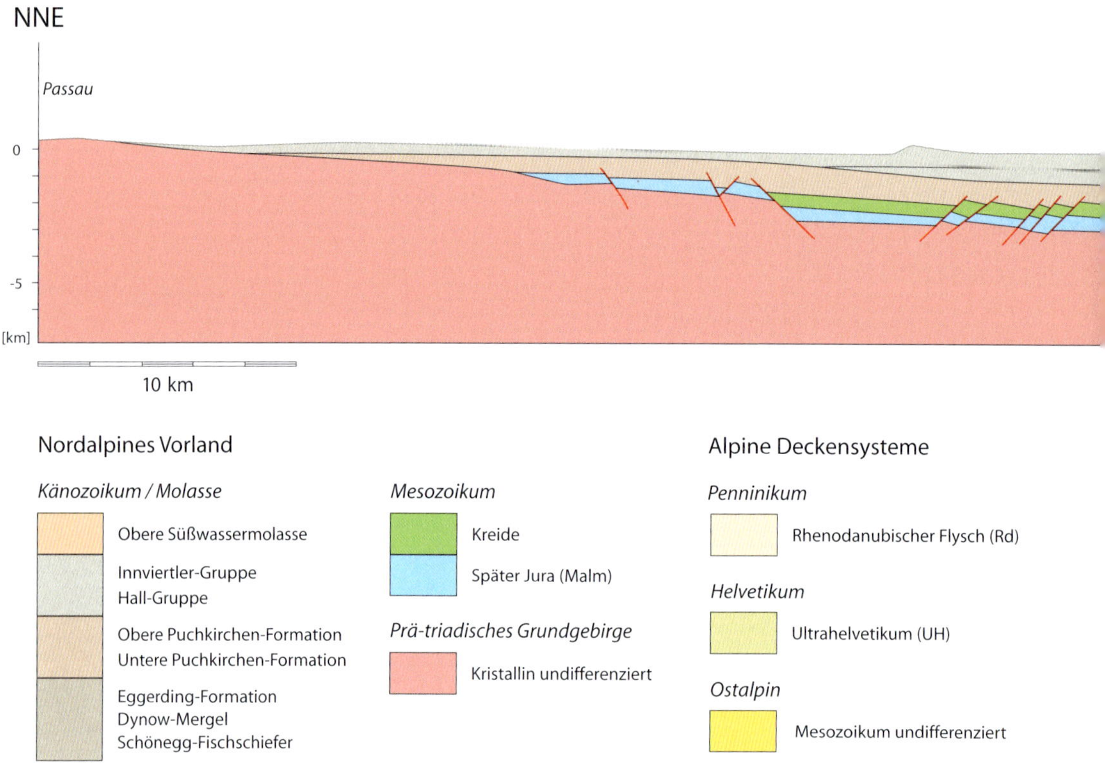

◀ **5.3-2 Geologischer Profilschnitt durch die Ostalpen-Dolomiten längs der seismischen Linie von TRANSALP** (Lüschen et al. 2006), gezeichnet nach den Interpretationen von Auer & Eisbacher (2003), Lammerer et al. (2008), Castellarin et al. (2006b), sowie Lammerer & Weger (1998), Doglioni (2007), Brandner (1980), Ortner et al. (2006), Handy et al. (2021) und eigenen Überlegungen.

Kilometer über dem Meer im Kern des Tauern-Fensters angehoben ist. Ein Paket von Reflexionen in der seismischen Linie von TRANSALP deutet diese südfallende Überschiebung an (die sogenannte Tauern-Rampe).

Im Südteil des Profilschnitts von Abb. 5.3-2, den Dolomiten, zeigen mehrere flach nach Norden einfallende Überschiebungen eine Verkürzung der Oberkruste an. Auch das kristalline Grundgebirge ist von dieser Verkürzung betroffen. Anders als im Südalpin der Lombardei kam es in den Dolomiten nicht zu einer substanziellen Entkopplung zwischen dem kristallinen Grundgebirge und den mesozoischen Sedimenten. Die steil nordfallenden Einheiten unmittelbar nördlich der Dolomiten (die Pustertal-Störung und das Ostalpin) deuten an, dass die adriatische Kruste nordwärts unter den Deckenstapel des Tauern-Fensters hineingepresst wurde.

Die geophysikalischen Daten von TRANSALP zeigen an, dass die europäische Krusten-Mantel-Grenze (Moho) nach Süden unter die Alpen eintaucht und unter dem Tauern-Fenster eine Tiefe von 50 Kilometern erreicht. Die adriatische Moho taucht nach Norden unter die Alpen ein, erreicht auch eine Tiefe von 50 Kilometern, kann aber nicht eindeutig bis unter das Tauern-Fenster verfolgt werden. Es ist somit keine Überlappung der beiden Mohos feststellbar, wie dies für die Zentralalpen zutrifft. Im Profilschnitt von Abb. 5.3-2 ist die europäische Oberkrusten-Unterkrusten-Grenze an der

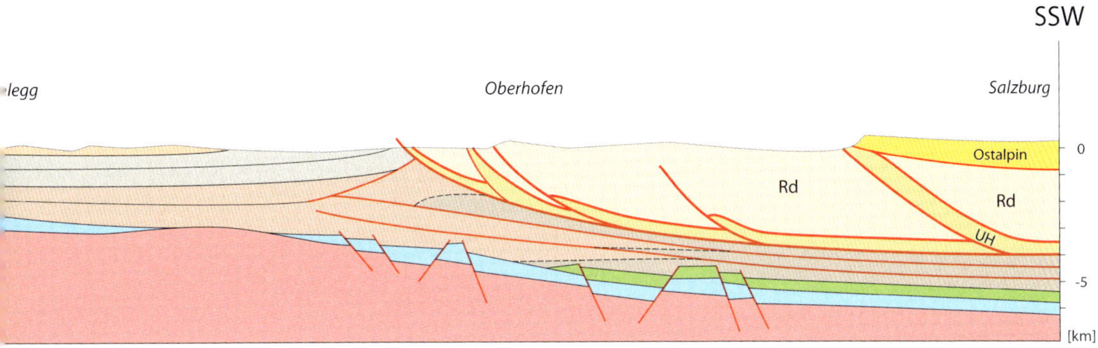

▲ **5.3-3 Geologischer Profilschnitt durch das Molassebecken von Bayern-Österreich** (umgezeichnet nach Steininger & Wessely, 2000, und Hamilton et al., 2000). Die alpinen Decken sind weit auf das Molassebecken überschoben.

Überschiebung der Tauern-Antiform versetzt gezeichnet, während auf der adriatischen Seite eine Synform gezeichnet ist. Diese Geometrie ist spekulativ und wird später bei der Diskussion der Tiefenstruktur nochmals aufgegriffen.

Das Molassebecken

Der Bau des Molassebeckens im Vorland der Ostalpen ist an einem Profilschnitt vom Böhmischen Massiv in die Nördlichen Kalkalpen illustriert (Abb. 5.3-3). Der Profilschnitt ist umgezeichnet nach Steininger & Wessely (2000) und Hamilton et al. (2000). Ähnlich wie in den Zentralalpen nimmt die Mächtigkeit der Molassesedimente in Richtung Alpen zu. Im Norden liegen die Sedimente der Puchkirchen-Formation, dem Altersäquivalent der Unteren Süßwassermolasse (USM), und der Innviertler-Gruppe, dem Altersäquivalent der Oberen Meeresmolasse (OMM), direkt auf dem prätriadischen kristallinen Grundgebirge. Auch nördlich des Alpenrands liegt die (untere) Puchkirchen-Formation direkt auf Kristallin. Die mesozoischen Sedimente sind von zahlreichen Abschiebungen zerhackt, die Horst- und Grabenstrukturen bilden. Im mittleren Teil des Profilschnitts von Abb. 5.3-3 sind die Kreidesedimente lediglich in einer breiten Grabenstruktur vorhanden. Im Süden setzen die Kreidesedimente dann aber unter dem Rhenodanubischen Flysch ein und setzen sich selbst über einen Horst hinweg fort.

Molassebecken:
- *deformierter interner Teil*
- *„onlap" im externen Teil*

Gegen den Kontakt zu den alpinen Decken hin ist in den Molasseschichten eine Antiform erkennbar (eine Dreieck-Struktur). Zwischen die jüngeren, aufgestellten Schichten und die flach liegenden älteren Schichten der Vorlandmolasse ist ein Keil aus Konglomeraten der Puchkirchen-Formation (USM) hineingezwängt worden. Unter den alpinen Decken setzen sich die Molasseschichten südwärts fort. Diese Subalpine Molasse besteht aus älteren Schichtgliedern (UMM und USM). Zwei schichtparallele Überschiebungen verursachten eine dreifache Stapelung der Molasseschichten und weisen auf eine beträchtliche Verkürzung hin. Die alpinen Decken sind bis auf die aufgerichtete Vorlandmolasse aufgeschoben. Der frontale Teil besteht aus einem Stapel von ultrahelvetischen Decken und penninischen Decken (Rhenodanubischer Flysch), der intern zusätzlich verschuppt ist. Die dünne Schicht von ultrahelvetischen Decken an der Basis des Rhenodanubischen Flyschs reicht bis an die Erdoberfläche und zeigt im Kartenbild ein Streifenmuster (man spricht hier auch von „Streifenfenstern"). Die interne Verschuppung muss demnach nach der Platznahme der penninischen auf die ultrahelvetischen Decken passiert sein. Die basale Überschiebung der höchsten alpinen Decken, der ostalpinen Nördlichen Kalkalpen, schneidet beide Deckenkontakttypen im Liegenden, was auf eine jüngere Platznahme schließen lässt.

Das Helvetikum

Helvetikum: Deckenstapel aus Jura- und Kreidesedimenten

Einen tieferen Einblick in den Bau des Helvetikums der Ostalpen gewinnt man ganz im Westen, in Vorarlberg. Der Profilschnitt in Abb. 5.3-4 zeigt einen ausgesprochenen Faltenbau im Stockwerk der Kreide. Diese Falten lassen sich nach Westen einigermaßen über das Rheintal hinweg mit den Falten der ostschweizerischen Säntis-Decke korrelieren (vgl. Pfiffner 1993b und Pfiffner et al. 2009). Im Unterschied zur Situation in der Ostschweiz (vgl. hierzu den Profilschnitt in Abb. 5.2-12) reicht das Jura-Stockwerk in Vorarlberg viel weiter nach Norden. In der Canisfluh (Abb. 5.3-4) sind die gefalteten Quinten-Kalke an der Oberfläche aufgeschlossen, reichen aber in der Tiefe noch weiter nach Norden bis in den Kern der frontalen Kreidefalten der Niedere. Die mächtigen mergeligen Abfolgen der frühesten Kreide erlaubten zwar eine etwas unabhängige Faltung im Jura- und Kreide-Stockwerk, aber eine eigentliche Abscherung wie im Falle der ostschweizerischen Säntis-Decke liegt nicht vor. Eine detailliertere Analyse des helvetischen Deckenstapels und dessen Kontakt zur Subalpinen Molasse von Zerlauth et al. (2014), basierend auf reflexionsseismischen und Bohrlochdaten postuliert eine über 2 Kilometer mächtige Hohenems-Decke unter der (Vorarlberg-)Säntis-Decke aus Jura- und Kreidekalken. Der interne Bau des helvetischen Deckenstapels ist gemäß dieser Studie in Vorarlberg ebenfalls durch synsedimentäre Brüche beeinflusst. Die mächtigen mitteljurassischen Sedimente welche im Untergrund der Canisfluh erbohrt sind (vgl. Abb. 5.3-4), gehören zu einem lokalen Becken, dessen Ausstülpung einen Faltenbogen verursachte (siehe Abb. 5.3-1). Der basale Abscherhorizont der helvetischen Decken im Querschnitt von Vorarlberg ist in der Tiefe verborgen. Die Interpretation in Abb. 5.3-4 beruht auf einer Extrapolation der Verhältnisse in den Zentralalpen. Sowohl die tonigen Schichten zuunterst im Dogger oder im Lias kommen als Abscherhorizont infrage, und nicht ganz auszuschließen sind auch allfällige triadische Evaporite. Die basalen Überschiebungen der ultrahelvetischen und penninischen Decken im Dach der Kreide machen sämtliche Falten mit, was beweist, dass die Platznahme dieser Decken auf das Helvetikum vor dessen Dislokation und Interndeformation geschah. Die Subalpine Molasse im nördlichen Teil des Profils zeigt neben dem Schuppenbau eine größere Synklinale unmittelbar vor den helvetischen Decken, angezeigt durch den Verlauf der UMM. Die Ausbildung einer derartigen Synklinale, die einzigartig ist für die Subalpine Molasse, lässt eine große Mächtigkeit der UMM im Untergrund vermuten. Der Übergang der UMM in den Nordhelvetischen Flysch im tiefen Untergrund lehnt sich an die Verhältnisse an, wie sie in den Zentralalpen vermutet werden. Der Verlauf des Kontakts Kristallin-Mesozoikum zuunterst orientiert sich an den in der Osttraverse des NFP 20 angetroffenen Verhältnissen (Pfiffner & Hitz 1997) in den Zentralalpen.

Die Fortsetzung des Helvetikums nach Osten ist ein schmales Band kretazischer Gesteine, das zwischen der

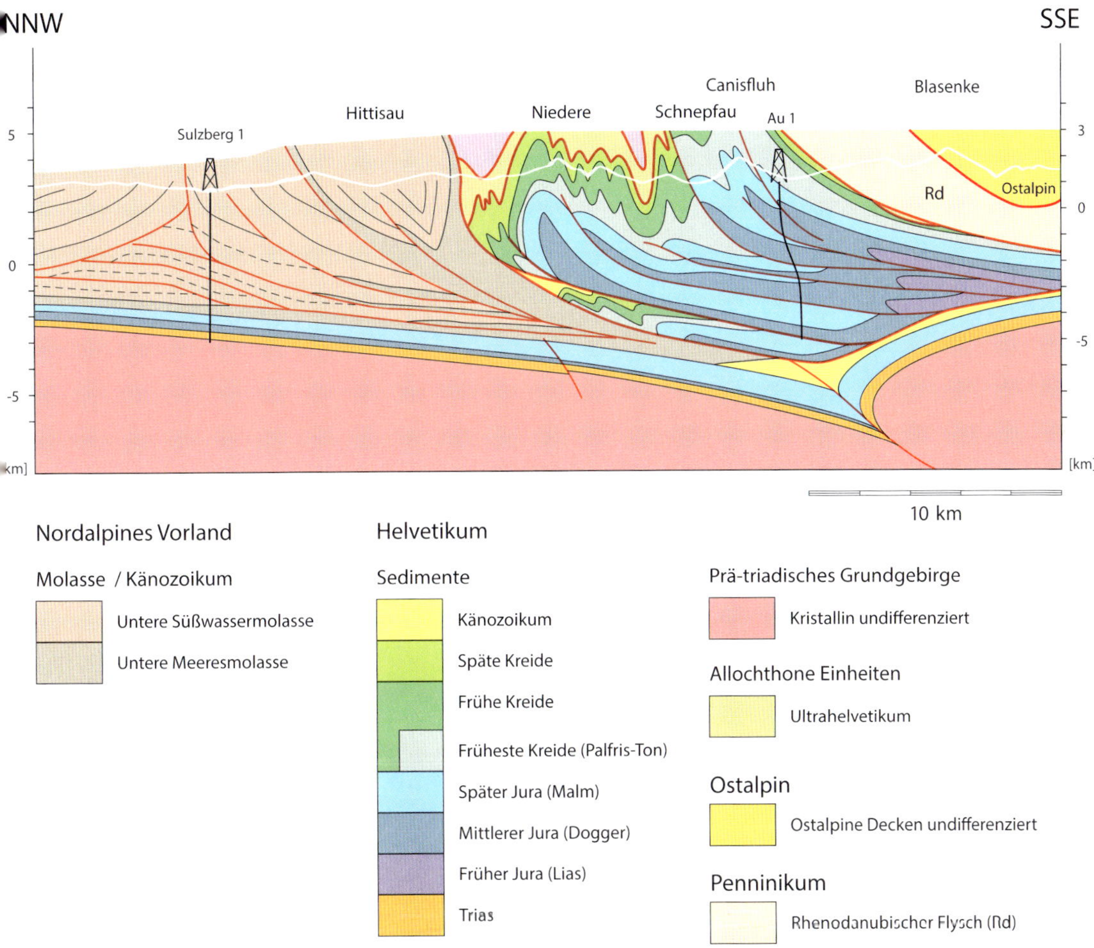

5.3-4 Geologischer Profilschnitt durch das Helvetikum von Vorarlberg. Die Jurasedimente sind mehrfach gestapelt und weiter nach Norden überschoben im Vergleich zu den benachbarten Zentralalpen der Ostschweiz.

Subalpinen Molasse und den penninischen oder ostalpinen Decken verfolgt werden kann. Zusätzlich sind im Tauern-Fenster unter den ostalpinen und penninischen Decken das kristalline Grundgebirge des Helvetikums und Reste seiner triadisch-jurassischen autochthonen Sedimentbedeckung entblößt (siehe unten).

Das Penninikum

Die penninischen Decken sind, ähnlich dem Helvetikum, einerseits als schmales Band am Nordrand der ostalpinen Decken aufgeschlossen und andererseits im Tauern-Fenster und Rechnitz-Fenster. Das schmale Band im Norden ist der kretazische Rhenodanubische Flysch, im Tauern-Fenster sind es Bündnerschiefer und Ophiolithe. Beide sind dem penninischen Ozean zuzuordnen, der dem vereinigten Wallis-Trog und Piemont-Ozean entspricht. Die letzten Zeugen der Briançon-Schwelle sind im Engadiner Fenster zu beobachten.

Für eine eingehende Diskussion des Tauern-Fensters ist auf die Arbeit von Schmid et al. (2013) verwiesen. Der Profilschnitt in Abb. 5.3-5 resümiert den Deckenbau des westlichen Tauern-Fensters. Er basiert auf den Arbeiten von Lammerer & Weger (1998), Ortner et al. (2006) und der geologischen und tektonischen Übersichtskarte von Tirol (Brandner 1980). Der Kristallinaufbruch im Kern des Tauern-Fensters besteht aus drei Teilmassiven (Ahorn, Tux und Zillertal), an denen die spät- bis post-variszischen Granite einen wesentlichen Volumenanteil ausmachen (vgl. hierzu auch Abb. 2-8). Eine dünne Kristallinlamelle ist am Südrand vorhanden. Die permo-mesozoische autochthone Bedeckung dieses kristallinen Grundgebirges weist große Ähnlichkeit zu den Sedimenten des Helvetikums auf. Dies, zusammen mit der strukturellen Nähe zum autochthonen kristallinen Grundgebirge, das sich vom Böhmischen Massiv unter dem Molassebecken bis unter den Nordrand des Tauern-Fensters verfolgen lässt (siehe Abb. 5.3-2), spricht für eine Zuordnung des Kristallins und des Permo-Mesozoikums zum Helvetikum. Die drei Teilmassive bilden relativ enge stehende Falten mit senkrecht einfallenden Südschenkeln. Die Nordgrenze der Tux- und Zillertal-Teilmassive sowie der südlichsten Kristallinlamelle sind Überschiebungsflächen, die im Dach der Teilmassive gefaltet sind. Diese Überschiebungen deuten darauf hin, dass die Interndeformation des Kristallins in einer frühen Phase spröder Natur war und später, bei höheren Temperaturen, von duktiler Faltung überprägt wurde. Lammerer & Weger (1998) konnten für den späten, duktilen Teil der Deformation eine horizontale Verkürzung auf 50 % der ursprünglichen Länge feststellen. Auch die Überschiebungen der darüberliegenden penninischen und ostalpinen Decken sind durch die duktile Deformation passiv verfaltet worden. Die penninischen Decken (Glockner-Deckenkomplex) bestehen im unteren Teil aus metamorphen Sandsteinen, Tonsteinen und Kalken. Die Abfolge vergleicht sich mit den Bündnerschiefern des Wallis-Trogs der Zentralalpen. Im oberen Teil, der Matrei-Zone, sind verbreitet auch Prasinite mit diesen Sedimenten assoziiert, und die ganze Abfolge erinnert mehr an jene des Piemont-Ozeans in den Zentralalpen. Die basale Überschiebung verläuft nahezu parallel zur Oberkante der helvetischen Sedimente darunter, die interne Überschiebung an der Basis der Matrei-Zone verläuft mehr oder weniger parallel dazu. Offenbar zeigen

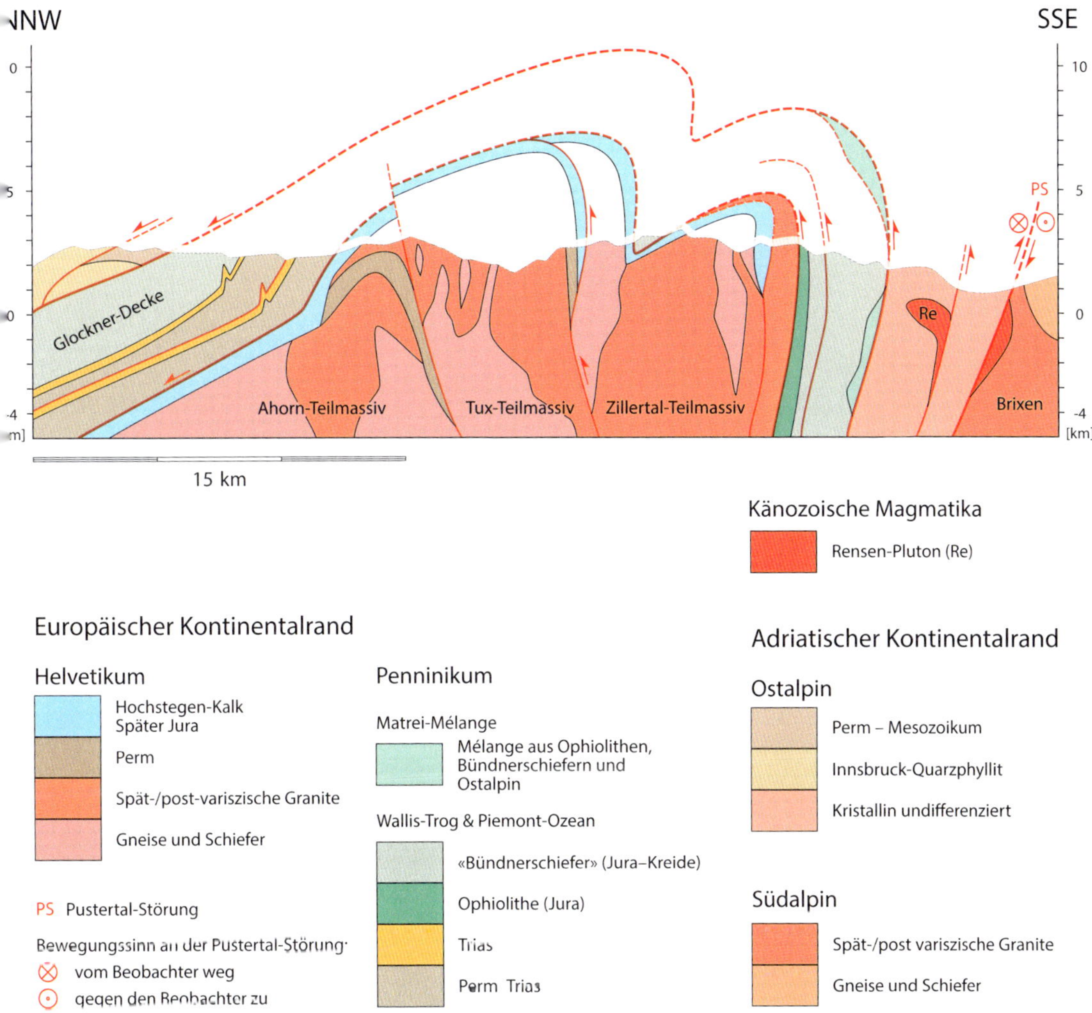

5.3-5 Geologischer Profilschnitt durch das westliche Tauern-Fenster. Das zusammengestauchte Tauern-Massiv ist in Teilmassive zergliedert und eng verfaltet. Die penninischen und ostalpinen Decken im Dach des Massivs wurden dabei passiv verfaltet.

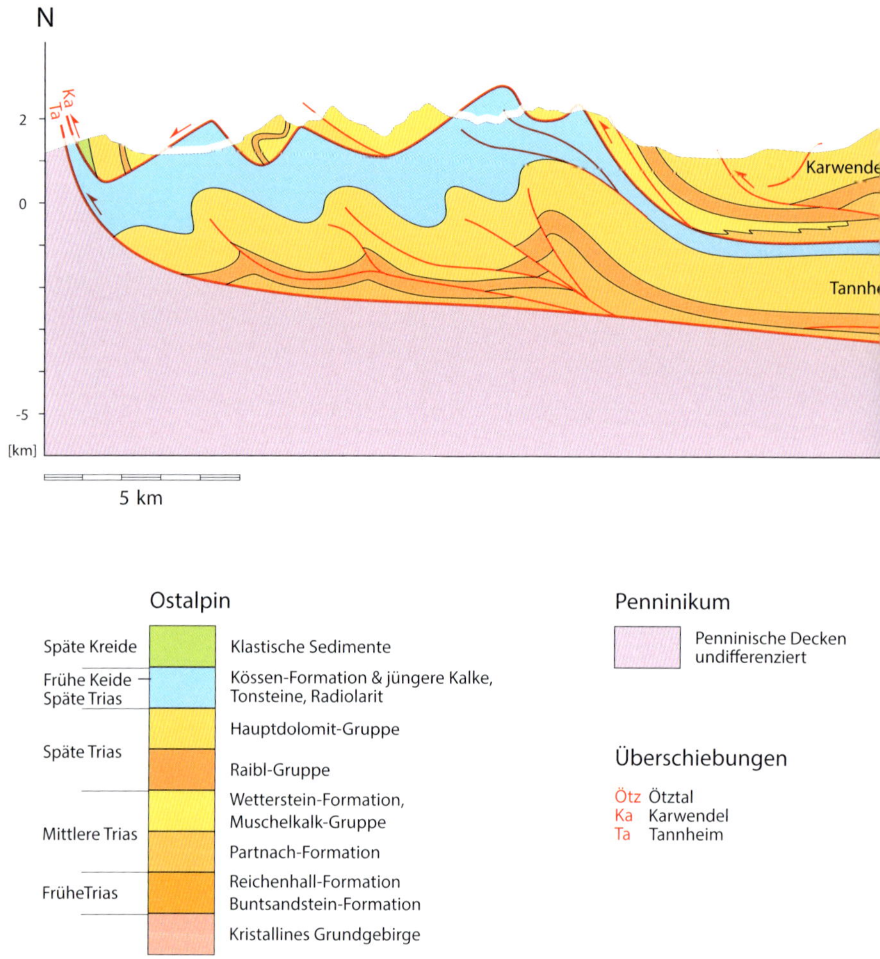

auch die penninischen Decken einen ausgeprägten Schuppenbau. Unterstrichen wird ein Schuppenbau durch die Matrei-Zone, ein Mélange aus Ophiolithen, Bündnerschiefern und Fragmenten von ostalpinen Einheiten. Sowohl der Inhalt wie auch die strukturelle Position an der Grenze Penninikum-Ostalpin stimmen mit der Arosa-Zone in den Zentralalpen überein. Dieses Mélange markiert die ehemalige Plattengrenze zwischen dem adriatischen Kontinentalrand und dem penninischen Ozean. Das innige Gemisch entstand durch die intensive Scherung in der Subduktionszone. Am Südrand des Tauern-Fensters sind steil nordfallende Kristallinschollen des Ostalpins (Deferegger-Schober-Altkristallin) aufgeschlossen. Am Nordrand fällt die basale Überschiebung des Ostalpins seichter nach Norden ein. Das Ostalpin selbst wird durch die paläozoischen Serien des Innsbruck-Quarzphyllits aufgebaut. Eine tektonische Linse zuunterst im Ostalpin trägt über dem Quarzphyllit permo-mesozoische Sedimente.

Ganz im Süden des Profilschnitts

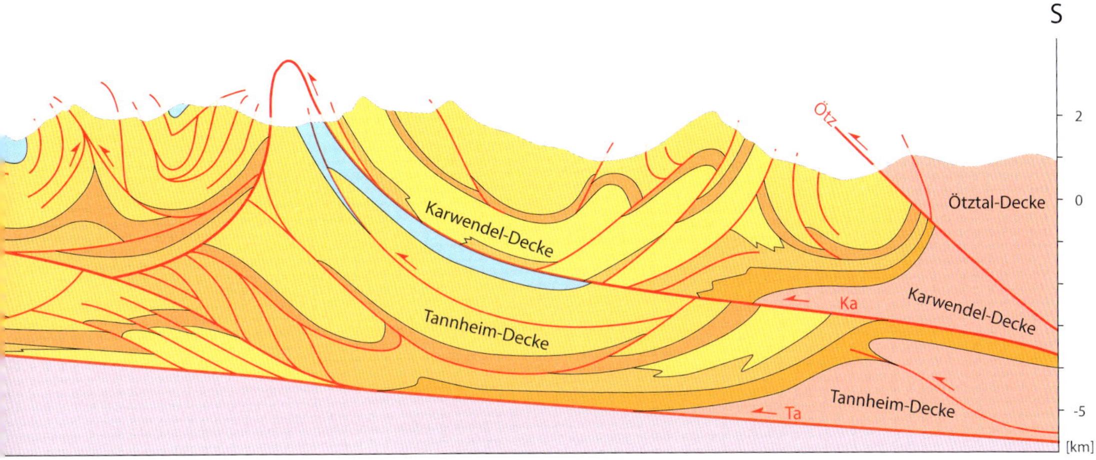

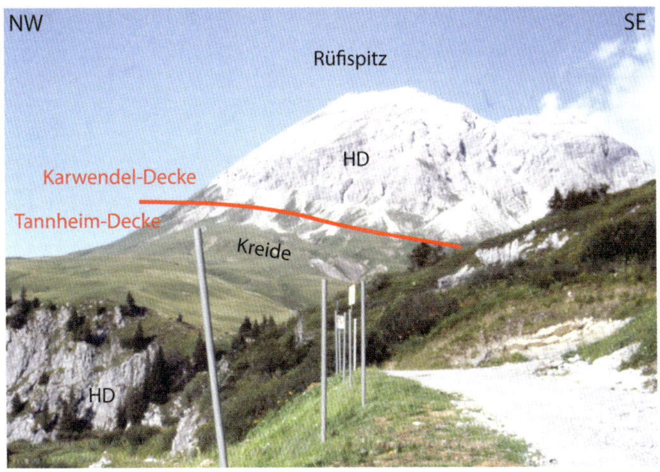

5.3-6 Geologischer Profilschnitt durch die westlichen Nördlichen Kalkalpen (umgezeichnet nach Eisbacher et al., 1990) und Kilian & Ortner (2019). Die drei Decken zeigen eine intensive Interndeformation mit Falten und Überschiebungen. Das Foto zeigt die Karwendel-Überschiebung am Rüfigspitz SSE Lech (Voralberg, Österreich). Die Trias der Karwendel-Decke ist auf Trias-Kreide der Tannheim-Decke aufgeschoben. HD: Hauptdolomit-Fm.

in Abb. 5.3-5 bildet die Pustertal-Störung, ein Segment des periadriatischen Bruchsystems, die Grenze zu den Südalpen. Längs der Bruchfläche ist in der Tiefe ein Ausläufer des an der Oberfläche aufgeschlossenen Rensen-Granits angedeutet.

Das Ostalpin

Wie eingangs erwähnt, setzen sich die ostalpinen Decken im Wesentlichen aus einem Deckenkomplex mesozoischer Sedimente, den Nördlichen Kalkalpen, im Norden und einem Deckenkomplex von Kristallindecken im Süden zusammen. Dazwischen bilden die östliche und die westliche Grauwacken-Zone und verschiedene Einheiten von Quarzphylliten eine Art Übergangszone. Die Grauwacken-Zone, die bereits im Zusammenhang mit Abb. 2-15 besprochen wurde, besteht aus paläozoischen Sedimenten und Vulkaniten und stellt die stratigrafische Unterlage eines Teils der Nördlichen Kalkalpen dar. Dasselbe trifft für die Quarzphyllite, die im Zusammenhang mit Abb. 2-16 näher besprochen wurden, zu. Der Profilschnitt in Abb. 5.3-2 zeigt die relative Position dieser drei Deckenkomplexe deutlich.

Nördliche Kalkalpen

Der Bau der Nördlichen Kalkalpen ist exemplarisch in zwei Profilschnitten näher beleuchtet. Abb. 5.3-6 ist umgezeichnet nach Eisbacher et al. (1990) und Kilian & Ortner (2019). Hier liegen Decken aus mesozoischen Sedimenten übereinander, welche intern durch Falten und bivergente (d. h. nord- und südgerichtete) Überschiebungen verkürzt sind. Eisbacher et al. (1990) unterschieden von unten nach oben die Allgäu-, Lechtal- und Inntal-Decken. Kilian & Ortner fassten das Ganze zu zwei Decken zusammen, die Tannheim- und Karwendel-Decken. Der interne Bau der Nördlichen Kalkalpen ist wesentlich geprägt durch zwei mächtige, mechanisch steife Karbonatabfolgen und mehrere Abscherhorizonte. Zu den Ersteren zählen die mitteltriadische Muschelkalk-Gruppe mit der damit verzahnten Wetterstein-Formation sowie die spättriadische Hauptdolomit-Gruppe. Abscherhorizonte bestehen in den permo-triadischen evaporitischen Abfolgen (Haselgebirge-, Buntsandstein- und Reichenhall-Formationen), in den mit der Wetterstein-Formation verzahnten Tonen der Partnach-Formation, in der spättriadischen evaporitisch-tonigen Raibl-Formation sowie in den tonigen und dünn gebankten Kalken der jurassisch-kretazischen Abfolgen (Eisbacher et al. 1990). Wie in Abb. 5.3-6 ersichtlich, sind die Tannheim- und die Karwendel-Decke in der mitteltriadischen Partnach-Formation abgeschert worden. Am Südostende der Tannheim-Decke erkennt man allerdings, dass auch das prä-triadische Grundgebirge (Kristallin oder paläozoische Sedimente) in den Deckenbau mit einbezogen ist. Auch im Falle der Karwendel-Decke steigt die basale Überschiebung nach Nordwesten rampenartig vom kristallinen Grundgebirge durch die triadischen Sedimente bis in die Tone der Partnach-Formation. Ganz im Südosten ist die Karwendel-Decke vom Kristallin der Ötztal-Decke überfahren. Nach Eisbacher et al. (1990) wurden die Nördlichen Kalkalpen in diesem Profilschnitt von einer ursprünglichen Länge von 108 Kilometern durch interne Deformation und Deckenstapelung auf 62 Kilometer verkürzt. Die Bildung der untersten Decke der Nördlichen Kalkalpen, der Tannheim-Decke, setzte am Ende der frühen Kreide vor zirka 97 Millionen Jahren ein. Die Interndeformation der obersten Decke, der Karwendel-Decke, setzte etwas später ein, vor rund 90 Millionen Jahren, und dauerte bis Ende der späten Kreide (65 Millionen Jahre).

Der Profilschnitt in Abb. 5.3-7 ist umgezeichnet nach Mandl (2000) und ergänzt. Er zeigt den Bau der Nördlichen Kalkalpen im Osten und deren Kontakt mit den Einheiten im Liegenden. Die bayrischen Decken (Bajuvarikum) sind lediglich als kleine Linse triadischer Sedimente im Norden vorhanden und liegen auf einer Unterlage von Rhenodanubischem Flysch. Die tirolischen Decken besitzen im Südteil einen Unterbau aus paläozoischen Sedimenten, die sogenannte Grauwackenzone. Den Hauptteil der Decke machen die triadischen Sedimente aus. Diese sind von ihrer paläozoischen Unterlage abgeschert und liegen im Profilschnitt entsprechend weiter im Norden. Die Abscherung erfolgte in den permischen Klastika und Evaporiten. Innerhalb der jurassischen Abfolge sind größere und kleinere Gesteinskörper als Fremdlinge anzutreffen: Radiolarite und Karbonate aus dem Beckenbereich des Juvavikums, die als Olistolithe im Oxfordian (vor zirka

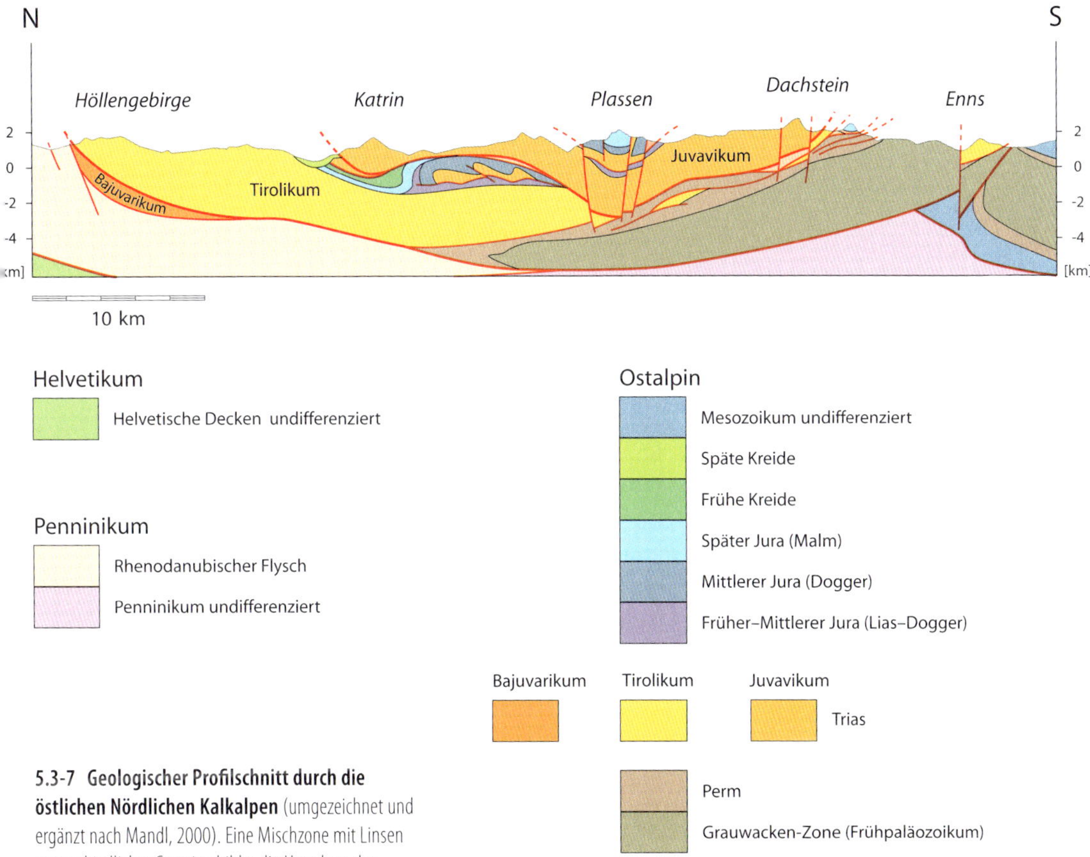

5.3-7 Geologischer Profilschnitt durch die östlichen Nördlichen Kalkalpen (umgezeichnet und ergänzt nach Mandl, 2000). Eine Mischzone mit Linsen unterschiedlicher Gesteine bildet die Unterlage des Juvavikums.

155 Millionen Jahren) in die Kalke und Mergel der künftigen tirolischen Decke eingeglitten sind. Aber auch das gesamte jurassische Stockwerk innerhalb der tirolischen Decken wurde später, in der frühen Kreide (Mandl 2000), von seiner ehemaligen triadischen Unterlage abgeschert und liegt nun als eigenes intern deformiertes Paket auf den triadischen Karbonaten oder sogar auf frühkretazischen klastischen Sedimenten. Diese Abscherung dürfte durch die Platznahme der obersten Einheit, der juvavischen Decken, hervorgerufen worden sein. Die juvavischen Decken liegen im betrachteten Profilschnitt als leicht verfaltete Normalserie vor. Die Falten im mittleren Teil des Profilschnitts sind durch die Stapelung innerhalb der tirolischen Decken bedingt. Am Südende des Profilschnitts in Abb. 5.3-7 liegt die Grauwackenzone der tirolischen Decken auf einem größeren Block aus Kristallingesteinen, dem sogenannten Mittelostalpinen Kristallin. Dieses enthält an seiner nördlichen Front Reste einer permischen und mesozoischen Sedimentbedeckung und ist ein Teil des ursprünglichen Substrats der Nördlichen Kalkalpen. Die Abscherung der Nördlichen Kalkalpen von diesem Substrat erfolgt nach Mandl (2000) in

Grauwackenzone

der späten Kreide (Turon; vor zirka 90 Millionen Jahren) und setzte sich im späten Eozän (vor zirka 35 Millionen Jahren) fort.

Ganz im Südosten der Ostalpen verläuft der Gebirgsstrang der Karawanken längs des periadriatischen Bruchsystems und der Grenze zu den Dolomiten. Die Nordkarawanken gehören faziesmäßig zum Ostalpin, die Südkarawanken zum Südalpin. Den dextralen Versatz am periadriatischen Bruchsystem in den Karawanken schätzt Polinski (1991) aufgrund von großräumigen Faziesvergleichen auf 150 Kilometer. Diese Seitenverschiebung war transpressiv und verursachte ein bivergentes System von Überschiebungen und Falten, die eine WNW-ESE-gerichtete Verkürzung innerhalb der Karawanken andeuten (Polinski 1991). In Abb. 5.3-8 sind zwei seitlich leicht versetzte Profilschnitte durch die Nord- und Südkarawanken wiedergegeben, nachgezeichnet nach Polinski (1991) und ergänzt. Die Überschiebungen beidseits der zentralen Seitenverschiebung versteilen sich gegen die Seitenverschiebung hin, wodurch das kristalline Grundgebirge im zentralen Bereich viel höher zu liegen kam. Dieser Baustil, auch als „positive Blumenstruktur" bezeichnet, ist typisch für transpressive Deformationsregimes.

Karawanken

In den Nordkarawanken liegen die mittelmiozänen klastischen Sedimente des Klagenfurter Beckens diskordant auf den schräg gestellten, gefalteten Triassedimenten, sind aber andererseits von einem Paket von Triassedimenten überfahren worden.

Die WNW-gerichteten Überschiebungen und Faltungen begannen demnach vor dem Mittelmiozän (nach Polinski 1991 vor 13 Millionen Jahren). Die transpressive Aktivität des periadriatischen Bruchsystems wird durch die Intrusion des oligozänen Karawanken-Tonalits (Alter 28 bis 29 Millionen Jahre) unterstrichen. Die Intrusion ist östlich des Profilschnitts von Abb. 5.3-8 an der Oberfläche aufgeschlossen. Der in Abb. 5.3-8 angegebene Intrusivkörper ist hypothetisch. Im späten Miozän bildete sich zeitgleich mit der Einsenkung des Pannonischen Beckens durch Extension das Klagenfurter Becken. Die erwähnte Überfahrung der Beckensedimente muss im spätesten Miozän (vor 11 bis 8 Millionen Jahren) stattgefunden haben und steht im Zusammenhang mit der Bildung zahlreicher NW-SE-streichender Seitenverschiebungen, die das periadriatische Bruchsystem zerschnitten. Nach Polinski (1991) versetzten die jüngsten Bewegungen glaziale Sedimente und dürften heute noch andauern.

In den Südkarawanken vermutet Polinski (1991) paläogene Deformationen (60 bis 40 Millionen Jahre alt), die in Zusammenhang mit der Bildung der Dinariden stehen dürften, aber durch jüngere Bewegungen überprägt wurden. Wie in Abb. 5.3-8 ersichtlich, ergaben sich durch diese späteren Bewegungen NW- und SE-gerichtete Überschiebungen, deren Alter ins mittlere Miozän fällt (zirka 16 Millionen Jahre).

Das Südalpin/Dolomiten

Im Profilschnitt durch das Südalpin der Dolomiten (Abb. 5.3-9) erkennt man zwei prominente südvergente Überschiebungsstrukturen, die Valsugana- und die Montello-Überschiebung. In beiden Fällen ist das kristalline Grundgebirge ebenfalls in den Deckenbau miteinbezogen. Im nördlichen Teil, den eigentlichen Dolomiten, bilden die triadischen Sedimente eine breite, flache Synform, die beiderseits von nord- und südvergenten Aufschiebungen flankiert ist. Im Süden steigt die

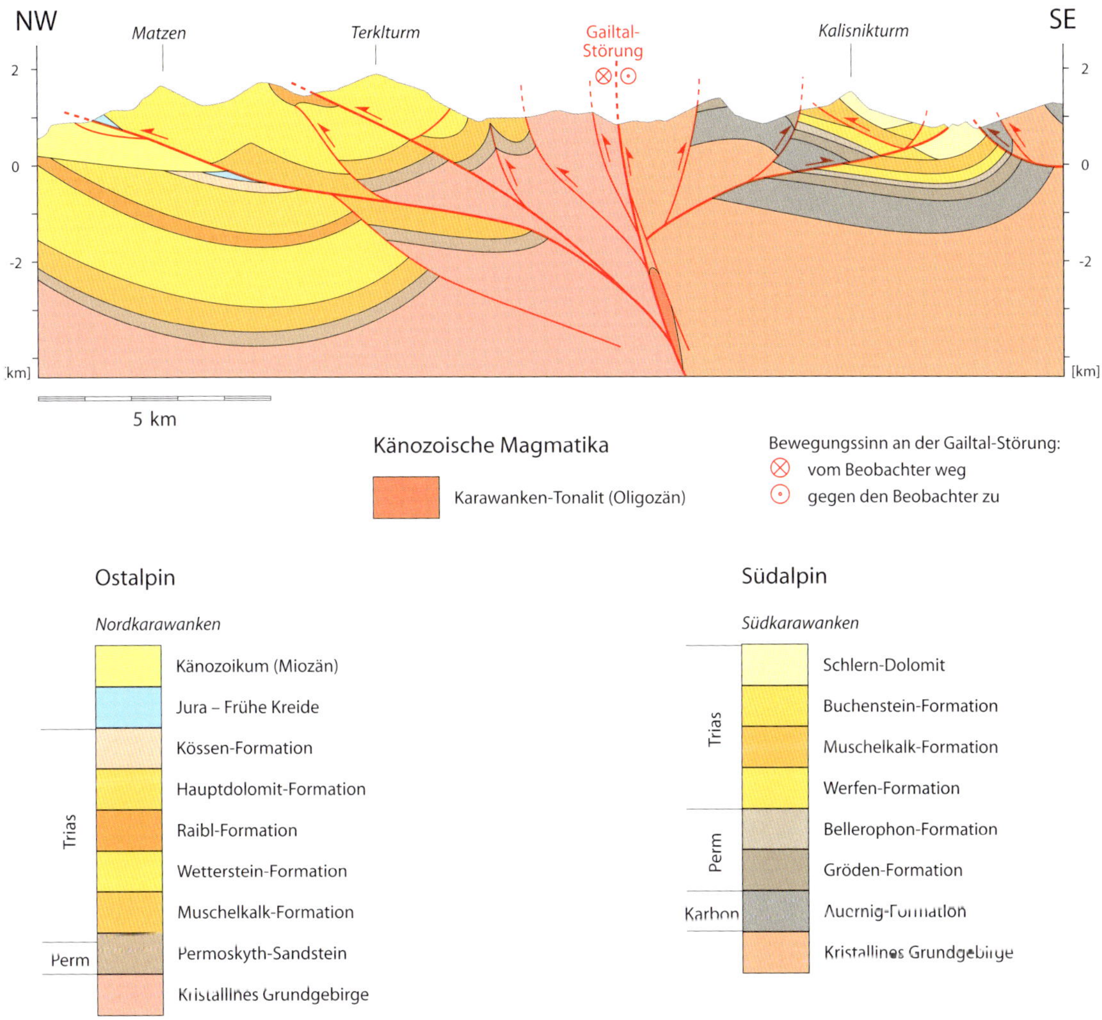

5.3-8 Geologischer Profilschnitt durch die Karawanken (umgezeichnet und ergänzt nach Polinski, 1991). Die Gailtal-Störung im Kern der Karawanken ist eine Seitenverschiebung und gehört zum periadriatischen Bruchsystem.

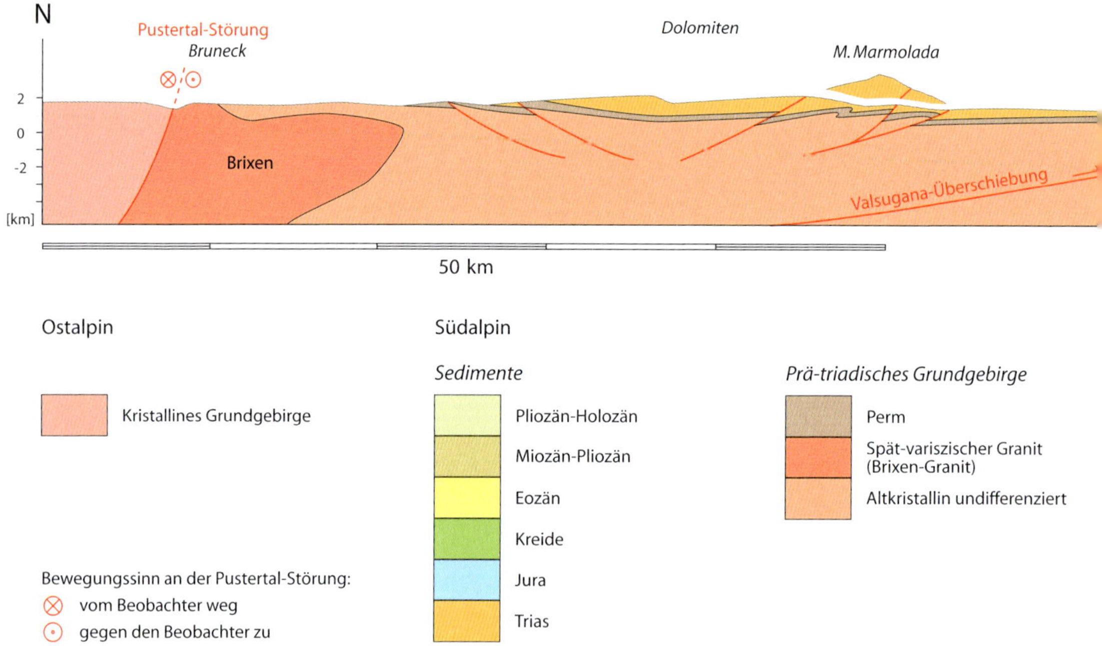

Dolomiten: Sanfte Aufwölbung des Grundgebirges

Montello-Überschiebung Richtung Oberfläche an und überschiebt plio-pleistozäne Sedimente. Aber ihre südlichste Fortsetzung wird durch eine nordvergente Überschiebung abgeschnitten, welche die miozän-pliozäne Füllung des Po-Beckens nordwärts auf die mesozoischen Sedimente im Hangenden der Montello-Überschiebung aufschob. Die resultierende bivergente „Dreieck-Struktur" erinnert an die Situation am Nordrand der Subalpinen Molasse. Ganz im Süden schließlich wird die plio-pleistozäne Füllung des Po-Beckens von einer südgerichteten Überschiebung zerschnitten.

Die Verkürzung innerhalb der Dolomiten beträgt nach Castellarin et al. (2006b) etwa 40 bis 55 Kilometer. Davon entfallen zirka 20 Kilometer auf die Montello-Überschiebung und die weiteren damit assoziierten Aufschiebungen und 10 bis 20 Kilometer auf die Valsugana-Überschiebung. Weitere zirka 15 Kilometer sind im Altkristallin im nördlichen Teil des Profilschnitts zu erwarten. Altersmäßig ist eine Progradation der Überschiebungstektonik von Norden nach Süden anzunehmen. Die bivergenten Überschiebungen im Norden schneiden die dinarischen Strukturen, die eozänes bis oligozänes Alter besitzen. Die Valsugana-Überschiebung war im mittleren bis späten Miozän (Serravallian bis Tortonian, nach Castellarin et al. 2006b) aktiv, die südlichere Montello-Überschiebung erst in den letzten sechs Millionen Jahren (spätes Miozän bis Pleistozän; möglicherweise noch immer aktiv).

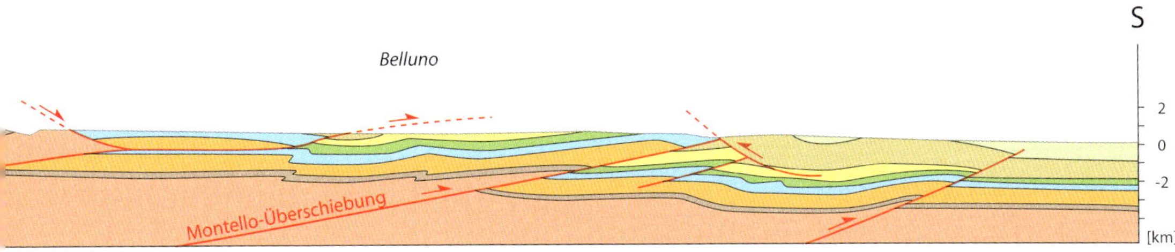

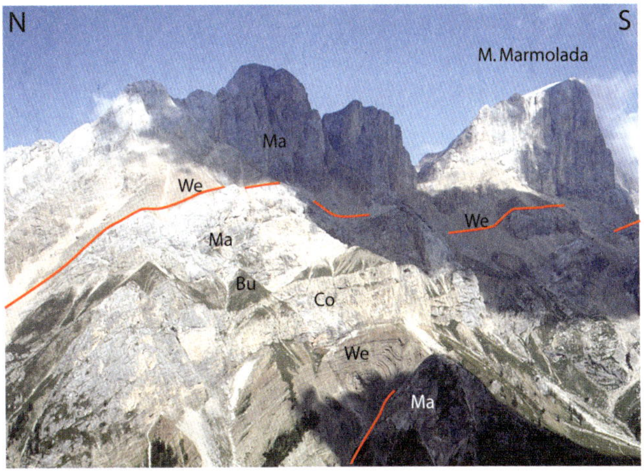

▲ **5.3-9 Geologischer Profilschnitt durch das Südalpin** (basierend auf Castellarin et al., 2006a, und Doglioni, 2007). Flach einfallende Überschiebungen reichen in das kristalline Grundgebirge. Das Foto zeigt eine schichtparallele Überschiebung in den Dolomiten. We, Co, Bu, Ma: Werfen-, Contrin-, Buchenstein-, Marmolada-Fm.

5.4 Tiefenstruktur der Alpen

Die geophysikalischen Untersuchungen in den Westalpen (ECORS-CROP), den Zentralalpen (NFP 20) und den Ostalpen (TRANSALP) erlaubten in Kombination mit strukturgeologischen Daten die Konstruktion geologischer Profilschnitte in größere Tiefen, als es bis anhin möglich war. Neben der Krusten-Mantel-Grenze ergaben diese seismischen Linien auch Reflexionen aus der oberen Kruste. Die dafür verantwortlichen Reflektoren waren in vielen Fällen die Grenzflächen zwischen mesozoischen Dolomiten oder Kalken einerseits und dem darunterliegenden Kristallin oder tonig-mergeligen Sedimentabfolgen andererseits. Beträchtliche Geschwindigkeitsunterschiede (zirka 6 bis 7 Kilometer pro Sekunde in den Karbonaten gegenüber fünf bis sechs Kilometern pro Sekunde in den Gneisen bzw. weniger als fünf Kilometern pro Sekunde in Tonen und Mergeln) sorgten für die notwendigen Impedanzkontraste. Reflektoren dieser Art sind in jenen Teilen der Alpen zu erwarten, wo das kristalline Grundgebirge in den Deckenbau einbezogen wurde (Externmassive, penninische Kristallindecken, Südalpin) oder wo mächtige Karbonate auf Flysch- oder Molasseabfolgen aufliegen.

Gewaltige Aufwölbung des Grundgebirges

Eine besonders relevante Grenzfläche stellte der Kontakt zwischen Kristallin und Mesozoikum im Untergrund des Molassebeckens und seine Fortsetzung in die externen Kristallinaufbrüche (Aiguilles Rouges/Mont Blanc–Aar–Tauern) dar. Das Netzwerk der Linien von NFP 20 (Pfiffner et al. 1997a, b & c) war in dieser Hinsicht besonders ergiebig, da mehrere Linien diese Strukturen

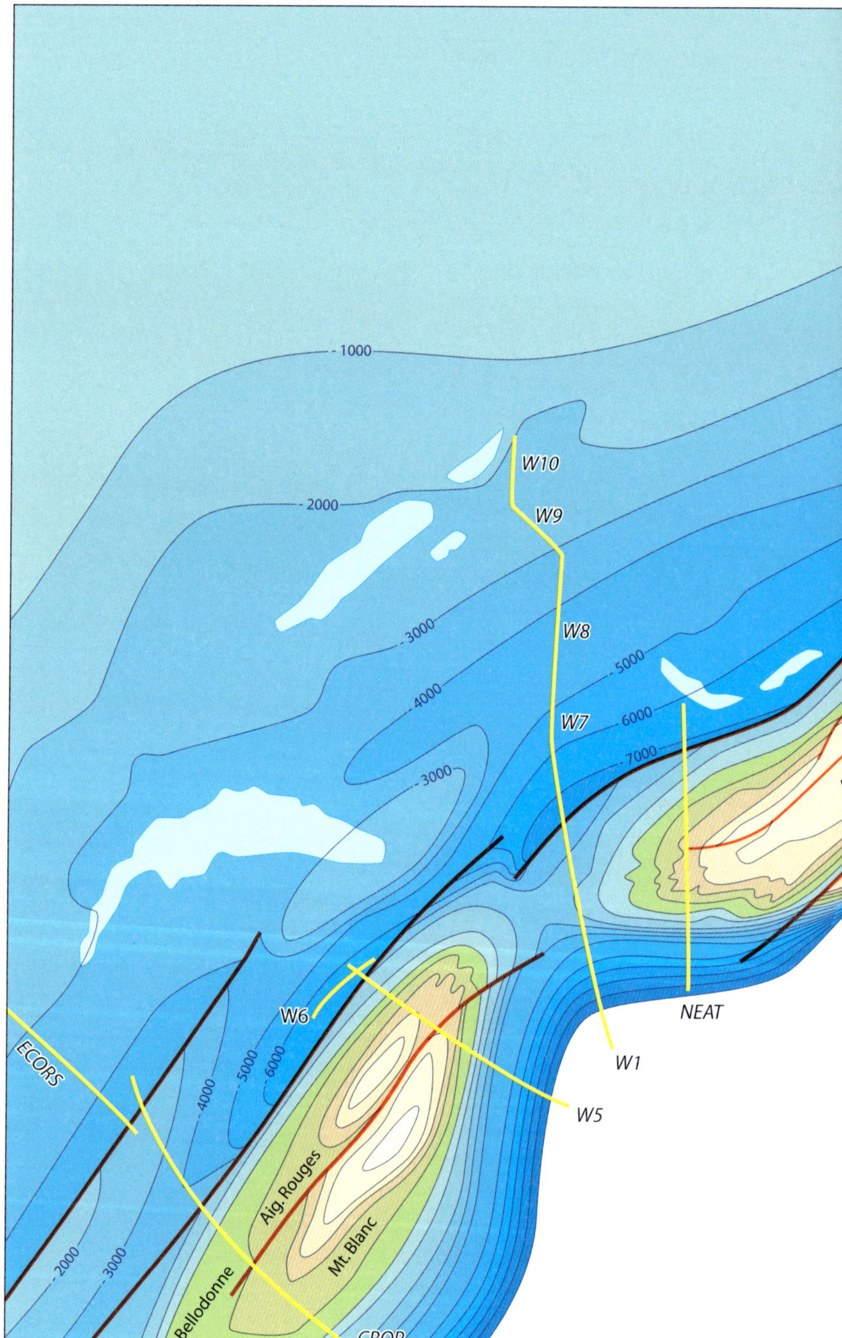

5.4-1 Isohypsendarstellung der Kristallinoberfläche des alpinen Vorlandes und der Externmassive im Bereiche der Zentralalpen und angrenzenden Gebiete. Die Externmassive stellen gewaltige Aufwölbungen dar deren Amplitude mehr als 10 Kilometer betragen.

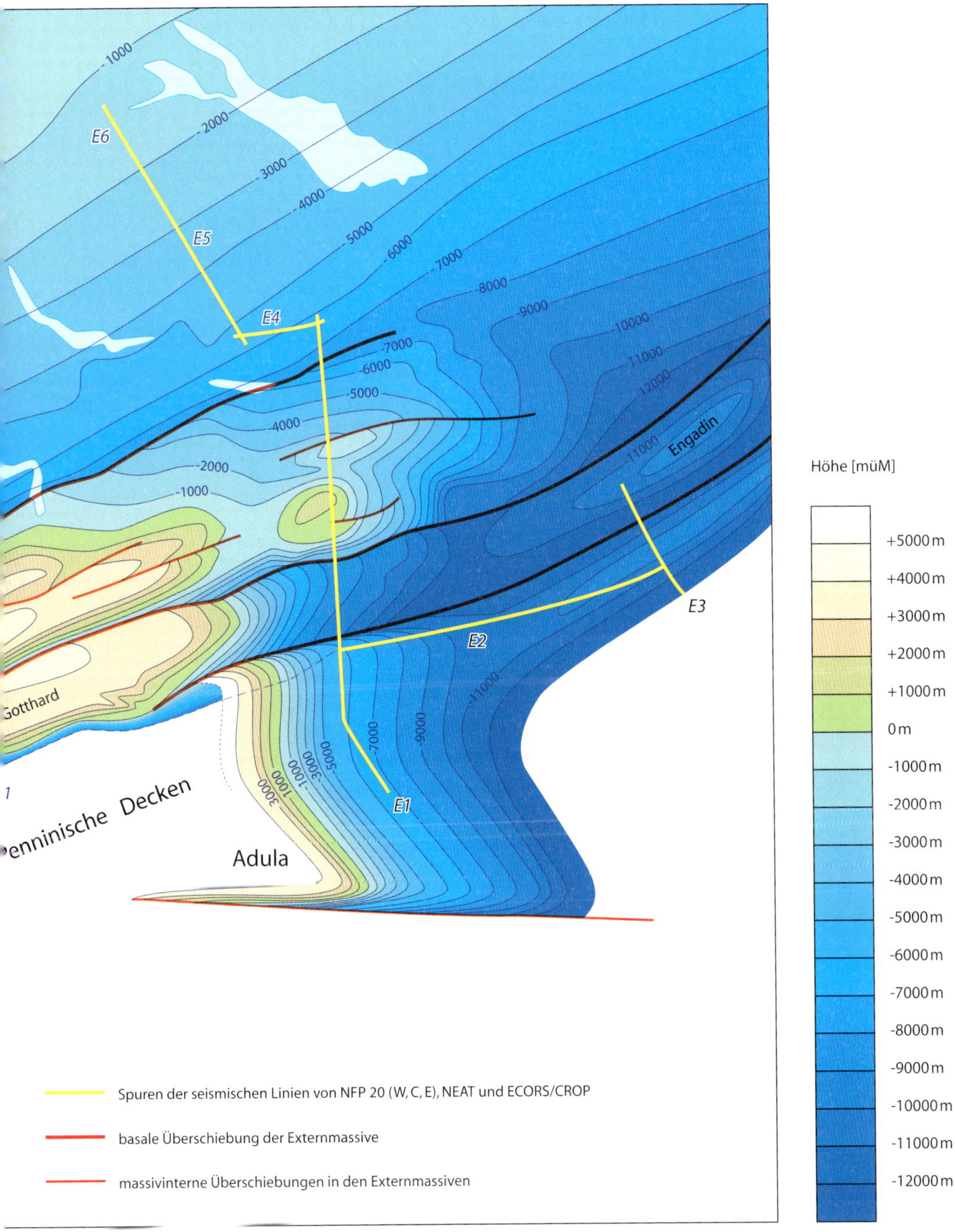
E6
E5
E4
E3
E2
E1
Engadin
Gotthard
Penninische Decken
Adula
Höhe [müM]
+5000 m
+4000 m
+3000 m
+2000 m
+1000 m
0 m
-1000 m
-2000 m
-3000 m
-4000 m
-5000 m
-6000 m
-7000 m
-8000 m
-9000 m
-10000 m
-11000 m
-12000 m
Spuren der seismischen Linien von NFP 20 (W, C, E), NEAT und ECORS/CROP
basale Überschiebung der Externmassive
massivinterne Überschiebungen in den Externmassiven

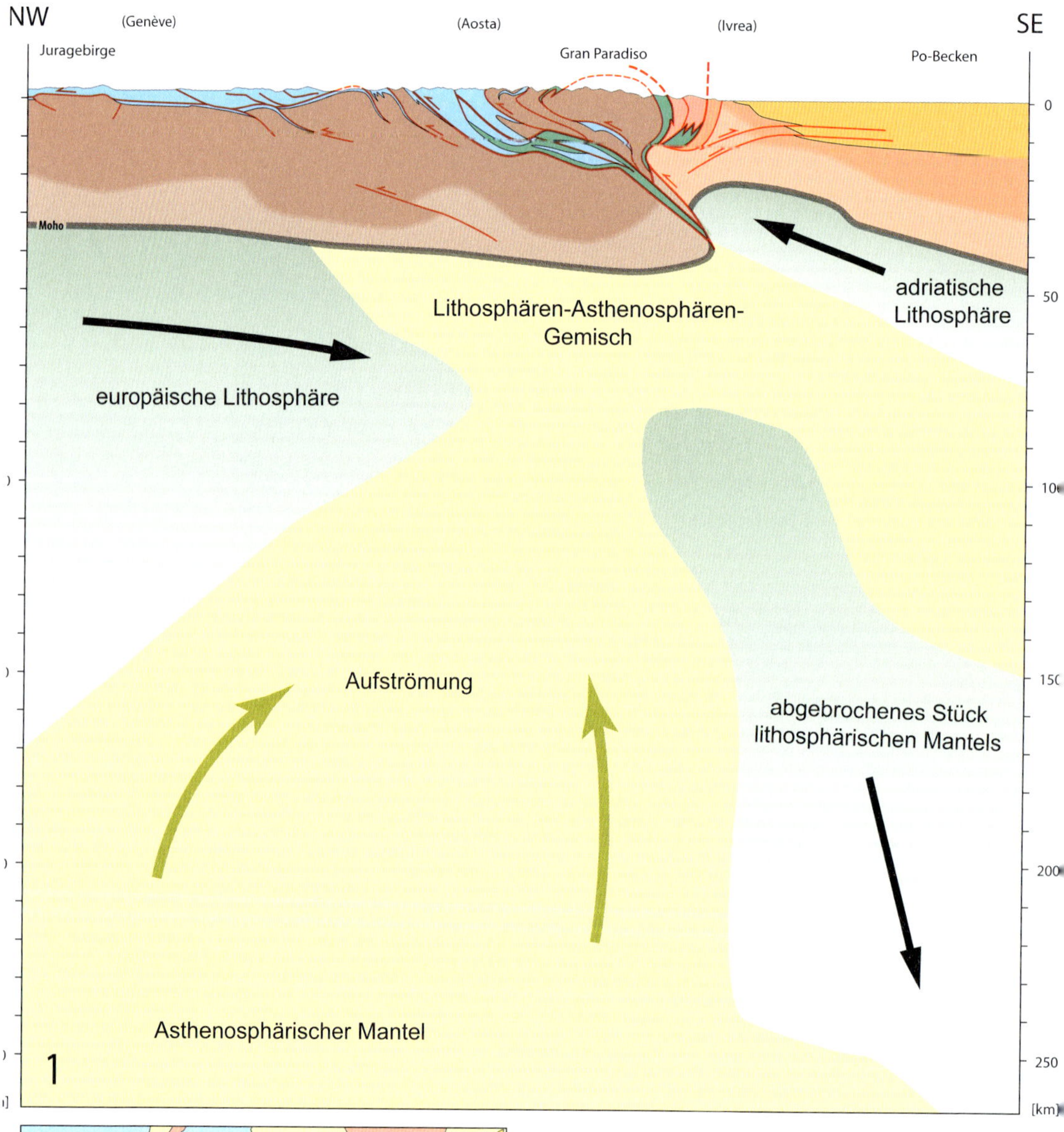

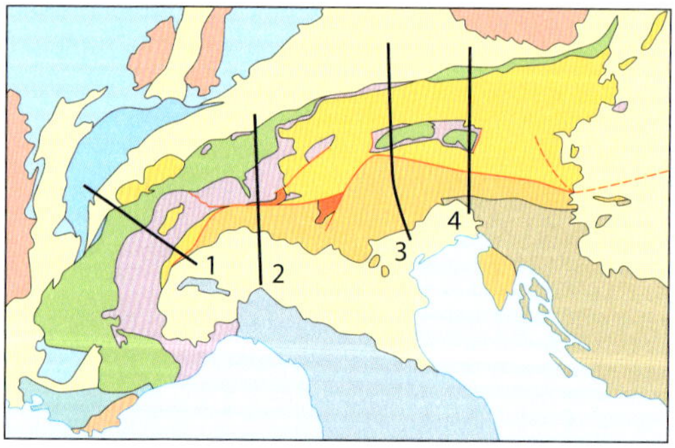

5.4-2 Geologische Profilschnitte im Lithosphärenmaßstab durch die West- und Zentralalpen längs der seismischen Linien von ECORS/CROP und NFP20 (Osttraverse). Krustenstruktur nach Waldhauser et al. (2002), Diel et al. (2009) und Wagner et al. (2012); Mantelstruktur nach Lippitsch et al. (2003) und Handy et al. (2021). Das in den Westalpen abgerissene Lithosphärenstück ist in den Zentralalpen in größerer Tiefe zu erwarten.

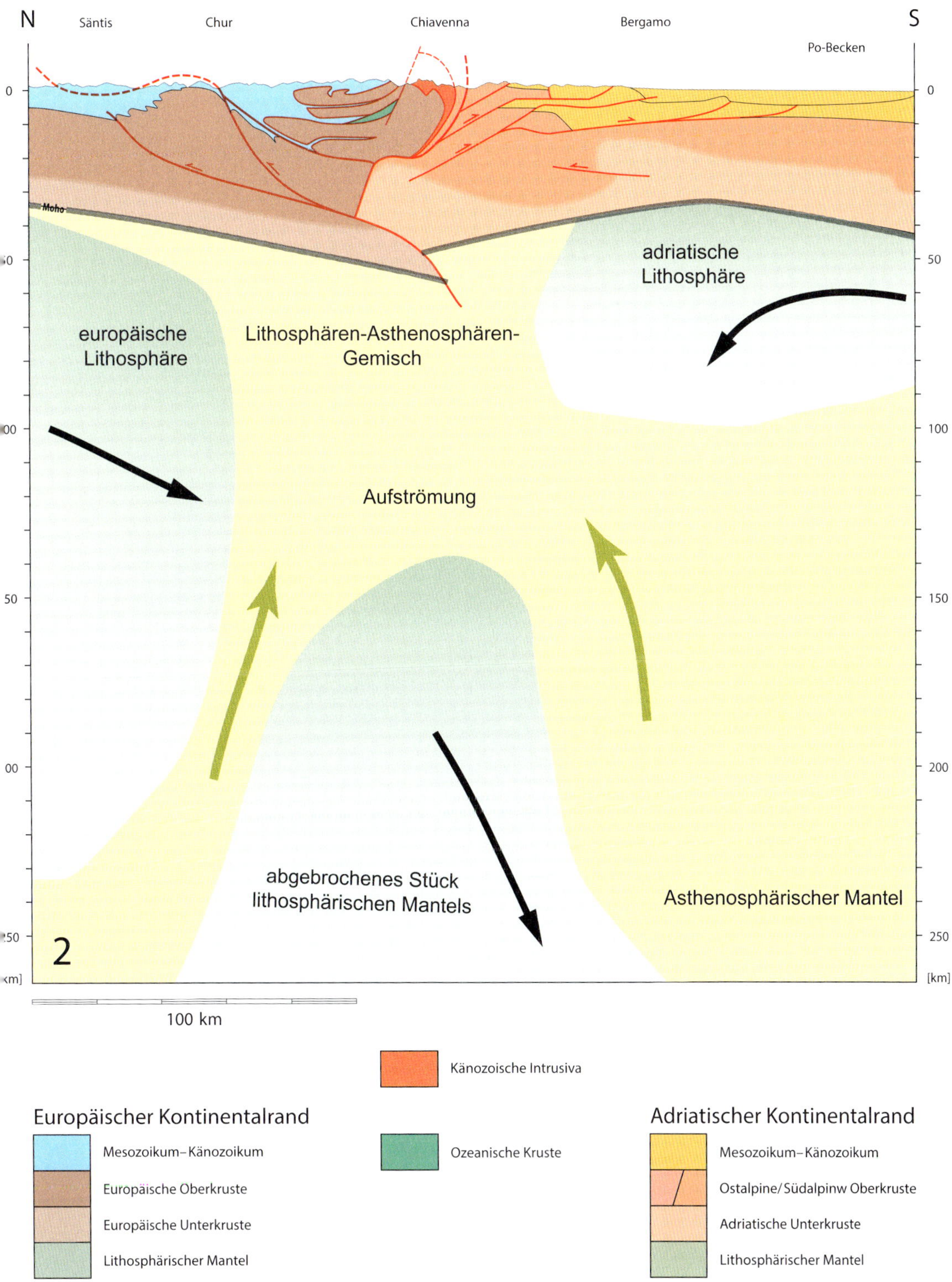
N
Säntis
Chur
Chiavenna
Bergamo
S
Po-Becken
Moho
adriatische Lithosphäre
europäische Lithosphäre
Lithosphären-Asthenosphären-Gemisch
Aufströmung
abgebrochenes Stück lithosphärischen Mantels
Asthenosphärischer Mantel
2
0
50
100
150
200
250
[km]
100 km
Känozoische Intrusiva
Europäischer Kontinentalrand
Mesozoikum–Känozoikum
Europäische Oberkruste
Europäische Unterkruste
Lithosphärischer Mantel
Ozeanische Kruste
Adriatischer Kontinentalrand
Mesozoikum–Känozoikum
Ostalpine/Südalpinw Oberkruste
Adriatische Unterkruste
Lithosphärischer Mantel

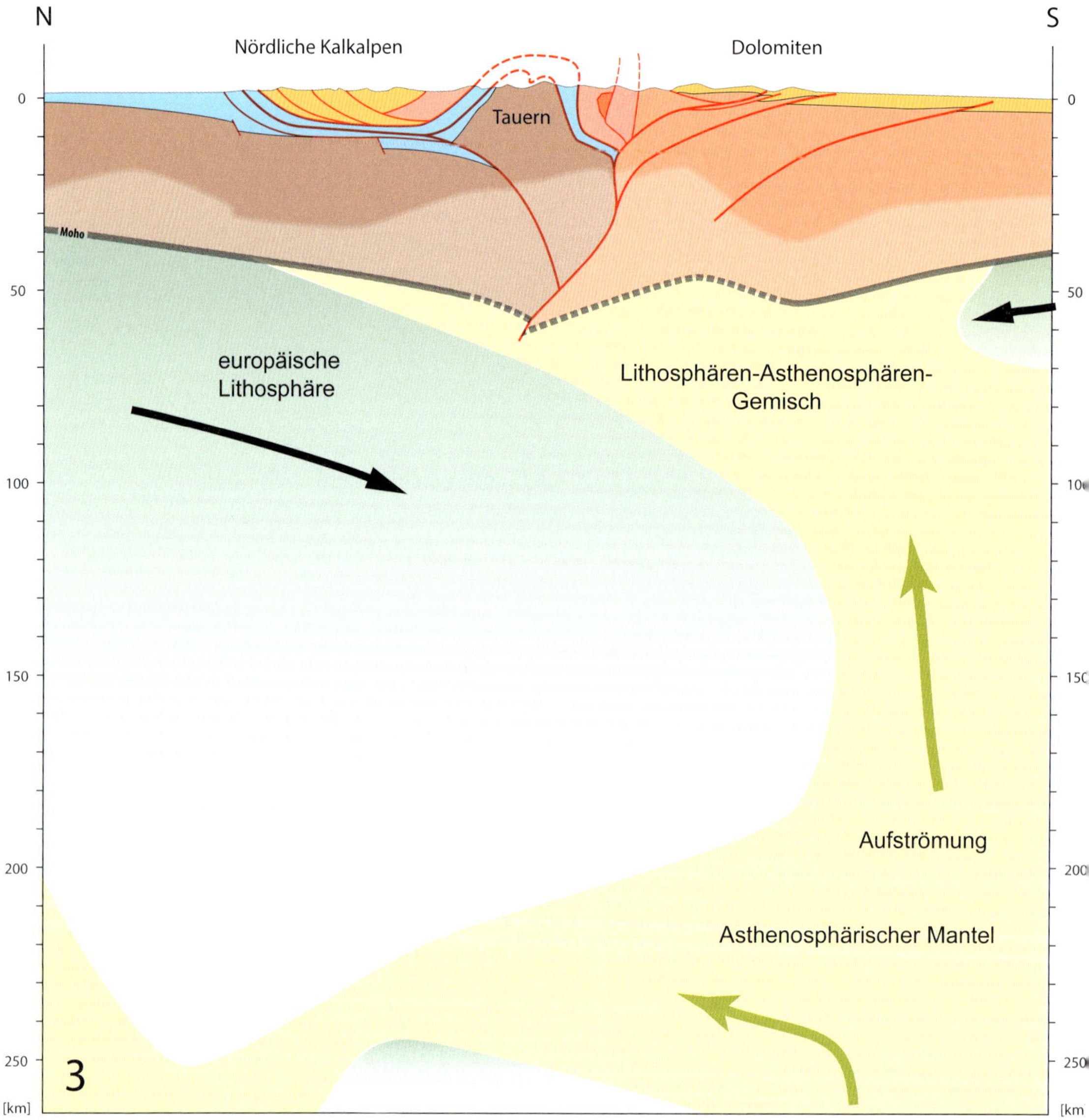

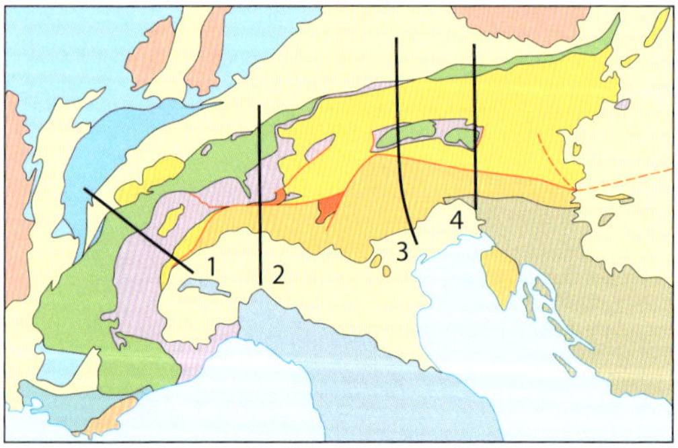

5.4-3 Geologische Profilschnitte im Lithosphärenmaßstab durch die Ostalpen längs der seismischen Linien von TRANSALP (3) und weiter östlich (4). Krustenstruktur nach Waldhauser et al. (2002), Diel et al. (2009) und Wagner et al. (2012); Mantelstruktur nach Lippitsch et al. (2003) und Handy et al. (2021). Im östlichen Profilschnitt taucht die adriatische Platte unter die europäische Platte.

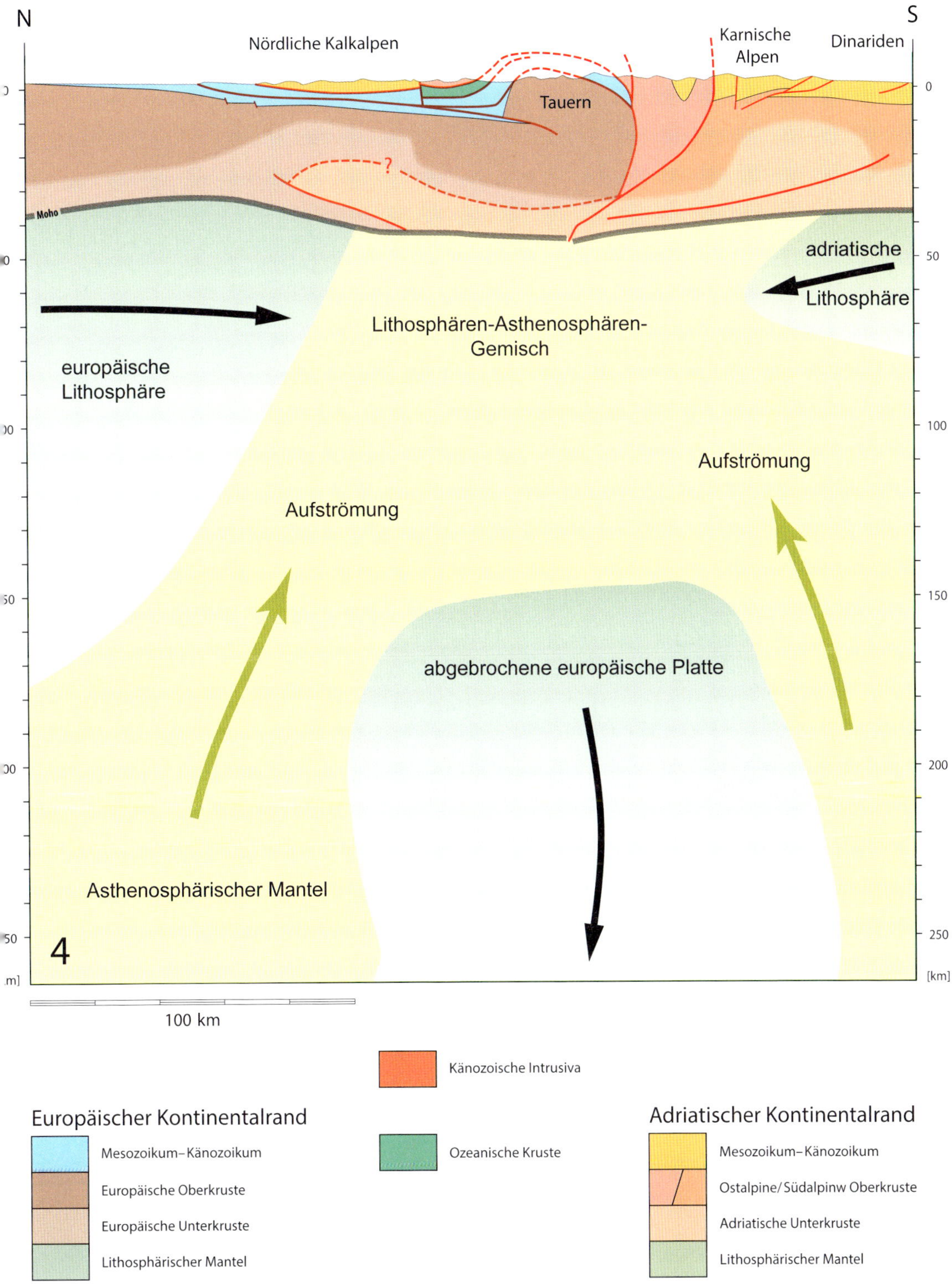
N
S
Nördliche Kalkalpen
Karnische Alpen
Dinariden
Tauern
?
Moho
0
50
100
150
200
250
[km]
adriatische Lithosphäre
Lithosphären-Asthenosphären-Gemisch
europäische Lithosphäre
Aufströmung
Aufströmung
abgebrochene europäische Platte
Asthenosphärischer Mantel
4
100 km
Känozoische Intrusiva
Europäischer Kontinentalrand
Mesozoikum–Känozoikum
Europäische Oberkruste
Europäische Unterkruste
Lithosphärischer Mantel
Ozeanische Kruste
Adriatischer Kontinentalrand
Mesozoikum–Känozoikum
Ostalpine/Südalpinw Oberkruste
Adriatische Unterkruste
Lithosphärischer Mantel

querten und auch die ECORS-CROP-Linie darin integriert werden konnte. In Abb. 5.4-1 ist die Kristallinoberfläche im nordalpinen Vorland und dem nördlichen Teil der Zentralalpen und angrenzenden West- und Ostalpen konturiert. Die Informationen dazu stammen aus einzelnen Bohrungen im Vorland, den reflexionsseismischen Linien, aus den geologischen und topografischen Karten der Externmassive und strukturgeologischen Analysen. Im Vorland verlaufen die Isohypsen (Linien gleicher Höhe der Kristallinoberfläche) etwa parallel zum alpinen Streichen. Sie deuten an, dass die Kristallinoberfläche gegen die Alpen hin allmählich tiefer liegt und gerade nordwestlich der Externmassive eine maximale Tiefe von sieben Kilometern unter Meer erreicht. Die Externmassive selbst sind lang gestreckte domartige Gewölbe, auf deren Rücken die Massivoberfläche auf über fünf Kilometern über dem Meer zu suchen ist. Die Amplitude der Kristallinaufbrüche beträgt somit bis zu zwölf Kilometern! Die reflexionsseismischen Linien am nordöstlichen Ende des Aiguilles Rouges-Massivs (W5 und W6) und im zentralen Teil des Aar-Massivs (NEAT, C1 und weitere Industrielinien in der Zentralschweiz) beweisen, dass die Externmassive um einige Kilometer auf das Vorland aufgeschoben sind. Diese Überschiebungen und die große Amplitude der Kristallinaufbrüche beweisen, dass die Kristallinmassive das Resultat einer beträchtlichen Verkürzung sind, die einen großen Teil der Oberkruste involvierte. Im Kartenbild sind Aiguilles Rouges/Mont Blanc und Aar/Gotthard paarweise angeordnet und durch oberflächlich steil einfallende Brüche getrennt. Die beiden Paare sind zudem en échelon angeordnet: Die Strukturen am nordöstlichen Ende des Aiguilles Rouges-Massivs und jene am westlichen Ende des Aar-Massivs können nicht direkt miteinander verbunden werden. Das Aar-Massiv zeigt am östlichen Ende zunächst eine Verflachung und dann einen kleinen Dom, der im Fenster von Vättis längs der Linie E1 aufgeschlossen ist. Das weitere Abtauchen des Aar-Massivs und des Gotthard-Massivs unter die Ostalpen ist wiederum durch eine En-échelon-Ablösung gekennzeichnet. Insgesamt deuten die Massivverkürzung und die En-échelon-Anordnung der Massive auf rechtssinniges transpressives Regime.

Die Reflexions- und Refraktionsseismik erlaubten es, den Verlauf der Moho (der Krusten-Mantel-Grenze) im Untergrund der Alpen genauer zu verfolgen. Mittels lokaler Erdbebentomografie war es zusätzlich möglich, die Conrad-Diskontinuität, d.h. die Grenze Unterkruste-Oberkruste zu lokalisieren (Waldhauser et al., 2002; Diel et al., 2009; Wagner et al., 2012). Zur Abklärung der Tiefenstruktur der an den Alpen beteiligten Lithosphärenplatten wurde zudem teleseismische Tomografie angewandt (Lippitsch 2002, Lippitsch et al. 2003). Die Methode beruht auf der Analyse von Laufzeiten von Erdbebenwellen, die mittels Permanent- und Temporärstationen registriert werden. Die Auswertung der Laufzeiten erlaubt es, den Verlauf der subduzierten Lithosphärenplatten bis weit in den asthenosphärischen Mantel hinein zu verfolgen. Die Tiefenstruktur der Alpen ist ein dreidimensionales Problem. Anhand von vier zweidimensionalen Profilschnitten soll trotzdem versucht werden, die wesentlichen Charakteristiken zu erfassen. Die Tiefenstruktur der Kruste wurde von den entsprechenden geologischen Profilschnitten der Abb. 5.1-2, 5.2-2 und 5.3-2 übernommen, aber vereinfacht. Zur Verdeutlichung wurden jeweils

Unterkruste, Oberkruste und Sedimente der zwei beteiligten Lithosphärenplatten unterschiedlich gefärbt.

Der erste Profilschnitt (1 in Abb. 5.4-2) folgt der ECORS-CROP-Linie in den Westalpen. Die Struktur der oberen Kruste zeigt, dass das Volumen des europäischen Kontinentalrandes im alpinen Deckenbau viel größer ist als jenes des adriatischen Kontinentalrandes. Auf der europäischen Seite sind die verschiedenen Einheiten dachziegelartig nach Nordwesten übereinander zu liegen gekommen. Die Unterkruste taucht nach Südosten ein und ist unter den Alpen verdickt, wie dies zwei Aufwölbungen andeuten. Auf der adriatischen Seite sind Ober- und Unterkruste durch Überschiebungen derart gestapelt worden, dass sie heute beinahe vertikal übereinanderliegen. Auf der adriatischen Seite reicht der lithosphärische Erdmantel beinahe bis an die Erdoberfläche und ist ebenfalls von den krustalen Überschiebungen erfasst. Die Hochlage des Erdmantels (der Ivrea-Körper) ist auf die jurassische Extensionstektonik zurückzuführen. Beim Zusammenstauchen des europäischen Kontinentalrands durch die Plattenkonvergenz muss dieser Ivrea-Mantelkörper wie ein Prellbock gewirkt haben. Allerdings ist zu beachten, dass die steile Kontaktfläche auf der nordwestlichen Seite des Ivrea-Mantelkörpers auch als Seitenverschiebung aktiv war, wir also heute nicht die Geometrie während der Subduktion sehen. Interessant ist nun, dass Lippitsch (2002) und Lippitsch et al. (2003) ein abgebrochenes Stück einer Lithosphärenplatte fanden, das sich (in Abb. 5.4-2 unten rechts sichtbar) von einer Tiefe von knapp 150 Kilometern bis über 300 Kilometer verfolgen lässt. Betrachtet man die ursprüngliche Gesamtlänge der europäischen Kruste, so ist es naheliegend, irgendwo ein Mantelsubstrat dafür zu suchen, denn die Länge des lithosphärischen Mantels, der unmittelbar unter der europäischen Kruste liegt, ist viel zu gering (eine ausführliche Diskussion dieser Bilanzierung geben Schmid & Kissling 2000). Die Tomografie deutet ein noch tiefer liegendes (über 400 Kilometer) Lithosphärenstück an, das als abgebrochene ozeanische Lithosphäre des subduzierten Piemont-Ozeans interpretiert werden kann. Zusammenfassend kann gesagt werden, dass die Westalpen aus einer nach Osten einfallenden Subduktionszone hervorgegangen sind und dass der alpin deformierte europäische Kontinentalrand eine beträchtliche ursprüngliche Breite besaß.

Abgerissenes Lithosphärenstück

In den Zentralalpen (Profil 2 in Abb. 5.4-2) zeigt die Oberkruste der beiden Kontinentalränder einen viel symmetrischeren Bau mit nord- und südvergenten Überschiebungen und einem vergleichsweise ähnlich großen Volumen der beiden deformierten Kontinentalränder.

Dieses Bild ändert sich schon in der Unterkruste. Hier liegt eine asymmetrische Subduktionsgeometrie vor. Die adriatische Unterkruste ist mit der europäischen Kruste verkeilt. Wie der gewellte Verlauf der Unterkrusten-Oberkrusten-Grenze (Conrad-Diskontinuität) zeigt, liegt auf der adriatischen Seite eine beträchtliche Krustenverkürzung vor. Die europäische Unterkruste verliert sich nach Süden in die Tiefe. Möglicherweise ist sie dort eklogitisiert und geophysikalisch nicht auflösbar. Eine asymmetrische Geometrie zeigt sich auch im Lithosphärenmaßstab. Ein abgebrochenes Stück lithosphärischen Mantels lässt sich im zentralen Bereich auf einer Tiefe von über 100 km nachweisen. Darüber liegt ein Gemisch von Asthenosphäre und Lithosphäre (Handy et al. 2021). Es ist nicht klar, ob das abgebrochene Stück zur europäischen oder adriatischen Platte – oder gar zu beiden – gehörte. Die Aufströmung von asthenosphärischem Mantel neben den abgebrochenen Lithosphärenstücken könnte auch verantwortlich sein für die rezente Hebung der Alpen im Bereich über dem Lithosphären-Asthenosphären-Gemisch. Die jüngsten Überschiebungen in diesem Querschnitt entsprechen der Aufschiebung des Aar-Massivs und der damit assoziierten Verkürzung in der Subalpinen Molasse auf der Nordseite (Alter Post-Mittelmiozän), und der Aufschiebung des Kristallins im Südalpin und dem damit assoziierten „Milano fold belt" (Alter Post-Spätmiozän).

Die Tiefenstruktur im Querschnitt der Ostalpen ist in den Profilschnitten 3 und 4 in Abb. 5.4-3 dargestellt. Sie unterscheidet sich ganz wesentlich von den eben besprochenen. Zwar liegt in der Oberkruste wiederum ein bivergenter Deckenbau vor, aber das Volumen des deformierten europäischen Randes ist im Vergleich zu den West- und Zentralalpen sehr bescheiden. Die Struktur der Unterkruste im zentralen Teil des Profilschnitts 3 ist im Kontaktbereich der beiden Platten durch eine Verdickung charakterisiert. In beiden Profilschnitten ist gemäß Handy et al. (2021) im zentralen Teil unter der Moho ein Lithosphären-Asthenosphären-Gemisch auszumachen, und tiefer darunter sind abgebrochene Lithosphärenstücke vorhanden. Da sowohl der europäische als auch der adriatische lithosphärische Mantel unter der Kruste viel kürzer ist als die darüber liegenden Krusten, muss für beide Fälle ein Abreißen und Versinken von Lithosphärenstücken in die Tiefe angenommen werden. Dieser Prozess wurde offenbar kompensiert durch die Aufströmung asthenosphärischen Mantels.

Im Profilschnitt 4, welcher weiter im Osten durchzieht, bildet die Unterkruste im Untergrund der Nördlichen Kalkalpen und der Karnischen Alpen zwei Aufwölbungen. Diese könnten durch Aufschiebungen mit gegenläufiger Transportrichtung erklärt werden, was es der Oberkruste erleichtert hätte, der Wirkung des Auftriebs zu entgehen. Ein derartiges seitliches Entweichen nach oben wird als „channel flow" bezeichnet und wird als Erklärung des Entweichens der Unterkruste im Himalaja von Beaumont et al. (2004) postuliert. Ganz generell gesehen passt das Entweichen der Unterkruste nach oben kinematisch zur Aufströmung des asthenosphärischen Mantels und der Bildung des Lithosphären-Asthenosphären-Gemischs. Und – wie später im Zusammenhang mit Abb. 7-8 diskutiert wird – deutet möglicherweise auch das rezente Hebungsmuster auf diese Aufströmung.

Für beide Profilschnitte 3 und 4 mündet die jüngste Überschiebung auf der europäischen Seite in die Subalpinen Molasse und dürfte Post-Mittelmiozän sein. Jene auf der adriatischen Seite zerschneidet die plio-pleistozänen Sedimente des Po-Beckens und ist vielleicht heute noch aktiv. Sie ist somit wesentlich jünger als jene auf der Nordseite der Alpen.

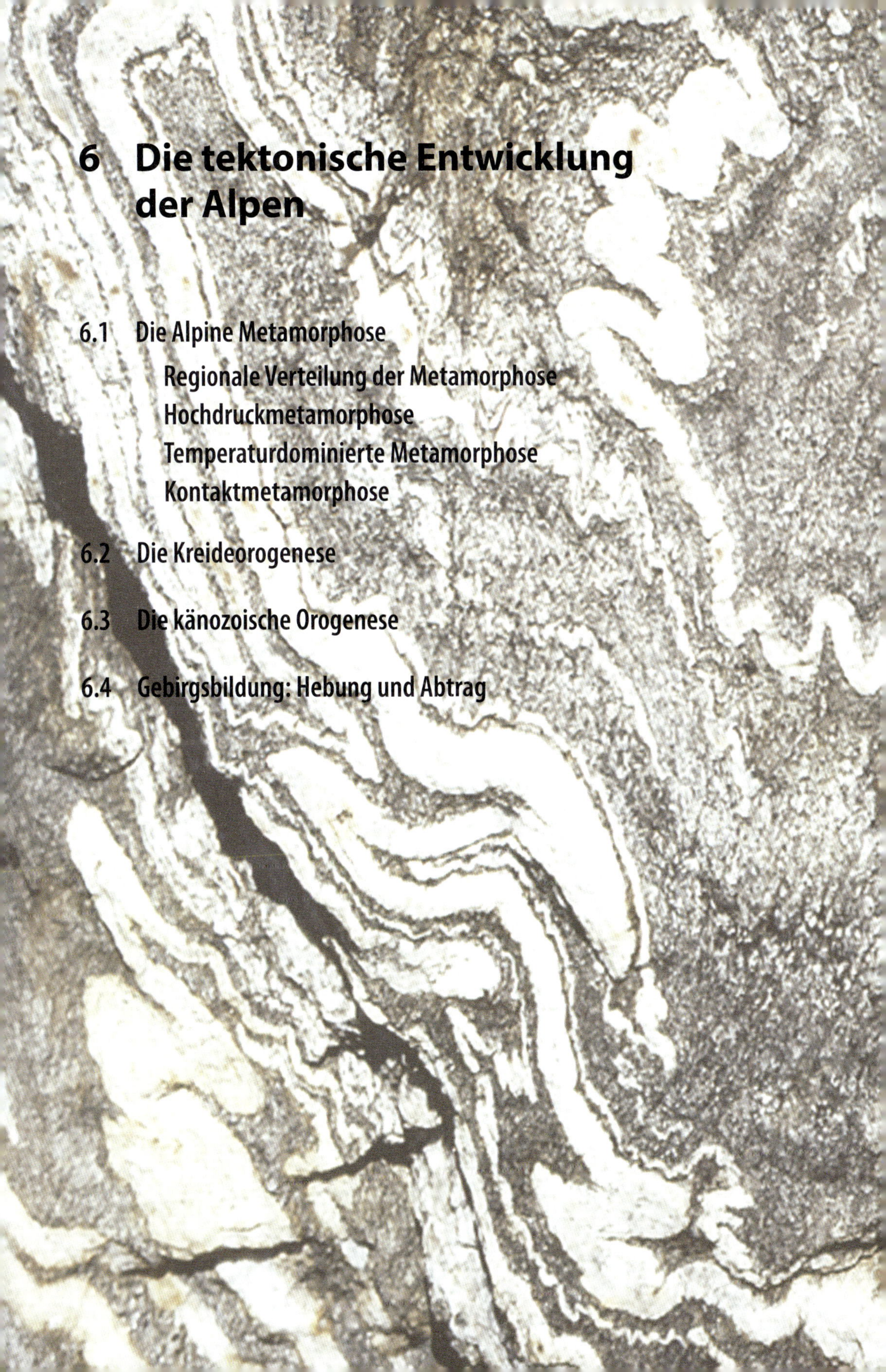

6 Die tektonische Entwicklung der Alpen

Der Gebirgsstrang der Alpen verdankt seine Entstehung den konvergenten Plattenbewegungen zwischen den zwei großen Platten Europa und Afrika. Dabei ist zu beachten, dass im Raum zwischen Europa und Afrika eine Reihe von kleineren kontinentalen Schollen das Geschehen mit prägten. Für die Alpen waren dies namentlich der adriatische Kleinkontinent und der Briançon-Mikrokontinent. Im Gefolge der konvergenten Plattenbewegungen wurden die Meeresbecken zwischen den Kontinentalschollen durch Subduktion geschlossen. Die eigentliche Heraushebung zum Gebirge erfolgte in der Schlussphase der konvergenten Bewegungen, bei der Kollision des europäischen mit dem adriatischen Kontinentalrand. Die ältere Geschichte der Konvergenz und Subduktion zeigt sich im internen Deckenbau der Alpen, der im vorangegangenen Kapitel beschrieben ist. Bei der konvergenten Bewegung zwischen Europa und Adria tauchte die europäische Platte ab, sank unter dem eigenen Gewicht in den Erdmantel und wurde dabei immer steiler. Dadurch entstand eine Sogwirkung welche die adriatische Platte Richtung Europa bewegte und dadurch zur Kollision führte.

Zwei Orogenesen in den Alpen

In der tektonischen Entwicklung der Alpen sind zwei Etappen zu unterscheiden:

- In der Kreidezeit waren die Konvergenzbewegungen zwischen Europa und Adria mehr EW-gerichtet. Die ozeanische Platte des Piemont-Ozeans tauchte ungehindert unter die adriatische Platte und wurde allmählich subduziert. Die obere Platte, der adriatische Kontinentalrand, wurde bei diesen Plattenbewegungen zusammengestaucht, Decken entstanden und Teile des Kontinentalrands wurden zu einem frühen Gebirge emporgehoben. Der europäische Kontinentalrand driftete zu dieser Zeit mehr oder weniger passiv auf die Subduktionszone zu. Diese erste Etappe wird als **Kreideorogenese** bezeichnet.
- Im Känozoikum dauerten die mehr EW-gerichteten Plattenbewegungen zunächst noch an, wurden aber durch eine NS-gerichtete Konvergenz abgelöst. Nach der vollständigen Schließung des Piemont-Ozeans und des Eintritts des Briançon-Mikrokontinents in die Subduktionszone wurde nun auch der europäische Kontinentalrand zusammengestaucht und in Decken gelegt. Nach und nach wurden immer externere Teile des europäischen Kontinentalrands von den Deformationen erfasst. Ein wichtiges Signal setzte der Eintritt des eigentlichen europäischen Kontinents, die Krustenunterlage des Helvetikums und Dauphinois. Mit der Ankunft einer nicht subduzierbaren, zirka dreißig Kilometer mächtigen kontinentalen Kruste wurde aus der Subduktion eine Kollision. Die andauernde Plattenkonvergenz bewirkte weitere Deckenstapelung. Daraus resultierte eine Heraushebung der beiden deformierten Plattenränder zum Gebirge. Diese zweite Etappe entspricht der **känozoischen Orogenese** (bzw. der Tertiärorogenese).

Die Entwicklungsgeschichte der beiden Orogenesen ergibt insgesamt ein sehr komplexes Bild, was nicht zuletzt in der unregelmäßigen Form der Plattengrenzen und Kontinentalränder sowie den Richtungsänderungen der Plattenbewegungen begründet ist. Die Datierung der Entwicklungsgeschichte beruht auf verschiedenen und unabhängigen Methoden. Petrologisch-geochronologische

6-0 Foto S. 291: **Mehrfach gefalteter Bändergneis (Maggia-Decke)**

Daten („Metamorphosealter") geben Aufschluss über die Versenkungs- und Exhumationsgeschichte von Gesteinen. Strukturgeologische Analysen erlauben die relative Datierung von Überschiebungen, Faltungen, Schieferungen und dem Wachstum metamorpher Mineralparagenesen. Stratigrafisch-sedimentologische Untersuchungen ergeben Maximal- und Minimalalter, Winkeldiskordanzen und Sedimentassoziationen geben Hinweise auf das überregionale Umfeld. Die Anwendung aller Methoden ist eingeschränkt durch den Umstand, dass viele der kritischen Gesteine und Aufschlüsse infolge Erosion fehlen, durch Quartärsedimente bedeckt oder einfach noch in der Tiefe versenkt sind. Die vorhandenen Beobachtungen geben deshalb ein noch lückenhaftes Bild der Entstehungsgeschichte der Alpen, was sich auch in den zum Teil widersprüchlichen Ansichten in der publizierten Literatur ausdrückt.

6.1 Die alpine Metamorphose

Bei der Versenkung durch Subduktion und Deckenbildung wurden die Gesteine höheren Drücken und Temperaturen ausgesetzt. Die dabei auftretende metamorphe Überprägung blieb – wenigstens reliktisch – auch bei der anschließenden Exhumation mit fallenden Drücken und Temperaturen erhalten und ist deshalb ein ausgezeichneter Indikator für das regionale und überregionale Muster der gebirgsbildenden Prozesse. Um die Metamorphosedaten aber in die Entwicklung einbauen zu können, müssen sowohl die regionale Verteilung des Grads der metamorphen Überprägung wie auch petrologische Analysen, welche die Druck- und Temperaturbedingungen dieser Überprägung bestimmt werden. Aus diesen Überlegungen ist die Besprechung der Metamorphose wie folgt gegliedert:

- Zuerst wird eine generelle Übersicht über die regionale Verteilung der alpin-metamorphen Überprägung gegeben.
- Anschließend folgt eine etwas detailliertere Diskussion der druckbetonten Metamorphose, welche auch die zeitliche Abfolge der Drücke und Temperaturen beinhaltet (sogenannte *P-T-t*-Pfade).
- Der Abschnitt über Regionalmetamorphose danach konzentriert sich auf die metamorphe Überprägung von Deckenstrukturen, illustriert am klassischen Beispiel des Lepontins.
- Schließlich wird die Kontaktmetamorphose in den Nebengesteinen der känozoischen Plutone erläutert.

Regionale Verteilung der Metamorphose

Die regionale Verteilung der metamorphen Überprägung als Fazieszonen oder aufgrund von metamorphen Relikten basiert auf einer Fülle von Lokalanalysen verschiedenartiger Gesteine, Mineralparagenesen, Mineralumwandlungen etc. Der Vergleich solcher unabhängiger Beobachtungen setzt eine sorgfältige Kalibrierung voraus. Oberhänsli et al. (2004) kompilierten die Metamorphosedaten des gesamten alpinen Orogens. Obschon die Primärdaten detaillierte Verteilungsmuster einzelner Mineralparagenesen enthalten, welche dann auf Verteilungsmuster von Druck und Temperatur schließen lassen, erlaubt die Gruppierung dieser petrologischen Daten zu generelleren metamorphen Fazieszonen eine verständlichere Darstellung im Kartenbild. Die Karte in Abb. 6-1 ist eine vereinfachte Darstellung der von Oberhänsli et al. (2004) und Schuster (2003) erarbeiteten Metamorphosekarte. Aus-

▶ **6-1 Vereinfachte Metamorphosekarte der Alpen** (zusammengestellt nach Oberhänsli et al., 2004) und Schuster (2003). Die Ostalpen zeichnen sich durch kretazische druckbetonte Metamorphose aus (Alter um 100 Millionen Jahre). In den Westalpen ist die druckbetonte Metamorphose jünger (45 bis 35 Millionen Jahre).

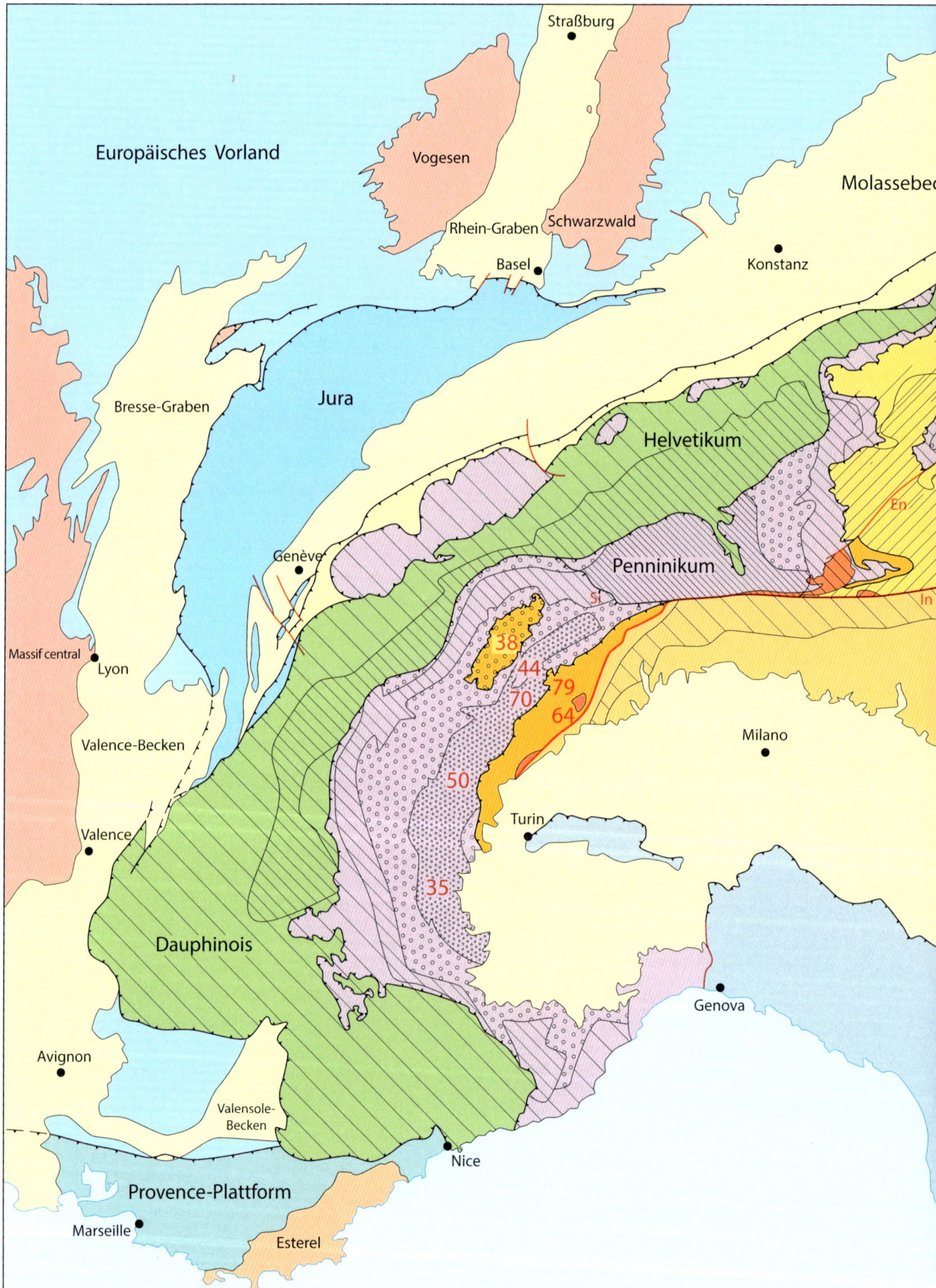
Straßburg
Europäisches Vorland
Vogesen
Molassebec
Rhein-Graben
Schwarzwald
Konstanz
Basel
Jura
Bresse-Graben
Helvetikum
En
Genève
Penninikum
Si
In
Massif central
Lyon
38
44
79
70
64
Valence-Becken
Milano
50
Turin
Valence
35
Dauphinois
Genova
Avignon
Valensole-Becken
Nice
Provence-Plattform
Marseille
Esterel

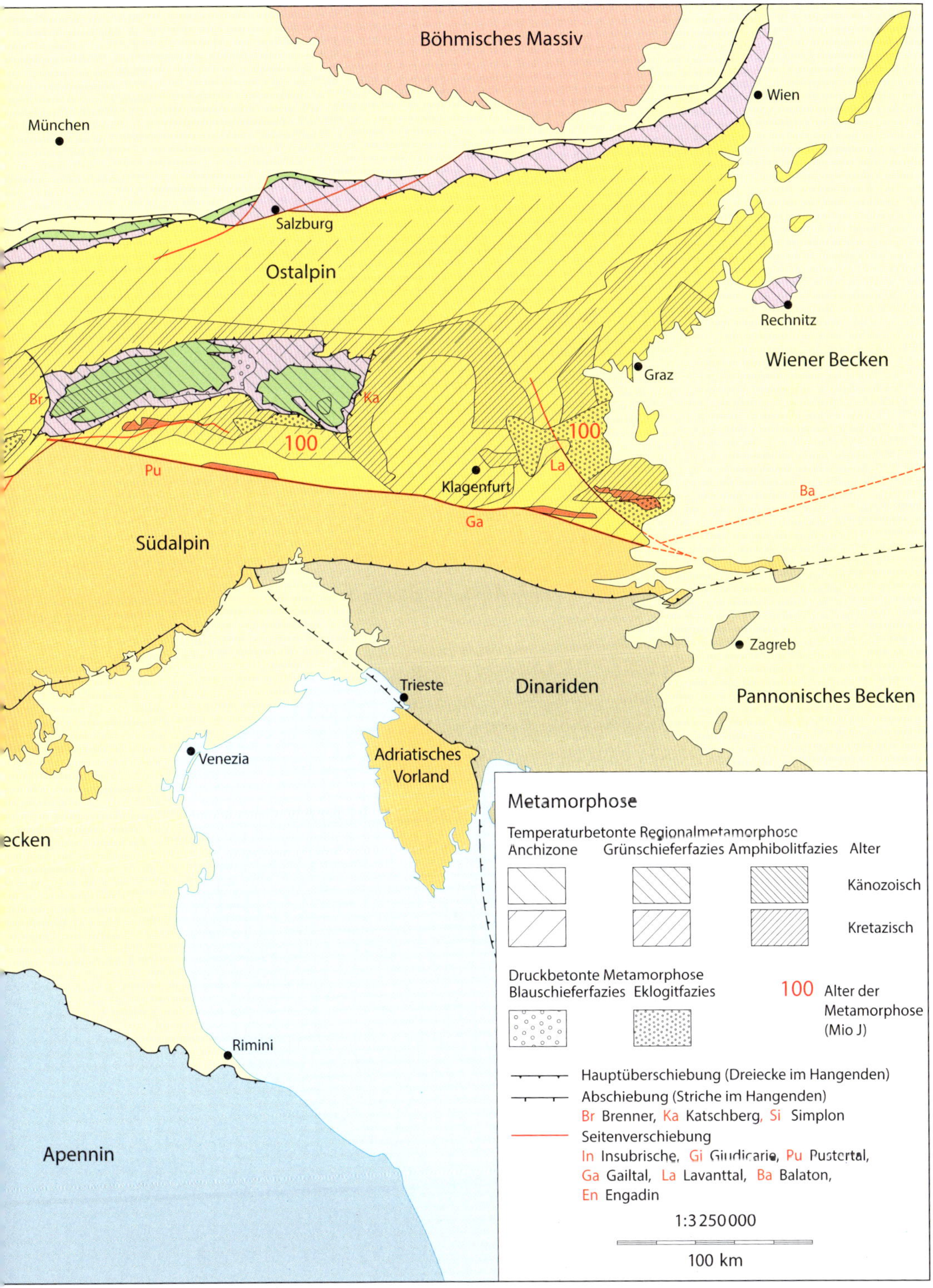
Böhmisches Massiv
Wien
München
Salzburg
Ostalpin
Rechnitz
Wiener Becken
Graz
Br
Ka
100
100
Pu
La
Klagenfurt
Ba
Ga
Südalpin
Zagreb
Trieste
Dinariden
Pannonisches Becken
Adriatisches Vorland
Venezia
ecken
Rimini
Apennin
Metamorphose
Temperaturbetonte Regionalmetamorphose
Anchizone
Grünschieferfazies
Amphibolitfazies
Alter
Känozoisch
Kretazisch
Druckbetonte Metamorphose
Blauschieferfazies
Eklogitfazies
100 Alter der Metamorphose (Mio J)
Hauptüberschiebung (Dreiecke im Hangenden)
Abschiebung (Striche im Hangenden)
Br Brenner, Ka Katschberg, Si Simplon
Seitenverschiebung
In Insubrische, Gi Giudicarie, Pu Pustertal, Ga Gailtal, La Lavanttal, Ba Balaton, En Engadin
1:3 250 000
100 km

▶ **6-2 Hochdruckmetamorphose in den Westalpen.** *P-T-t*-Pfade aus dem Penninikum (Dora Maira-Kristallin und Zermatt-Saas Fe-Zone von Valtournanche) und der salassischen Dent Blanche-Decke.

geschieden sind einerseits Metamorphosealter (mittlere und späte Kreide sowie Känozoikum) und andererseits die Metamorphosetypen (druckbetonte eklogitische und blauschieferfazielle Metamorphose und temperaturbetonte grünschieferfazielle und amphibolitfazielle Metamorphose).

Kretazische und känozoische Metamorphose

Im Kartenbild fällt sofort auf, dass die mittelkretazische Metamorphose auf das Ostalpin beschränkt ist. Mittelkretazische Eklogite (vor 110 bis 90 Millionen Jahren gebildet) finden sich in den Kristallindecken ganz im Südosten sowie südöstlich und südwestlich des Tauern-Fensters. Die Eklogitvorkommen sind umrahmt von Gebieten amphibolitfazieller Überprägung. Schließlich bilden die in der Kreide grünschieferfaziell überprägten Gesteine eine äußere breite Umrandung der höher metamorphen Gesteine. Die Zone schwächster Metamorphose ist in einem Band in den Nördlichen Kalkalpen und im Südalpin konzentriert. Nicht metamorph sind die Gesteine im Südalpin und in einem schmalen Band innerhalb des Ostalpins südlich des Tauern-Fensters und nördlich der Pustertal- und Gailtal-Störung. Insgesamt zeigt das Bild eine Kernzone höherer Metamorphose im südlichen Teil des Ostalpins, die gegen Osten und Westen breiter wird.

Die Blauschieferfazies ist auf die penninischen Decken beschränkt, überprägt kretazische Gesteine und ist somit känozoischen Alters. Blauschieferfazies ist in den Fenstern von Rechnitz, der Tauern und des Engadins und im Hauptkörper des Penninikums der Zentral- und Westalpen vertreten. Auffallend ist, dass die Blauschieferfazies in den Gesteinen im unmittelbar Hangenden der basalen penninischen Überschiebung vorkommt. Dies kann dahin gehend interpretiert werden, dass die penninischen Decken in größerer Tiefe druckbetont überprägt wurden und dann auf das nicht so tief versenkte Helvetikum-Dauphinois aufgeschoben wurden.

In den Zentralalpen gibt es ein größeres Gebiet amphibolitfazieller Überprägung. Es ist im Süden durch die Insubrische Störung scharf vom Südalpin abgegrenzt. In den Westalpen liegt östlich der Blauschieferzone eine Zone mit Eklogiten vor, deren Bildungsalter größtenteils känozoisch sind (35 bis 59 Millionen Jahre). Spätkretazisch-paläogene Alter (70 bis 44 Millionen Jahre) zeigen die Eklogite westlich der Ivrea-Zone. Im Westen der Blauschieferzone verläuft innerhalb des Penninikums ein dünnes Band von grünschieferfazieller Überprägung. Das Dauphinois ist im inneren Teil grünschieferfaziell überprägt, eine Struktur, die sich auch ins Helvetikum der Zentralalpen fortsetzt. Schließlich ist auch die blauschieferfazielle und eklogitfazielle Überprägung der Gesteine im südlichen Teil des Tauern-Fensters zu erwähnen.

Hochdruckmetamorphose

Die Pionierarbeiten von Chopin (1984) und Goffé (1984–1986) wiesen die Existenz von Coesit und reinem Pyrop in Blauschiefern sowie Karpholit-Chloritoid-Paragenesen, in Metapeliten nach, beides Paragenesen welche sich nur bei hohen Drücken und relativ tiefen Temperaturen bilden können. Die gleichen Paragenesen wurden später auch an verschiedenen Orten in den West-, Zentral- und Ostalpen nachgewiesen. Schlüsselgesteine sind Eklogite, das sind mafische Gesteine, die Granat und Omphazit enthalten und sich aus Gabbros und Basalten bildeten. In den Alpen ist das Auftreten von Eklogiten häufig an mafische Magmatite des Piemont-Ozeans geknüpft. Für diese und andere Eklogite sind *P-T-t*-Pfade ermittelt worden, welche illustrieren wie individuelle Gesteinsverbände in große Tiefen versenkt wurden und anschließend durch Exhumation wieder an die Erdoberfläche gelangten. Im Folgenden werden einige typische Beispiele von *P-T-t*-Pfaden näher diskutiert. Hierbei ist zu beachten, dass Eklogite und andere Hochdruck-Paragenesen später von einer regionalen (Versenkungs)Metamorphose unter niedrigeren Drücken und höheren Temperaturen überprägt wurden und deshalb nur reliktisch erhalten sind. Der Grund, weshalb sie überhaupt erhalten sind ist darin zu suchen, dass sie aus wasserfreien Phasen wie Granat, Pyroxen, Quarz, Disthen und Olivin bestehen (Brouwer et al., 2005).

Vorsicht ist geboten bei der Umrechnung von Drücken, die aus petrologischen Experimenten und Mineralparagenesen bestimmt wurden, in Tiefen, in welchen die entsprechenden Reaktionen stattfanden. Oft werden diese Drücke als rein lithostatische Drücke aufgefasst und die Tiefe direkt daraus ermittelt. Wie aber Petrini & Podladchikov (2000) und Mancktelow (2008) zeigten, können bis zu 50 % dieser Drücke durch tektonischen Überdruck zustande kommen, der lithostatische Anteil also nur etwa der Hälfte des petrologisch bestimmten Druckes ausmachen kann. Dies bedeutet dass die in der Literatur publizierten Tiefen in vielen Fällen viel zu hoch sind. Für die Konstruktion der palinspastischen, retrodeformierten Profilschnitte durch die Alpen, wie in Abschnitt 6.3 vorgestellt, wurde der Effekt von tektonischem Überdruck auf die Paläo-Tiefen berücksichtigt. Schließlich ist auch zu bedenken dass experimentelle Daten

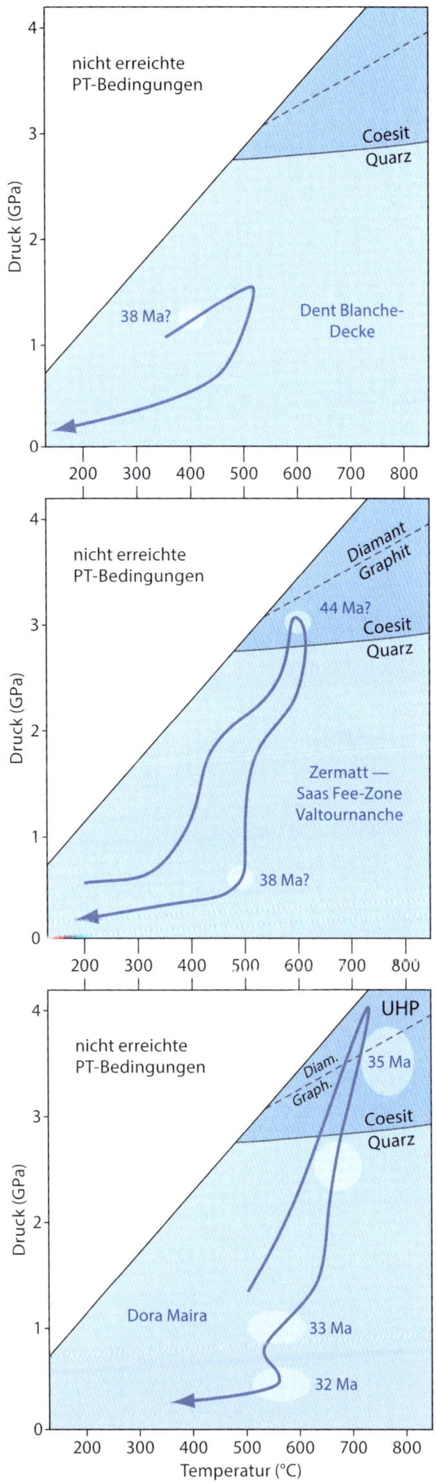

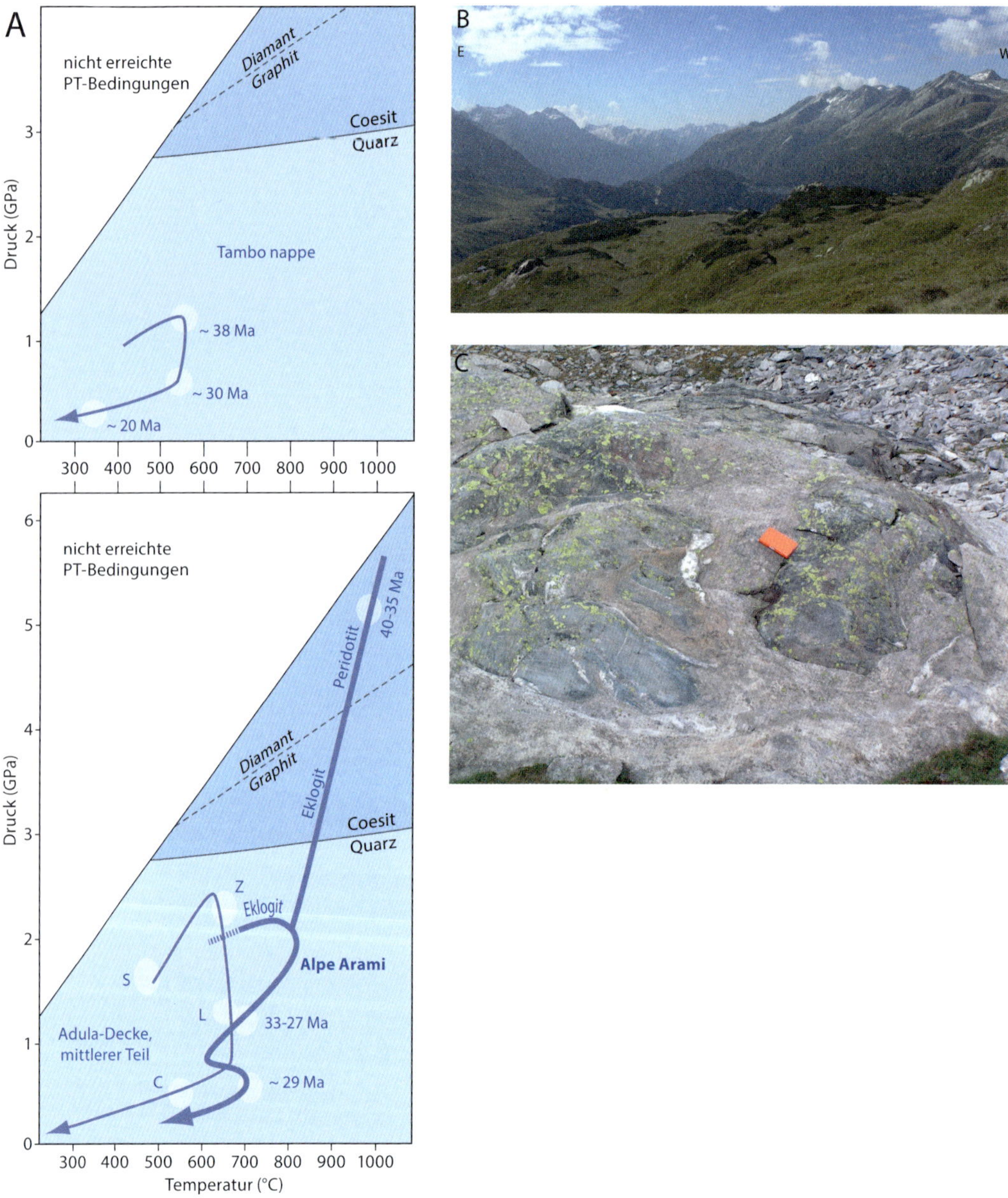

6-3 Hochdruckmetamorphose in den Zentralalpen.
***P-T-t*-Pfade aus den penninischen Decken** (Adula- und Tambo-Decke). S, Z, L, C: Sorreda-, Zapport-, Leis-, Chiera-Phase (vgl. Abb. 6-12).
Morphologischer Ausdruck der Eklogitknollen in der Adula-Decke. Blickrichtung SSE. Im Hintergrund sind die nach Osten einfallenden lithologischen Kontakte und Foliation deutlich zu erkennen (Foto Alfons Berger).
Mafische Boudins (grün) in grauen Paragneisen im Aufschluss der Alp di Trescolmen im zentralen Teil der Adula-Decke. Eklogite sind im Kern der Boudins erhalten, am äußeren Rand sind sie amphibolitisch umgewandelt (Foto Lukas Rohrbach).

nicht direkt auf natürliche Umgebungen extrapoliert werden dürfen, weil beispielsweise die höchsten Drücke in den Gesteinen nicht unbedingt registriert werden (Desmons et al., 1999a).

Die Hochdruck-Metamorphose in den Westalpen ist in der Arbeit von Desmons et al. (1999b) eingehend diskutiert. Drei Beispiele von *P-T-t*-Pfaden sind in Abb. 6-2 wiedergegeben:

- Dora Maira, eine Kristallindecke aus kontinentaler Kruste der Briançon-Schwelle;
- Zermatt-Saas Fee-Zone, eine Ophiolithdecke aus ozeanischer Kruste des Piemont-Ozeans;
- Dent Blanche-Decke, eine salassische Kristallindecke aus kontinentaler Kruste des adriatischen Kontinentalrandes.

Der *P-T-t*-Pfad der Dora Maira basiert auf Castelli et al. (2007). Maximale Drücke von 4 Gigapascal, was einer Versenkungstiefe von mindestens 50 Kilometern entspricht, wurden vor etwa 35 Mio Jahren erreicht, und nur kurz später, vor 32 Mio Jahren, betrug der Druck nur noch 0.5 Gigapascal, und die Gesteine waren in einer Tiefe von 10–15 Kilometern. Die Gesteine der Zermatt-Saas Fee-Zone von Valtournanche erreichten gemäß Reinecke (1998) Drücke von 3 Gigapascal vor etwa 44 Mio Jahren und wesentlich tiefere Drücke kurz danach vor 38 Mio Jahren (vgl. *P-T-t*-Pfad in Abb. 6-2). Obschon die beiden *P-T-t*-Pfade ähnlich sind, wurden die Gesteine der Dora Maira später versenkt. Da der Piemont-Ozean (mit der Zermatt-Saas Fee-Zone) früher, noch vor der Ankunft der Briançon-Schwelle in der Subduktionszone, in die Tiefe gelangte, ist der Zeitunterschied zwischen 44 und 35 Mio Jahren plausibel. Im Falle der Dent Blanche-Decke sind die maximal erreichten Drücke nach Höpfer & Vogler (1994) etwas tiefer im Vergleich zu den ersten beiden Beispielen. In der salassischen Sesia-Zone konnten Rubatto et al. (2011) zwei Hochdruck-Ereignisse nachweisen, und zwar innerhalb weniger als 20 Mio Jahren, vor 79 und 64 Mio Jahren. Dazwischen ist vor etwa 73 Mio Jahren ein Niederdruck-Ereignis zu verzeichnen. Rubatto et al. (2011) beschrieben diese Ereignisse als Yo-Yo-Subduktion, bei welcher die Gesteine in einer schiefen Subduktion zuerst versenkt, dann exhumiert und wieder versenkt wurden. Man kann sich vorstellen, dass der nördliche Rand der adriatischen Platte zuerst unter die eigentliche adriatische Platte versenkt wurde, anschließend mit return-flow wieder nach oben gelangte; bei der zweiten Subduktion gehörte der ehemalige Plattenrand dann zur oberen Platte, unter welche der Piemont-Ozean subduziert wurde.

In den Zentralalpen findet man Hochdruck-Relikte im Lepontin in einem komplexen Stapel von Schollen ozeanischer Kruste und Schmitzen von Mantelgesteinen welche in kontinentale Kruste eingeschuppt sind. Engi et al. (2001) bezeichnen dieses Mélange als „tektonischen Akkretionskanal", um dessen Entstehung in einer Subduktionszone Rechnung zu tragen. Der größte Teil des Mélanges gehört zur Adula-Decke, kleinere Teile stehen weiter südlich nahe der Insubrischen Störung an (hierzu zählen Alp di Trescolmen, Cima Lunga, Monte Durio und Alpe Arami). Die *P-T-t*-Pfade dieser Einheiten sowie jene der Tambo-Decke sind in Frey & Ferreiro Mählmann (1999) zusammengefasst und in Abb. 6-3A dargestellt. In der Schmitze von Alpe Arami, welche als Mantelstück interpretiert wird, das längs der damaligen Subduktionszone nach oben entwich, wurden maximale Drücke von 5 Gigapascal vor 40–35 Mio Jahren erreicht. Diese Drücke fielen rasch ab und betrugen vor 33–27 Mio Jahren nur noch 1 Gigapascal. Im Vergleich zu Alpe Arami zeigt der *P-T-t*-Pfad für den zentralen Teil der Adula-Decke einen raschen Druckanstieg auf maximal 2.5 Gigapascal, gefolgt von einem Druckabfall auf 0.7 Gigapascal. Die heutige Distanz zwischen diesen beiden Orten beträgt 20 Kilometer, was einer Differenz von etwa 15 Kilometern in der Überlast bzw. einem lithostatischen Druckunterschied von nur 0.45 Gigapascal entspricht. Wir müssen deshalb annehmen dass die Adula-Decke viel länger war, als sie sich in der Subduktionszone befand und später zusammengeschoben und verkürzt wurde. Diese Deformation kann als intensive Scherung im Subduktionskanal gedeutet werden und war möglicherweise von tektonischen Überdrücken begleitet.

Für die tektonisch höher liegende Tambo-Decke haben Marquer et al. (1994) einen ähnlichen *P-T-t*-Pfad bestimmt. Druckmaxima von 1.2 Gigapascal wurden vor 38 Mio Jahren erreicht, später, vor 30 Mio Jahren betrugen die Drücke lediglich 0.5 Gigapascal. Offensichtlich wurde die Adula-Decke in größere Tiefen versenkt als die Tambo-Decke. Aber die rasche Dekompression zwischen 40–35 und 30 Mio Jahren erfolgte gleichzeitig in beiden Decken. Der Wechsel zum retrograden Pfad (mit Temperaturabnahme) vor etwa 30 Mio Jahren ist zeitgleich mit der Intrusion des Bregaglia-Plutons nahe der Insubrischen Störung, welche das Lepontin im Süden begrenzt.

In Abb. 6-3B und C sieht man den morphologischen Ausdruck der erosionsresistenten Eklogitlinsen im zentralen Teil der Adula-Decke und die Internstruktur solcher Linsen im Aufschluss. Die Eklogite (mit Granat) sind im Kern der grünen Linsen erhalten während sie am Rand gegen die umliegenden Paragneise amphibolitisiert sind und die typische dunkelgrüne Farbe aufweisen.

In den Ostalpen sind Hochdruck-Paragenesen aus den ostalpinen Decken westlich und östlich des Tauern-Fensters sowie in den penninischen Ophiolithdecken innerhalb des Tauern-Fensters bekannt. Eklogite im Ostalpin sind spätkretazischen Alters (Hoinkes et al., 1999), wobei Alter um 100 Mio Jahre typisch sind (vgl. Abb. 6-1). Wesentlich jünger sind die Eklogite in den penninischen Decken: 39 Mio Jahre in der Moderreck-Decke (Kurz et al., 2008) und 45–42 Mio Jahre in der Eklogit-Zone (Ratschbacher et al., 2004). Der offensichtliche Altersunterschied zwischen dem spätkretazischen Ereignis im Ostalpin und dem späteozänen Ereignis im Penninikum belegt die Existenz von zwei unabhängigen Orogenesen in den Ostalpen. Das oben beschriebene Hochdruck-Ereignis in der (salassischen) Sesia-Zone in den Westalpen ist als späteste Kreide datiert (79 und 65 Mio Jahre) und scheint am Übergang zwischen den beiden Orogenesen stattgefunden zu haben.

Die *P-T-t*-Pfade der ostalpinen Ötztal-Decke und der penninischen Ophiolith-Zone in Abb. 6-4 basieren auf Hoinkes et al. (1999) und zeigen Maximaldrücke von 1.2 Gigapascal vor 100 Mio Jahren beziehungsweise 2.3 Gigapascal vor knapp 45 Mio Jahren. Die anschließende Dekompression im Zeitintervall zwischen 42 und 40 Mio Jahren war gefolgt von einem thermischen Ereignis, welches zeitlich mit der regionalen (Versenkungs)Metamorphose, die im folgenden Abschnitt besprochen wird, zu korrelieren ist.

Temperaturdominierte Metamorphose

Eine regionale temperaturbetonte Metamorphose vom Typ Barrov erreichte amphibolitfazielle Bedingungen in den Ostalpen noch in der Kreidezeit und im Lepontin der Zentralalpen im Känozoikum. Das Lepontin ist ein klassisches Gebiet, welches petrologisch intensiv untersucht wurde. Von besonderem Interesse sind dabei die gegenseitigen Beziehungen und Interaktionen von Metamorphose und Deckenbildung. Eine eingehende Diskussion zur Erforschungsgeschichte kann in Frey & Ferrero Mählmann nachgelesen werden, während die Pionierarbeiten von Engi et al. (1995) und Todd & Engi (1997) die Entwicklung von Druck- und Temperaturbedingungen diskutieren. Abb. 6-5 zeigt eine Kompilation der Druck- und Temperaturbedingungen, welche auf der Arbeit von Engi (2011) gründet. Abb. 6-5A zeigt die Deckenstruktur auf einer tektonischen Karte. In Abb. 6-5B sind die Verteilung der Indexminerale und die Reaktionsisograden dargstellt. Es ist ganz klar ersichtlich dass die Grenzen des Auftretens von Sillimanit und Disthen die Deckenkontakte zwischen den penninischen Kristallindecken (Antigorio-, Maggia-, Simano- oder Adula-Decke)und der darunterliegenden Leventina-Decke eindeutig schneiden. Ebenso verläuft die Grenze zwischen Amphibolitfazies und Grünschieferfazies in Abb. 6-5B zwischen Olivone und Airolo quer zu den Deckenkontakten. Damit besteht kein Zweifel darüber, dass die Metamorphosegrade, angezeigt durch die Indexminerale, Reaktionsisograden und Faziesgrenzen, zu einem Zeitpunkt erreicht wurden, als der Deckenstapel bereits existierte. Abb. 6-5C zeigt die Isothermen der maximal erreichten Temperaturen, die

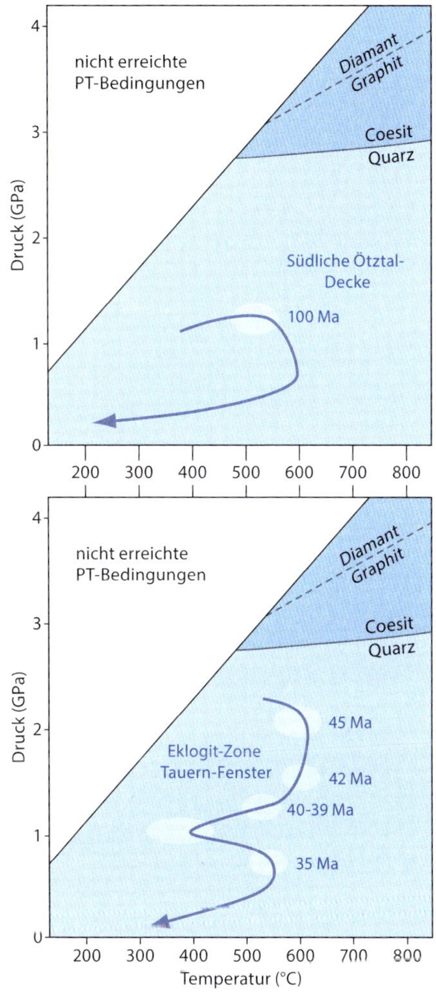

6-4 Hochdruckmetamorphose in den Ostalpen. *P-T-t*-Pfade stammen aus der südlichen ostalpinen Ötztal-Decke und aus der penninischen Eklogit-Zone des Tauern-Fensters.

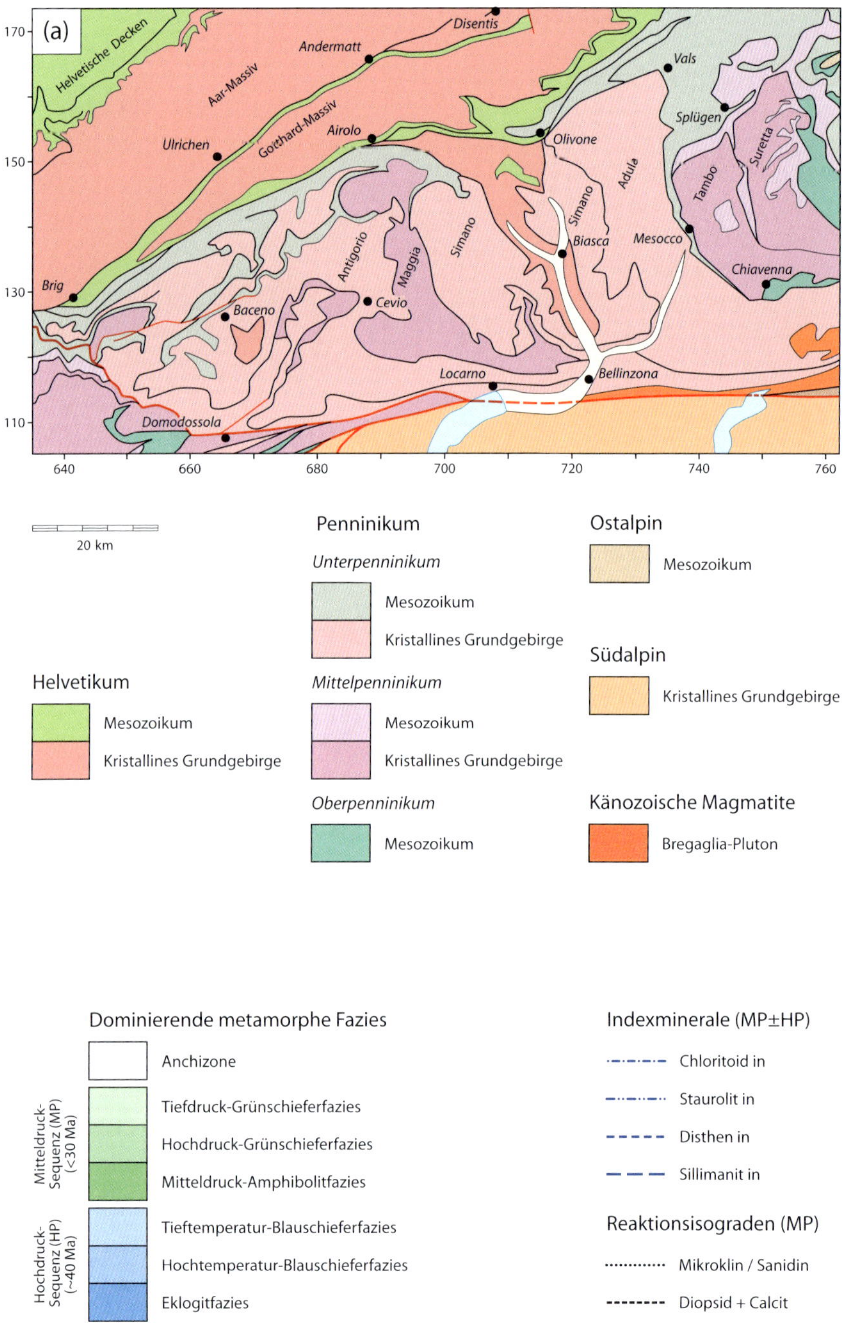
(a)
Helvetische Decken
Aar-Massiv
Gotthard-Massiv
Disentis
Andermatt
Ulrichen
Airolo
Olivone
Vals
Splügen
Suretta
Tambo
Adula
Simano
Biasca
Mesocco
Chiavenna
Antigorio
Maggia
Simano
Cevio
Baceno
Brig
Locarno
Bellinzona
Domodossola
170
150
130
110
640
660
680
700
720
740
760
20 km
Penninikum
Unterpenninikum
Mesozoikum
Kristallines Grundgebirge
Mittelpenninikum
Mesozoikum
Kristallines Grundgebirge
Oberpenninikum
Mesozoikum
Helvetikum
Mesozoikum
Kristallines Grundgebirge
Ostalpin
Mesozoikum
Südalpin
Kristallines Grundgebirge
Känozoische Magmatite
Bregaglia-Pluton
Dominierende metamorphe Fazies
Anchizone
Mitteldruck-Sequenz (MP) (<30 Ma)
Tiefdruck-Grünschieferfazies
Hochdruck-Grünschieferfazies
Mitteldruck-Amphibolitfazies
Hochdruck-Sequenz (HP) (~40 Ma)
Tieftemperatur-Blauschieferfazies
Hochtemperatur-Blauschieferfazies
Eklogitfazies
Indexminerale (MP±HP)
Chloritoid in
Staurolit in
Disthen in
Sillimanit in
Reaktionsisograden (MP)
Mikroklin / Sanidin
Diopsid + Calcit

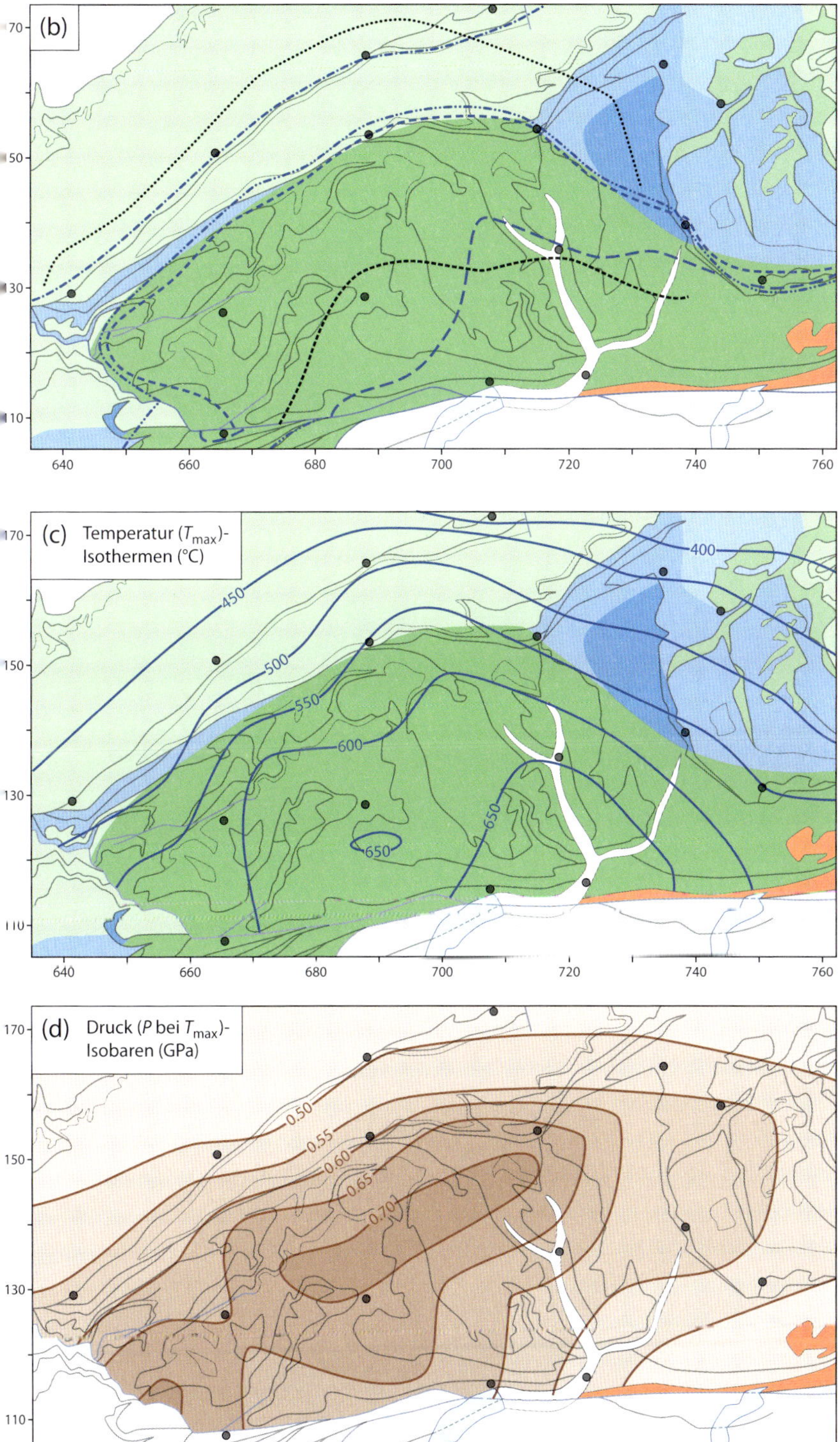

6-5 Regionalmetamorphose in der Leventina (Zentralalpen). Nach Engi (2011).
(a) Tektonische Karte
(b) Verteilung der Indexminerale
(c) Isothermen der Maximaltemperatur
(d) Isobaren zur Zeit der Maximaltemperatur

6-6 Kontaktmetamorphose in der Kontaktaureole des Bregaglia-Plutons (Zentralalpen).

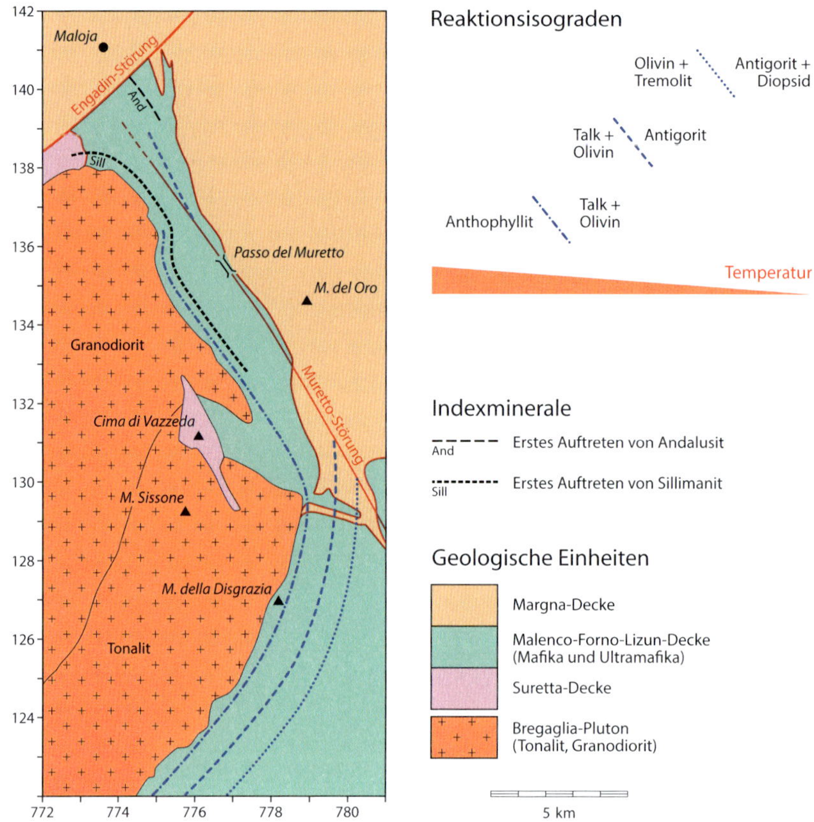

im Verlauf der Regionalmetamorphose erreicht wurden. Diese Isothermen schneiden nicht nur die Deckenkontakte sondern auch die Faziesgrenzen und deuten auf ein Temperaturmaximum im Süden zwischen Bellinzona und Locarno gerade nördlich der Insubrischen Störung, werden von Letzterer aber deutlich abgeschnitten. Die maximalen Temperaturen wurden im Süden vor 28 Mio Jahren erreicht, im Norden etwas später, vor 26–21 Mio Jahren (Engi et al., 2004). Interessanterweise zeigen die Drücke, welche zum Zeitpunkt des Temperaturmaximums herrschten, ein anderes Muster (vgl. Abb. 6-5D). Die Isobaren zeigen ein Druckmaximum von 0.7 Gigapascal, das sich in WSW-ENE Richtung quer durch das Lepontin erstreckt und schief zu den Isothermen verläuft. Zusätzlich muss erwähnt werden, dass die während der Regionalmetamorphose erreichten maximalen Drücke viel höher (um 1.2 Gigapascal) waren. Wie die Isothermen werden auch die Isobaren im Süden von der (jüngeren) Insubrischen Störung geschnitten. Im südalpinen Deckenstapel südlich dieser Störung war die alpine metamorphe Überprägung sehr gering wie das lediglich lokale Auftreten von Stilpnomelan und Prehnit zeigt (Colombo & Tunesi, 1999).

Kontaktmetamorphose

Längs des Periadriatischen Bruchsystems intrudierten im späten Eozän und

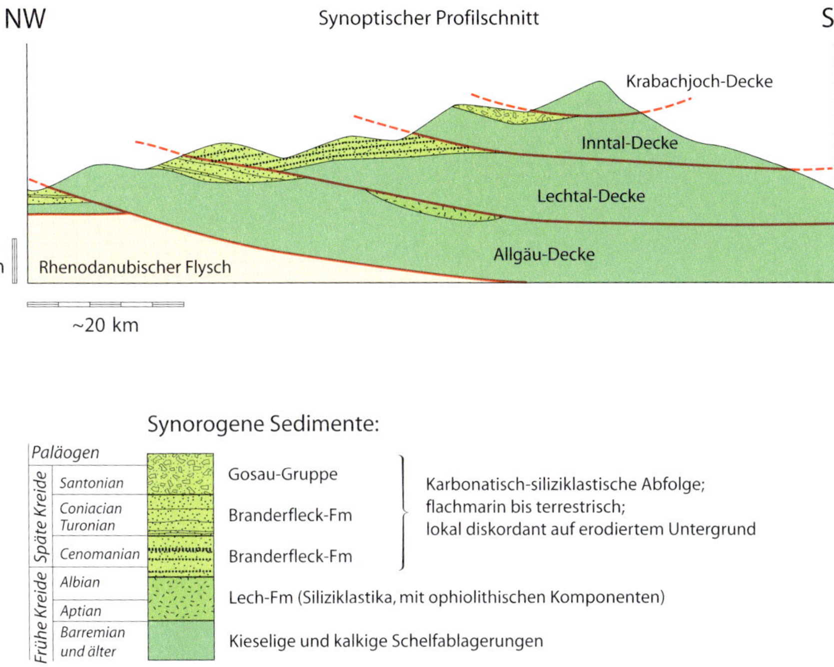

6-7 Synoptisches Profil durch die Nördlichen Kalkalpen zur Kreidezeit mit den synorogenen Gosau-Sedimenten (zusammengestellt nach Angaben von Ortner, 2001).

frühen Oligozän mehrere Plutone die das Nebengestein statisch aufheizten. Dadurch wuchsen in den Kontaktaureolen dieser Plutone neue Minerale, welche das Ausmaß der Aufheizung und die herrschenden geothermischen Gradienten zu belegen vermögen. Als Beispiel für diese Kontaktmetamorphose ist in Abb. 6-6 der Ostrand der Bregaglia-Intrusion dargestellt. Die Reaktionsisograden und das Auftreten von Indexmineralen basiert auf den Arbeiten von Trommsdorff & Nievergelt (1983), Puschnig (1996) und Trommsdorff & Connolly (1996). Beide Scharen von Isolinien bilden ein konzentrisches Muster um den Intrusivkontakt des Bregaglia-Plutons und schneiden den Deckenkontakt zwischen der Margna-Decke und der Forno-Malenco-Lizun-Decke. Hingegen ist die Isograde, welche das Verschwinden von Antigorit anzeigt, an der Muretto-Störung versetzt. Dieser Sprödbruch ist jünger als die Intrusion. Gemäß der thermischen Modellierung von Trommsdorff & Connolly (1996) betrugen die Temperaturen in den mafisch-ultramafischen Nebengesteinen etwa 350 °C. Im Verlauf der (modellierten) Intrusion des Tonalits, welcher eine äußere Schale des Plutons bildet, stiegen die Temperaturen im unmittelbaren Kontaktbereich auf etwa 570 °C, während die Gesteine in 2 Kilometern Entfernung vom Intrusivkontakt auf etwa 470 °C aufgeheizt wurden. Der Tonalit intrudierte vor 32 Mio Jahren, der Granodiorit im Zentrum des Plutons vor 30 Mio Jahren.

6.2 Die Kreideorogenese

Die Kreideorogenese erfasste das Ostalpin in den Ostalpen, während im Helvetikum-Dauphinois und Penninikum der Zentral- und Westalpen weiterhin Sedimente abgelagert wurden. Die paläogeografischen Karten der frühen Kreide (Aptian, vor 125 Millionen Jahren) in Abb. 3-28 und der späten Kreide (Turonian, vor 90 Millionen Jahren) in Abb. 4-12 zeigen diese Verhältnisse. In den Ostalpen weisen die eklogitfaziell überprägten Gesteine in den Kristallindecken auf eine tiefe Versenkung dieser Einheiten hin. Wie aus Abb. 6-1 ersichtlich, bildeten sich diese Eklogite in der Zeitspanne vor 110 bis 90 Millionen Jahren, d. h. an der Wende frühe/späte Kreide (Albian bis Turonian). Strukturgeologische Indikatoren deuten auf WNW-gerichtete Deckenbewegungen. Für die Kreideorogenese schlägt Schuster (2003) vor, die Kristallineinheiten des Ostalpins in eine untere und eine obere Platte zu unterteilen. Die Einheiten der oberen Platte sind rund um das Tauernfenster gelegen: Ötztal-Kristallin im Westen (SW Innsbruck), Deferegger- und Strieden-Komplex im Süden, und der Bundschuh- und Gurktal-Deckenkomplex im Osten (nördlich Klagenfurt), sowie das Grazer Paläozoikum nördlich von Graz.

Das Kreidealter der Deckenbewegungen wurde aber auch in den oberostalpinen Sedimentdecken, den Nördlichen Kalkalpen, beobachtet. Ortner (2001) gibt eine Übersicht der Literatur und diskutiert ein kinematisches Modell für die synorogenen Sedimente. Abb. 6-7 zeigt ein synoptisches Profil, das die Verbandsverhältnisse der synorogenen Sedimente und der verschiedenen Deckenkontakte zusammenfasst. Die synorogenen Sedimente umfassen unten die Lech-Formation, welche aus Siliziklastika besteht, die auch ophiolithische Komponenten enthalten. Die darüber folgende Branderfleck-Formation wie auch die den Abschluss bildende Gosau-Gruppe sind karbonatisch-siliziklastische Abfolgen. Sie wurden im flachmarinen Bereich oder im kontinentalen Bereich abgelagert. In mehreren Fällen liegen sie diskordant auf der erodierten mesozoischen Unterlage. Wie in Abb. 6-7 ersichtlich, überfuhren die verschiedenen Decken einerseits unterschiedlich alte synorogene Sedimente, auf ihrem Rücken wurden andererseits ebensolche Sedimente abgelagert. Ortner (2001) konnte zeigen, dass die Anlage der diversen Überschiebungen zwar von Südosten nach Nordwesten voranschritt, dass gelegentlich aber auch internere Überschiebungen aktiviert wurden („out-of-sequence thrusting“). Die älteste Überschiebung, bei der die juvavischen auf die tirolischen Decken zu liegen kamen, wurde bereits Ende Barremian vor zirka 120 Millionen Jahren angelegt (in Abb. 6-7 nicht gezeigt). Im Aptian-Albian (vor zirka 100 bis 110 Millionen Jahren) wurde die Lechtal-Überschiebung ein erstes Mal aktiviert. Die Inntal-Überschiebung, obschon höher im Deckenstapel und weiter intern gelegen, folgte als nächste Ende Cenomanian (vor zirka 94 Millionen Jahren). Die Lechtal-Überschiebung wurde dann Ende Turonian (vor zirka 89 Millionen Jahren) ein zweites Mal aktiviert. Als Letztes überschob die Krabachjoch-Decke die Gosau-Gruppe Ende Kreide (vor zirka 65 Millionen Jahren).

Froitzheim et al. (1994, 1997) analysierten die strukturelle Entwicklung des Ostalpins in Graubünden und verglichen sie mit geochronologischen Datierungen von Mineralneubildungen in Scherzonen und Pseudotachyliten. Auch hier ergaben sich kretazische Alter für Überschiebungen und Falten. Allerdings muss beachtet werden, dass das gesamte ostalpine Deckenpaket später, im Känozoikum, auf die penninischen Decken überschoben wurde. Die känozoischen Bewegungen waren mehr N-gerichtet. Froitzheim et al. (1994) unterteilten die orogenen Bewegungen in Phasen, benannt nach einer Typlokalität. Zwei spätkretazische Phasen zählen zur Kreideorogenese. Die ältere davon, die Trupchun-Phase, umfasste westgerichtete Deckenstapelung und lokale Seitenverschiebungen. Während der jüngeren, der Ducan-Ela-Phase, überprägten E- bis SE-gerichtete Abschiebungen den höheren Teil des Deckenstapels. Im tieferen Teil des Deckenstapels verursachte die Dehnung, kombiniert mit vertikaler Verkürzung, Falten. Wo die Schichten vorgängig zur vertikalen Verkürzung bereits vertikal waren, entstanden liegende Falten. Die Abschiebungen der Ducan-Ela-Phase reaktivierten teilweise die Überschiebungen der Trupchun-Phase. Eine größere Scherzone, die Vinschgau-Scherzone, begrenzt die Campo- und die Ötztal-Decke, zwei oberostalpine Kristallindecken. Geochronologische Daten ergeben für die Aktivierung dieser Seitenverschiebung ein Alter von zirka hundert Millionen Jahren.

In Abb. 6-8 sind die verschiedenen Deformationsphasen, Sedimentationsphasen und Metamorphosen in einem Raum-Zeit-Diagramm bzw. einem „orogenen Fahrplan“ dargestellt. Man erkennt darauf deutlich die Beschränkung der Kreideorogenese auf die ostalpinen Einheiten. Andererseits wird auch klar ersichtlich, dass sich die Gebirgsbildung in den Ostalpen im Känozoikum fortsetzte.

In Abb. 6-9 (inspiriert nach Froitzheim et al. 1997) ist die Situation in der spätesten Kreide (nach der Ducan-Ela-Phase, vor zirka 70 Millionen Jahren) schematisch dargestellt. Die Ostalpen ragten als flaches Gebirge aus dem umgebenden Meer. Ganz im Osten ist ein mächtiger Deckenstapel vorhanden, das Resultat der ostgerichteten Subduktion des Piemont-Ozeans. Zahlreiche ostgerichtete Abschiebungen zeugen von der Ducan-Ela-Dehnungsphase. Die Briançon-Schwelle endet gegen Nordosten und war noch Ort von pelagischer Sedimentation. Im Nordosten vereinigen sich Piemont-Ozean und Wallis-Trog. Nördlich und südlich der Ostalpen erlaubten Seitenverschiebungen eine unabhängige Bewegung des Ostalpins vom Südalpin und dem penninischen Ozean. Die südliche Seitenverschiebung war ein Vorläufer des periadriatischen Bruchsystems.

Die späteren, känozoischen Bewegungen in den Ostalpen bewirkten, dass das gesamte Ostalpin nordwärts auf das Penninikum und Helvetikum überschoben wurde. Gleichzeitig wurden das südlich gelegene Südalpin und die Dolomiten zusammengestaucht, und Teile der adriatischen Kruste wurden unter die Ostalpen hineingeschoben vgl. Abb. 5.4-3. Diese Vorgänge sind durchaus vergleichbar mit jenen der känozoischen Orogenese in den Zentralalpen und werden deshalb im nächsten Abschnitt diskutiert.

6.3 Die känozoische Orogenese

Die alpine Gebirgsbildung im Känozoikum erfolgte in mehreren Etappen. Nach einer initialen Phase von Subduktion kam es zur eigentlichen Kollision des adriatischen mit dem europäischen Kontinentalrand. Der orogene Fahrplan in den Ost-, Zentral- und Westalpen zeigt wohl gemeinsame Merkmale in der relativen Abfolge, aber die zeitliche Korrelation ähnlicher Prozesse längs der Alpen ist nicht gewährleistet, weshalb die drei Segmente separat diskutiert werden. Die Gebirgsbildung

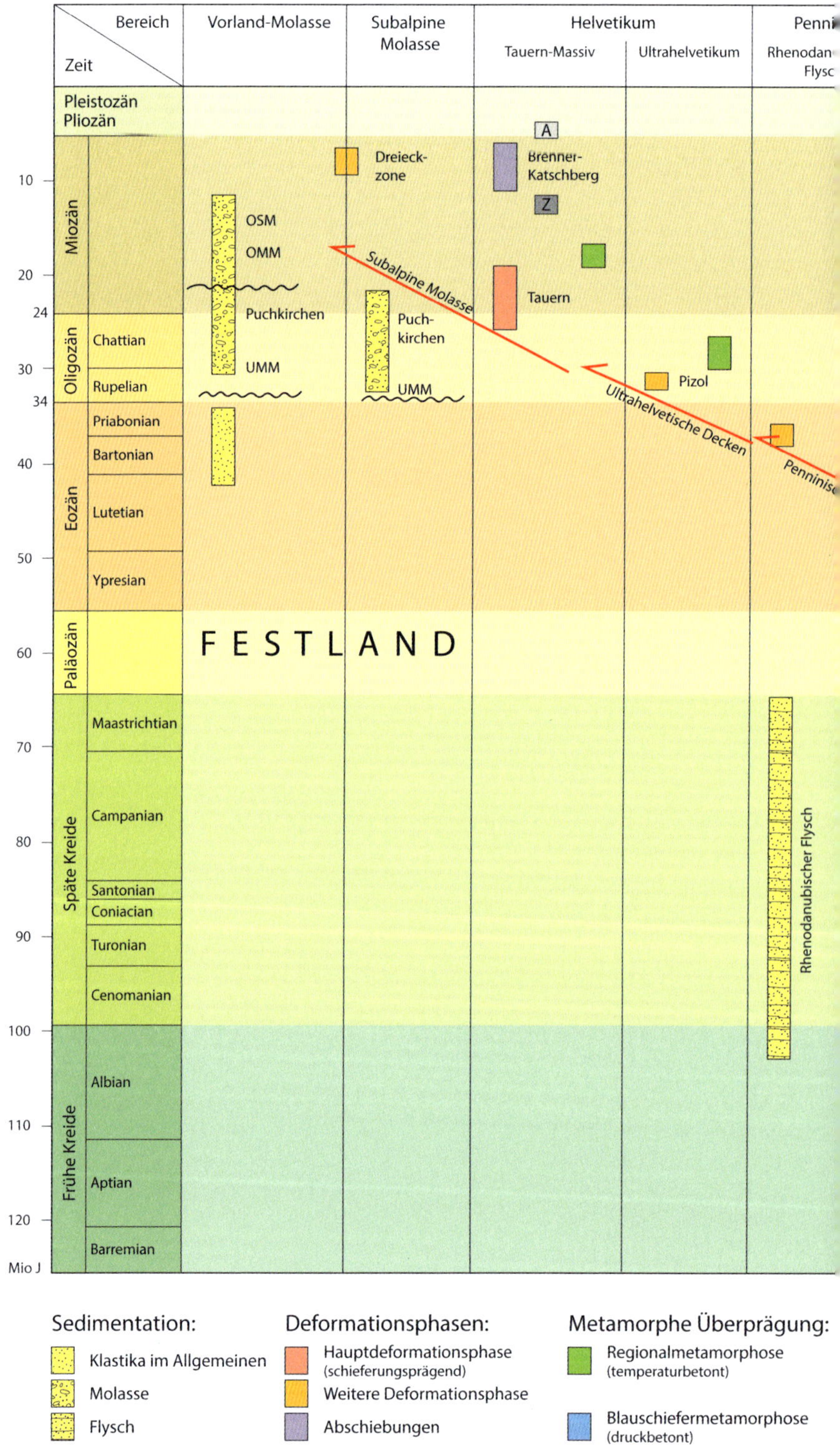
Bereich
Zeit
Vorland-Molasse
Subalpine Molasse
Helvetikum
Tauern-Massiv
Ultrahelvetikum
Penni
Rhenodan
Flysc
Pleistozän
Pliozän
Miozän
Oligozän
Chattian
Rupelian
Eozän
Priabonian
Bartonian
Lutetian
Ypresian
Paläozän
Späte Kreide
Maastrichtian
Campanian
Santonian
Coniacian
Turonian
Cenomanian
Frühe Kreide
Albian
Aptian
Barremian
10
20
24
30
34
40
50
60
70
80
90
100
110
120
Mio J
Dreieck-zone
A
Brenner-Katschberg
Z
OSM
OMM
Subalpine Molasse
Tauern
Puchkirchen
Puch-kirchen
UMM
UMM
Pizol
Ultrahelvetische Decken
Penninis
FESTLAND
Rhenodanubischer Flysch
Sedimentation:
Klastika im Allgemeinen
Molasse
Flysch
Deformationsphasen:
Hauptdeformationsphase (schieferungsprägend)
Weitere Deformationsphase
Abschiebungen
Metamorphe Überprägung:
Regionalmetamorphose (temperaturbetont)
Blauschiefermetamorphose (druckbetont)

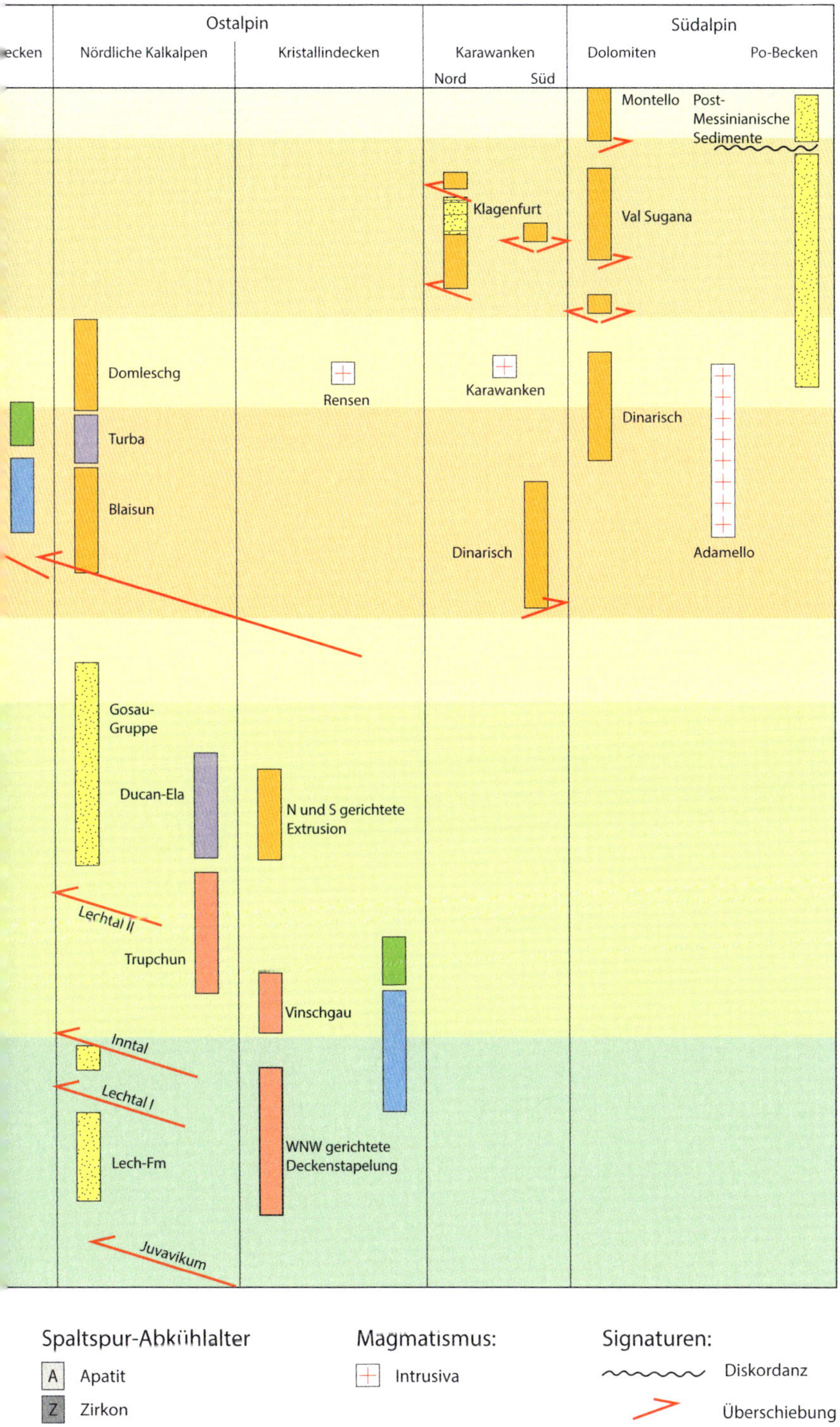

6-8 Der orogene Fahrplan von Sedimentation, Magmatismus, Deckenbewegungen und Metamorphose in den Ostalpen.

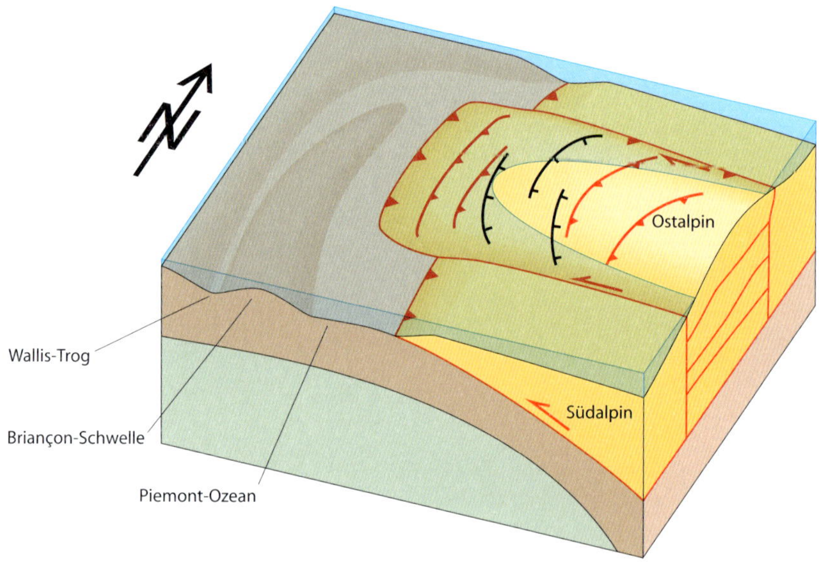

6-9 Schematisches Blockdiagramm zur Situation der Ostalpen Ende Kreidezeit. Ein west-vergenter Deckenstapel der Trupchun-Phase ist im Süden und Norden durch Seitenverschiebungen begrenzt. Innerhalb des Deckenstapels sind ostgerichtete Abschiebungen der Ducan-Ela-Phase aktiviert.

war von großräumigen Überschiebungen und Faltungen begleitet, welche letzten Endes auch für Hebung und Reliefbildung verantwortlich waren.

Orogener Fahrplan Ostalpen

Im orogenen Fahrplan der **Ostalpen und Dolomiten** in Abb. 6-8 sind die tektonischen Großeinheiten in ihrer ursprünglichen paläogeografischen Lage angeordnet. Schon auf den ersten Blick erkennt man, dass die Deformation mit der Zeit in die externeren Bereiche progradierte und dass dort die Sedimentation in den Vorlandbecken am längsten andauerte. Dies entspricht einem beidseits und gleichzeitig wachsenden Orogen. Auf der Nordseite wurden die ostalpinen Decken auf den penninischen Ablagerungsraum geschoben. Dabei erfuhren die penninischen Sedimente eine Verdoppelung: Die südlichen, ophiolithführenden Bündnerschiefer wurden auf die nördlichen, ophiolithfreien überschoben. Durch andauernde Konvergenz gerieten die penninischen Decken anschließend samt ihrer ostalpinen Auflast auf den helvetischen Ablagerungsraum. Die ultrahelvetischen Sedimente wurden dabei abgeschert und mitgerissen, sodass sie schlussendlich auf die Subalpine Molasse zu liegen kamen. Wie die über dem Tauern-Massiv aufgewölbten Überschiebungen der penninischen und ostalpinen Decken zeigen, erfolgte die Heraushebung dieses Massivs erst unter der Überlast dieser Decken. Die Heraushebung dürfte mit einer Aufschiebung verknüpft sein (vgl. Abb. 5.3-2), die sich weiter im Norden mit den Überschiebungen der Subalpinen Molasse verbindet. Die genaue zeitliche Eingabelung der individuellen Deformationsereignisse ist nicht gegeben. Der Beginn muss nach dem Sedimentationsende des Rhenodanubischen Flyschs sein, und die Subalpine Molasse wurde nicht vor dem frühen Miozän überfahren (Abb. 6-8). Im Falle der Glockner-Decken und des Tauern-Massivs verursachten die Deformationen penetrative Schieferungen. Die horizontale Verkürzung des Tauern-Massivs und die damit assoziierte Verdickung verursachte eine prägnante vertikale Hebung. Als Reaktion auf diese Hebung wurden im Westen und

Osten des Tauern-Massivs Abschiebungen gebildet (Brenner- und Katschberg-Abschiebung in Abb. 6-8).

Im Ostalpin selbst vermuten Froitzheim et al. (1994), dass die Überschiebung auf das Penninikum interne Falten verursachte, die der Blaisun-Phase zugeschrieben werden. Einer erneuten Dehnung parallel zum Orogen entspricht die Turba-Phase. Die Turba-Abschiebung betrifft den ostalpin-penninischen Grenzbereich, dürfte aber auf die Heraushebung des penninischen Deckenstapels im Lepontin der Zentralalpen zurückzuführen sein. Die letzte Phase, die Domleschg-Phase, verursachte eine NNW-SSE-gerichtete Verkürzung kleineren Ausmaßes.

Auch auf der Südseite, in den Dolomiten, migrierte die Deformation nach extern. Die ältesten Deformationen in den Karawanken und den Dolomiten werden den tektonischen Bewegungen in den angrenzenden Dinariden zugeschrieben (Polinski 1991, Casellarin et al. 2006b). Die spätere Valsugana-Überschiebung ist zeitgleich, aber räumlich getrennt von der Sedimentation im Po-Becken. Im Falle der Montello-Überschiebung werden die jüngsten, pliozänen und pleistozänen Ablagerungen von den Deformationen erfasst. Die Argumente für die Alter der Deformationen in den Karawanken und Dolomiten sind im Zusammenhang mit den Abb. 5.3-8 und 5.3-9 näher diskutiert.

Auf dem orogenen Fahrplan in Abb. 6-8 ist auch ersichtlich, dass die mit dem periadriatischen Bruchsystem verknüpften Intrusiva jünger als die Interndeformation des Ostalpins, aber älter als die Deformationen in den Karawanken und den Dolomiten sind. Aus diesem Grunde reicht im Lithosphärenprofil der Ostalpen von Abb. 5.4-3 dieses Bruchsystem nicht weit in die Tiefe, sondern wird von der unten eingeschobenen adriatischen Kruste abgeschnitten.

Die orogene Entwicklung der **Zentralalpen** wird in zwei Querschnitten diskutiert. Der östliche reicht vom Molassebecken bis ins Po-Becken. In diesem Querschnitt sind die tiefsten Einheiten des Penninikums und sogar des darunterliegenden ultrahelvetischen Kristallins der Beobachtung im Gelände zugänglich. In den metamorph bis amphibolitfaziell überprägten Einheiten lassen sich duktil verfaltete Überschiebungen und gefaltete Falten nachweisen. Der zweite, westliche Querschnitt umfasst auch das Juragebirge und reicht bis an das periadriatische Bruchsystem.

Ein eindrückliches Beispiel gefalteter Überschiebungen und Rückfaltung ist in der penninischen Suretta-Decke vorhanden. Diese Kristallindecke enthält im Hangenden Reste der autochthonen Bedeckung des prä-triadischen Grundgebirges. Die jüngere Bedeckung ist abgeschert und durch eine allochthone Abfolge von mesozoischen Sedimenten aus dem Piemont-Ozean (die Avers-Bündnerschiefer) ersetzt worden. Diese älteste Überschiebung innerhalb der penninischen Decken wird der sogenannten Avers-Phase zugeordnet. Die Überschiebung wurde anschließend von einer NNW-vergenten Faltung, der Ferrera-Phase, passiv deformiert. Nochmals später wurden die Falten der Ferrera-Phase von einer SSE-vergenten Rückfaltung, der Niemet-Beverin-Phase, überprägt.

In Abb. 6-10A erkennt man eine gefaltete Überschiebung an der Basis der Avers-Bündnerschiefer. Der Überschiebungskontakt wie auch der Kontakt zwischen dem permischen Rofna-Porphyr und den triadischen Karbonaten

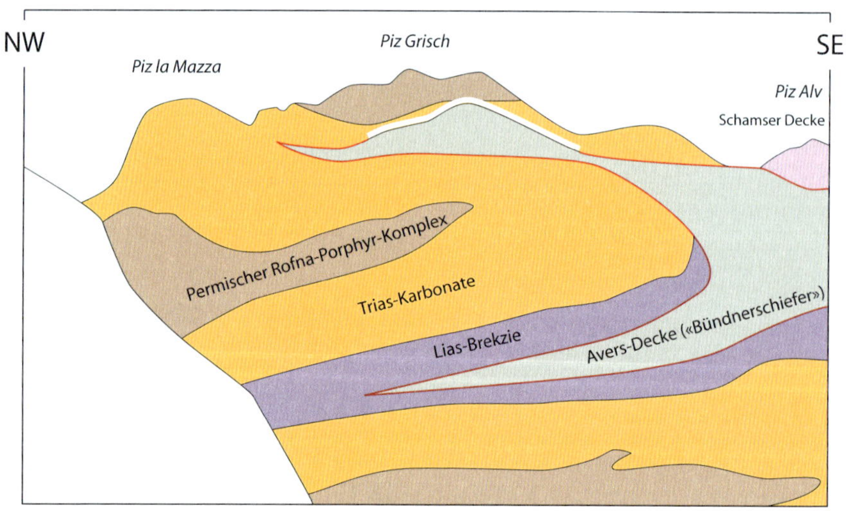

6-10 Gefaltete Falten und Überschiebungen.

A: In der mittelpenninischen Suretta-Decke faltet eine südostvergente Falte unterhalb des Piz Grisch eine ältere Überschiebung (Avers-Phase), auf welcher die südpenninischen Avers-Bündnerschiefer auf die Triaskarbonate der Suretta-Decke zu liegen kamen. Die südvergente Falte selbst war aber ursprünglich eine nordwestvergente Falte (Ferrera-Phase), welche durch die Niemet-Beverin-Phase zurückgefaltet wurde.

B: Eine gefaltete und überkippte steil nordfallende Überschiebung markiert den Kontakt zwischen dem Truns-Teilmassiv des Aar-Massivs und den permisch-mesozoischen Sedimenten der Cavistrau-Decke. Die Überschiebung verläuft in der Runse zum Gipfel des Piz Dado und setzt sich im Hintergrund in die Gipfelpartie des Piz Dadens fort. Ein schmächtiger Rest von Trias-Sedimenten blieb auf dem Kristallin haften. Die Sedimente der Cavistrau-Decke werden in Richtung der Überschiebung zusehends jünger (angedeutet durch Pfeile). Eine durchdringende (Calanda-Phase)Foliation schneidet die (Cavistrau-Phase) Überschiebung und ist somit jünger als diese.

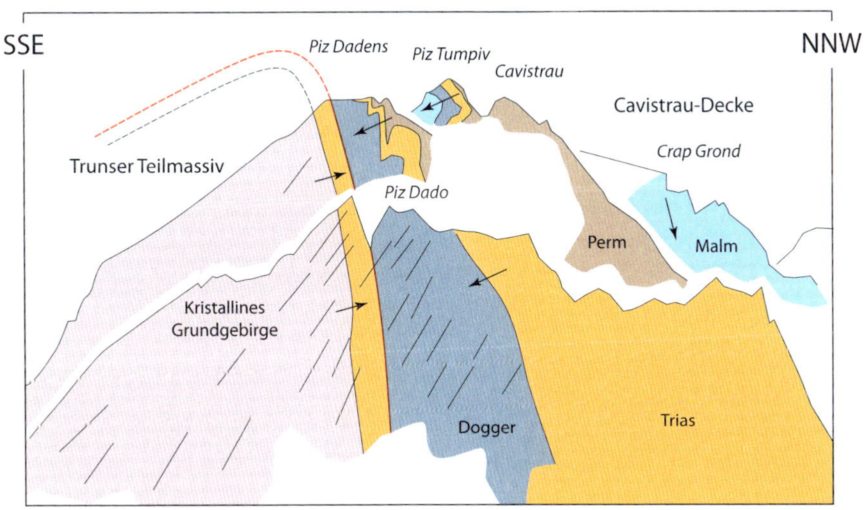

beschreiben SE-vergente Falten. Die Antiform mit dem mittleren der drei Rofna-Porphyr-Körper im Faltenkern schließt gegen Südosten und nicht gegen Nordwesten, wie dies im penninischen Deckenstapel üblich ist. Die Falten selbst wurden während der Ferrera-Phase angelegt und später während der Niemet-Beverin-Phase zurückgeschert. Diese Rückfaltung ist auch im Profilschnitt von Abb. 5.2-19 erkennbar.

Abb. 6-10B illustriert eine gefaltete Überschiebung im Helvetikum. Die Sedimenthülle des Trunser Teilmassivs (südlichstes Aar-Massiv) wurde bis auf die untersten Trias-Sedimente abgeschert und, wie Käch (1969) und Pfiffner (1978) zeigen konnten, durch eine bereits verkehrt liegende Abfolge von Sedimenten permischen bis jurassischen Alters ersetzt. Dieser Prozess wird der Cavistrau-Phase zugeordnet.

Anschließend wurde die Überschiebung samt der Verkehrtserie derart gefaltet, dass auf dem Verkehrtschenkel dieser neuen Falte die Sedimente scheinbar normal, in Wirklichkeit verkehrt-verkehrt liegen. Mit der jüngeren Faltung entstand eine durchdringende Schieferung, welche in Abb. 6-10B deutlich in Erscheinung tritt. Diese Schieferung und die damit assoziierte (jüngere) Faltung wird mit der Calanda-Phase korreliert (Milnes & Pfiffner, 1977; Pfiffner, 1978).

Die Abfolge der Deformationsphasen im Penninikum und Helvetikum sind in Schmid et al. (1997b) und Pfiffner (1986) eingehend diskutiert. Abb. 6-11 zeigt den orogenen Fahrplan der östlichen Zentralalpen. Er beruht auf den erwähnten Arbeiten und ist im Südalpin ergänzt durch die Daten von Schönborn (1992). Eingefügt ist auch der orogene Fahrplan der ostalpinen Decken, der aus Abb. 6-8 übernommen wurde. Die Deformation setzte im Penninikum nach Abschluss der Sedimentation des Prättigau- und Arblatsch-Flyschs, also frühestens im frühen Eozän ein. Dies trifft auch für den känozoischen Teil der Deformationen im Ostalpin zu. Die Deformationen wurden gegen das Helvetikum und das Molassebecken hin sukzessive jünger. Die erste Phase in jedem Bereich (Avers-Phase im Penninikum, Pizol-Phase im Helvetikum) ist durch die Abscherung von Sedimentpaketen und deren Platznahme auf den noch undeformierten externeren Bereichen gekennzeichnet. Erst danach setzten duktilere Deformationen ein, welche auch das prä-triadische Grundgebirge erfassten (Ferrera- und Calanda-Phase). Die Überschiebungstektonik ging einher mit der Versenkung der betroffenen Einheiten, was sich in einer druckbetonten Metamorphose (Blauschieferfazies nach Oberhänsli et al. 2004; vgl. Abb. 6-1) äußerte. Nach Berger & Bousquet (2008) wurde die Suretta-Decke, die einem Teil des Briançon-Kleinkontinents entspricht, vor 49 bis 42 Millionen Jahren, im mittleren Eozän (Lutetian), druckbetont überprägt. Dieses Alter ist nur leicht jünger als die jüngsten Sedimente in den unmittelbaren Nachbargebieten zur Briançon-Schwelle (südpenninischer Arblatsch-Flysch und nordpenninischer Prättigau-Flysch), was auf eine sehr rasche Versenkung und Überprägung hinweist. Die druckbetonte wurde von einer temperaturbetonten Metamorphose abgelöst, die sich mit der Zeit in zusehends externere Bereiche verlagerte. Im Penninikum folgten der Deckenstapelung zwei Phasen von Extension, angezeigt durch zwei größere Abschiebungen, die Turba- und die Forcola-Abschiebung. Die jüngsten Deformationen im externen Bereich im Norden setzten frühestens im frühen Oligozän ein (nach Ablagerung des Nordhelvetischen Flyschs) und dauerten bis ins Miozän. Die Sedimentation in der Subalpinen Molasse reichte nur bis in das früheste Miozän, die Obere Meeresmolasse und Obere Süßwassermolasse sind auf die Mittelländische Molasse beschränkt. Höchstwahrscheinlich wurde der Ablagerungsraum der Subalpinen Molasse im frühen Miozän bereits von den helvetischen und penninischen Decken überfahren. Die Deformationen, die dann zur externsten Struktur, der Dreieck-Struktur zwischen der aufgerichteten Mittelländischen Molasse und der Subalpinen Molasse führte, müssen im späten Miozän stattgefunden haben.

Im Bereich des periadriatischen Bruchsystems (der Insubrischen Störung in diesem Querschnitt) setzte im Oligozän eine steile südgerichtete Aufschiebung ein, begleitet von einer dextralen Seitenverschiebung. In diese Zeit fallen auch die Bregaglia-Intrusion und eine regionale, temperaturbetonte Metamorphose, die höhere Amphibolitfazies erreichte. Im Miozän beschränkte sich die Aktivität an der Insubrischen Linie dann auf eine dextrale Seitenverschiebung.

Im Süden dieses Querschnitts setzten die orogenen Bewegungen noch vor der Adamello-Intrusion ein. Schönborn (1992) vermutet gar ein kretazisches Alter für diese orobische Phase. Für die Coltignone-Phase ist nach Schönborn (1992) ein Prä-Adamello- und ein Syn-Adamello-Teil anzunehmen. Die orogenen Bewegungen reichten im Oligozän und Miozän immer weiter Richtung Süden ins Po-Becken. Die jüngste, lombardische Phase verursachte einen Faltengürtel im Untergrund von Milano, der durch die jüngste Füllung des Po-Beckens überdeckt ist. Bekannt ist die entsprechende Winkeldiskordanz an der Basis der Post-Messinianischen Sedimente.

Betrachtet man die Alpen als Ganzes, so zeigt der Querschnitt der östlichen Zentralalpen ein gleichzeitig nach Norden und Süden wachsendes Orogen, das im Miozän den Abtragungsschutt der eozän-oligozänen frühen Alpen überfuhr.

Das Wachstum der Alpen in diesem Querschnitt ist anhand einer Sequenz paläogeografischer Profilschnitte illustriert (Abb. 6-12). Die Konstruktion dieser Schnitte beruht auf einer Rückgängigmachung der Überschiebungen und Faltungen. Die Tiefenlage einzelner Punkte ist durch den Metamorphosegrad der entsprechenden Gesteine einigermaßen definiert. Aber es muss berücksichtigt werden, dass die Druckabschätzungen, die sich aus petrologischen Studien ergeben, nicht als rein lithostatische Drücke in Tiefenangaben konvertiert werden können. Wie früher erwähnt, muss davon ausgegangen werden, dass tektonische Überdrücke einen signifikanten Anteil an diesen Drücken ausmachen können (gemäß Petrini & Podladchikov, 2000, und Mancktelow, 2007, können es bis zu 50 % sein!). Die Zeitmarken ergeben sich aus den Argumenten, wie sie im orogenen Fahrplan von Abb. 6-11 angegeben sind. Eine eingehendere Diskussion hierzu ist in Schmid et al. (1997b) nachzulesen, wo auch eine erste Version dieser Profilschnitte vorgestellt ist, (allerdings ohne Berücksichtigung von tektonischen Überdrücken).

Im späten Eozän ist eine Subduktionsgeometrie anzunehmen. Die penninischen Decken waren bereits zu einem Deckenstapel aufgetürmt. Mit der Ankunft des eigentlichen europäischen Kontinentalrands mit der normalmächtigen Kruste des Ultrahelvetikums setzte die Kollisionsphase ein. Große Teile der penninischen Decken wurden unter dem mächtigen Deckel des Ostalpins eklogitisch und blauschieferfaziell überprägt. Eine rasche Exhumation dieser Einheiten verhinderte eine Equilibrierung der Mineralparagenesen, weshalb die Indikatoren der druckbetonten Metamorphose überhaupt erhalten blieben. Ab dem frühen Oligozän begann die europäische Oberkruste nach oben zu entweichen, es entwickelte sich an der Insubrischen Störung eine steile südgerichtete Aufschiebung. Die ultrahelvetischen Decken wurden zu diesem Zeitpunkt von ihrem kristallinen Substrat abgeschert und verblieben in seichter Tiefe, während das Kristallin sich noch weiter in die Tiefe bewegte und erst Mitte Oligozän als Kristallindecke (Lucomagno) vom Kristallin des Gotthard-Massivs unterfahren wurde. Vor 32 Millionen Jahren setzte die Platznahme des Tonalits der Bregaglia-Intrusion ein, und die Sedimente der helvetischen Decken lösten sich von

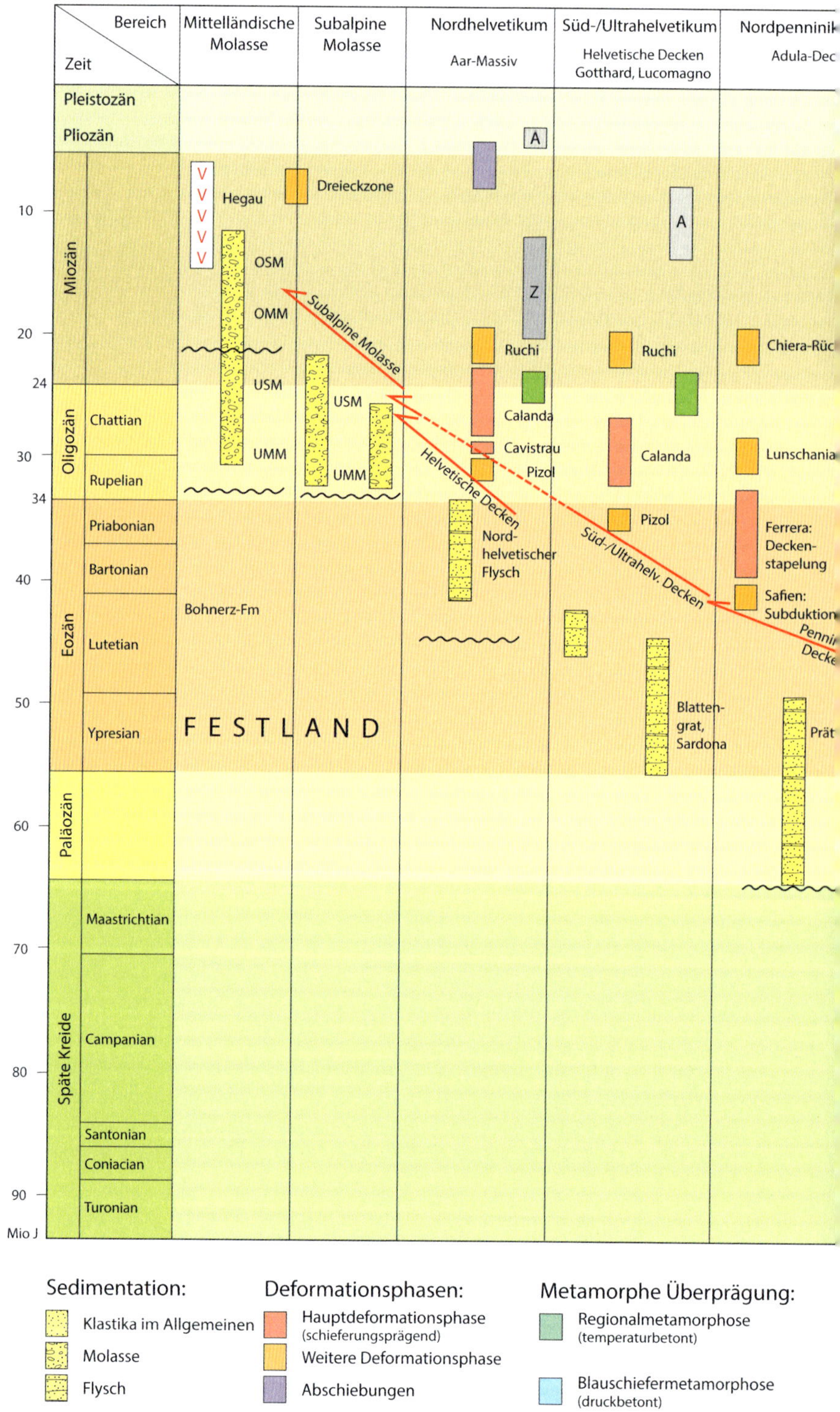
Bereich
Zeit
Mittelländische Molasse
Subalpine Molasse
Nordhelvetikum
Aar-Massiv
Süd-/Ultrahelvetikum
Helvetische Decken Gotthard, Lucomagno
Nordpennini
Adula-Dec
Pleistozän
Pliozän
Miozän
Oligozän
Chattian
Rupelian
Eozän
Priabonian
Bartonian
Lutetian
Ypresian
Paläozän
Späte Kreide
Maastrichtian
Campanian
Santonian
Coniacian
Turonian
10
20
24
30
34
40
50
60
70
80
90
Mio J
Hegau
Dreieckzone
OSM
OMM
USM
UMM
Subalpine Molasse
Helvetische Decken
Süd-/Ultrahelv. Decken
Bohnerz-Fm
FESTLAND
A
Z
Ruchi
Calanda
Cavistrau
Pizol
Nord-helvetischer Flysch
Blatten-grat, Sardona
Chiera-Rüc
Lunschania
Ferrera: Decken-stapelung
Safien: Subduktion
Prät
Sedimentation:
Klastika im Allgemeinen
Molasse
Flysch
Deformationsphasen:
Hauptdeformationsphase (schieferungsprägend)
Weitere Deformationsphase
Abschiebungen
Metamorphe Überprägung:
Regionalmetamorphose (temperaturbetont)
Blauschiefermetamorphose (druckbetont)

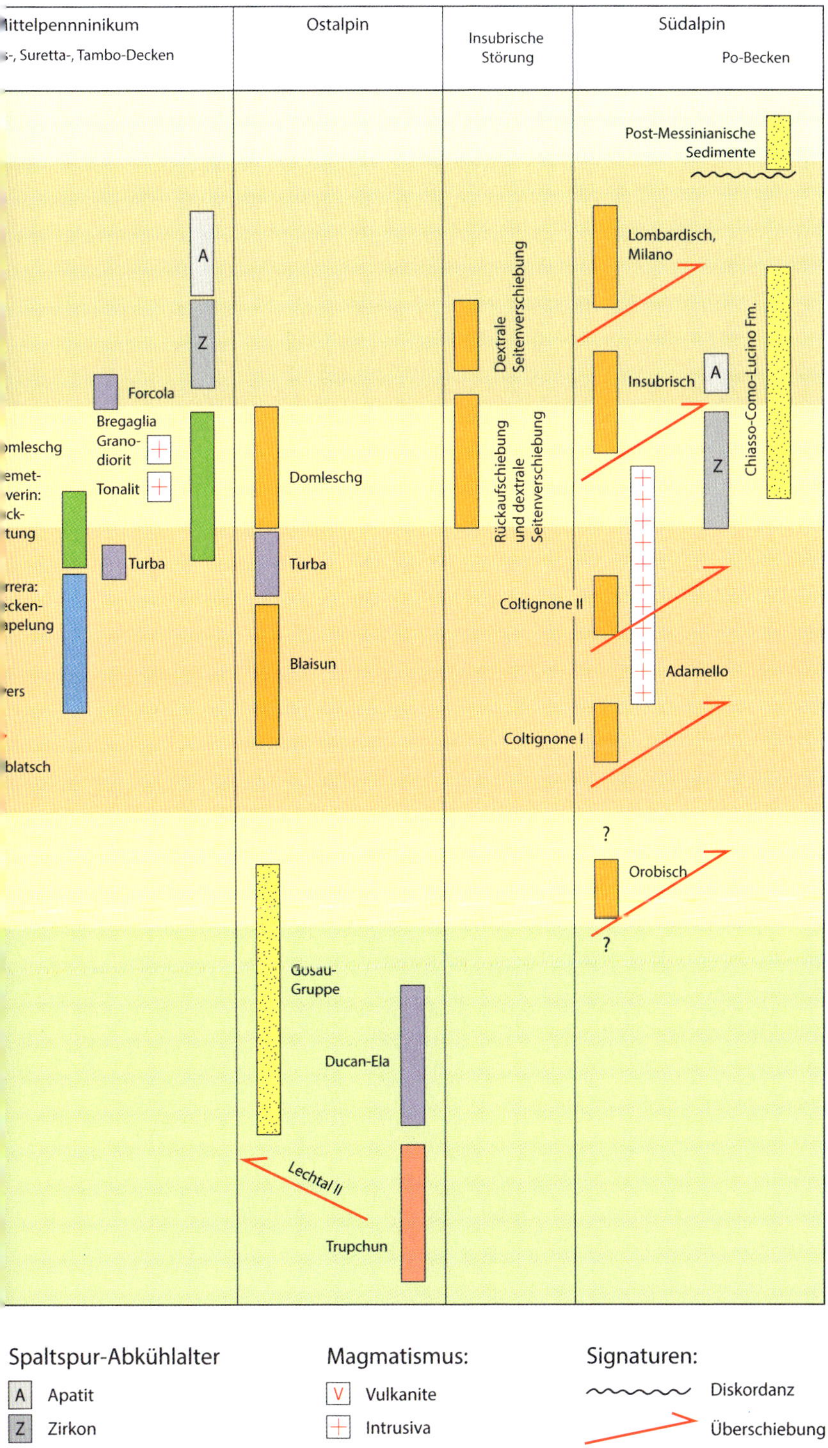

6-11 Der orogene Fahrplan von Sedimentation, Magmatismus, Deckenbewegungen und Metamorphose in den östlichen Zentralalpen (ergänzt nach Pfiffner et al. 2002, Schönborn 1992, Wiederkehr et al. (2008, 2009) und Schmid et al. 1997b).

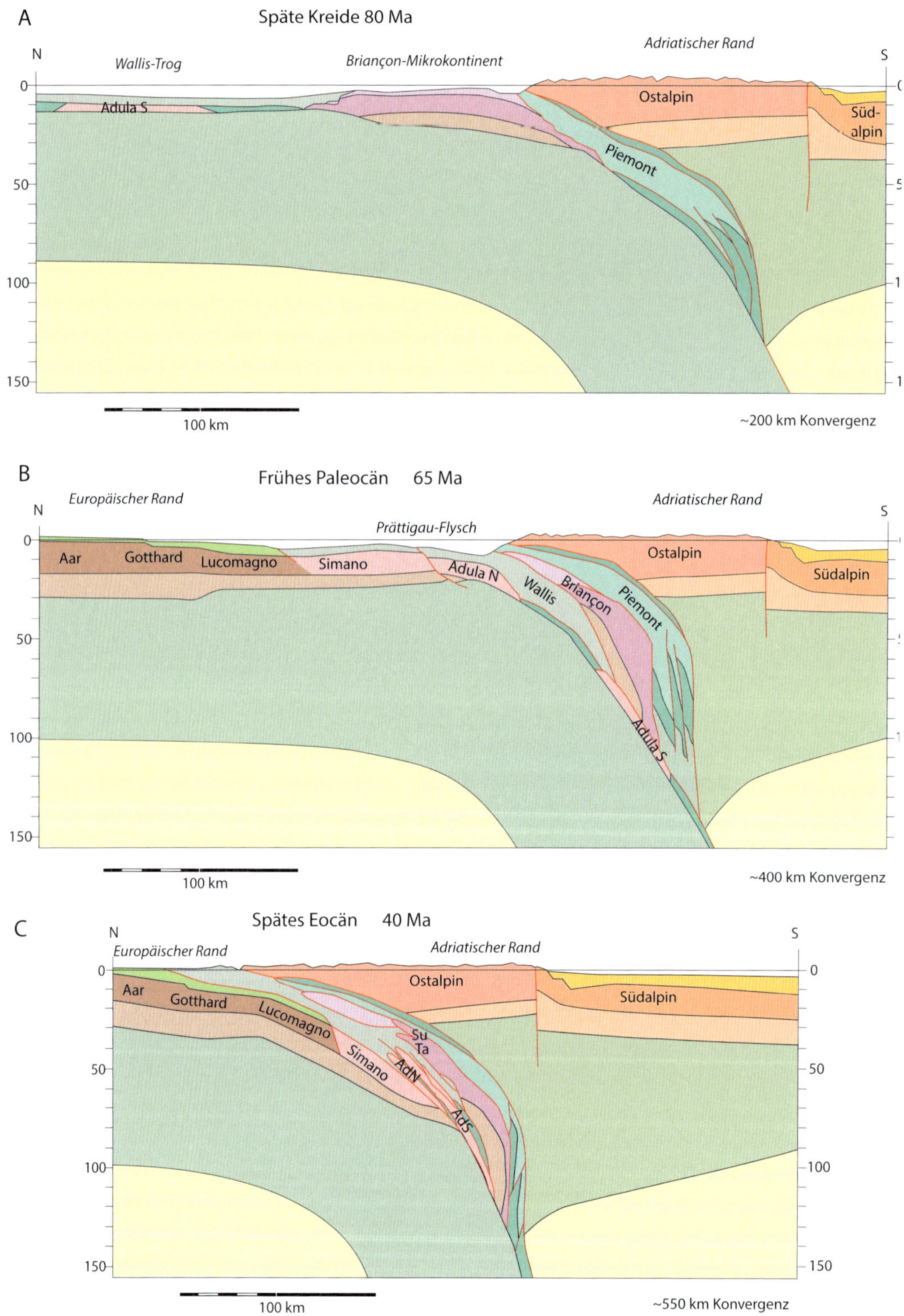
A
Späte Kreide 80 Ma
N
S
Wallis-Trog
Briançon-Mikrokontinent
Adriatischer Rand
Adula S
Ostalpin
Süd-alpin
Piemont
0
50
100
150
100 km
~200 km Konvergenz
B
Frühes Paleocän 65 Ma
N
S
Europäischer Rand
Adriatischer Rand
Prättigau-Flysch
Aar
Gotthard
Lucomagno
Simano
Adula N
Wallis
Briançon
Piemont
Ostalpin
Südalpin
Adula S
0
50
100
150
100 km
~400 km Konvergenz
C
Spätes Eocän 40 Ma
N
S
Europäischer Rand
Adriatischer Rand
Ostalpin
Südalpin
Aar
Gotthard
Lucomagno
Simano
Su
Ta
AdN
AdS
0
50
100
150
100 km
~550 km Konvergenz

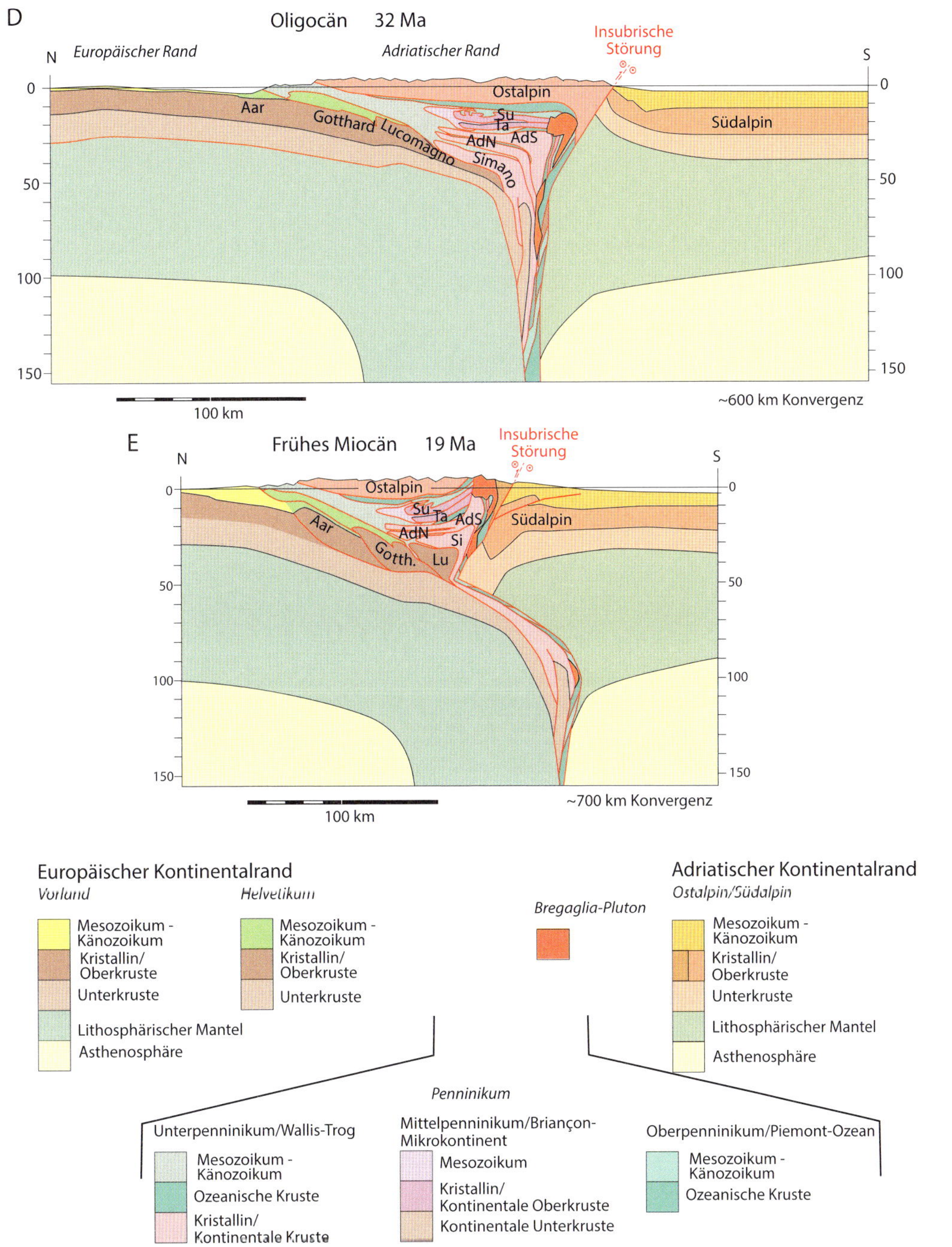

6-12 Die tektonische Entwicklung der östlichen Zentralalpen, dargestellt als Serie palinspastischer Profilschnitte. A) Subduktion des Piemont-Ozeans. B) Subduktion des Briançon-Mikrokontinents und des Wallis-Troges. C) Zurückrollen der europäischen Platte und Entweichung kontinentaler Krustenteile nach Norden («return-flow»). D) Vertikale Entweichung kontinentaler Kruste und Bildung einer Antiform nördlich der Insubrischen Störung. E) Indentation des adriatischen Kontinentalrandes in die europäische Kruste.

ihrem kristallinen Untergrund (Gotthard-Massiv). Die Rückaufschiebung an der Insubrischen Störung wurde nun von einer Rückfaltung in der Tiefe begleitet: Die Deckenkontakte der penninischen Decken wurden durch den Aufstieg des Oberkrustenmaterials (Simano, Adula) passiv zu einer Antiform verfaltet. Diese Rückfaltung und Rückaufschiebung setzte sich bis ins Miozän fort, sodass die Bregaglia-Intrusion rasch an die Oberfläche gelangte. Ihre Gerölle finden sich nur fünf Millionen Jahre nach der Intrusion in der spätoligozänen Como-Formation der Gonfolite Lombarda des Po-Beckens. Im frühen Miozän wölbte sich auch das Aar-Massiv erstmals auf. Die Aufwölbung erfasste auch die bereits darüberliegenden helvetischen (und höheren) Decken. Die dextralen Bewegungen an der Insubrischen Störung brachten nun einen neuen Teil des adriatischen Kontinentalrands in den betrachteten Querschnitt. Bis ins späte Oligozän war es der Block mit der Ivrea-Zone (Unterkruste) und des damit verknüpften Mantels. Ab etwa Miozän war es nun eine normale Krustenabfolge, die durch die andauernden Konvergenzbewegungen weiter verkürzt wurde. In der Oberkruste entstanden die südvergenten Decken des Südalpins, während die Unterkruste in die sich deformierende europäische Kruste hineingezwängt wurde. Die Länge dieses Indentors aus Unterkruste, wie er im heutigen Profilschnitt in Abb. 6-12 erscheint, ist direkt proportional zur ursprünglichen Länge der Oberkruste. Wie Schönborn (1992) zeigen konnte, nimmt die Verkürzung im Südalpin vom hier betrachteten Querschnitt nach Osten zu, der Indentor muss also länger werden. Am Giudicarie-Bruchsystem ist das gesamte System des Südalpins versetzt. Die Dolomiten östlich dieses Bruchsystems sind weiter nach Norden versetzt, und wie in Abb. 5.4-3 dargestellt, taucht die gesamte adriatische Platte nach Norden in die Asthenosphäre ein.

Orogener Kollaps durch Schwereausbreitung

Der westliche Schnitt durch die Zentralalpen enthält am Nordende das Juragebirge. Im Bereich des Helvetikums schneidet er das Aar-Massiv in einem Bereich, wo dieses am stärksten herausgehoben wurde (vgl. Abb. 5.4-1). Zudem ist hier die Kinematik der helvetischen Decken besonders illustrativ.

Die Abfolge der Deckenstapelung am Westende des Aar-Massivs ist in Abb. 6-13 stark vereinfacht illustriert (nach Herwegh & Pfiffner 2005). Bereits im frühesten Oligozän wurden die ultrahelvetischen (und penninischen) Decken auf die künftige Wildhorn-Decke aufgeschoben (Plaine Morte-Phase). Noch im frühen Oligozän nahm die Wildhorn-Decke auf der Gellihorn-Decke und beide zusammen auf der künftigen Doldenhorn-Decke Platz. Zum Ablagerungsraum der Doldenhorn-Decke zählte ein asymmetrisches Becken, in dem mächtige früh- und mitteljurassische Sedimente abgelagert wurden. Dieser Halbgraben wurde dann im späten Oligozän bei der Bildung der Doldenhorn-Decke ausgestülpt, und es entwickelte sich eine große liegende Falte (Kiental-Phase). Die darüberliegenden Decken wurden dabei passiv mitverfaltet. Anschließend wurde das Aar-Massiv weiter aufgewölbt (Grindelwald-Phase). Am Fuß der Eigernordwand südlich von Grindelwald wurde die basale Überschiebung der helvetischen Decken dadurch vertikal gestellt und lokal sogar überkippt (vgl. Abb. 5.2-8 und 5.2-9).

In den helvetischen Decken der Zentralschweiz beobachtet man mancherorts nahezu isoklinale Großfalten, deren Schenkel von Abschiebungen

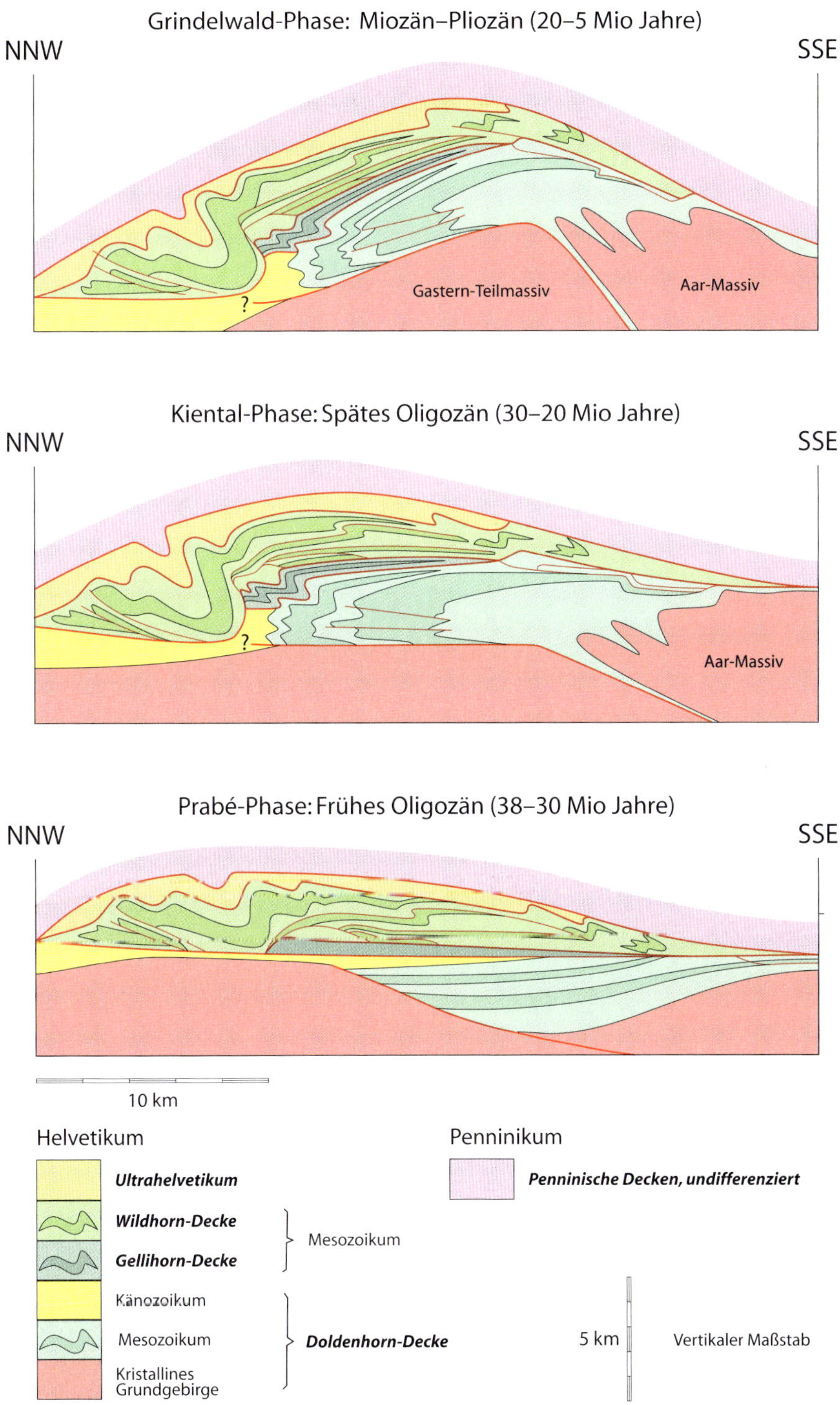

6-13 Die kinematische Entwicklung der helvetischen Decken am Westende des Aar-Massivs (nach Herwegh & Pfiffner, 2005). Die Anlage der Decken erfolgte von oben nach unten bzw. von intern nach extern.

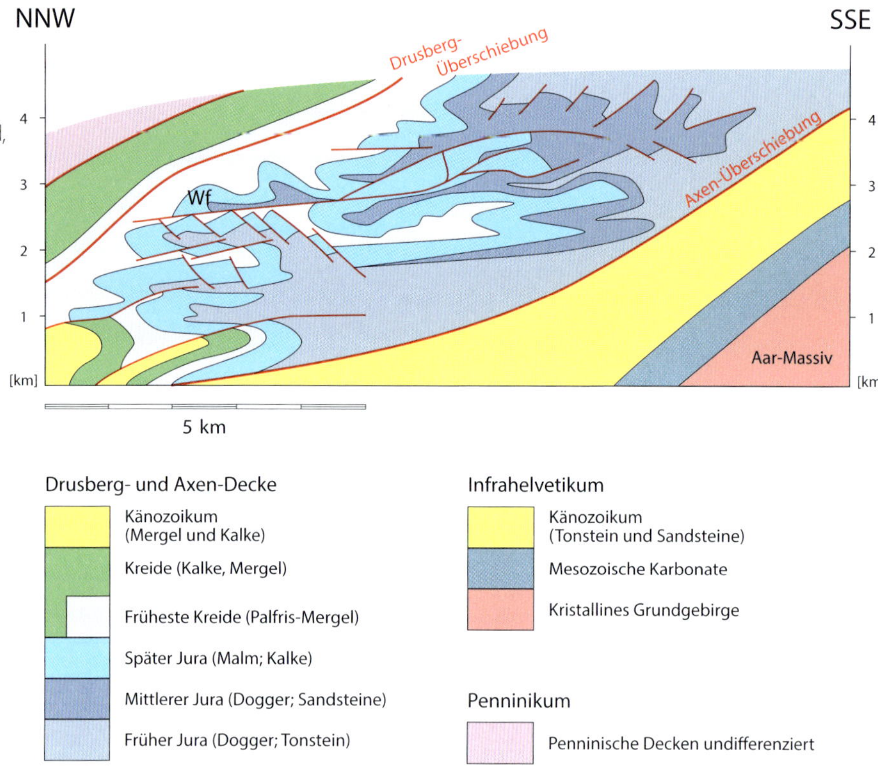

6-14 Geologischer Profilschnitt durch die Axen-Decken der Zentralschweiz (umgezeichnet nach Menkveld, 1995). Die tauchenden und isoklinalen Antiklinalen zeugen vom orogenen Kollaps über dem herausgehobenen Aar-Massiv.

zerschnitten sind. Die Axen-Decke in Abb. 6-14 enthält eine Reihe von eng gefalteten liegenden Antiklinalen und Synklinalen. Einige der Antiklinalen sind sogar tauchende Falten. Die Widderfeldstock-Antiklinale (Wf) ist auf einer größeren Überschiebung nach Norden verfrachtet worden. Diese und weitere Überschiebungen verursachten einen Schuppenbau in den Malm-Kalken. Durch die spätere Deformation, bei der Aufwölbung des Aar-Massivs, wurden sie passiv rotiert, sodass sie heute eigentlich als Abschiebungen vorliegen. Die Normalschenkel der Großfalten sind von zahlreichen Abschiebungen zerschnitten. Die liegenden Falten entwickelten sich aus Abscherfalten, die ursprünglich eine steile Achsenebene aufwiesen. Die Faltenkerne wurden mit den tonigen Abfolgen des Lias und Doggers gefüllt. Diese Falten wurden anschließend zuerst nordwärts geschert, sodass die Achsenebenen nach Süden tauchten. Die passive Rotation auf dem Nordschenkel des Aar-Massivs resultierte dann in der heutigen liegenden bis tauchenden Konfiguration. Sowohl die Zerscherung der Falten wie auch die erwähnten Abschiebungen auf den Faltenschenkeln deuten auf eine horizontale Streckung und vertikale Verkürzung der Decke. Dies erklärt sich mit einem gravitativen Auseinandergleiten des sich bildenden Deckenstapels, ein Prozess, der auch als gravitativer bzw. orogener Kollaps bezeichnet wird.

Das Juragebirge bildete sich als letztes in der känozoischen Orogenese. Die

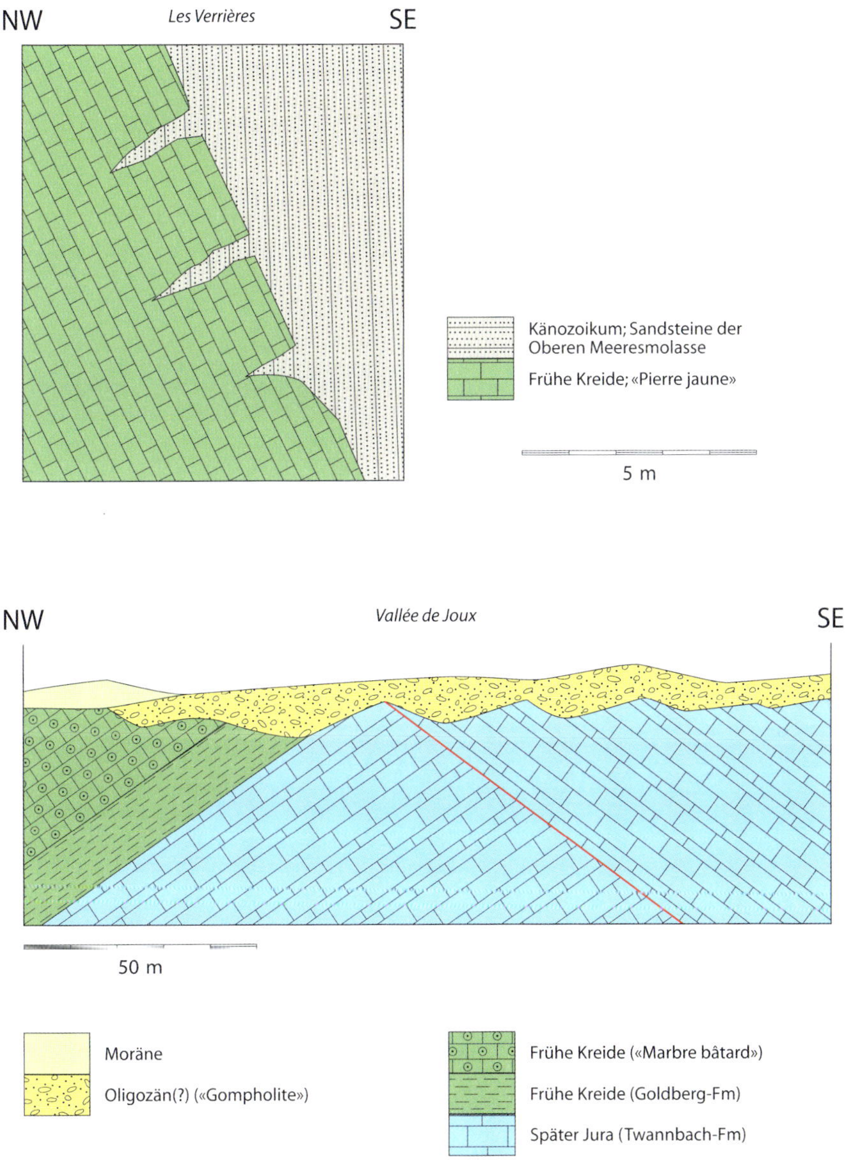

6-15 Die frühe Phase der Jurafaltung, angedeutet durch Winkeldiskordanzen.

Datierung der Faltung erfolgte mit verschiedenen Methoden. Häufig zitiert sind die aus dem Norden geschütteten Sandsteine und Nagelfluhen, die in den Becken der Ajoie, von Laufen und Delémont zu finden sind. Die Becken sind heute teilweise durch jüngere Antiklinalzüge vom Herkunftsgebiet der Schüttungen abgeschnitten. Das mittel- und spätmiozäne Alter der Sedimente (Kälin 1997) gibt somit ein maximales Alter von 10 bis 11 Millionen Jahre für diese Antiklinalen an. Ein weiteres Argument liefern ungefaltete Spaltenfüllungen im Kern der Vue-des-Alpes-Antiklinalen, die ein Minimalalter für die Jurafaltung geben. Die Datierung mittels Säugerzähnen ergab ein mittelpliozänes Alter

6-16 Der orogene Fahrplan von Sedimentation, Magmatismus, Deckenbewegungen und Metamorphose in den westlichen Zentralalpen (ergänzt nach Pfiffner et al. 2002, Escher et al., 1997, und Scheiber et al. 2013).

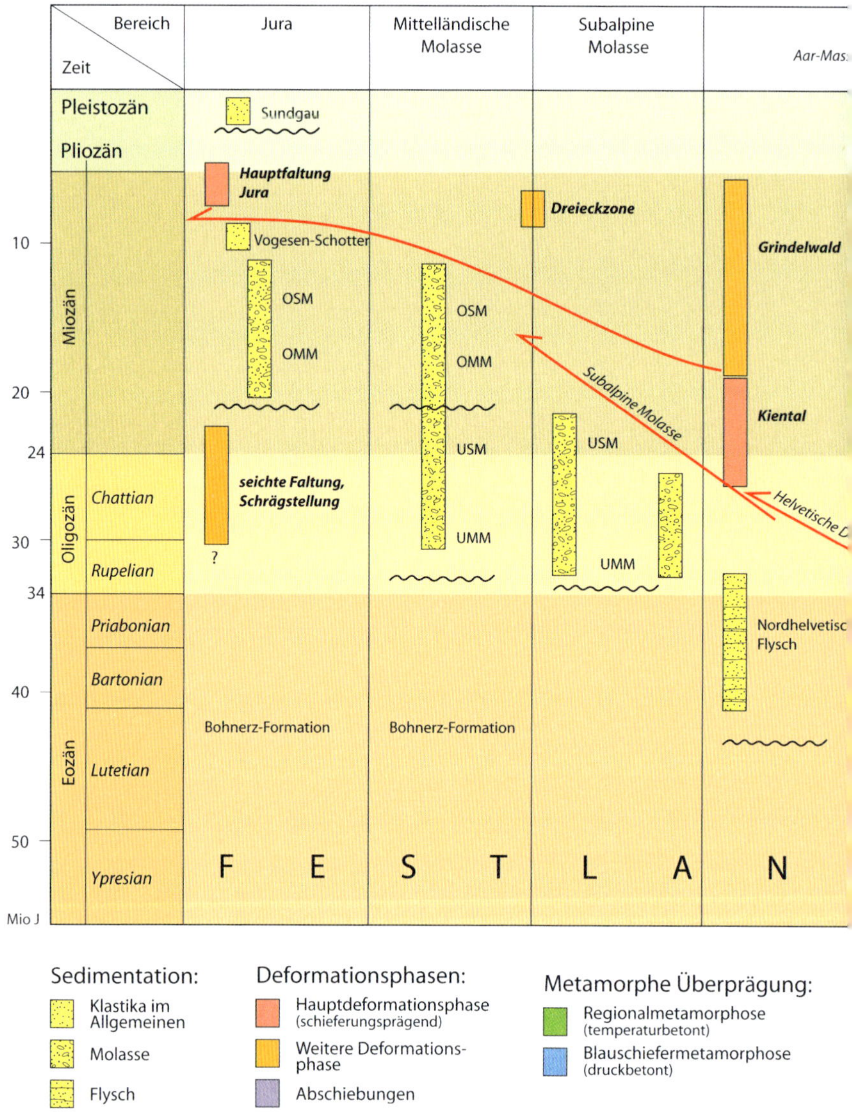

von drei Millionen Jahren für die Spaltenfüllungen (Bolliger et al. 1993). Somit kann die Jura-Hauptfaltung in die Zeitspanne von 10 bis 3 Millionen Jahren eingegabelt werden.

Daneben sind aber auch ältere Diskordanzen zu beobachten. Bei Les Verrières ist eine Winkeldiskordanz zwischen den Sandsteinen der Oberen Meeresmolasse und den verkarsteten frühkretazischen Kalken („Pierre jaune“) zu beobachten (vgl. Abb. 6-15). Schon vor der Steilstellung der OMM-Schichten waren die Kreidekalke offenbar mit einem Fallwinkel von über 25° gekippt, was nur durch eine Faltung erklärt werden kann. Es ist denkbar, dass bei dieser ersten Faltung Teile des künftigen Faltenjuras bereits zur Hochzone wurden und einen Rücken bildeten, der

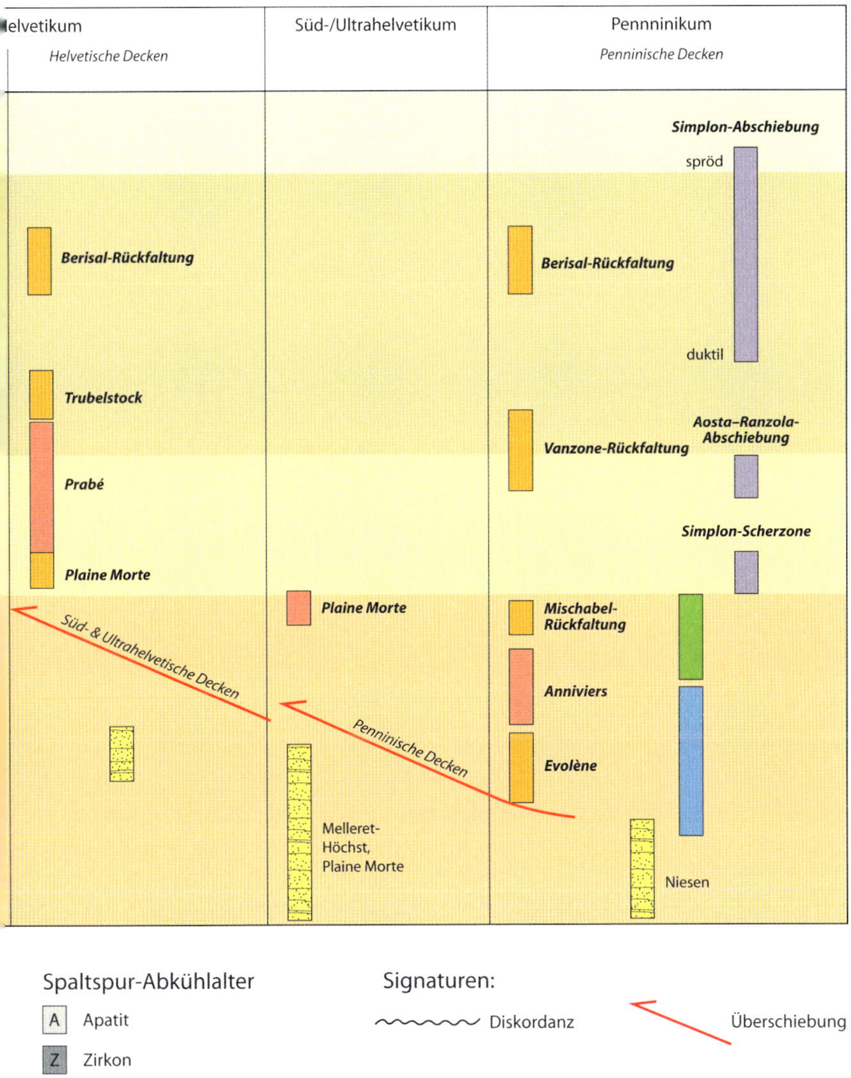

sich zwischen dem Molassebecken im Südosten und einer von Delémont über Les Verrières nach Bellegarde längs durch den Jura verlaufenden Meeresstraße (vgl. Aubert 1975) erhob.

In der Vallée de Joux konnte Aubert (1975) nachweisen, dass eine Kalknagelfluh („gompholite" in der lokalen Bezeichnung) diskordant auf einer Antiklinalen aufliegt (vgl. Abb. 6-15). Die Antiklinale weist im Kern eine Aufschiebung auf, welche ebenfalls diskordant überlagert ist. Aubert (1975) vermutet ein oligozänes Alter für die Kalknagelfluh und korreliert die Gesteine mit der USM. Die Kalknagelfluh selbst wurde nachträglich durch Faltung gekippt.

Neben diesen älteren sind auch Deformationen, die jünger sind als die

Hauptfaltung, zu verzeichnen. Nördlich des Juragebirges, im südlichen Rhein-Graben, sind die pliozänen Sundgau-Schotter, die zirka drei Millionen Jahre alt sind, durch jüngste Bewegungen noch verkippt worden (Giamboni et al. 2004).

In Abb. 6-16 wird der orogene Fahrplan mit dem Ablauf der Deckenbildungen und Rückfaltungen in den westlichen Zentralalpen vorgestellt. Der Fahrplan entspricht einer Kompilation der Arbeiten von Escher et al. (1997), Pfiffner et al. (2002) und Scheiber et al. (2013). Auch in diesem Querschnitt wandert die Deformationsfront vom Kern des Orogens, den penninischen Decken, nach extern in das Juragebirge. Diese Progression zeigt sich in den sukzessiv jüngeren Vorlandsedimenten vom Niesen-Flysch über den Nordhelvetischen Flysch zur Oberen Süßwassermolasse. In ähnlicher Art verlagerte sich die Deckenstapelung in den Alpen. Innerhalb der penninischen Decken folgten sich zeitlich drei Phasen von Rückfaltung (Mischabel, Vanzone, Berisal) welche von Abschiebungsphasen (Simplon, Aosta-Ranzola) begleitet waren.

Im Helvetikum wurden zuerst die internsten mesozoisch-känozoischen Sedimente des Ultrahelvetikums durch die Platznahme der penninischen Sedimentdecken abgeschert und nach Norden verfrachtet. Dies wird der Plaine Morte-Phase zugeordnet. Die Stapelung der helvetischen Decken erfolgte alsdann während der Prabé-Phase (vgl. hierzu Abb. 6-13). Die Sedimente auf dem Rücken des Aar-Massivs und das Aar-Massiv selbst wurden dann während der Kiental-Phase überschoben und in Falten gelegt. Die finale Heraushebung des Aar-Massivs während der Grindelwald-Phase ist zeitgleich mit der Berisal-Rückfaltung im Süden, die auch für die Versteilung des Südrands des Aar-Massivs verantwortlich war. Eine eingehende Diskussion der Deformationsvorgänge im Penninikum und Helvetikum findet sich in Steck (1984), Burkhard (1988), Escher et al. (1997), Pfiffner et al. (1997c) und Scheiber et al. (2013).

Im Molassebecken endete die Sedimentation in der Subalpinen Molasse mit der USM – wahrscheinlich auch durch Überfahrung des Ablagerungsraums durch die helvetischen (östlich der Aare) und penninischen (westlich der Aare) Decken. Etwa zeitgleich mit der Überfahrung und Bewegung der Subalpinen Molasse erfolgten auch die ersten Faltungen im Juragebirge. Offenbar konnte das Molassebecken schon um diese Zeit die tektonischen Spannungen weit ins Vorland übertragen. Es folgte dann die Herausbildung der Dreieck-Struktur am Kontakt zwischen Subalpiner und Mittelländischer Molasse und die Hauptphase der Faltung im Juragebirge. Beide Ereignisse sind aber zeitlich auch korreliert mit der Herauspressung des Aar-Massivs (Grindelwald-Phase im Norden und Berisal-Rückfaltung im Süden), der Rückfaltung im Penninikum sowie der jüngsten Aktivität der Simplon-Störung.

Der Prozess der Deckenstapelung ist anhand von abgewickelten paläogeografischen Profilschnitten zu verschiedenen Zeitpunkten in Abb. 6-17 erläutert. Diese Profilschnitte stützen sich auf die Arbeit von Scheiber et al. (2013), was den südlichen Teil betrifft, und Wissing & Pfiffner (2002) für den nördlichen Teil. Die Profilschnitte zeigen, wie der europäische Kontinentalrand sukzessive dem werdenden Orogen einverleibt wurde. Vor etwa 65 Mio Jahren waren die Simme- und die Tsaté-Decke, beides Fragmente des Piemont-Ozeans, subduziert, aber auf der

Briançon-Schwelle und in den Flyschbecken des Wallis-Troges (Gurnigel- und Niesen-Flysch) erfolgte weiterhin Sedimentation.

Der Briançon-Mikrokontinent erreichte die Subduktionszone kurz vor 45 Mio Jahren. Die Sedimente der Briançon-Schwelle wurden dabei abgeschert und blieben in seichter Tiefe stecken (Klippen- und Brekzien-Decke), während das kristalline Grundgebirge subduziert und in der Tiefe aufgeheizt wurde. Ab dem Eozän (40 Mio Jahre), nach Ablagerung des Niesen-Flyschs, wurden die mesozoischen Sedimente des Wallis-Troges in einiger Tiefe von ihrem kristallinen Substrat abgeschert und zu einem Deckenstapel aufgetürmt (Niesen-Decke sowie Sion-Courmayeur-Zone), während auch hier die (ausgedünnte) Kruste subduziert wurde. Die Stapelung der Sedimentdecken wird der Evolène-Phase zugeordnet. Diese Decken erlebten bei der raschen Versenkung zuerst eine blauschieferfazielle Überprägung, welche vor allem im unteren Teil des Deckenstapels beobachtet werden kann (vgl. Abb. 6-1). Die hohen Drucke dürften auf eine Kombination von tektonischen Überdrücken und lithostatischer Überlast zurückzuführen sein.

Die subduzierten Krustenfragmente des Briançon-Mikrokontinents und des Wallis-Troges wurden in größerer Tiefe gefaltet und zu einem eigenen Deckenstapel aufgetürmt (Monte Leone-, Siviez-Mischabel-, Monte Rosa-Decke und Zone Houillère). Diese Deformationen werden der Anniviers-Phase zugeordnet. Die Internstruktur der Monte Rosa- und Siviez Mischabel Decken sind ein gutes Beispiel dieses Deformationsstils.

Vor 25 Mio Jahren wurden die Oberkrustenfragmente der Lebendun- und Verrampio-Decken von ihrer Unterkruste abgeschält und in den Deckenstapel einverleibt. Diese basale Akkretion wurde von einer Rückfaltung des oberen Teils des Deckenstapels begleitet (Mischabel- und Vanzone-Phasen). Bei diesen Rückfaltungen wurden die Deckenkontakte passiv verfaltet, was auch als „post-nappe folding“ bezeichnet wird. Diese Rückfaltungen geben den Eindruck eines duktilen Verhaltens der Gesteine im Deckenbau. Es muss aber angenommen werden dass die frühen Deformationen (Evolène- und Anniviers-Phasen), welche zum Deckenbau führten, unter mehr spröden Bedingungen stattfanden. Die dazumal herrschenden hohen Drücke von deutlich über 1 Gigapascal – angedeutet durch die druckbetonte Metamorphose – waren wahrscheinlich durch tektonische Überdrücke zustande gekommen; bei Differenzialspannungen von über 0.5 Gigapascal war auch mit den gleichzeitig herrschenden Temperaturen (vgl. *P-T-t*-Pfade in Abb. 6-2) ein duktiles Verhalten der Gesteine nicht möglich. Letzteres wurde erst nach dem Druckabfall realisiert (vor 38 Mio Jahren für den Fall der Saas-Zermatt Zone).

Im Verlauf des Miozäns, vor weniger als 20 Mio Jahren, wurde die Oberkruste des europäischen Kontinentalrandes von seiner Unterkruste abgeschert, was zur Bildung des Gotthard- und des Aar-Massivs führte. Diese Massive wurden domförmig aufgewölbt. Auf der Südseite der Aufwölbung wurden die Deckenkontakte der darüberliegenden Einheiten versteilt und sogar überkippt; diese Rückfaltung wird der Berisal-Phase zugeordnet. Ferner fällt die Aktivität an der Aosta-Ranzola-Störung und an der Simplon-Abschiebung in diesen Zeitabschnitt. Beide Störungen schneiden die Deckenkontakte, die während der Evolène- und Anniviers-Phasen angelegt wurden. Dies zeigt sich

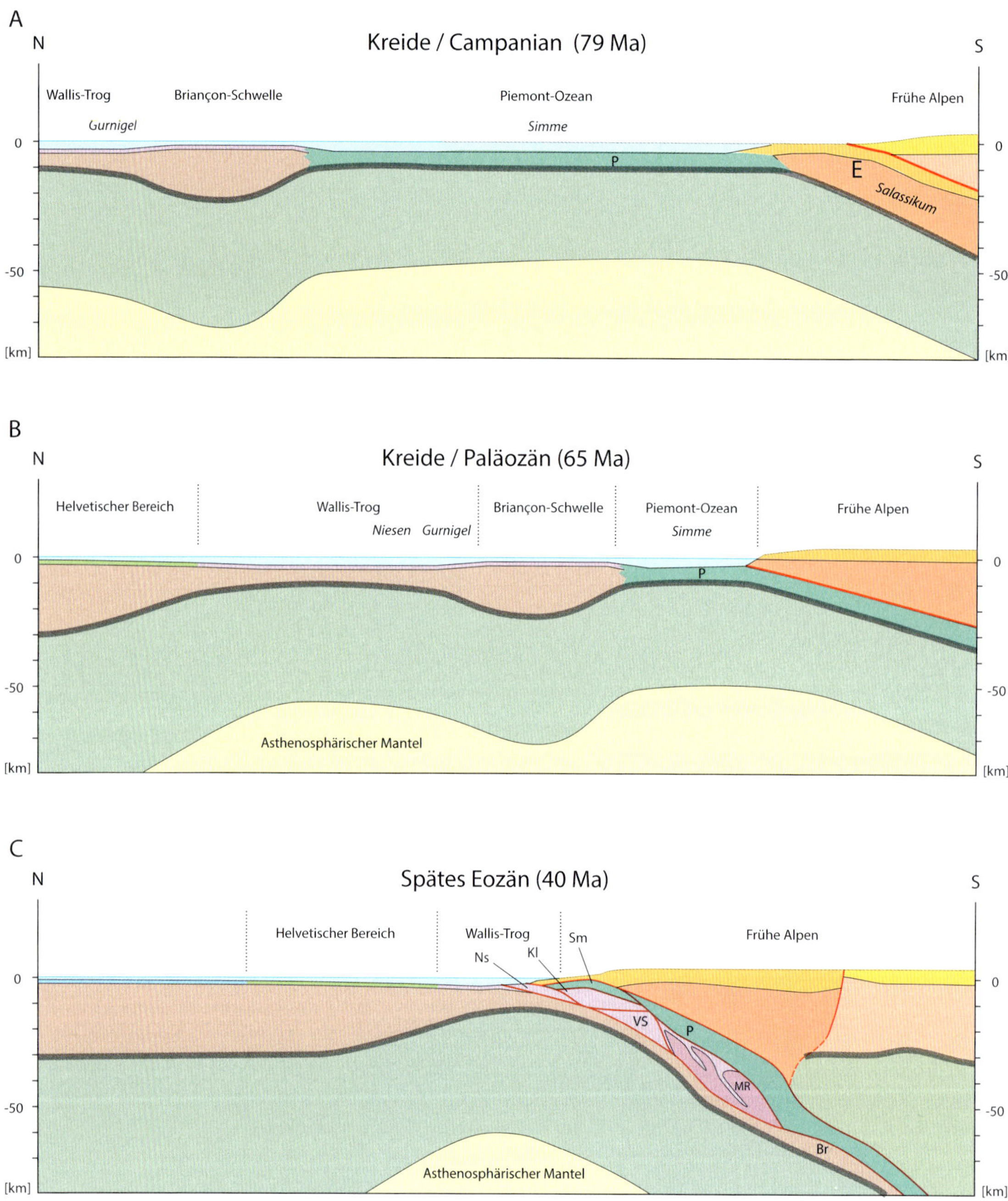
A
N
Kreide / Campanian (79 Ma)
S
Wallis-Trog
Gurnigel
Briançon-Schwelle
Piemont-Ozean
Simme
Frühe Alpen
P
E
Salassikum
0
-50
[km]
B
N
Kreide / Paläozän (65 Ma)
S
Helvetischer Bereich
Wallis-Trog
Niesen Gurnigel
Briançon-Schwelle
Piemont-Ozean
Simme
Frühe Alpen
P
Asthenosphärischer Mantel
0
-50
[km]
C
N
Spätes Eozän (40 Ma)
S
Helvetischer Bereich
Wallis-Trog
Ns
Kl
Sm
Frühe Alpen
VS
P
MR
Br
Asthenosphärischer Mantel
0
-50
[km]

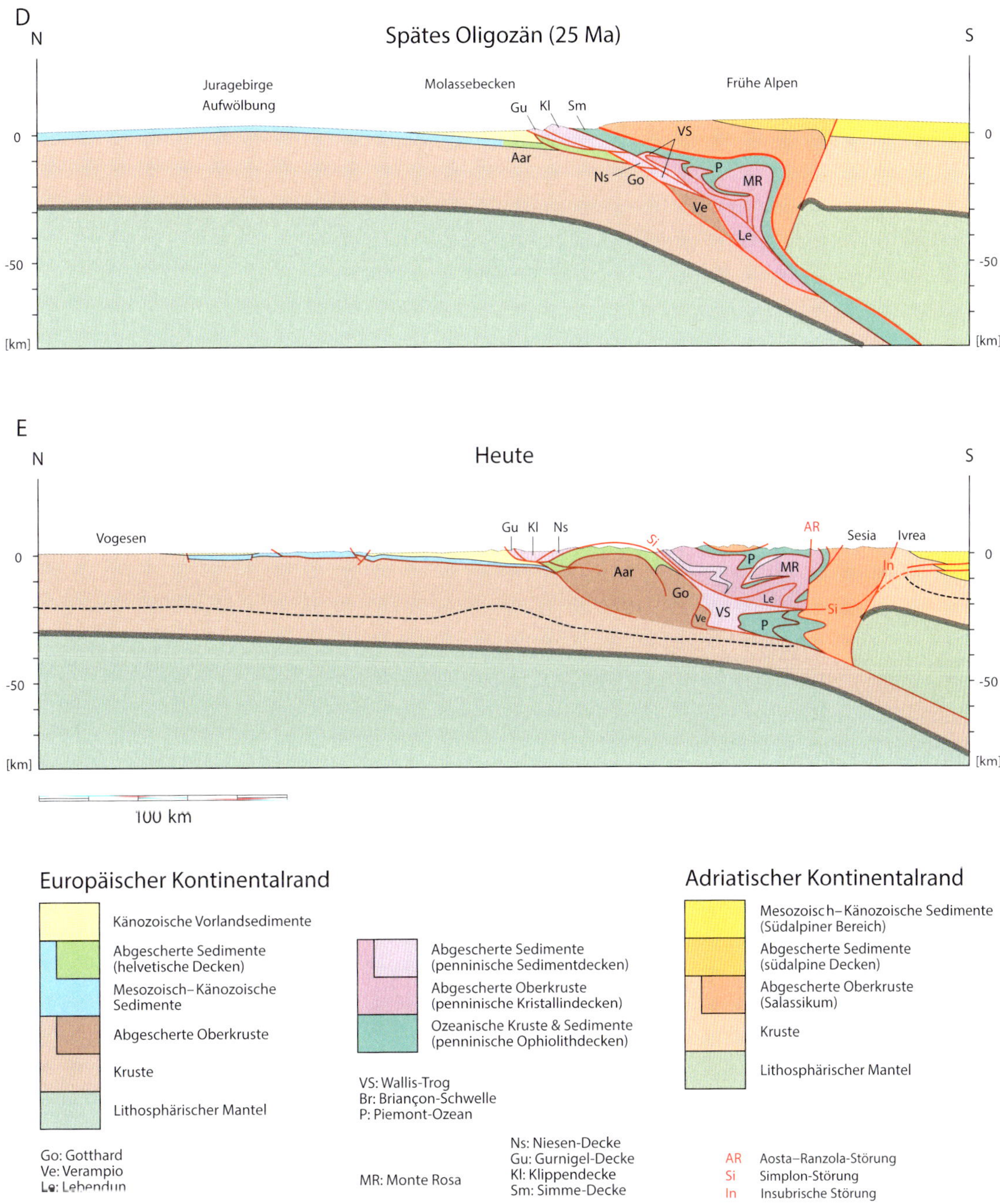

6-17 Die tektonische Entwicklung der westlichen Zentralalpen, dargestellt als Serie palinspastischer Profilschnitte. A) Subduktion des nördlichen Randes der adriatischen Platte (Salassikum). B) Subduktion des Piemont-Ozeans. C) Subduktion des Briançon-Mikrokontinents. D) Subduktion des Wallis-Troges und vertikale Entweichung kontinentaler Kruste und Bildung einer Antiform nördlich der Insubrischen Störung. E) Abscherung und Aufwölbung der europäischen Oberkruste (Aar-Massiv).

6-18 Der orogene Fahrplan von Sedimentation, Deckenbewegungen und Metamorphose in den Westalpen (zusammengestellt nach Angaben von Ceriani & Schmid, 2004, Bucher et al., 2004 und Dumont et al. 2022).

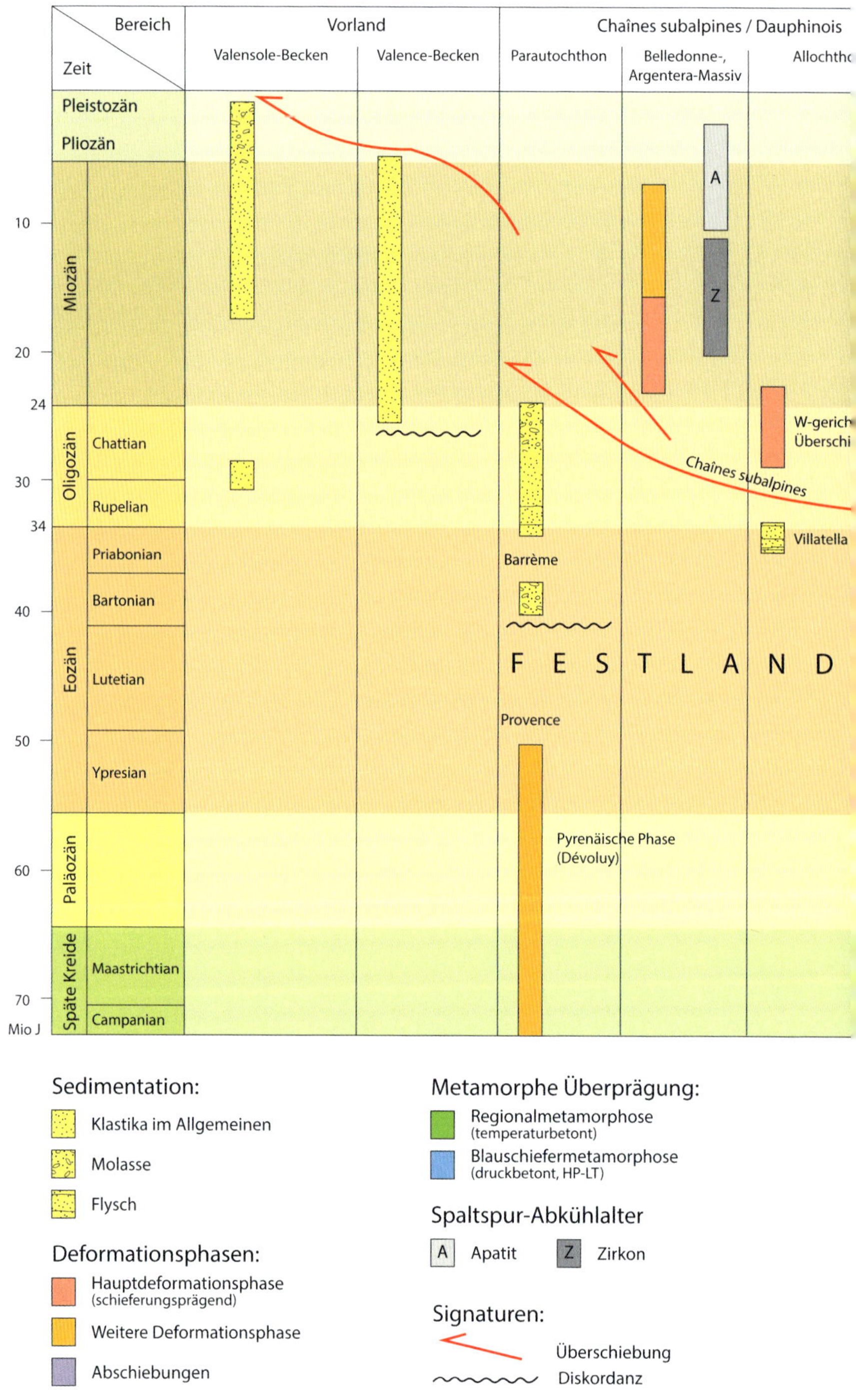

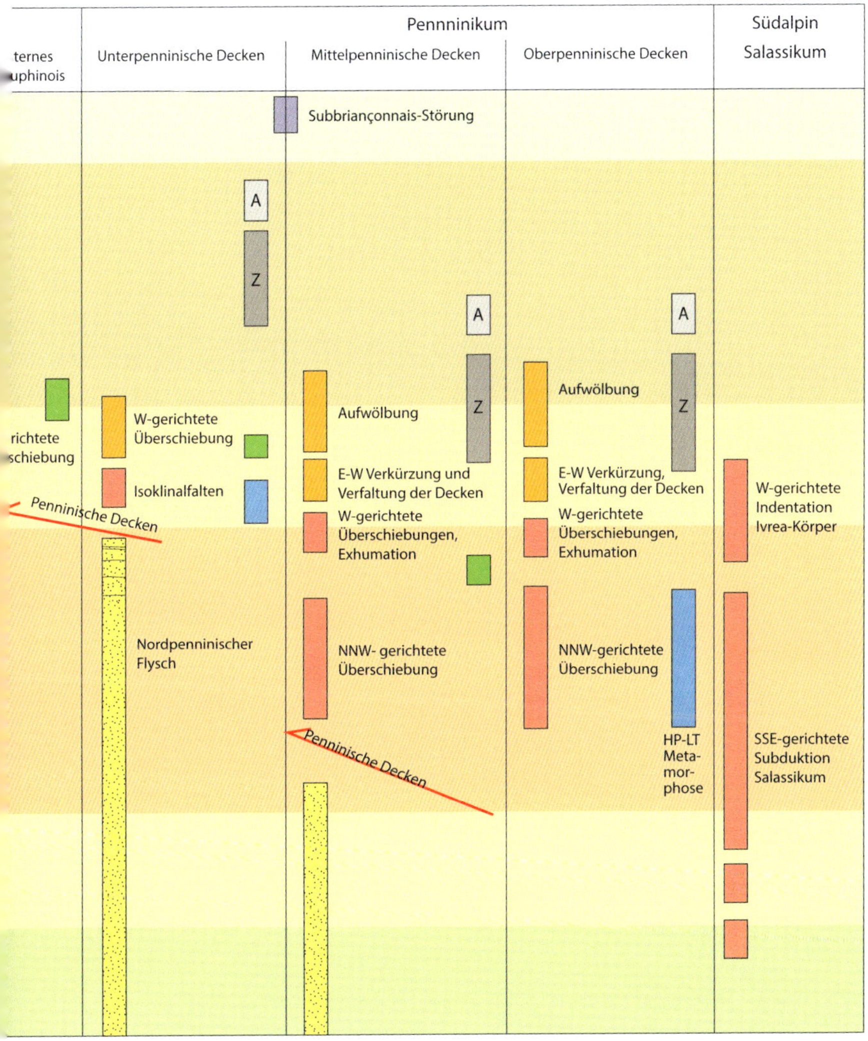

etwa an den Intersektionsverhältnissen im Profilschnitt von Abb. 5.2-17. Beide Störungen sind Dehnungsstrukturen, wobei die Dehnung im Falle des Aosta-Ranzola-Bruchsystems Nord-Süd verlief, während sie bei der Simplon-Abschiebung ESE-WNW gerichtet war.

In den **Westalpen** setzte die orogene Entwicklung im Eozän ein (Abb. 6-18). Aber eine frühere Deformationsphase ist in der Provence zu verzeichnen. Sie hängt mit der Bildung der Pyrenäen zusammen und verursachte in der Gegend von Dévoluy EW-verlaufende Falten, die von den späteren NS-orientierten alpinen Strukturen überprägt wurden.

Die Entwicklung im Penninikum, wie sie in Abb. 6-18 dargestellt ist, basiert auf den Arbeiten von Ceriani & Schmid (2004), Bucher et al. (2004) und Dumont et al. (2022), die auch eine eingehende Diskussion der früheren Arbeiten zum Penninikum der Westalpen enthalten.

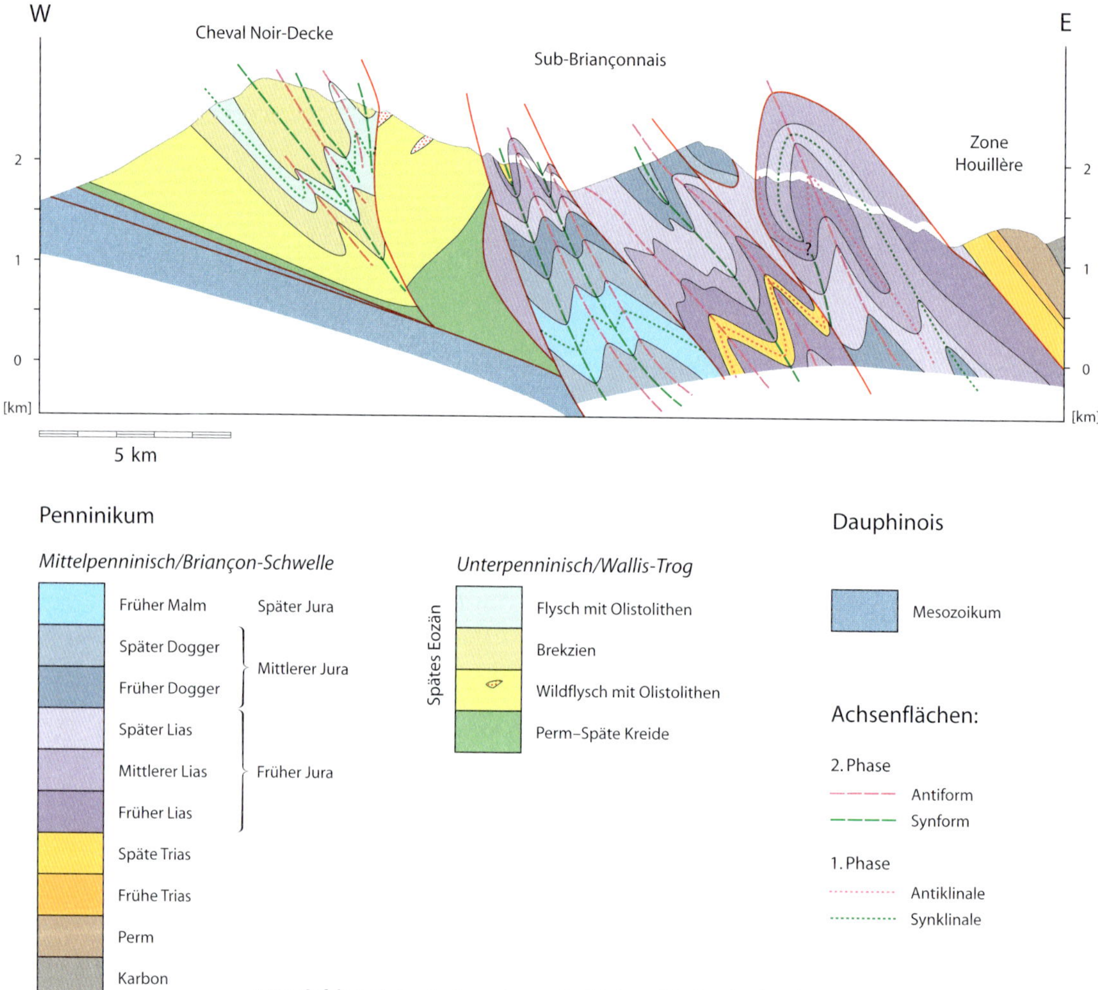

6-19 Gefaltete Falten in den unter- und mittelpenninischen Decken der Westalpen (umgezeichnet nach Ceriani & Schmid, 2004). Isoklinale Falten der ersten Phase, erkennbar aus dem symmetrischen Schichtmuster mit jungen oder alten Schichten im Kern; sie wurden durch die zweite, hier westvergente Phase gefaltet.

Im Salassikum und Oberpenninikum erfolgten im Paläozän und Eozän zuerst nordvergente Überschiebungen gefolgt von Isoklinalverfaltung und Exhumation Ende Eozän. Im Oligozän wurden im Oberpenninikum die älteren Deckenüberschiebungen durch die Indentation des Ivrea-Körpers in E-W Richtung verkürzt und verfaltet (Dumont et al. 2022). Einen klaren Hinweis auf Subduktion liefert die druckbetonte Metamorphose, die im internen Teil des Penninikums Eklogite bildete und im externen Teil, an der Basis der penninischen Decken, zu einer blauschieferfaziellen Überprägung führte (vgl. Abb. 6-1). Berger & Bousquet (2008) analysierten die Alter der druckbetonten Metamorphose, die mit der Subduktion zu tun hat. Für die internen Teile der penninischen Decken fällt die Metamorphose in das Zeitintervall zwischen

50 und 35 Millionen Jahren (Eozän). Ein etwas höheres Alter (60 bis 50 Millionen Jahre, d.h. Paläozän bis frühes Eozän) ist für das Penninikum im Süden der Westalpen anzunehmen (unter anderem Dora Maira und Monviso). Noch höhere Alter (80 bis 60 Millionen Jahre) sind in der salassischen Sesia-Zone im Hangenden angezeigt. Rubatto et al. (2011) konnten zwei eklogitische Metamorphoseereignisse im Zeitintervall zwischen 79 und 64 Mio Jahren vor heute nachweisen, getrennt durch ein Tiefdruckereignis. Die Drücke erreichten 2.2 Gigapascal während der Hochdruckereignisse, was als eine Versenkung in eine Tiefe von 60 Kilometern in den Erdmantel interpretiert wurde. Auch wenn signifikante tektonische Überdrücke angenommen werden, deuten diese Untersuchungen trotzdem an, dass die Sesia-Zone in der späten Kreide in große Tiefen versenkt wurde.

Bucher et al. (2004) vermuten eine erste Phase isoklinaler Faltung in den mittleren (Briançon-Schwelle) und oberen (Piemont Ozean) penninischen Decken in Zusammenhang mit Subduktion und druckbetonter Überprägung. Eine zweite Phase isoklinaler Faltung ist mit der Exhumierung der betroffenen Gesteine assoziiert. Die Überschiebungsrichtung während dieser Phasen war nach NW bis NNW gerichtet. Die Bildung des Deckenstapels ist als wachsendes Akkretionsprisma in der Subduktionszone zu sehen. Die Decken wurden anschließend samt ihren Überschiebungen durch eine dritte Phase in E-W Richtung verkürzt und dabei in großräumige Falten gelegt. Als Abschluss erfuhr der Deckenstapel in einer vierten Phase eine seichte Aufwölbung. In den angrenzenden unterpenninischen Decken setzten die Deformationen etwas später ein (Ceriani & Schmid 2004), zuerst auch mit einer Phase isoklinaler Faltung und mehr nordgerichteter Überschiebung. In einer nächsten Phase erfolgte eine WNW-gerichtete Überschiebung dieser unterpenninischen Einheiten auf den Bereich des Ultradauphinois. Die zeitgleichen Deformationen im Penninikum der Zentralalpen enthielten im Unterschied zu den Westalpen nordgerichtete Überschiebungen. Ceriani & Schmid (2004) erklären diesen Umstand mit einer Entkoppelung an den ebenfalls zeitgleich aktiven Bewegungen am periadriatischen Bruchsystem und der Simplon-Störung. An beiden Bruchsystemen wurde jeweils der südliche bzw. obere Block nach Westen verschoben.

Im Dauphinois setzten die orogenen Bewegungen nach Abschluss der Flyschsedimentation im Priabonian im internen Bereich (Villabella) und im Chattian im externen Bereich (Barrême) ein. Analog zu den Ostalpen (Tauern-Massiv) und den Zentralalpen (Aar-Massiv) wurden die Sedimentdecken des Helvetikums bzw. des Dauphinois über die künftigen Externmassive (Belledonne-, Argentera-Massiv) hinausgeschoben. Anlässlich der anschließenden Krustenverkürzung im kristallinen Untergrund wölbten sich die Externmassive heraus und verbogen auch die darüberliegenden Decken.

Die Hebung und Exhumation der Externmassive kann mit Spaltspur-Abkühlaltern datiert werden. Gemäß der Kompilation von Fügenschuh & Schmid (2003) erfolgte die Abkühlung systematisch von den internen Bereichen nach Westen zu den externen Bereichen. Der Beginn der Abkühlung setzte im internen Bereich vor 32 Millionen Jahren ein, im externen vor zirka zehn Millionen Jahren (vgl. Abb. 6-18).

Im Gegensatz zur Situation in den Ostalpen und Zentralalpen sind in den Westalpen keine markanten Anzei-

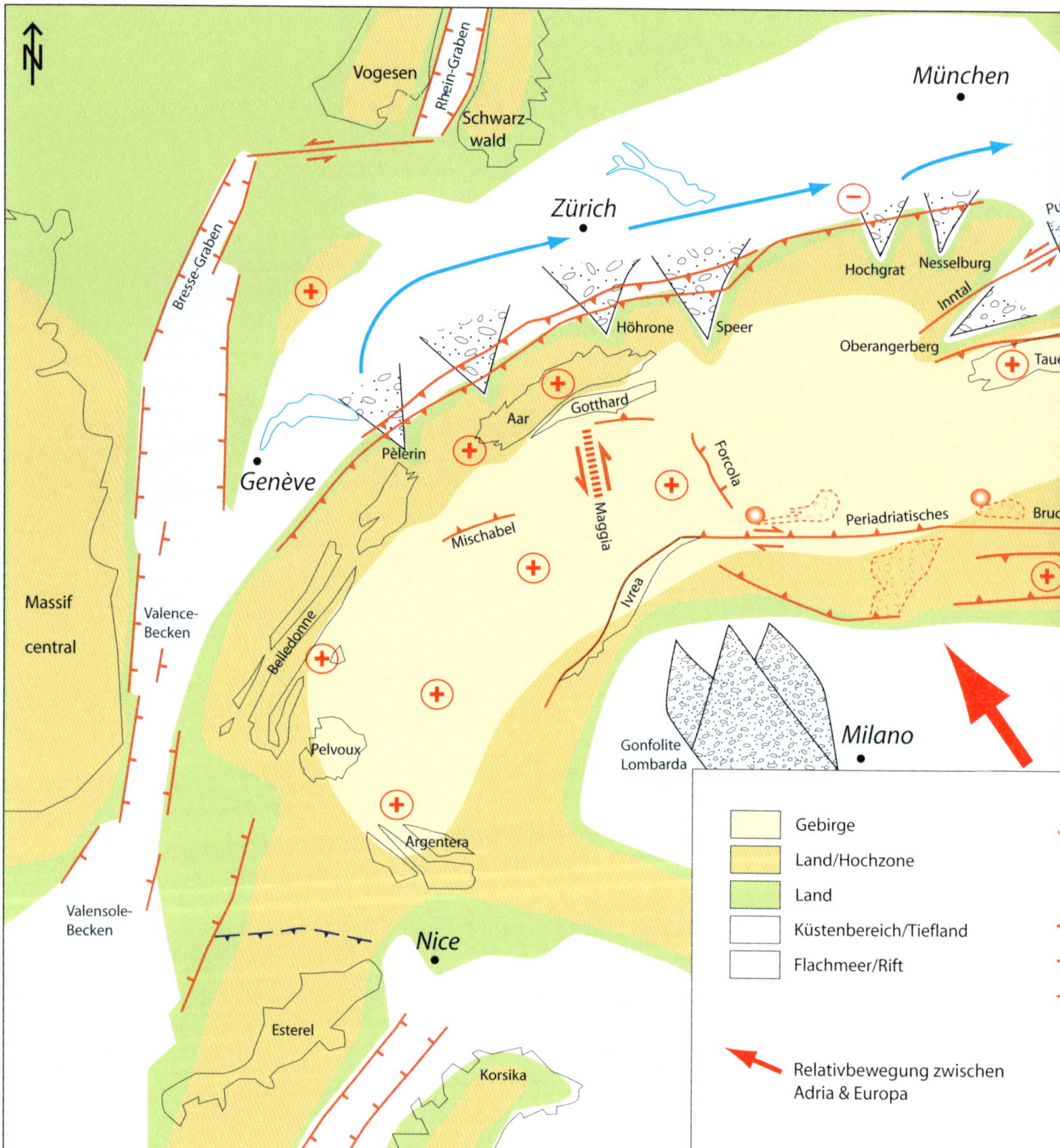

▲ **6-20 Paläogeografische Karte der Alpen zur Zeit Ende Oligozän** (vor 22 Millionen Jahren).

chen für Dehnung nach der Deckenstapelung vorhanden. Eine Ausnahme bildet die Subbriançon-Abschiebung am Westende der mittelpenninischen Decken. Wie die Spaltspurdaten zeigen, war sie in den letzten fünf Millionen Jahren aktiv, aber diese Aktivität dauert möglicherweise heute noch an (Ceriani & Schmid 2004, Fügenschuh & Schmid 2003).

Ganz im Süden sind die parautochthonen Einheiten der Chaînes subalpines des Vercors auf die spätmiozänen Sedimente des Valence-Beckens aufgeschoben (vgl. Abb. 5.1-6), und an der Digne-Überschiebung kamen die me-

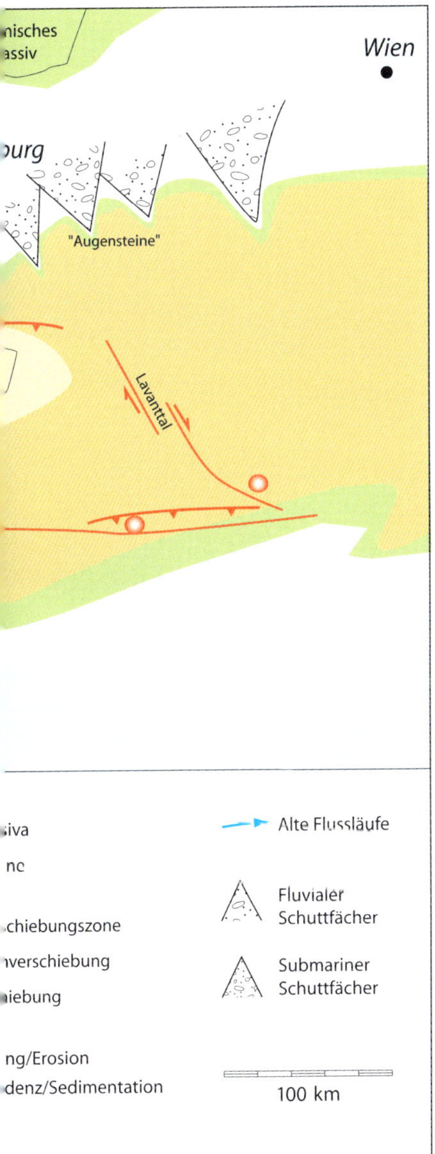

sozoischen Sedimente auf die pliozäne Füllung des Valensole-Beckens zu liegen (vgl. Abb. 5.1-7). Die Digne-Überschiebung ist über dem Argentera-Massiv aufgewölbt. Aber die alpinmetamorphe Überprägung und Aufheizung war zu gering für eine erfolgreiche Spaltspurdatierung der Heraushebung.

In den unter- und mittelpenninischen Sedimentdecken konnten Ceriani & Schmid (2004) gefaltete Falten nachweisen. Diese bildeten sich, als die Sedimente abgeschürft waren von ihrem kristallinen Substrat und beim Akkretionsprozess zu einem Deckenstapel zusammengeschoben wurden. Abb. 6-19, umgezeichnet nach Ceriani & Schmid (2004), zeigt die komplexe Geometrie, die durch mehrfache Faltung der Sedimente zustande kam. Es ist zu bedenken, dass die frühen Faltungen in den mittelpenninischen Decken mit einer transpressiven Bewegung verknüpft sind. Mehrere sinistrale Seitenverschiebungen, an denen jeweils der östliche Block nach Norden versetzt ist, zerschnitten die sich bildenden Falten fortlaufend. Nur die unterpenninische Cheval Noir-Decke zeigt eine westvergente Überschiebung an ihrer Basis, und die jüngste Faltung verkürzte die älteren Falten in EW-Richtung.

6.4 Gebirgsbildung: Hebung und Abtrag

Unter Gebirgsbildung versteht man nicht nur die Bildung eines topografischen Reliefs, sondern auch die Entstehung der internen Struktur, des Baus, eines Gebirges. Dieser Bau ist charakterisiert durch Faltenstrukturen, durch Decken und Überschiebungen wie auch durch Abschiebungen und Seitenverschiebungen, und die Prozesse, die diese Strukturen hervorriefen, sind das Resultat der konvergenten Bewegungen zwischen tektonischen Platten. So betrachtet, geht die Reliefbildung letztlich auf die gebirgsinneren Bewegungen zurück. Durch Auffaltung und Überschiebungen werden Teile der Erdkruste angehoben, was dann auch zur Erhöhung der Landoberfläche

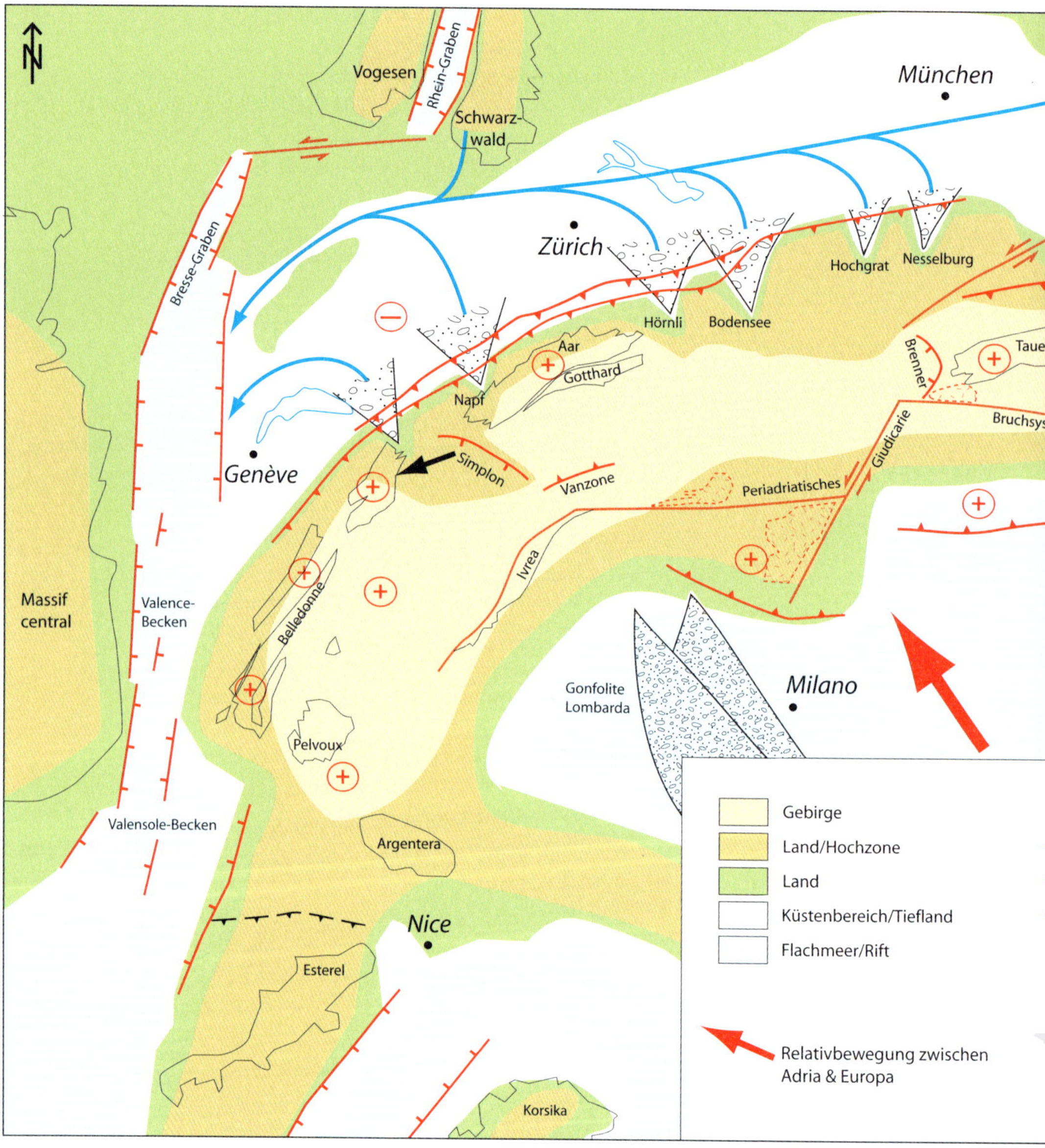

führt. Das so entstehende Gebirge wird aber sofort der Wirkung der Oberflächenprozesse ausgesetzt. Verwitterung lockert die Gesteine nahe der Landoberfläche auf. Durch Wasser, Eis und die Schwerkraft wird das bereitgestellte lockere Material abtransportiert. Der Abtrag wirkt scheinbar der Hebung entgegen. Numerische Modellierungen offenbaren, dass der Abtrag auch die Hebung lokal beschleunigen kann, indem durch Abtrag an der Oberfläche das Entweichen von Gesteinen aus der Tiefe nach oben erleichtert wird (Pfiffner et al. 2000). Ferner ist zu beachten, dass das abgetragene Material nicht

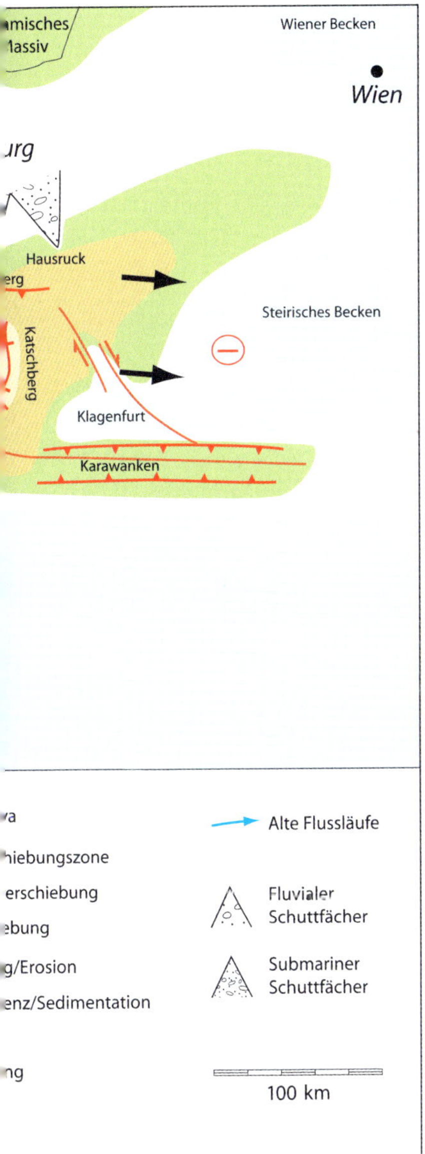

◀ **6-21 Paläogeografische Karte der Alpen im mittleren Miozän** (vor 15 Millionen Jahren).

vollständig aus dem Gebirgssystem entfernt wird, sondern vielmehr zwischengelagert wird. Ein Zwischenlager stellen die mit Gebirgen verknüpften Vorlandbecken dar. Diese Depressionen entstehen durch das Niederdrücken der Platte im Vorland durch das Gewicht des Gebirges. Das Gebirge kreiert sozusagen das Auffangbecken für den Abtragungsschutt.

Das sehr komplexe Zusammenspiel zwischen Oberflächenprozessen (Abtrag und Zwischenlagerung) und in der Tiefe ablaufenden Prozessen (Faltung, Überschiebungen etc.) kann nicht nur in zweidimensionalen Profilschnitten und orogenen Fahrplänen dargestellt werden. Um einen Einblick in das Werden des alpinen Gebirges zu erhalten und die räumliche und zeitliche Interaktion von Gebirgsbildung, Hebung und Abtrag, Sedimentation in den Vorlandbecken etc. zu verstehen, sind paläogeografische Kartenansichten nützlich. In Abb. 4-12 wurden bereits nach diesem Prinzip die früheozänen (vor 55 Millionen Jahren) Ablagerungsbedingungen für die nordpenninischen Flyschsedimente und die transpressiven Bewegungen in den künftigen Westalpen miteinander dargestellt. Abb. 4-13 zeigt dasselbe für den Nordhelvetischen Flysch im frühen Oligozän (vor 35 Millionen Jahren). Gerade dieses Beispiel zeigt das Nebeneinander von Sedimentation im Vorland, Vulkanismus, bivergenten Überschiebungen und Hebungen in den entstehenden Zentralalpen. Schließlich demonstriert Abb. 4-14 das frühe Stadium des Molassebeckens im späten Oligozän vor 25 Millionen Jahren. Im Norden der Zentral- und Ostalpen wurden durch die Urflüsse aus dem Gebirge große Schuttfächer aufgebaut. Submarine Schuttfächer entwickeln sich im Po-Becken südlich der Alpen. Bivergente Überschiebungen prägen den Nord- und Südrand der Alpen, während im Orogen selbst Rückfaltungen einsetzten, die den bereits existierenden Deckenbau passiv verfalteten. Zieht man die mächtigen, grobklastischen Schuttfächer im Norden und Süden in Betracht, so ist anzunehmen, dass die Alpen zu dieser Zeit eine ansehnliche Gebirgskette waren und ein beträchtliches lokales Relief besaßen. Interessanterweise setzten die ersten Schüttungen von Konglomeraten in den östlichen Schuttfächer früher ein als in den westlichen (vor 32, verglichen mit 25 Millionen Jahren). Pfiffner et al. (2002) vermuten, dass das Gebirge in den östlichen Zentralalpen früher zum Hochgebirge wurde als in den westlichen Zentralalpen. Das wird mit dextralen Seitenverschiebungen am periadriatischen Bruchsystem erklärt. Durch die Seitenverschiebung wanderte erstens der Ivrea-Körper in westlicher Richtung relativ zum Gebirge. Zweitens stellte dieser schwere und starre Körper bei der Konvergenz der beiden Platten eine Art Prellbock dar, der die nördlich davorliegende europäische Kruste bei der Kollision besonders stark deformierte und damit die Hebung forcierte. Es ist dies ein gutes Beispiel für die Interaktion von Oberflächenprozessen und endogenen Vorgängen.

Die Alpen im Oligozän

Abb. 6-20 zeigt die Situation vor 22 Millionen Jahren gegen Ende Oligozän, d. h. kurze Zeit später als Abb. 4-14. Ende Oligozän waren innerhalb des Gebirges ausgesprochene Hebungen im Gange, angezeigt etwa durch die Abkühlungsalter der Zirkon-Spaltspuren. Diese Hebungen wurden nicht zuletzt durch die Aufwölbung der Externmassive (Tauern- und Aar-Massiv) und die Stapelung der Kristallindecken im Penninikum verursacht. Gerade im Bereich des Lepontins (östlich der Maggia-Querzone) verursachten die Hebungen eine orogenparallele Dehnung, angezeigt durch die Forcola-Abschiebung. Diese Dehnung könnte als orogener Kollaps gedeutet werden: Die lokale Hebung verursachte steile Gradienten der Gebirgsoberfläche, die ein gravitatives Ausbreiten in Gang setzten. Das Gebirge wuchs gegen Süden in dieser Zeit, was an neu angelegten Überschiebungen im Südalpin (südlich der Adamello-Intrusion), in den Dolomiten und in den Karawanken erkannt werden kann. Die großen Schuttfächer im Molassebecken verlagerten sich kaum, wenn man mit der Situation vor 25 Millionen Jahren (Abb. 4-14) vergleicht. Die großen Urflüsse entwässerten über ein Gebiet, in dem es im Bereich der Unterläufe dieser Flüsse zu beträchtlichen Hebungen kam. Trotz dieser Hebungen wurden die Flüsse nicht abgelenkt, sondern tieften sich mehr oder weniger an Ort und Stelle weiter ein. Möglicherweise erhielten die andauernden Hebungen einen steilen Talweg und erhöhten bzw. erhielten das Erosionspotenzial der Flüsse. Die NW-gerichtete Konvergenzbewegung der adriatischen Platte führte dazu, dass in den Zentralalpen sukzessive neue externe Gebiete von Überschiebungstektonik erfasst wurden. Die Zentralalpen wurden dadurch höher und breiter. Im Süden begann sich Korsika vom europäischen Rand (Esterel) abzutrennen.

Die Entwässerung im Molassebecken erfolgte zu dieser Zeit nach wie vor nach Osten in das Paratethys-Becken, das über Wien bis in die Gegend von Salzburg reichte. Am Südrand des Molassebeckens wurden Überschiebungen angelegt, welche die subalpinen Molasseschuppen nach Norden bewegten. Im westlichen Molassebecken wurden die Kompressionsspannungen bis auf das Juragebirge übertragen, wodurch es dort zu den ersten Auffaltungen kam (vgl. Abb. 6-15).

Eine gewaltige Änderung geschah dann im frühen Miozän. Abb. 6-21 zeigt die paläogeografische Situation vor 15 Millionen Jahren (im Langhian bzw. Badenian), zur Zeit der Ablagerung der Oberen Süßwassermolasse. Die Paläogeografie der Ostalpen richtet sich nach den Arbeiten von Frisch et al. (1999 und 2000).

Durch die andauernde Konvergenz sind die Alpen schmaler, dafür aber höher geworden. An verschiedenen Orten waren intensive Hebungen im Gange (Externmassive, Südalpin-Dolomiten, südliche Karawanken). Im Falle des Tauern-Massivs waren zu dieser Zeit im Osten wie im Westen Abschiebungen aktiv (Brenner- und Katschberg-Abschiebungen), das Tauern-Massiv wurde also gleichermaßen horizontal verkürzt und vertikal herausgequetscht. Im östlichen Molassebecken wurden die Augenstein-Schüttungen abgelöst, und auch im Westen gab es im Vergleich zur USM neue Schuttfächer. Die große Veränderung aber ist, dass die Entwässerung nun gegen Westen, ins Rhone-System, erfolgte. Einhergehend damit war zu dieser Zeit eine signifikante Subsidenz im westlichsten Molassebecken zu verzeichnen, was sich in den Sedimentmächtigkeiten dieser Periode deutlich abzeichnet. Pfiffner et al. (2002) analysierten die Situation und kamen zum Schluss, dass diese erhöhte Subsidenz durch eine zusätzliche Belastung der europäischen Lithosphäre zustande kam. Die dextrale Seitenverschiebung am periadriatischen Bruchsystem (der Insubrischen Störung im Speziellen) brachte die Ivrea-Zone und den darunterliegenden Ivrea-Mantel in eine sukzessive westlichere Stellung relativ zum Molassebecken. Die damit verbundene zusätzliche, intrakrustale Last (der in die europäische Kruste eingespießte Ivrea-Körper besitzt eine höhere Dichte als die normalen Krustengesteine) verursachte eine stärkere Durchbiegung der europäischen Platte und vertiefte damit das Vorlandbecken. Die westgerichtete Entwässerung zeigt sich auch in einer „Glimmersandrinne“, die vom Böhmischen Massiv nach Westen bis in das Juragebirge verfolgt werden kann (Abb. 6-21). Ganz im Osten senkte sich zu dieser Zeit das intramontane Steirische Becken und, als Anhängsel davon, das Klagenfurter Becken ein. Die gesamten Ostalpen wurden im Miozän alpenparallel um 150 Kilometer (Ratschbacher & Frisch 1993) bis 300 Kilometer (Frisch et al. 2000a) gedehnt. Diese Dehnung wird als ein seitliches Entweichen („lateral escape“) bei der NS-Kollision interpretiert. Die ostgerichtete Dehnung setzt sich im angrenzenden Pannonischen Becken fort.

Hebung und Erosion zeigen sich deutlich im Verteilungsmuster von Zirkon- und Apatitspaltspuraltern. Zirkonalter geben an, zu welchem Zeitpunkt eine Gesteinsprobe unter eine Temperatur von ca. 230 °C abgekühlt wurde. Bei Apatitaltern ist es eine Abkühlung unter ca. 110 °C. Abkühlalter repräsentieren Exhumation der Gesteine, die durch die gleichzeitige Wirkung von Erosion und Hebung zustande kommt. Abb. 6-22 zeigt die Verteilung der Spaltspuralter, die jünger als 20 Mio Jahre und jünger als 8 Mio Jahre sind. Die Daten stammen von Vernon et al. (2008) im Falle der West- und Zentralalpen und von Luth & Willingshofer (2008) im Falle der Ostalpen. In den Gebieten außerhalb der in der Karte von Abb. 6-22 markierten Bereiche sind entweder die Spaltspuralter älter als 20 Mio Jahre oder aber die Gesteine erreichten im Verlauf der alpinen Orogenese nie die Schließtemperaturen der beiden Systeme.

Die Alpen im Miozän

Zirkonalter jünger als 20 Mio Jahre sind in den Ostalpen im Gebiet des Tauern-Fensters vorhanden, in den Zentral- und Westalpen im Bereiche der Externmassive (Aar, Gotthard, Mont Blanc, Aiguilles Rouges, Belldonne und Pelvoux). In den Zentral

▶ **6-22 Karte der Zirkon- und Apatitabkühlalter in den Alpen** (zusammengestellt nach Angaben von Vernon et al., 2008, und Luth & Willingshofer, 2008). Zirkonalter geben den Zeitpunkt an, zu welchem eine Gesteinsprobe unter eine Temperatur von ca. 230 °C abgekühlt wurde. Bei Apatitaltern ist es die Abkühlung unter ca. 110 °C.

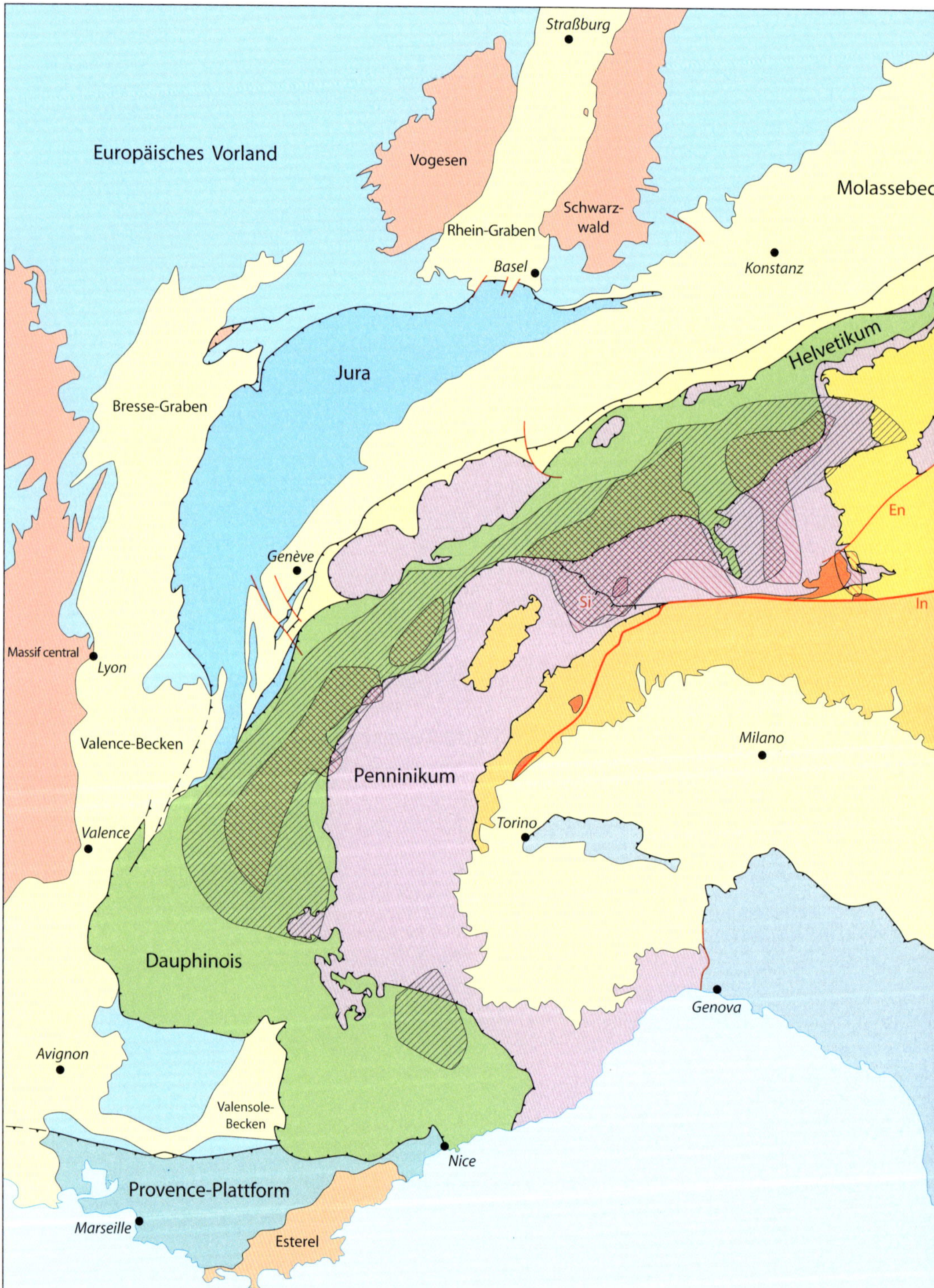
Straßburg
Europäisches Vorland
Vogesen
Schwarz-
wald
Rhein-Graben
Basel
Konstanz
Molassebec
Jura
Helvetikum
Bresse-Graben
Genève
En
Si
In
Massif central
Lyon
Valence-Becken
Milano
Penninikum
Valence
Torino
Dauphinois
Genova
Avignon
Valensole-
Becken
Nice
Provence-Plattform
Marseille
Esterel

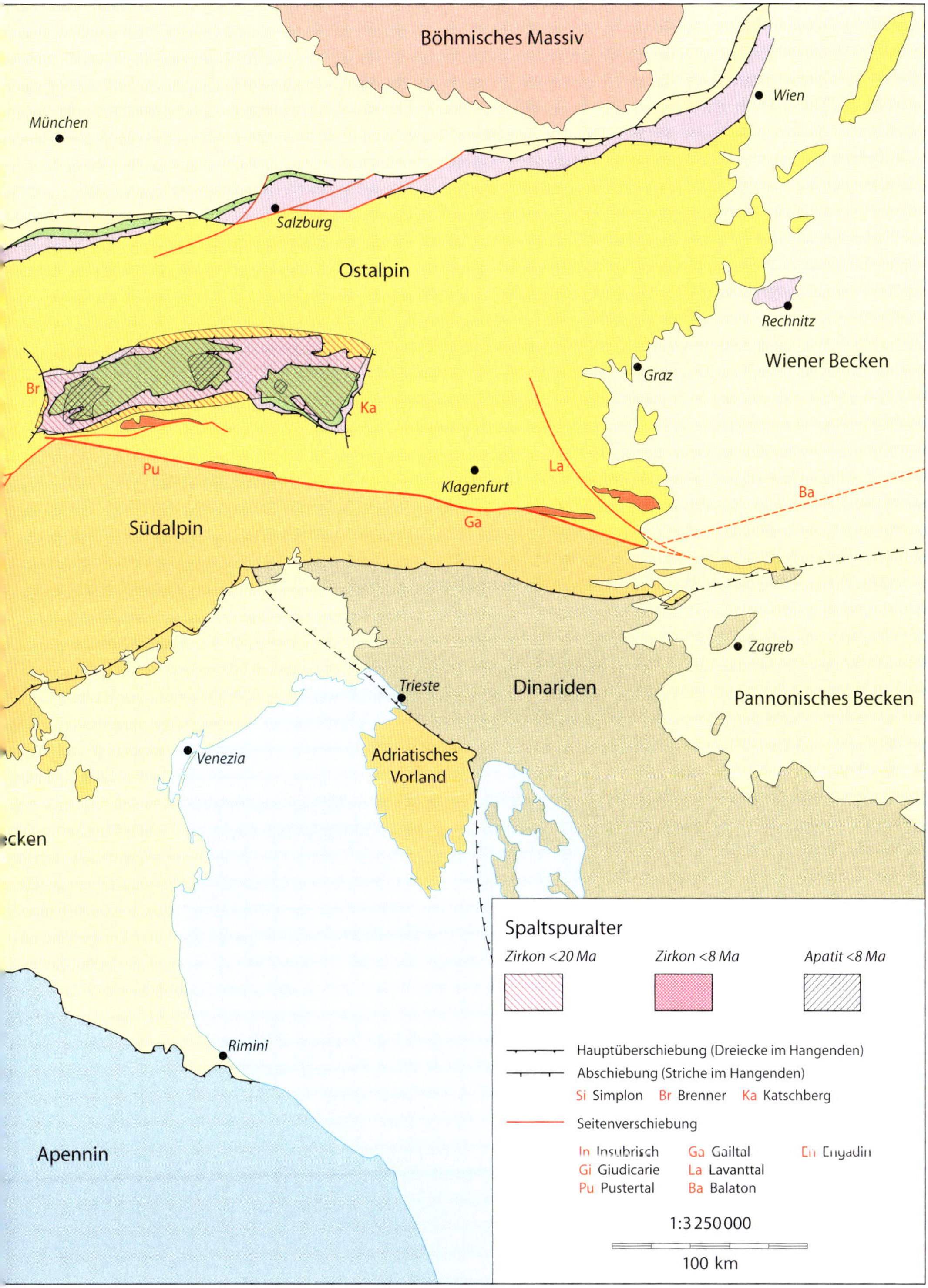
Böhmisches Massiv
Wien
München
Salzburg
Ostalpin
Rechnitz
Wiener Becken
Graz
Br
Ka
Pu
La
Klagenfurt
Ba
Südalpin
Ga
Zagreb
Trieste
Dinariden
Pannonisches Becken
Venezia
Adriatisches Vorland
cken
Rimini
Apennin
Spaltspuralter
Zirkon <20 Ma
Zirkon <8 Ma
Apatit <8 Ma
Hauptüberschiebung (Dreiecke im Hangenden)
Abschiebung (Striche im Hangenden)
Si Simplon Br Brenner Ka Katschberg
Seitenverschiebung
In Insubrisch Ga Gailtal En Engadin
Gi Giudicarie La Lavanttal
Pu Pustertal Ba Balaton
1:3 250 000
100 km

alpen finden sich solche Alter auch in den penninischen Decken zwischen diesen Massiven und dem Insubrischen Bruchsystem. Zirkonalter, die jünger als 8 Mio Jahre sind, finden sich lediglich im Kern der Toce-Aufwölbung östlich der Simplon-Störung. Für Apatitalter sind nur jene verzeichnet in der Karte von Abb. 6-22, die jünger als 8 Mio Jahre sind. Ihr Vorkommen deckt sich weitgehend mit jenem der Zirkonalter jünger als 20 Mio Jahre. Im Tauern-Fenster sind es drei kleinere Bereiche, in den Zentral- und Westalpen decken sie ein größeres Feld ab und schließen auch das nördlich Nice gelegene Argentera-Massiv ein. Allgemein gesehen, bedeuten diese Alter dass die Externmassive (inklusive Tauern-Fenster) und die penninischen Decken gerade nördlich der Insubrischen Störung im Miozän und Pliozän eine späte Exhumationsphase erlebten.

In vielen Fällen zeigen Gesteinsproben eine Abkühlung unter ca. 230 °C vor weniger als 20 Mio Jahren und unter ca. 110 °C vor weniger als 8 Mio Jahren. Dies entspricht einer Abkühlung um ca. 120 °C innerhalb von 12 Mio Jahren. Umgerechnet mit einem geothermischen Gradienten von 25 °C/km, ergibt dies eine Erosion einer ca. 5 Kilometer mächtigen Gesteinsschicht in 12 Mio Jahren, was einer durchschnittlichen Erosionsrate von rund 0.4 mm/Jahr entspricht. Berücksichtigt man die jungen Zirkonalter von weniger als 8 Mio Jahren östlich des Simplons, wurde eine etwa 9 km mächtige Gesteinssäule in weniger als 8 Mio Jahren erodiert. Die Erosionsrate muss dort also mindestens doppelt so hoch, d.h. rund 1 mm/Jahr gewesen sein. Noch höhere Erosionsraten von über 1 mm/Jahr müssen in jenen Gebieten angenommen werden, wo die Apatitspaltspuren nur 3 Mio Jahre betragen. Interessanterweise sind derartig hohe Erosionsraten an denselben Orten vorhanden, für welche auch geodätisch bestimmte rezente Hebungsraten mit 1.5 mm/Jahr besonders hoch sind. Die rezenten Hebungsraten werden in Kapitel 7 näher diskutiert. Beispiele solcher „hotspots" befinden sich am Ostende und Westende des Aar-Massivs, am Ostrand des Tauern-Fensters und östlich der Simplon-Störung.

Zusammenfassend kann festgehalten werden, dass Hebung und Abtrag seit dem Miozän einem Muster von kontinuierlicher Exhumation von 0.4 mm/Jahr im Kern der Alpen folgte. Dieser Kern umfasst die Externmassive inklusive Tauern-Fenster und die penninischen Decken der Zentralalpen nördlich der Insubrischen Störung. Außerhalb dieses Gebietes setzten Hebung und Abtrag früher ein, oder die Gesteine wurden nie in die notwendige Tiefe versetzt, um die Schließtemperaturen von 230 °C respektive 110 °C zu erreichen. Aber im Kern der Alpen können viel höhere Exhumationsraten in einzelnen kleineren Gebieten nachgewiesen werden. Die Bildung des alpinen Gebirges kann als Prozess mit regional einheitlicher Hebung mit einem Maximum im Innern des Orogens angesehen werden. Örtliche Anomalien mit sehr hohen Hebungsraten überlagerten dieses Muster und sind heute noch aktiv.

7 Die jüngste geologische Geschichte der Alpen

Beim Ausdruck „Gebirgsbildung“ denkt man zuerst vielleicht intuitiv an die Bildung des lokalen Reliefs und nicht an die krustalen Vorgänge wie Deckenstapelungen und Faltungen, die als Folge der konvergenten Plattenbewegungen an den beteiligten Plattenrändern entstehen. Die Reliefbildung erscheint so als alleiniges Produkt der Eintiefung der Täler, und Talbildung wäre gleichbedeutend mit Gebirgsbildung. Aber die endogenen Prozesse beeinflussen die Höhenlage der Landoberfläche sehr direkt und steuern damit auch die Oberflächenprozesse wie Verwitterung und Erosion. Durch die Erosion erfolgt der Abtrag im Gebirge selbst, aber das weggeführte Material lagert sich zum Teil auf dem Weg ins Vorland und im Vorland selbst ab. Beim Studium der zeitlichen Entwicklung des Reliefs ist man daher meist in der schwierigen Lage, dass kein Archiv vorhanden ist, das den Abtrag registriert. Ausnahmen sind etwa die Sedimente im Vorland, die Aufschluss darüber geben, woher aus dem Gebirge die Komponenten stammen. Im Gebirge selbst geben die Abkühlalter an, mit welcher Exhumationsgeschwindigkeit die Gesteine aus der Tiefe auftauchten und an die heutigen Oberfläche gelangten. Bei beiden Methoden ist die Genauigkeit der Aussagekraft beschränkt, da die damit untersuchten Abläufe zeitlich meist weit, mehrere Millionen oder Zehnmillionen Jahre, zurückliegen. Insbesondere ist zu beachten, dass über derartige Zeitintervalle betrachtet der Abtrag mehr als einen oder gar mehrere Kilometer betragen kann. Die Talwege der Flüsse selbst befanden sich aber damals, vor 5 bis 15 Millionen Jahren, nicht in luftiger Höhe, denn in der gleichen Zeitspanne wurde das Gebirge als Ganzes um ähnliche Beträge gehoben. Die Höhe der Alpen und der Talböden über Meer war vor 5 bis 15 Millionen Jahren wahrscheinlich ähnlich wie heute. Die Flüsse tieften sich in den sich hebenden Untergrund ein und hielten mehr oder weniger Schritt mit der Hebung. Modellrechnungen suggerieren, dass die Flüsse durch lokale Unterschiede in der Hebungsrate nicht leicht ablenkbar sind (Kühni & Pfiffner 2001a). Andererseits verlaufen viele der gebirgsparallelen Täler innerhalb der Alpen (Vorderrhein, Rhone, Inn, Adda, Enns, Mürz, um nur einige wichtige zu nennen) parallel zu tektonischen Kontakten. Offenbar spielen leicht erodierbare Gesteine längs tektonischer Kontakte eine wesentliche Rolle beim Verlauf von Flüssen. Da nun aber solche tektonischen Kontakte auch geneigt sein können, erfolgt die Eintiefung nicht bloß vertikal, sondern verschiebt sich in Richtung des Einfallens der leicht erodierbaren Gesteine. Zudem sind die tektonischen Kontakte vielfach auf einzelne Deckenpakete beschränkt. Beim Abtrag und der Eintiefung der Flüsse wird sich die Topografie somit laufend den momentan an der Erdoberfläche anstehenden Gesteinsverbänden anpassen. Aus all diesen Gründen ist es nicht einfach, den Verlauf der „Urflüsse“ im Alpeninnern zu rekonstruieren.

Trotz dieser Vorbehalte ist es möglich, einige Rückschlüsse auf die jüngste Reliefentwicklung der Alpen und ihres Vorlands zu ziehen.

- Sedimente im Vorland – wenn auch nur spärlich vorhanden – und der im Vergleich zum Gebirge geringe Abtrag im Vorland geben Hinweise auf die Dynamik der pliozänen und pleistozänen Flüsse in deren Unterlauf.
- Die pleistozänen Vergletscherungen haben ihre eigenen Spuren zwar laufend wieder zerstört, aber die Spuren der Letzten Eiszeit, des LGM, und

7-0 Foto S. 343: **Erdpyramiden von Euseigne**

einige Zeugen der älteren Vereisungen manifestieren die Wirkung der Gletscher auf die alpine Landschaft.
- Die rezenten vertikalen und horizontalen Bewegungen, kombiniert mit der aktiven Seismizität geben eine Vorstellung davon, wie die früheren Hebungsszenarien ausgesehen haben können und mit welchen Raten zu rechnen ist.
- Schließlich können wir aus den heute ablaufenden Abtragungsprozessen wie Bergstürzen und Hangbewegungen die Reliefentwicklung früherer Zeiten besser nachvollziehen.

Diese vier Ansätze zum Verständnis des heutigen Reliefs der Alpen und seiner Entstehung werden im Folgenden anhand einzelner Beispiele näher beleuchtet. Da die Prozesse der Oberflächengestaltung meist sehr kleinräumig sind, ist eine flächendeckende Diskussion nicht möglich. Immerhin gibt es aber flächendeckende Analysen der heutigen Morphologie. In den Ostalpen haben Frisch et al. (2000a) die regionale Verteilung der Höhenlagen und Hangneigungen analysiert und konnten fünf Hauptdomänen mit eigenen Charakteristika unterscheiden. Hohes und raues Relief korreliert mit den Gebieten, die seit dem Miozän, in Zusammenhang mit der känozoischen Orogenese, signifikante Hebung und Abtrag erfahren haben. Demgegenüber zeigen die östlichen Ostalpen mehr den Einfluss der miozänen Dehnungstektonik und ein mittleres Relief, obschon an der Oberfläche Gesteine anstehen, die aus großer Tiefe exhumiert wurden. Offenbar zeichnen sich mit der Kreideorogenese verknüpfte Hebung und Abtrag nicht mehr im Relief ab. Kühni & Pfiffner (2001b) machten eine ähnliche Analyse für die Zentralalpen und konnten den Einfluss der Erodierbarkeit der Gesteine auf die durchschnittliche Höhenlage nachweisen. Die granitischen Gebiete Mont Blanc, Dent Blanche, Aletsch-Gotthard und Bernina-Bregaglia weisen die höchste durchschnittliche Höhe über dem Meer und das höchste lokale Relief auf. Diese Autoren kamen zum Schluss, dass zwanzig Millionen Jahre nach einer intensiven Phase von Exhumation mit mehr als zwanzig Kilometern Abtrag (wie dies beispielsweise im Lepontin zutrifft) die durchschnittliche Höhe durch Abtrag auf ein Mittelmaß reduziert ist und nur noch die steilen Hangneigungen als Zeugen der Exhumierung erhalten sind.

7.1 Miozäne und pliozäne Flusssysteme

Die Alpen im späten Miozän

Offenbar entwässerte im Messinian (vor sechs Millionen Jahren) der gesamte Bereich im Norden der Zentral- und Ostalpen in Richtung Osten. Diese einschneidende Veränderung gegenüber der westgerichteten Entwässerung im mittleren Miozän (vor 15 Millionen Jahren; vgl. Abb. 6-21) dürfte mit der Hauptfaltung des Juragebirges zusammenhängen, die im Zeitabschnitt vor zehn bis drei Millionen Jahren stattfand. Die Auffaltung des Juragebirges und die damit verbundene Dislozierung des westlichen Molassebeckens auf einer geneigten Abscherfläche verursachte eine beträchtliche Anhebung der Beckenfüllung. Die Dynamik dieser Vorgänge zeigt sich daran, dass die OMM in der Westschweiz am Guggershorn heute auf über 1400 Metern über Meer liegt und dass der Großteil der OSM und OMM seither abgetragen wurde (sogenannte Resthebung; vgl. Kapitel 6), während derselbe Horizont in der Ostschweiz 1500 Meter tiefer liegt. Das westliche Molassebecken

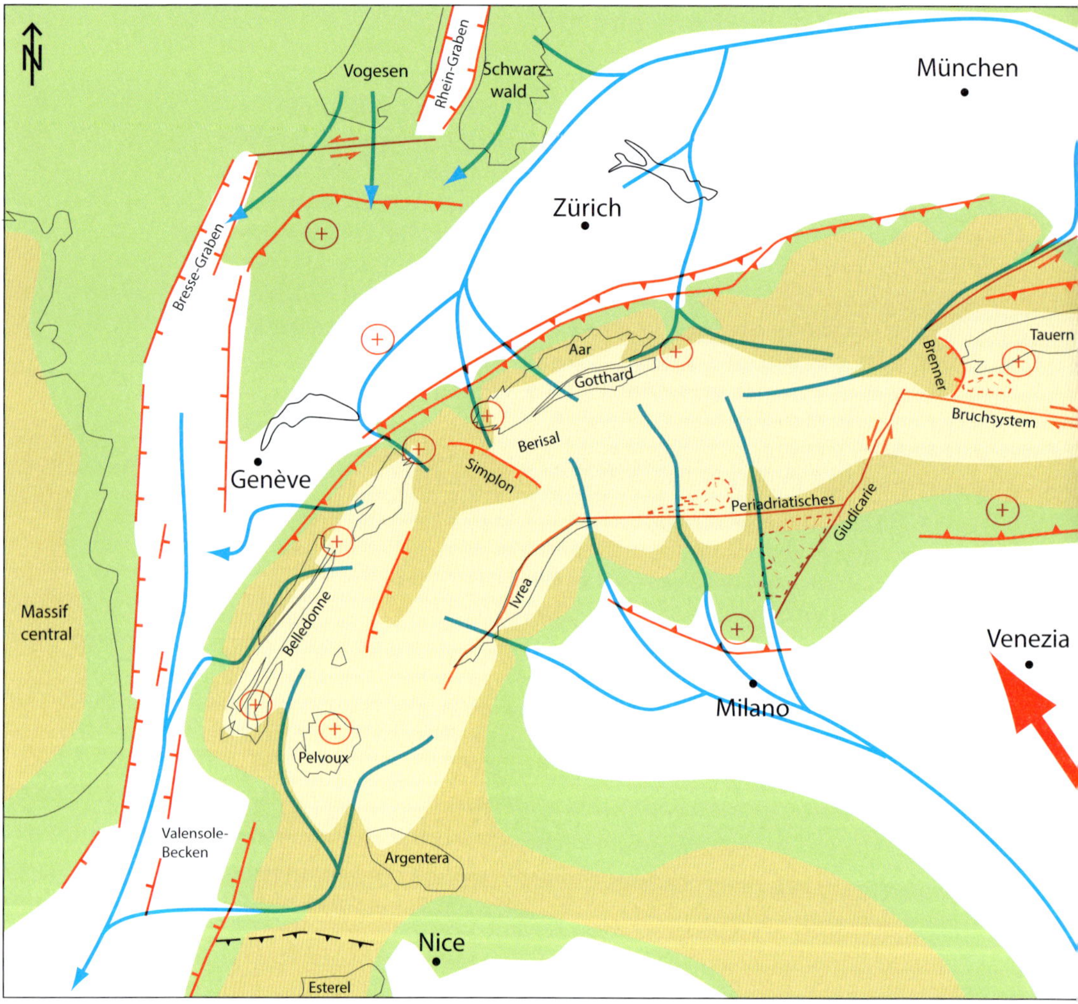

▲ **7-1 Paläogeografische Karte der Alpen zur Zeit des Messinians** (Ende Miozän, vor 6 Millionen Jahren).

beherbergte die große Wasserscheide zwischen den in das Donausystem und den in das Rhonesystem entwässernden Zuflüssen. Letzteres war von einer größeren NS verlaufenden Depression geprägt, welche vom Bresse-Graben über das Valence- und Valensole-Becken bis zum Mittelmeer reichte.

Für das jüngste Miozän (Messinian) und das Pliozän kann die Geschichte der Urflüsse in deren Unterlauf im Vorland genauer rekonstruiert werden. Auf der Alpennordseite konnten bereits Liniger (1966) und Hofmann (1974) aufgrund von hoch liegenden Schottervorkommen mit alpinen Komponenten auf dem Eichberg bei Donaueschingen und am Tannenberg (SG) ein Aare-Donau System nachweisen (vgl. Abb. 7-1). Der Alpenrhein floss aus den Alpen in Richtung Norden und entwässerte in das Donausystem. Die Alpenrhone wurde nach Austritt aus den Alpen nach Nordosten abgelenkt, hatte die Aare als größeren Zufluss und ergoss sich schließlich nördlich Zürich in die

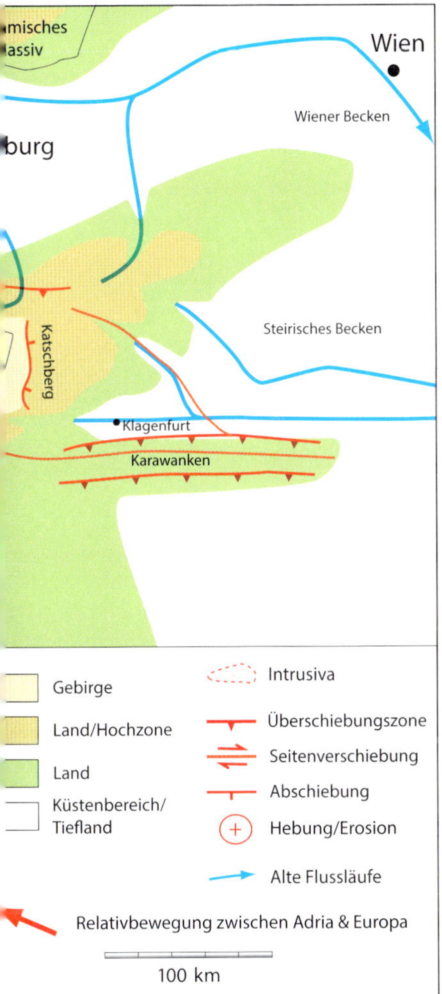

Donau. Wie unten diskutiert wird, wurden der Alpenrhein und die Alpenrhone später im Raume NW von Zürich umgelenkt und nur 3 Mio Jahre später flossen sie bereits in die Nordsee, bzw. in das Mittelmeer (vgl. Schnellmann et al. 2014).

Die Westalpen entwässerten gegen Westen ins Rhonesystem (Abb. 7-1). Größere Täler müssen im Bereich der Durance und der Isère vermutet werden. Auch die Rhone schnitt ein tiefes Tal in den Untergrund der Becken von Valence und Valensole, das anschließend mit pliozänen Sedimenten aufgefüllt wurde.

In den Ostalpen erfolgte die Drainage nach Osten durch Flüsse, die den großen Störungen folgten (Inn, Enns und Gail) und nach Frisch et al. (2000b) bereits im späten Oligozän angelegt wurden. Frisch et al. (2000b) diskutieren auch Relikte von alten Landoberflächen in den östlichen Ostalpen, die durch die miozäne Extensionstektonik entstanden (Nockfläche in den verwitterungsresistenten metamorphen kristallinen Gesteinen sowie durch Karstbildung verursachte Dachsteinflächen).

Ein wichtiges Ereignis dieser Zeit betrifft die Südseite des Orogens. Infolge mangelnden Zuflusses aus dem Atlantik trocknete das Mittelmeer im Messinian völlig aus, und mächtige Evaporitschichten akkumulierten sich am Beckenboden. Diese Austrocknung des Mittelmeers wird auch als „messinianische Salinitätskrise“ bezeichnet. Als Folge davon senkte sich das Erosionsniveau der Flüsse, die sich ins Mittelmeer ergossen, beträchtlich. Durch rückschreitende Erosion schnitten die Flüsse tiefe Schluchten in die Südflanke der Alpen und in das Valence- und Valensole-Becken im Rhonetal. In Abb. 7-2 sind Profilschnitte durch die südalpinen Seen vom Lago Maggiore bis zum Lago di Garda wiedergegeben, die auf seismischen Untersuchungen beruhen (Finckh 1978). Die Felsoberfläche der Talwege ist mehr als 500 Meter unter Meeresniveau (im Falle des Lago Maggiore beinahe 700 Meter unter dem Meer). Die seismischen Profile liegen im Bereich der Endmoränen der Letzten Eiszeit, und die Talprofile sind, auch wenn ohne Überhöhung dargestellt, V-förmig. Diese Argumente sprechen dafür, dass die Übertiefung dieser Täler fluvia-

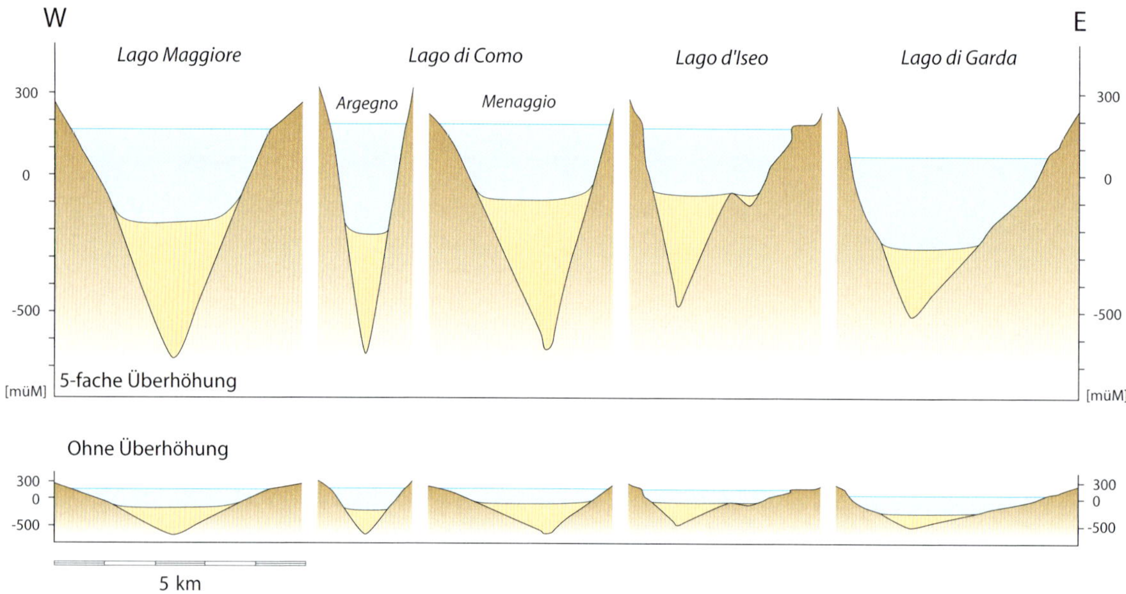

▲ **7-2 Geologische Profilschnitte basierend auf reflexionsseismischen Profilen** (Finckh, 1978) durch die von Flüssen übertieften Täler auf der Südseite der Zentralalpen.

tilen und nicht glazialen Ursprungs ist. Der Beginn des Pliozäns wird mit der endgültigen Flutung des ausgetrockneten Mittelmeerbeckens angesetzt. Das vom Atlantik her eindringende Meerwasser flutete auch die im Messinian angelegten Schluchten bis in die Alpen hinein, was sich beispielsweise in den marinen Tonsteinen bei Balerna (südlich des Luganersees) zeigt. Wie weit die spätmiozäne Eintiefung der Schluchten in die Alpen hineinreichte, ist nicht klar. Einige der Canyons besitzen tatsächlich eine Fortsetzung gegen Norden (Lago Maggiore Richtung Gotthardpass, Lago di Como Richtung Splügenpass), aber Lago d'Iseo und Lago di Garda besitzen keine Haupttäler als nördliche Fortsetzung.

Innerhalb der Alpen fanden akzentuiert Hebungen im Bereich der Externmassive statt (Tauern- bis Belledonne-Massiv). Gebiete mit Senkungstendenz dürften im Bereich der Brenner- und Katschberg-Abschiebung in den Ostalpen, der Simplon-Abschiebung in den Zentralalpen und der NS-streichenden Abschiebung im Mittelpenninikum der Westalpen (vgl. Abb. 5.1-8 und 6-14) vorhanden gewesen sein. Besonders dynamisch muss die Anlage des Flussnetzes im Bereich des „Wasserschlosses" der Zentralalpen gewesen sein. Hier erfolgte die Eintiefung durch rückschreitende Erosion zentral auf das Gebiet des Gotthard-Massivs zu. Kühni & Pfiffner (2001a, b) vermuten, dass um diese Zeit eine Verlagerung der ursprünglich weiter südlich gelegenen Hauptwasserscheide zwischen dem Po- und dem Rhein-System nach Norden stattfand. Grund hierzu dürfte der Effekt der Absenkung des Erosionsniveaus durch die Austrocknung des Mittelmeers gewesen sein.

Mit der Auffaltung des Juragebirges im Pliozän erfuhr das Flussnetz im Bereich südlich des Rhein-Grabens eine beträchtliche Umgestaltung (siehe Abb. 7-3). Durch Subsidenz des Bresse-Grabens und die daraus folgende rückschreitende Erosion wurde die Ur-

Aare umgelenkt und floss um das sich hebende Juragebirge via Sundgau in den Bresse-Graben ins Rhonetal (eine eingehende Diskussion hierzu findet sich in Giamboni et al. 2004). Zeugen davon sind die Sundgau-Schotter mit Komponenten aus dem Einzugsgebiet der Aare. Diese Situation vor drei Millionen Jahren ist in der paläogeografischen Karte in Abb. 7-3 dargestellt. Gleich anschließend wurde der Bresse-Graben gehoben und der Rhein-Graben eingesenkt. Rückschreitende Erosion vom Rhein-Graben her verursachte eine erneute Umlenkung der Ur-Aare, diesmal unter Einschluss des Rheins in Richtung Nordsee. Diese Umlenkung betraf weitere Urflüsse aus den Alpen im Süden und SE von Zürich. Der östlichste Zufluss hatte sein Quellgebiet unmittelbar neben jenem des Alpenrheins. Die abgesenkte Erosionsbasis verursachte einen eingreifenden Abtrag der jüngsten Schichten des Molassebeckens der Zentralalpen.

Der Alpenrhein verließ die Alpen zunächst in nordwestlicher Richtung und entwässerte in die Donau (Villinger 2003). Er sedimentierte noch im frühen Pleistozän vor etwa einer Million Jahren die Höheren Deckenschotter am Irchel (nördlich von Zürich), die aufgearbeitetes Material aus dem Hörnlifächer der OSM enthalten (Graf 1993). Die Ur-Ill folgte südlich des Bodensees dem heutigen Verlauf des Rheintals. Der Durchbruch des Alpenrheins bei Liechtenstein muss erst später, im mittleren Pleistozän, stattgefunden haben.

Auf der Alpensüdseite und im Rhonetal flutete das Mittelmeer die verschiedenen im Spätmiozän eingetieften Täler, was durch marine pliozäne Sedimente belegt ist (wie etwa die bereits erwähnten Tonsteine von Balerna am Südende des Luganersees). Durch den andauernden Abtrag in den Alpen wurden diese Täler und das gesamte Po-Becken sukzessive aufgefüllt. Auf der Nordseite der Alpen setzte sich der Abtrag fort, insbesondere im westlichen Molassebecken zwischen Zürich und Genf. Dieses Gebiet war durch die Hauptfaltung im Jura bis zu diesem Zeitpunkt in Hebung begriffen, hervorgerufen durch die Dislozierung auf dem nach SSE einfallenden Abscherhorizont. Rückschreitende Erosion der Rhone im Gebiet Genf führte dazu, dass die Alpenrhone durch die Rhone abgelenkt wurde und fortan ins Mittelmeer floss.

Die Hebungen in den Alpen setzten sich wahrscheinlich in ähnlicher Art fort wie im späten Miozän: Hebung im Bereich der Externmassive und im externsten Teil der Dolomiten. Da die Überschiebungen in den Südalpen westlich der Dolomiten von den postmessinianischen Sedimenten versiegelt sind (vgl. Abb. 5.2-21) und gleichzeitig die südlichsten Überschiebungen in den Dolomiten plio- und pleistozäne Sedimente durchschlagen, muss die Giudicarie-Linie zu dieser Zeit als sinistrale Seitenverschiebung aktiv gewesen sein.

7.2 Pleistozäne Vereisungen

Während der letzten knapp zwei Millionen Jahre, im Pleistozän, fanden bedeutende Klimaschwankungen statt. Die mittleren Jahrestemperaturen schwankten dabei zwischen Kalt- und Warmzeiten um zirka 15 °C. Während der Kaltzeiten stießen die Gletscher weit ins Molasse- und Po-Becken vor, insgesamt mindestens 15-mal. Die Vorstöße der Gletscher in den Kaltzeiten bzw. Eiszeiten verursachten große Veränderungen der Landschaften sowohl in den Alpen wie auch in deren Vorland. Die wichtigsten Veränderungen betrafen

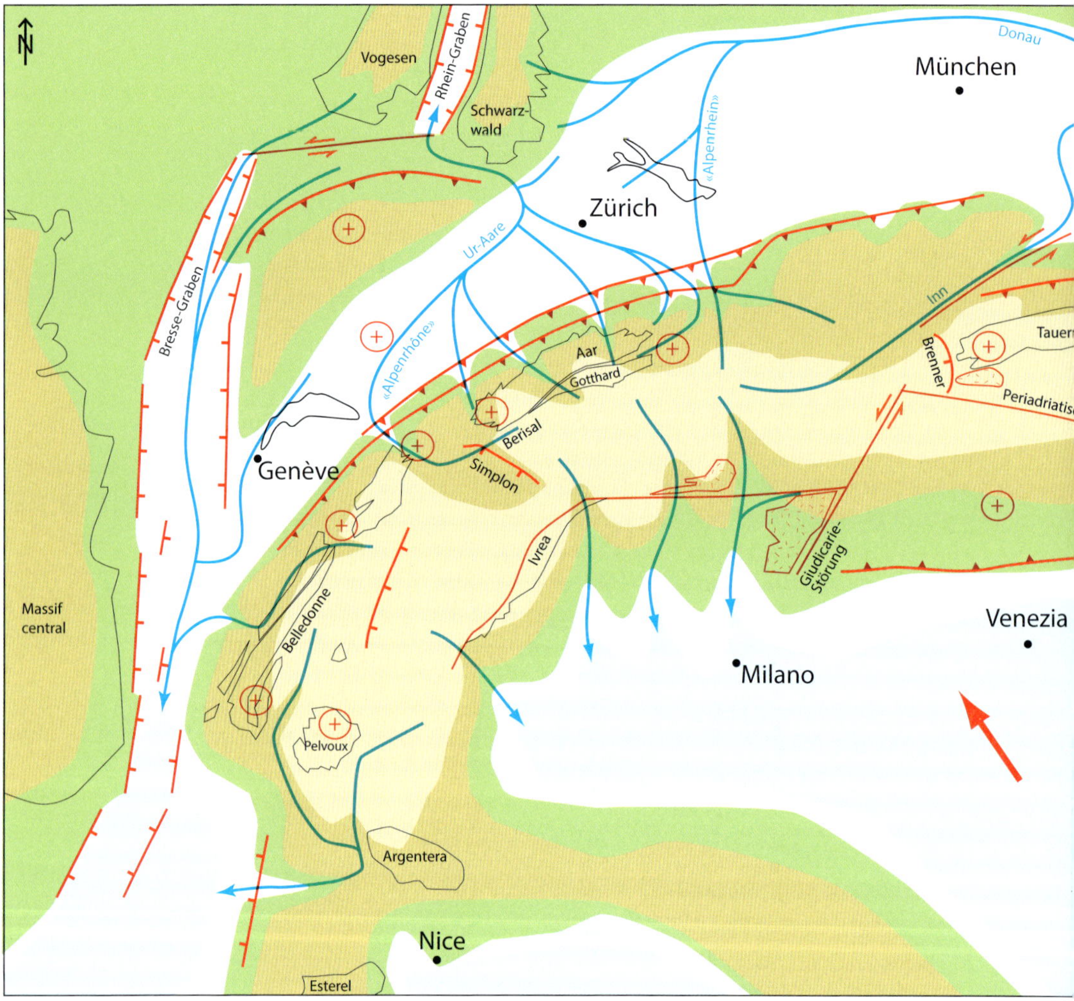

7-3 **Paläogeografische Karte der Alpen im Pliozän** (vor 3 Millionen Jahren).

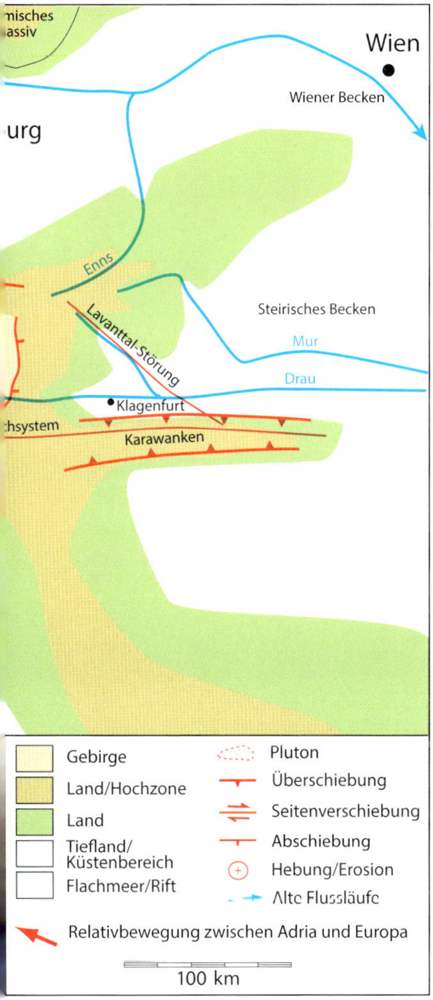

die durch das fließende Eis polierten und aberodierten Oberflächen in den Alpen, die Ein- und Übertiefung und Ausweitung von Tälern und im Alpenvorland die Ablagerungen von Geschiebe in Moränen und deren Umlagerung in Schottern durch die Schmelzwässer nahe der Gletscherzungen. Eine genaue Erfassung und Datierung der zahlreichen Eiszeiten ist deshalb schwierig, weil die späteren Vorstöße vielfach die älteren Ablagerungen wieder ausräumten. Ein kontinuierliches Archiv wie in den Ozeanen fehlt. Trotzdem ermöglichte die sorgfältige Analyse das Ausscheiden von über 15 Kaltzeiten, weit mehr als die klassischen vier bis sechs Eiszeiten. In Abb. 7-4 ist der heutige Stand der kontinentalen, alpinen Eiszeitstratigrafie dargestellt, basierend auf einer Zusammenfassung von Schlüchter & Kelley (2000).

Es ist nun zu bedenken, dass diese Kaltzeiten auch vom Menschen erlebt wurden – die früheren durch die Hominiden, die jüngsten durch die frühen Bewohner der Alpen und deren Vorland. In Abb. 7-4 sind deshalb auch einige Stationen der Menschheitsgeschichte in den letzten zwei Millionen Jahren festgehalten. In die Periode vor 60 000 bis 28 000 Jahren zwischen den Letzten Vergletscherungen fallen beispielsweise die Cro-Magnon-Kultur mit den Höhlenzeichnungen von Chauvet (im Vorland der Westalpen) und der Höhlenbärenkult im 2470 Meter über Meer liegenden Drachenloch bei Vättis am Ostende des Aar-Massivs.

Im Pleistozän erfolgte ein einschneidender Wechsel im Drainagesystem des Alpenrheins. Durch rückschreitende Erosion des Rheins, der von Basel durch den Rhein-Graben Richtung Nordsee floss, wurde der Alpenrhein angezapft und umgelenkt. Im frühen Pleistozän lagerten sich in diesem neu-

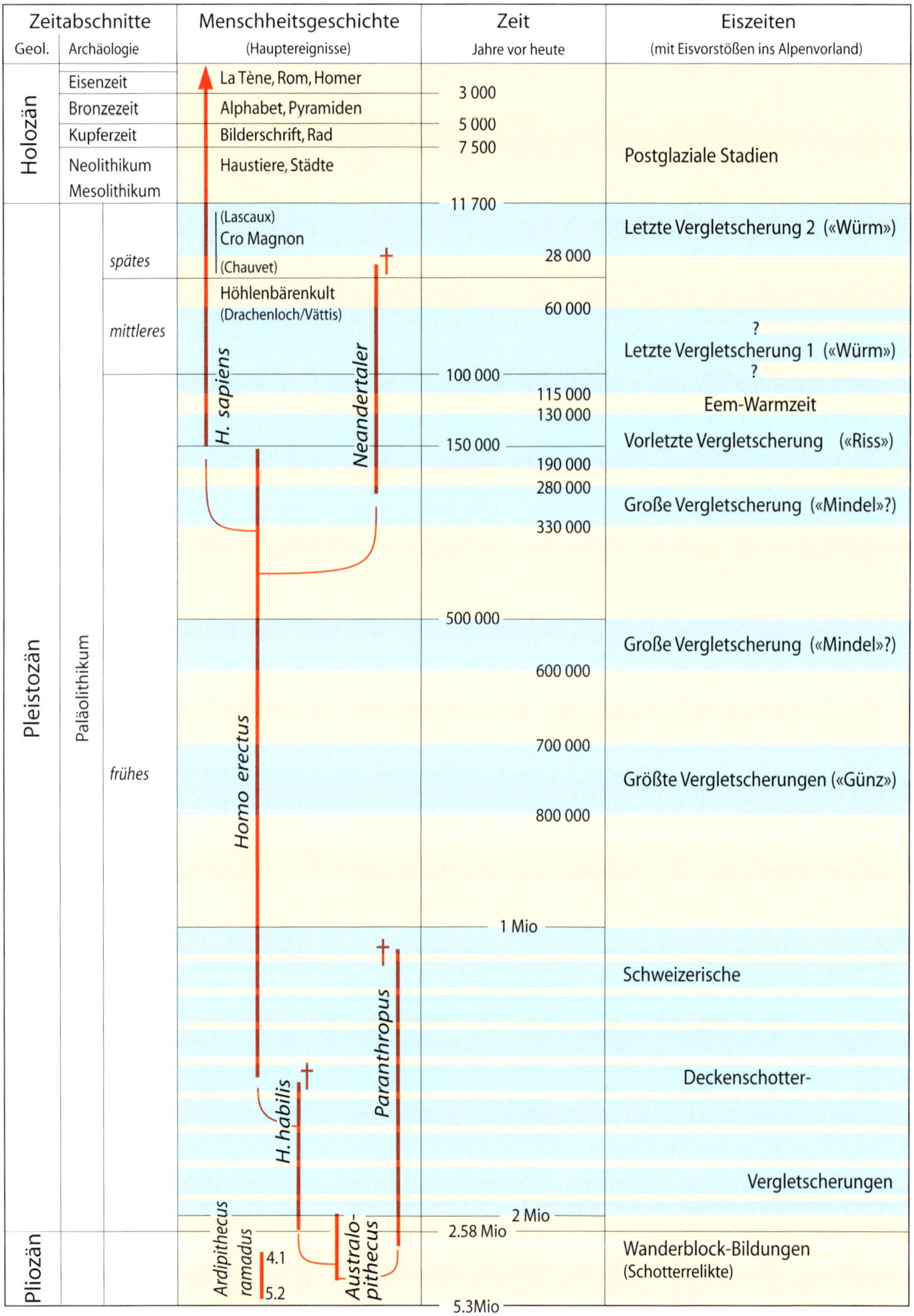
Zeitabschnitte
Geol.
Archäologie
Menschheitsgeschichte
(Hauptereignisse)
Zeit
Jahre vor heute
Eiszeiten
(mit Eisvorstößen ins Alpenvorland)
Holozän
Eisenzeit
Bronzezeit
Kupferzeit
Neolithikum
Mesolithikum
La Tène, Rom, Homer
Alphabet, Pyramiden
Bilderschrift, Rad
Haustiere, Städte
3 000
5 000
7 500
Postglaziale Stadien
11 700
Pleistozän
Paläolithikum
spätes
mittleres
frühes
(Lascaux)
Cro Magnon
(Chauvet)
Höhlenbärenkult
(Drachenloch/Vättis)
H. sapiens
Neandertaler
Homo erectus
H. habilis
Paranthropus
28 000
60 000
100 000
115 000
130 000
150 000
190 000
280 000
330 000
500 000
600 000
700 000
800 000
1 Mio
2 Mio
2.58 Mio
5.3Mio
Letzte Vergletscherung 2 («Würm»)
?
Letzte Vergletscherung 1 («Würm»)
?
Eem-Warmzeit
Vorletzte Vergletscherung («Riss»)
Große Vergletscherung («Mindel»?)
Große Vergletscherung («Mindel»?)
Größte Vergletscherungen («Günz»)
Schweizerische
Deckenschotter-
Vergletscherungen
Pliozän
Ardipithecus ramadus
4.1
5.2
Australo-pithecus
Wanderblock-Bildungen
(Schotterrelikte)

en Rhein die Höheren Deckenschotter des Irchels (NW von Zürich gelegen) ab. Als Komponenten enthalten diese Schotter gemäß Graf (1993) aufgearbeitete Gerölle aus der Oberen Meeresmolasse des Hörnli-Fächers (östlich Zürich gelegen).

Die maximale Ausdehnung der Gletscher während der Letzten Vergletscherung lässt sich im Vorland mittels der Endmoränen auskartieren. Aus der petrografischen Zusammensetzung der Geschiebe und der größeren Findlinge (sogenannte Leitgesteine) lässt sich auch der Fließweg der größeren Eisströme rekonstruieren. Die Karte in Abb. 7-5 basiert auf Angaben von van Husen (2000) für die Ostalpen, Florineth & Schlüchter (1998) für die Zentralalpen und De Beaulieu et al. (1991) für die Westalpen. Sie zeigt die Ausdehnung der Gletscher im Maximalstand vor rund 20000 Jahren. Deutlich erkennt man das weite Vordringen der Eismassen in das Molassebecken nördlich des Bodensees und bei München. Im westschweizerischen Molassebecken floss der Eisstrom aus dem Rhonetal bis an das Juragebirge, und im Falle des Val de Travers (Neuchâtel) ergoss sich das Eis talaufwärts bis weit in das Innere des Juragebirges. Lokale Gletscher waren im restlichen Juragebirge sowie im Schwarzwald und den Vogesen vorhanden. Ganz im Osten der Alpen reichte die zusammenhängende Eismasse nicht bis Wien, und auch in den Westalpen blieb der südlichste Teil eisfrei. Richtung Süden reichten die Eiszungen nur knapp ins Po-Becken. Diese asymmetrische Eisverteilung zwischen Nord und Süd erklärt sich mit den klimatischen Unterschieden auf beiden Seiten des Gebirges.

Neben der Ausdehnung der Eismassen sind auch die Dicke des Eispanzers und die Oberfläche des Eises von Interesse. Aufschluss darüber geben uns die höchstgelegenen Erratiker und die Schliffgrenzen. Am Jurasüdfuß liegen die höchsten Findlinge auf 800 Metern über dem Meer, d. h., der Eisstrom des Rhonegletschers im Molassebecken war etwa 300 Meter dick. In den Alpen selbst kann die Schliffgrenze, die Grenze zwischen der vom Eis polierten Oberfläche und der rauen, ursprünglichen Oberfläche, auskartiert werden. Abb. 7-6 zeigt die Schliffgrenze im Grimselgebiet. Die rundlichen Formen im Vordergrund sind vom Eis poliert, das Finsteraarhorn (4274 m ü. M.), das die Landschaft dominiert, wie auch die etwas weniger hohen Hörner ragten als Nunataks aus den Eismassen.

Die Auskartierung der Schliffgrenze in den Zentralalpen durch Florineth & Schlüchter (1998) und Kelly et al. (2004) ergab das Vorhandensein von Eisdomen im Innern der Alpen. Aufgebaut wurden diese Dome durch die lokalen Niederschläge, und aus der geografischen Lage der Dome nördlich der heutigen Wetterscheide muss geschlossen werden, dass die Niederschläge hauptsächlich durch südwestliche Strömungen verursacht wurden, d. h. Föhnlagen entsprachen. Bezogen auf die großräumigen Zirkulationssysteme, sprechen diese Wetterlagen für eine Südlage des atlantischen Oszillationssystems (Florineth & Schlüchter 2000).

Beim Abfließen der Eisströme durch die Alpentäler wurden die Täler übertieft. Bei mehreren Tälern liegt die Felsoberfläche in der Talachse (dem Talweg) auf Meereshöhe oder gar darunter. Eine Kompilation der übertieften Täler auf der Nordseite der Zentral- und Ostalpen findet sich in Wildi (1985) bzw. van Husen (2000). Im Rahmen des NFP 20 wurden eine ganze Reihe von seismischen Profilen durch die Täler auf der Alpennord- und -südseite

◄ **7-4 Die zeitliche Abfolge der pleistozänen Vergletscherungen und die Entwicklung der Homini und Homo.** Unsere Vorfahren erlebten die frühen Vereisungen.

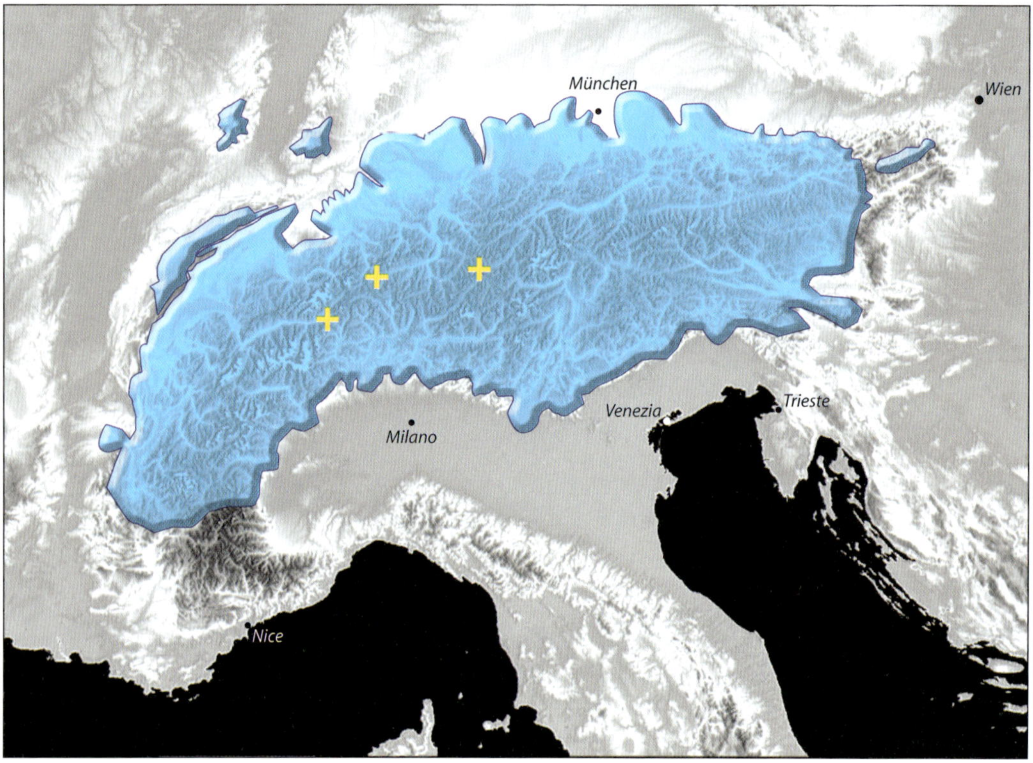

▲ **7-5 Die Verbreitung der Gletscher während des Maximums der Letzten Vergletscherung** (LGM, vor 20 000 bis 15 000 Jahren) nach van Husen (2000), Florineth & Schlüchter (1998) und de Beaulieu et al. (1991). Die Eisströme auf der Alpennordseite flossen weit in das Vorland hinaus, während das Po-Becken im Süden der Alpen weitestgehend eisfrei blieb. Im Alpeninnern sind drei Eisdome (markiert durch +) zu vermerken.

aufgenommen. Als Beispiel ist in Abb. 7-7 ein Profilschnitt durch das Rhonetal bei Martigny dargestellt (umgezeichnet nach Pfiffner et al. 1997d). Die Gesamtmächtigkeit der eingefüllten Lockergesteine beträgt bis 1000 Meter. Die obersten Sedimente entsprechen zumeist Ablagerungen von seitlichen Schuttfächern. Die Aufsedimentierung dieser Schuttfächer verlagerte in vielen Fällen den Lauf des Hauptflusses auf die gegenüberliegende Talseite. Unter den Schuttfächern sind zumeist feinkörnige, siltige bis sandige Lockergesteine anzutreffen, welche als lakustrine und glaziolakustrine Sedimente interpretiert werden (oft als „Seebodenablagerungen" bezeichnet). Es ist aber denkbar, dass diese feinkörnigen Sedimente unter einer aufschwimmenden Toteismasse abgelagert wurden. Das Toteis, der schuttbedeckte Rest ehemaliger Eisströme, schützte den subglazialen See vor der Zufuhr globklastischen Materials, das von den noch unbewachsenen Talflanken und den Schmelzwasserströmen angeliefert wurde. Unten in den übertieften Tälern sind dann Grundmoräne und verschwemmte Grundmoräne vorhanden, ganz zuunterst deltaische Ablagerungen. Die Letzteren dürften in den subglazialen Kanälen durch Schmelzwasser geschüttet worden sein. Diese Schmelzwässer entstanden durch den Druck, hervorgerufen durch die Eislast am Kontakt Fels-Eis, und waren verantwortlich für die eigentliche Eintiefung unter dem Gletscher (Röthlisberger 1972).

7-6 Die Schliffgrenze der Letzten Vergletscherung im Gebiet Grimselpass-Finsteraarhorn.

7.3 Rezente Bewegungen und Seismizität

Wie im Zusammenhang mit Abb. 1-8 diskutiert, findet heute noch eine Konvergenz zwischen der adriatischen und europäischen Platte statt. Diese aktiven Bewegungen zeigen sich auch in den vertikalen Hebungen, die durch die Präzisionsnivellements der Landesanstalten der Alpenländer aufgezeigt wurden (Bundesamt für Eich- und Vermessungswesen in Österreich, Bundesamt für Landestopografie swisstopo der Schweiz, Istituto Geografico Militare von Italien und das Institut Géographique National von Frankreich). In Abb. 7-8 sind diese Hebungsdaten in vereinfachter Form kompiliert. Angegeben sind die Gebiete mit Senkungstendenz und jene mit starker Hebungstendenz von über einem Millimeter pro Jahr. Zusätzlich vermerkt sind die Lokalitäten mit maximaler Senkungs- bzw. Hebungstendenz. Die Kompilation beruht auf den Angaben von B.E.V. (1991), Gubler (1991), Kahle et al. (1997), Schlatter (2014), Arca & Beretta (1985) sowie Jouanne et al. (1995). Es ist zu beachten, dass sich die vertikalen Bewegungen für jedes Landesnivellement auf einen Referenzpunkt beziehen (Horn im Böhmischen Massiv, Aarburg auf einer Juraantiklinale im Molassebecken, Mareografo von Genua und Pougny im westlichen Molassebecken). Da diese sich ebenfalls bewegen können, sind die Angaben als relative Hebungs- bzw. Senkungsraten zu verstehen. Zudem lassen sich die Linien gleicher Hebung und Senkung der vier Vermessungsnetzwerke nicht verbinden.

Trotz dieser Vorbehalte können aus der Karte in Abb. 7-8 einige klare Tendenzen entnommen werden. Das Molassebecken zeigt eine offensichtliche Senkungstendenz im Osten, während dies im Westen nur für einzelne Regionen zutrifft. Dieser Unterschied ist wegen der Unabhängigkeit der Vermessungsnetze vorsichtig zu interpretieren. Es kann aber darauf hingewiesen werden, dass das westliche Molassebecken seit dem Miozän im Zusammenhang mit der Faltung des Juragebirges gehoben wurde und diese Tendenz möglicherweise noch andauert. Rhein- und Bresse-Graben am Außenrand des Juras weisen ebenfalls Senkungstendenz auf. Im Juragebirge selbst hebt sich

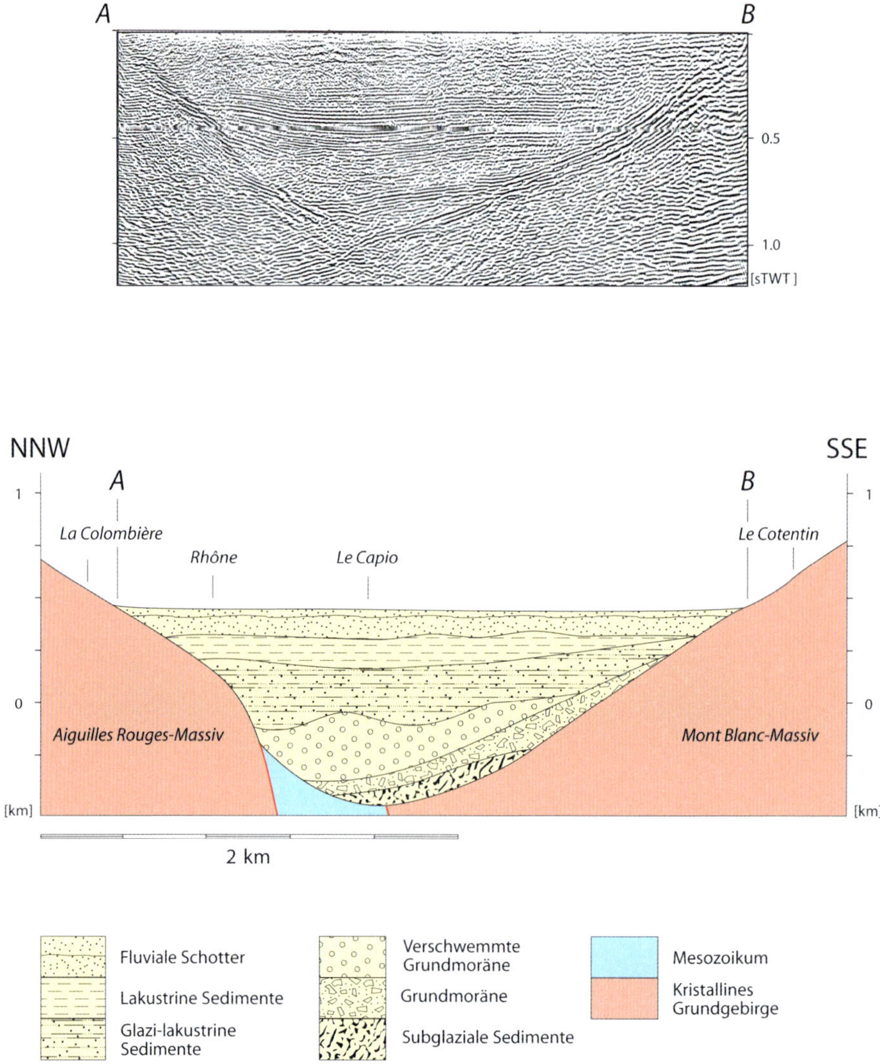

7-7 Geologischer Profilschnitt durch das glazial übertiefte Rhonetal bei Martigny (Zentralalpen).

der interne Teil im Westen, während der externe Teil im französischen wie im schweizerischen Nivellement Senkungstendenz anzeigt. Die Subsidenz im östlichen Molassebecken setzt sich in das benachbarte Wienerbecken fort. Im Po-Becken südlich der Alpen beobachtet man eine erhöhte Subsidenz im östlichen Teil (Umgebung von Venedig).

Hebungsmaxima sind im Bereich der Externmassive auszumachen. Hierzu zählen die beiden Maxima am Ost- und Westrand des Tauern-Fensters bzw. -Massivs, die Maxima am Ost- und Westende des Aar-Massivs sowie das Maximum am Nordostende des Belledonne-Massivs. All diese Maxima sind auch durch sehr junge Spaltspuralter bestätigt, was bedeutet, dass die heutigen Hebungen schon vor einigen Millionen Jahren in denselben Regionen konzentriert waren. Im Falle des Aar-Massivs sind diese Maxima zusätzlich unterstrichen durch die erhöhte Seismizität (eine nähere Diskussion hierzu findet sich in Persaud & Pfiffner 2004 und Ustaszewski & Pfiffner 2008). Es scheint somit, dass die Heraushebung der Externmassive noch nicht abgeschlossen ist.

Weitere Hebungsmaxima sind in den nördlichen Westalpen in den Chaînes subalpines von Savoyen und im südlichen Juragebirge zu verzeichnen. Jouanne et al. (1995) vermuten, dass diese Maxima Ausdruck einer andauernden Auffaltung des Juragebirges und der frontalsten Antiklinalen der Chaînes subalpines sind. Der Umstand, dass diese Tendenz sich gegen Osten nicht fortsetzt (der Ostjura zeigt Senkungstendenz) und dass im Aiguilles Rouges- und Mont Blanc-Massiv kein Hebungsmaximum nachgewiesen ist, lässt Fragen offen bezüglich dieser Interpretation.

Schließlich sind zwei Hebungsmaxima in den penninischen Decken der Westalpen westlich von Turin und bei Domodossola nahe des NE Endes der Ivrea-Zone (NW Mailand) zu verzeichnen. An beiden Orten sind Hebungsraten von mehr als 2 oder sogar 3 mm/Jahr bekannt (Noquet et al., 2011; Arca & Beretta, 1985).

Um den Zusammenhang zwischen Krustenstruktur, jungen orogenen Bewegungen, aktiver vertikaler Hebung und Seismizität aufzuzeigen, sind in Abb. 7-9 in zwei Profilschnitten durch die Zentralalpen alle diese Parameter dargestellt. Die Querprofile enthalten eine einfache Krustenstruktur. Die Erdbebenherde längs eines Streifens von 70 Kilometern Breite sind auf die Querprofile projiziert. Zusätzlich wurden die Hebungskonturen mit der Profilebene geschnitten, um die Hebung in der Profilspur zu erhalten. Deutlich ist ein steiler Hebungsgradient auf der Nordabdachung des Aar-Massivs auszumachen, und das Hebungsmaximum befindet sich über dem Aar-Massiv. Aber auch weiter im SE, in den Südalpen und im Po-Becken, sind Hebungsraten von über 1 mm/Jahr oder sogar 2 mm/Jahr zu verzeichnen. Die Abnahme der Hebungsrate in Richtung Po-Becken zeigt einen steilen Gradienten NNW von Ivrea, was vermuten lassen könnte dass die dortige SSE-gerichtete Aufschiebung, die auch den adriatischen Mantel erfasst, noch aktiv ist. Es gibt den Anschein, als ob der Kern des alpinen Orogens auf zwei entgegengesetzt orientierten Aufschiebung aus der Tiefe herausgepresst wird. Die beobachtete Seismizität ist teilweise auf Seitenverschiebungen begründet (Fribourg-Bruch nördlich des Alpenrands).

Wichtig zu beobachten ist, dass im Vorland die ganze Kruste Seismizität aufweist, währenddem dies im Orogen

▶ **7-8 Die durch Präzisionsnivellement ermittelten rezenten Hebungen in den Alpen** (Ostalpen: B.E.V. 1991; Zentralalpen: Gubler, 1991, Kahle et al., 1997, und Schlatter, 2014; Westalpen: Jouanne et al., 1995, und Nocquet et al., 2011; Südalpen: Arca & Beretta, 1985). Die östlichen Ostalpen zeichnen sich durch Senkungstendenz aus, die restlichen Alpen durch lokal unterschiedliche Hebungstendenz. Blaue Linien: Spur der Profilschnitte von Abb. 7-9.

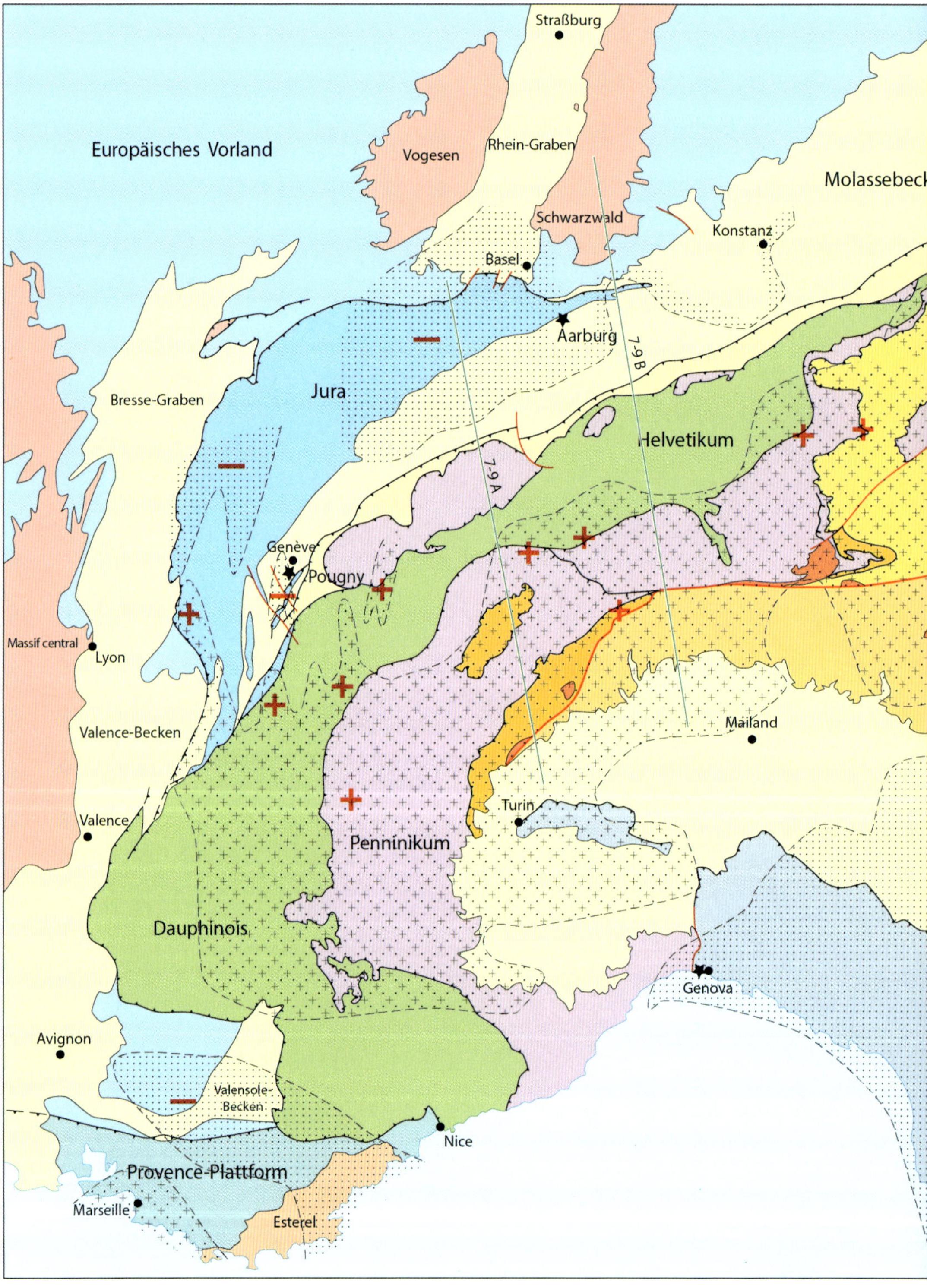

Straßburg
Europäisches Vorland
Vogesen
Rhein-Graben
Molassebeck
Schwarzwald
Konstanz
Basel
Aarburg
7-9B
Jura
Bresse-Graben
Helvetikum
7-9A
Genève
Pougny
Massif central
Lyon
Valence-Becken
Mailand
Turin
Valence
Penninikum
Dauphinois
Genova
Avignon
Valensole-Becken
Nice
Provence-Plattform
Marseille
Esterel

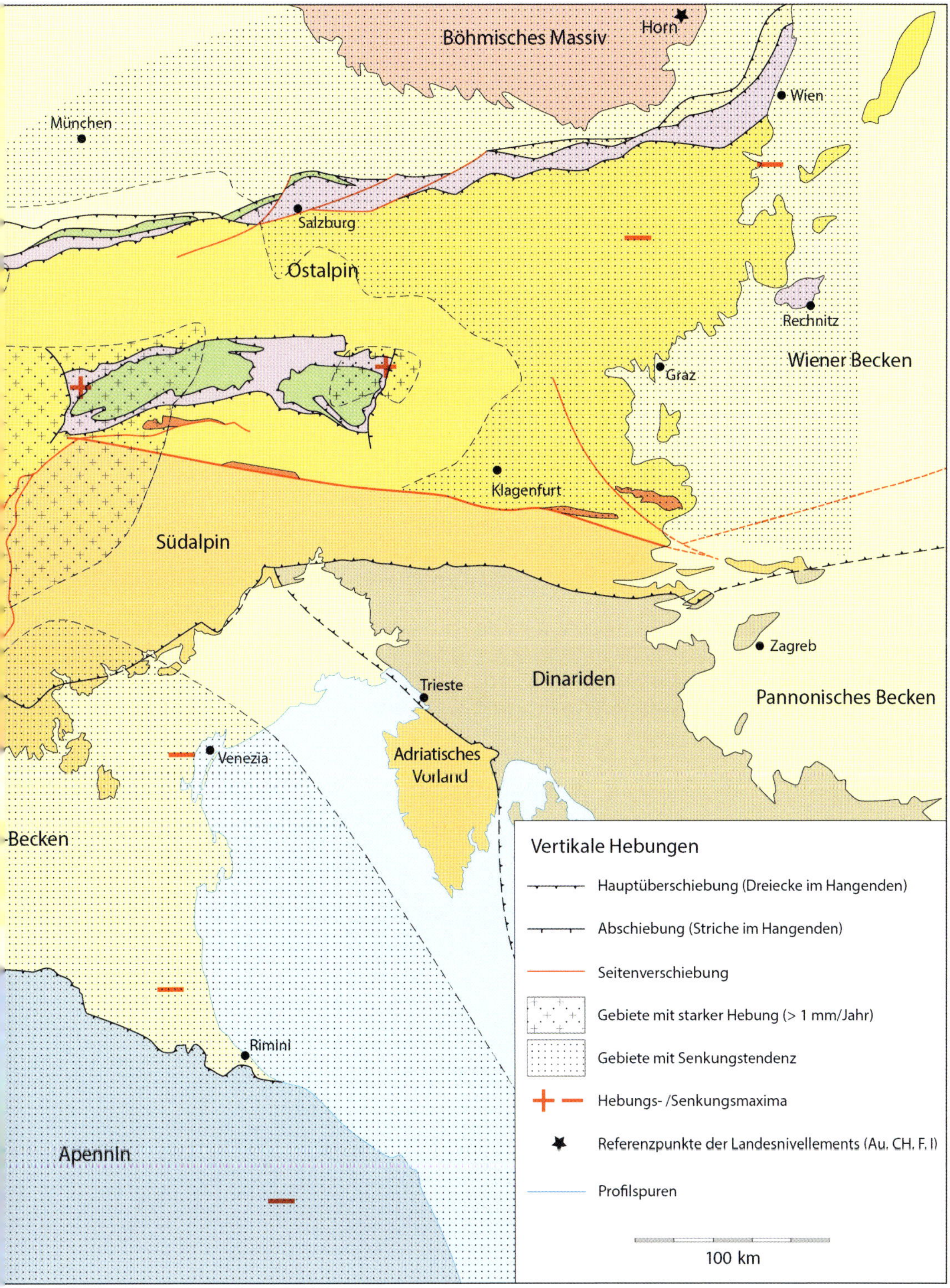
Böhmisches Massiv
Horn
Wien
München
Salzburg
Ostalpin
Rechnitz
Wiener Becken
Graz
Klagenfurt
Südalpin
Zagreb
Trieste
Dinariden
Pannonisches Becken
Adriatisches Vorland
Venezia
Becken
Rimini
Apennin
Vertikale Hebungen
Hauptüberschiebung (Dreiecke im Hangenden)
Abschiebung (Striche im Hangenden)
Seitenverschiebung
Gebiete mit starker Hebung (> 1 mm/Jahr)
Gebiete mit Senkungstendenz
Hebungs- /Senkungsmaxima
Referenzpunkte der Landesnivellements (Au. CH. F. I)
Profilspuren
100 km

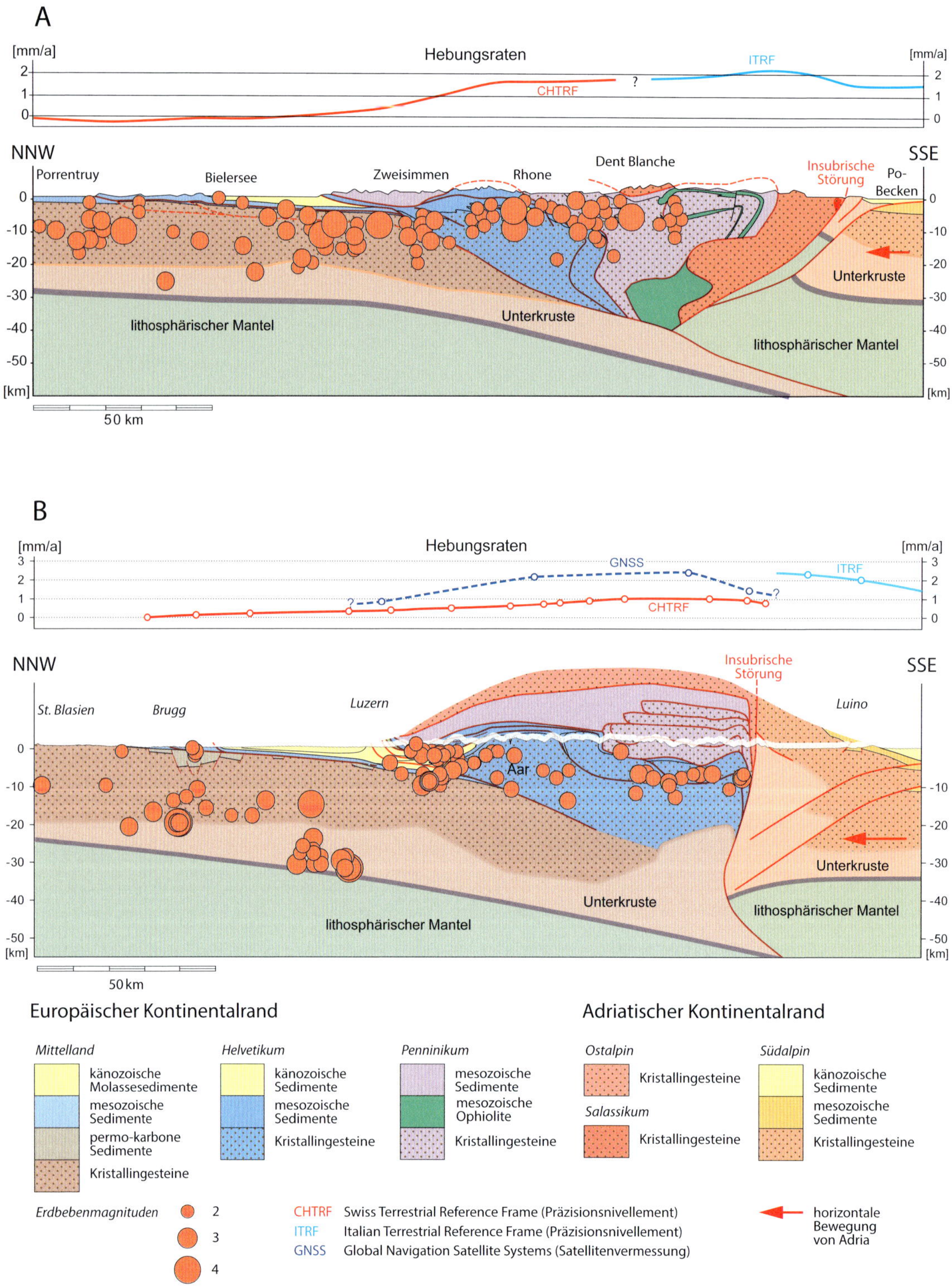
A
[mm/a]
Hebungsraten
CHTRF
ITRF
?
NNW
SSE
Porrentruy
Bielersee
Zweisimmen
Rhone
Dent Blanche
Insubrische Störung
Po-Becken
lithosphärischer Mantel
Unterkruste
Unterkruste
lithosphärischer Mantel
[km]
50 km
B
[mm/a]
Hebungsraten
GNSS
CHTRF
ITRF
NNW
SSE
Insubrische Störung
St. Blasien
Brugg
Luzern
Luino
Aar
Unterkruste
Unterkruste
lithosphärischer Mantel
lithosphärischer Mantel
[km]
50 km
Europäischer Kontinentalrand
Adriatischer Kontinentalrand
Mittelland
känozoische Molassesedimente
mesozoische Sedimente
permo-karbone Sedimente
Kristallingesteine
Helvetikum
känozoische Sedimente
mesozoische Sedimente
Kristallingesteine
Penninikum
mesozoische Sedimente
mesozoische Ophiolite
Kristallingesteine
Ostalpin
Kristallingesteine
Salassikum
Kristallingesteine
Südalpin
känozoische Sedimente
mesozoische Sedimente
Kristallingesteine
Erdbebenmagnituden
2
3
4
CHTRF Swiss Terrestrial Reference Frame (Präzisionsnivellement)
ITRF Italian Terrestrial Reference Frame (Präzisionsnivellement)
GNSS Global Navigation Satellite Systems (Satellitenvermessung)
horizontale Bewegung von Adria

selbst nur in der obersten Kruste zutrifft. Es scheint als ob heute im alpinen Orogen nur die oberste Kruste von Bewegungen erfasst ist und quasi von der mittleren und unteren Kruste abgekoppelt ist. In beiden Profilschnitten (Fig. 9-7 A und B) fehlen die Informationen zur Verteilung von Erdbebenhypozentren im südlichen Teil, obschon eine seismische Aktivität auch dort vorhanden ist.

Die erhöhte Seismizität im Wallis beidseits der Rhone liegt nahe und südlich des Hebungsmaximums und zeigt vorwiegend horizontale Dehnung an. Sowohl die Erdbebenherde im Bereich der basalen Überschiebung des Aar-Massivs als auch jene über dem und südlich des Aar-Massivs mit horizontaler Dehnung könnten durch eine noch andauernde Heraushebung des Aar-Massivs erklärt werden. Eine noch aktive basale Überschiebung des Aar-Massivs würde eine Auffaltung im Hangenden hervorrufen, und die Auffaltung hätte eine horizontale Dehnung im äußeren Rahmen über der Aufwölbung zur Folge.

Es gibt aber auch eine weitere Erklärung für das Auftreten von Erdbeben mit Dehnungskomponente im Kern des Orogens. In numerischen Experimenten, bei denen durch basale Akkretion von Oberkrustenteilen im Kern eines Kollisionsorogens abgescherte Krustenteile aufeinandergestapelt und in die Höhe gepresst werden, wird zunächst die Landoberfläche im Kern des Orogens gehoben (Selzer et al. 2008). Auch wenn Erosion einsetzt, bleibt ein positives Relief erhalten, das dann durch Schwereausbreitung nach dem Vorland hin divergierende Massenbewegungen verursacht. Diese horizontale Schwereausbreitung führt zum scheinbaren Widerspruch, dass bei konvergenten Plattenbewegungen, d. h. bei horizontaler Kompression, im Kern des Orogens horizontale Dehnungen in Richtung der Konvergenz auftreten. In der Literatur findet man dafür auch die Bezeichnung „orogener Kollaps“. Im Falle der Alpen haben Persaud & Pfiffner (2004) und Delacou et al. (2004) die räumliche Verteilung von Erdbebenmechanismen im Penninikum in diesem Sinne interpretiert.

Die rezenten Bewegungen verursachten auch Brüche, die die heutige Landoberfläche verstellen. Eine systematische Studie derartiger holozäner Brüche durch Persaud & Pfiffner (2004) und Ustaszewski & Pfiffner (2008) in den Zentralalpen offenbarte, dass viele der beobachteten Brüche nicht rein tektonischer Art sind, sondern gravitative Hangbewegungen als Hauptursache haben. Die gravitativen Bewegungen werden unten diskutiert. Stellvertretend für die tektonischen Brüche ist in Abb. 7-10 ein Bruch mit Verstellung der postglazialen Oberfläche aus den westlichen Zentralalpen (Aiguilles Rouges-Massiv nahe des Lac de Fully) abgebildet. Die glazial überprägte Landschaft ist von größeren Gesteinsblöcken übersät. Einige davon sind vom Gletscher transportierte Findlinge, andere stammen von lokalen Felsstürzen. Der Schnitt der Bruchfläche mit der Topografie macht die Erklärung durch rein gravitative Bewegung äußerst unwahr-

◄ **7-9 Geologischer Profilschnitt durch die westlichen Zentralalpen** (Spur vgl. Abb. 7-8). Neben dem einfachen Krustenprofil sind die Hypozentren der rezenten Erdbeben und die Hebungsraten längs des Profilschnittes eingetragen. Auffallend ist der steile Gradient der Hebungsraten auf der Nordflanke des Aar-Massivs (bei Zweisimmen) und nördlich von Ivrea, sowie die erhöhte Seismizität auf dem Rücken des Aar-Massivs. Im südlichen Teil fehlen Informationen zur Seismizität.

7-10 Holozäner tektonischer Bruch im Aiguilles Rouges-Massiv in der Nähe des Lac de Fully. Deutlich sieht man den Versatz der glazial überprägten Landschaft (Foto Michaela Ustaszewski).

scheinlich. Es dürfte sich viel mehr um einen subrezenten tektonischen Bruch handeln (Ustaszewski & Pfiffner 2008). Berücksichtigt man die Häufigkeit von Erdbeben mit größerer Magnitude, so muss man annehmen, dass dieser (und weitere tektonische Brüche) eher durch aseismisches Kriechen charakterisiert sind und nicht das Resultat einzelner größerer Erdbeben darstellen.

7.4 Bergstürze und Hangkriechen

Metamorphe Gesteine an der heutigen Oberfläche zeigen, dass offenbar ein mehrere Kilometer dickes Gesteinspaket abgetragen wurde. Viel dieser Erosion fand während der kretazischen und känozoischen Gebirgsbildung statt. Der Abtrag ist aber auch heute noch im Gange. Das Wachstum der Deltas in Bodensee und Genfersee durch den Eintrag von Rhein und Rhone wird laufend vermessen und beträgt rund drei Millionen Kubikmeter pro Jahr. Verteilt man dieses Volumen auf das Einzugsgebiet, so ergibt sich eine durchschnittliche Erosionsrate von knapp 0,5 Millimetern pro Jahr (Jäckli 1958). Diese Rate gibt nur die Größenordnung wieder, ist aber vergleichbar mit jenen Werten, die in einem weltweiten Vergleich für andere Regionen bestimmt wurden (Summerfield & Hulton 1994). Ferner ist auch zu beachten, dass die Erosionsraten durch tektonische Vorgänge wesentlich geprägt werden und somit zeitlich gesehen beträchtlichen Schwankungen unterworfen sind. Eine eingehende Diskussion der Abtragungsgeschichte der Alpen seit dem Oligozän ist in Kuhlemann et al. (2002) zu finden. Schließlich prägen auch lokale Gegebenheiten die Erosion. Einzelereignisse von Starkniederschlägen, mit Schlammströmen und Überschwemmungen als Folge, sind typischerweise auf relativ kleine Gebiete beschränkt.

Landschaftsformen beweisen aber, dass sich solche Einzelereignisse seit dem Abschmelzen der Gletscher der Letzten Eiszeit am selben Ort wiederholten und zum Aufbau größerer und kleinerer Schuttfächer führten.

Die jüngste Geschichte des Abtrags äußert sich aber auch in gravitativen Hangbewegungen. Besonders eindrücklich sind Bergstürze als einmalige Ereignisse.

Der gesamte Alpenraum ist durch eine Vielzahl von kleineren Felsstürzen und durch mehrere Bergstürze geprägt. Eine Übersicht über die Bergstürze in den Alpen gibt Abele (1974). Die Dynamik der Oberflächengestaltung durch Bergstürze ist hier am Beispiel des größten Bergsturzes in den Alpen, des Flimser Bergsturzes, näher beschrieben. Eine detaillierte Beschreibung dieses Bergsturzes und der früheren Arbeiten hierzu findet sich in Pfiffner (2022). Der Trümmerstrom bedeckt eine Fläche von gut 50 Quadratkilometern (vgl. Abb. 7-11). Die Mächtigkeit des Trümmerstroms variiert naturgemäß. Sie dürfte im Zentrum maximal 500 Meter betragen haben. Der Bergsturz löste sich vom Flimserstein (siehe Abb. 7-11) und ergoss sich südwärts in das Vorderrheintal. Der Trümmerstrom prallte auf den Gegenhang und drängte sich in das gegenüberliegende Seitental, das Safiental. Im Haupttal teilte sich der Trümmerstrom und ergoss sich sowohl nach Westen (Richtung Glion/Ilanz) wie auch nach Osten (Richtung Reichenau). Die Sturzmasse besteht zur Hauptsache aus jurassischen und aus kretazischen Kalken. Untergeordnet ist auch Verrucano vorhanden. Diese Zusammensetzung, wie auch die Verteilung im Trümmerstrom entspricht der Zusammensetzung des Flimsersteins. Offenbar ist die Sturzmasse als semikohärenter Block abgeglitten und im Kleinmaßstab total zertrümmert worden. Auch sieht man im Gelände die Abrisskante als prominente Felswand, die eine Höhe von bis zu 500 Metern aufweist. Die basale Gleitfläche ist an einzelnen Stellen bei Flims direkt sichtbar. Sie folgt zuoberst der Schichtung im (jurassischen) Troskalk, weiter unten der Schichtung im Quinten-Kalk, bildet aber lokale Stufen, sodass die Gleitfläche nach Süden sukzessive in ein tieferes Niveau versetzt ist.

Die Unterkante des Trümmerstroms ist meistenteils im Untergrund verborgen. Eine Ausnahme findet sich im Ausgang des Safientals, in der Rabiusaschlucht. An dieser Stelle wurden vom Trümmerstrom überfahrene Holzstücke gefunden, die eine erste Datierung des Sturzereignisses erlaubten (vgl. von Poschinger & Haas (1997). Spätere Arbeiten stützten sich auf C^{14}-Datierungen in Seesedimenten auf der Trümmermasse (Deplazes et al. 2007, Nicolussi et al. 2015) und auf kosmische Nuklide auf Blöcken zuoberst auf der Trümmermasse (Ivy-Ochs et al. 2009). Heute kann das Alter des Bergsturzes auf 9475 bis 9343 Jahre geschätzt werden.

Zur Zeit des Niedergangs des Flimser Bergsturzes dürfte die Talsohle auf ca. 500 m ü.M. gelegen haben. Durch die glaziale Übertiefung der Gletscher der Letzten Eiszeit wurde der Felsuntergrund auf bis etwa 150 m ü. M. abgetragen. Mit dem Abschmelzen der Gletscher gelangte dann viel Sand und Kies in diesen Felstrog und füllten das Tal bis auf eine Kote von ungefähr 500 m ü. M. auf. Diese Talfüllung aus wassergetränkten Lockergesteinen wurde durch die Trümmermasse beim Bergsturzereignis mobilisiert und ergoss sich als Gesteinsbrei talabwärts Richtung Reichenau und talaufwärts Richtung Ilanz (vgl. Fig. 7-11). Bei Reichenau wurde der Gesteinsbrei einerseits ins Domleschg abgelenkt; anderseits prallte er auf den Riegel des etwas älteren Taminser Bergsturzes und durchbrach diesen. Der Gesteinsbrei mobilisierte im Fließprozess die Trümmermasse des Taminser Bergsturzes und transportierte sie über beträchtliche Distanzen. Größere mobilisierte Fragmente blieben dann liegen und prägen heute die Landschaft als Hügel (sogenannten Tumas). Solche Tumas sind in der Ebene von Bonaduz-Rhäzüns, im Domleschg und rheinabwärts bei Domat/Ems, Felsberg und Chur zu beobachten. Der feinere Anteil des Gesteinsbreis kann sogar im Bodensee als Turbiditlage nachgewiesen werden (Schaller et al. 2022).

Als Folge des Bergsturzes staute sich flussaufwärts der Vorderrhein und bildete den Ilanzersee. Beim Überfließen des vollen Stausees erfolgte ein erster Ausbruch, der talabwärts einen Schuttfächer aufbaute, der bis Chur verfolgt werden kann und im Bodensee mit einer zweiten Turbiditlage korreliert werden kann (Schaller et al. 2022). Der Vorderrhein schnitt sich anschließend stufenweise in den Trümmerstrom ein und kreierte dabei die großartige Landschaft der Ruinaulta. Heute weist der Vorderrhein ein Längsprofil auf, das auf einen Gleichgewichtszustand mit einer Erosionsbasis auf dem Niveau des Bodensees deutet. Die Eintiefung hat die Trümmermasse durchbrochen und in nur etwa 9000 Jahren wurde somit eine 300 Meter tiefe Schlucht angelegt, was einer durchschnittlichen Eintiefungsrate von 3,3 Zentimetern pro Jahr entspricht. Das Vorhandensein von älteren Flusskiesen über dem heutigen Niveau des Vorderrheins (vgl. Abb. 7-12) belegt, dass diese Eintiefung wahrscheinlich diskontinuierlich erfolgte. Die Tiefenerosion des Vorderrheins ist immer noch im Gange. Man erkennt dies am seitlichen Einschneiden des Vorderrheins in den Prallhängen der Mäander. An jenen Stellen vermag die natürliche Bewaldung nicht mit der Erosion Schritt zu halten.

Die Oberfläche der Sturzmasse ist durch zahlreiche trichterartige Vertiefungen und längliche Wälle gekennzeichnet. Einzelne Findlinge von Kristallingesteinen wurden früher als Beweis für ein nachträgliches Überfahren der Trümmermasse durch einen spätglazialen Gletschervorstoß interpretiert. Das Fehlen jeglichen Moränenmaterials in den Depressionen und die Erhaltung der kleinmaßstäblichen Morphologie der Wälle sprechen dagegen. Die Findlinge dürften vor dem Niedergang des Bergsturzes auf der damaligen Oberfläche in einer Höhe von rund 2000 Metern über dem Meer gelegen haben. Auf dieser Höhe finden sich auch im umliegenden Gebiet Erratiker der Letzten Vergletscherung.

Die Trümmermasse selbst besteht aus zerrütteten Kalken. Der Grad der Zerrüttung ist aber beträchtlichen lokalen Unterschieden unterworfen. Totale Zerrüttung verursachte ein weißliches Aussehen der Kalke, und beim Anschlagen mit dem Hammer zerfällt es in Gesteinssand und -staub. An anderen Stellen sieht man von Weitem noch eine deutliche interne Struktur mit Schichtung und Falten. Diese wenig zermalmten Gesteine können Blöcke von mehreren Hundert Metern Durchmesser ausmachen. Offenbar ist der Trümmerstrom beim Niederfahren nicht in ein allgemeines turbulentes Fließen geraten. Vielmehr ist anzunehmen, dass die Trümmermasse sich als größerer Block bewegte und nur die Partien zwischen den Blöcken völlig zerrüttet und brekziiert wurden. An der Oberfläche sind mehr Fließbewegungen anzunehmen. Sie erzeugten

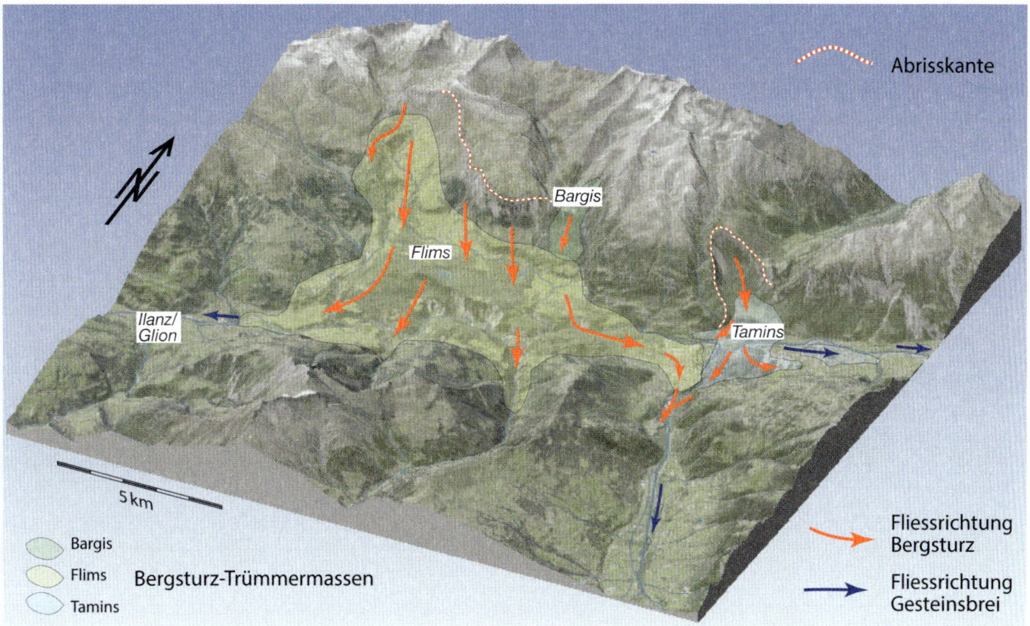

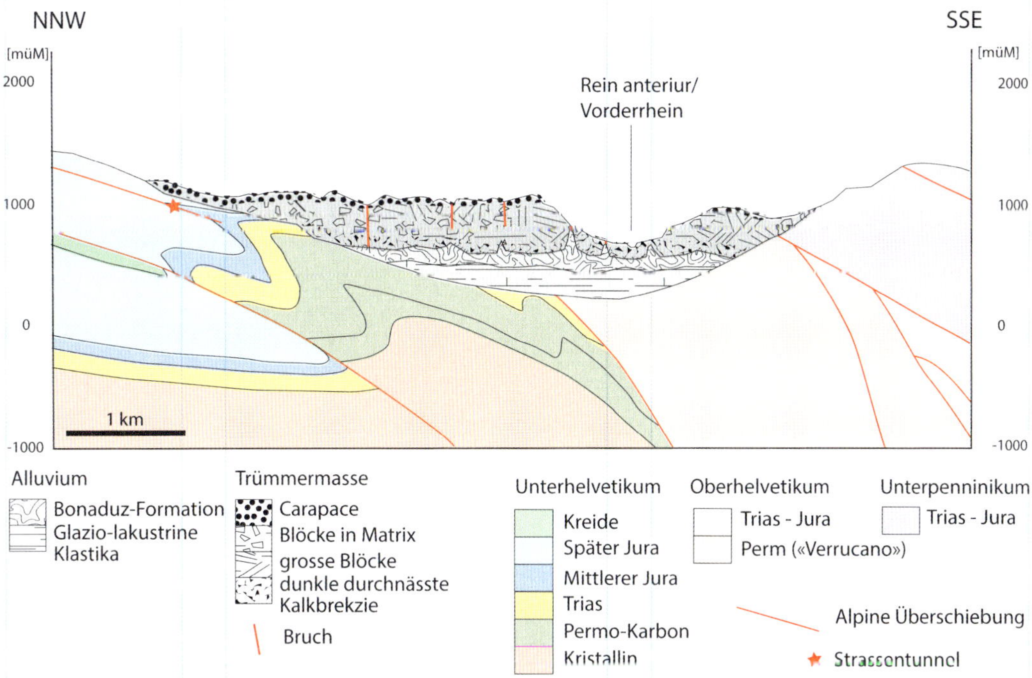

7-11 Der Flimser Bergsturz, der größte Bergsturz in den Alpen, als Blockdiagramm (konstruiert mit AdS2) und in Profilansicht.

7-12 Trümmermasse des Flimser Bergsturzes in der Ruinaulta, der Vorderrheinschlucht.

A) Bergsturzbrekzie mit dunklen eckigen Kalkblöcken in einer weißlichen pulverisierten Kalkgrundmasse.

B) Überreste alter Flusskiese, die etwa 50 m über dem heutigen Flussbett auf der Trümmermasse liegen.

C) Alter, durch einen Felssturz verfüllter Canyon etwa 50 m über dem heutigen Flussbett.

die Wälle und waren dafür verantwortlich, dass im oberflächlichsten Teil der Trümmermasse häufig große Gesteinsblöcke von mehreren Metern Durchmesser anzutreffen sind; sie weisen chaotisch orientierte Schichtungsmerkmale auf, sind also rotiert worden. Offenbar sind sie quasi aufgeschwommen auf dem sich bewegenden Untergrund.

Es stellt sich die Frage nach der Ursache dieses und anderer Bergstürze. Der Niedergang des Flimser Bergsturzes lange nach dem Abschmelzen des Eises der Letzten Vergletscherung spricht gegen eine sofortige Reaktion der Talflanke auf das Fehlen des Halts durch den Gletscher. Das labile Gleichgewicht kann durch zwei Faktoren gestört worden sein: Erdbeben und Bergwasser. Von historischen Bergsturzen ist die Auslösung durch Erdbeben bekannt, aber für ältere Ereignisse ist der entsprechende kausale Zusammenhang schwierig zu beweisen. Auch für den Fall von Reibungsverminderung infolge erhöhter Wasserzirkulation gibt es historisch belegte Beispiele. Für ältere Bergstürze könnten paläoklimatische Daten Indizien liefern. Gruner (2006) hat die prähistorischen Bergstürze in den Zentral- und Ostalpen mit den paläoklimatischen Verhältnissen verglichen. Offenbar sind in den Zentralalpen mehrere größere Bergstürze um die Zeit vor 9800 und 9200 niedergegangen (Flims, Kunkels und Köfels in den benachbarten Ostalpen), während in den Ostalpen eine Häufung um die Zeit vor 3700 bis 4200 Jahren zu verzeichnen ist. Die ältere dieser zwei Zeitspannen fällt ins Boreal, die jüngere ins Subboreal, beides Zeiten mit wechselndem Klima und niederschlagsreichen Kaltphasen. Aber die größte weltweit registrierte Kaltphase im Holozän fand vor rund 8200 Jahren statt und dauerte ungefähr 200 Jahre (Rohling & Pälike 2005). Lediglich der Totalp-Bergsturz bei Davos, (Graubünden) korreliert mit dieser Kaltzeit.

7-13 Gravitative Hangbewegungen im Gelände.

A) Sackung von Cari (Zentralalpen, Leventina). Die Bewegungsflächen der einzelnen Brüche verlaufen parallel zur flach einfallenden Schieferung in den Gneisen.

B) Val Bedretto (Zentralalpen). Steile Brüche verursachen Gegensteigungen. In den Depressionen dahinter bilden sich kleine Seen.

C) Val Bedretto (Zentralalpen). Der morphologisch dominante steile Bruch versetzt im Hintergrund einen Moränenwall.

Die gravitativen Hangprozesse verursachen neben Bergsturzereignissen auch langsam ablaufende Gleitbewegungen. Diese hängen von der Beschaffenheit des Felsuntergrundes ab (Gesteinstyp, Orientierung von Schichtung und Schieferung) und variieren somit von Tal zu Tal. Die im Folgenden diskutierten Beispiele sind als stellvertretende Auswahl zu verstehen.

Abb. 7-13A zeigt die Landschaft im oberen Teil der Sackung von Cari (Leventina, Zentralalpen). Durch antithetische, bergwärts und parallel zur Schieferung in den Gneisen einfallende Abschiebungen entstanden flach einfallende Gegensteigungen (erkennbar im Vordergrund des Fotos). Die Gegensteigungen sind als hangparallele Wälle oder Bänder über viele Kilometer im Gelände verfolgbar. Hinter den Gegensteigungen akkumulieren sich von Weitem sichtbare Schuttschürzen (auf dem Foto im Hintergrund sichtbar). Die Abschiebungen deuten an, dass die ganze sich talwärts bewegende Gleitmasse intern gestreckt wird. Der unterste, frontale Teil der Sackungsmasse ist über eine größere Strecke abgeglitten als der oberste bergseitige Teil. Die aufgelockerte Sackungsmasse bietet dem fließenden Wasser einen ge-

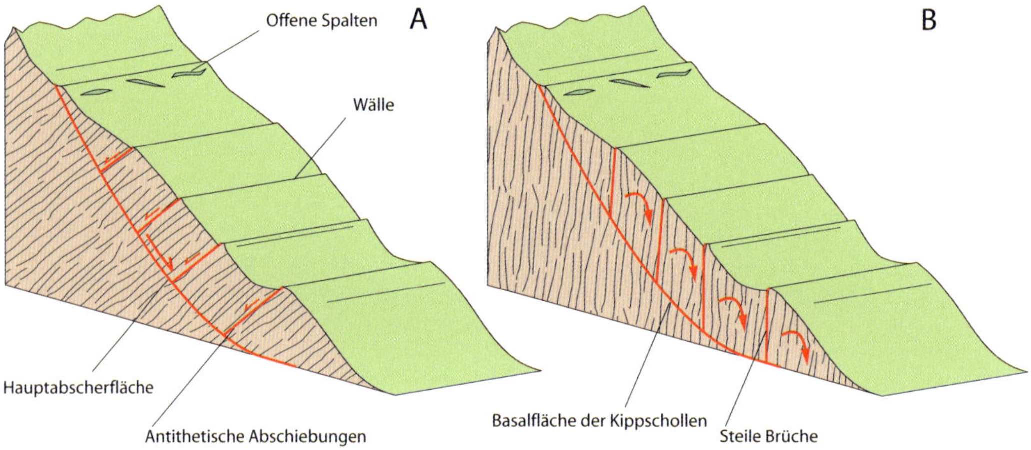

▲ **7-14 Zwei Typen von tiefgründigen Sackungen.** A) Antithetische Abschiebung in einer sich verlängernden abgleitenden Rutschmasse ergeben Wälle mit bergwärts einfallenden Gegensteigungen. B) Steile Brüche ergeben sich bei dominoartigem Wegrotieren von Kippblöcken und verursachen steile Gegensteigungen im Gelände.

ringeren Widerstand, was dem Abtrag wiederum förderlich ist.

Abb. 7-13B und C sind in der Val Bedretto auf der Südflanke des Gotthard-Massivs aufgenommen. Hier fällt die Hauptschieferung in den Gneisen nahezu vertikal in die Tiefe. Ganze Scharen von Wällen, die parallel zum Hang verlaufen, sind mühelos im Gelände zu erkennen. Die Wälle sind asymmetrisch. Die bergseitige Flanke, eine Gegensteigung, ist steiler und oft von einer Felswand markiert. Die Wälle wurden wohl deshalb auch schon als tektonische Brüche interpretiert. Verfolgt man einzelne Wälle, so stellt man fest, dass sich der Versatz bzw. das Relief der Wälle sehr rasch verändern kann. In Abb. 7-13B beispielsweise sieht man deutlich, wie das Relief der Wälle auf der Krete im Hintergrund viel größer ist als im Vordergrund. Die Asymmetrie der Wälle zeigt sich auch in kleinen und größeren Tümpeln auf der steilen, bergseitigen Flanke der Wälle. Die Beobachtung der raschen Variabilität des Reliefs der Wälle – von mehreren Metern zum totalen Verschwinden über Strecken von weniger als 100 Metern – spricht gegen eine rein tektonische Ursache dieser Brüche. Auf dem Foto der Abb. 7-13C erkennt man im Vordergrund die steil einfallende Schieferung im Gneis und eine Felswand, die den Wall markiert und auf eine Bruchstufe deutet. Gegen den Hintergrund wird das Relief des Walls zwar kleiner, versetzt aber trotzdem den Moränenwall im Hintergrund. Offensichtlich sind diese Wälle postglazialen Alters. Eine sorgfältige Auskartierung dieser Phänomene in den Zentralalpen zeigte, dass derartige steile Brüche besonders häufig in jenen Gebieten anzutreffen sind, wo die Schieferung und/oder Schichtung im Felsuntergrund sehr steil einfällt (Persaud & Pfiffner 2004, Ustaszewski & Pfiffner 2008). Beispiele solcher Gebiete sind der Südrand des Aar- und des Gotthard-Kristallins.

Im Schema von Abb. 7-14 sind die mit gravitativen Hangbewegungen assoziierten Phänomene zusammengefasst. Bei flach einfallenden Schieferungen oder Schichtungen können antithetische Abschiebungen flache Gegensteigungen verursachen. Im Falle von steil einfallender Schieferung oder Schichtung können sich steile Brüche entwickeln. Unter dem Einfluss der

7-15 Erosionsprozesse auf der Südflanke der Val Bedretto: Murgänge, Steinschlag, Sackung.

Erdschwerebeschleunigung können die Blöcke dazwischen von leichten, dominoartigen Kippbewegungen erfasst werden (vergleichbar mit Hakenwurf). Im zweiten Fall ist ein basaler Abscherhorizont nicht zwingend.

Bei den steilen Brüchen kommt aber ein zusätzlicher Prozess dazu, der Effekt der Eisentlastung. Durch die mehrfache Vereisung der Alpen senkten sich die Alpen unter der Last des Eises mehrmals ab und hoben sich anschließend wieder. Eine großräumige Modellierung, bei der die europäische Lithosphäre mit einem Eispanzer bekannter Mächtigkeit über den Alpen belastet wird, ergibt eine Einsenkung der Alpen um etwas mehr als 150 Meter unter den Eisdomen (Persaud & Pfiffner 2004). Gleichzeitig dürfte weit draußen im Vorland infolge der elastischen Steifheit der Platte eine Aufdomung um wenige Meter stattgefunden haben. Die Wellenlänge dieser Vertikalbewegungen war viel größer als jene der geodätisch bestimmten heutigen Vertikalbewegungen (Abb. 7-8). Des Weiteren muss angenommen werden, dass die von der Abschmelzung der Gletscher induzierte Ausgleichsbewegung bzw. Hebung sofort eingesetzt hat, denn mehr als 150 Meter Hebung in 15 000 Jahren ergibt eine durchschnittliche Hebungsgeschwindigkeit von einem Zentimeter pro Jahr, dem Zehnfachen von dem, was wir heute messen. Neben der großräumigen sind auch kleinräumige Betrachtungen erforderlich. Infolge der steilen Talflanken war das Gewicht der Gletscher in der Talachse viel höher als auf den Flanken. Berücksichtigt man, dass bei steil einfallender Schieferung bereits Schwächezonen im Felsuntergrund vorhanden waren (verstärkt durch das mehrmalige Auf und Ab im Verlauf sämtlicher Eiszeiten), könnte man lokale Hebungsunterschiede erwarten. Eine entsprechende Modellrechnung ergibt tatsächlich, dass der Talgrund sich infolge Eisentlastung mehr heben würde als die Flanken (Ustaszewski et al. 2008). Dieser Prozess hat zwar mit gravitativen Ausgleichsbewegungen, nicht aber mit gravitativem Abgleiten auf Talflanken zu tun.

Abb. 7-15 zeigt die Interaktion der verschiedenen Prozesse des Abtrags auf der Südflanke der Val Bedretto. Vor 15 000 Jahren bestand diese Südflanke aus einer vom Eis blank polierten Felsoberfläche. Seither hat sich oben, unter der hohen Felswand im Schatten, eine mächtige Geröllhalde aus den herabfallenden Felsbrocken aufgebaut. Unübersehbar ist die Kerbe am rechten Bildrand. Zahlreiche Murgänge haben dort in jüngerer Zeit dieselbe Abflussrinne benutzt, diese eingetieft und das mittransportierte Material unten in einem Schuttfächer abgelagert. Hier steht es für den Abtransport durch den Hauptfluss bereit. Die überwachsenen Rinnen links und rechts der heute aktiven Rinne zeugen von früheren Murgängen. Mehrere leicht geneigte Verflachungen ziehen als Bänder durch den grasbewachsenen Hang und deuten an, dass der Hang als Sackung in Bewegung ist. Rechnet man die in diesem Bild erkennbaren Landschaftsveränderungen der letzten 15 000 Jahre um auf geologische Zeiten von vielen Millionen Jahren, so erahnt man die gewaltigen Veränderungen, welche stattfanden, denn die Gesteine der Felswand oben im Bild waren vor 30 Millionen Jahren noch in einer Tiefe von über 20 Kilometern unter der damaligen Landoberfläche.

Literaturverzeichnis

Abele, G., 1974, Bergstürze in den Alpen. – Wissenschaftliche Alpenvereinshefte, 25, S. 1–230.

Ackermann, A., 1986, Le Flysch de la nappe du Niesen. – Ecl. geol. Helv., 79/3, S. 641–684.

Affolter, T., Faure, J.-L., Gratier, J-P. & Colletta, B., 2008, Kinematic models of deformation at the front of the Alps: new data from map-view restauration. – Swiss J. Geosciences, 101, 289-303.

Allen, P. A., Mange-Rajetzky, M., Matter, A. & Homewood, P., 1985, Dynamic palaeogeography of the open Burdgalian seaway, Swiss Molasse basin. – Ecl. geol. Helv., 78/&2, S. 351–381.

Arca, S. & Beretta, G.P., 1985, Prima sintesi geodetico-geologica di movimenti verticali del suolo nell'Italia Settentrionale (1987–1957). – Bolletino di geodesia e scienze affini, N. 2, Anno XLIV, S. 125–156.

Aubert, D., 1975, L'évolution du relief jurassien. – Ecl. geol. Helv., 68/1, S. 1–64.

Auer, M. & Eisbacher, G. H., 2003, Deep structure and kinematics of the Northern Calcareous Alps (TRANSALP Profile). – International Journal of Earth Sciences, 92, S. 210–227.

B.E.V., 1991, Recent crustal movements in Austria. Map 1: 2 000 000, Bundesamt für Eich- und Vermessungswesen (B.E.V.), Wien.

Baud, A. & Septfontaine, M., 1980, Présentation d'un profil palinspastique de la nappe des Préalpes médianes en Suisse occidentale. – Ecl. geol. Helv., 73, S. 651–660.

Beaumont, C., Jamieson, R.A., Nguyen, M.H. & Medvedev, S., 2004, Crustal channel flows: 1. Numerical models with applications to the tectonics of the Himalayan-Tibetan orogeny. – J. Geoph. Res., 109, B06406, doi:10.1029/2003JB002809.

Berger, A. & Bousquet, R., 2008, Subduction-related metamorphism in the Alps: a review of isotopic ages based on petrology and their geodynamic consequences. – In: Siegesmund, S., Fügenschuh, B. & Froitzheim, N. (Hrsg.), Tectonic Aspects of the Alpine-Dinaride-Carpathian System. Geological Society London, Special Publications, 298, S. 117–144.

Berger, J.-P., 1996, Cartes paléogéographiques-palinspastiques du bassin molassique suisse (Oligocène inférieur-Miocène moyen). – Neues Jahrb. Geol. Paläontol. Abh., v. 202, S. 1–44.

Bernoulli, D., 2007, The pre-Alpine geodynamic evolution of the Southern Alps: a short summary. – Bulletin für angewandte Geologie, 12/2, S. 3–10.

Bernoulli, D., Giger, M., Müller, D. W. & Ziegler, U. R. F., 1993, Sr-isotope-stratigraphy of the Gonfolite Lombarda Group („South-alpine Molasse", northern Italy) and radiometric constraints for its age of deposition. – Ecl. geol. Helv., 86/3, S. 751–767.

Bichsel, M. & Häring, M. O., 1981, Facies evolution of Late Cretaceous Flysch in Lombardy (northern Italy). – Ecl. geol. Helv., 74/2, S. 383–420.

Bill, M., Bussy, F., Cosca, M., Masson, H. & Hunziker, J. C., 1997, High-precision U-Pb and 40Ar/39Ar dating of an Alpine ophiolite (Gets nappe, French Alps). – Ecl. geol. Helv., 90/1, S. 43–554.

Bistacchi, A., Dal Piaz, G.V., Massironi, M., Zattin, M., Balestrieri, M.L., 2001, The Aosta-Ranzola extensional fault system and Oligocene – Present evolution of the Austroalpine-Penninic wedge in the northwestern Alps. – International Journal of Earth Sciences (Geol. Rundsch.), 90, 654-667, DOI 10.1007/s005310000178.

Bitterli-Dreher, P., Graf, H. R., Naef, H., Diebold, P., Matousek, F., Burger, H. & Pauli-Gabi, Th., 2007, Erläuterungen zum Geologischen Atlas der Schweiz, Blatt 1070 Baden (Atlasblatt 120).

Blakey, R., Northern Arizona University, 2008, http://jan.ucc.nau.edu/~rcb7/RCB.html, Regional Paleogeographic Views of Earth History.

Blundell, D., Freeman, R. & Mueller, S. (Hrsg.), 1992, A continent revealed: The European Geotraverse, Cambridge University Press, 275 Seiten.

Bolliger, Th., Engesser, B. & Weidmann, M., 1993, Première décourverte de mammifères pliocènes dans le Jura neuchâtelois. – Ecl. geol. Helv., 86/3, S. 1031–1068.

Bonin, B., Brändlein, P., Bussy, F., Desmons, J., Eggenberger, U., Finger, F., Graf, K., Marro, Ch., Mercolli, I., Oberhänsli, R., Ploquin, A., von Quadt, A., von Raumer, J., Schaltegger, U., Steyrer, H. P., Visonà, D. & Vivier, G., 1993, Late Variscan magmatic evolution of the Alpine basement. – In: von Raumer, J. & Neubauer, F. (Hrsg.), Pre-Mesozoic Geology in the Alps, Springer Verlag, S. 171–201.

Bossellini, A., Gianolla, P. & Stefani, M., 2003, Geology of the Dolomites. – Episodes, 26, S. 181–185.

Brack, P., 1981, Structures in the southwestern border of the Adamello intrusion (Alpi Bresciane, Italien). – Schweizerische mineralogisch-petrographische Mitteilungen, 61/1, S. 37–50.

Brandner, R., 1980, Tirolatlas: Geologische und Tektonische Übersichtskarte von Tirol. – Universitätsverlag Wagner, Innsbruck. (Auch erschienen in Tiroler Heimat, Jahrbuch für Geschichte und Volkskunde, 48./49. Band, 1985).

Brouwer, F.M., Burri, T., Engi, M. & Berger, A., 2005, Eclogite relics in the Central Alps: PT-evolution, Lu-Hf ages and implications for formation of tectonic mélange zones. – Schweiz. Mineral. Petrogr. Mitt., 85, 147–174

Bucher, S., Ulardic, C, Bousquet, R., Ceriani, S., Fügenschuh, B., Gouffon, Y. & Schmid, S. M., 2004, Tectonic evolution of the Briançonnais units along a transect (ECORS-CROP) through the Italian-French Western Alps. – Ecl. geol. Helv., 97/3, S. 321–345.

Bürgisser, H., 1980, Zur mittel-miozänen Sedimentation im nordalpinen Molassebecken: Das „Appenzellergranit"-Leitniveau des Hörnli-Schuttfächers (Obere Süsswassermolasse, Nordostschweiz). – Diss. ETH Zürich 6582.

Bürgisser, H., Frei, H.-P. & Resch, W., 1981, Bericht über die Exkursion der Schweizerischen Geologischen Gesellschaft in die Molasse der Nordostschweiz und des Vorarlbergs vom 19. bis 21. Oktober 1980. – Ecl. geol. Helv., 74/1, S. 297–310.

Burkhard, M., 1988, L'Helvétique de la bordure occidentale du massif de l'Aar (évolution tectonique et métamorphique). – Ecl. geol. Helv., 81/1, S. 63–114.

Burkhard, M., 1990, Aspects of large scale Miocene deformation in the most external part of the Swiss Alps (Subalpine Molasse to Jura fold belt). – Ecl. geol. Helv., 83/3, 559–583.

Burkhard, M. & Sommaruga, A., 1998, Evolution of the western Swiss Molasse basin: structural relations with the Alps and the Jura belt. – In: Mascle, A., Puigdefabregas, C., Luterbacher, H. P. & Fernandez, M. (Hrsg.), Cenozoic Foreland Basins of Western Europe, Geological Society London, Special Publications, 134, S. 279–298.

Buxtorf, A., 1907, Geologische Beschreibung des Weissenstein-Tunnels und seiner Umgebung. – Beiträge geologische Karte Schweiz, neue Folge 21.

Buxtorf, A., 1916, Prognosen und Befunde beim Hauensteinbasis- und Grenchenbergtunnel und die Bedeutung der letztern für die Geologie des Juragebirges. – Verhandlungen der Naturforschenden Gesellschaft in Basel, Band XXVII, S. 184–254.

Caprez, J. (2008) Das Flimser Bergsturzereignis: 3D-Geländerekonstruktion und Volumenberechnung mit Hilfe von GIS. Unveröffentlichte Master-Arbeit, Universität Zürich, 90 pp.

Caron, C., 1972, La Nappe Supérieure des Préalpes: subdivisions et principaux caractères du sommet de l'édifice préalpin. – Ecl. geol. Helv., 65/1, S. 57–73.

Castellarin, A. & Cantelli, L., 2006a, Neo-Alpine evolution of he Southern Eastern Alps. – Journal of Geodynamics, 30, 251–274.

Castellarin, A., Nicolich, R., Fantoni, R., Cantelli, L., Sella, M. & Selli, L., 2006b, Structure of the lithosphere beneath the Eastern Alps (southern sector of the

TRANSALP transect). – Tectonophysics, 414, S. 259–282.

Castelli, D., Rolfo, F., Groppo, C. & Compagnoni, R., 2007, Impure marbles from the UHP Brosasco-Isasca Unit (Dora Maira Massif, western Alps): Evidence for Alpine equilibration in the diamond stability field and evaluation of the X(CO2) fluid evolution. – Journal of Metamorphic Geology, 25/6, 587–603.

Ceriani, S. & Schmid, S. M., 2004, From NS collision to WNW-directed post-collisional thrusting and folding: Structural study of the Frontal Penninic Units in Savoie (Western Alps, France). – Ecl. geol. Helv., 97/3, S. 347–369.

Chopin, C., 1984, Coesite and pure pyrope in high-grade blueschists of the Western Alps: a first record and some consequences. – Contrib. Mineral. Petrol, 86, 107–118.

Colombo, A. & Tunesi, A., 1999, Alpine metamorphism of the Southern Alps west of the Giudicarie line. – Schweiz. Mineral. Petrogr. Mitt., 79, 183–189.

Cortesogno, L., Dallagiovanna, G., Gaggero, L. & Vanossi, M., 1993, Elements of the Palaeozoic history of the Ligurian Alps. – In: von Raumer, J. & Neubauer, F. (Hrsg.), Pre-Mesozoic Geology in the Alps, Springer Verlag, S. 257–277.

De Beaulieu, J. L., Montjuvent, G. & Nicoud, G., 1991, Chronology of the Würmian glaciation in the French Alps: A survey and new hypotheses. – In: Frenzel, B. (Hrsg.), Klimageschichtliche Probleme der letzten 130 000 Jahre, Gustav Fischer Verlag, Stuttgart, S. 435–448.

De Graciansky, P. C., 1993, Basement-cover relationship in the Western Alps: Constraints for pre-Triassic reconstructions. – In: von Raumer, J. & Neubauer, F. (Hrsg.), Pre-Mesozoic Geology in the Alps, Springer Verlag, S. 7–28.

Debelmas, J., 1974, Géologie de la France, doin Editeurs, Paris, 544 Seiten.

Debelmas, J., Arnaud, H., Caron, C., Gidon, M., Kerckhove, C., Lemoine, M. & Vialon, P., 1979, Guides géologiques régionaux: Savoie et Dauphiné. – Masson, Paris, 213 Seiten.

Debelmas, J., Arnaud, H., Gidon, M. & Kerckhove, C., 1983, Alpes du Dauphiné. – Guides géologiques régionaux, Masson, Paris, 198 Seiten.

Delacou, B., Sue, Ch., Champagnac, J.-D. & Burkhard, M., 2004, Present-day geodynamics in the bend of the western and central Alps as constrained by earthquake analysis. – Geophysical Journal International, 158, S. 753–774.

Deplazes, G., Anselmetti, F.S. & Jajdas, I. (2007) Lake sediments deposited on the Flims rockslide mass: The key to date the largest mass movement of the Alps. Terra Nova, 19, 252–258. https://doi.org/10.1111/j.1365-3121.2007.00743.x

Desmons, J., Aprahamian, J., Compagnoni, R., Cortesogno, L. & Frey, M., with collaboration of Gaggero, L., Dallagiovanna, G. & Seno, S., 1999a, Alpine metamorphism of the Western Alps: I Middle to high T/P metamorphism. – Schweiz. Mineral. Petrogr. Mitt., 79, 89–110.

Desmons, J., Compagnoni, R. & Cortesogno, L., with collaboration of Frey, M., Gaggero, L., Dallagiovanna, G., Seno, S. & Radelli L., 1999b, Alpine metamorphism of the Western Alps: II. High-P/T and related pre-greenschist metamorphism. – Schweiz. Mineral. Petrogr. Mitt., 79, 111–134.

Dewey, J. F., Helman, M. L., Turco, E., Hutton, D. H. W. & Knott, S. D., 1989, Kinematics of the Westen Mediterranean. In: Coward, M. P., Dietrich, D. & Park, R. G. (Hrsg.): Alpine Tectomics, Geol. Soc. London Spec. Publ., 45, S. 265–283.

Diebold, P., Naef, H. & Ammann, M., 1991, Zur Tektonik der zentralen Nordschweiz: Interpretation aufgrund regionaler Seismik, Oberflächengeologie und Tiefbohrungen. – NAGRA Technischer Bericht 90 04 (Text und Beilagenband).

Diel, T., Husen, S., Kissling, E. & Deichmann, N., 2009, High-resolution 3-D P-wave model of the Alpine crust. – Geophys. J. Int., 179, 1133–1147.

Diem, B., 1986, Die Untere Meeresmolasse zwischen der Saane (Westschweiz) und der Ammer (Oberbayern). – Ecl. geol. Helv., 79/2, S. 493–559.

Dietrich, V., 1970, Die Stratigraphie der Platta Decke. Fazielle Zusammenhänge zwischen Oberpenninikum und Unterostalpin. – Ecl. geol. Helv., 63/2, S. 631–671.

Doglioni, C., 2007, Tectonics of the Dolomites. – Bulletin for Applied Geology, 12/2, S. 11–15.

Doglioni, C. & Bosellini, A., 1987, Eoalpine and mesoalpine tectonics in the Southern Alps. – Geologische Rundschau, 76/3, S. 735–754.

Doglioni, C. & Flores, G., 1997, An introduction to the Italian geology. – Verlag Lamisco, 93 Seiten.

Dollfuss, S., 1965, Über den helvetischen Dogger zwischen Linth und Rhein.- Ecl. geol. Helv., 58/1, S. 453–554.

Dumont, T., Schwartz, S., Guillot, S., Malusà, M., Jouvent, M., Monié, P. & Verly, A. (2022) Cross-propagation of the western Alpine orogen from early to late deformation stages: Evidence from the Internal Zones and implications for restoration. – Earth Science Reviews, 232, 104106. https://doi.org/10.1016/j.earscirev.2022.104106

Durand, B., Jolivet, L., Horvath, F. & Seranne, M. (Hrsg.), 1999, The Mediterranean Basins: Tertiary Extension within the Alpine Orogen. Geological Society London, Special Publications, 156, 570 Seiten.

Eberli, G., 1988, The evolution of the southern continental margin of the Jurassic Tethys Ocean as recorded in the Allgäu Formation of the Austroalpine Nappes of Graubünden. – Ecl. geol. Helv., 81/1, S. 175–214.

Eisbacher, G. H., Lüschen, E. & Wickert, F., 1989, Crustal-scale thrusting and extension in the Hercynian Schwarzwald and Vosges, Central Europe. – Tectonics, 8/1, S. 1–21.

Eisbacher, G. H., Linzer, H.-G., Meier, L. & Polinski, R., 1990, A depth-extrapolated structural transect across the Northern Calcareous Alps of western Tirol. – Ecl. geol. Helv., 83/3, S. 711–725.

Elliott, D. & Johnson, M. R. W., 1980, Structural evolution in the northern part of the Moine thrust belt, NW Scotland: Edinburgh Geological Society Transactions, Earth Sciences, v. 71, S. 69–96.

Engi, M., 2011, Structure et évolution métamorphique des Alpes centrales. – Géochronique, 117, 22–26.

Engi, M., Berger, A. & Roselle, G. T., 2001, Role of the tectonic accretion channel in collisional orogeny. – Geology, 29/12, S. 1143–1146.

Engi, M., Bousquet, R. & Berger, A., 2004, Explanatory notes to the map: Metamorphic structure of the Alps, Central Alps. – Mitt. Österr. Miner. Ges., 149, 157–173.

Engi, M., Todd, C.S. & Schmatz, D.R., 1995, Tertiary metamorphic conditions in the eastern Lepontine Alps. – Schweiz. Mineral. Petrogr. Mitt., 75, 347–369.

Escher, A., Hunziker, J. C., Marthaler, M., Masson, H., Sartori, M. & Steck A., 1997, Geologic framework and structural evolution of the Western Swiss-Italian Alps. – In: Pfiffner, O. A., Lehner, P., Heitzmann, P., Mueller, S. & Steck, A. (Hrsg.), Deep Structure of the Swiss Alps: Results of NRP 20. Birkhäuser Verlag Basel, S. 205–222.

Facenna, C., Speranza, F., D'Ajello Caracciolo, F., Mattei, M. & Oggiano, G., 2002, Extensional tectonics on Sardinia (Italy): insights into the arc-back-arc transitional regime. – Tectonophysics, 356/4, S. 213–232.

Faupl, P. & Wagreich, M., 2000, Late Jurassic to Eocene palaeogeography and geodynamic evolution of the Eastern Alps. – In: Neubauer, F. & Höck, V. (Hrsg.), Aspects of Geology in Austria, S. 79–94, auch erschienen in den Mitteilungen der Österreichischen Geologischen Gesellschaft, 92 (1999).

Finckh, P. G., 1978, Are Southern Alpine lakes former Messinian canyons? – Geophysical evidence for preglacial erosion in the Southern Alpine lakes. – Marine Geology, 27, S. 289–302.

Finger, F., Frasl, G., Haunschmid, B., Lettner, H., von Quadt, A., Schermaier, A., Schindlmayr, A. O. & Steyrer, H. P., 1993, The Zentralgneise of the Tauern Window (Eastern Alps): Insight into an intra-Alpine Variscan batholith. – In: von Raumer, J. & Neubauer, F. (Hrsg.), Pre-Mesozoic Geology in the Alps, Springer Verlag, S. 375–391.

Florineth, D. & Schlüchter, C., 1998, Reconstruction the Last Glacial Maximum (LGM) ice surface geometry and flowlines in he Central Swiss Alps. – Ecl. geol. Helv., 91/3, S. 391–407.

Florineth, D. & Schlüchter, C., 2000, Alpine evidence for atmospheric circulation patterns in Europe during the Last Glacial Maximum. – Quaternary Research, 54, S. 295–308.

Franke, W., 1992, Phanerozoic structures and events in Central Europe. – In: Blundell, D., Freeman, R. & Mueller, St. (Hrsg.), A continent revealed: The European Geotraverse, Cambridge University Press, S. 164–180.

Franks, G. D., 1968, A study of Upper Paleozoic sediments and volcanics in the northern part of the eastern Aar massif. – Ecl. geol. Helv., 61/1, S. 49–140.

Franks, S., Trümpy, R. & Auf der Maur, J., 2000, Aus der Frühzeit der alpinen Geologie.Johann Gottfried Ebels Versuch einer Synthese (1808).Neujahrsblatt der Naturforschenden Gesellschaft in Zürich, 68 Seiten.

Frey, M. & Ferreiro Mählmann, R., 1999, Alpine metamorphism of the Central Alps. – Schweiz. Mineral. Petrogr. Mitt., 79, 135–154.

Frisch, W., Brügel, A., Dunkl, I., Kuhlemann, J. & Satir, M., 1999, Post-collisional large-scale extension and mountain uplift in the Eastern Alps. – Memorie di scienze geologiche, 51/1, S. 3–23

Frisch, W., Dunkl, I. & Kuhlemann, J., 2000a, Post-collisional orogen-parallel large-scale extension in the Eastern Alps. – Tectonophysics, 327, S. 239–265.

Frisch, W., Székely, B., Kuhlemann, J. & Dunkl, I., 2000b, Geomorphological evolution of the Eastern Alps in response to Miocene tectonics. – Zeitschrift für Geomorphologie, Neue Folge 44/1, S. 103–138.

Frisch, W., Vavra, G. & Winkler, M., 1993, Evolution of the Penninic basement of the Eastern Alps. – In: von Raumer, J. & Neubauer, F. (Hrsg.), Pre-Mesozoic Geology in the Alps, Springer Verlag, S. 349–360.

Froitzheim, N., Conti, P. & van Daalen, M., 1997, Late Cretaceous, synorogenic, low-angle normal faulting along the Schlinig fault (Switzerland, Italy, Austria) and its significance for the tectonics of the Eastern Alps. – Tectonophysics, 280, S. 267–293.

Froitzheim, N., Schmid, S. M. & Conti, P., 1994, Repeated change from crustal shortening to orogen-parallel extension in the Austroalpine units of Graubünden. – Ecl. geol. Helv., 87/2, S. 559–612.

Fügenschuh, B. & Schmid, S. M., 2003, Late stages of deformation and exhumation of an orogen constrained by fisstion-track data: A case study in the Western Alps. – Geological Society of America Bulletin, 115/11, S. 1425–1440.

Fügenschuh, B., Seward, D. & Mancktelow, N., 1997, Exhumation in a convergent orogen: the western Tauern window. – Terra nova, 9, S. 213–217.

Funk, Hp., 1985, Mesozoische Subsidenzgeschichte im Helvetischen Schelf der Ostschweiz. – Ecl. geol. Helv., 78/2, S. 249–272.

Funk, Hp., Labhart, T., Milnes, A. G., Pfiffner, O. A., Schaltegger, U., Schindler, C., Schmid S. M. & Trümpy, R., 1983, Bericht über die Jubiläumsexkursion „Mechanismus der Gebirgsbildung“ der Schweizerischen Geologischen Gesellschaft in das ost- und zentralschweizerische Helvetikum und in das nördliche Aarmassiv vom 12. bis 17. September 1982. – Ecl. geol. Helv., 76/1, S. 91–123.

Funk, Hp., Oberhänsli, R., Pfiffner, A., Schmid, S. & Wildi, W., 1987, The Evolution of the Northern Margin of Tethys in Eastern Switzerland. – Episodes, v. 19/2, S. 102–106.

Garzanti, E. & Malusà, M. G., 2008, The Oligocene Alps: Domal unroofing and drainage development during early orogenic growth. – Earth & Planetary Science Letters, 268, S. 487–500.

Giamboni, M., Ustaszewski, K., Schmid, S. M., Schumacher, M. E. & Wetzel, A., 2004, Plio-Pleistocene transpressional reactivation of Paleozoic and Paleogene structures in the Rhine-Bresse transform zone (northern Switzerland and eastern France). – International Journal of Earth Sciences, 93, S. 207–223.

Goffé, B., 1984–86, Le faciès à carpholite-chloritoïde dans la couverture briançonnaise des Alpes ligures: un témoin de l'historie tectono-métamorphique régionale. – Mem. Soc. Geol. Italia, 28, 461–479.

Graf, H. R., 1993, Die Deckenschotter der zentralen Nordschweiz. – Diss. ETH Nr. 10205, 151 Seiten.

Gruner, U., 1981, Die jurassischen Breccien der Falknis-Decke und altersäquivalente Einheiten in Graubünden. – Beiträge geologische Karte Schweiz, N. F. 154, 136 Seiten.

Gruner, U., 2006, Bergstürze und Klima in den Alpen – gibt es Zusammenhänge? – Bulletin für Angewandte Geologie, 11/2, S. 25–34.

Gubler, E., 1991: UELN and the Swiss National Leveling Net. – In: Report on the geodetic activities in the years 1987–1991. XX. General Assembly of the International Union of Geodesy & Geophysics, Vienna 1991. Zürich 1991.

Guellec, S., Mugnier, J.-L., Tardy, M. & Roure, F., 1990, Neogene evolution of the western Alpine foreland in the light of ECORS data and balanced cross-section. – In: Roure, F., Heitzmann, P. & Polino, R. (Hrsg.), Deep Structure of the Alps, Mém. Soc. Géol. France, Paris, 156, S. 165–184.

Gunzenhauser, B. A., 1985, Zur Sedimentologie und Paläogeografie der oligo-miocaenen Gonfolite Lombarda zwischen Lago Maggiore und der Brianza (Südtessin, Lombardei). – Beiträge geologische Karte Schweiz, N.F. 159, 114 Seiten.

Hamilton, W., Wagner, L. & Wessely, G., 2000, Oil and Gas in Austria. – In: Neubauer, F. & Höck, V. (Hrsg.), Aspects of Geology in Austria. – Österreichische Geologische Gesellschaft, Wien, S. 235–262. Auch erschienen in Mitteilungen der Österreichischen Geologischen Gesellschaft, 92. Band (1999).

Handy, M.R., Schmid, S.M., Paffrath, M., Friederich, W. & AlpArray Working Group, (2021) Orogenic lithosphere and slabs in the greater Alpine area – interpretations based on teleseismic P-wave tomography. Solid Earth, 12, 2633–2669. https://doi.org/10.5194/se-12-2633-2021.

Hänni, R. & Pfiffner, O. A., 2001, Evolution and internal structure of the Helvetic nappes in the Bernese Oberland. – Ecl. geol. Helv., 94, S. 161–171.

Heim, Alb., 1878, Untersuchung über den Mechanismus der Gebirgsbildung im Anschluss an die Geologische Monographie der Tödi-Windgällen-Gruppe. – Schwabe, Basel.

Herb, R., 1988, Eocaene Paläogeografie und Paläotektonik des Helvetikums. – Ecl. geol. Helv., 81, S. 611–657.

Herwegh, M. & Pfiffner, O. A., 2005, Tectono-metamorphic evolution of a nappe stack: A case study of the Swiss Alps. – Tectonophysics, 404, S. 55–76.

Herwegh, M., Hürzeler, J.-P., Pfiffner, O. A., Schmid, S. M., Abart, R. & Ebert, A., 2008, Excursion guide to the field trip of the Swiss Tectonic Studies Group (Swiss Geological Society) to the Glarus nappe complex (14.–16.09.2006). – Swiss Journal of Geosciences, 101/2, doi: 10.1007/s00015-008-1259-z.

Höck, V., 1993, The Habach-Formation and the Zentralgneis – A key in understanding the Palaeozoic evolution of the Tauern Window (Eastern Alps). – In: von Raumer, J. & Neubauer, F. (Hrsg.), Pre-Mesozoic Geology in the Alps, Springer Verlag, S. 361–374.

Höpfer, N. & Vogler, W.S., 1994, Alpiner Druck-Temperatur-Deformationspfad in der südlichen Dent Blanche-Decke. – Bericht der DMG, Eur. J. Mineral., 6/1, 117.

Hofmann, F., 1974, Geologische Geschichte des Bodenseegebietes. – Schriftenreihe des Vereins für Geschichte des Bodensees und seiner Umgebung, 92, S. 251–273.

Hoinkes, G., Koller, F., Rantitsch, G., Dachs, E., Höck, V., Neubauer, F. & Schuster, R., 1999, Alpine Metamorphism of the Eastern Alps. – Schweiz. Mineral. Petrogr. Mitt., 79, 155–181.

Hsü, K. J. & Briegel, U., 1991, Geologie der Schweiz: Ein Lehrbuch für den Einstieg, und eine Auseinandersetzung mit den Experten. – Birkhäuser, Basel, 219 Seiten.

Huber, M. & Huber, A., 1984, Das Kristallin des Südschwarzwaldes. – NAGRA Technischer Bericht 84–30, 226 Seiten.

Ivy-Ochs, S., von Poschinger, A., Synal, H.A. & Maisch, M. (2009) Surface exposure dating of the Flims landslide, Graubünden, Switzerland. Geomorphology, 103, 104–112. https://doi.org/10.1016/j.geomorph.2007.10.024.

Jäckli, H., 1958, Der rezente Abtrag der Alpen im Spiegel der Vorlandsedimentation. – Ecl. geol. Helv., 5, S. 354–365.

Jouanne, F., Ménard, G. & Darmendrail, X., 1995, Present-day vertical displacements in the north-western Alps and southern Jura Mountains: Data from leveling comparisons. – Tectonics, 14/3, S. 606–616.

Kahle, H.-G., Müller, M. V., Geiger, A., Danuser, G., Mueller, St., Veis, G., Billiris, H. & Paradissis, D., 1995, The strain field in northwestern Greece and the Ionian Islands: results inferred from GPS measurements. – Tectonophysics 249, S. 41–52.

Kahle, H.-G., Geiger, A., Bürki, E., Gubler, U., Marti, B., Wirth, M., Rothacher, W., Gurtner, W., Beutler, G., Bauersima, I. & Pfiffner, O. A., 1997, Recent crustal movements, geoid and density distribution: Contribution from integrated satellite and terrestrial measurements. – In: Pfiffner, O. A., Lehner, P., Heitzmann, P., Mueller, St. & Steck, A. (Hrsg.), Deep structure of the Swiss Alps: Results of NRP 20, Birkhäuser, S. 251–259.

Käch, P., 1969, Zur Tektonik der Brigelserhörner. – Ecl. geol. Helv., 62/1, 173–183.

Kälin, D., 1997, Litho- und Biostratigraphie der mittel- bis obermiozänen Bois de Raube-Formation (Nordwestschweiz). – Ecl. geol. Helv., 90/1, S. 97–114.

Kammer, A., 1985, Bau und Strukturen des nördlichen Aarmassivs und seiner Sedimente. – Unveröff. Diss. Université de Neuchâtel, 103 Seiten.

Kaufmann, F. J., 1877, Geologische Beschreibung der Kalkstein- und Schiefergebiete der Kantone Schwyz, Zug und des Bürgenstocks bei Stans. – Beiträge geologische Karte Schweiz, 14/2. Abteilung, 180 Seiten.

Kaufmann, F. J., 1886, Centralgebiet der Schweiz: Emmen- und Schlierengegenden nebst Umgebungen Brünigstrasse und Linie Lungern-Grafenort. – Beiträge geologische Karte Schweiz, 24/1. Theil, 608 Seiten.

Keller, J., 1984, Der jungtertiäre Vulkanismus Südwestdeutschlands: Exkursionen im Kaiserstuhl und Hegau. – Fortschritte Mineralogie (Monatshefte), S. 2–35.

Kelly, M. A., Buoncristiani, J.-F. & Schlüchter, C., 2004, A reconstruction of the last glacial maximum (LGM) ice-surface geometry in the western Swiss Alps and contiguous Alpine regions in Italy and France. – Ecl. geol. Helv., 97/1, S. 57–75.

Kemna, H. A. & Becker-Haumann, R., 2003, Die Wanderblock-Bildungen im Schweizer Juragebirge südlich von Basel: Neue Daten zu einem alten Problem. – Ecl. geol. Helv., 96/1, S. 71–83.

Kempf, O. & Pfiffner, O. A., 2004, Early Tertiary evolution of the North Alpine Foreland Basin of the Swiss Alps and adjoining areas. – Basin Research, 16, S. 549–567, doi: 10.1111/j.1365-2117.2004.00246.x.

Kempf, O. & Pross, J., 2005, The Lower Marine to Lower Freshwater Molasse transition in the northern Alpine foreland basin (Oligocene; central Switzerland –

south Germany): age and geodynamic implications. – International Journal of Earth Sciences, 94, S. 160–171.

Kempf, O., Matter, A. Burbank, D. W. & Mange, M., 1999, Depositional and structural evolution of a foreland basin margin in a magnetostratigraphic framework: The eastern Swiss Molasse Basin. – International Journal Earth Sciences, v. 88, S. 253–275.

Kilian, S. & Ortner, H. (2019) Structural evidence of in-sequence and out-of-sequence thrusting in the Karwendel mountains and the tectonic subdivision of the western Northern Calcareous Alps. Austrian J Earth Sciences, 112/1, 62–83. DOI: 10.17738/ajes.2019.0005

Kissling, E. & Schwendener, H., 1990, The Quaternary sedimentary fill of some Alpine valleys by gravity modelling. – Ecl. geol. Helv., 82, 311–321.

Krainer, K., 1993, Late- and Post-Variscan sediments of he Eastern and Southern Alps. – In: von Raumer, J. & Neubauer, F. (Hrsg.), Pre-Mesozoic Geology in the Alps, Springer Verlag, S. 537–564.

Kuhlemann, J., Frisch, W., Székely, B., Dunkl, I. & Kazmér, M., 2002, Post-collisional sediment budget history of the Alps: tectonic versus climatic control. – International Journal of Earth Science, 91, S. 818–837.

Kühni, A. & Pfiffner, O. A., 2001a, Drainage pattern and tectonic forcing: A model study for the Swiss Alps. – Basin Research 13, S. 169–197.

Kühni, A. & Pfiffner, O. A., 2001b, The relief of the Swiss Alps and adjacent areas and its relation to lithology and structure: topographic analysis from a 250-m DEM. – Geomorphology, 41, S. 285–307.

Kurz, W., Handler, R. & Bertoldi, C., 2008, Tracing the exhumation of the Eclogite Zone (Tauern Window, Eastern Alps) by 40Ar/39Ar dating of white mica in eclogites. – Swiss Journal of Geosciences, 101/1 Supplement, 191–206.

Lammerer, B., 1986, Das Autochthon im westlichen Tauernfenster. – Jahrbuch Geologische Bundes-Anstalt, 129/1, S. 51–67.

Lammerer, B. & Weger, M., 1998. Footwall uplift in an orogenic wedge: the Tauern Window in the Eastern Alps of Europe. Tectonophysics 285, S. 213–230.

Lammerer, B., Gebrande, H., Lüschen, E. & Vesela, P., 2008, A crustal-scale cross-section through the Tauern Window (eastern Alps) from geophysical and geological data. – In: Siegesmund, S., Fügenschuh, B. & Froitzheim, N. (Hrsg.), Tectonic Aspects of the Alpine-Dinaride-Carpathian System. Geological Society, London, Special Publications, 298, S. 219–229.

Lardeaux, J. M., Schwartz, S., Tricart, P., Paul, A., Guillot, S., Béthoux, N. & Masson, F., 2006, A crustal-scale cross-section of the south-western Alps combining geophysical and geological imagery. – Terra Nova, 18, S. 412–422, doi: 10.1111/j.1365-3121.2006.00706.x.

Laubscher, H. P., 1961, Die Fernschubhypothese der Jurafaltung. – Ecl. geol. Helv., 54/1, S. 2221–2282.

Laubscher, H. P., 1965, Ein kinematisches Modell der Jurafaltung. – Ecl. geol. Helv., 58/1, S. 231–318.

Lemoine, M., 1988, Des nappes embryonnaires aux blocs basculés: évolution des idées et modèles sur l'histoire mésozoïque des Alpes occidentales – Bulletin Société géologique de France, 8ème serie 4, S. 787–797.

Lickorish, W. H. & Ford, M., 1998, Sequential restoration of the external Alpine Digne thrust system, SE France, constrained by kinematic data and synorogenic sediments. – In: Mascle, A., Puigdefabregas, C., Luterbacher, H. P. & Fernandez, M. (Hrsg.), Cenozoic Foreland Basins of Western Europe, Geological Society, London, Special Publications, 134, S. 189–211.

Liniger, H., 1966, Das plio-altpleistozäne Flussnetz der Nordschweiz. – Regio Basiliensis, 72, S. 158–177.

Lippitsch, R., 2002, Lithosphere and Upper Mantle P-Wave Velocity Structure Beneath the Alps by High-Resolution Teleseismic Tomography. – Diss. ETH No. 14726, 137 Seiten.

Lippitsch, R., Kissling, E. & Ansorge, J., 2003, Upper mantle structure beneath the Alpine orogen from high-resolution teleseismic tomography. – Journal of Geophysical research, 108/B8, 2376, doi: 10.1029/2002JB002016.

Lüschen, E., Lammerer, B., Gebrande, H., Millahn, K., Nicolich, R. & TRANSALP Working Group, 2004, Orogenic structure of the Eastern Alps, Europe, from TRANSALP deep seismic reflection profiling. – Tectonophysics, 388, S. 85–102.

Luth, S.W. & Willingshofer, E., 2008, Mapping of the post-collisional cooling history of the Eastern Alps. – Swiss J. Geosci., Supplement 1, 101, 207–223.

Mader, P., 1987, Die Jura- und Kreideablagerungen im Lischana-Gebiet (Oberostalpine S-charl-Decke, Unterengadin). – Ecl. geol. Helv., 80/3, S. 633–653.

Maggetti, M. & Flisch, M., 1993, Evolution of the Silvretta nappe. – In: von Raumer, J. & Neubauer, F. (Hrsg.), Pre-Mesozoic Geology in the Alps, Springer Verlag, S. 469–484.

Manatschal, G., Müntener, O., Desmurs, L. & Bernoulli, D., 2003, An ancient ocean-continent transition in the Alps: The Totalp, Err-Platta, and Malenco unites in the eastern Central Alps (Graubünden and northern Italy). – Ecl. geol. Helv., 96, S. 131–146.

Mancktelow, N., 2007, Tectonic pressure: Theoretical concepts and modelled examples. – Lithos, 103, 149–177, doi: 10.1016/j.lithos.2007.09.013.

Mandl, G. W., 2000, The Alpine sector of the Tethyan shelf – Examples of Triassic to Jurassic sedimentation and deformation from the Northern Calcareous Alps. In: Neubauer, F. & Höck, V. (Hrsg.), Aspects of Geology in Austria, S. 61–77, auch erschienen in den Mitteilungen der Österreichischen Geologischen Gesellschaft, 92 (1999).

Marquer, D. Baudin, T., Peucat, J.-J. & Persoz, F., 1994, Rb-Sr mica ages in the Alpine shear zones of the Truzzo granite: Timing of the Tertiary alpine P-T-deformations in the Tambo nappe (Central Alps, Switzerland). – Ecl. geol. Helv., 87, 225–239.

Marro, A., Hauvette, L., Borderie, S. & Mosar, J. (2023) Tectonics of the Western Internal Jura fold-and-thrust belt: 2D kinematic forward modelling. Swiss J Geosciences, 116:10. https://doi.org/10.1186/s00015-023-00435-2

Marthaler, M., 1984, Géologie des unités penniques entre le Val d'Anniviers et le Val de Tourtemagne. – Ecl. geol. Helv., 77/2, S. 295–448.

Masson, H., 1976, Un siècle de géologie des Préalpes: de la décourverte des nappes à la recherche de leur dynamique. – Ecl. geol. Helv., 69/2, S. 527–575.

Masson, H., Herb, R. & Steck, A., 1980, Helvetic Alps of Western Switzerland, Excursion no. 1. – In: Trümpy, R., Geology of Switzerland – a guide-book, Part B, Geological Excursions, S. 109–153, Wepf & Co.

Matte, Ph., 1991, Accretionary history and crustal evolution of the Variscan belt in Western Europe. – Tectonophysics 196, S. 309–337.

Matter, A., 1987, Faciesanalyse und Ablagerungsmilieus des Permokarbons im Nordschweizer Trog. – Ecl. geol. Helv., 80/2, S. 345–367.

Menkveld, J.-W., 1995, Der geologische Bau des Helvetikums der Innerschweiz. – Unpubl. Diss. Universität Bern, 165 Seiten & Profile.

Menkveld-Gfeller, U., 1995, Stratigraphie, Fazies und Paläogeografie des Eocaens der helvetischen Decken der Westschweiz. – Ecl. geol. Helv., 88, S. 115–134.

Mercolli, I., Biino, G.G. & Abrecht, J., 1994, The lithostratigraphy of the pre-Mesozoic basement of the Gotthard massif: a review. – Schweizerische Mineralogische und Petrographische Mitteilungen, 74, S. 29–40.

Mettraux, M. & Mosar, J., 1989, Tectonique alpine et paléotectonique liasique dans les Préalpes Médianes en rive droite du

Rhône. – Ecl. geol. Helv., 82/2, S. 517–540.

Milnes, A.G. & Pfiffner, O.A., 1977, Structural evolution of the Infrahelvetic complex, eastern Switzerland. – Ecl. geol. Helv., 70/1, 83–95.

Mohn, G., Manatschal, G., Müntener, O., Beltrando, M. & Masini, E., 2010, Unravelling the interaction between tectonic and sedimentary processes during lithospheric thinning in the Alpine Tethys margins. – Int. J. Earth Sci (Geol Rundsch), 99 (Suppl. 1), 75–101, DOI 10.1007/s00531-010-0556-6

Morag, N., Avigad, D., Harlavan, Y., McWilliams, M. O. & Michard, A., 2008, Rapid exhumation and mountain building in the Western Alps: Petrology and 40Ar/39Ar geochronology of detritus from Tertiary basins of south-eastern France. – Tectonics, 27, TC2004, doi:10.1029/2007TC002142, 18 Seiten.

Mosar, J., Stampfli, G. M. & Girod, F., 1996, Western Préalpes Médianes romandes: timing and structure. A review. – Ecl. geol. Helv., 89/1, S. 389–425.

Mugnier, J.-L., Guellec, S., Ménard, G., Roure, F., Tardy, M. & Vialon, P., 1990, A crustal scale balanced cross-section through the external Alps deduced from the ECORS profile. – In: Roure, F., Heitzmann, P. & Polino, R. (Hrsg.), Deep Structure of the Alps, Mém. Soc. Géol. France, Paris, 156, S. 203–216.

Naef, H., 2007, Geologische Profile durch das Gebiet von Atlasblatt Baden. – In: Bitterli-Dreher, P., Graf, H. R., Naef, H., Diebold, P., Matousek, F., Burger, H. & Pauli-Gabi, Th., Erläuterungen zum Geologischen Atlas der Schweiz, Blatt 1070 Baden (Atlasblatt 120).

Naef, H. & Madritsch, H., 2014, Tektonische Karte des Nordschweizer Permokarbontrogs: Aktualisierung basierend auf 2D-Seismik und Schwere-Daten – Nagra Arbeitsber. NAB 14–17.

Nänny, P., 1948, Zur Geologie der Prättigauschiefer zwischen Rhätikon und Plessur. – Diss. Univ. Zürich und Mitt. Geol. Inst. ETH u. Univ. Zürich, Serie C, No. 30, 127 Seiten.

Neubauer, F. & Höck, V. (Hrsg.), 2000, Aspects of Geology in Austria.

Neubauer, F. & Sassi F. P., 1993, The Austro-Alpine Quartzphyllites and related Palaeozoic Formations. – In: von Raumer, J. & Neubauer, F. (Hrsg.), Pre-Mesozoic Geology in the Alps, Springer Verlag, S. 423–439.

Nicolas, A., Polino, R., Hirn, A., Nicolich, R. & Ecors-Crop working group, 1990, Ecors-Crop traverse and deep structure of the western Alps: a synthesis. – In: Roure, F., Heitzmann, P. & Polino, R. (Hrsg.), Deep Structure of the Alps, Mém. Soc. Géol. France, Paris, 156, S. 15–28.

Nicolussi, K., Spötl, C., Thurner, A. & Reimer, P.J. (2015) Precise radiocarbon dating of the giant Köfels landslde (Eastern Alps, Austria). Geomorpholgy, 243, 87–91. http://dx.doi.org/10.1016/j.geomorph.2015.05.001

Niklaus, P.-A. & Wetzel, A., 1996, Faziesanalyse und Ablagerungsmilieu der fluviatilen Sedimentfüllung des Karbontroges von Salvan-Dorénaz. – Ecl. geol. Helv., 89/1, S. 427–437.

Nocquet, J.-M., Walpersdorf, A., Jouanne, F., Masson, F., Chéry, J., Vernant, Ph. & RENAG team, 2011, Uplift in the Western Alps from a Decade of Continuous GPS Measurements. – Colloque G2 – ENSG – Marne La Vallée – 7–9 Novembre 2011.

Oberhänsli, R., Bousquet, R., Engi, M., Goffé, B., Gosso, G., Handy, M., Höck, V., Koller, F., Lardeaux, J.-M., Polino, R., Rossi, Ph., Schuster, R., Schwartz, S. & Spalla, I., 2004, Metamorphic structure of the Alps (Karte 1:1 000 000). – Commission for the Geological Map of the World, SGMW, Paris.

Oberhauser, R. (Hrsg.), 1980, Der geologische Aufbau Österreichs, Springer Verlag, 699 Seiten.

Ortner, H., 2001, Cretaceous thrusting in the western part of the Northeren Calcareous Alps (Austria) – evidences from synorogenic sedimentation and structural data. – Mitteilungen der Österreichischen Geologischen Gesellschaft, 94, S. 66–77.

Ortner, H. & Stingle, V., 2001, Facies and basin development of the Oligocene in the Lower Inn Valley, Tyrol/Bavaria. – In: Piller, W. E. & Rasser, M. W. (Hrsg.), Paleogene of the Eastern Alps. Österreichische Akademie der Wissenschaften, Schriftenreihe Erdwissenschaftliche Kommission, 14, S. 153–196.

Ortner, H., Reiter, F. & Brandner, R., 2006, Kinematics of the Inntal shear zone – sub-Tauern ramp fault system and the interpretation of the TRANSALP seismic section, Eastern Alps, Austria. – Tectonophysics, 414, S. 241–258.

Persaud, M. & Pfiffner, O. A. (2004): Active tectonics in the eastern Swiss Alps: post-glacial faults, seismicity and surface uplift. – Tectonophysics, 385/1–4, S. 59–84.

Peters, Tj. & Dietrich, V., 2008, Erläuterungen zum Geologischen Atlas der Schweiz 1:25 000, Blatt 1256 Bivio. – Bundesamt für Landestopografie.

Petrini, K. & Podladchikov, Y., 2000, Lithospheric pressure-depth relationships in compressive regions of thickened crust. – Journal of metamorphic Geology, 18, 67–77.

Pfeifer, H.-R., Oberhansli, H. & Epprecht, W., 1988, Geochemical evidence for a synsedimentary origin of Jurassic iron-manganese deposits at Gonzen (Sargans, Helvetic Alps, Switzerland). – Marine Geology, 84, S. 257–272.

Pfiffner, O. A., 1978, Der Falten- und Kleindeckenbau im Infrahelvetikum der Ostschweiz. – Ecl. geol. Helv., 71/1, 61–84.

Pfiffner, O. A., 1980, Displacements along thrust faults. – Ecl. geol. Helv., 78/2, S. 313–333.

Pfiffner, O. A., 1986, Evolution of the north Alpine foreland basin in the Central Alps. – In: Allen, P. A. & Homewood, P. (Hrsg.), Foreland Basins, Special Publication of the International Association of Sedimentologists, 8, S. 219–228.

Pfiffner, O. A., 1993a, Palinspastic reconstruction of the pre-Triassic basement units in the Alps: the Central Alps. – In: von Raumer, J. & Neubauer, F. (Hrsg.), Pre-Mesozoic Geology in the Alps, Springer Verlag, S. 29–39.

Pfiffner, O. A., 1993b,The structure of the Helvetic nappes and its relation to the mechanical stratigraphy. – Journal of Structural Geology, v. 15/3–5, S. 511–521.

Pfiffner, O. A., 2011, Explanatory Notes to the Structural Map of the Helvetic Zone of the Swiss Alps, including Vorarlberg (Austria) and Haute Savoie (France). – Geological Special Map 128, Text and 10 plates. – Swiss Geological Survey, swisstopo.

Pfiffner, O.A. (2022) The Flims rock avalanche: structure and consequences. Swiss J. Geosciences, 115–24. https://doi.org/10.1186/s00015-022-00424-x

Pfiffner, O. A. & Hitz, L. (1997): Geologic interpretation of the seismic profiles of the Eastern Traverse (lines E1–E3, E7–E9): eastern Swiss Alps. – In: Pfiffner, O. A., Lehner, P., Heitzmann, P., Mueller, S. & Steck, A. (Hrsg.), Deep Structure of the Swiss Alps: Results of NRP 20, Birkhäuser Verlag Basel, S. 73–100.

Pfiffner, O. A., Lehner, P., Heitzmann, P., Mueller, S. & Steck, A. (Hrsg.), 1997a, Deep Structure of the Swiss Alps: Results of NRP 20, Birkhäuser, 380 Seiten.

Pfiffner, O. A., Erard, P.-F. & Stäuble, M., 1997b, Two cross-sections through the Swiss Molasse Basin (lines E4–E6, W1, W7–W10). – In: Pfiffner, O. A., Lehner, P., Heitzmann, P., Mueller, S. & Steck, A. (Hrsg.), Deep Structure of the Swiss Alps: Results of NRP 20, Birkhäuser, S. 64–72.

Pfiffner, O. A., Sahli, S. & Stäuble, M., 1997c, Structure and evolution of the external basement uplifts (Aar, Aiguilles Rouges/Mt. Blanc). – In: Pfiffner, O. A., Lehner, P., Heitzmann, P., Mueller, S. & Steck, A. (Hrsg.), Deep Structure of the Swiss Alps: Results of NRP 20, Birkhäuser, S. 139–153.

Pfiffner, O. A., Heitzmann, P., Lehner, P., Frei, W., Pugin, A. & Felber, M., 1997d, Incision and backfilling of Alpine valleys: Pliocene, Pleistocene and Holocene processes. – In: Pfiffner, O. A., Lehner,

P., Heitzmann, P., Mueller, St. & Steck, A. (Hrsg.), Deep structure of the Swiss Alps: Results of NRP 20, Birkhäuser, S. 265–288.

Pfiffner, O. A., Ellis, S. & Beaumont, C., 2000, Collision tectonics in the Swiss Alps: Insight from geodynamic modeling. – Tectonics, 19/6, S. 1065–1094.

Pfiffner, O. A., Schlunegger, F. & Buiter, S. J. H., 2002, The Swiss Alps and their peripheral foreland basin: Stratigraphic response to deep crustal processes. – Tectonics, 21/2, 3-1–3-16, doi: 10.1029/2000TC900030.

Pfiffner, O. A., Burkhard, M., Hänni, R., Kammer, A., Kligfield, R., Mancktelow, N., Menkveld, J.-W., Ramsay, J.G., Schmid, S.M. & Zurbriggen, R., 2010 Structural Map of the Helvetic Zone of the Swiss Alps, including Vorarlberg (Austria) and Haute Savoie (France). – Geological Special Map, 128, 1:100 000, 7 Map sheets. – Swiss Geological Survey, swisstopo.

Pfiffner, O. A. & Deichmann, N., 2014, Seismotektonik der Zentralschweiz. – Nagra Arbeitsbericht, NAB 14–26, Nagra, Wettingen.

Philippe, Y., Deville, E. & Mascle, A., 1998, Thin-skinned inversion tectonics at oblique basin margins: example of the western Vercors and Chartreuse Subalpine massifs (SE France). – In: Mascle, A., Puigdefabregas, C., Luterbacher, H. P. & Fernandez, M. (Hrsg.), Cenozoic Foreland Basins of Western Europe, Geological Society London, Special Publications, 134, S. 239–262.

Pieri, M. & Groppi, G., 1981, Subsurface geological structure of the Po Plain. – Progetto finalizzato geodinamica/Sottoprogetto „Modello strutturale“. Pubblicazione Consiglio nazionale di Ricerca, 414.

Piller, W. E. & Rasser, M. W. (Hrsg.), Paleogene of the Eastern Alps. Österreichische Akademie der Wissenschaften, Schriftenreihe Erdwissenschaftliche Kommission, 14.

Pilloud, C., 1991, Structures de déformation alpines dans le synclinal de Permo-Carbonifère de Salvan-Dorénaz (massif des Aiguilles rouges, Valais). – Mémoiries de Géologie Lausanne, N° 9.

Plancherel, R., 1979, Aspects de la déformation en grand dans les Préalpes médianes plastiques entre Rhône et Aar. Implications cinématiaques et dynamiques. – Ecl. geol. Helv., 72/1, S. 145–214.

Polinski, R., 1991, Ein Modell der Tektonik der Karawanken, Südkärnten, Österreich. – Diss. Universität Karlsruhe, 143 Seiten.

Preusser, F., Reitner, J.M & Schlüchter, Ch., 2010, Distribution, geometry, age and origin of overdeepened valleys and basins in the Alps and their foreland. – Swiss Journal of Geosciences, 103, 407–426, DOI 10.1007/s00015-010-0044-y.

Probst, Ph., 1980, Die Bündnerschiefer des nördlichen Penninikums zwischen Valser Tal und Passo die San Giacomo. – Beiträge geologische Karte Schweiz, Neue Folge 153, 63 Seiten.

Prosser, G., 1998, Strike-slip movements and thrusting along a transpressive fault zone: The North Giudicarie line (Insubric line, northern Italy). – Tectonics, 17/6, S. 921–937.

Puschnig, A. R., 1996, Regional and emplacement-related structures at the northeastern border of the Bergell intrusion (Monte del Forno, Rhetic Alps). – Schweiz. Mineral. Petrogr. Mitt., 76, 399–420.

Ratschbacher, L. & Frisch, W., 1993, Palinspastic reconstruction of the pre-Triassic basement units in the Alps: the Eastern Alps.- In: von Raumer, J. & Neubauer, F. (Hrsg.), Pre-Mesozoic Geology in the Alps, Springer Verlag, S. 41–51.

Ratschbacher, L, Frisch, W., Linzer, H. G. & Merle, O., 1991, Lateral extrusion in the eastern Alps, part II: structural analysis. – Tectonics, 10, S. 257–271.

Ratschbacher, L., Dingeldey, C., Miller, C., Hacker, B. R. & McWilliams, M. O., 2004, Formation, subduction, and exhumation of Penninic oceanic crust in the Eastern Alps: time contstraints from 40Ar/39Ar geochronology. – Tectonophysics, 394/3-4, 155–170.

Reinecke, T., 1998, Prograde high- to ultrahigh-pressure metamorphism and exhumation of oceanic sediments at Lago di Cignana, Zermatt-Saas Zone, western Alps. – Lithos, 42, 147–189.

Rohling, E. J. & Pälike, H., 2005, Centennial-scale climate cooling with a sudden cold event around 8200 years ago. – Nature, 434/21, S. 975–979.

Rosenberg, C. L., 2004, Shear zones and magma ascent: A model based on a review of the Tertiary magmatism in the Alps. – Tectonics, 23, TC3002, doi10.1029/2003TC001526.

Röthlisberger, H., 1972, Water pressure in intra- and subglacial channels. – Journal of Glaciology, 11, S. 177–203.

Roure, F., Bergerat, F., Damotte, B., Mugnier, J.-L. & Polino, R. (1996), The Ecors-Crop Alpine seismic traverse, Mém Soc. Géol. France, 170, 113 Seiten.

Rubatto, D., Regis, D., Hermann, J., Boston, K., Engi, M., Beltrando, M., McAlpine, S.R.B., 2011, Yo-yo subduction recorded by accessory minerals in the Italian Western Alps. – Nature/geoscience, 4, 338–342, doi: 10.1038/NGEO1124.

Rück, Ph., 1995, Die Schamser Decken: Teil I: Stratigraphisch-sedimentologische Untersuchungen der Schamser Decken. – Beiträge geologische Karte Schweiz, Neue Folge 167, 78 Seiten.

Sartori, M., Gouffon, Y. & Marthaler, M., 2006, Harmonisation et définition des unités lithostratigraphiques briançonnaises dans les nappes penniques du Valais. – Ecl. geol. Helv., 99, S. 363–407.

Schaad, W., 1995, Beiträge zur Entstehung und Bedeutung alpintektonischer Abscherhorizonte in den Schweizer Alpen. – Unveröff. Diss. Univ. Bern.

Schaller, S. et al. (2022) Postglacial evolution of Lake Constance: sedimentological and geochemical evidence from a deep-basin sediment core. Swiss J Geosciences, 115–7. https://doi.org/10.1186/s00015-022-00412-1

Schaltegger, U., 1994, Unravelling the pre-Mesozoic history of Aar and Gotthard massifs (Central Alps) by isotopic dating – a review. – Schweiz. Mineral. Petrogr. Mitt., 74, S. 41–51.

Schaltegger, U., & Brack, P., 2007, Extension and post-orogenic Magmatism in the Permian of the Southern Alps: Constraints from U, Pb and Hf isotopes. – Int. J. Earth Sci., 96, S. 1131–1151.

Schaltegger, U. & Corfu, F., 1995, Late Variscan „Basin and Range“ magmatism and tectonics in the Central Alps: evidence from U-Pb geochronology. – Geodinamica Acta, 8/, S. 82–98.

Scharf, A., Handy, M. R., Favaro, S., Schmid, S. M. & Bertrand, A., 2013, Modes of orogeny-parallel stretching and extensional exhumation in response to microplate indentation and roll-back subduction (Tauern Window, Eastern Alps). – International Journal of Earth Sciences, doi:10.1007/s00531-013-0894-4.

Scheiber, T., Pfiffner, O. A. & Schreurs, G., 2013, Upper crustal deformation in continent-continent collision: case study central Bernhard nappe complex (Valais, Switzerland). – Tectonics, 32, 1–23, doi:10.1002/tect.20080.

Schlatter, A., 2014, Kinematische Gesamt-Ausgleichung der Schweizer Landesnivellementlinien 2013 und Detail-Darstellung der rezenten vertikalen Oberflächenbewegungen der Zentralschweiz. – Nagra Arbeitsbericht NAB 14 38, Nagra, Wettingen.

Schlüchter, C. & Kelley, M., 2000, Das Eiszeitalter in der Schweiz: Eine schematische Zusammenfassung. – Publikation des Geologischen Institutes der Universität Bern und IGCP-378, 4 Seiten.

Schlunegger, F., Burbank, D. W., Matter, A., Engesser, B. & Mödden, C., 1996, Magnetostratigraphic calibration of the Oligocene to middle Miocene (30–15 Ma) mammal biozones and depositional sequences of the Swiss Molasse Basin. – Ecl. geol. Helv., v. 89, S. 753–788.

Schmid, S. M., 1993, Ivrea Zone and Adjacent Southern Alpine Basement. – In: von Raumer, J. & Neubauer, F. (Hrsg.), Pre-Mesozoic Geology in the Alps, Springer Verlag, S. 567–583.

Schmid, S. M. & Kissling, E., 2000, The arc of the Western Alps in the light of geophysical data on deep crustal structure. Tectonics, 19/1, S. 62–85.

Schmid, S. M., Rück, Ph. & Schreurs, G., 1990, The significance of the Schams nappes for the reconstruction of the paleotectonic and orogenic evolution of the Penninic zone along the NFP-20 East traverse (Grisons, eastern Switzerland). – In: Roure, F., Heitzmann, P. & Polino, R. (Hrsg.), Deep Structure of the Alps. – Mémoire Société géologique France, no. 156, S. 263–287.

Schmid, S. M., Pfiffner, O. A., Froitzheim, N., Schönborn, G. & Kissling, E., 1996, Geogphysical-geological transect and tectonic evolution of the Swiss-Italian Alps. – Tectonics, v. 15/5, S. 1036–1064.

Schmid, S. M., Pfiffner, O. A., Schönborn, G., Froitzheim, N. and Kissling, E., 1997a, Integrated cross section and tectonic evolution of the Alps along the Eastern Traverse. – In: Pfiffner, O. A., Lehner, P., Heitzmann, P., Mueller, S. & Steck, A. (Hrsg.), Deep Structure of the Swiss Alps: Results of NRP 20, Birkhäuser Verlag Basel, S. 289–304.

Schmid, S. M., Pfiffner, O. A. & Schreurs, G., 1997b, Rifting and collision in the Penninic Zone of eastern Switzerland. – In: Pfiffner, O. A., Lehner, P., Heitzmann, P., Mueller, S. & Steck, A. (Hrsg.), Deep Structure of the Swiss Alps: Results of NRP 20, Birkhäuser Verlag Basel, S. 160–185.

Schmid, S.M., Scharf, A., Handy, M.R. & Rosenberg, C.L., 2013, The Tauern Window (Eastern Alps, Austria): a new tectonic map, with cross-sections and a tectonometamorphic synthesis. – Swiss J. Geosci., 106, 1–32, DOI 10.1007/s00015-013-0123-y

Schnellmann, M., Fischer, U., Heuberger, S. & Kober, F. (2014) Erosion und Landschaftsentwicklung Nordschweiz: Zusammenfassung der Grundlagen im Hinblick auf die Beurteilung der Langzeitstabilität eines geologischen Tiefenlagers (SGT Etappe 2). nagra Arbeitsbericht NAB 14–25, Nationale Genossenschaft für die Lagerung radioaktiver Abfälle, Wettingen, Schweiz.

Schönborn, G., 1992, Alpine tectonics and kinematic models of the central Southern Alps. – Memorie di scienze geologiche (Memorie degli Istituti di Geologia e Mineralogia dell'Università di Padova), vol. XLIV, S. 229–393.

Schönlaub, H. P. & Heinisch, H., 1993, The classic fossiliferous Palaeozoic units of the Eastern and Southern Alps. – In: von Raumer, J. & Neubauer, F. (Hrsg.), Pre-Mesozoic Geology in the Alps, Springer Verlag, S. 395–422.

Schumacher, M., 1997, Geological interpretation of the seismic profiles through the Southern Alps (lines S1-S7 and C3-south). – In: Pfiffner, O. A., Lehner, P., Heitzmann, P., Mueller, S. & Steck, A. (Hrsg.), Deep Structure of the Swiss Alps: Results of NRP 20, Birkhäuser Verlag Basel, S. 101–114.

Schumacher, M. E., 2002, Upper Rhine Graben: Role of preexisting structures during rift evolution. – Tectonics, 21/1, 6-1–6-17, doi: 10.1029/2001TC900022.

Schuster, R. (2003) Das eo-Alpine Ereignis in den Ostalpen: Plattentektonische Situation und interne Struktur des Ostalpinen Kristallins. Geologische Bundesanstalt – Arbeitstagung 2003: Blatt 148 Brenner, 141–159.

Schwartz, S., Lardeaux, J. M., Tricart, P., Guillot, S. & Labrin, E., 2007, Diachronous exhumation of HP-LT metamorphic rocks from south-western Alps: evidence from fission-track analysis. – Terra Nova, 19, S. 133–140.

Scotese, C. R. & Sager, W. W., 1988, Mesozoic and Cenozoic Plate Reconstructions. – Tectonophysics, 155, S. 27–48.

Selzer, C. Buiter, S. J. H. & Pfiffner, O. A., 2008, Numerical modeling of frontal and basal accretion at collisional margins. – Tectonics, 27, TC3001, doi: 10.1029/2007TC002169, 26 Seiten.

Septfontaine, M., 1995, Large scale progressive unconformities in Jurassic strata of the Prealps S of Lake Geneva: Interpretation as synsedimentrary inversion structures; Paleotectonic implications. – Ecl. geol. Helv., 88(3), S. 553–576.

Séranne, M., 1999, The Gulf of Lion continental margin (NW Mediterranean) revisited by IBS: an overview. – In: Durand, B., Jolivet, L., Horvath, F. & Seranne, M. (Hrsg.), The Mediterranean Basins: Tertiary Extension within the Alpine Orogen. Geological Society London, Special Publications, 156, S. 15–36.

Siegenthaler, Ch., 1974, Die Nordhelvetische Flysch-Gruppe im Sernftal (Kt. Glarus). – Diss. Univ. Zürich, 83 Seiten.

Siegesmund, S., Fügenschuh, B. & Froitzheim, N. (Hrsg.), 2008, Tectonic Aspects of the Alpine-Dinaride-Carpathian System. Geological Society London, Special Publications, 298. 448 Seiten.

Sinclair, H. D., 1997, Tectonostratigraphic model for underfilled peripheral foreland basins: An Alpine perspective. – Bulletin Geological Society of America, 109, S. 324–346.

Stampfli, G. & Borel, G., 2002, A plate tectonic model for the Paleozoic and Mesozoic constrained by dynamic plate boundaries and restored synthetic oceanic isochrons. – Earth and Planetary Science Letters, 191, S. 17–33.

Stampfli, G., Borel, G., Cavazza, W., Mosar, J., & Ziegler, P. A., 2002, The paleotectonic atlas of the periTethyan domain: European Geophysical Society, CD-ROM.

Steck, A., 1984, Structures et déformations tertiaires dans les Alpes centrales. – Ecl. geol. Helv., 77/1, S. 55–100.

Steininger, F. F. & Wessely, G., 2000, From the Tethyan Ocean to the Paratethys Sea: Oligocene to Neogene Stratigraphy, Paleogeography and Paleobiogeography of the circum-Mediterranean region and Oligocene to Neogene Basin evolution in Austria. – In: Neubauer, F. & Höck, V. (Hrsg.), Aspects of Geology in Austria. Österreichische Geologische Gesellschaft, Wien, S. 95–116. Auch erschienen in Mitteilungen der Österreichischen Geologischen Gesellschaft, 92. Band (1999).

Steinmann, M., 1994, Ein Beckenmodell für das Nordpenninikum der Ostschweiz. – Jahrbuch der Geologischen Bundesanstalt, Bd 137/4, S. 675–721.

Steinmann, M. & Stille, P., 1999, Geochemical evidence for the nature of the crust beneath the eastern North Penninic basin of the Mesozoic Tethys Ocean. – Geologische Rundschau, 87, S. 633–643.

Strachan, R. A., Smith, M., Harris, A. L., & Fettes, D. J., 2002, The Northern Highland and Grampian terranes. – In: Trewin, N. H. (Hrsg.), The Geology of Scotland: Geological Society of London, S. 81–147.

Studer, B. 1827, Remarques géognostiques sur quelques parties de la chaine septentrionale des Alpes. – Annales des Sciences naturelles, Paris, vol. 11, S. 1–47.

Studer, B., 1853, Geologie der Schweiz. – Stämpfli, Bern, V. 2, 497 Seiten.

Summerfield, M. A. & Hulton, N. J., 1994, Natural controls of fluvial denudation rates in major world drainage basins. – Journal of Geophysical Research, 99/87, 13 871–13 883.

Tesauro, M., Hollenstein, C., Egli, R., Geiger, A. & Kahle, H. G., 2005, Continuous GPS and broad-scale deformation across the Rhine Graben and the Alps. – International Journal of Earth Sciences, v. 94, S. 525–537.

Thelin, P., Sartori, M., Burri, M., Gouffon, Y. & Chessex, R., 1993, The Pre-Alpine Basement of the Briançonnais (Wallis, Switzerland). – In: von Raumer, J. & Neubauer, F. (Hrsg.), Pre-Mesozoic Geology in the Alps, Springer Verlag, S. 297–315.

Thum, I. & Nabholz, W., 1972, Zur Sedimentologie und Metamorphose der penninischen Flysch- und Schieferabfolgen im Gebiet Prättigau-Lenzerheide-Oberhalbstein. – Beiträge geologische Karte Schweiz, Neue Folge 144, 112 ff.

Todd, C.S. & Engi, M., 1997, Metamorphic field gradients in the Central Alps. – J. Metamorphic Geol., 15, 513 530.

TRANSALP working group, 2002, First deep seismic reflection images of the Eastern Alps reveal giant crustal wedges. – Geoph. Res. Letters, 29/10, 10.1029/2002GL014911, 92–1-92–4.

Tricart, P., Bourbon, M., Chenet, P. Y., Cros, P., Delorme, M., Dumont, T., de Graciansky, P.-C., Lemoine, M., Mégrard-Galli, J. & Richez, M., 1988, Tectonique synsédimentaire triasico-jurassique et rifting téthysien dans la nappe briançonnaise de Peyre-haute (Alpes occidentales). – Bulletin Société géologique de France, (8e s.) IV/4, S. 669–680.

Trommsdorff, V. & Nievergelt, P., 1983, The Bregaglia (Bergell) Iorio intrusive and its field relations. – Mem. Soc. Geol. Italia, 26, 55–86.

Trommsdorff, V. & Connolly, J.A.D., 1996, The ultramafic contact aureole about the Bregaglia (Bergell) tonalite: isograds and a thermal model. – Schweiz. Mineral. Petrogr. Mitt., 76, 537–547.

Trümpy, R., 1949, Der Lias der Glarner Alpen – Denkschriften der Schweizerischen Naturforschenden Gesellschaft, 79.

Trümpy, R., 1975, Penninic-Austroalpine boundary in the Swiss Alps: A presumed former continental margin and its problems. – American Journal of Science, 275-A, S. 209–238.

Trümpy, R., 1980, Geology of Switzerland – a guide book. Schweizerische Geologische Kommission, Wepf & Co. Publishers, Basel.

Trümpy, R. & Westermann, A., 2008, Albert Heim (1849–1937): Weitblick und Verblendung in der alpentektonischen Forschung. – Vierteljahresschrift der Naturforschenden Gesellschaft in Zürich, 153 (3/4), S. 67–79.

Trümpy, R., Fumasoli, M., Hänny, R., Klemenz, W., Neher, J. & Streiff, V., 1970, Aperçu général sur la géologie des Grisons. – C. R. des Séances de la Société géologique de France, Fasc 9, 1969/9, S. 330–364 und S. 391–194.

Ustaszewski, M. & Pfiffner, O. A., 2008, Neotectonic faulting, uplift and seismicity in the western Swiss Alps. – Geological Society of London, Special Publication, 298, S. 231–249.

Ustaszewski, M. E., Hampel, A. & Pfiffner, O. A., 2008, Composite faults in the Swiss Alps formed by the interplay of tectonics, gravitation and postglacial rebound: an integrated field and modelling study. – Swiss Journal of Geosciences, 101, S. 223–235.

Van Husen, D., 2000, Geological Processes during the Quaternary. – In: Neubauer, F. & Höck, V. (Hrsg.), Aspects of Geology in Austria, S. 135–256.

Van Stuijvenberg, J., 1979, Geology of the Gurnigel area (Prealps, Switzerland). – Beiträge geologische Karte Schweiz, Neue Folge 14, 55 Seiten.

Vernon, A.J., van der Beek, P.A., Sinclair, H.D. & Rahn, M.K., 2008, Increase in late Neogene denudation of the European Alps confirmed by analysis of a fission-track thermochronology database. – Earth and Planetary Science Letters, 270, 316–329.

Vesela, P., Lammerer, B., Wetzel, A., Söllner, F. & Gerdes, A., 2008, Post-Variscan to Early Alpine sedimentary basins in the Tauern Window (eastern Alps). – In: Siegesmund, S. Fügenschuh, B. & Froitzheim, N. (Hrsg.), Tectonic Aspects of the Alpine-Dinaride-Carpathian System. Geological Society London, Special Publications, 298, S. 83–100.

Villinger, E., 2003, Zur Paläogeographie von Alpenrhein und oberer Donau. – Zeitschrift der deutschen geologischen Gesellschaft, 154, 193–253.

Von Blanckenburg, F. & Davis, J. H., 1995, Slab breakoff: A model for syncollisional magmatism and tectonics in the Alps. – Tectonics, 14, S. 120–131.

Von Poschinger, A. & Haas, U. (1997) Der Flimser Bergsturz, doch ein warmzeitliches Ereignis? Bull. Für Angewandte Geologie, 2/1, 35–46.

Von Raumer, J., 1998, The Paleozoic evolution in the Alps: from Gondwana to Pangea. – Geologische Rundschau, 87, S. 407–435.

Von Raumer, J. & Neubauer, F. (Hrsg.), 1993a, Pre-Mesozoic Geology in the Alps, Springer Verlag, 677 Seiten.

Von Raumer, J. & Neubauer, F., 1993b, Late Precambrian and Palaeozoic evolution of the Alpine basement – an overview. – In: von Raumer, J. & Neubauer, F. (Hrsg.), Pre-Mesozoic Geology in the Alps, Springer Verlag, S. 625–639.

Von Raumer, J., Ménot, R. P., Abrecht, J. & Biino, G., 1993c, The pre-Alpine evolution of the external massifs. – In: von Raumer, J. & Neubauer, F. (Hrsg.), Pre-Mesozoic Geology in the Alps, Springer Verlag.

Von Raumer, J.F., Bussy, F., Schaltegger, U., Schulz, B. & Stampfli, G.M., 2012, Pre-Mesozoic Alpine basements – Their place in the European Paleozoic framework. – Geological Society of America Bulletin, 125, 89–108, doi: 10.1130/B30654.1.

Vuagnat, M., 1952, Pétrographie, répartition et origine des microbrèches du Flysch nordhelvétique. – Beiträge geologische Karte Schweiz, N.F. 127, 103 Seiten.

Wagner, L. R., 1996, Stratigraphy and hydrocarbons in he Upper Austrian Molasse Foredeep (active margin). In: Wessely, G. & Liebl, W. (Hrsg.), Oil and Gas in Alpidic Thrust belts and Basins of Central and Eastern Europe. – EAGE Spec. Publ., 5, S. 217–235.

Wagner, M., Kissling, E. & Husen, S., 2012, Combining controlled-source seismology and local earthquake tomography to derive a 3-D crustal model of the western Alpine region. – Geoph. J. Int., 191, 789–802.

Waldhauser, F., Lippitsch, R., Kissling, E. & Ansorge, J., 2002, High-resolution teleseismic tomography of upper-mantle structure using an a priori three-dimensional crustal model. – Geophys. J. Int., 150, 403–414.

Wildi, W., 1985, Heavy mineral distribution and dispersal pattern in penninic and ligurian flysch basins (Alps, northern Apennines). – Giornale di Geologia, seria 3a, vol. 47/1-2, S. 77–99.

Wildi, W., Funk, Hp., Loup, B., Amato, E. & Huggenberger, P., 1989, Mesozoic subsidence history of the European marginal shelves of the alpine Tethys (Helvetic realm, Swiss Plateau and Jura). – Ecl. geol. Helv., 82/3, S. 817–840.

Winkler, W., Wildi, W., van Stuijvenberg, J. & Caron, C., 1985, Wägital-Flysch et autres flyschs penniques en Suisse Centrale: Stratigraphie, sédimentologie et comparaisons. – Ecl. geol. Helv., 78/1, S. 1–22.

Wissing, S. B. & Pfiffner, O. A., 2002, Structure of the eastern Klippen nappe (BE, FR): Implications for its Alpine tectonic evolution. – Ecl. geol. Helv., 95, S. 381–398.

Wortmann, U. G., Weissert, H., Funk, Hp. & Hauck, J., 2001, Alpine plate kinematics revisited: The Adria Problem. – Tectonics 20/1, S. 134–147.

Zerlauth, M., Ortner, H., Pomella, H., Pfiffner, O.A., Fügenschuh, B., 2014, Inherited tectonic structures controlling the deformation style – an example from the Helvetic nappes between eastern Alps. – Swiss J. Geosciences, 107, S. 157–175. doi: 10.1007/s00015-014-0167-7.

Ziegler, P. A., 1988, Evolution of the Arctic-North Atlantic and the Western Tethys. – American Association of Petroleum Geologists, Memoir 43.

Ziegler, P. A. 1990, Geological atlas of western and central Europe: Shell International Petroleum, Maatschappij, 239 Seiten.

Ziegler, P. A., 1992, European Cenozoic rift system. – Tectonophysics, 208, S. 91–111.

Ziegler, P. A. & Dèzes, P., 2007, Cenozoic uplift of Variscan Massifs in the Alpine foreland: timing and controlling mechanisms. – Global and Planetary Change, 58, S. 237–269.

Ziegler, W. H., 1956, Geologische Studien in den Flyschgebieten des Oberhalbsteins (Graubünden). – Ecl. geol. Helv., 49/1, S. 1–78.

verwendete Abkürzung:

Ecl. geol. Helv.: Eclogae geologicae Helvetiae

Register